고분자공학

장구수 지음

도서출판 동화기술

머 리 말

고분자 재료는 인류에게 이용 가능한 화학적, 물리적, 전기적 특성을 복합적으로 지니고 있으므로 용도가 매우 폭넓은 물질이며, 고온에서 화학적으로 경화되기 전의 열경화성 고분자 또는 열가소성 고분자는 변형이 가능하므로 플라스틱(Plastic)의 여러 다양한 형태의 최종 제품을 만들 수 있다. 어떤 것은 기하학적으로 대단히 복잡한 형태를 갖는다. 이 때 사용된 공정은 기술적으로 비교적 단순하며 신속하게 이루어진다. 고분자와 플라스틱의 이러한 유용성과 현대생활에 이용되는 효과는 플라스틱의 특유의 특성으로 적절하게 형태를 제작하는 기술의 발전과 시장성 및 융통성에 기인하여 실용화된다.

그러나 고분자와 플라스틱의 실용화는 많은 공정을 거치게 된다. 그 과정을 살펴보면 가장 처음 원유에서 시작을 한다. 원유를 상압증류탑에서 정제를 하면 탑상부에서 납사 제품이 나오는데 이 중 경질납사는 석유화학 공업의 기초 원료를 만들기 위해 납사크레커로 보내져서 에틸렌, 프로필렌, 부타디엔 등이 생산되고 각각은 폴리에틸렌, 폴리프로필렌, 폴리부타디엔과 같은 고분자 중합체의 단량체가 된다. 그리고 중질납사는 석유화학의 개질공정을 거쳐 벤젠, 톨루엔, 자일렌 이성체 및 파라자일렌이 생산되어 이들 또한 고분자, 고무, 정밀화학, 섬유 제조의 중간유도체가 된다. 예를 들어 우리 생활에서 흔히 볼 수 있는 폴리에스터 의류와 생수병의 제조 과정을 살펴보자. 폴리에스터 의류의 경우는 파라자일렌을 중금속 촉매 하에서 산화시키면 테레프탈산(TPA)이 되고 이를 다시 글리콜(Glycol)과 축중합을 하게 되면 고분자인 폴리에스터로 전환된다. 이 폴리에스터를 용융 압출 방사를 하여 섬유를 만들고 이를 직조하여 폴리에스터 의류가 탄생한다. 그리고 폴리에스터의 성형 방법을 달리하여 중공성형을 하게 되면 생수병이 만들어지게 된다. 이와 같은 성형 제품의 고분자에는 열가소성/열경화성/엔지니어링 플라스틱, 합성고무, 섬유, 기타 기능성 및 천연고분자로 크게 구분할 수 있다. 이 중에서 열가소성 플라스틱의 수요가 가장 많고. 이어서 섬유, 합성고무, 열경화성수지 순이다.

이 책에서는 우선 일반적인 고분자의 개념, 중합공정, 중합반응을 소개한 후 많은 종류의 고분자 종류와 특성 그리고 용도 설명뿐 아니라 실제 상업적 고분자의 생산공정과 운전 예를 상세히 소개하여 고분자에 대한 이해를 높였다. 두 번째로 제조된 고분자를 성형함에 있어서 대부분의 성형 가공법과 공정흐름도를 소개하였고 많은 성형 가공제품 사진을 함께 삽입하여 이해의 폭을 넓혔다. 또한 실제 고분자 가공 예로서 우레탄 발포 성형에 대하여 상세히 기술하였다. 세 번째로 고분자 성형시 물성 보강 및 기능성 부여를 위해 혼입하는 대부분의 부가제를 다룸과 동시에 실제 적용제품의 용도별 첨가제 처방 예를 함께 소개하여 이들의 기능을 보다 쉽게 알 수 있도록 하였다. 네 번째로 고분자의 구조와 물성 그리고 분석 및 시험 방법에 대해 기술하면서 실제로 저자가 직접 수행한 여러 가지 시험 및 분석 결과를 싣어 고분자 분석 기기와 물성에 쉽게 접근하도록 하였다.

저자는 고분자 생산 산업 현장에서 긴 시간 일했던 경험을 가지고 가능한 학문적인 이론을 기초로 실제 연구나 산업현장에서 응용 및 활용할 수 있도록 여러 가지 데이터와 사진을 많이 넣었고 또한 상대 비교를 위해 용어와 단위에서는 동일성을 기했으며 대부분의 전문 기술 용어는 될 수 있는 한 영문과 함께 사용하려고 노력하였다. 그리고 본 저서는 전체 16장으로 구성되었으며 각 장의 내용을 파악할 수 있도록 서두에서 간략히 소개하면 다음과 같다.

1장은 고분자에 대한 명명과 개발 역사 그리고 구조, 특성, 가공에 대하여 전체적으로 가장 기본적인 개념에 대하여 기술하였다.

2장은 고분자 중합공정에 대하여 기술하였다. 단량체로부터 고분자를 만드는 중합공정은 반응공정과 연계되어 있고 만들어진 고분자의 물성에 영향을 줄 뿐 아니라 제조된 고분자의 형태에도 영향을 주어 결과적으로 사용할 수 있는 용도를 결정하는 요소가 된다. 공업적으로 중요한 중합공정에는 괴상중합법, 용액중합법, 현탁중합, 유화중합법, 기상중합 등이 있다.

3장은 고분자 중합반응에 대하여 기술하였다. 고분자는 저분자들이 함께 연결되어 이루어진 거대분자를 말한다. 고분자는 보통의 저분자 화합물에 비해 분자량이 크고 금속재료나 세라믹과 같은 무기재료와는 다른 성질을 갖는다. 고분자를 이루는 기본단위를 단량체라 부르고 이들이 모여 고분자가 되는 반응을 중합이라고 한다. 고분자 중합에는 부가중합 혹은 연쇄중합 (라디컬, 이온), 축합중합 혹은 단계중합, 개환중합, 배위중합, 공중합 등이 있다.

4장은 실제 상업적 생산공정 기술에 대하여 상세히 기술하였다. 5대 범용수지로 뛰어난 물성을 가진 폴리프로필렌 (PP)의 상업적 생산 전 공정을 상세히 소개하여 이론에서 벗어나 실제 상업적 고분자가 어떻게 생산되고 있는지 산업 현장 공정을 이해할 수 있도록 하였다. 현재 폴리프로필렌 (PP) 중합공정에는 용매 슬러리공정, 액상공정, 기상공정 등이 있다. 여기서는 기상공정에 대해 소개하고 있으며 이 공정은 전체적으로 원료정제, 반응공정, 미반응 원료 회수, 제립공정으로 구성되어 있다.

5장은 열가소성수지에 대해 다루었다. 열가소성수지에는 폴리올레핀 (폴리에틸렌, 폴리프로필렌), PVC, 스티렌류 (PS, HIPS, SAN, ABS) 등이 있다. 그리고 열가소성수지에는 결정성과 비결정성이 있다. 결정성수지는 폴리에틸렌, 폴리프로필렌, 나일론, 폴리아세탈, 폴리에틸렌테레프탈레이트 (PET) 등을 포함하고 비결정성수지에는 염화비닐수지, 폴리스틸렌, ABS수지, 아크릴수지가 있다.

6장은 열경화성수지에 관한 것을 다루었다. 주요 특징은 가공시 가교에 의한 망상구조의 형성이다. 이러한 망상구조는 공유결합 또는 각 분자를 연결하는 물리적 결합에 의해 형성될 수 있다. 이 결합이 형성되어 있는 재료에 결합을 깰 수 있는 힘보다 작은 힘을 가하면 변형은 일어나지만 힘을 제거했을 경우 원상태로 돌아간다. 주요한 열경화성수지는 에폭시수지, 폴리에스터, 페놀수지, 우레아수지, 멜라민수지가 있다.

7장은 엔지니어링 플라스틱에 관하여 기술하였다. 엔지니어링 플라스틱의 공통점은 분자량이 몇십만에서 몇 백만이나 되는 고분자물질이다. 주요한 엔지니어링 플라스틱으로 지방족 폴리아미드, 폴리카보네이트, 폴리페닐옥사이드, 아세탈수지, 폴리설폰, 폴리페닐렌설파이드, 엔지니어링 폴리에스터, 플루오로 플라스틱, ABS수지가 있다. 특수용으로 폴리이미드, 폴리에테르이미드, 폴리아미드이미드, 폴리비스말레이미드, 폴리벤즈이미다졸, 이온성고분자, 폴리아릴에테르케톤,

폴리포스파진, 폴리아릴레이트, 방향족폴리에스터계, 초고분자량 폴리에틸렌 등이 있다. 그리고 슈퍼엔플러는 금속이나 세라믹에 가까운 특성을 지닌 플라스틱을 말하며 이것에는 폴리이미드와 관련한 고분자에는 폴리이미드 (PI), 폴리에테르이미드 (PEI), 폴리아미드이미드 (PAI)가 있다. 또한 폴리이미다조피롤론은 사다리형 고분자로 알려져 있고, 반결정성 열가소성수지로 폴리에테르에테르케톤 (PEEK, Victrex)이 중요하다.

8장은 고무탄성체에 관하여 언급하였다. 탄성체는 크게 디엔탄성체, 비 디엔탄성체, 열가소성 탄성체의 3가지로 분류한다. 다시 디엔 탄성체에는 폴리부타디엔, 폴리이소프렌, 폴리클로로프렌 등이 있으며 모두 2개의 순차적인 이중결합을 가진 단량체로부터 중합이 된다. 비 디엔 탄성체에는 폴리이소부틸렌, 폴리실록세인 (실리콘고무), 폴리우레탄 (Spandex), 플루오로고무 (Viton) 등이 있다. 비 디엔탄성체는 불포화기가 없으므로 가교는 축중합의 경우 3작용기 단량체, 자유라디컬 개시제 또는 소량의 디엔단량체와의 공중합과 같은 방법이 필요하다.

9장에서는 기능성 고분자에 관한 내용을 수록하였다. 이 고분자 재료는 빛, 전기, 열, 압력과 같은 기계적 외부자극에 대하여 응답성을 갖으며 그 응답성을 이용한 기능성 재료로서 소재나 부품에 이용되고 있다. 이것에는 코팅에 의한 제품의 표면 개질에 이용되는 감광성고분자, 제품의 사용온도를 올리는데 사용되는 고강도 내열성 고분자, 전자공업의 칩 제조에 필수적으로 사용되는 포토레지스트 고분자, 생분해성 고분자, 전기전도성 고분자 등이 있다.

10장은 천연고분자에 관하여 서술하였다. 주로 동물 및 식물에 존재하며 셀룰로오스, 전분, 글리코겐, 단백질, 핵산, 리그닌 등의 생체를 구성하는 고분자이다. 특히 3대 천연고분자라고 하면 흔히 셀룰로오스, 단백질, 핵산을 말하며 이들은 생물체의 생명성을 유지하는데 필수적인 물질이다. 생체가 가지는 기계적인 강도나 유연성도 고분자 혹은 고분자의 복합재료화에 의하여 발생하며 생체 내에서의 끊임없는 고분자의 합성에 의하여 성장하고 재생되고 있다.

11장은 고분자 가공에 대하여 설명하였다. 고분자를 용융하여 원하는 모양의 물건을 성형 및 가공하는 것을 말한다. 고분자 성형에는 전선코팅/케이블피복, 압출시트코팅/라미네이팅, 튜브필름블로우, 냉각롤 캐스트필름, 냉각롤 연신필름, 다층 필름 압출, 압출슬릿 테이프, 압출시트, 압출골판지, 압출발포시트, 파이프/튜브 압출, 섬유방사 (건식, 습식, 용융), 열성형 (진공, 압력), 캘린더링, 중공성형 (압출, 사출, 이축연신), 사출성형 (일반사출, 반응사출, 가스사출), 압축성형, 이송성형 등 다양한 방법들이 사용되고 있다.

12장은 고분자 가공 부가제에 대하여 언급하였다. 고분자 가공에 사용되는 부가제에는 용도 및 수지에 혼합 함량을 기준으로 대략 가소제, 충진제, 강화제, 첨가제로 구분한다. 가소제는 염화비닐, 아세트산비닐 같은 열가소성 플라스틱에 첨가하여 열가소성을 증대시켜 고온에서 성형가공을 용이하게 한다. 충진제는 수지의 가격을 낮추고 가공물성을 향상시키거나 열경화 반응에서 발생하는 열을 흡수하는 작용을 하는 비활성재료에 속한다. 강화제는 탄성율, 인장강도, 마모강도, 피로강도 등과 같은 기계적 물성을 향상시키는데 사용된다. 예를 들어 섬유는 연속가닥, 직조된 편물, 비연속적 절단 섬유 등의 형태로 열경화성수지와 열가소성수지의 강화에 사용된다. 그리고 고분자의 장점을 확대하고 결점을 보완하기 위해 새로운 기능을 창출하기 위해 고분자에 소량의 많은 종류의 첨가제를 혼입하고 있다. 이것에는 열안정제, 산화방지제, 자외선 안정제, 대전방지제, 기핵제, 난연제, 슬립제, 개구제, 무적제, 항균제, 발포제, 착색제 등이 있다.

13장은 상업적 폴리우레탄의 빌포성형 기술에 대하여 설명하였다. 폴리우레탄은 열경화성수지로서 이소시아네이트와 폴리올의 반응 중합체이다. 우수한 내마모성, 탄성, 충격강도, 인장/인열/압축강도, 내한성, 진동흡수, 내화학성/내유성/내오존성 등의 물성을 지닌다. 이와 같은 특성으로 인하여 폴리우레탄의 용도는 매우 다양하다. 예를 들면 도료, 피복제, 접착제, 탄성체, 흡음재, 단열재, 섬유, 신발, 냉장고, 자동차 부품 등에 널리 사용되고 있다. 이와 같은 폴리우레탄에 대하여 사용원료, 발포 제조방법, 제품특성을 상세히 기술하였다.

14장은 주로 고분자 물성과 관련한 구조 및 특성에 대하여 기술하였다. 즉 고분자의 분자량과 분자량분포, 측정방법, 입체배열 (Cofiguration), 입체형태 (Conformation), 형태학 (Morphology) 그리고 고분자의 특성 해석과 분석 시험 방법 등을 언급하였다.

15장은 실제 고분자의 물성시험 및 분석 결과를 나타내었다. 다양한 분석 시험 장비 즉, 시차주사열량계 (DSC), 편광현미경, SEM, EDAX, SPM, GPC, XRF, 인장시험기, 록크웰경도기, DTA, 아이조드시험기, 가드너 충격시험기, 열변형온도 측정기, 시험실용 사출기, 실험실용 압출혼합기, 실험실용 필름 성형 압출기, 용융흐름지수 (MFI) 측정기 등을 사용하여 (1) PP 호모폴리머의 기핵제 처방 유무에 따른 결정화 거동과 물성비교 (2) PP/EPR 블렌드에서 EPR함량 및 기핵제의 영향 (3) PP블록코폴리머의 기핵제 처방 유무에 따른 형태학, 결정화거동, 물성비교 시험분석을 실시하여 그 결과를 포함하였다.

아무튼 취업을 앞둔 3, 4학년 대학생들을 비롯하여 연구 및 산업체 고분자 관련 분야에서 종사하는 많은 분들에게 다소나마 도움이 되었으면 하는 바램을 가져봅니다. 끝으로 이 책이 출판되기까지 항상 많은 노고를 아끼지 않으신 도서출판 동화기술의 편집부를 비롯한 모든 임직원 여러분께 다시 한번 따뜻한 고마움을 표합니다.

목 차

Chapter 1 고분자 개념

Chapter 2 고분자 중합공정 (Polymer Polymerization Process)

Chapter 3 고분자 반응 (Polymer Reaction)

Chapter 9 기능성 고분자

Chapter 10 천연고분자

Chapter 11 고분자 가공 (Polymer Processing)

Chapter 12 고분자 가공 부가제

Chapter 13 상업적 폴리우레탄 적용 기술 (사례)

Chapter 14 고분자의 구조 및 특성 이론

Chapter 15 고분자 물성시험 및 분석 결과 (사례)

고분자 개념

고분자는 그들의 원료에 따라 명명되며 대개는 반복단위에 Poly를 붙여 부른다. 예를 들면 스티렌을 중합하여 만든 고분자는 폴리스티렌, 염화비닐을 중합하여 만든 고분자는 폴리염화비닐 또는 폴리(염화비닐)이라고 명명한다. 널리 응용되는 비닐계 단량체들은 [표 1.1]과 같다.

▼ **표 1.1 주요비닐계 단량체 화학구조식**

이름	단량체 구조식	이름	단량체 구조식
아크릴산	H $CH_2=C-COOH$	메타크릴산	CH_3 $CH_2=C-COOH$
아크릴아미드	H $CH_2=C-C-NH_2$ O (C=O)	메틸메타크릴레이트	CH_3 $CH_2=C-COOCH_3$
아크릴로니트릴	H $CH_2=C-CN$	하이드록시메틸메타- 아크릴레이트	CH_3 $CH_2=C-COOCH_2CH_2OH$
염화비닐	H $CH_2=C-Cl$	염화비닐리덴	$CH_2=CCl_2$
N-비닐피롤리돈	CH_2-CH_2 H_2C $C=O$ N $HC=CH_2$	N-비닐카르바졸	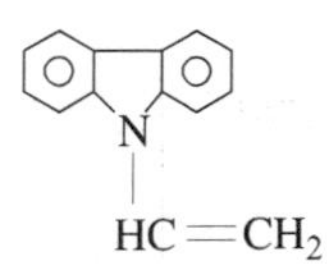
테트라플루우오로에틸렌	$CF_2=CF_2$	부타디엔	H $CH_2=C-CH=CH_2$
이소프렌	H $CH_2=C-C=CH_2$ CH_3	클로로프렌	H $CH_2=C-C-CH_2$ Cl

초산비닐	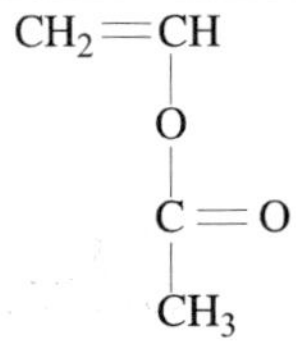	스티렌	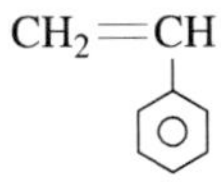

공중합체의 경우는 단량체 사이에 접요사를 붙여서 공중합체의 종류를 알 수 있도록 한다. 특별한 구조의 언급이 없으면 -co- (-공-)를 사용하여 예를 들어 스티렌과 메틸메타크릴레이트의 공중합일 경우는 Poly (Styrene-co-Methylmethacrylate)라고 한다. 그러나 만약 교대공중합체, 블록공중합체, 그래프트공중합체일 경우는 각각 접요사 -alt- (-교대-), -b- (-블록-), -g- (-그래프트-) 등을 사용한다. 예를 들면, Poly (Styrene-alt-Maleic Anhydride), Poly (Styrene-b-Butadiene), Poly (Styrene-g-Ethylene Oxide)와 같이 각각 부른다. 그리고 선형고분자의 반복단위가 탄소뿐만 아니라 다른 원자를 갖고 있는 경우 탄화수소 사이에 연결된 작용기를 이용하여 관용명으로 부르는 경우도 많다. 예를 들면, 폴리에스터, 폴리우레탄, 폴리우레아 등이 그 예이다. 이들의 구조식은 [표 1.2]와 같다.

표 1.2 주요고분자의 화학구조식

고분자	화학구조식	고분자	화학구조식
폴리에스터	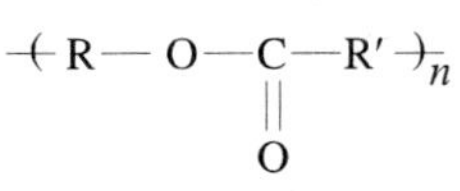	폴리우레아	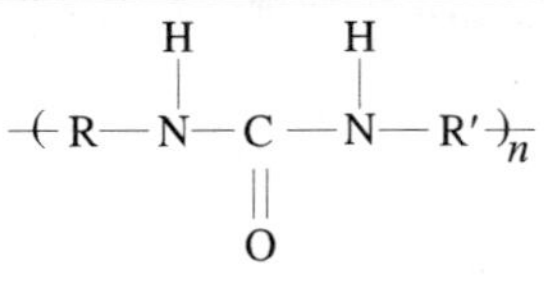
폴리아미드	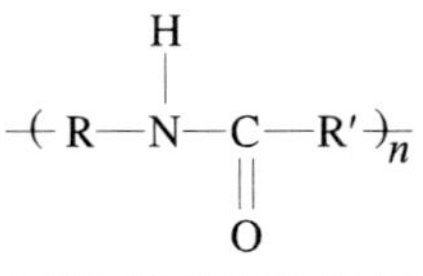	폴리설폰	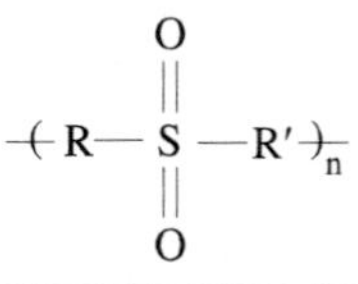
폴리우레탄	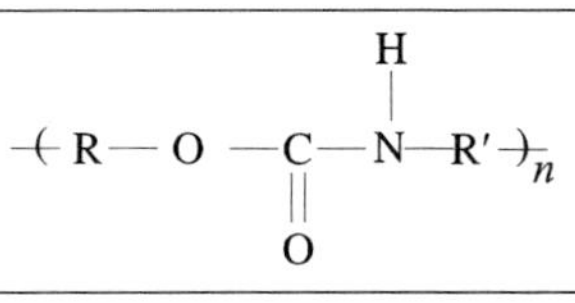	-	-

고분자는 기계적 성질이나 결정도 등에 따라 사용 목적이 다르게 응용된다. 그 중에서 가장 대표적인 예가 플라스틱, 고무, 섬유로서의 응용인데 이들의 분류는 유리전이온도 (Glass Transition Temperature: T_g)와 용융온도 (Melting Temperature: T_m)와 같은 열적성질과 밀접한 연관이 있다. [표 1.3]은 상업적으로 많이 사용되고 있는 고분자들의 개발 연도와 주요 용도를 정리한 것이다. 어떤 고분자는 탄성

체로 분류가 되고 어떤 고분자는 플라스틱으로 분류되며 그리고 어떤 고분자는 섬유가 되는데, 또 다른 어떤 고분자는 섬유가 되지 않는가 등의 분류는 고분자가 갖는 독특한 여러 성질들에 의해 이루어지기 때문이다.

유리전이온도(T_g)는 고분자가 낮은 온도에서 취성이나 강성 등의 유리상태의 거동을 보이기 시작하는 온도로 이 전이온도 주위에서 부피나 열용량과 같은 열역학적 물성의 급격한 변화가 뒤따르게 된다. 그리고 융점(T_m)은 결정성 고분자에서 결정이 녹는 온도를 말한다. 고분자의 분류는 T_g와 T_m 등에 의해 종종 분류되며 실온을 기준으로 T_g가 매우 낮은 고분자는 대개 고무로서 분류되며, 이에 비해 플라스틱은 실온에 비해 T_g나 T_m이 다소 높은 편이다. 섬유는 어느 정도 결정성을 갖는 고분자이어야 하며 고무나 플라스틱에 비해서는 대부분 높은 T_m을 갖는다.

▼ 표 1.3 상업용 고분자의 개발 역사

연도	물질	연도	물질
1839	고무의 가황 (Charles Goodyear)	1937	스티렌 부타디엔 (Buna-S) 및 스티렌 아크릴로니트릴 (Buna-N) 공중합 탄성체
1846	셀룰로오스의 질소화 (Schőnbein)	1938	나일론 66 섬유 (Carothers)
1851	에보나이트 (경화고무: Nelson Goodyear)	1939	멜라민 포름알데히드 수지
1860	셀락과 구타페르카의 성형	1940	이소부틸렌 이소프렌 탄성체 (부틸고무: Sparks and Thomas)
1868	셀룰로이드 (가소성 질산셀룰로오스: Hyatt)	1941	저밀도폴리에틸렌 (LDPE)
1889	재생 셀룰로오스성 섬유 (Chardonnet)	1942	불포화폴리에스터 (Ellis and Rust)
1889	질산셀룰로오스 광사진필름 (Reichenbach)	1943	플루오로탄소 수지 (테플론: Plunkett)
1890	구리암모니아레이온 섬유 (Despeisses)	1943	실리콘
1892	비스코오스레이온 섬유 (Cross, Bevan, and Beadle)	1943	폴리우레탄 (Baeyer)
1907	페놀 포름알데히드 수지 (베이클라이트: Bakeland)	1947	에폭시수지
1907	초산셀룰로오스 용액 (마취제: Doerfinger)	1948	아크릴로니트릴, 부타디엔, 스티렌의 공중합체 (ABS)
1908	초산셀룰로오스 광사진섬유	1950	폴리에스터섬유 (Whinfield and Dickson)
1912	재생 셀룰로오스판 (셀로판)	1950	폴리아크릴로니트릴 섬유
1923	질산셀룰로오스 자동차용 락카	1956	폴리옥시메틸렌 (아세탈)
1924	초산셀룰로오스 섬유	1957	고밀도 (선형) 폴리에틸렌 (HDPE)
1926	알키드폴리에스터 (Kienle)	1957	폴리프로필렌
1927	폴리염화비닐 (PVC) 벽지	1957	폴리카보네이트
1927	초산셀룰로오스판 및 막대	1959	*cis*-폴리부타디엔 및 *cis*-폴리이소프렌 탄성체
1929	폴리설파이드 합성 탄성체 (Thiokol: Patrick)	1960	에틸렌 프로필렌 공중합 탄성체
1929	요소 포름알데히드 수지	1962	폴리이미드수지
1931	폴리메틸메타크릴레이트 플라스틱 (PMMA)	1964	폴리산화페닐렌
1931	폴리클로로프렌 탄성체 (네오프렌)	1965	폴리설폰
1935	에틸셀룰로오스	1965	스티렌 부타디엔 블록 공중합체
1936	폴리초산비닐	1970	폴리부틸렌테레프탈레이트
1936	폴리비닐부티랄 안전유리	1971	폴리페닐렌설파이드
1937	폴리스티렌		

01 고분자 구조

(1) 분자길이 고분자(Polymer)는 단량체(Monomer)의 중합(Polymerization) 반응에 의한 중합체를 말한다. 따라서 단량체는 고분자 분자를 구성하는 기본단위이고 중합체는 단량체가 연결되어 긴 분자를 이룬 것이다. 그리고 중합은 긴 분자를 만들기 위해 짧은 분자를 결합하는 공정이다. 고분자 분자 길이는 1/100,000"이고 길이 대 직경비는 1,000:1이다.

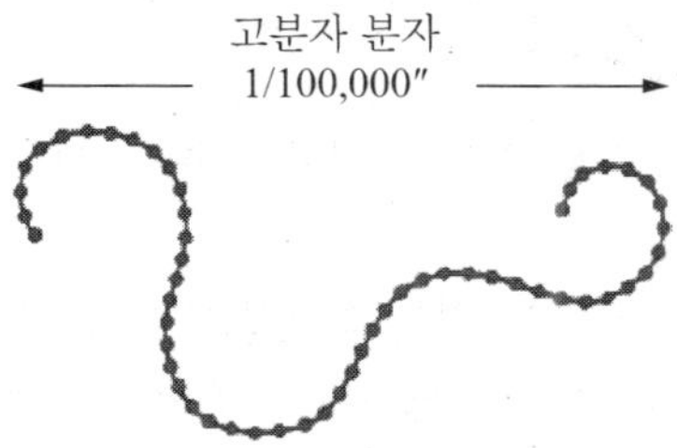

▲ 그림 1.1 분자 구조

(2) 기본형태 선형분자(Linear Molecule)들이나 가지분자(Branched Molecule)들의 엉킴(Entanglement)과 같은 형태를 하고 있다. 이들은 주로 열가소성 플라스틱(Thermoplastic)으로써 열을 가하면 유연해지고 재용융할 수 있으며 재성형이 가능하다. 예로서 PE, PP, PVC, PS, Acrylic, ABS 등을 들 수 있다.

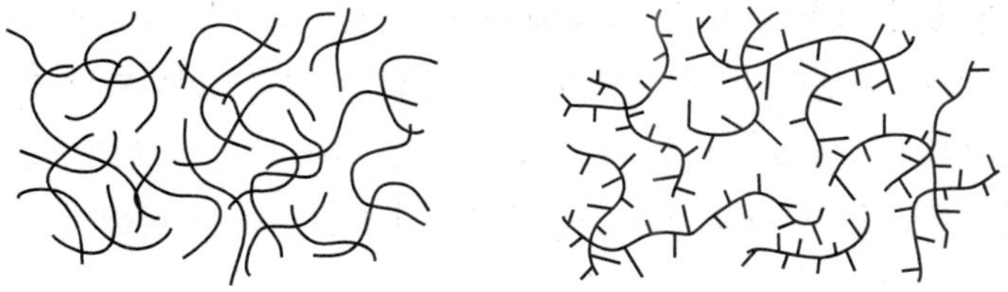

(a) 선형분자들 (b) 가지분자들

▲ 그림 1.2 기본 형태

이에 반하여 열경화성 플라스틱(Themoset Plastic)은 열에 의해 굳어지는 플라스틱으로 재용융과 재성형이 불가능하다. 즉 처음 열을 가할 경우 연해질 것이나 이 열은 화학반응을 야기시켜 분자들을 가교 및 결합(Molecules Bonded Together)하게 함으로서 3차원의 분자 형상을 갖추게 한다. 따라서 고온에서 딱딱함이 요구되는 용도인 요리기구 손잡이, 퓨즈지지대, 브레이크부품, 점화부품 등에 이용된다. 이 수지에는 페놀포름알데히드, 멜라민, 에폭시, 폴리에스터, 알키드 등이 있고 이들 중 몇 가지는 열가소성 혹은 열경화성의 양면성을 가지기도 한다.

▲ **그림 1.3 열경화성 플라스틱**

(3) 고분자 특성 열가소성수지는 화학반응이 없고 재용융 가능하지만 열경화성수지는 열에 의해 화학반응을 야기시켜 딱딱해지고 재용융이 불가능하다.

02 고분자 화학적 구조

(1) 부가 중합 (Addition Polymerization) 짧은 분자가 서로 합하여 긴 분자(중합체)를 만드는 방법이다. 즉 에틸렌, 프로필렌, 비닐클로라이드 같은 짧은 분자에 열(Heat)과 압력(Pressure)을 가하여 각각 긴 폴리에틸렌(PE), 폴리프로필렌(PP), 폴리비닐클로라이드(PVC)를 만든다. [그림 1.4]는 이들 화학구조를 각각 나타낸다.

(2) 축합중합 (Condensation Polymerization) 고분자인 중합체와 부산물을 생성하는 중합 방법을 말한다. 이것에는 페놀포름알데히드(Phenol Formaldehyde), 에폭시(Epoxies), 폴리에스터(Polyester), 폴리카보네이트(Polycarbonate), 나일론(Nylons), 폴리우레탄(Polyurethane) 등이 있다.

(3) 공중합 (Copolymer) 2가지 이상의 단량체(Monomer)를 서로 중합하여 혼합

고분자를 만드는 방법이다. 가장 흔한 예로 ABS (Acrylonitrile Butadiene Styrene) 수지를 들 수 있다.

(4) 블렌드 (Blend) 중합된 고분자를 혼합 (Mixing)하여 이루어진 플라스틱을 말하며 다양한 특성을 수지에 부여한다. 이와 같이 공중합 및 블렌드와 같이 2개 이상의 고분자를 혼합함으로써 다양한 물성을 활용할 수 있는 선택의 폭을 넓혀 준다. 예를 들면 몇 가지 형태의 ABS수지는 실내 장식품 덮개로 사용되는 것이 있는 반면 딱딱한 물성으로 인해 가정용 도구함 혹은 운반용 상자로 이용되기도 한다. 현재 ABS는 수백 종류의 제품에 사용되고 있고 이는 공중합의 일례에 불과하다.

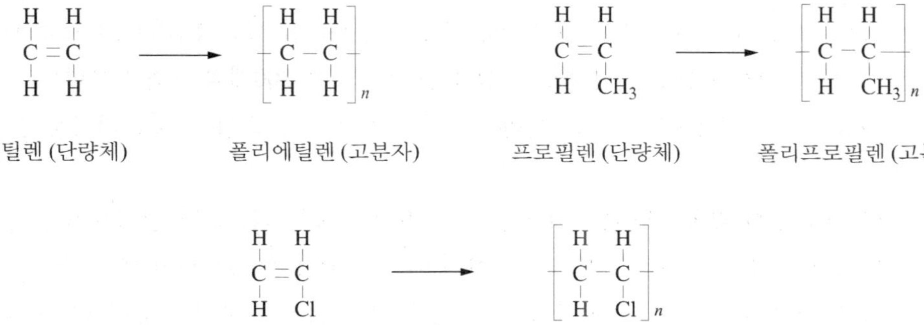

에틸렌 (단량체) 폴리에틸렌 (고분자) 프로필렌 (단량체) 폴리프로필렌 (고분자)

비닐클로라이드 (단량체) 폴리비닐클로라이드 (고분자)

▲ **그림 1.4 부가 중합** (Addition Polymerization)

03 가공 및 제품특성에 영향을 주는 요소

(1) 평균분자 길이 어떤 중합공정에서 길이가 다양한 분자가 만들어질 수 있다. 고분자 공급자는 어떤 고분자에 대해서 각기 다른 평균분자 길이 (량)의 제품을 수요자에게 공급한다고 볼 수 있다. 아래 그림에서 (a)는 쉽게 흐르지 못하고, 성형하기 어려우며, 거칠다 (즉 충격강도가 크다). 반면에 (b)는 쉽게 흐르고, 분자 엉킴이 적으며 덜 거칠 것이다.

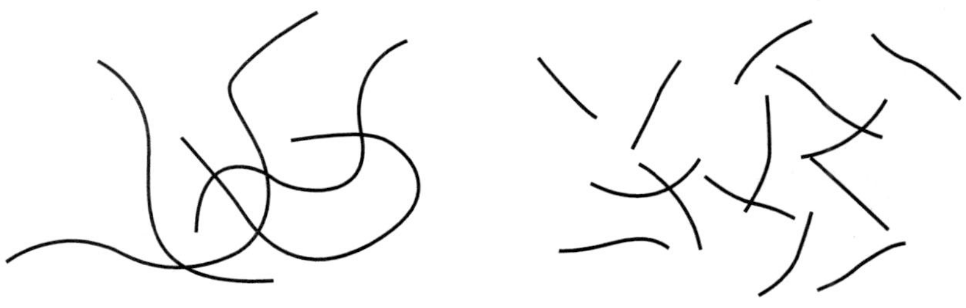

(a) 긴 분자 (Long Molecules) (b) 짧은 분자 (Short Molecules)

▲ 그림 1.5 평균분자 길이

따라서 고분자 분자의 길이는 신율(Elongation) 및 충격강도와 같은 제품 물성과 흐름 용이성(점도) 같은 가공작업에 영향을 준다. 참고로 특수용도의 폴리에틸렌(PE)은 100개의 탄소가 연결될 수 있다. 또한 그것은 500개의 탄소가 중합으로 연결 가능하다. 그러나 이들은 둘 다 PE이지만 각각의 가공 특성은 크게 달라질 것이다.

(2) 분자길이 분포 두 종류의 고분자 A, B가 동일한 평균분자 길이(량)를 가지고 있으나 각각의 분자크기의 분포는 상이하다. 즉 B가 A보다 훨씬 짧고 더 긴 분자가 넓게 분포하고 있다. 따라서 각 특성에 맞게 넓고 다양한 가공이 이루어질 수 있으며 B가 A보다 가공 범위가 넓을 것이다.

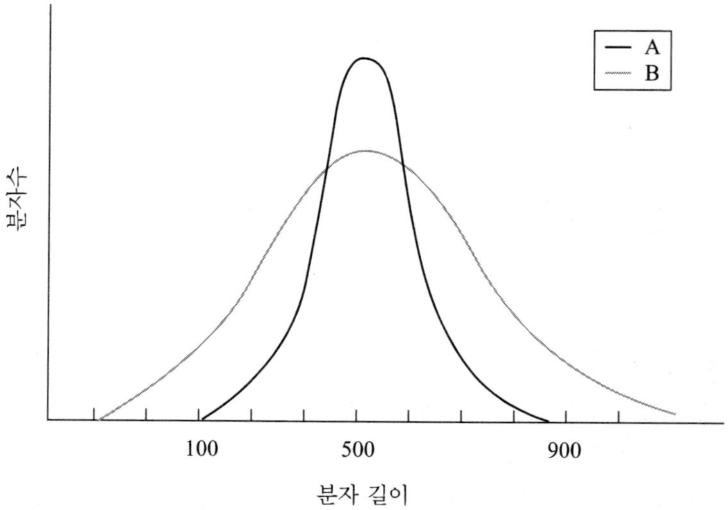

▲ 그림 1.6 분자길이 분포

(3) 분지 (Branch) 고분자 중합은 분자의 골격 사슬(Backbone Chain)을 따라서 일어날 뿐 아니라 나무 가지처럼 분자의 측쇄를 따라 일어나기도 한다. 분지(측쇄)의 다소는 밀도(Density), 인장강도(Tensile Strength), 강성(Stiffness), 수축(Shrinkage), 흐름성(Viscosity) 등과 같은 물성에 영향을 줄 수 있다. 예를 들어 폴리에틸렌(PE)의 분지 정도는 다양한데 저밀도 폴리에틸렌(LDPE)은 많은 분지를 가지고 고밀도 폴리에틸렌(HDPE)은 거의 분지를 가지지 않는다.

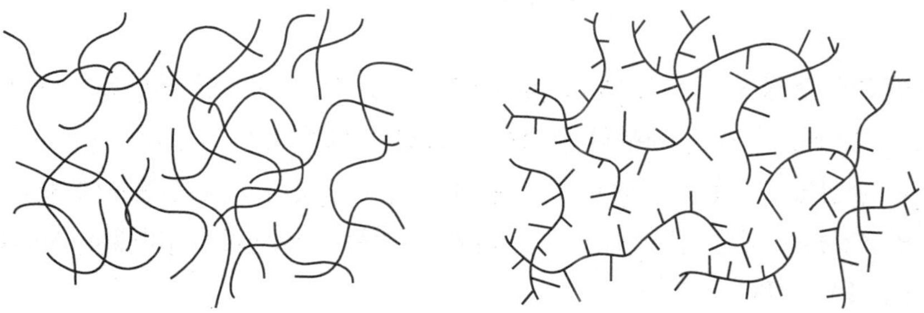

(a) 고밀도 폴리에틸렌 (b) 저밀도 폴리에틸렌

▲ 그림 1.7 분지 (Branch)

04 고분자 조직

얼음은 물의 결정형태이다. 물이 얼 때 각 분자는 주위에 대해서 특별한 위치를 가지고 있다. 즉 0℃ 이상에서 물의 결정 구조(얼음)는 깨져 녹을 것이다. 이와 같이 결정성 고분자(Crystalline Polymer)도 어떤 융점 이하에서 각각의 분자는 다른 분자에 대해서 특별한 위치를 가질 것이다. 결정구조의 특징은 ① 규칙적인 배열을 하고 있다. ② 고유의 융점과 어는점을 가진다. ③ 내부의 힘에 의해서 기인한다. 아래와 같이 긴 분자를 가진 고분자의 결정 형태는 물과 같이 짧은 분자와는 아주 다르다. 긴 분자들은 정체한 파도처럼 나란히 포개어진다. 그리고 결정성이 높은 고분자에는 나일론, 아세탈, 폴리프로필렌(PP)이 있고 부분적으로 결정화된 고분자는 중합체 사슬 속에 결정영역이 분리되어 있는 것을 말한다.

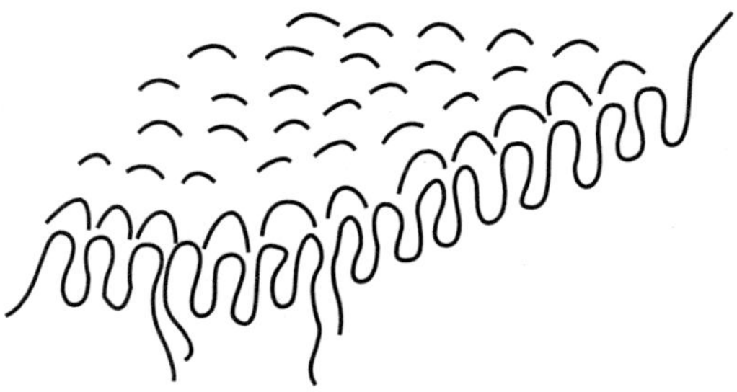

▲ **그림 1.8 굽힘 사슬 결정화도** (Folded Chain Crystallinity)

반면에 무정형 고분자(Amorphous Polymer)는 규칙적인 배열을 가지지 못한 것을 말한다. 이것은 내부의 분자힘에 의해서 야기되고 그 분자들은 어떤 방향으로든 배열될 수 있다. 그리고 고유 융점을 가지지 못하고 높은 온도에서는 더 유체적인 거동을, 낮은 온도에서는 덜 유체화 거동을 보인다. 여기에는 Acrylic, ABS, PS, PVC, PC가 있다.

결정형과 무정형 고분자의 특징은 다음과 같다.

① 흐름성에 있어 결정형은 융점이상에서 쉽게 흐르지만 무정형은 흐름이 비교적 딱딱(Stiff)하다.

② 수축 물성은 결정형이 무정형보다 높다. 즉 결정형 0.012～0.025 inch/inch, 무정형 0.004～0.012 inch/inch이다.

③ 성형영역에서 결정형은 엄밀한 치수조절이 어렵고 무정형은 용이하다.

④ 열용량은 결정형이 많은 가열과 많은 냉각이 요구되는 반면 무정형은 낮은 가열과 낮은 냉각이 필요하다.

⑤ 성형영역에서 결정형은 결정융점에 접근하고 나서야 온도가 용융강도(Melt Strength)에 영향을 미치는 반면 무정형은 온도가 증가함에 따라 강성은 점차 떨어진다.

05 고분자 열화(노화)

고분자 분자가 화학적 변화에 의해 특성을 상실해 버린 것을 말한다. 이는 긴 분자의 절단뿐 아니라 원하지 않은 분자가 붙으므로 인해서 밀려날 수 있다.

06 부가제 (Additives)

부가제에는 열안정제, 산화방지제, 자외선안정제, 보강제 (Reinforcement), 충진제 (Filler) 등이 있다.

(1) 열안정제 (Heat Stabilizer)

열에 의한 노화 (Degradation)로부터 고분자를 보호하기 위함이다. 금속 스테아르산염 (Stearate) 혹은 유기인산이 보통 사용된다.

(2) 산화방지제 (Antioxidant)

고분자 상에서 산소공격의 영향을 줄이기 위하여 고분자에 넣어지는 화학적 물질이다.

(3) 자외선 안정제 (Ultra Violet Light Stabilizer)

UV안정제는 고분자 상에서 햇볕에 대한 노화를 감소시켜 준다. 그 밖에 착색제 (Colorant), 발포제 (Blowing Agent), 윤활제 (Lubricant), 가소제 (Plasticizer), 난연재 (Flame Retardant), 대전방지제 (Antistatic Agent) 등이 있다.

(4) 보강제 (Reinforcement)

유리섬유 (Glass Fiber)나 탄소섬유 (Carbon Fiber)와 같이 고분자의 물리적 특성을 증가시키는 섬유성 재료를 말한다.

(5) 충진제 (Filler)

활석 (Talc) 혹은 운모 (Mica)와 같이 성형제품의 비용을 줄이기 위해 사용되는 저렴한 물질로 고분자의 물리적 특성을 증가시킬 수 있다.

참고 ▌ 내용 요약

고분자의 분자 길이 (량)와 그 분포는 가공 공정 및 제품 특성에 영향을 줄 뿐 아니라 열경화성 (가교) 및 열가소성 (분지 혹은 선형) 또한 고분자 가공 영역에 영향을 준다. 그리고 코폴리머 혹은 블렌드는 2개 이상의 고분자를 혼합함으로써 얻어지고, 이는 특별한 물성을 얻기 위해서 사용된다. 결정과 무정형 구조는 가공과 수축 그리고 최종제품 특성에 영향을 주며 부가제는 특수한 물성을 증가시키기 위해서 사용되지만 이것 역시 가공과 물성 특성 양쪽에 영향을 줄 수 있다. 가공조건은 고분자 구조를 변경시켜 가공 영역 및 최종제품 특성에도 영향을 줄 수 있다.

07 플라스틱 (Plastic) 가공

고분자에 열 (Heat)과 흐름 (Flow)의 영향은 다음과 같다.

(1) 열 (Heat) 고분자를 연하게 만들어 부피를 증가시킨다. 그리고 결정성 고분자는 특별한 온도에서 녹고 무정형 고분자는 온도가 증가함에 따라 계속 연질로 되며 특별한 용융온도를 가지지 않는다.

(2) 흐름 (Flow) [그림 1.9]는 관 속을 흐르는 물의 측면도이다. 화살표 끝을 연결하는 선이 흐름 속도 형태를 나타낸다. 즉 흐름 수직방향의 어느 한 점에서 분자들의 속도이다. 화살표가 길수록 분자의 흐름 속도는 빠르다. 이와 같은 형태는 물과 같이 짧은 분자들의 흐름 속도이다. 분자가 관 벽에 가까울수록 흐름 속도가 느린 이유는 벽과 분자 사이의 마찰력 때문이다. 가장 빠른 분자는 관의 중심 (Center)을 흐른다.

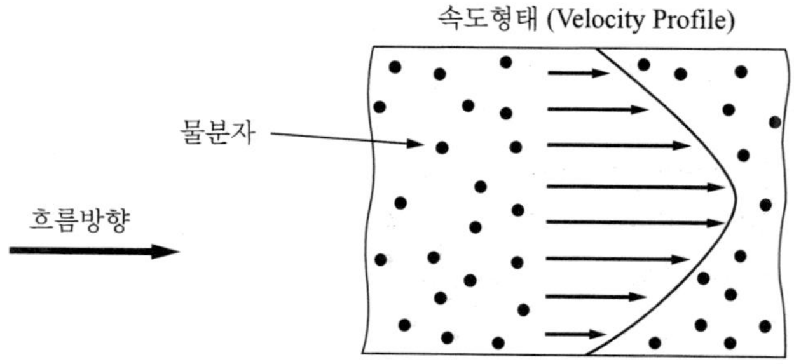

▲ 그림 1.9 **단분자 흐름 형태** (Flow Profile)

그러나 고분자와 같이 긴 분자는 흐름 방향의 대각선으로 배열될 수도 있지만 흐름 방향으로 배열되어야 한다. 분자 배향 (방향성)은 흐름 방향의 속도 차이에서 발생된다.

다음 [그림 1.10]에서 크기가 큰 분자는 A와 같이 흐름 방향의 수직으로 놓인다. 만약 그것을 흐르게 하려면 높은 압력으로 분자 양끝의 속도를 달리 해주어야 할 것이다. 그러나 이것은 실제 일어날 수 없는 현상이다. 왜냐하면 분자가 깨어져야 하기 때문이다. 결국 분자는 B와 같이 흐름 방향으로 놓여야 한다. 이것은 성형에 있어서 (특히 사출) 분자 배향의 근본적인 문제이기도 하다.

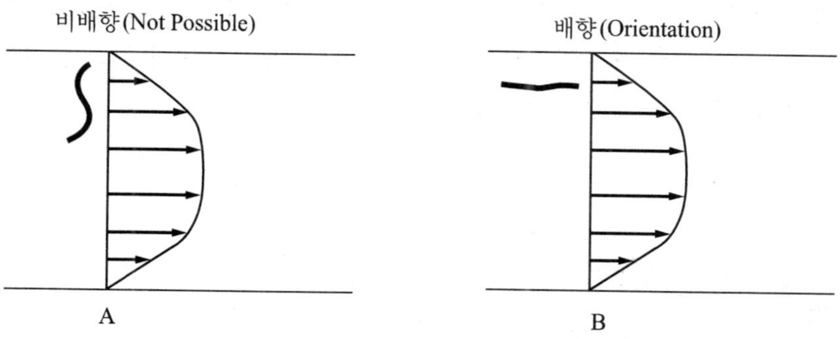

▲ 그림 1.10 긴분자 흐름 형태 (Flow Profile)

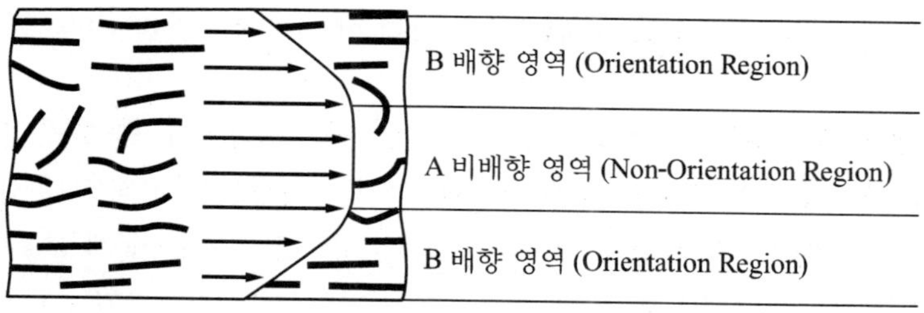

▲ 그림 1.11 흐름 배향 (Flow Orientation)

고분자 흐름은 [그림 1.11]과 같이 플러그 흐름(Plug Flow) 형태의 속도를 나타내는 경향이 있다. 이는 흐름 형태의 선단부는 가지런한 층(Flatted Layer)이다. 이 가지런한 영역의 크기는 흐름 속도에 의존한다. 즉, 낮은 흐름 속도는 넓은 플러그 영역을 가지고 빠른 흐름 속도는 더 작거나 플러그 흐름 영역을 가지지 않는다. 따라서 흐름의 배향성을 증가시키려면 흐름 속도를 증가시키거나 판의 흐름 통로 두께를 감소시킨다(관의 경우는 직경을 감소).

(3) 고분자 흐름이 사출물에 미치는 영향 보통 사출물의 특성은 부품의 양 측면은 배향층을 가지고 중심은 비배향층을 가진다.

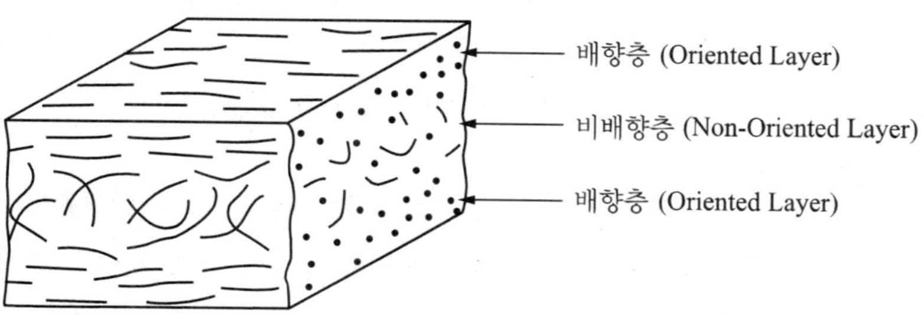

▲ 그림 1.12 성형품 구조 (Molded Part Structure)

얇은 사출물은 중심도 배향성을 가지고 단면 전체가 높은 배향성을 가진다. 비등방성은 방향 강도 물성을 나타내는데 사용되는 용어로 방향 강도 물성은 완제품에서 배향 분자에 의해서 일어난다.

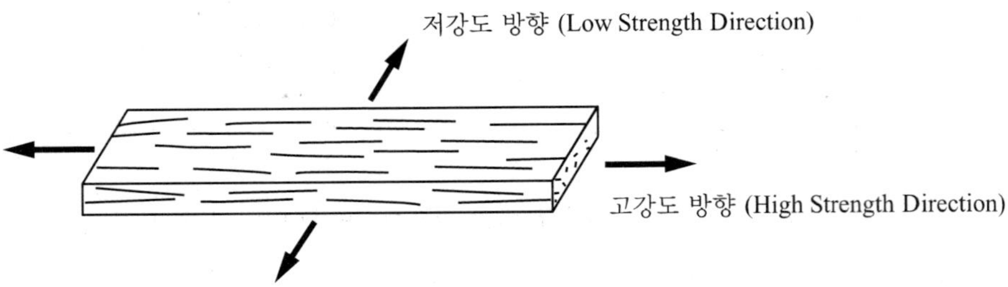

▲ **그림 1.13 얇은 성형품 구조** (Thin Molded Part Structure)

(4) 점도 (Viscosity) 점도는 흐름 유체에 대한 저항이다. 즉 흐름 분자들 사이의 전체 마찰력이다. 점도가 유체 흐름에 미치는 영향으로 고점도 유체는 흐름에 대한 높은 저항을 가져 쉽게 흐르지 못하나 저점도 유체는 쉽게 흐른다. 물과 같은 짧은 분자에서는 점도와 흐름 속도 사이의 관계는 다음 [그림 1.14]와 같다. 짧은 분자를 보다 빠르게 흐르도록 할 때 점도변화는 없다. 즉 흐름 속도가 변할 때 그들의 흐름마찰력은 변하지 않으며 이것을 뉴턴 흐름 (Newtonian Flow) 거동이라 부른다.

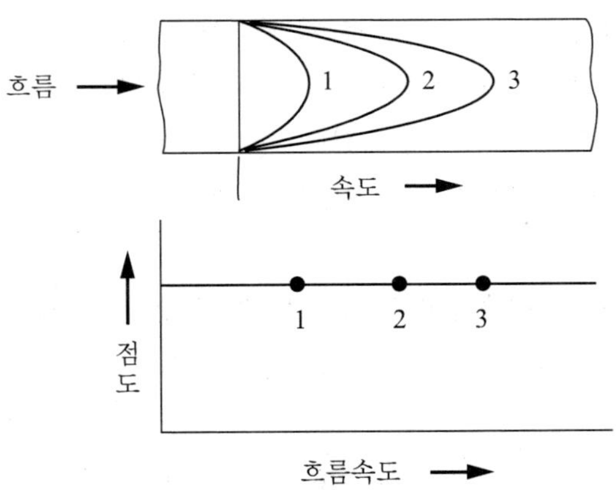

▲ **그림 1.14 흐름 형태** (Newtonian **흐름**)

고분자와 같이 긴 분자들은 흐름 속도가 증가할 때 점도는 감소할 것이다. 이것을 비뉴턴 흐름 (Non-Newtonian Flow) 거동이라 불린다. 다음 [그림 1.15]와 같이 흐름 통로를 통하여 흐름 속도를 증가시키면 보다 많은 분자들이 흐름 속도 차이로 인해 통로 단면적을 가로질러 배향될 것이다. 배향되는 분자가 많으면 많을수록 고분자 흐름의 증가가 일어날 것이다. 이것은 분자들 사이에 엉킴이 적어져서 마찰력이 감소하기 때문이다. 즉 흐름 속도가 증가할 때 고분자 점도가 낮아진 결과이다.

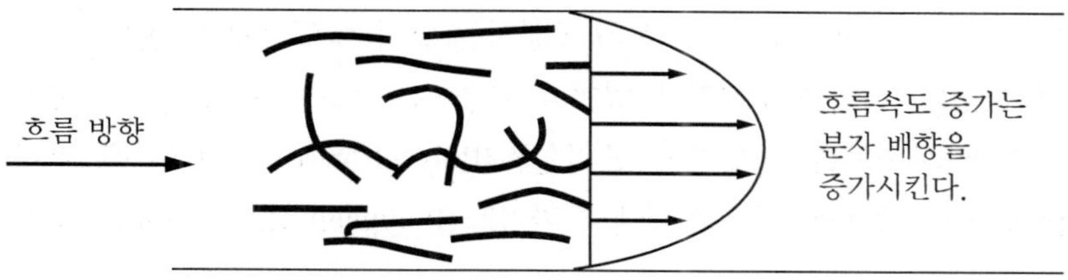

▲ 그림 1.15 흐름 형태

다음 [그림 1.16]은 비뉴턴 흐름의 흐름 속도(Flow Rate)에 대한 점도의 관계를 나타내고 있다. 흐름 속도가 낮은 영역 A에서는 대부분의 분자들은 엉키게 되어 그들 사이에 마찰력이 존재하게 된다. 따라서 쉽게 흐르지 못하게 되어 고점도가 된다. 흐름 속도가 증가하여 영역 B에서는 많은 분자들이 배향성을 가지게 되어 내부 마찰력(점도)은 상대적으로 감소된다. 몇몇 고분자에 있어서는 이 점도 감소가 100배 정도에 달하기도 한다. 그리고 흐름 속도가 아주 높은 영역 C에서는 모든 분자들이 배향성을 가지게 되고 그 점도는 일정하게(혹은 안정 상태로) 된다.

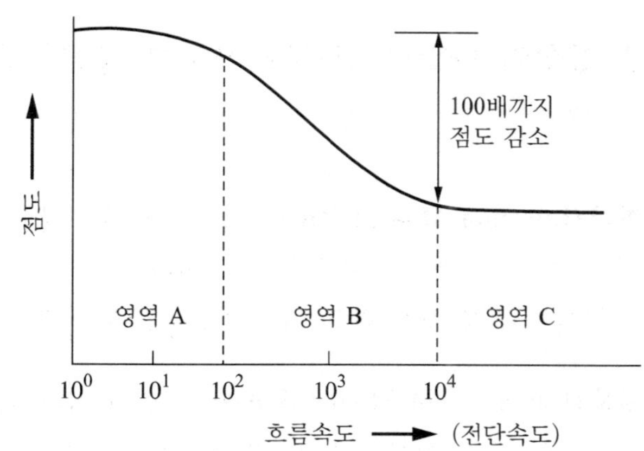

▲ 그림 1.16 점도 대비 흐름 속도

비뉴턴 흐름 특성의 이점은 점도감소는 얇은 벽의 형틀을 통하여 보다 쉽고 빠르게 충진하게 되며 뉴턴흐름보다 압력손실이 적다. 단점은 점도가 온도, 압력, 흐름 속도에 따라 변하기 때문에 제어하기가 보다 더 어렵다. 또한 사출물의 특성이 다양할 것이다. 왜냐하면 다양한 흐름에 대한 분자 배향과 압력변동이 있기 때문이다.

(5) 여러 가지 고분자에 있어서 일반적인 점도 변화 아크릴릭(Acrylic) 점도는 흐름 속도가 증가함에 따라 점도가 100배까지 감소하고 폴리에틸렌(Polyethylene) 점도는 흐름 속도가 증가함에 따라 30배까지 감소할 것이다. 그러나 폴리카보네이트(Polycarbonate)는 흐름 속도가 증가함에 따라 점도감소가 거의 일어나지 않는다. 링 구조(Newtonian 흐름)의 고분자는 흐름 속도 증가로 점도감소는 거의 일어나지 않는다. 이들 고분자에 있어서 배향성은 주요 영향을 주지 못한다. 여기에는 폴리카보네이트를 비롯하여 폴리설폰(Polysulfone), 폴리페닐렌 옥사이드(Polyphenylene Oxide), 폴리페닐렌 설파이드(Polyphenylene Sulfide) 등이 포함된다.

(6) 열경화성 고분자의 배향성 보통 낮은 흐름 속도를 가지고 이는 배향성을 감소시킨다. 그리고 3차원 분자구조인 망상 형태를 하고 있어 방향특성 차이를 감소시킨다. 따라서 배향성 효과는 열가소성 고분자에 비해 훨씬 낮다.

(7) 배향성의 주요 영향 많은 고분자의 점도는 흐름 속도가 변함에 따라 변한다. 흐름은 분자 배향성에 영향을 주고 분자 배향성은 성형제품 물성에 영향을 준다.

08 어떻게 배향성이 다양한 고분자 가공에 영향을 주는가?

(1) 사출성형물(Injection Molded Parts) 표면 가까운 부분은 배향성 층을 이루는 경향이 있고 중심 부분에는 비배향성 층을 이룬다. 이와 같은 층의 구조는 제품의 구조적인 물성을 결정 짓게 하고 이는 가공조건에 의해서 변경 가능하다.

(2) 압축성형물(Compression Molded Parts) 흐름이 거의 없기 때문에 분자 배향은 중요한 인자가 되지 못한다. 열경화성 고분자에 있어 물리적 성질에 영향을 주는 주요한 구조적인 인자는 3차원의 망상 분자이다.

(3) 이송성형물(Transfer Molded Parts) 고분자의 흐름으로 인해 어떤 방향성을 나타내고 3차원의 망상 분자를 서로 연결하는 것이 가장 중요한 요소이다.

(4) 압출물(Extrusion Parts) 배향성 정도는 상당히 변할 수 있으며 가공하는 사람이 완제품의 배향성을 상당히 제어할 수 있다.

(5) 공정 발포물 (Process Foamed Parts) 작은 분자 배향성을 가지는 경향이 있고 고분자의 서냉은 분자 배향성의 정도를 최소화하는 경향이 있다.

(6) 분자 배향성이 없거나 거의 가지지 못하는 기타 공정 기타 순환 금형, 캐스팅(Casting), 반응 사출성형 (RIM, Reaction Injection Molding) 등이 있다.

(7) 강화 성형품 구조 섬유는 흐름 방향으로 배향하게 되고 대부분의 강도가 합해져서 흐름 방향에 일부로 될 것이다.

참고 ▌ 내용 정리

대부분의 고분자는 흐름 방향으로 배향한다. 이 배향은 성형물의 물리적 성질에 영향을 준다. 그리고 분자 배향은 고분자 점도를 감소시키고 그 결과 흐름 속도가 증가한다. 더욱이 분자 배향은 증가하게 된다. 비뉴턴 유체의 이점은 보다 쉬운 고분자 흐름과 보다 낮은 압력손실이고 단점은 제품의 물성 제어가 어렵고 보다 다양한 금형이 필요하다. 환 (Ring) 구조 고분자는 눈에 띌 만큼 현저하게 배향하지 않고 제품 물성은 단지 약간의 흐름에 영향을 받을 뿐이다.

09 사출성형기 (Injection Molding Machine)

일반적으로 사출기의 구조와 부품 이름은 다음과 같다.

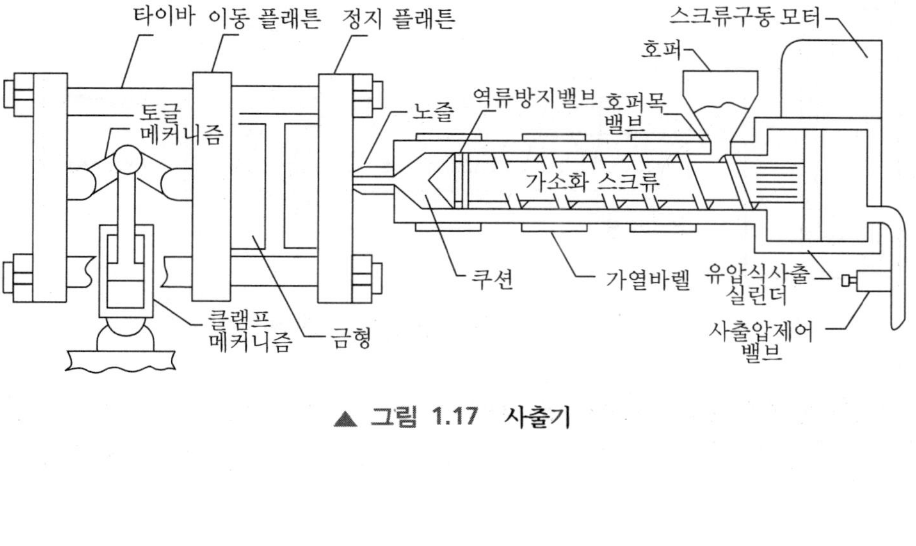

▲ 그림 1.17 사출기

보통 사출기의 성형 사이클은 실린더 충진, 금형충진, 냉각 (Cooling)과 용융 (Plasticating), 성형품 밀어내기의 4단계로 구분한다.

(1) 실린더 충진 (Cylinder Filling) 금형을 충진하기에 앞서 일정량의 용융물 (Shot)이 사출 (Injection)을 준비하고 있는 스크류 (Screw) 앞부분에 채워져 있다. 금형 (Mold) 속을 채우기 위해 스크류가 전진한다. 이때 스크류는 회전하지 않고 용융 고분자를 가열 바렐 (Barrel)로부터 노즐 (Nozzle), 주입구 (Sprue), 흐름길 (Runner), 입구 (Gate)를 통하여 공동 (Cavity) 속으로 밀어 넣게 된다.

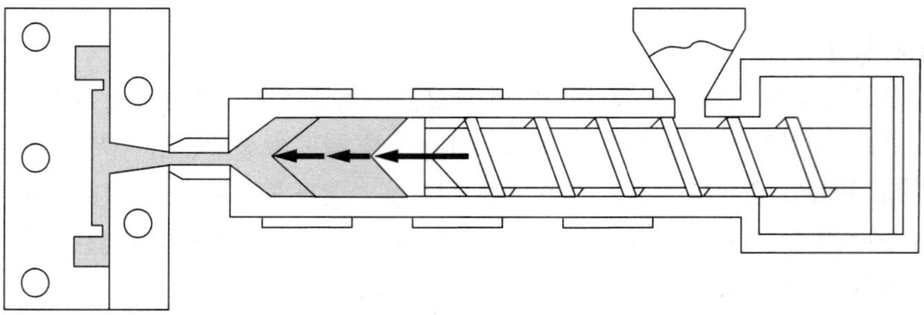

▲ 그림 1.18 **충진단계** (Filling Phase)

(2) 금형 충진 (Mold Filling) 공동 (Cavity)을 채운 후 용융 고분자에 주어지는 압력은 입구 (Gate)가 굳어질 때까지 유압사출 피스톤에 의해 유지된다. 이것은 공동 (Cavity) 속에 있는 부가적인 고분자 분자에 압력을 가해 냉각 시에 일어나는 수축을 상쇄할 수 있도록 한다. 대부분의 금형에 있어서는 작은 분량의 용융물 (쿠션이라 부름)이 금형 충진시 스크류 전단부에 남게 된다. 이것은 공동 (Cavity)에 압력을 가하는데 필요 불가결하다.

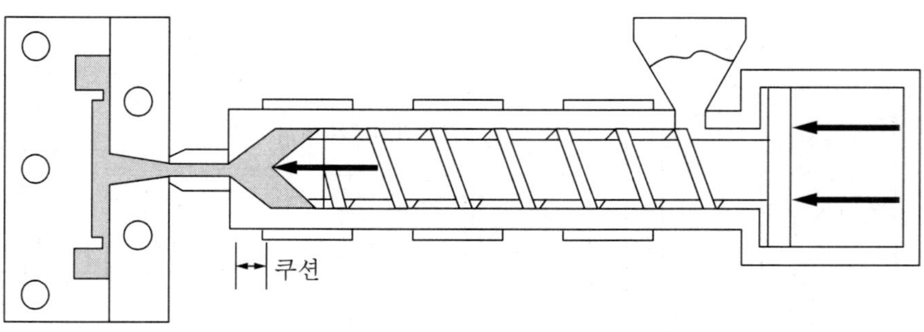

▲ 그림 1.19 **패킹단계** (Packing Phase)

(3) 냉각과 용융 (Cooling & Plasticating) 입구 (Gate)가 굳기 전후에 고분자는 금형 안에서 냉각이 되고 동시에 스크류는 다음번의 고분자 샷 (Shot)을 용융 (가소

화)하기 위해 회전하게 된다. 스크류는 전단부에 축적된 용융 고분자에 의해 후방으로 밀려나게 된다. 스크류가 설정된 위치에 도달할 때 충분한 고분자가 다음 사이클을 위해 용융된다. 그 스크류는 회전을 멈추고 다음번을 사출하기 위해 준비된다.

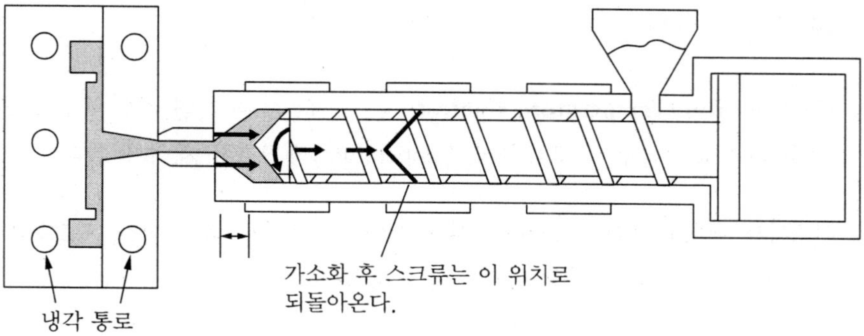

▲ **그림 1.20 가소화와 냉각 단계** (Plasticating & Cooling Phase)

(4) 성형품 밀어내기 다음 샷을 용융하기 위해 스크류가 회전하는 동안 금형 속의 고분자는 냉각된다. 성형품이 모양을 유지할 만큼 충분히 냉각되었을 때 금형은 열리고 성형품이 나오게 된다. 그 후 다시 금형은 닫히고 재 사이클이 시작된다.

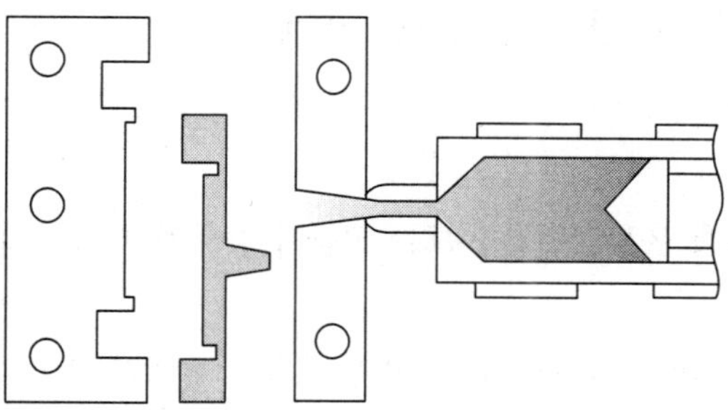

▲ **그림 1.21 성형물 취출 단계** (Part Ejection)

10 사출성형기 제어

(1) 유압식 압력 제어 (Hydraulic Pressure Control) 3단계의 유압식 압력 제어가 있는데 제1단계는 부스터 압(Booster Pressure, High Pressure, Primary Pressure)이

라고 부르고 금형을 꽉 채우기 위해서 사용된다. 제2단계는 보압(Holding Pressure, Low Pressure, Secondary Pressure)이라 부르며 입구(Gate)가 응결하여 굳을 때까지 고분자에 압력을 유지한다. 마지막으로 배압(Back Pressure)이 있는데 이것은 스크류가 다음 샷 고분자를 용융하기 위해서 회전하고 있는 동안 사출 실린더 속에 존재하는 압력을 말한다.

(2) 온도 제어(Temperature Control) 온도 제어에는 가열 바렐 존(Barrel Zone), 노즐(Nozzle), 금형 온도(Mold Temperature)의 3가지 제어가 있다.

(3) 시간 제어(Time Control) 시간 제어는 제1단계 사출 시간, 제2단계 사출 시간, 금형 닫힘 시간, 금형 열림 시간으로 나눈다.

(4) 기타 기타 스크류 회전속도(Screw Rotation Speed, rpm), 제동력(Clamp Force), 쿠션(Cushion) 크기 조정, 용융 감압(Melt Decompression) 등이 있다.

11 사출성형기의 일반적 조작 한계

(1) 성형기 바렐 온도 바렐 온도는 고분자 종류에 따라 보통 120~425℃ 정도이다.

(2) 유압(Hydraulic Pressure) 일반적으로 유압은 3.5~140 kg_f/cm^2 범위이다. 이것은 사출 바렐 속의 고분자 상에 35~1,400 kg_f/cm^2의 압력을 가하는 결과를 가져온다. 일반적으로 유압과 고분자의 압력 확대는 10 : 1이다. 파스칼 원리(Pascal's Principle)에 의하면 피스톤 상에 압력(Pressure)×면적(Area)의 값은 다른 쪽 면의 압력(Pressure)×면적(Area)의 값과 동일하다. 이 원리를 이용하여 스크류 설계자들은 고분자 상에 높은 압력을 가할 수 있도록 스크류를 설계한다.

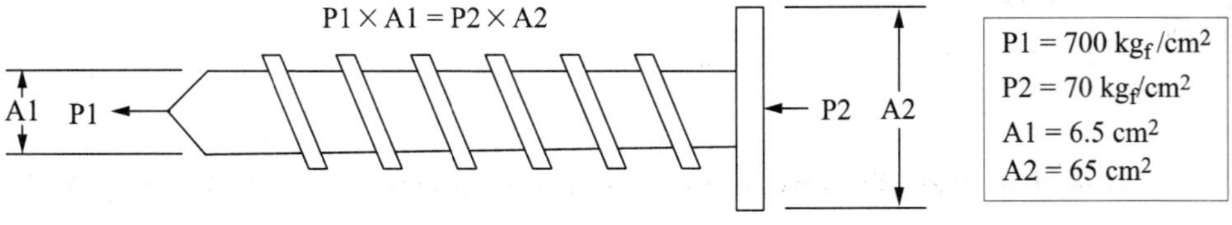

▲ 그림 1.22 고분자에 압력을 증폭시키는 방법

(3) 조작방법 (Operation Mode) 수동, 반자동, 자동조작의 3가지가 있다. 수동조작은 각 기계 기능의 제어 스위치에 의해 시작되고 정지가 된다. 이 방법은 종종 조립, 분해 그리고 가동 및 정지에 이용된다. 반자동 조작은 시간, 압력, 온도가 사전에 설정이 된다. 기계가 자동적으로 하나의 완전한 성형 사이클을 통하여 일련의 연속작업을 행한다. 그 기계는 안전문이 열리고 나서 다시 닫힌 후 비로서 재사이클이 시작된다. 마지막으로 자동조작은 모든 제어가 사전에 설정이 되어 운전자의 안전문 개폐 없이도 기계가 자동으로 사이클을 반복한다.

(4) 기타부품과 제어

1) **스크류 추진 모터** 스크류를 회전하게 하여 고분자 입자를 녹이고 운송을 돕는다. 비록 직접적인 추진력이 전기일 지라도 보통 모터는 유압식이다.

2) **사출 펌프 (Injection Pump)** 제1단계의 고부피 펌프 (High Volume Pump)는 빠른 사출을 위해 오일을 갑작스럽게 사출 실린더에 이송하는데 이용한다. 그리고 2단계 저압 펌프 (Low Pressure Pump)는 입구 (Gate)가 굳어질 때까지 고분자에 압력을 유지하는데 사용되고 고부피 펌프 용량의 10～15%이다.

3) **호퍼 (Hopper)** 수지 (Resin) 투입구를 말한다.

4) **셧오프 (Shut Off) 밸브** 호퍼 밑 부분에 있는 슬라이딩 (Sliding) 밸브로 가열바렐 속으로 고분자 입자가 떨어지는 것을 차단한다.

5) **호퍼목 (Hopper Throat) 냉각 채널** 호퍼 밑 부분 주위에 설치된 물냉각 채널로 고분자가 이 영역에서 용융되는 것을 방지한다.

6) **가열베럴 (Heating Barrel)** 일반적으로 최고 압력 3,500～4,215 kg_f/cm^2에 견딜 수 있도록 만들어져 있다. 그리고 바렐을 통하여 나있는 구멍은 온도 제어를 위해 온도계를 설치하도록 되어 있다.

(5) 가소화 스크류

1) **L/D비** 스크류 길이와 직경의 비이다. 일반적으로 12:1에서 크게는 더 많은 가열과 더 좋은 혼련을 하기위해 길이가 긴 스크류 경우는 30:1 이상까지도 있다. 그리고 압축비는 아래 [그림 1.23]에서 h_2/h_1이다. 공급부는 가장 깊은 플라이트 (Flight) 깊이를 가지고 있어 가장 많은 부피의 고분자 입자 (Granule)을 유지한다. 그리고 압축부는 공급에서 계량부로 고분자의 이송을 돕는다.

2) 압축비 (Compression Ratio) 앞서 언급한 바와 같이 공급부와 계량부 사이의 플라이트 깊이 차이를 말한다. 일반적으로 열 가소성 고분자에 있어서는 통상 2:1～3.5:1이다. 반면에 열경화성수지용의 스크류는 압축비가 없거나 거의 가지지 않는다.

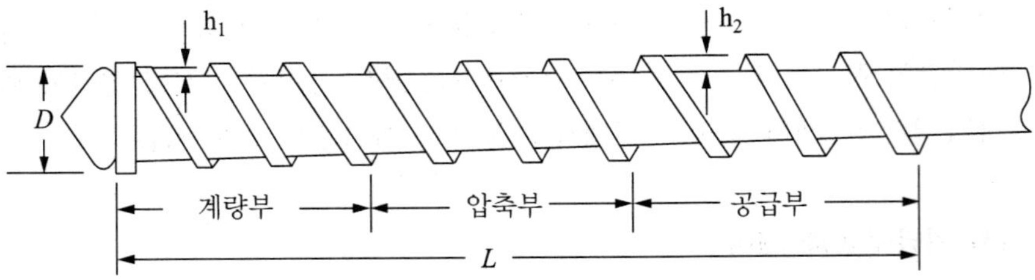

▲ **그림 1.23 가소화 스크류** (Plasticating Screw)

(6) 역류 (Back Flow) 방지 밸브 역류 방지 밸브는 사출시 용융 고분자가 스크류 후방으로 밀려나지 않도록 한다. 이것은 마모되기 쉽기 때문에 조업자는 사출 후 지속적으로 전방으로 움직이는 스크류를 지켜보아야 한다. 그럼으로써 역류 방지 밸브의 새는 (Leak) 현상을 찾을 수 있다. 가끔 역류 방지 밸브는 PVC 혹은 열경화성 고분자를 성형할 때 사용되지 않은 경우도 있다.

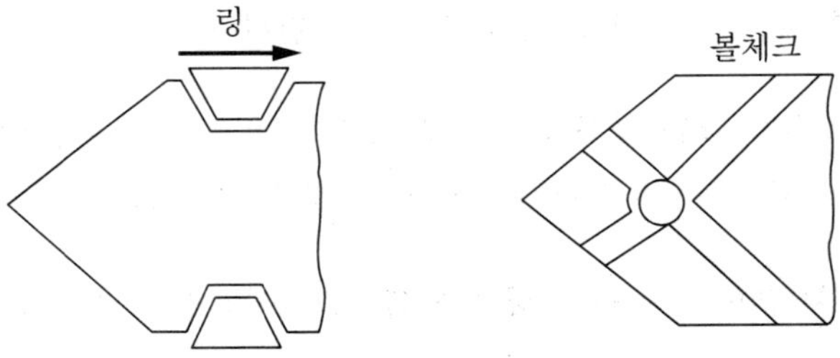

▲ **그림 1.24 역류방지 밸브** (Non-Return Valves)

(7) 노즐 (Nozzle) 노즐 반경은 주입구 (Sprue) 부싱 반경과 똑 같아야 한다. 나일론 노즐 상에 역 테이퍼 (Reverse Taper)는 고분자로 하여금 부분적으로 노즐 속에서 응결하게 한다. 이것은 고분자의 콜드 슬러그 (Cold Slug)를 도와 주입구 (Sprue)와 함께 빠지게 된다.

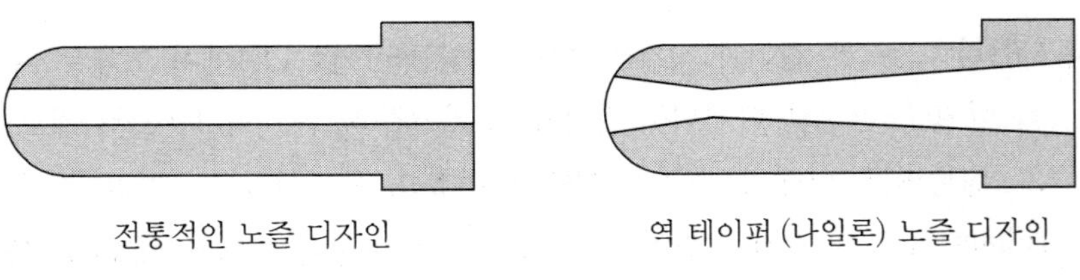

▲ **그림 1.25 전형적인 노즐**

(8) 클램프 시스템 (Clamp System)

1) 토글 클램프 (Toggle Clamp) 토글 메커니즘을 개폐하기 위하여 작은 유압실린더를 사용한다. 토글 메커니즘은 타이 바아 (Tie Bar) 상에 이동판을 움직이게 한다. 또한 이 시스템은 금형 온도가 변하면 제동력 (Clamp Force)을 변화시키기 쉽다.

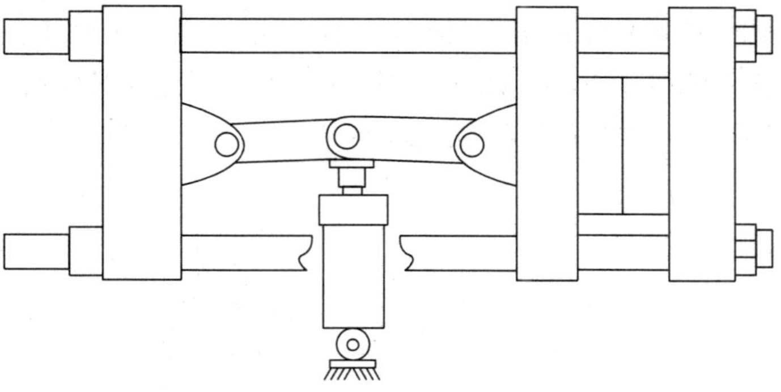

▲ 그림 1.26 토글 클램프 (Toggle Clamp)

2) 유압 클램프 (Hydraulic Clamp) 이동판을 움직이기 위하여 큰 유압실린더와 피스톤을 사용한다. 제동력은 직접 유압에 의해서 생겨난다. 이 시스템의 느린 속도 (낮은 압력)는 금형을 살짝 닫기 위하여 사용된다.

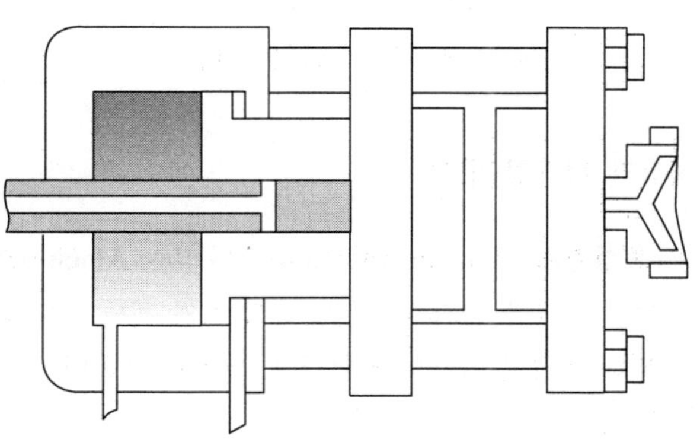

▲ 그림 1.27 유압 클램프 (Hydraulic Clamp)

(9) 기계 사양

1) 최고사출압 사출 바렐 속의 유효 고분자 최고압은 보통 140 kg_f/cm^2이지만 이것은 스크류와 바렐 직경을 변경함으로서 바꿀 수 있다.

2) **샷용량** 최고 스크류 행정을 사용해서 사출될 수 있는 고분자의 최고량으로 보통 폴리스틸렌(Polystyrene) 무게에 의한 온스(oz) 단위를 사용한다.

3) **용융 용량** 시간당 스크류에 의하여 가소화될 수 있는 고분자 양으로 실제 성형품 생산과는 관계가 없다.

4) **제동력(Clamp Force)** 플래튼(Platten)을 움직일 수 있는 최고 힘을 말한다.

5) **플래튼 치수(Platten Dimension)** 타이바아 사이 간격(S)과 플래튼 크기(D)를 말한다. 최대 최소 다이(Die) 높이는 플래튼 사이에 놓여서 여전히 조작 가능한 금형의 최고 및 최소 두께를 말한다.

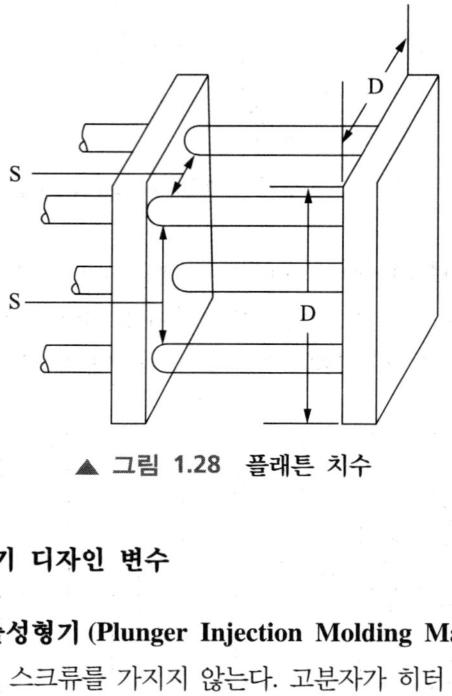

▲ 그림 1.28 플래튼 치수

(10) 사출성형기 디자인 변수

1) **플런저 사출성형기(Plunger Injection Molding Machine)** 플런저 형태의 성형기는 회전 스크류를 가지지 않는다. 고분자가 히터 밴드에 의해서 용융이 되고 플런저에 의해서 금형 속으로 들어간다. 단점은 제한된 가열 능력과 큰 압력 손실을 들 수 있다.

2) **2단 사출성형기(2 Stage Injection Molding Machine)** 2단 성형기는 2개의 실린더를 가진다. 하나는 고분자를 용융시키는데 사용되고 다른 하나는 용융 고분자를 금형 안으로 사출하는데 사용된다. 이는 큰 부피의 용융 고분자를 필요로 하는 곳에 이용된다.

3) 벤트 바렐 성형기 (Vented Barrel Molding Machine) 이 성형기에서 벤트의 역할은 용융 고분자에서 발생하는 가스를 모아 밖으로 내보낸다. 이런 형태의 성형기는 수분이나 휘발 물질을 포함하는 고분자에 이용된다.

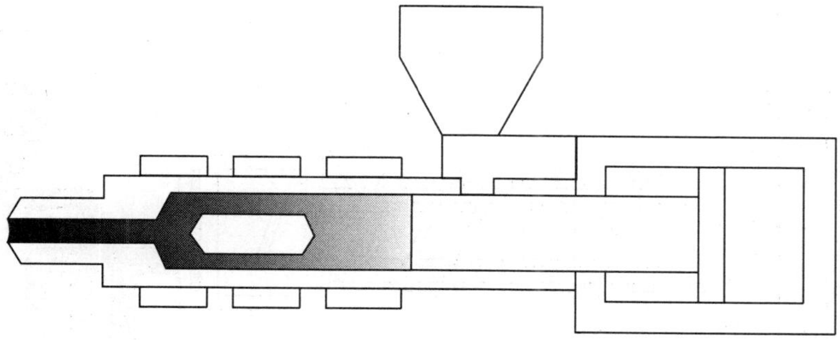

▲ 그림 1.29 플런저 사출기

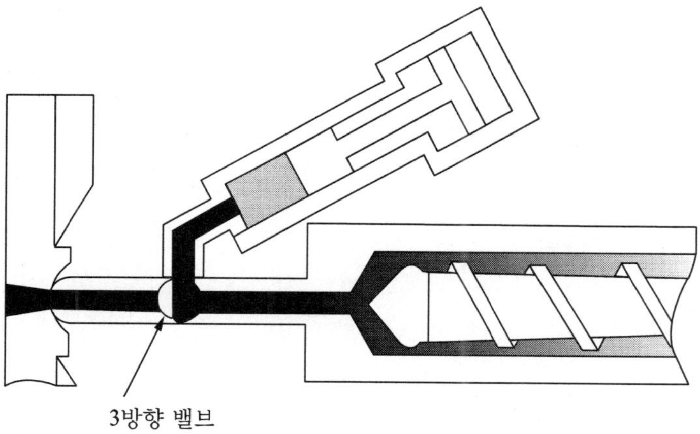

▲ 그림 1.30 2단 사출기

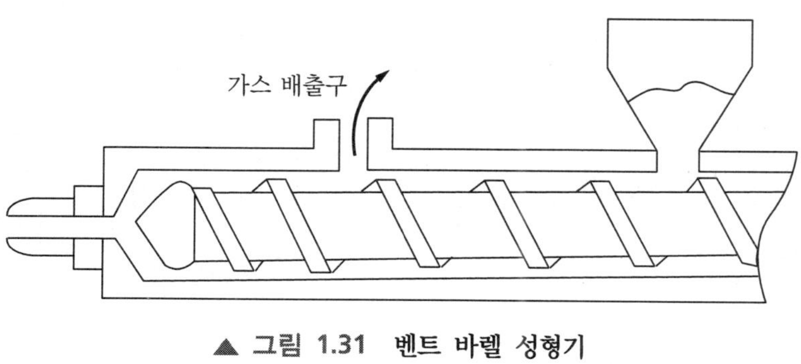

▲ 그림 1.31 벤트 바렐 성형기

4) 축압식 성형기 (Accumulator Molding Machine) 가스로 운전되는 어큐뮬레이터는 신속하게 오일을 사출 실린더로 밀어 넣기 위해서 사용된다. 이런 유형의 성형기는 금형 안으로 고분자의 아주 빠른 사출을 필요로 할 때 사용된다. 예를 들면 아주 얇은 벽을 가지는 제품을 성형하는 경우이다.

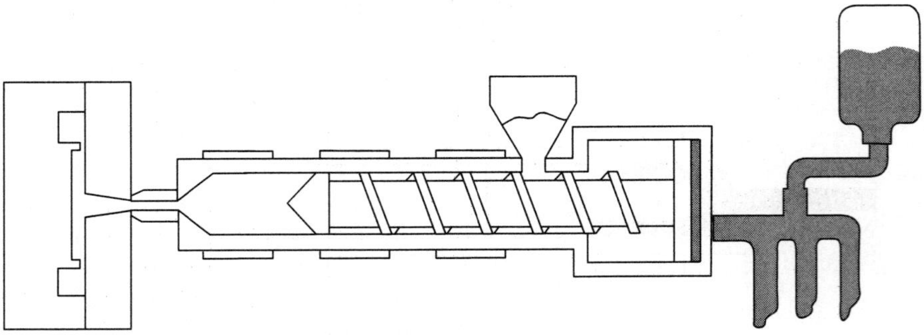

▲ 그림 1.32 축압식 성형기

Chapter 2

고분자 중합공정 (Polymer Polymerization Process) ”

단량체로부터 고분자를 만드는 중합공정은 반응 공정과 연계되어 있고 만들어진 고분자의 물성에 영향을 줄 뿐 아니라 제조된 고분자의 형태에도 큰 영향을 주어 결과적으로 사용할 수 있는 용도를 결정하는 큰 요소가 된다. 고분자 중합에 있어서는 중합 반응열이 10~20 kcal/mol 정도로 크기 때문에 반응열의 제거가 매우 중요하며 원료 투입 방법 조절이나 반응물을 희석시키는 방법 등에 의하여 중합 반응열을 효과적으로 제거할 수 있다.

또한 단량체가 중합되어 전환율이 커짐에 따라 점도가 급격히 증가하므로 교반이 어려워지고 따라서 반응열이 잘 제거되지 않으므로 반응 온도가 급격히 상승하고 반응속도가 가속화 (Autoacceleration)되는 문제점도 해결되어야 한다. 공업적으로 중요한 중합공정으로는 단량체만을 투입하여 중합하는 괴상중합법 (Bulk Polymerization), 단량체와 서로 혼합되고 고분자를 녹일 수 있는 용제를 사용하여 중합하는 용액중합법 (Solution Polymerization), 단량체와 혼합되지 않고 고분자의 비용제 (Non-Solvent)에 물을 매체로 사용하여 반응시키기 때문에 반응열을 쉽게 제거할 수 있는 현탁중합 (Suspension Polymerization), 유화중합법 (Emulsion Polymerization)이 있다. 괴상중합법과 용액중합법은 균일상중합이고, 현탁중합법과 유화중합법은 비균일상중합으로서 이들에 대하여 살펴보기로 한다.

01 괴상중합 (Bulk Polymerization)

괴상중합은 단량체와 소량의 개시제 또는 개시제조차 없는 상태에서의 반응으로서 중합반응공정이 매우 단순하고 제조된 고분자도 미반응 단량체를 제외하면 불순물이 거의 없는 순도가 매우 높은 장점을 가지고 있다. 그러나 괴상반응은 중합반응열의 제거가 어렵기 때문에 반응열이 비교적 적은 축합반응에 주로 쓰이고 있으며 중합반응열이 큰 부가반응에서는 아크릴판의 제조 또는 폴리스티렌(PS), 폴리염화비닐(PVC), 저밀도 폴리에틸렌(LDPE) 제조 등에 일부 이용되고 있을 뿐이다. 이 경우에서도 반응열의 제거가 큰 문제가 되므로 아크릴판의 제조는 반응기에서 10~20% 정도의 전환율까지 1차 중합시킨 후 단량체와 중합된 고분자로 된 시럽을 금형에 부어 반응을 완결시킨다. 폴리스티렌의 경우에는 열을 쉽게 제거할 수 있는 수직타워형태의 반응기 내에서 반응시켜 제조한다. 이외의 대부분의 괴상중합에서는 100% 완전히 중합시키지 않은 상태에서 중합을 정지시키며 이때 미반응 단량체가 희석제로서의 역할을 하여 점도를 낮추고 반응 온도의 조절을 용이하게 한다. 다시 말해 이 중합법은 용매를 사용하지 않아 고분자의 순도는 좋으나 반응속도의 조절이 어려워 국부적으로 가열되는 단점으로 인하여 중합체의 분자량 분포의 폭과 분자량 조절이 어렵다. 덩어리 형태(Chunk)의 중합체가 얻어지므로 후처리 곤란으로 인하여 공업적으로 많이 이용되지 않고 있다. PMMA의 주형물을 만드는 경우 외에는 비닐중합체를 합성하는 데는 많이 이용하지 않고 있다. 참고로 [그림 2.1]은 PP의 괴상중합 공정 개요도를 나타낸다.

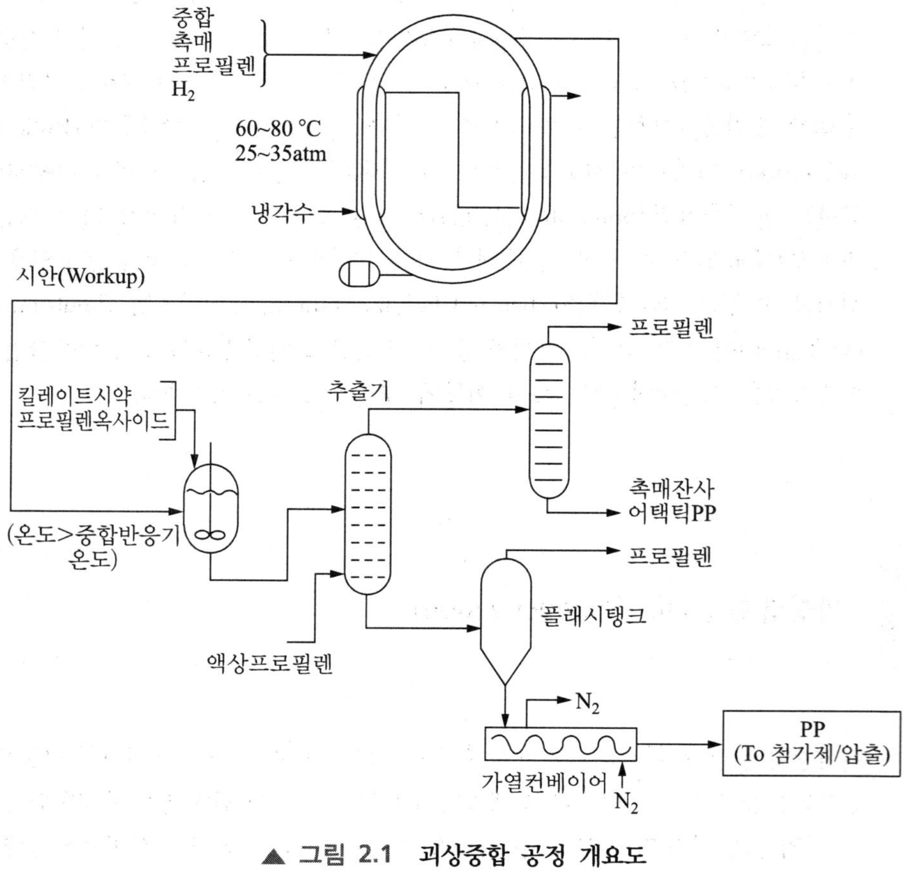

▲ 그림 2.1 괴상중합 공정 개요도

02 용액중합 (Solution Polymerization)

용액중합은 단량체와 잘 혼합되는 용제를 희석제로 사용하여 중합하는 공정으로서 점도가 낮고 반응열의 제거가 쉬운 장점을 갖고 있다. 그러나 용액중합에서는 대부분의 용제가 몸에 해롭고 불붙기 쉬우며 공해물질임과 동시에 중합이 끝난 후 용제를 제거하는 것이 매우 까다로운 단점을 가지고 있다. 또한 라디컬의 연쇄 이동 (Chain Transfer) 상수가 큰 용제를 사용할 경우에는 분자량이 작아지게 된다. 용액중합공정은 용제를 제거하지 않고 직접 사용할 수 있는 래커 등의 제조나 겔화가 일어나는 열경화성 플라스틱의 제조에서 겔화점 전까지의 중합에 공업적으로 사용되며 이외에도 대부분의 이온중합이나 Ziegler Natta 중합에서도 용액중합 방법이 이용된다. 예를 들어 PP의 용액중합 공정의 개요도는 다음 [그림 2.2]와 같다.

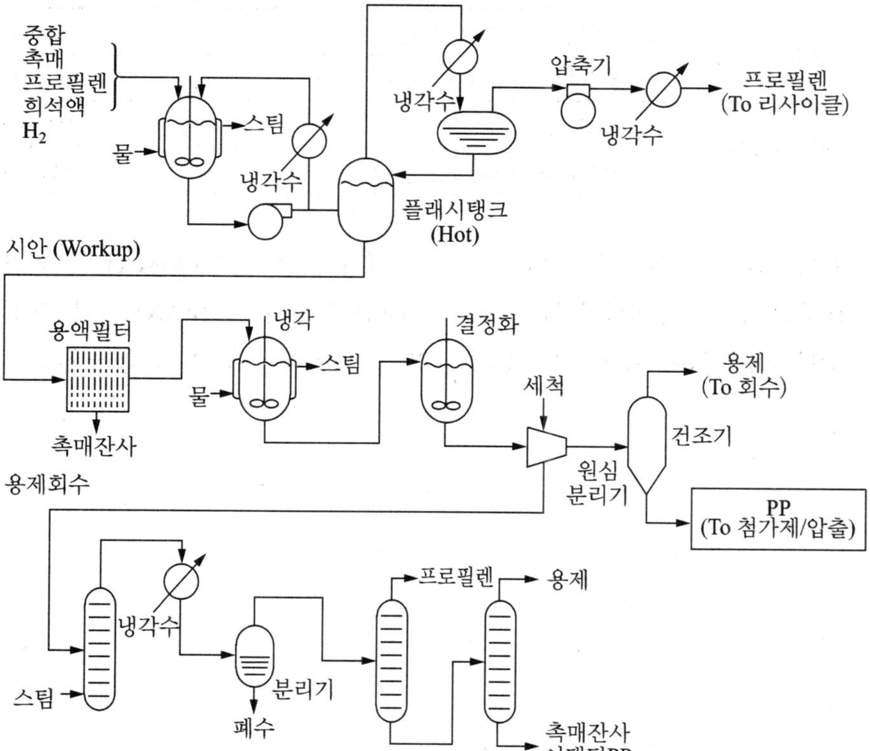

▲ 그림 2.2 용액중합 공정 개요도

03 현탁중합 (Suspension Polymerization)

현탁중합은 물에 녹지 않는 단량체를 크기 0.01～1mm 정도의 크기로 물에 분산시켜 중합하는 공정으로서 분산상 내에서는 단량체가 괴상중합 방식으로 중합되는 방식이다. 이때 중합 개시제는 단량체의 분산상에 용해되어 있어야 분산상 내에서 중합이 일어난다. 분산상의 크기는 분산 안정성을 높이기 위해 사용되는 현탁제 (Suspending Agent)의 종류, 함량 및 교반에 영향을 받는다. 현탁제로서는 폴리비닐알콜, 젤라틴 등의 수용성 고분자와 $MgCO_3$와 같은 무기물이 주로 이용되고 있으며 다음에 [표 2.1]은 일반적인 현탁중합의 처방 (Recipe)을 나타내고 있다.

▼ 표 2.1 일반적인 현탁중합의 처방

성분	특성	비율 (part)
단량체 (분산상)	단량체는 물에 녹지 않음	100
	개시제는 단량체에 녹음	0.2～0.5
물 (연속상)	물 (H_2O)	150～400
	현탁제 (Suspending Agent)	0.02～1.5

현탁중합은 폴리스티렌 (PS), 폴리메틸메타크릴레이트 (PMMA), 폴리염화비닐 (PVC), 폴리염화비닐리덴 (PVDC), 폴리아크릴로니트릴 (PAN) 등의 중합에 이용된다. 예를 들어 아래 [그림 2.3]은 PP의 현탁중합 개요도를 나타낸다.

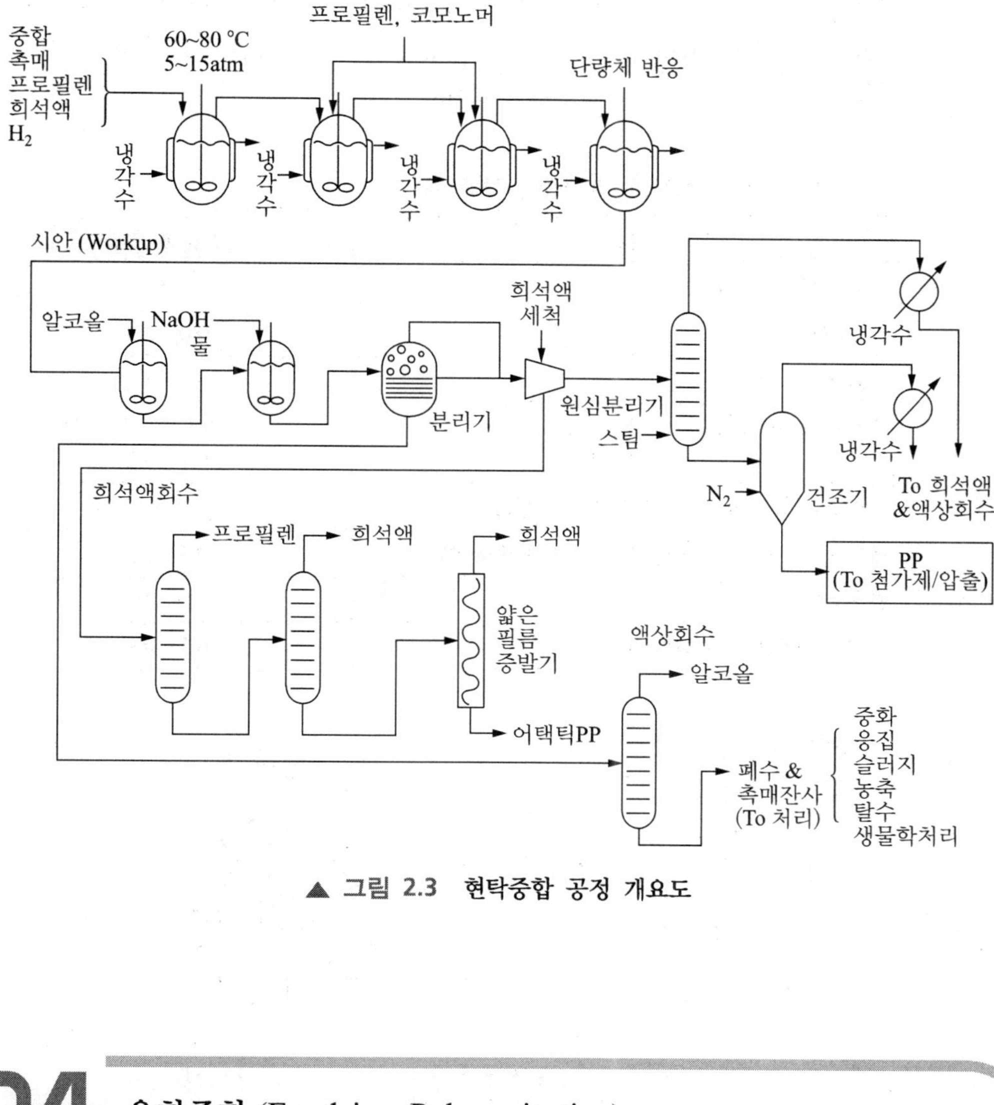

▲ 그림 2.3 현탁중합 공정 개요도

04 유화중합 (Emulsion Polymerization)

유화중합은 현탁중합과 같이 물을 사용하나 중합 개시제가 단량체에 용해되지 않고 물에 녹아 있으며 현탁제 대신에 미셀 (Micelle)을 형성할 수 있는 유화제 (Emulsifying Agent)가 사용되는 것이 차이점이다. 따라서 유화중합에서는 중합이 일어나는 장소가 단량체의 분산상이 아니라 물 (H_2O) 상에서 생성된 라디컬과 물로 확산되어 나오는 단량체가 만나는 장소가 되는 미셀 (Micelle) 내부이므로 현탁중합과는 반응 기구가 달라지게 된다. [표 2.2]는 대표적인 유화중합반응인 스티렌 부타디엔고무 (SBR)의 제조용 처방을 나타낸다. 표에서 비누 (Soap)는 친수성 소수성 기를 동시에 갖고 있기 때문에 임계 농도(CMC, Critical Micelle Concentration) 이상이 되면 미셀(Micelle)을 형성하게 된다. [그림 2.4]는 유화중합공정을 쉽게 이해할 수 있도록 반응 모형도를 나타낸다.

▼ **표 2.2 비닐 단량체의 유화중합 처방(예)**

성분	조성비율(part)
단량체(Monomer)	100
물(H_2O)	180～200
유화제(비누)	4～8
개시제(Initiator) $K_2S_2O_8$ $NaHSO_3$	0.1～0.25 0.1～0.2
표면장력 조절제(옥탄올/라우릴알코올)	0.5
에멀젼 안정제(Carboxy Methyl Cellulose/PVA)	0.5～1.5
완충용액	5～10
연쇄이동제(머캡탄, RSH)	0.3～0.8

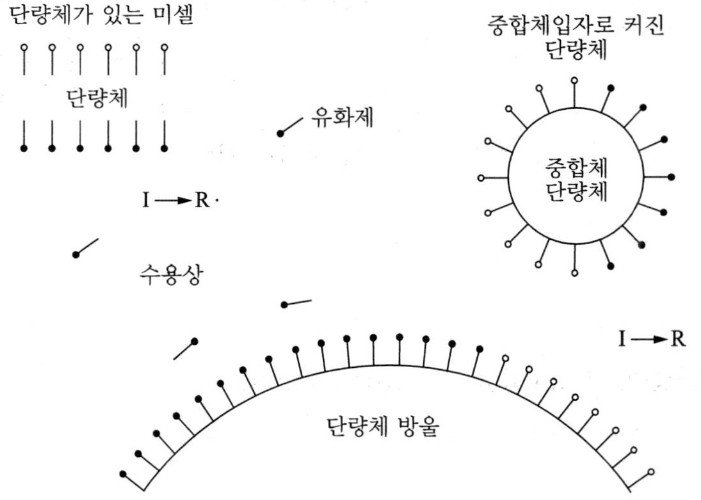

▲ **그림 2.4 유화중합공정의 모형도**

[그림 2.4]에서 단량체는 약 0.1 μm 정도의 작은 분산상을 이루고 있으며 유화제의 농도가 임계 농도 이상이 되면 50～100 Part 정도의 유화제들이 미셀을 만들게 되고 물에 있는 개시제는 중합 온도에서 라디컬로 분해되어 미셀 내부로 들어간다. 한편 단량체는 분산상으로부터 확산하여 물로 나오고 다시 미셀 내부로 들어

가 라디컬과 만나 중합반응이 시작된다. 중합반응이 진행됨에 따라 단량체 분산상은 단량체가 확산되어 나가므로 점점 작아져 없어지고 중합이 일어나는 미셀은 중합체 입자로 점점 커지고 반응이 완결되면 0.05~0.15 μm 정도가 되며 이를 라텍스 (Latex)라 한다.

유화중합은 도료와 바닥 광택제와 같은 유화 형태의 고분자 제조에 널리 사용된다. 유화중합은 스티렌, 염화비닐과 같이 물에 녹지 않는 많은 비닐 단량체를 중합시키는데 적합하다. 유화 고분자 제조는 스테아르산 나트륨 (Sodium Stearate) 같은 유화제를 주로 물에 미셀 형태로 분산시킨다. 물에 난용성인 단량체는 비누와 같은 유화제로 물에 용해시켜 수용성의 개시제에 의해 중합시킨다. 이 반응은 미립자 형태의 고분자가 제조된다. 참고로 아래 [그림 2.5]는 PP의 유화공정 개요도를 나타낸다.

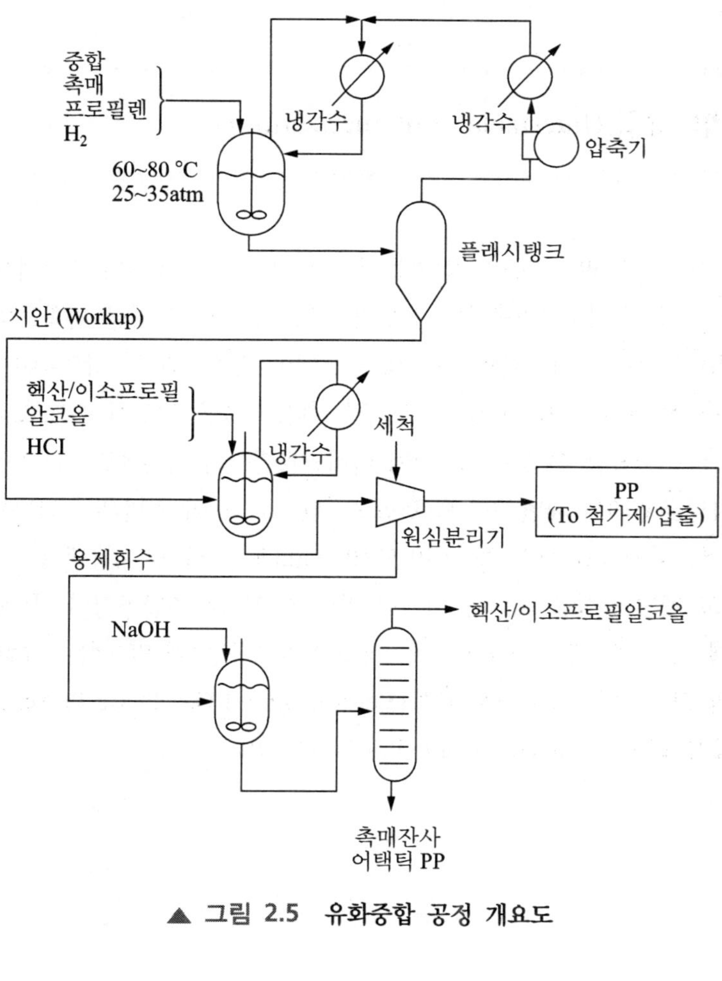

▲ 그림 2.5 유화중합 공정 개요도

참고 ▌ 계면활성제에 의한 미셀 모형도

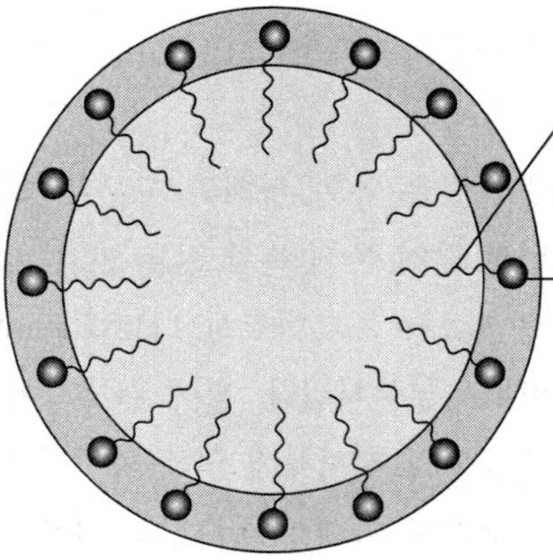

05 계면 중합 (Interfacial Polymerization)

서로 용해하지 않는 2종의 용매에 각각 용해하여 두 용매의 계면에서 생기는 반응이다. 주로 폴리축합반응에 사용된다. 예를 들면 이염기산 염화물의 사염화탄소 (CCl_4) 용액과 디아민 (Diamine)의 수용액이 접촉하면 두 상의 계면에서 막이 형성되어 폴리아미드 (Polyamide)가 생성된다. 이것을 적당한 속도로 끌어올리면 연속적으로 중합할 수 있는 것 외에 마이크로캡슐의 생성에도 사용된다. 나일론 66과 나일론 610이 계면 중합으로 합성된다. 그 외 이 방법은 폴리카보네이트 (PC), 폴리에스터 (Polyester), 폴리이미드 (Polyimide) 제조에 사용된다.

그리고 계면 중합을 제외한 위에서 언급된 고분자 중합공정의 장단점은 아래 [표 2.3]에 비교하여 정리하였다. 기타 상업적 제조공정 (예 PP)에는 [그림 2.6]과 [그림 2.7]과 같이 수직 교반 기상 공정 (Vertical Stirred Gas Phase Process)과 유동층 기상 공정 (Fluid Bed Gas Phase Process)이 있다.

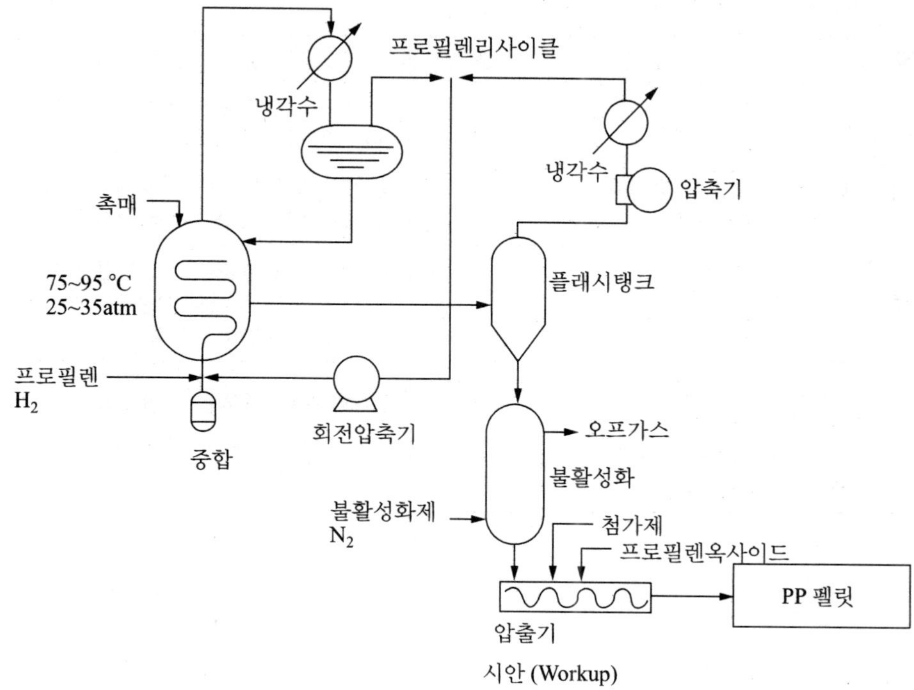

▲ **그림 2.6 수직 교반 기상 공정** (Vertical Stirred Gas Phase Process)

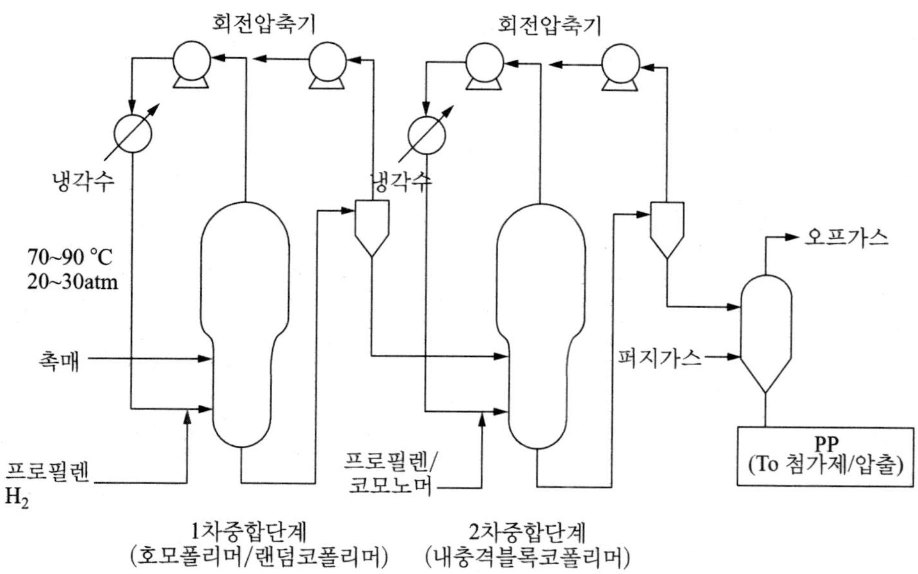

▲ **그림 2.7 유동층 기상 공정** (Fluid Bed Gas Phase Process)

▼ 표 2.3 고분자 중합공정의 장단점 비교

중합공정	장점	단점
괴상중합	제품의 오염이 적음	발열이 크기 때문에 분해나 가교반응이 일어날 수 있으며 분자량 분포가 큼
용액중합	반응 온도 조절이 용이함 제조된 고분자 용액을 직접 이용할 수 있음	용제의 제거가 어렵고 용제로 라디컬의 연쇄 이동 때문에 분자량이 작음
현탁중합	반응 온도 조절이 용이함 현탁중합 제품을 직접 이용 가능함	현탁제 등이 제품을 오염시킴 중합 후 고체 상태의 제품을 얻기 위해서는 세척, 건조공정이 필요함
유화중합	중합속도가 빠르면서도 고분자량을 얻을 수 있음 반응 온도 조절이 용이함 라텍스를 직접 사용할 수 있음	유화제 등이 제품을 오염시킴 고체 상태로 만들기 위해서는 세척, 건조 공정이 필요함

Chapter 3

고분자 반응 (Polymer Reaction)

고분자 (Polymer)는 저분자들이 함께 연결되어 이루어진 거대분자 (Macromolecules)를 말한다. 따라서 고분자는 보통의 저분자 화합물들과는 다른 독특한 성질을 가진다. 고분자는 보통의 저분자 화합물에 비해 분자량이 크고 금속재료나 세라믹과 같은 무기재료와는 다른 성질을 갖는다. 고분자를 이루는 기본단위를 단량체 (Monomer)라 부르고 이들이 모여 고분자가 되는 반응을 중합 (Polymerization)이라고 한다. 여기서 단량체는 고분자를 형성하기 위한 활성기를 가지고 있다. 이 활성기는 중합성이 있는 기능기 (Functional Group)로서 중합 기능기라 부르며 기본적인 것은 [표 3.1]에 나타내었다.

▼ **표 3.1 중합기능기 종류 및 분류**

기능기 A	기능기 B	중합반응형식	비고
$CH_2=CHX$		연쇄중합	X−H, Halogen $C(=O)-OR$, $OC(=O)CH_3$ CN, $-CH=CH_2$
$-CO_2H$	$-NH_2$	축합중합	Polyamide
$(-CO_2R)$	$-OH$	축합중합	Polyester
$-NCO$	$-NH_2$	부가중합	Polyurea
$-OH$		부가중합	Polyurethane
$-OH$	$-X$	축합중합	Polyether
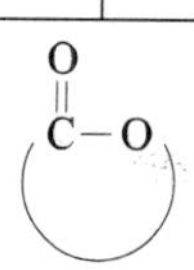		개환중합	Polylactone
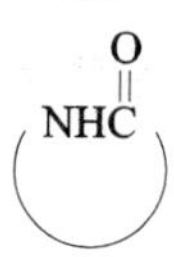		개환중합	Polylactam
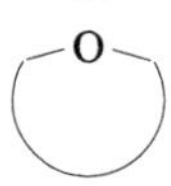		개환중합	Polyether

앞에서 언급한 중합기능기에 의한 중합반응은 [표 3.2]와 같이 분류할 수 있다.

▼ 표 3.2 중합반응의 분류

구분	방법
고분자 형성과정	연쇄중합, 단계중합, (축차중합)
성장 말단의 모양	라디컬, 음이온, 양이온, 배위
중합기능기의 반응모양	부가중합, 축합중합, 환화중합, 개환중합, 탈리 중합, 중부가 중합
중합반응계의 상태	괴상중합, 현탁중합, 유화중합, 용액중합, 가스상 중합, 슬러리 중합, 유동상 중합
중합 에너지원	열중합, 광중합, 플라즈마중합, 초음파 중합, 이온빔 중합, 방사선중합

[그림 3.1]은 여러 가지 중합 중에서 라디컬중합(부가중합), 이온중합(부가중합), 축합중합(단계중합)에 대하여 중합고분자 수율과 분자량의 관계를 나타낸다. 예를 들어 라디컬중합은 초기수율에서 분자량이 급속히 증가했다가 서서히 증가하는데 비하여 축합중합은 반대로 수율에 따라 분자량이 서서히 증가하다가 갑자기 분자량이 증가함을 나타낸다. 그리고 이온중합은 수율증가에 따라 분자량은 비례하여 증가한다.

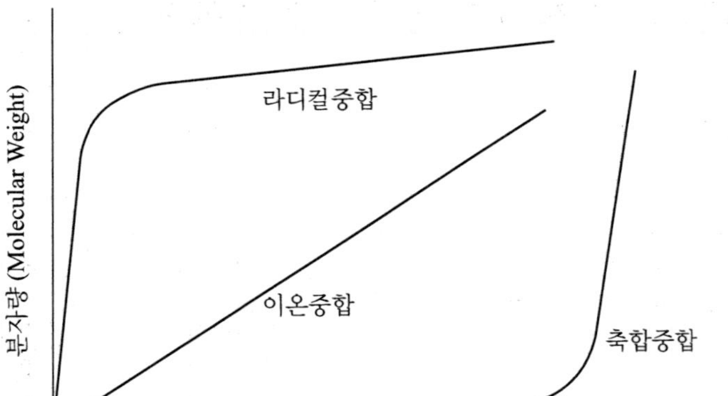

▲ 그림 3.1 일반적인 중합고분자의 수율과 분자량

다음과 같이 여러 가지 중합방법에 대하여 보다 상세히 살펴보기로 하자.

01 부가중합 (Addition Polymerization, 연쇄중합)

부가중합은 고분자 사슬이 빛, 열, 개시제 (Initiator)에 의하여 활성화되어 계속 성장하면서 중합되는 과정을 말한다. 반응물질의 활성화 상태는 자유라디컬, 양이온, 음이온이 될 수도 있다. 부가중합에 의해 분자량이 높은 고분자를 얻을 수 있다. 부가중합 단량체는 주로 낮은 분자량을 가진 올레핀 화합물 (예, 에틸렌, 스티렌 등) 또는 복합의 디올레핀 [Conjugated Diolefin (예, 부타디엔, 이소프렌 등)]이다. 중합반응은 연쇄반응 (Chain Reaction)을 통하여 일어난다. 연쇄반응은 단량체가 자유라디컬 (Free Radical) 혹은 이온 (Ion)으로 활성화된 후 단량체와 결합하여 활성화 중합체를 생성하여 반응이 연쇄적으로 일어나 순간적으로 진행된다. 부가중합을 대별하면 자유라디컬중합 (Free Radical Polymerization)과 이온중합 (Ion Polymerization)으로 나눈다. 그리고 이온중합은 다시 양이온중합 (Cationic Polymerization)과 음이온중합 (Anionic Polymerization)으로 구분한다.

1.1 자유라디컬중합

자유라디컬중합은 가장 기본적인 것으로 개시 (Initiation), 성장 (Propagation), 정지반응 (Termination), 연쇄 이동으로 구성된다. 개시반응은 단량체가 활성화되는 과정으로 개시제, 촉매 (Catalyst), 열, 방사선, 빛 등에 의해 일어난다. 보통 개시제로 사용하는 화합물은 결합 해리에너지가 25~40 kcal/mol의 범위에 드는 것에 한정된다. 이보다 에너지가 더 크거나 작은 경우 개시 속도가 너무 느리거나 빠르게 된다. 이런 범주에 드는 화합물로는 O−O, S−S, N−O 결합을 가진 것이 있는데 라디컬 개시제로 가장 널리 사용되는 것은 O−O의 과산물 종류이다. 예를 들면 과산화아세틸, 과산화벤조일 (BOP), 큐밀과산화물 및 t-부틸과산화물, t-부틸하이드로과산화물 및 큐밀하이드로과산화물과 같은 하이드로과산화물이 사용되고 이들의 화학구조식은 다음과 같다.

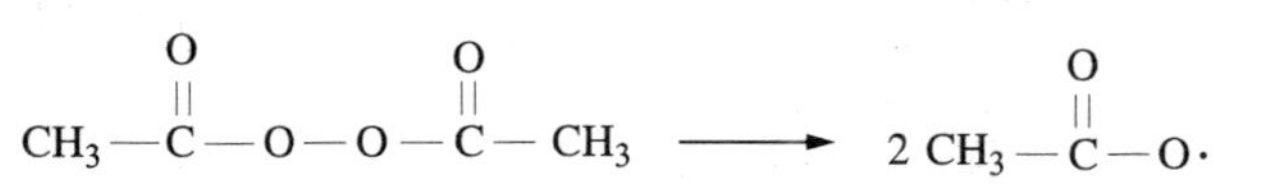

과산화아세틸

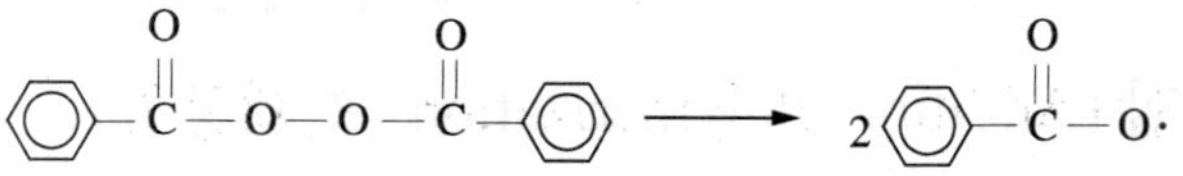

과산화벤조일

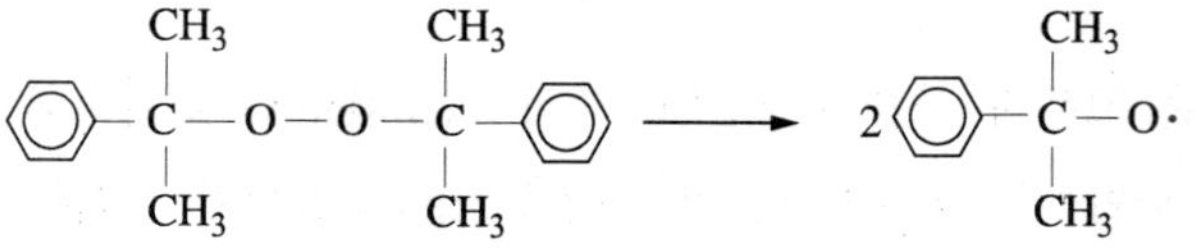

큐밀과산화물

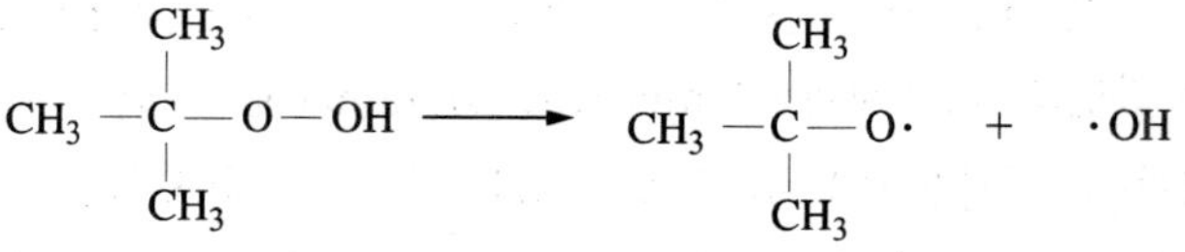

t-부틸하이드로과산화물

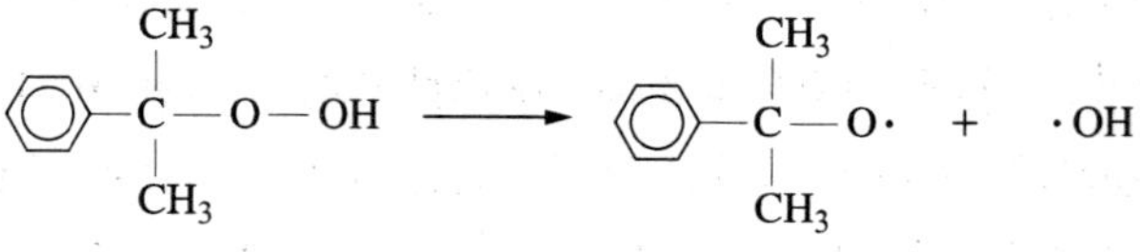

큐밀하이드로과산화물

고분자 공업에서 가장 널리 사용되는 라디컬 개시제로는 아조화합물, 과산화 화합물, 유기금속화합물이 있다. 이 중에서 과산화 화합물의 대표적인 라디컬 개시제는 [표 3.3]에 나타낸 것과 같다.

▼ 표 3.3 과산화 화합물의 라디컬 개시제

과산화물		사용온도(℃)	70℃에서의 반감기(시간)
과산화수소	$H-O-O-H$	30~80	-
과황산칼륨	$KO-\overset{O}{\underset{O}{\overset{\Vert}{\underset{\Vert}{S}}}}-O-O-\overset{O}{\underset{O}{\overset{\Vert}{\underset{\Vert}{S}}}}-OK$	30~80	수용액, pH≥4에서 10.5
과산화디벤조일	$C_6H_5-\underset{O}{\underset{\Vert}{C}}-O-O-\underset{O}{\underset{\Vert}{C}}-C_6H_5$	40~100	벤젠에서 10.3
과산화디라우로일	$H(CH_2)_{11}-CO-O-O-CO-(CH_2)_{11}$	50~110	벤젠에서 3.2
수소과산화큐멘	$C_6H_5-\overset{CH_3}{\underset{CH_3}{\overset{\vert}{\underset{\vert}{C}}}}-O-OH$	50~120	벤젠에서 66×10^3
과산화디-*t*-부틸	$CH_3-\overset{CH_3}{\underset{CH_3}{\overset{\vert}{\underset{\vert}{C}}}}-O-O-\overset{CH_3}{\underset{CH_3}{\overset{\vert}{\underset{\vert}{C}}}}-CH_3$	80~150	$\sim2\times10^4$

과산화물과 별도로 가장 많이 사용되는 개시제로는 2,2'-아조비스이소부티로니트릴(AIBN)과 같은 아조화합물이다. AIBN과 같은 아조화합물은 과산화물과는 달리 약한 결합 때문에 라디컬이 생기는 것은 아니다. C−N 결합에너지는 약 70 kal/mol로 매우 높지만 더욱 안정한 질소분자를 형성하려는 경향 때문에 라디컬이 형성된다. 이들 개시제는 분해속도가 온도에 의존하는데 AIBN의 경우 50~70℃, 과산화벤조일(BOP)의 경우 80~95℃, 디-*t*-부틸과 디큐밀과산화물의 경우는 120~140℃에서 반응시키는 것이 가장 적합하다.

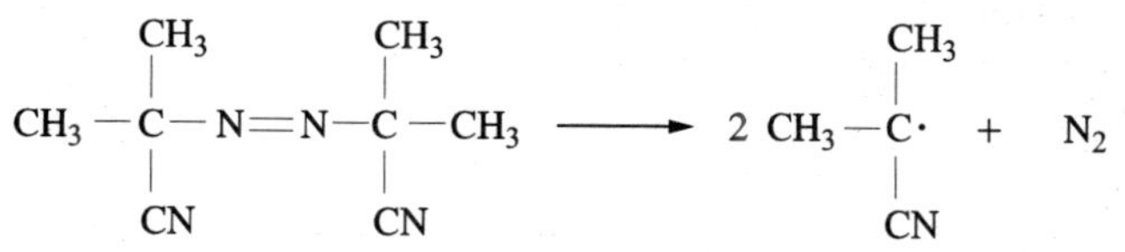

AIBN

성장된 고분자 사슬은 무한히 커지지는 않고 라디컬 사이의 이분자반응에 의해 라디컬의 활성을 잃으면서 정지하게 된다. 2개의 라디컬이 정지하는 기구로는 2가지가 있는데 두 라디컬끼리 결합(Coupling)하든지 아니면 드물게는 한 수소라디컬이 다른 라디컬 중심으로 이동하여 2개의 고분자 즉, 하나는 포화상태, 다른 하나는 불포화 상태를 만들면서 정지하는 불균제화정지(Dispropotionation) 반응이 그것이다. 라디컬이 성장하다 정지될 때 정지중합체(Dead Polymer)란 용어를 사용한다.

공업적으로 라디컬 부가중합에서 중요한 물질은 비닐그룹($CH_2=CH-$)을 포함하는 단량체들이다. 따라서 이들 단량체들은 고분자 공업에서 중요한 위치를 차지하고 있다. [표 3.4]에 나타낸 바와 같이 대부분의 비닐계 단량체는 라디컬 중합법에 의하여 중합이 가능함을 알 수 있다. 게다가 이온 중합법에 비하여 라디컬 중합법은 대량생산의 공업적 중합법에 적당하기 때문에 배위결합촉매(표에서 "금속착물")에 의한 배위중합법과 함께 공업적인 측면에서 매우 중요하다.

▼ 표 3.4 비닐 단량체의 중합 가능성

단량체 (Monomer)	중합메커니즘 (Polymerization Mechanism)			
	라디컬	음이온	양이온	금속착물
에틸렌	◎		○	◎
프로필렌			○	◎
부타디엔	◎	○		◎
이소프렌	○	○		◎
스티렌	◎	○	○	○
비닐클로라이드	◎			○
비닐리덴클로라이드	◎			
테트라플루오로에틸렌	◎			
비닐에테르			◎	○
비닐카보네이트	◎			○
비닐피롤리돈	◎		○	
비닐에스터	◎			
아크릴산에스터	◎			
메타크릴산에스터	◎	○		○
아크릴로니트릴	◎	○		

◎ 공업적인 생산에 사용되는 중합법

1.2 이온중합

이온중합에는 양이온중합과 음이온중합이 있다. 이들은 이온이 생성되어 중합이 진행되는 것으로서 라디컬중합에서는 외짝전자(Unpaired Electron)가 주역이 되나 이온중합에서는 활성연쇄의 한쪽이 이온화된 것이다. 이온중합의 특징은 주로 낮은 온도에서 행하여지므로 단량체의 열운동도 심하지 않고 질서 있는 결합을 하여 입체규칙성의 고분자를 생성할 가능성이 크다. 또한 라디컬 연쇄중합이 주로 비닐그룹을 함유한 단량체에만 응용될 수 있는 것에 비해 이온중합은 탄소-탄소 골격 외의 탄소-산소, 탄소-질소 등의 여러 가지 다양한 화학구조의 고분자 화합물을 합성할 수 있다.

(1) 양이온중합 (Cationic Polymerization)

이 중합은 H_2SO_4, HCl, $AlCl_3$와 같은 강산을 알켄에 가하면 양성자 첨가가 일어나 탄소 양이온(Carbocation)이 생겨 이것이 반복하여 알켄에 첨가되어 중합이 일어나는 방법이다. 양이온중합의 개시제로는 H_2SO_4, HCl, $HClO_4$ 등과 같은 양성자 산(Protonic Acid)이나 BF_3, $AlCl_3$, $TiCl_4$, $SnCl_4$ 등의 루이스 산(Lewis Acid)

등이 사용된다. 루이스 산 개시제는 고립전자쌍을 받을 수 있는 화합물로 조촉매와 반응하여 양성자를 발생하거나 중합개시력이 있는 양이온을 발생시킨다. 양이온 중합에 자주 사용되는 개시제는 [표 3.5]와 같다.

▼ 표 3.5 양이온중합 개시제의 종류

그룹	종류		개시제
그룹A	양성자산		$H^+ A^-$
그룹B	직접첨가형	B-1	$(C_2H_5)_3O^+A^-$
		B-2	$R-C \equiv O^+A^-$
		B-3	$ROSO_2CF_3$, $ROSO_2F$, $ROSO_2Cl$, $((CF_3SO_2)_2O$, $(FSO_2)_2O$, $(ClSO_2)_2O)$
		B-4	$(C_6H_5)_2C^+HA^-$
그룹C	수소음이온 전이에 의한 개시제	C-1	$(C_6H_5)_3C^+A^-$
		C-2	$(C_6H_5N_2)^+A^-$
그룹D	그 외	D-1	프리델-크래프트형
		D-2	유기금속형
		D-3	전자 전달형

양이온중합의 일반적인 단계는 다음과 같다. 즉, 비닐 단량체에 개시제(A라고 표시)를 가하여 반응이 개시되어 단량체 양이온에 다른 단량체가 결합하여 성장반응이 일어난다.

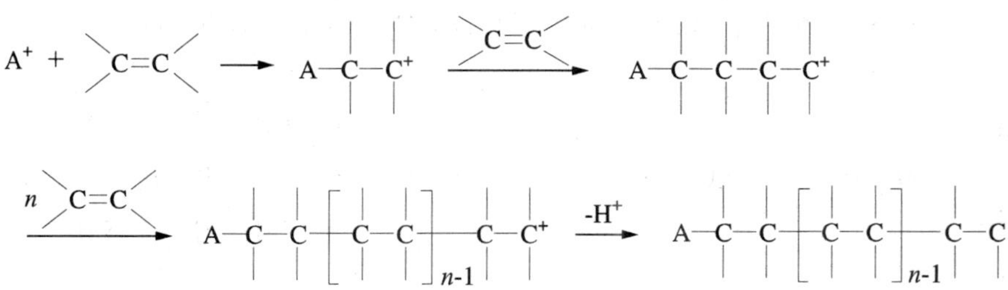

위와 같이 양이온중합에서 생성되는 가장 대표적인 화학종은 카르보늄이온이다. 삼플루오로붕소(BF_3)나 염화알루미늄($AlCl_3$)과 같은 Lewis산은 개시제로서는 적당하지 않으나 물과 같은 양성자를 포함하는 Lewis 염기가 공존할 때는 개시제로 작용할 수 있다. 친전자성의 Lewis 산과 Lewis 염기의 배합이 있을 때 양성자는 활성화를 일으키는 개시제 역할을 할 수가 있다. 양이온은 홀로 존재할 수 없으므로 항상 반대이온(Counterion)을 동반하여야 한다.

$$\underset{\text{Lewis산}}{BF_3} + \underset{\substack{\text{Lewis염기} \\ \text{(공촉매)}}}{H_2O} \rightleftharpoons \underset{\substack{\text{촉매-공촉매} \\ \text{(착체)}}}{H^+ (BF_3OH^-)}$$

이온중합의 활성화 에너지는 대개 작으므로 아주 낮은 온도에서도 반응이 일어난다. 매크로카르보늄 (Macrocarbonium) 이온을 포함해서 카르보늄이온은 서로서로 반발하므로 결합반응에 의해 정지 반응은 일어나지는 않고 불순물 등에 의해 정지 반응이 야기된다. 개시반응과 성장반응은 카르보늄이온의 안정성에 의존한다. 이온 개시제에 의해 중합된 것으로는 최초인 이소부틸렌과 비닐에스터 및 스틸렌 등은 주로 양이온중합법에 의해 얻어진다. 올레핀의 반응성은 $(CH_3)_2C=CH_2$ > $CH_3(CH=CH_2)$ > CH_2CH_2 순으로 주어지며 para-치환된 스티렌에 대해서는 OCH_3 > CH_3 > H > Cl 순으로 반응성이 작아진다. 반응기구는 단량체의 전자친화성, 반대이온의 친핵성 뿐만 아니라 용매에도 의존한다.
보통 개시속도 (R_i)는 단량체 [M]과 촉매-공촉매 착체 [C]의 농도에 비례한다.

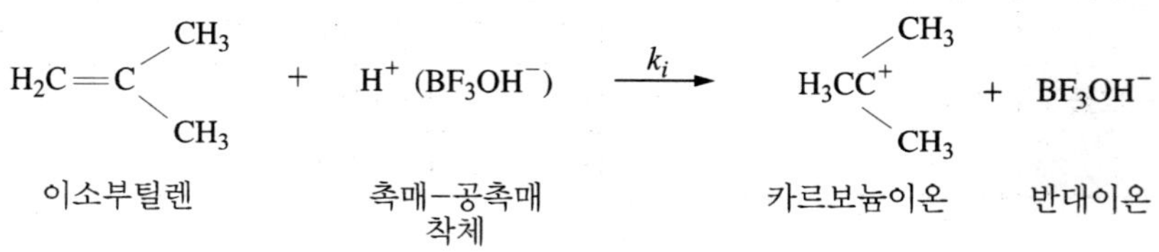

$$R_i = k_i[C][M]$$

속도상수 (k_p)는 모든 성장단계에 대해 동일하며 용매의 유전상수에 의해 영향을 받는다. 유전상수가 큰 용매일수록 카르보늄이온과 반대이온쌍의 분리를 촉진시켜 성장속도가 빠르다. 성장의 화학식과 속도식 (R_p)은 다음과 같다.

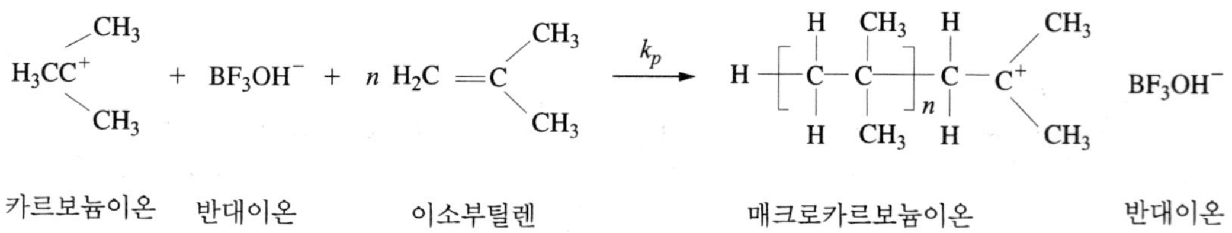

$$R_p = k_p[M][M^+]$$

정지 반응속도 R_t는 1차 반응으로 가정할 경우 카르보늄-반대이온 라디컬 (BF_3와 H_2O 및 현재 중성상태의 고분자 사슬을 형성하는)의 해리로 간단하게 주어진다.

$$R_t = k_t[M^+]$$

연쇄 이동에 의해 정지 반응이 일어날 수도 있는데 이때는 단량체분자 [M]으로부터 음이온이 빠지고 남은 양이온은 개시제로 작용한다. 연쇄 이동이 일어날 경우 중합도 ($\overline{\mathrm{DP}}$)는 동역학적 사슬길이 (ν)와 같게 된다. 연쇄 이동에 대한 화학식 및 속도식 (R_{tr})은 다음과 같다.

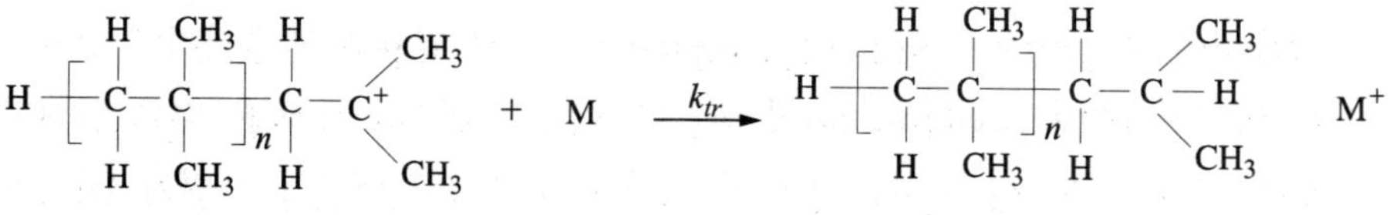

$$R_{tr} = k_{tr}[\mathrm{M}][\mathrm{M}^+]$$

이를 쉽게 풀려면 $[\mathrm{M}^+]$을 제거해야 하므로 개시속도는 정지속도와 같다는 정상상태로 가정하면 $R_i = R_t$이다. 그러면 $k_i[\mathrm{C}][\mathrm{M}] = k_t[\mathrm{M}^+]$가 된다.
그러므로

$$[\mathrm{M}^+] = \frac{k_i[\mathrm{C}][\mathrm{M}]}{k_t}$$

위 식에서 $[\mathrm{M}^+]$는 성장속도에서도 치환이 가능하므로 양이온중합에서의 총괄속도는 다음과 같다.

$$R_p = k_p[\mathrm{M}][\mathrm{M}^+] = \frac{k_p k_i[\mathrm{C}][\mathrm{M}]^2}{k_t} = k'[\mathrm{C}][\mathrm{M}]^2$$

내부 해리반응에 의한 정지 반응이 율속단계라면 중합도 $\overline{\mathrm{DP}}$는 다음과 같다.

$$\overline{\mathrm{DP}} = \frac{R_p}{R_t} = \frac{k_p[\mathrm{M}][\mathrm{M}^+]}{k_t[\mathrm{M}^+]} = \frac{k_p}{k_t}[\mathrm{M}] = k''[\mathrm{M}]$$

그러나 연쇄 이동을 율속단계라면 다음과 같이 달라진다.

$$\overline{\mathrm{DP}} = \frac{R_p}{R_{tr}} = \frac{k_p[\mathrm{M}][\mathrm{M}^+]}{k_{tr}[\mathrm{M}][\mathrm{M}^+]} = \frac{k_p}{k_{tr}} k'''$$

정지 반응이 어떻게 일어나는가에 관계없이 양이온중합에 의해 얻어진 고분자의 분자량은 개시제의 농도에는 무관함에 주목할 필요가 있다. 그러나 이온연쇄중합속도는 용매의 유전상수, 카르보늄이온의 공명안정성, 반대이온의 안정성, 개시제의 전기양성도에 의존한다.

(2) 음이온중합 (Anionic Polymerization)

소량의 아미드이온 (Amide Ion, $-NH_2$)이나 유기알칼리금속화합물 (R^-)과 같은 반응성이 큰 음이온은 이소프렌 (Isoprene)과 같은 알켄과 반응시키면 첨가가 일어나 카르보음이온 (Carboanion)이 생긴다. 이것이 반응하지 않은 다른 알켄과 연속하여 첨가가 일어나게 하는 방법이다. 음이온 중합의 개시제는 염기 (B)이며 개시작용은 그 염기의 세기에 따라 지배된다. 개시제 (촉매)로는 KOH, $NaNH_2$, 알칼리금속, Grignard 시약, Ziegler Natta 촉매 [$TiCl_4 + (C_2H_5)_3Al$] 등이다.

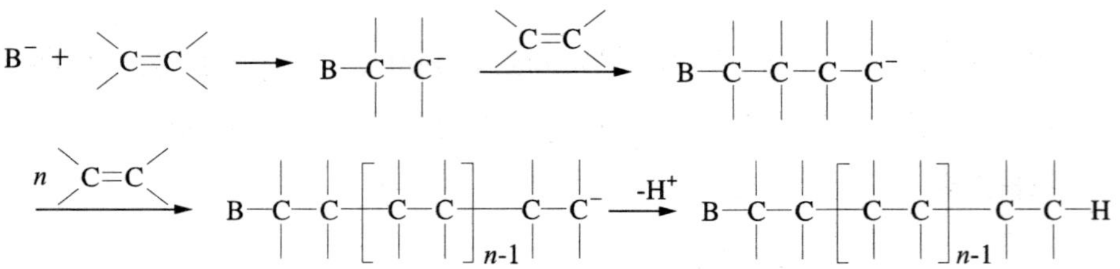

위와 같이 음이온중합은 반응성 음이온 말단에 단량체가 부가됨으로써 중합이 된다. 아래 비닐 단량체에 대해서는 음이온중합의 경우 R_1, R_2는 반드시 전자공여성기를 가지거나 공명효과에 의해 음전하를 안정화시키는 불포화기를 가져야 한다. 많은 비닐계 단량체가 이 조건을 만족한다. 또한 락탐, N-카르복시무수물, 에폭시화물, 알데히드, 락톤, 이소시아네이트 등도 음이온중합이 가능하다.

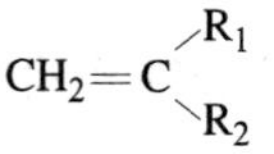

음이온 중합으로 쉽게 고분자가 형성되는 여러 가지의 단량체와 자주 사용되는 음이온 중합의 개시제들을 [표 3.6]에 나타내었다. 여기에서 비닐그룹의 치환기가 강하게 전자를 끌어당기는 그룹일수록 비교적 약한 염기성의 개시제에 의하여 중합이 진행될 수 있음을 알 수 있다. 한 가지 예로 우리가 쉽게 볼 수 있는 순간접착제들은 액상의 시아노아크릴산알킬의 단량체들이 밀봉되어 판매되고 있는 것들이 많다. 이들은 [표 3.6]에서 물과 같은 매우 약한 염기성의 개시제에 의하여 중합이 진행된다. 이 순간접착제는 공기 중의 수분을 매개로 중합되어 고분자가 형성되며 접착력을 나타내게 된다.

▼ 표 3.6 음이온중합 개시제와 단량체의 반응성

개시제 (촉매)		단량체	단량체 중의 치환기의 σ치
SrR_2 CaR_2 K, KR Na, NaR Li, LiR	a → A	α-메틸스티렌 부타디엔 스티렌	-0.161 - 0.009
Methyne RMgX	b → B	메타크릴산메틸 메틸비닐케톤 아크릴산에틸	0.352 0.516 0.522
ROK RONa ROLi Strong Alkali	c → C	아크릴로니트릴	0.618
Pyridine NR_3 Weak Alkali ROP H_2O	d → D	니트로에틸렌 메틸렌말록산에틸 α-시아노아크릴산에틸 α-시아노소르빈산에틸 비닐리덴디니트릴	0.778 1.044 1.150 1.150 1.256

(a → A, B, C, D; b → B, C, D; c → C, D; d → D)

그리고 음이온 중합반응의 과정을 4단계로 구분하여 설명하면 다음과 같다.

1) 개시 음이온중합의 개시, 활성화는 아래와 같이 두 가지 방법으로 진행할 수 있다. 아래 식에서 M-B는 공유결합 또는 이온결합을 하고 있는 금속아미드, 알콕시화물, 수산화물 (Hydroxide), 알킬, 아릴이 될 수 있다. 그리고 M^0는 보통 알칼리금속이다.

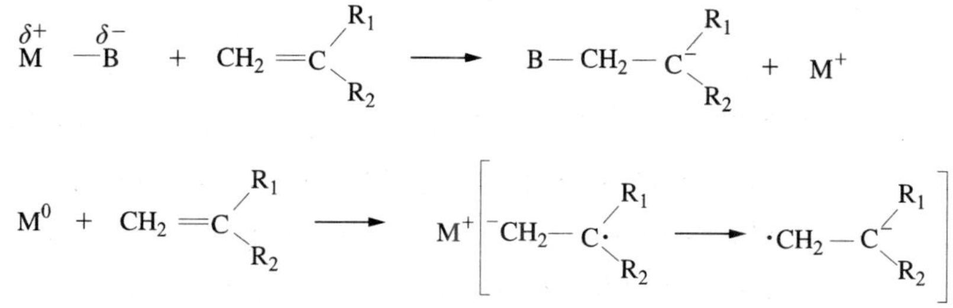

대표적인 개시제로는 액체 암모니아에서의 Potassium Amide, Butyl Lithium과 같은 유기알칼리화합물, 나트륨이나 리튬과 같은 금속알칼리 및 브롬화페닐마그네슘과 같은 Grignard 시약 등을 들 수 있다. 보통 개시제는 염기이다. 이온의 염기성이 클수록 개시제로서의 효율이 클 때가 많다. 어떤 특별한 이온이 중합을 개시하는가 않는가를 결정짓는 인자 중의 하나는 단량체의 성질이다.

대략적으로 보아 단량체가 개시가 잘 될수록 개시제는 덜 염기성이어야 한다. Szwarc는 Ph_3CO^- 이온은 비닐리덴디시안화물의 중합을 쉽게 개시시키지만 메틸메타크릴레이트의 중합에는 효과적이지 못하고 더구나 스티렌의 중합개시 역할은 전혀 하지 못함을 밝힌 바 있다. 반대이온과 용매의 성질도 음이온 개시속도와 방향에 기여하는 중요 인자들이다.

2) **성장** 아래 식은 이온쌍 또는 이온회합체가 단량체의 π 전자계와 상호작용을 하여 활성이온 종을 생성시키는 것을 보여주고 있다. 성장과 관련된 전이 상태의 정확한 성질은 기술하기가 어렵다.

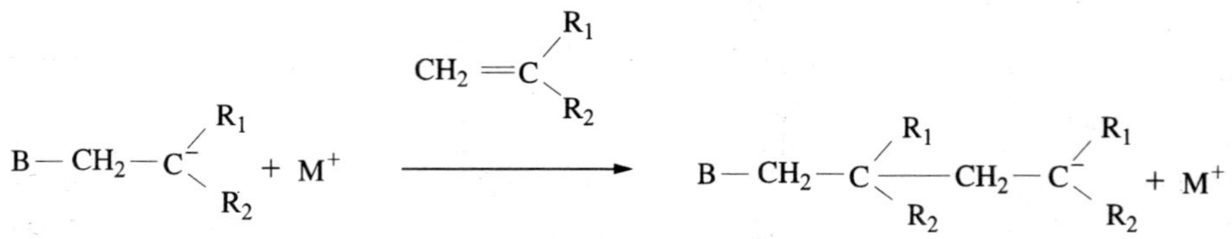

반응성은 이온쌍의 용매화와 반대이온의 성질에 따라 달라진다. 최근의 연구는 단량체의 용매화 효과, 성장하는 이온쌍의 반응성 및 성장이 자유이온, 이온쌍, 이온회합체 중의 어떤 것을 통해 이루어지는가를 밝히는 연구를 주로 하고 있다. 최근의 연구에 의하면 성장속도상수 (k_p)는 주어진 이온쌍에 대해 용매의 유전상수가 증가할수록 증가하며, 이 효과는 양이온의 크기가 증가할수록 덜 중요해짐이 밝혀지고 있다. 테트라 하이드로 푸란 (THF)과 같은 유전상수가 큰 용매에서의 스티렌의 성장 속도상수는 알칼리금속 중 리튬에서 칼슘으로 갈수록 감소한다. 그러나 디옥산에서는 반응성이 역순으로 된다. 이러한 역반응성은 성장이 주로 디옥산에서는 이온쌍을 통해서, THF에서는 자유이온을 통해서 일어나는데 기인한다.

3) **정지** 음이온중합에서의 정지 반응은 자유라디컬중합에서보다 훨씬 복잡하여 정지가 결합반응 또는 불균제화반응을 통해 일정하지 않게 일어난다. 만약 산이나 알코올, CO_2, 산소, 물 등의 불순물이 없다면 음이온계는 정지 반응이 일어나지 않을 수도 있다. Potassium Amide-스티렌계의 정지 반응을 예로 들어 보자. 정지 반응은 용매의 연쇄 이동으로 일어난다.

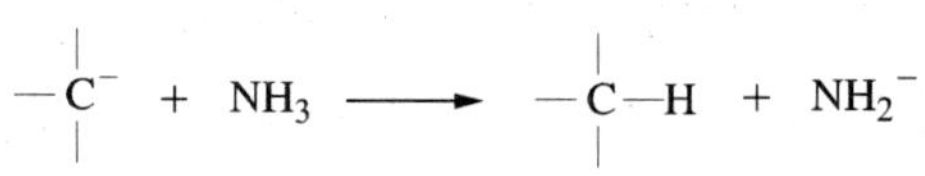

물, 알코올, 산, 양성자를 줄 수 있는 화합물의 존재 하에서는 사슬은 탈양성자로 정지된다.

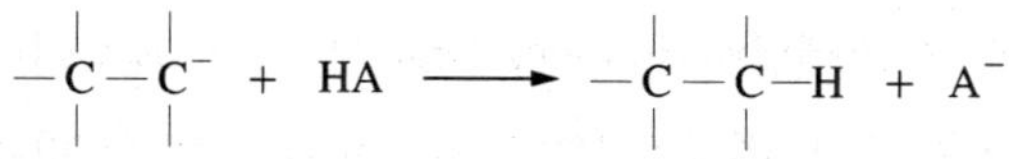

CO_2나 산소의 존재 하에서는 성장하는 사슬 자체가 음이온적 성질을 가지지만 성장이 불가능하게 된다.

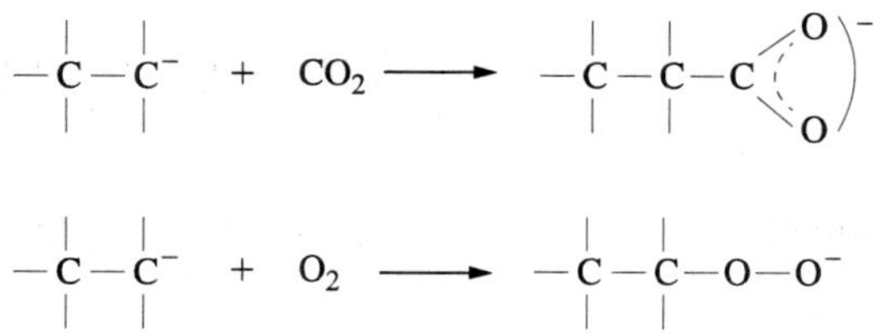

성장사슬은 단량체의 연쇄 이동을 정지할 수도 있고 성장말단에 붙어있는 탄소로부터 수소이온을 제거함으로써 이중결합이 생기며 정지할 수도 있다. 다음은 폴리이소프렌의 가능한 화학구조를 나타낸다.

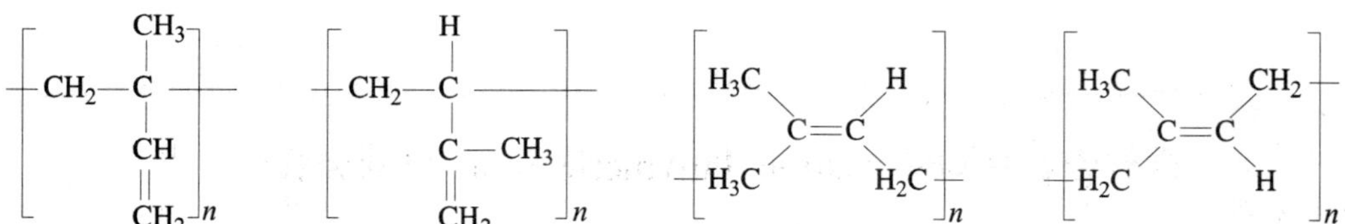

1, .2 3, .4 *cis*-1,4 *trans*-1,4

4) 리빙중합체 앞에서 언급한 것처럼 불순물이 존재하지 않는 한 음이온중합은 정지되지 않는다. 이런 고분자를 리빙중합체(Living Polymer)라고 한다. Szware는 THF에서 $-78 \sim 0$℃에서 소듐나프탈렌(Sodium Naphthalene)을 개시제로하여 스티렌을 음이온중합시켰을 때 즉 $\overline{M}_w/\overline{M}_n = 1.06 \sim 1.12$의 좁은 분자량분포를 갖는 스티렌중합이 가능함을 밝혔다. 위 기구는 같은 촉매로 다른 단량체를 중합할 때도 적용된다. 리빙중합체를 사용하면 블록공중합체를 얻을 수 있다. 예를 들면 리빙폴리스티렌 용액에 메틸메타크릴레이트를 부가하면 폴리스티렌의 말단에서 메틸메타크릴레이트의 중합이 일어난다. 그러나 역으로는 일어나지 않는다. 그 이유는 메타크릴산 음이온은 폴리스티렌만큼 충분히 염기성이 크지 않기 때문에 리빙폴리메타크릴레이트는 개시될 수 없다. 이러한 블록공중합체로는 스티렌-이소프렌, 스티렌-부타디엔, 스티렌-산화에틸렌, 산화에틸렌-n-부틸이소시아

네이트 및 메틸메타크릴레이트-아크릴로니트릴 등의 예를 들 수 있다.

이상에서 언급된 바와 같이 부가중합은 단량체들끼리 조성의 변화 없이 계속 부가되어 긴 사슬이 되도록 중합하는 방법이다. 예를 들면 다음과 같이 에틸렌(Ethylene)이 폴리에틸렌(Polyethylene)이 되는 과정이나 에틸렌옥사이드(Ethylene Oxide)가 폴리에틸렌옥사이드(Polyethylene Oxide)로 되는 과정이다.

에틸렌 [(C_2H_4)]　　　　폴리에틸렌 [$(C_2H_4)_n$, $n \geq 1000$]

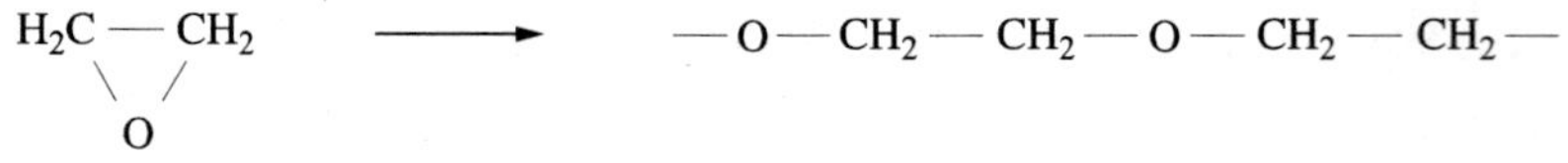

에틸렌옥사이드 [(C_2H_4O)]　　　　폴리에틸렌옥사이드 [$(C_2H_4O)_n$, $n \geq 1000$]

이럴 경우 대개 사슬의 부가는 자유라디컬, 양이온, 음이온의 형태를 갖는 촉매에 의해 이루어지는데 발열반응이 일어나며 중합은 −80～120℃의 온도범위에서 일어나게 된다.

02 축합중합(Condensation Polymerization, 단계중합)

2개의 다른 기능기 사이의 반응으로부터 중합이 일어나는 것을 축합중합이라고 하는데 이 반응은 중합시간이 증가할수록 단계적으로 천천히 분자량이 증가하기 때문에 단계중합(Step Polymerization)이라고 한다. 그리고 축합중합을 하는 기능기는 [표 3.7]에 나타낸 것과 같다.

축합반응에 의해 고분자가 생성되는지 또는 저분자가 생성되는지는 반응물의 기능성(Functionality)에 의해 크게 의존하게 된다. 여기서 기능성이란 반응분자당 반응기의 수를 나타내는 것으로 2보다 작은 기능성은 저분자량의 축합생성물을 생성시킨다. 보통 기능성이 2일 때 선형고분자가 생성되며 기능성이 2보다 클 때 가지화(Branching)가 일어나거나 가교반응이 따르게 된다. 그러나 반응물 중의 하나인 기능성이 1일 때는 계 전체의 총괄 기능성에 관계없이 낮은 분자량의 중합체가 얻어진다. 축합반응 초기에는 주로 고분자 생성물이 얻어진다.

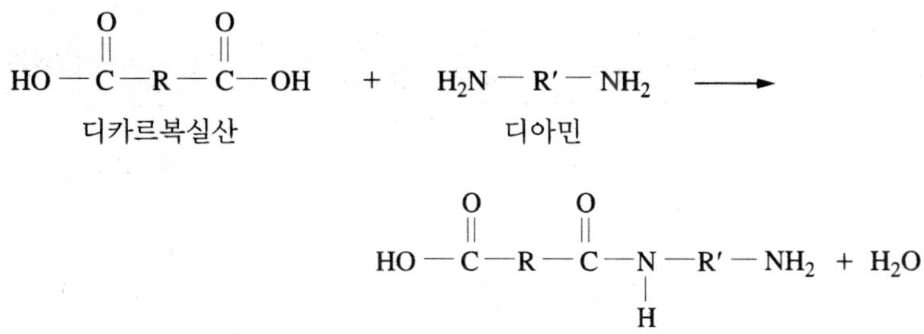

폴리에스터 반복단위체

이 (2)분자 생성물의 농도가 증가할수록 계속해서 삼 (3)분자, 사 (4)분자 등으로 생성물이 형성되는데 이런 단계적인 반응기구에 의해 반응물은 반응초기에 저분자량의 생성물이 되어 버린다. 반응 기의 농도는 사슬길이가 증가할수록 감소하기 때문에 고분자량의 중합체는 보다 더 느린 속도로 형성된다.

[표 3.8]과 같이 축합반응은 반응성이 큰 기 ($-OH$, $-COOH$, $-NH_2$ 등)를 가진 두 분자 이상의 단량체가 결합하여 물과 같은 작고 간단한 분자를 제거시키고 고분자를 생성하는 화학반응이다. 축합중합은 부가중합보다는 덜 사용되지만 폴리에스터, 폴리아미드 (나일론), 폴리카보네이트, 폴리우레탄, 페놀포름알데히드 수지와 같은 중요한 고분자를 제조한다. 예를 들면 다음과 같이 디카르복실산 (Dicarboxylic Acid)과 디올 (Diol)에 의한 폴리에스터 생성이나 디카르복실산 (Dicarboxylic Acid)과 디아민 (Diamine)의 폴리아미드 (Polyamide) 생성을 들 수 있다.

▼ 표 3.7 축합중합 기능기

기능기A	기능기B	형성되는 고분자	이름
$-\overset{\overset{O}{\|}}{C}-OH$	$-NH_2$	$-\overset{\overset{O}{\|}}{C}-NH-$	Polyamide
$-\overset{\overset{O}{\|}}{C}-OR$	$-NH_2$	$-\overset{\overset{O}{\|}}{C}-NH-$	Polyamide
$-\overset{\overset{O}{\|}}{C}-OH$	$-OH$	$-\overset{\overset{O}{\|}}{C}-O-$	Polyester
$-OH$	$-X$	$-O-$	Polyether
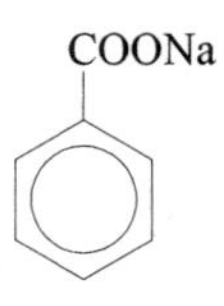	HCHO	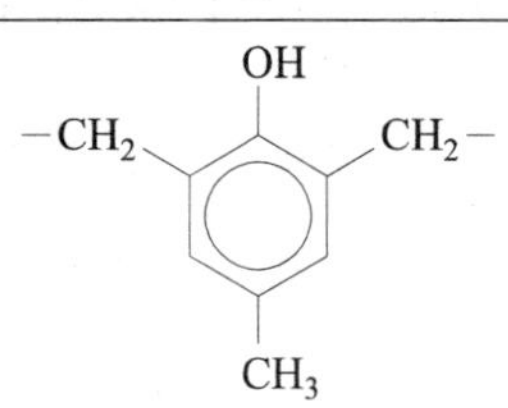	Phenol Resin

▼ **표 3.8 화합물의 기능성과 생성물 관계**

A 화합물	A 기능성	B 화합물	B 기능성	기능성 [(A+B)/2]	생성물
$CH_3CH_2CH_2-C(=O)OH$	1	CH_3CH_2OH	1	1	$CH_3CH_2CH_2-C(=O)OCH_2CH_3$
$HO(O=)C-CH_2CH_2-C(=O)OH$	2	CH_3CH_2OH	1	1.5	$CH_2CH_3O(O=)C-CH_2CH_2-C(=O)OCH_2CH_3$
$HO(O=)C-CH_2CH_2-C(=O)OH$	2	$HOCH_2CH_2$-OH	2	2	$\left[-C(=O)-CH_2CH_2-C(=O)-OCH_2CH_2O-\right]_n$ 선형중합체
$HO(O=)C-CH(COOH)CH_2-C(=O)OH$	3	$HOCH_2CH_2$-OH	2	2.5	가지중합체, 겔 형성 가능

$$n\ HO-\overset{O}{\overset{\|}{C}}-R-\overset{O}{\overset{\|}{C}}-OH + n\ HO-R'-OH \longrightarrow \left[O-\overset{O}{\overset{\|}{C}}-R-\overset{O}{\overset{\|}{C}}-O-R'\right]_n + n\ H_2O$$

디카르복실산 디올 폴리에스터

$$n\ HO-\overset{O}{\overset{\|}{C}}-R'-\overset{O}{\overset{\|}{C}}-OH + n\ H_2N-R-NH_2 \longrightarrow \left[\overset{H}{\overset{|}{N}}-R-\overset{H}{\overset{|}{N}}-\overset{O}{\overset{\|}{C}}-R'-\overset{O}{\overset{\|}{C}}\right]_n + n\ H_2O$$

디카르복실산 디아민 폴리아미드

결론적으로 축합중합은 2개 이상의 단량체들이 각각의 단량체들과 반응하여 긴 사슬을 만들어 가되 보통 물과 같은 저분자화합물이 떨어져 나오게 된다. 이럴 경우 모든 반응에 참여하는 단량체들은 반드시 계속적인 반응이 수행될 수 있도록 2개 기능기 (Bifunctionality)를 가지고 있어야 한다. 대표적인 예로서 나일론으로 알려진 폴리아미드는 헥사메틸렌디아민 (Hexamethylene Diamine)과 아디프산 (Adipic Acid)을 반응시켜 얻어진다.

$$[H_2N-(CH_2)_6-NH_2] + [HOOC-(C_2H_2)_4-COOH] \longrightarrow$$

헥사메틸렌디아민 아디프산

$$H_2N-(CH_2)_6-NH-CO-(CH_2)_4-COOH + H_2O$$

폴리아미드 반복단위체

위와 같은 반응이 계속되어 최종적으로 다음과 같은 반복단위(Repeating Unit)를 갖는 긴 사슬의 고분자를 얻을 수 있게 된다.

$$[-CO-(CH_2)_4-CO-NH-(CH_2)_6-NH-]_n$$

여기서 고분자는 저분자화합물이 반복단위가 되어 n개가 모여 이루어진다고 했는데 이와 같은 고분자 내 반복단위의 수를 중합도(Degree of Polymerization)라고 부른다.

2.1 가교축합중합

반응물 중의 삼기능성, 다기능성 단량체일 경우는 그 축합반응 생성물은 가교되어 3차원적 망상구조의 중합체가 된다. 망상구조 중합체의 분자량분포는 선형중합체와 유사하게 해석할 수 있지만 다소 복잡하다. B-B의 존재 하에 기능성이 2 이상인 A가 A-B로 중합에 참여할 때는 가지화가 일어날 뿐 아니라 가교(Cross Linking) 구조를 갖게 된다. 2개의 사슬을 연결하는 가지를 가교라고 하는데 말단에 작용기가 다른 2개의 가지가 있을 때는 언제든지 가교반응이 일어날 수 있다.

가교반응은 겔화(Gelation)가 이루어지는 것으로 구분된다. 중합시 겔(Gel) 형태의 불용성 중합체가 형성되는 점을 겔화점(Gel Point)이라고 한다. 고분자가 겔화되면 분해가 일어나지 않은 한 고온이나 어떤 용매에서도 녹지 않는다. 고분자가 서로 가교결합되어 무한 망상구조(Network)를 이루는 것이 겔화이다. 겔화점 이상으로 중합이 일어나거나 겔화가 일어나면 더 많은 고분자 사슬이 겔화에 참여하여 분자량은 점점 증가하고 겔화 부근에서는 급격한 물성변화가 야기된다. 겔화와 반응도 간에는 일정한 관계가 존재한다.

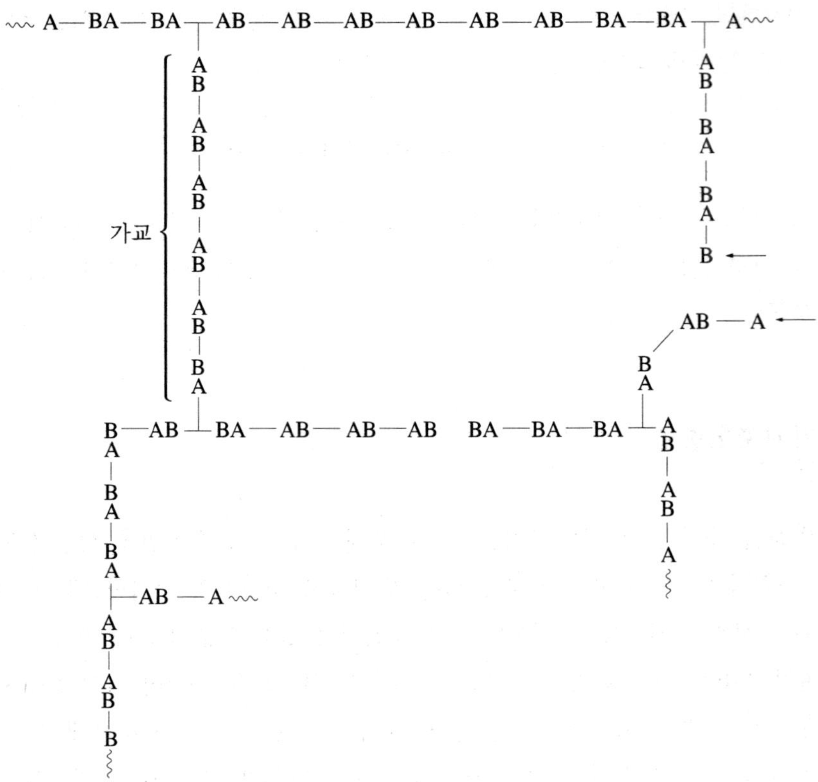

▲ 그림 3.2 가교반응의 구조

03 개환중합 (Ring-Opening Polymerization)

고리화합물은 연쇄중합의 음이온, 양이온 또 경우에 따라서는 라디컬 개시제에 의하여서도 고리를 구성하는 화학결합이 열리면서 선상의 고분자를 형성하게 된다. 그들의 메커니즘은 고리모양의 단량체의 개환에 의하여 중합된다는 점을 제외하고는 다른 연쇄중합의 경우와 큰 차이가 없다. 음이온 개시제는 단량체의 친전자성 원자를 공격하여 중합반응이 연쇄적으로 진행되며, 양이온 개시제는 그 반대로 단량체의 친핵성 원자의 공격을 받아 중합반응이 연쇄적으로 진행된다. 개환중합은 대개 음이온 중합이나 양이온 중합의 형태로 진행되므로, 이는 곧 이온성 개시제와 단량체의 반응성이나 성장말단과 단량체의 반응성으로 특정 지을 수 있다. 현재 공업화되어 응용되고 있는 중요한 개환중합형 단량체들의 중합기능기들은 [표 3.9]에 나타내었다.

다시 말해 개환반응은 고리열림중합이라고도 하며 고리형구조의 단량체가 열려 선형구조의 고분자로 되는 형태의 중합을 의미한다.

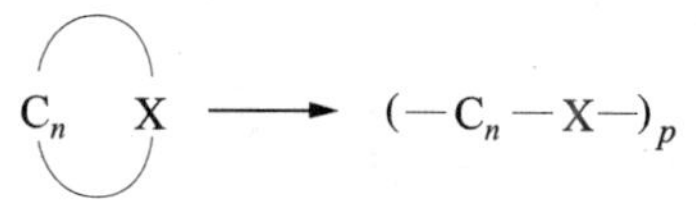

▼ **표 3.9 환상 화합물의 개환중합성**

환상화합물	헤테로결합	개환중합을 일으키는 환의 원자수	생성고분자
락톤	$-OCO-$	4, 6, 7, 8	폴리에스터
락탐	$-NHCO-$	4, 5, 7, 8	폴리아미드
환상에테르	$-O-$	3, 4, 5	폴리에테르
환상설파이드	$-S-$	3, 4	폴리설파이드
환상아민	$-NH-$	3	폴리이민
트리옥산	$-CH_2O-$	6	폴리메틸렌옥사이드
환상실록산	$-Si(CH_3)_2O-$	6, 8	폴리실록산
환상알켄	$-R-CH=CH-$	5	폴리알켄닐리덴
포스파젠	$-P(Cl)_2=N-$	6	폴리포스파젠

위 중합식에서 기능기 X는 $-CH=CH-$와 O, N, S, P, Si와 같은 한두 개의 헤테로원자를 갖는다. 얻어진 선형중합체에는 주사슬에 기능기 X가 포함된다. 1863년 Wartz에 의해 산화에틸렌을 개환중합하여 올리고머(Oligomer)를 만드는 것이 최초이나 오늘날 테트라히드로푼의 양이온중합이나 ϵ-카프로락탐의 중합 및 고분자량의 폴리산화프로필렌 등의 중합에서 개환중합은 중요하게 응용되고 있다. [표 3.10]은 개환중합 연구에서 자주 사용되는 고리형 단량체의 종류를 정리한 것이다. 고리형 단량체는 고리의 크기와 기능기의 성질에 따라 분류된다. 이러한 단량체로는 기능기가 이중결합을 가진 고리형 올레핀과 기능기 내의 불균일고리화합물(기능기의 헤테로원자가 카르보닐기와 연관이 있나 없냐에 따라 나누어짐)을 포함한다. 이러한 고리형 단량체들의 중합성은 크기, 기능기(X)의 반응특성 및 고리에 붙은 치환체에 따라 영향을 받는다. 2개 고리형 화합물은 개환중합용 반응성 단량체로 사용이 가능하다. 고리형 단량체의 중합성은 개환시 중합의 자유에너지 변화로 주로 추산이 가능하다.

▼ **표 3.10 주요 고리형 단량체의 기능기**

이름	구조	이름	구조	이름	구조
올레핀	—CH═CH—	황화물	—S—	아미노	—NH—
에테르	—O—	모노티오포르말	—OCH_2S—	티오포르말	—SCH_2S—
포르말	—OCH_2O—	티오락톤	—SC(=O)—	락탐	—NHC(=O)—
이황화물	—SS—	요소	—NHC(=O)NH—	우레탄	—NHC(=O)O—
락톤	—OC(=O)—	이미드	—C(=O)NHC(=O)—		
카보네이트	—OC(=O)O—				
무수물	—C(=O)OC(=O)—				

다시 말해 에틸옥사이드(Ethyl Oxide)나 ϵ-카프로락탐(ϵ-Caprolactam)과 같은 헤테로원자(Hetero Atom: O, N, S, P 등)를 적어도 1개 이상 가지고 있는 고리화합물이 적당한 조건에서 고리가 열림으로써 선형고분자가 되는 반응이다. 공업적으로 가장 중요한 고리열림중합은 나일론 6 제조에 사용되는 ϵ-카프로락탐(Caprolactam)의 고리열림 중합반응이다.

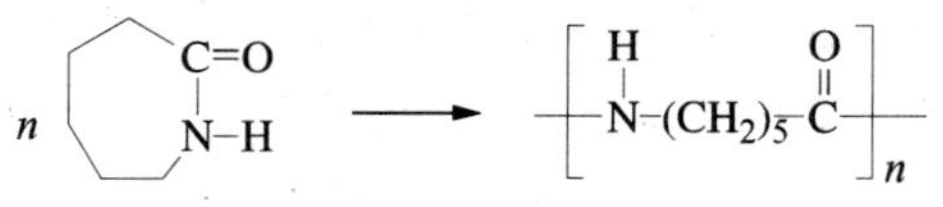

ε-카프로락탐 나일론 6

이것의 중합은 물의 존재 하에 ϵ-카프로락탐을 중합하면 다음과 같은 3가지 평형반응을 거쳐 나일론 6을 얻을 수 있다.

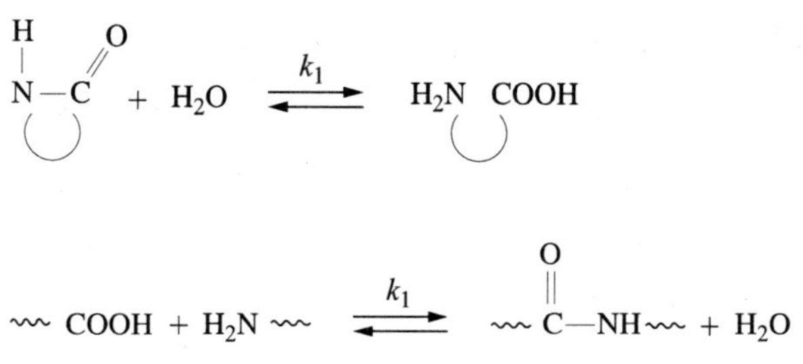

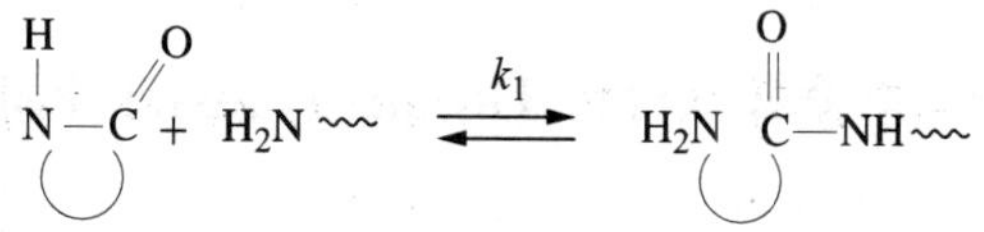

그 밖에 다음과 같은 락톤을 예로 들 수도 있다. 락톤이란 에스터 그룹을 함유한 고리화합물을 말한다. 이들은 음이온 개시제 및 양이온 개시제에 의하여 중합이 일어날 수 있다. 그 메커니즘이 간단하고 잘 알려진 음이온 중합은 다음과 같은 과정으로 일어난다.

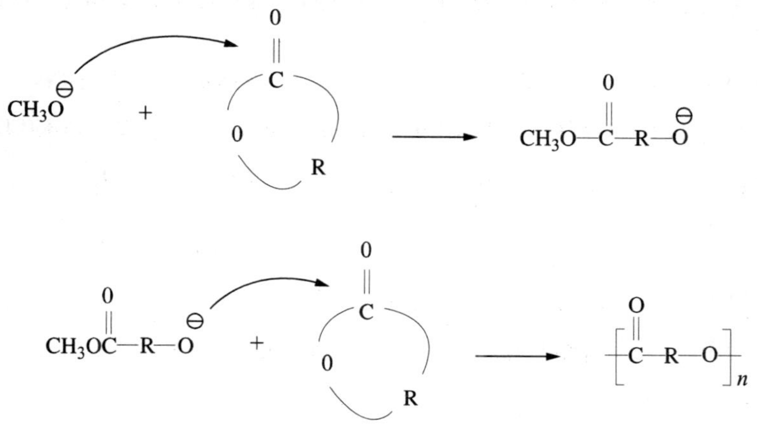

이들 중에서 공업적으로 유용한 것은 여섯 고리 이량체의 구조를 한 화합물의 개환 중합에 의하여 얻어지는 폴리글리콜리드(Polyglycolide)와 폴리락티드(Polylactide)가 있다.

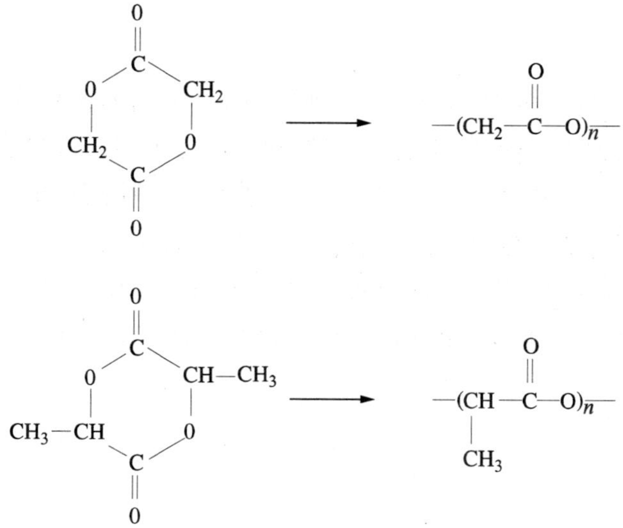

04 기타 그룹이동중합 (GTP, Group Transfer Polymerization)

그룹이동중합은 비교적 최근에 알려진 중합방법이다. 여기에는 반응성 실릴케톤기를 갖는 고분자 사슬말단에 단량체가 반복해서 붙은 것이 포함된다. 부가하는 동안 실릴기는 들어오는 단량체에 부가하여 새로운 케톤아세탈기를 만들고 이는 곧 더 많은 단량체와 반응하여 이름 그대로 기능기가 이동하면서 중합된다. 다음과 같이 메틸메타크릴레이트 (Methyl Methacrylate) 단량체로 예를 들어 보자.

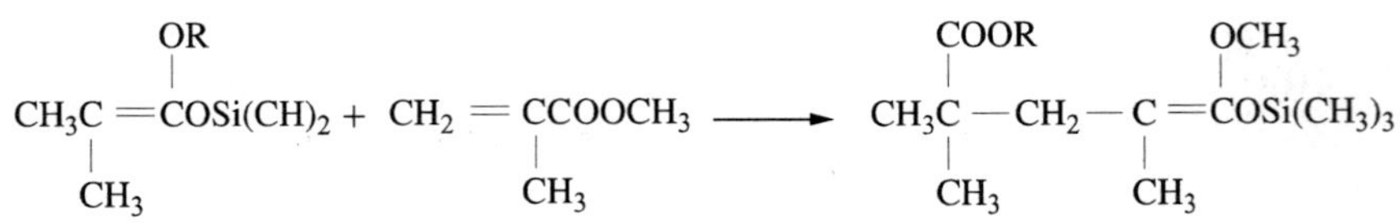

(a) (b)

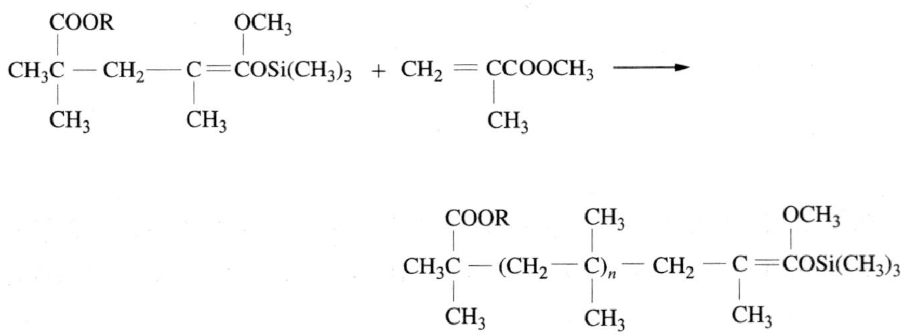

(c)

그룹이동중합은 상온에서 리빙중합체 (Living Polymer)를 빠른 속도로 만들어 줄 수 있어 고분자 설계의 새로운 기원을 이루고 있다. 새로운 단량체가 부가되면 리빙중합체가 성장한다. 이 기술은 분자량, 말단기, 곁사슬의 기능성 및 사슬의 배열을 제어하는데 사용된다. 또한 혼합물을 분리하거나 전기를 전도시키거나 약물을 방출하는데도 중합의 조절은 대단히 중요하다. 참고로 그룹이동중합 단량체로는 메타크릴레이트 (Methacrylate)가 가장 많이 연구되고 있다.

05 중부가 중합 (Polyaddition Polymerization)

축합중합과 마찬가지로 단계적인 중합반응의 형태이면서도 중합 후 제거해야 할 어떠한 부산물도 형성되지 않는 종류의 중합반응을 의미한다. 이소시아네이트(Isocyanate)기 혹은 케톤(Ketone)기, 에폭시(Epoxy)기는 많은 활성수소(OH, NH_2기 등)를 갖는 화합물과 용이하게 부가반응을 일으키는데 이와 같은 화합물들이 부가반응을 반복하여 고분자를 형성하는 중합반응을 중부가(Polyaddition)라 한다. 중부가 반응에 의하여 형성되는 고분자의 대표적인 경우는 폴리우레탄이 있으며, 이와 원리가 아주 비슷한 우레아 수지나 멜라민 수지도 모두 중부가 반응에 의하여 형성되는 고분자들로 볼 수 있다. 이들 고분자들은 모두 친전자체로서의 반응성이 뛰어난 이소시아네이트(Isocyanate) 그룹의 반응성을 이용한 중합체들이다. 이소시아네이트 그룹과 반응하는 대표적인 그룹으로는 하이드록시기그룹(－OH)과 아민그룹(－NH_2)이 있다.

$$\underset{\text{헥사메틸렌디이소시아네이트}}{OCN-(CH_2)_6-NCO} + \underset{\text{부탄디올}}{HO-(CH_2)_4-OH} \longrightarrow \underset{\text{폴리우레탄}}{\left[OCNH-(CH_2)_6-NHCOO-(CH_2)_4-O \right]_n}$$

이소시아네이트 그룹과 유사한 형태로 중부가 중합에 의하여 중합체를 형성하는 고분자의 다른 형태로 에폭시 수지가 있다. 그 외에 부가중합과 축합중합의 반복반응인 부가축합중합(Addition/Condensation Polymerization)이 있고 그 예로서는 요소수지(Urea Resin)나 멜라민수지(Melamine Resin) 같은 아미노수지(Amino Resin)와 페놀수지(Phenol Resin) 등은 부가축합에 의해 합성된다.

06 배위중합 (배위촉매중합, Coordination Polymerization)

배위화합물을 촉매로 한 연쇄중합은 성장말단의 성질로 본다면 음이온 연쇄중합의 경우와 유사하다. 이들 화합물이 고분자 공업에서 차지하는 중합촉매로서의 가치는 매우 크며 개시제와 단량체 간에 배위결합을 경유하여 단량체가 성장 중인 고분자쇄와 촉매와의 사이로 삽입되어 중합이 진행되므로 배위중합 (Coordination Polymerization)이라고 하기도 한다. 1950년 이전에 가지가 많이 달린 저밀도폴리에틸렌 (LDPE)만 상업화되어 사용되었다. 그러나 1950년대 초, 노벨상 수상자인 Ziegler는 트리에틸알루미늄 [$(C_2H_5)_3Al$]과 사염화티타늄 ($TiCl_4$) 혼합물을 사용하여 저압 상온에서 에틸렌을 중합함으로써 고밀도폴리에틸렌 (HDPE)의 합성에 성공하였고, 또 다른 노벨상 수상자인 Natta는 이러한 배위촉매 (Complex Coordination Catalyst)를 사용하여 결정성폴리프로필렌을 합성하는데 성공하였다. 이상의 촉매는 Ziegler Natta 촉매로 알려져 있다. 일반적으로 Ziegler Natta 촉매는 4족 (IV)에서 8족 (VIII)에 이르는 전이금속화합물과 1족 (I)에서 2족 (II)에 이르는 유기금속착체를 함께 사용하게 된다. $TiCl_4$와 같은 전이금속착체는 촉매로, 디에틸알루미늄과 같은 유기금속착체는 공촉매 (조촉매)로 고려하는 것이 일반적이다. 촉매와 공촉매 사이의 교환반응에 의하여 Ti (IV)가 Ti (III)으로 환원되기도 한다. α, γ, δ형일 때는 입체규칙적 고분자를 얻을 수 있지만 β결정형은 그렇지 못하다. 입체규칙성의 정도와 중합속도는 트리에틸아민을 부가하면 증가한다. 따라서 프로필렌을 트리에틸아민, γ-Titanium-(III) Chloride 및 염화디에틸알루미늄 존재 하에 중합시키면 적어도 98%의 아이소택틱 고분자가 얻어진다.

참고 ▌ 폴리에틸렌 (PE)/폴리프로필렌 (PP) 상업적 생산

이러한 배위화합물에 의한 고분자의 중합은 1953년 지글러 (Ziegler)가 사염화티탄과 트리에틸알루미늄을 사용하여 상온, 상압 하에서 에틸렌을 중합하는 방법을 발견하면서 개발되기 시작하였으며, 지금은 유사한 원리에 의하여 중합촉매로서의 역할을 할 수 있는 많은 종류의 화합물들이 알려져 있다. 이러한 촉매를 사용하여 중합되는 폴리에틸렌을 보통 저압법 폴리에틸렌 (HDPE, High Density Polyethylene)이라고 하는데, 이것에 비해 고압법 폴리에틸렌 (LDPE, Low Density Polyethylene)은 고압/고온에서 과산화물 개시제에 의한 라디컬 중합법에 의하여 제조된다. 라디컬 중합에서는 앞에서 언급한 바와 같이 고분자로 연쇄 이동이 일어나 가지가 많은 LDPE가 형성되는 것에 반해 배위중합에 의한 HDPE는 가지화가 거의 일어나지 않아 결정성이 크고, 비중 및 융점이 높다. 한편으로 Natta는 삼염화티탄과 트리에틸알루미늄을 사용하여 결정성과 융점이 높은 폴리프로필렌 (PP, Polypropylene)을 합성하게 되었다. 당시에는 고분자량의 폴리프로필렌을 라디컬중합이나 양이온중합에 의하여 얻는 것이 어려운 것으로 알려졌으며 더욱 중요한 것은 Natta에 의하여 얻어진 폴리프로필렌은 아이소택틱 구조의 입체규칙성을 가지고 있다는 것이다. 이것은 공업적 가치가 큰 높은 융점의 중합체가 얻어진다는 것이다. 이들은 계속된 연구에 의하여 α-올레핀 계통의 많은 단량체가 입체규칙성의 고분자를 이와 같은 방법에 의해 형성한다는 것을 알게 되었으며, 오늘날 고분자 공업에 있어서 고분자 총 생산량의 50%에 달하는 폴리에틸렌과 폴리프로필렌의 공업화에 이바지 하였다. 그리하여 이와 같은 종류의 촉매를 지글러 나타촉매라고 부르고 있다. 지글러 나타 촉매류는 일반적으로 I, II, III족 금속의 유기금속화합물과 IV족에서 VII족 금속염의 조합으로 이루어진다. 이들 촉매를 사용한 중합에서 단량체의 삽입에 의하여 형성되는 고분자의 성장말단은 음이온성을 띠고 있어 배위음이온 촉매라고도 하며, 많이 사용되는 지글러 나타 촉매의 조합들은 [표 3.11]과 같다.

▼ **표 3.11 여러 가지 촉매의 PP입체규칙성**

촉매	입체규칙성 (%)	촉매	입체규칙성 (%)
$R_3Al + TiCl_4$	35.2	$R_3Al + Ti(C_2H_5)_2Cl_2$	85
$R_3Al + \alpha$-$TiCl_3$	84.7	$R_2AlX + TiCl_3$	90～99
$R_3Al + \beta$-$TiCl_3$	45	$RAlX_2 + \gamma$-$TiCl_3$ + Amine	> 99
$R_3Al + TiCl_4 + NaF$	97	$RAlX_2 + TiCl_3$ + HPT	97
$R_3Al + TiCl_4$ + Compounds of P, As, or Sb	98	$RNa + TiCl_3$	90
$R_3Al + TiCl_3$ + Amine	81	$RNa + TiCl_4$	90
R_3Al + Ti (O-iso-Bu)$_4$	20	$RLi + TiCl_4$	90
R_3Al + V (acac)$_3$	0	$R_2Zn + TiCl_3$	65
$R_3Al + Ti(C_2H_5)Cl_2$	70～90	$R_2Zn + TiCl_3$ + Amine	93

다음과 같은 비닐 단량체가 티타늄원자와 성장사슬 내의 말단 탄소원자와 사이에 들어가게 되면 공촉매의 에틸기에 의해 활성화되는 곳에서 촉매표면 위에서 성장 반응이 일어난다.

$$H_2C{=}\underset{}{\overset{\displaystyle R \atop |}{CH}}$$

고리형의 전자가 결여된 전이금속착체 구조는 다음과 같이 된다.

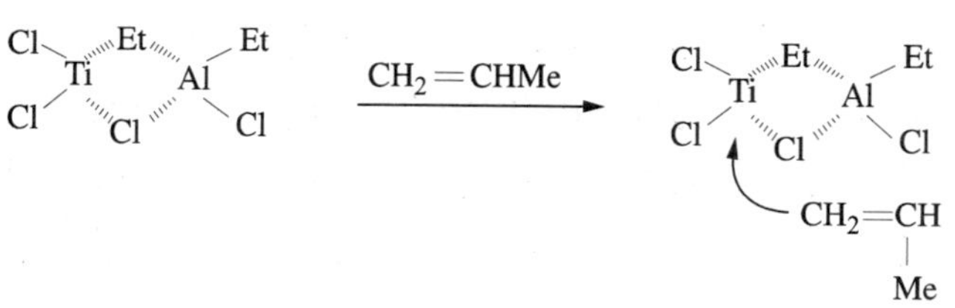

더욱 더 일반적으로 트리에틸알루미늄은 촉매 표면에서 반응을 일으켜 사염화에틸티타늄을 만들고 그 활성점에서 프로필렌과 같은 비극성 비닐계 단량체의 중합을 가능하게 한다.

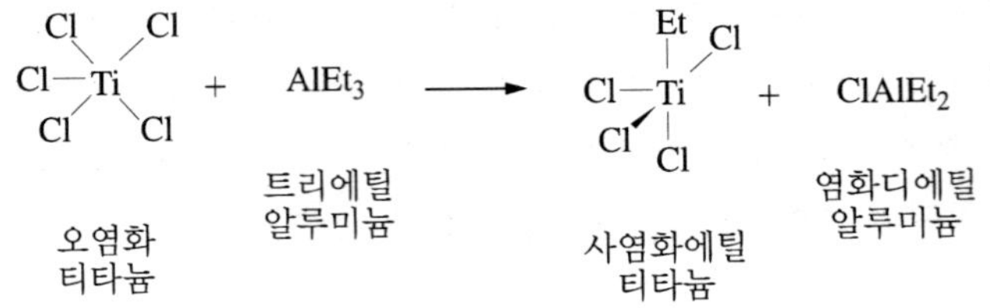

그러면 프로필렌은 비어 있는 d궤도에서 티타늄과 함께 π착체를 형성한다.

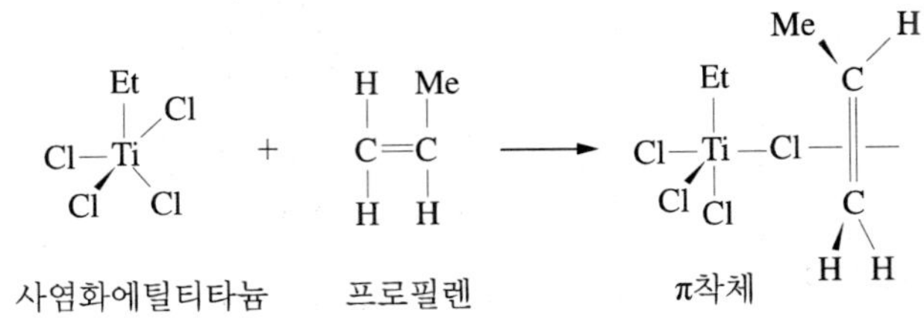

전이 상태의 착체가 형성되면 단량체를 넣고 활성점이 다시 형성되어 에틸기가 프로필렌기의 말단에 있게 된다.

07 중합의 입체화학

앞에서 Ziegler Natta 촉매에 의해서 여러 가지 입체규칙적인 형태가 가능함을 보였다. 그래서 뒤 (**Chapter 14 고분자의 구조 및 특성 이론**)에서 다시 언급이 되겠지만 고분자의 입체규칙적 구조에 대해 간략히 살펴보자. 고분자에 있어서 입체이성질체는 다른 일반적인 유기화합물에서와 마찬가지로 기하학적인 것과 광학적인 이성질체의 두 가지가 있다. (a) 기하학적인 이성질체는 주로 이중결합이나 고리형 구조에 붙은 치환기의 배열에 따라 다르다. (b) 광학적 이성질체는 주로 포화탄소 원자에 붙은 치환기의 배열에 따라 나타나게 된다. 배열(Configuration)이란 용어는 입체형태(Conformation)와는 구별된다. 입체형태란 단일결합 주위로 분자 내의 치환체나 원자들이 단순히 회전에 의해서만 다른 형태를 갖는 것을 말한다. 입체형태의 예로는 완전히 펼쳐진 평면 지그재그 형태, 랜덤코일 형태, 나선형 구조 및 굽힘 사슬 등의 형태를 예로 들 수 있다. 이들 형태가 다른 이성질체들은 형태이성질체 (Conformation Isomer)라고 한다. 형태이성질체는 결합의 회전에 의해 다른 형태로 변화되지만, 배열이성질체 (Configuration Isomer)는 1차 결합이 파괴되어야 분자 내 원자나 치환체가 다른 것으로 바뀔 수 있는 것을 말한다. 같은 배열을 갖지만 치환체 R의 비대칭구조가 규칙적으로 배열되어 있는 입체배열을 택티시티 (Tacticity)라고 한다. 택티시티에는 전혀 규칙성이 없는 어택틱 (Atactic) 구조를 비롯하여 규칙성이 있는 택틱 구조로 아이소택틱 (Isotactic)과 신디오택틱 (Syndiotactic) 구조가 있다. 아이소택틱 고분자구조는 고분자 사슬에 있는 각 반복단위의 입체이성질구조가 같은 배열을 갖는 것을 말한다. 따라서 모든 R기는 탄소-탄소 사슬 평면의 한 쪽 (모든 위면 또는 아랫면)에만 위치해 있는 구조를 말한다. 신디오택틱 구조는 각 반복단위에서의 입체이성질구조의 위치가 앞 반복단위 위치와 반대쪽에만 규칙적으로 배열되어 있는 것을 말한다. 다음 그림은 택티시티에 따른 이성질체 구조의 대략적인 그림을 도식한 것이다.

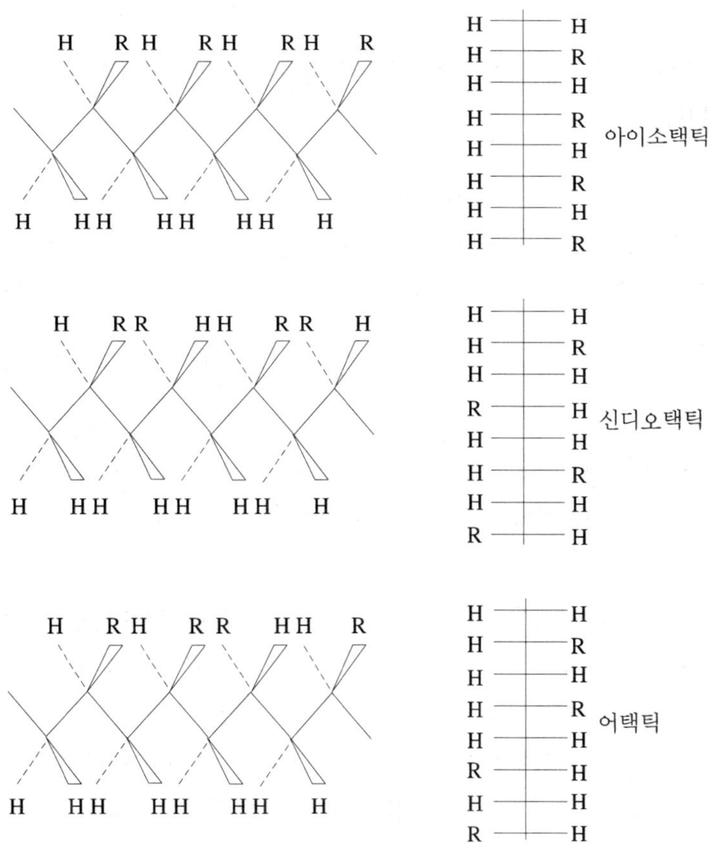

▲ 그림 3.3 택티시티에 따른 입체이성질 구조

예로서 다음은 입체규칙성 PP의 중합 메커니즘을 나타낸다.

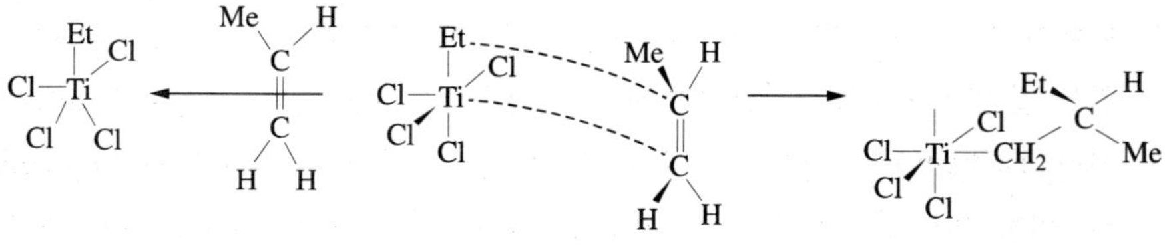

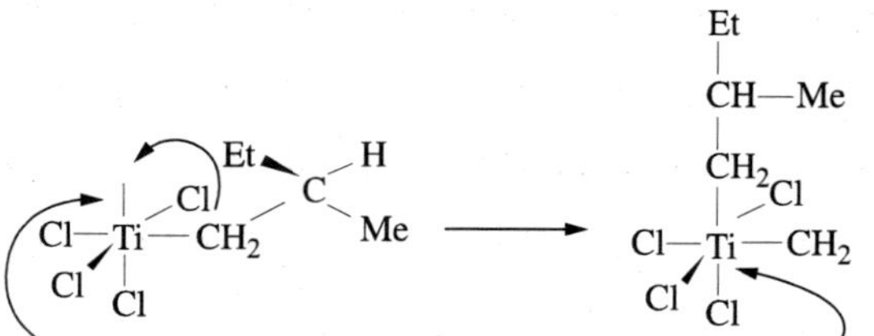

다음 식에서 볼 수 있듯이 개시반응이 성장반응으로 이어져 택티시티 (Tacticity)가 유지된다.

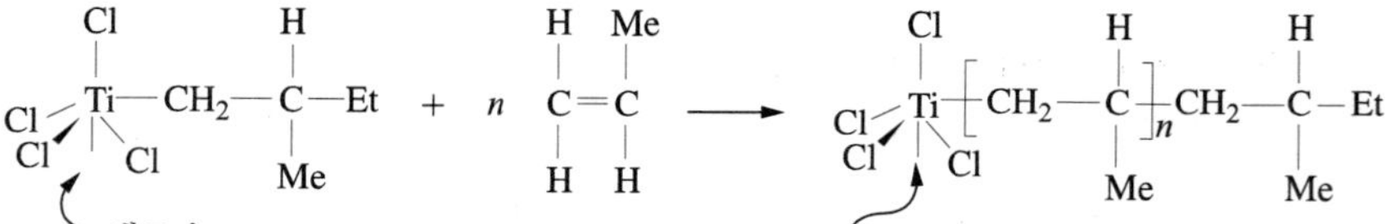

대부분의 비닐계 단량체에서 Ziegler Natta 촉매로 중합하게 되면 아이소택틱 형태가 나온다. 택티시티의 정도는 고체표면과 모퉁이에 존재하는 활성화점에 노출된 정도에 의존한다. 촉매에서의 활성화점의 노출정도가 클수록 결과적으로 나오는 아이소택틱 분율은 작아진다. 1,3-부타디엔과 공액디엔의 중합에서 Ziegler Natta 촉매의 사용으로 네 가지 가능한 입체규칙적 구조가 가능하게 된다. 즉, 아이소택틱 1,2, 신디오택틱 1,2, 트란스 1,4 및 시스 1,4 구조가 가능하게 된다. 분자량은 단량체, 공촉매에의 연쇄 이동 및 내부 수소이동 등에 의해 영향을 받는다. 그러나 공업적으로 수소는 반응을 정지시키기 위해 부가된다. 저온에서는 알킬기의 이동이 지연되기 때문에 신디오택틱 폴리프로필렌이 얻어진다. 상업적인 아이소택틱 중합체는 상온에서 얻어진다. n-헥산에서의 불용인 고분자의 분율 (%)을 아이소택틱 지수 (Isotactic Index)라고 한다.

08 공중합 (Copolymerization)

단일단량체에서 중합된 고분자를 단독중합체 (Homopolymer)라고 하는데 반해, 공중합체 (Copolymer)는 2개 이상의 다른 단량체로부터 중합된다. 공중합으로 제조된 공중합체는 단일공중합체가 나타내지 못하는 다양한 성질을 나타낸다. 즉, M_1, M_2의 두 가지 단량체로부터 제조된 공중합체는 조성비는 물론 사슬 내에서의 M_1, M_2의 배열상태에 따라서도 화학적 물리적 성질이 크게 변한다.

예를 들면 스티렌 부타디엔고무 (SBR), 아크릴로니트릴 부타디엔고무 (NBR), 스티렌 아크릴로니트릴수지 (SAN) 등은 단량체의 반복단위가 무질서하게 배열되어 있으며 유연성, 내약품성, 강도 등이 조성비에 따라 크게 변한다. 아크릴로니트릴 부타디엔 스티렌수지 (ABS), 내충격성 폴리스티렌 (HIPS) 등은 폴리부타디엔 고무에 스티렌 아크릴로니트릴 공중합체 및 폴리스티렌이 각각 그래프트 중합된 그래프트 공중합체로서 섬바다 모양으로 상분리가 일어난 구조를 가지고 있다. 상분리가 일어난 블록, 그래프트공중합체는 조성비는 물론 상분리 상태에 따라 내충격성, 내열성 등이 영향을 받는다. 또한 결정성수지인 폴리에틸렌 (PE)과 폴리프로필렌 (PP)의 공중합체인 에틸렌프로필렌고무 (EPR)는 중간 조성에서 비결정성을 나타낸다.

공중합에서는 조성비가 같을 경우에는 단량체가 배열된 구조에 따라 물성에 큰 차이가 생긴다. 단량체가 무질서하게 분포하거나 교대로 되어 있으면 조성분의 단일 고분자와 다른 성질을 나타내지만 특정단량체 들이 집중적으로 중합되어 만들어진 블록이나 그래프트 공중합체의 경우에는 각 조성분 고분자들이 단일 공중합체의 성질을 나타내기 때문에 성질이 다른 조성분 고분자를 적절히 조합하여 각 조성분 고분자들의 장점을 고루 갖춘 새로운 고분자 재료가 만들어질 수 있다.

이와 같이 공중합체는 단일중합체로는 얻기 어려운 다양한 특성을 나타낼 수 있기 때문에 합성고무, 내약품성, 내충격성 플라스틱의 용도로 널리 쓰이고 있다. 공중합은 축합중합, 부가중합, 기타 특수중합법도 가능하나 여기서는 주로 부가공중합에 대하여 설명하기로 한다. 공중합체의 종류에는 랜덤공중합체 (Random Copolymer), 교대공중합체 (Alternating Copolymer), 그래프트공중합체 (Graft Copolymer), 블록공중합체 (Block Copolymer) 등이 있다. 이들의 각 개념은 다음과 같다.

8.1 랜덤공중합체 (Random Copolymer)

랜덤공중합체 (Random Copolymer)는 단량체들이 고분자 내에 불규칙하게 (Randomly) 중합되어 있는 것을 말한다. 예를 들면 부가중합에 의해 만들어진 염화비닐 (Vinyl Chloride, $CH_2=CHCl$)과 초산비닐 (Vinyl Acetate, $CH_2=CHCOOCH_3$)의 공중합체를 들 수 있다.

이 제품 (랜덤공중합체)에서 초산비닐의 함량은 대략 3~40% 정도이고 폴리염화비밀 (PVC)에 비해 유연하고 녹기 쉬워 표면코팅에 널리 응용된다.

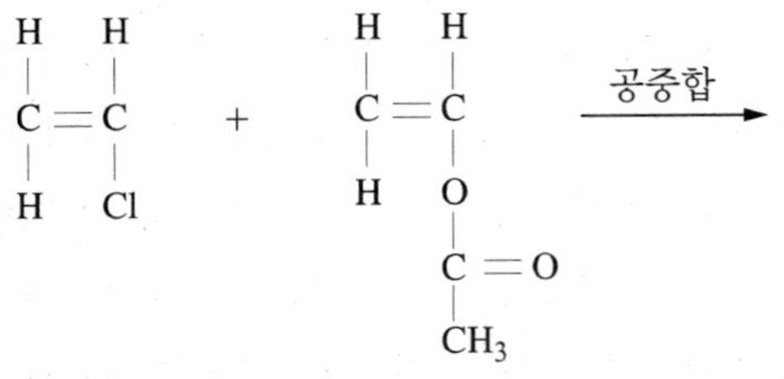

염화비닐 초산비닐

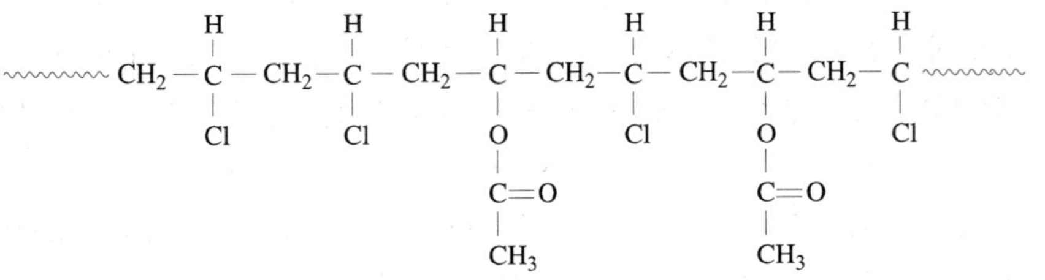

랜덤공중합체 (Random Copolymer)

8.2 교대공중합체 (Alternating Copolymer)

교대공중합체 (Alternating Copolymer)는 한 형태의 단량체가 다른 한 종류의 단량체들과 교대로 결합되어 있다. 예를 들면 페인트의 제조에서 안료의 분산을 향상시키는데 많이 사용하는 스티렌 (Styrene)과 말레산무수물 (Maleic Anhydride)의 공중합체를 들 수 있다.

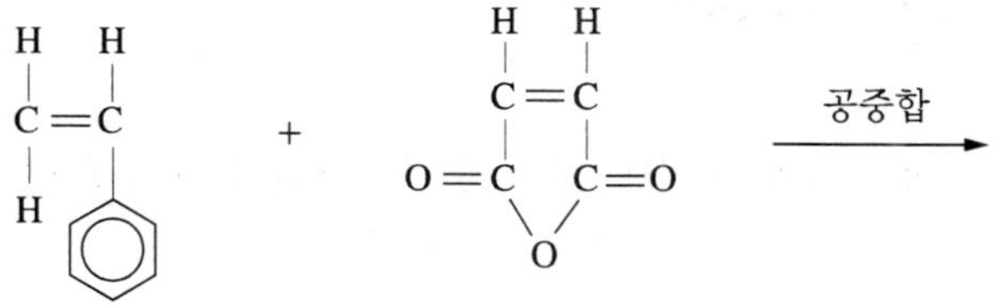

스티렌 말레산무수물

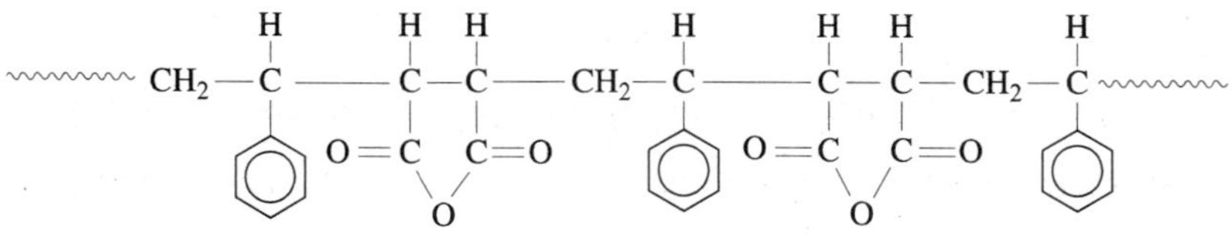

교대공중합체 (Alternating Copolymer)

8.3 그래프트공중합체 (Graft Copolymer)

그래프트공중합체 (Graft Copolymer)는 미리 형성된 고분자에 한 고분자가 가지와 같이 성장함으로써 생성된다. 각각의 단량체를 A, B라고 하면 그래프트공중합체의 사슬분절 (Chain Segment) 구조는 다음과 같다.

```
~~~~~~ BBBBBBBBBBBBBBB ~~~~~~
               A
               A
               A
               A
               A
```

그래프트공중합체

그래프트 공중합체는 고분자 사슬의 말단기가 아닌 중간 부분에 단량체가 중합되어 그래프트 되며 라디컬중합법으로 만들어진다. 예를 들면 스틸렌 단량체에 폴리부타디엔을 용해시켜 라디컬 반응으로 스티렌 단량체를 중합시키면 폴리부타디엔에 폴리스티렌이 그래프트 된 수지가 제조된다. 이 수지는 폴리부타디엔과 폴리스티렌 사이의 상용성이 작기 때문에 폴리부타디엔이 분산상으로 상분리된 구조를 가지며 분산상인 폴리부타디엔고무가 충격을 효과적으로 흡수하여 내충격성이 높은 폴리스티렌 (HIPS, High Impact Polystyrene)이 된다. HIPS수지는 기계적 물성 및 내충격성이 우수하여 전기, 전자, 자동차부품 소재로 쓰이고 있다.

8.4 블록공중합체 (Block Copolymer)

블록공중합체 (Block Copolymer)는 다른 종류의 반복단위의 긴 사슬이 아래와 같이 규칙적으로 반복되는 구조를 갖는 공중합체를 말한다.

~~~~~ AAAAAAABBBBBBBAAAAAAA BBBBBBB ~~~~~
블록공중합체

이와 같은 블록공중합체를 만드는 방법은 (a) 고분자 사슬의 크기가 보통 수백~수천 g/mol정도이면서 끝에 각기 다른 종류의 반응성 기를 갖고 있는 프리폴리머 (Prepolymer)를 각각 만들어 이들 말단기를 반응시켜 사슬을 연결시킴으로써 블록공중합체를 제조한다. 반응성 기는 하이드록시 (−OH), 카르복시 (−COOH), 아민 (−NH_2), 이소시아네이트 (−NCO), 에폭시 ($\underset{\diagdown O \diagup}{-CH-CH_2}$)기 등이 있다. (b) 음이온중합법을 이용하는 경우로는 먼저 특정 단량체를 음이온 개시제로 중합시켜 반응성이 유지되는 소위 리빙중합체 (Living Polymer)를 만들고 여기에 두 번째의 단량체를 첨가하여 반응시킴으로써 제2의 블록을 만드는 방법이다. 이 방법은 단량체를 순서대로 첨가하면 연속적으로 블록을 이어갈 수 있기 때문에 다양한 블록공중합체를 만들 수 있는 장점이 있다. 음이온중합의 경우 개시제의 농도 및 구조가 분자량 및 블록의 배열에 큰 영향을 미친다. 대표적인 예로서 개시점이 하나인 부틸리튬 (BuLi)을 개시제로 이용할 경우 AB 이중 블럭 공중합체를, 개시점이 둘인 소듐나프탈렌 (Sodium Naphthalene)을 이용하면 ABA 삼중블록 공중합체를 각각 제조할 수 있다. 음이온공중합에서 주의할 점은 반응계 순도가 매우 높아야 한다. 특히 물 등의 불순물이 있을 경우 반응중의 음이온이 물과 반응하여 쉽게 비활성화 되기 때문에 분자량 및 블록의 조절이 매우 어렵게 된다. 그리고 공중합체 예로서 Kraton으로 알려진 폴리스티렌 폴리부타디엔 열가소성탄성체 (TPE, Thermoplastic Elastomer)가 대표적인 것으로 들 수 있다.

위에서 언급된 A와 B로 이루어진 3가지 공중합체는 아래와 같이 정리할 수 있다.

(a) 불규칙 공중합체 (예) Poly (Vinyl Chloride-ran-Vinyl Acetate)

−A−B−B−A−B−A−A−B−A−B−B−A−B−A−B−B−

(b) 교대 공중합체 (예) Poly (Styrene-alt-Maleic Anhydride)

−A−B−A−B−A−B−A−B−A−B−A−B−A−B−A−B−
~~~~~

(c) 블록 공중합체 (예) Poly (Methylmethacrylate-b-Styrene)

−A−A−A−A−A−A−A−B−B−B−B−B−B−B−B−B−

(d) 그래프트 공중합체 (예) Poly (Styrene-g-Butadiene)[SBR (Styrene Butadiene Rubber)]

```
−A−A−A−A−A−A−A−A−A−A−A−
     |                 |
     B−B−B−B           B−B−B−
```

현재 공중합체로는 비닐계에 대하여 여러 가지 조성으로 만들어지고 있다. 합성고무로써 (a) 부타디엔과 비닐계 단량체 (Styrene, Acrylonitrile 등)와의 공중합체, 플라스틱으로서는 (b) 염화비닐과 아크릴산에스터, 말레산, 아크릴로니트릴, 초산비닐, 염화비닐리덴 등과의 공중합체 (c) 스티렌과 아크릴로니트릴 등의 공중합체가 각각 제조되고 있다.

09 고분자의 가교반응

고분자반응이란 기능기를 갖고 있는 저분자량의 단량체를 중합 반응시켜 고분자를 제조하는 것과는 달리 긴 고분자 사슬의 일부, 즉 주사슬의 중간, 끝, 곁사슬에 있는 반응성 기를 이용한 반응이며 또한 한 고분자내에 기능기 수가 매우 많은 것이 특징이다. 따라서 각 반응성 기는 자체의 반응성은 물론 주사슬이 주는 입체장애, 반응성이 큰 기가 먼저 반응함에 따라 반응성이 낮은 기의 반응성 변화, 반응에 따른 고분자의 용해도 및 결정화도의 변화 등 매우 많은 변수가 존재하게 되므로 고분자반응을 정량적으로 설명하기는 매우 어렵고 모든 고분자 사슬을 동일하게 반응시키는 것도 사실상 불가능한 특징을 갖고 있다.
고분자반응은 (1) 천연 및 합성고무의 가교화반응 (2) 단량체로부터 직접 중합이 어려운 폴리비닐알코올의 제조 (3) 셀룰로오스의 개질에 의한 가공성 향상 등에서 보는 바와 같이 공업적으로 매우 긴 역사와 중요성을 갖고 있다. 이들 중에서 고분자의 가교반응에 대하여 일아 보자. 가교반응에는 크게 가황반응과 과산화물에 의한 가교가 있다.

9.1 가황반응

고분자반응의 가장 대표적인 예로서 황을 이용한 고무의 가교반응을 들 수 있다. 고무의 성질, 즉 외부 힘에 의하여 쉽게 변형이 일어나고 힘을 제거하면 원상태로 회복이 잘 되는 특징을 나타내기 위해서는 고분자 재료가 비결정성 또는 매우 낮은 결정화도를 갖고 유리전이온도(T_g)가 상온보다 낮아야 하며, 화학적 가교구조 또는 가교의 역할을 할 수 있는 물리적 구조를 갖고 있어야 한다. 고무로서 대표적인 천연고무, 스티렌 부타디엔고무, 클로로프렌고무 등은 원재료가 주사슬에 이중결합을 갖고 있으며 그 자체로는 고무성질을 나타내지 못하기 때문에 쓸모가 거의 없다. 그러나 이들 원재료에 황을 첨가하여 가교시키면 고무로서의 독특한 성질을 나타낸다. 현재 생산되고 있는 대부분의 고무제품은 이와 같은 가황가교(Vulcanization)를 이용하여 제조되기 때문에 일반적으로 고무의 가교를 가황이라 부른다.

고무의 가황기구는 자유라디컬 반응과 이온반응으로 설명될 수 있으나 지금까지 밝혀진 실험결과에 의하면 이온반응이 더 타당한 것으로 보인다. 다음은 이온반응을 이용한 가교기구를 나타내고 있다.

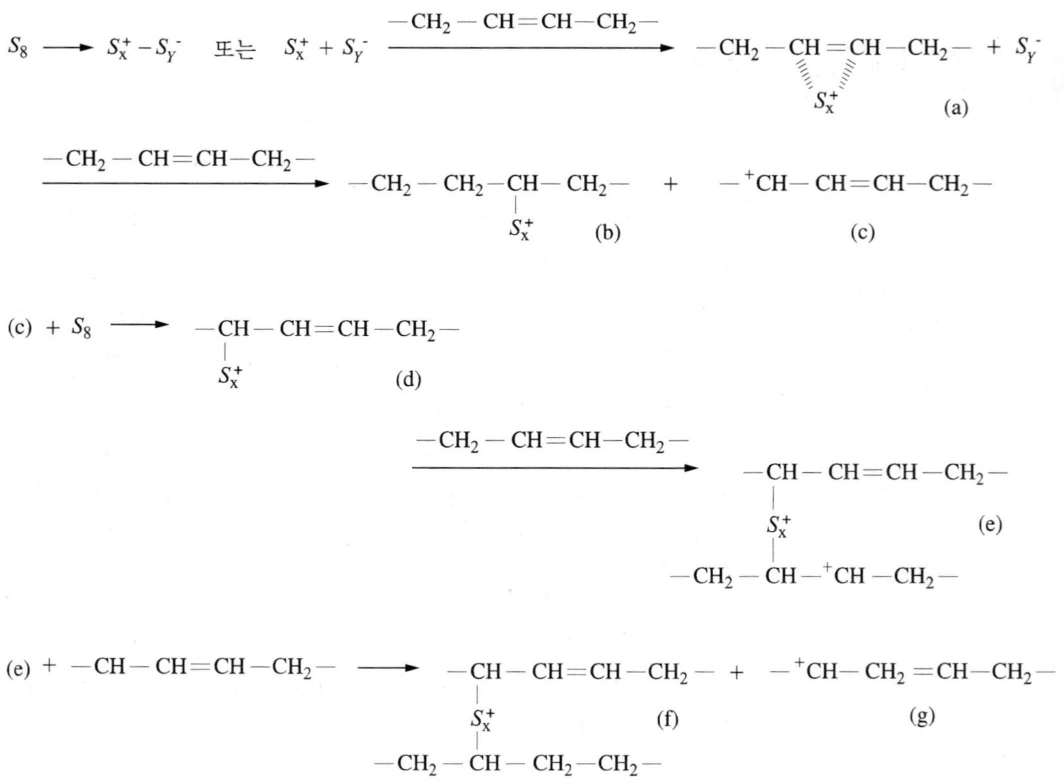

황이 열에 의하여 이온화되면 반응성이 커서 이중결합을 갖고 있는 고분자와 반응하여 설포늄 이온(Sulfonium Ion)인 (a)가 생성되고 (a)는 다른 고분자 사슬에 있는 수소를 떼어낸다. 수소가 떨어진 고분자 사슬은 카르보 양이온(c)가 된다. 카르보 양이온(c)가 다시 황과 반응하고 이어서 고분자의 이중결합과 반응하여 황으로 가교된 카르보 양이온 고분자(e)가 만들어진다. 이 (e)의 카르보 양이온은 다른 고분자 사슬의 수소를 떼어내어 자신은 (f)와 같이 안정화되고, 수소가 떨어져 만들어진 카르보 양이온(g)은 황과 반응하는 방법으로 연속적인 가교반응이 일어나 황에 의한 가교 고분자가 만들어진다. 가황공정에서는 반응을 촉진시키고 가교 효율을 높이기 위하여 황 이외에 가황 촉진제(Accelerator)를 사용하는 것이 일반적이며 특별한 경우에는 황을 사용하지 않고도 황을 포함하고 있는 가황 촉진제만을 사용하여 가황시키기도 한다.

9.2 과산화물에 의한 가교

폴리프로필렌(PP), 폴리에틸렌(PE), 에틸렌프로필렌 고무(EPR) 등과 같이 주사슬에 이중결합이 없는 올레핀계 고분자들의 경우는 황보다도 과산화물에 의하여 가교시키는 방법이 널리 이용되고 있다. 대표적인 과산화물계 가교제로서는 디큐밀과산화물(DCP), 디-t-부틸과산화물 등이 있으며 과산화물에 의한 폴리에틸렌의 가교를 다음과 같이 나타내었다.

$$\mathrm{ROOR} \longrightarrow 2\mathrm{RO}$$

$$\mathrm{RO\cdot} + -\mathrm{CH_2CH_2}- \longrightarrow \mathrm{ROH} + -\mathrm{CH_2\dot{C}H}-$$

$$2\ -\mathrm{CH_2\dot{C}H}- \longrightarrow \begin{array}{c} -\mathrm{CH_2CH}- \\ | \\ -\mathrm{CH_2CH}- \end{array}$$

Chapter 4

상업적 폴리프로필렌 생산공정 상세 기술 소개(Commercial Plant)

현재 폴리프로필렌(PP) 중합공정에는 (a) 용매 슬러리공정 (b) 액상공정 (c) 기상공정 등이 있다. 용매 슬러리공정은 널리 사용되고 있는 공정으로 활성 촉매를 탄화수소 용매(노말헵탄, 노말헥산)에 현탁시켜 중합 반응을 시도하는 방법이고, 액상 공정은 용매슬러리 공정과 유사하나 별도의 용매를 사용하지 않고 액상의 프로필렌 자체가 반응 매체로 이용되는 점이 다르다. 그리고 기상 공정은 액상공정과 같이 용매를 사용하지 않은 점이 유사하나 중합공정이 기상의 프로필렌과 고체촉매의 직접적인 접촉에 의해 이루어지는 방법이다. 이들 방법은 각각 장단점이 있으며 여기서는 기상중합 공정에 대하여 기술하기로 한다. 기상중합 공정은 용매를 사용하지 않고 비결정성 폴리프로필렌, 촉매잔사의 제거가 불필요하며 유틸리티(Utility) 사용량이 적은 가장 간단하고 경제적인 공정이다. 하지만 반응기의 설계 및 운전이 다른 공정에 비하여 어렵다. 특히 활성촉매의 주입, 반응기 내에서의 균일한 촉매분포, 반응온도 제어, 생성 중합체 입자의 제거에 있어 문제점이 있었으나 특수한 형상의 반응기, 유동화 베드 중합, 초고활성 촉매개발, 자동제어 시스템 기술 등으로 이들 문제점들이 개선되었다.

[그림 4.1]은 폴리프로필렌 기상 공정의 전체적인 공정 흐름도를 나타내고 있다.

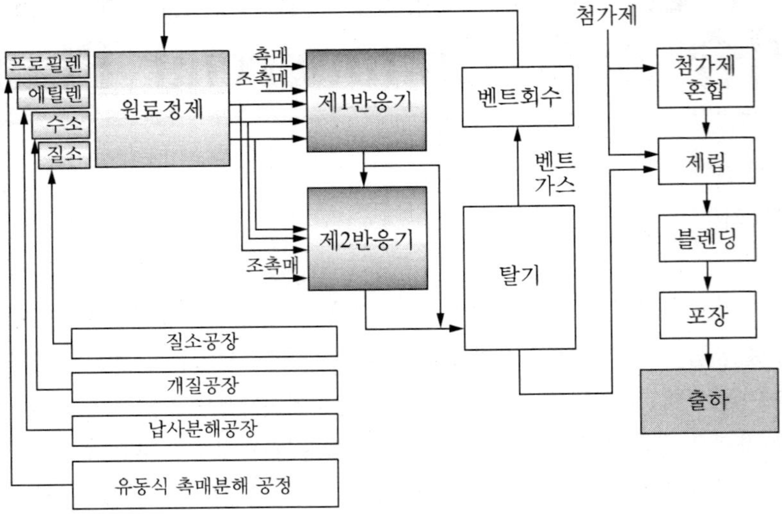

▲ **그림 4.1 폴리프로필렌 공정흐름 블록 다이어그램**

폴리프로필렌 (PP) 공정은 [그림 4.2]와 같이 크게 원료정제공정, 반응공정, 탈기체 및 원료회수 공정, 제립공정으로 나눈다.

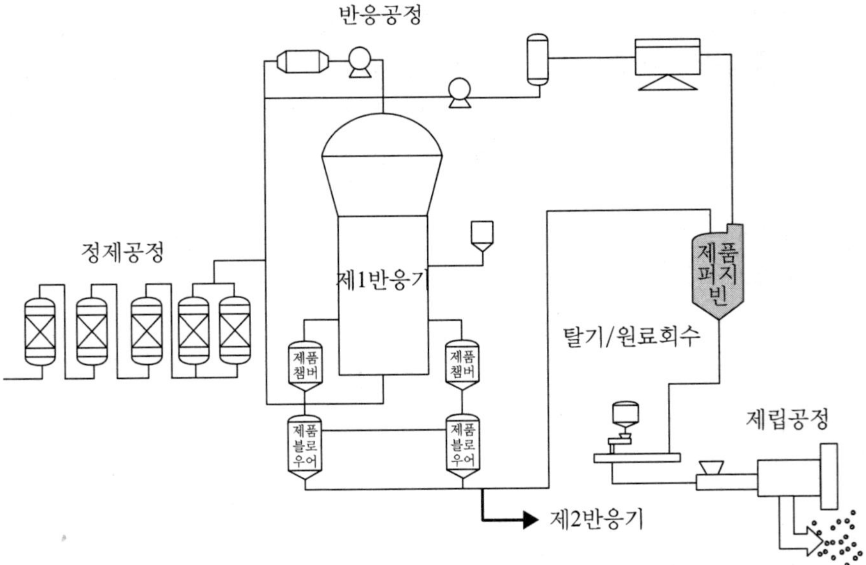

▲ **그림 4.2 폴리프로필렌 생산 전체 공정흐름도**

01 원료정제 공정 (Material Purification Unit)

중합반응의 주원료인 92% 프로필렌에는 O_2, CO, CO_2, C_2H_6 등이 소량 용해되어 있으므로 ① 프로필렌 탈기탑 (Propylene Degassing Column)에서 이들을 탑상부로 제거하고 탑하부로는 탈기된 프로필렌이 나와 ② 냉각기에서 냉각되어 황베드로 공급된다. ③ 황베드에서는 활성알루미나 촉매 (상품명: ALCOA SELECSORB COS) 하에서 황성분 [H_2S, COS (Carbonyl Sulfide)]을 흡착에 의해 제거되고 비소베드로 들어간다. ④ 비소 (As) 베드에서는 산화구리 (Copper Oxide) 촉매와 반응하여 비화수소 (Arsine)가 아래와 같이 제거된다.

$$2AsH_3 + 3CuO \rightarrow Cu_3As + As + 3H_2O$$

$$2AsH_3 + 3CuO \rightarrow 3Cu + 2As + 3H_2O$$

비소베드를 거친 프로필렌은 ⑤ 맵 (MAP, Methyl acetylene & Acetylene & Propadiene) 베드에서 팔라디움 (Palladium) 촉매에 의해 수소와 반응하여 메틸아세틸렌, 아세틸렌, 프로파디엔이 다음과 같이 제거된다.

$$H - C \equiv C - CH_3 + H_2 \rightarrow CH_2 = CH - CH_3$$

$$H - C \equiv C - H + H_2 \rightarrow CH_2 = CH_2$$

$$CH_2 = C = CH_2 + H_2 \rightarrow CH_2 = CH - CH_3$$

맵 베드에서 나온 프로필렌은 마지막으로 ⑥ 건조기로 들어가 수분 (H_2O)이 제거된다. 수분은 몰레큘러시브 (Molecular Sieve, 상품명: Linde 13XPG)와 물리적 흡착에 의해 제거된다. 이와 같이 정제된 프로필렌은 ⑦ 벤트회수 시스템으로 보내져 회수 프로필렌과 합해진 후 ⑧ 반응기로 들어간다. [그림 4.3]은 원료정제공정 흐름도를 나타낸다.

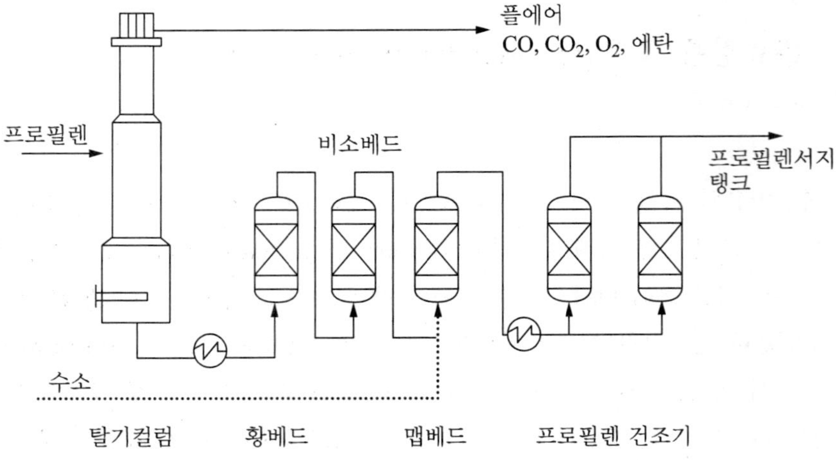

▲ **그림 4.3 폴리프로필렌 원료정제 공정 흐름도**

02 반응공정 (Reaction Unit)

반응시스템은 [그림 4.4]에서와 같이 2개 반응기 (제1, 제2), 각 반응기 시스템에 사이클가스 냉각기, 사이클가스 압축기, 사이클워터 펌프, 제품배출 시스템 (2개 제품챔버, 2개 제품블로우어 탱크)로 구성되어 있다.

반응기는 유동층베드로서 중합공정을 낮은 압력 가스 상태에서 최소의 단위 운전으로 단순화되어 있다. 반응이 일어나는 수지 (Resin) 입자의 유동상에서는 가스 상태의 단량체가 ① 베드를 최상으로 혼합하고 촉매를 빠르고 골고루 분산시켜 반응 지역에서의 ② 열전달과 물질전달을 증진시키며 반응열을 외부의 열교환기로 전달한다. 프로필렌가스는 베드를 통해 흐르며 ③ 베드 무게와 균형이 되는 힘을 상부로 나타낸다. ④ 가스의 흐름이 증가함에 따라 베드가 팽창하여 입자가 불안정하게 되어 유동을 시작하려는 지점에 이른다. 이때를 초기 유동화라 하며 입자들이 움직이거나 진동하게 되고 베드는 유체처럼 움직인다. ⑤ 가스의 흐름이 더 증가하면 베드는 더 팽창하여 입자는 격렬히 운동하고 베드에서 기포를 형성한다. ⑥ 반응기 하부로 들어간 사이클가스는 분배판 구멍에서 작은 기포를 형성하고 이것이 떠오르면서 함께 모여 베드의 상부에서는 큰 기포들을 형성한다.

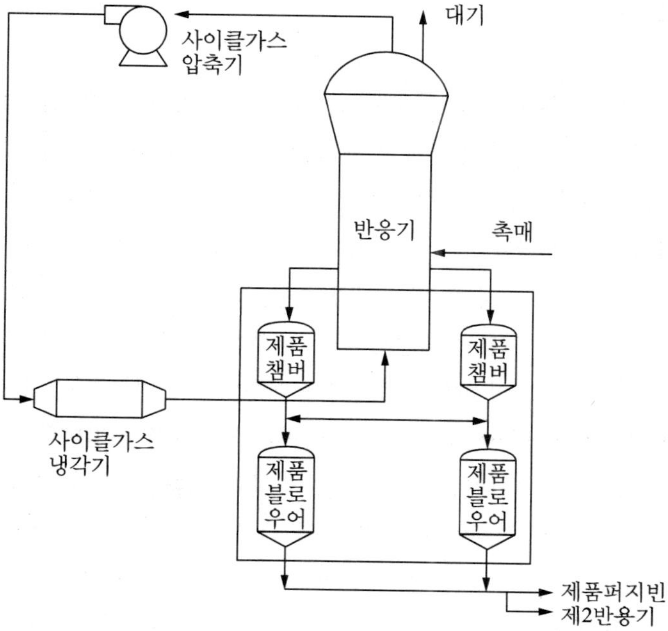

▲ **그림 4.4 폴리프로필렌 반응 공정**

[그림 4.5, 4.6, 4.7]은 각 각 유동층반응기 내에서 프로필렌가스와 고체(촉매, PP Seed) 혼합에서의 버블효과(Bubble Effect), 버블흐름 형태, 고체흐름 형태를 나타낸다.

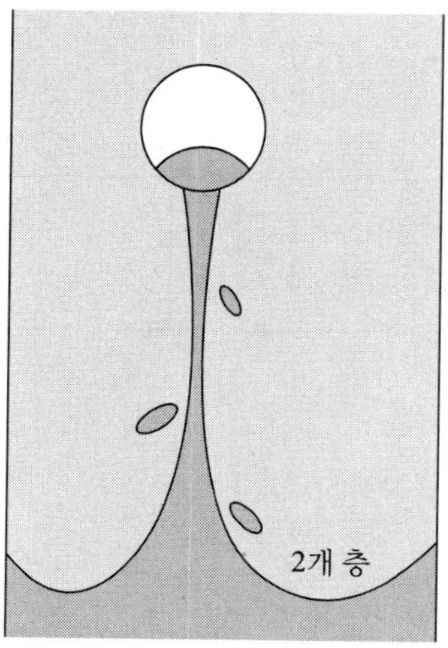

▲ **그림 4.5**
유동층반응기내
버블효과

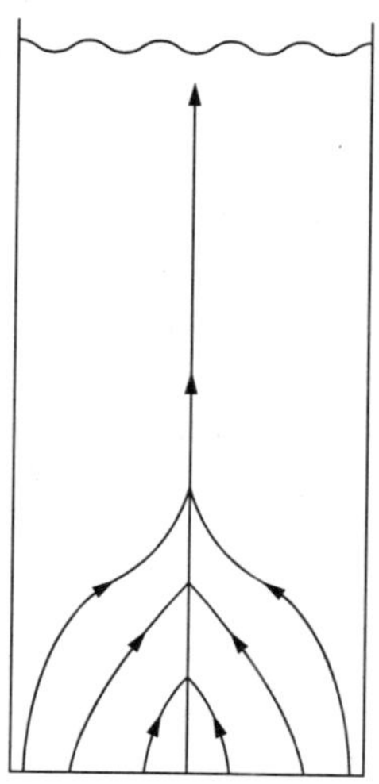

▲ **그림 4.6**
유동층반응기내
버블흐름

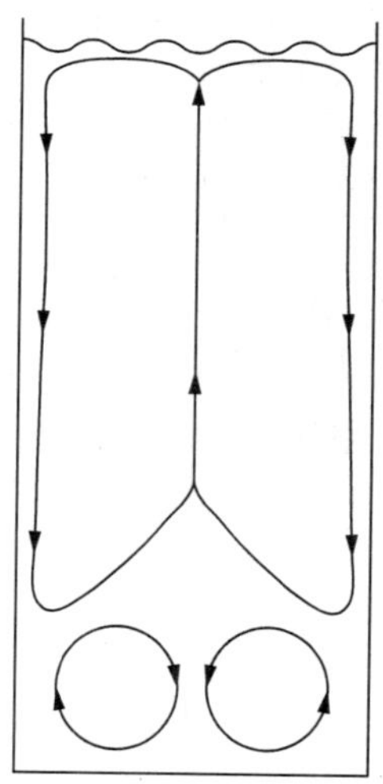

▲ **그림 4.7**
유동층반응기내
고체흐름

2.1 제1반응계

호모폴리머를 만들고 응축 반응모드인데 이는 사이클가스의 일부를 응축시켜 열전달을 높이는 것으로서, 증발잠열 제거, 반응기내 생산율과 촉매생산성 증가, 촉매 균일분산을 위함이다. 중합반응은 정상적으로 압력 37.6 kg_f/cm^2, 온도 60~65℃에서 일어난다. 중합된 제품은 반응기에서 연속 교대모드로 운전하는 두 제품배출계로 불연속적으로 흐른다. 제품에 딸려온 미반응 가스는 다른 쪽 배출시스템으로 이송된다. 이 임시 저장된 미반응 가스는 다음 제품이 배출되는 동안 반응기로 간접적으로 돌아간다. 이것은 반응기에서 배출되는 미반응 가스의 량을 최소화한다. [표 4.1]은 제1반응기에서 PP호모폴리머와 PP랜덤코폴리머를 생산할 때의 여러 가지 운전변수를 나타내며 각 운전변수의 증가에 따른 영향을 나타낸다. 예를 들어 조촉매/입체규칙성조절제비의 운전변수를 증가시 자일렌용해물(XS, Xylene Soluble) 증가, 촉매생산성 상승, 용융흐름지수(MFI, Melt Flow Index)가 높아지고 전체 에틸렌함량(PP랜덤코폴리머 생산시)의 증가는 아주 미미한 것으로 나타난다.

▼ 표 4.1 제1반응기의 PP호모폴리머/PP랜덤코폴리머 운전변수

운전변수 증가	자일렌용해물	용융흐름지수	촉매생산성	전체 에틸렌 함량 (E_t)
반응기 온도 (60℃)	⇑	–	⇓	–
조촉매/입체규칙성조절제비	⍐	⇑	⇑	↑
조촉매/촉매활성사이트 (Ti)비	↑	↑	↑	↑
프로필렌 (C_3) 분압	–	–	⍐	–
수소/프로필렌비 (H_2/C_3)	–	⍐	↓	–
에틸렌/프로필렌비 (C_2/C_3)	⇑	–	⇑	⍐
촉매독 CO, CO_2, O_2 H_2O, S, 메틸아세틸렌	– ⇑	? ?	⇓ ↓	? ?

⇑ 주요 영향 ↑ 작은 영향 ⍐ 제어용으로 사용 – 영향 없음

다음은 제1반응기에서 일반사출용의 용융흐름지수(MFI) 7.6 g/10 min의 PP호모 폴리머 제품을 제조하는 생산규격을 나타낸다.

PP호모폴리머

공정요구사항		단위	목표치	한계치	최소값	최대값
제1반응기						
용융흐름지수		g/10 min	7.6		6.8	8.4
자일렌 용해물		wt%	3.5		3.0	4.0
촉매(SHAC 103) 잔사	Ti	ppm	2.0		-	3.0 최대
	Al	ppm	<60	-	-	85 최대
	Cl	ppm	<60		-	75 최대
촉매(SHAC 205) 잔사	Ti	ppm	1.4		-	3.0 최대
	Al	ppm	<45		-	70 최대
	Cl	ppm	<40		-	60 최대
압출기						
용융흐름지수		g/10 min	8.0		7.0	9.0
이색 펠릿		-	0.0		-	2.0
펠릿 사이즈		g/100 개	2.0		1.7	2.5
오버 펠릿/가는 펠릿		wt%	0/0	-	-	20/0.2
펠릿 꼬리(5mm) 소/대		개/100g	0/0		-	100/30.0
붙은 펠릿		개/100g	0.0		-	5
검은 점 펠릿(0.2mm)		개/100g	0/0		-	5/1.0

주요공정조건	단위	목표치	한계치	최소값	최대값
제1반응기					
수소/프로필렌비	mol %	0.060	-	0.040	0.080
조촉매/입체규칙성조절제비	mol %	2.7		2.0	3.0
압출기					
냉각수 온도	℃	65		60	75
수지 온도	℃	230		200	300
수지 압력	kg_f/cm^2	100	-	80	150
게이트 온도	℃	250		220	350
챔버 온도	℃	220		200	300
첨가제					
Calcium Stearate(열안정제)		800	-	720	960
Irganox 1010(페놀계 산화방지제)	ppm	225	분석치	410	540
Irganox B561(인계/페놀계 블렌드 산화방지제)		1,125	-	-	-
Irgafos 168(인계 산화방지제)		-	분석치	810	1,080

다음은 제1반응기에서 투명용기 사출용의 용융흐름지수(MFI) 10.5g/10min의 PP 랜덤코폴리머 제품을 제조하는 생산규격을 나타낸다.

PP랜덤코폴리머

공정요구사항	단위	목표치	한계치	최소값	최대값
제1반응기					
용융흐름지수	g/10 min	3.0	-	2.5	3.5
에틸렌 함량 (E_t)	wt%	3.3		3.0	3.6
압출기					
용융흐름지수	g/10 min	10.5		9.0	11.0
이색 펠릿	-	0.0		-	1.5
펠릿 사이즈	g/100 개	2.0	-	1.7	2.5
오버 펠릿/가는 펠릿	wt%	0/0		-	20/0.2
펠릿 꼬리 (5mm) 소/대	개/100g	0/0		-	100/30.0
붙은 펠릿	개/100g	0.0		-	5
검은 점 펠릿 (0.2mm)	개/100g	0/0		-	5/1.0
주요공정조건	**단위**	**목표치**	**한계치**	**최소값**	**최대값**
제1반응기					
프로필렌 분압	kg_f/cm^2	23.0		21.0	24.0
수소/프로필렌비	mol %	-		-	-
에틸렌/프로필렌비	mol %	0.03	-	0.02	0.04
조촉매/입체규칙성조절제비	mol %	2.0		1.8	2.5
반응기 온도	℃	67		65	70
표면적 속도	m/sec	0.37		0.30	0.45
촉매 생산성	%	50		40	60
압출기					
냉각수 온도	℃	60		45	70
수지 온도	℃	184		170	220
수지 압력	kg_f/cm^2	70	-	60	100
게이트 온도	℃	235		200	300
챔버 온도	℃	197		180	250
첨가제					
Calcium Stearate (열안정제)		500		400	600
Irganox 1010 (페놀계 산화방지제)		700		630	840
Sandostab P-EPQ (인계 산화방지제)	ppm	700	-	630	840
LEK-AS 1004 (대전방지제)		750		670	900
Millard 3988 (기핵제)		2,500		2,250	3,000
Luperox 101 (과산화물)		TBD		-	-

[그림 4.8]은 제1반응기에서 생산된 PP호모폴리머의 입자형태 (Particle Morphology)를 보여주고 있다.

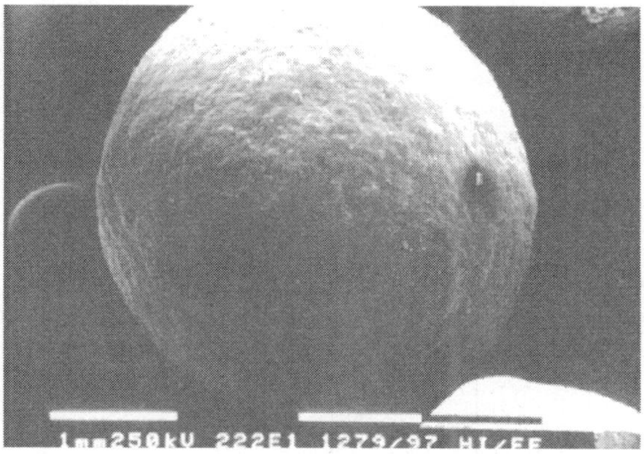

▲ **그림 4.8 낮은 다공성 (Low Porosity) 입자**

2.2 제2반응계

제2반응계는 블록코폴리머를 생산하고 제1반응계의 제품 배출계로부터 불연속적으로 촉매를 포함하고 있는 수지 (Resin)을 받는다. 그리고 에틸렌, 프로필렌, 수소, 조촉매 (TEAL, Triethyl Aluminum), 정전기방지제 (상품명: Stadis 450) 등을 요구된 제품량과 제품품질을 맞추기 위해 조절된 양으로 계속적으로 제2반응기에 공급된다. 제2반응기로는 직접 촉매를 공급하지 않는다. 외부에서 냉각된 사이클 가스는 ① 반응기의 촉매상을 유동화시키고 ② 새로운 반응물을 공급하며 ③ 중합반응에서 생긴 반응열을 제거한다. 제2반응기에서의 열제거는 비응축모드 (Non-Condensing Mode)로 가스상에서의 열전달에 의한다. 그리고 제품배출 시스템은 제1반응계와 동일하며 단지 제1반응기보다 사이즈가 작고 낮은 압력에서 운전된다.

[표 4.2]는 제2반응기에서 PP블록코폴리머를 생산할 때의 여러 가지 운전변수를 나타내고 각 운전변수의 증가에 따른 영향을 보여준다. 예를 들어 운전변수인 에틸렌 (C_2) 분압을 높일 시 용융흐름지수는 낮아지고, 제1반응기/제2반응기의 용융흐름지수비는 높아지며, 제어변수인 고무함량 (F_c)과 에틸렌함량 (E_c)은 각각 증가함을 나타낸다.

▼ **표 4.2** 제2반응기의 PP블록코폴리머 운전변수

운전변수 증가	용융흐름 지수	제1반응기/제2반응기 용융흐름지수	고무함량 (F_c)	고무에틸렌 함량(E_c)
반응기온도 (60℃)	↑	↓	↑	–
조촉매 흐름	↑	↓	↑	–
에틸렌 (C_2) 분압	↓	↑	⍐	⍐
프로필렌 (C_3) 분압	↓	↑	⍐	⍐
제1반응기 수소/프로필렌비 (H_2/C_3)	⍐	⍐	–	–
제2반응기 수소/프로필렌비 (H_2/C_3)	⍐	⍐	–	–
에틸렌/프로필렌비 (C_2/C_3)	–	–	–	⍐
제2반응기/제1반응기 온도비	↓	↑	⇑	–
제1반응기 조촉매/입체규칙성조절제비	⇑	↑	↑	–
촉매독				
CO, CO_2, O_2	?	?	⇓	?
H_2O, S, 메틸아세틸렌	?	?	↓	?

⇑ 주요 영향 ↑ 작은 영향 ⍐ 제어용으로 사용 – 영향 없음

다음은 제2반응기에서 자동차 및 가전제품 부품사출용의 용융흐름지수 (MFI) 8.0 g/10min의 PP블록코폴리머를 제조하는 생산규격을 나타낸다.

PP블록코폴리머

공정요구사항	단위	목표치	한계치	최소값	최대값
제1반응기					
용융흐름지수	g/10 min	12.0	-	11.0	13.0
자일렌 용해물	wt%	2.7		-	3.1
제2반응기					
용융흐름지수	g/10 min	7.5		6.5	8.5
전체에틸렌 함량 (E_t)	wt%	8.5		8.0	9.0
고무에틸렌 함량 (E_c)	wt%	60	-	57	63
고무함량 (F_c)	wt%	14.2		13.2	15.2
제1반응기/제2반응기 용융흐름지수비	-	1.5		1.3	1.7
압출기					
용융흐름지수	g/10 min	8.0		7.0	9.0
이색 펠릿	-	0.0		-	2.0
펠릿 사이즈	g/100 개	2.0		1.7	2.5
오버 펠릿/가는 펠릿	wt%	0/0	-	-	20/0.2
펠릿 꼬리 (5mm) 소/대	개/100g	0/0		-	100/30.0
붙은 펠릿	개/100g	0.0		-	5
검은 점 펠릿 (0.2mm)	개/100g	0/0		-	5/1.0
가드너 충격강도 (@−30℃)	$kg_f \cdot cm$	150		125	-

주요공정조건	단위	목표치	한계치	최소값	최대값
제1반응기					
수소/프로필렌비	mol %	0.062	-	0.050	0.080
조촉매/입체규칙성조절제비	mol %	2.2		2.0	3.0
제2반응기					
수소/에틸렌비	mol %	0.170		0.150	0.300
프로필렌/에틸렌비	mol %	1.5	-	1.0	2.0
프로필렌 분압	kg_f/cm^2	9.0		7.0	10.0
에틸렌 분압	kg_f/cm^2	6.2		5.0	7.0
압출기					
냉각수 온도	℃	73		60	80
수지 온도	℃	210		150	300
수지 압력	kg_f/cm^2	100	-	80	150
게이트 온도	℃	190		150	250
챔버 온도	℃	180		150	250
첨가제					
Calcium Stearate (열안정제)		700		630	840
Irganox 1010 (페놀계 산화방지제)		500		450	600
Ultranox 626 (인계 산화방지제)	ppm	250	-	220	300
BHT (페놀계 산화방지제)		500		450	600
Towrex AO-180T (황계 산화방지제)		1,200		1,080	1,440

[그림 4.9]는 제2반응기에서 생산된 PP블록코폴리머의 입자형태 (Particle Morphology)를 보여주고 있다.

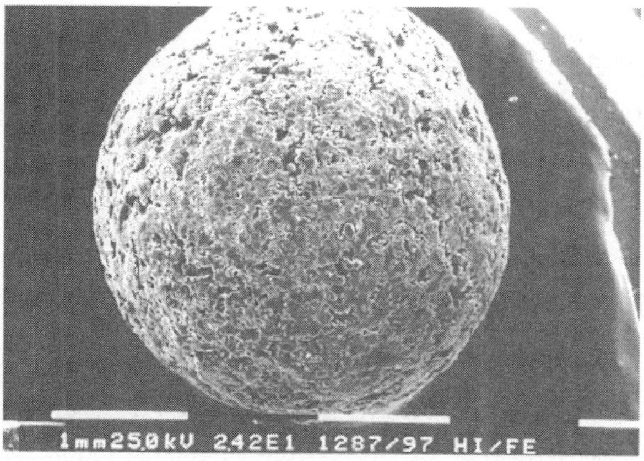

▲ 그림 4.9 높은 다공성 (High Porosity) 입자

참고 ▌ PP기상중합 공정 특징

상업화된 기상(Gas Phase) 공정의 특징은 ① 고체 취급이 용이해서 제품 배출이 간편하고 ② 입자들 간 혼합이 양호하며 ③ 유틸리티 사용량이 적어 경제적이다. 반응기 상부 구조는 스커트(Skirt) 형태로 반응기의 단면적이 넓어짐으로써 사이클 가스의 유속을 감소시키고 반응기 외부로 파우더 중합체 유출을 방지한다. 그리고 하부 분배 지지판(Distribution Plate)은 수지베드(Resin Bed)를 지탱하고 베드 하부에서 들어오는 원료 사이클 가스를 균일하게 분배하는 역할을 한다.

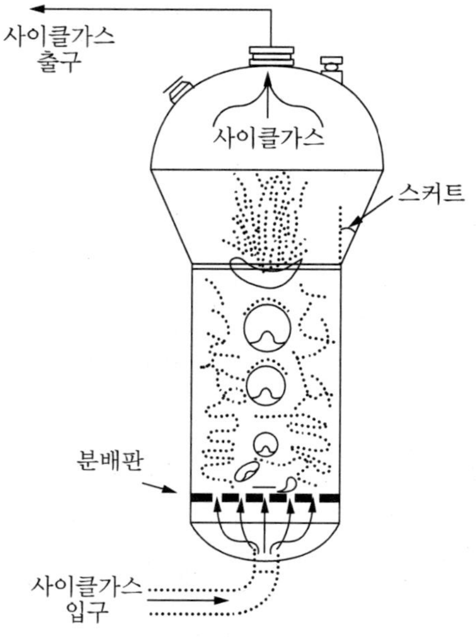

▲ 그림 4.10 폴리프로필렌 기상 반응기

(1) 폴리프로필렌 피드 원료

피드원료에는 프로필렌, 프로판, 질소, 수소, 에틸렌, 촉매, 조촉매, 선택 제어제 등이 있고 이들의 함량과 종류 및 역할은 [표 4.3]과 같다.

(2) 반응시스템 운전 고려 사항

촉매생산성(Catalyst Productivity) 및 운전에 관여하는 운전변수에는 자일렌 용해물(Xylene Solubles), 베드레벨(Bed Level), 베드온도(Bed Temperature), 베드이슬점(Bed Dew Point) 그리고 C_3 분압(C_3 Partial Pressure) 등이 있다.

① **자일렌 용해물** 중합체 중 어택틱중합체(Atactic Polymer)의 함유량을 말하고 자일렌 용해물이 높을수록 입체 규칙성은 낮아진다. 이것은 반응에 주입하는 조촉매 틸(TEAL, Triethyl Aluminum)/입체규칙성조절제(SCA, Selectivity Control Agent) 비에 따라 영향을 받는다.

② **베드레벨** 수지(Resin) 층이 반응할 수 있는 부피를 결정하고 베드무게에 영향을 받는다.

③ **베드온도** 온도 상승시 촉매생산성은 증가하고 일정 온도 이상에서는 촉매 생산성에 큰 영향을 끼치지 않는다.

④ **베드 이슬점** 반응기 온도와 이슬점 차이가 작을수록 촉매활성 및 흐름성(MFI)이 상승한다.

⑤ **C_3 분압** 분압이 높을수록 촉매생산성이 상승하고 H_2/C_3 비에 영향을 받는다.

▼ 표 4.3 폴리프로필렌 피드 원료 및 역할

	역할 및 종류
프로필렌	폴리프로필렌의 주원료 80%
프로판	반응기내 가스조성 4%
질소 (N_2)	반응기내 가스조성 14%
수소 (H_2)	폴리머의 흐름성(MFI, Melt Flow Index) 조절/제품변경 0.5%
에틸렌	랜덤 및 블록코폴리머 생산시 첨가
촉매 (Catalyst)	반응 활성화-SHAC103(호모폴리머/블록코폴리머)/TK320(호모폴리머)/ Lynx1000(블록코폴리머)
틸(TEAL)	촉매의 $MgCl_2$ 담체의 $TiCl_4$ 중, Ti염을 활성화시켜 고분자가 형성될 수 있도록 함
에스씨에이 (SCA)	입체규칙성 조절-PEEB(호모폴리머/블록코폴리머)/CHMDMS(호모폴리머)/ DCpDMS(블록코폴리머)

주) TEAL(Triethyl Aluminum), SCA(Selectivity Control Agent)

참고 ▌ MFI(Melt Flow Index)

흐름성 측정기로서 230℃에서 2,160g의 하중을 가했을 때 모세관 실린더를 10분간 흘러내리는 용융수지의 g수를 말한다. MFI가 높을수록 분자량은 감소하고 유동성은 높아진다. 반대로 MFI가 낮을수록 분자량은 증가하고 유동성은 감소하며 충격강도 및 신율등 기계적 강도는 증가한다.

(3) 파일럿공정에 의한 촉매 및 제품개발

일반적으로 상업적 촉매 및 제품개발은 우선 소규모의 파일럿공정을 거쳐 이루어진다. 즉 파일럿공정의 운전에서 여러 가지 운전변수와 제품생산 및 물성관계 정보를 얻어 이를 상업적 공정운전에 활용한다. 예를 들어 [표 4.4]는 PP 기상중합의 파일럿공정에서 나온 운전결과를 기초로 여러 가지 운전변수와 제품 물성간의 상관관계를 시뮬레이션 한 것으로 이는 상업적 운전의 기초가 된다. 표에서 보면 가장 위쪽의 가로축은 공정운전변수를 그리고 가장 왼쪽 세로축은 2차 물성을 각각 나타낸다.

▼ **표 4.4** 운전변수와 2차물성간의 상관관계

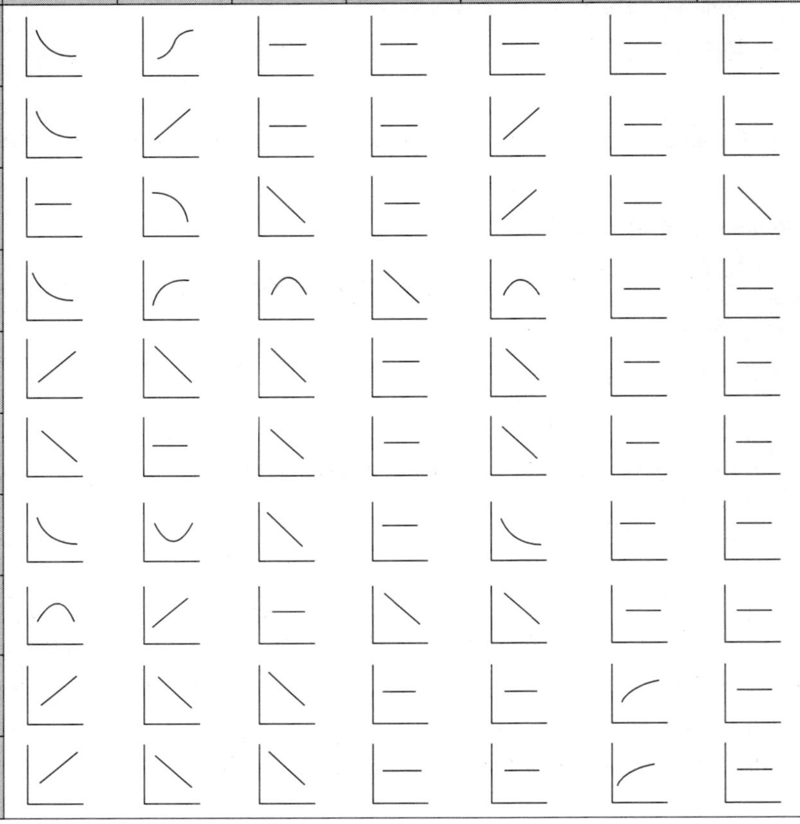

	용융흐름 지수 (MFI)	고무함량 (F_c)	에틸렌 함량 (E_c)	자일렌 용해함량 (XS)	베터/알파 (β/α)	시간	압출기	R-Square
Izod충격 강도 (20℃)								0.75
Izod충격 강도(-20℃)								0.82
록크웰 경도								0.90
폴링다트 충격강도								0.82
항복강도								0.86
파단강도								0.54
항복신율								0.85
파단신율								0.61
탄젠트 탄성율								0.89
시컨트 탄성율								0.90

2.3 폴리프로필렌 제품종류 및 물성

폴리프로필렌은 중합형태에 따라 호모폴리머 (Homopolymer), 랜덤코폴리머 (Random Copolymer), 블록코폴리머 (Block Copolymer)로 나누고 다시 흐름성 (MFI)에 따라 많은 종류의 제품으로 구분된다. 그리고 이들 각 제품들의 특징, 성형방법 그리고 용도는 서로 다르다.

(1) 호모폴리머 (Homopolymer)

아이소택틱 (Isotactic) 배열을 가지는 입체 규칙성의 호모폴리머 생산을 위해서는 적당한 촉매와 조촉매의 사용이 필요하다. 피드는 프로필렌, 수소, 촉매, 조촉매

(TEAL, Triethyl Aluminum), 선택제어제 (PEEB, Paraethoxy Ethylbenzoate)이다. 보통 ① 호모폴리머의 아이소택티시티 (Isotacticity, 입체규칙도)는 조촉매 (TEAL)/선택제어제 (PEEB)의 몰 피드비 조정으로 이루어진다. ② 고분자의 분자량은 반응기내 증기상 (Vapor Phase)에서의 수소와 프로필렌의 비율로 조정되는데 수소의 농도가 높을수록 수소에 의한 체인 종결로 분자량이 낮아진다. ③ 촉매생산성은 반응기안의 체류시간, 프로필렌분압 및 조촉매 비율의 함수이다. 일반적으로 선택제어제 (PEEB)/조촉매 (TEAL)의 비율이 높을수록 아이소택티시티가 증가하고 촉매 생산성은 떨어지게 된다. ④ 호모폴리머 수지의 품질조절은 촉매생산성, 용융흐름지수 (MFI, 혹은 분자량), 자일렌 용해물 (Xylene Solubles)의 조정으로 이루어진다.

(2) 랜덤코폴리머 (Random Copolymer)

폴리프로필렌의 호모폴리머는 폴리에틸렌에 비해 높은 융점 (162～165℃)과 높은 강성을 가지고 있으나 충격강도가 낮은 것이 단점이다. 따라서 폴리프로필렌에 소량의 에틸렌을 랜덤하게 첨가하여 용융점 (130～150℃)과 강성은 다소 낮아지더라도 충격강도를 개선한다. 또한 이런 랜덤코폴리머로 만든 필름은 투명성에 있어서 호모폴리머나 블록코폴리머 (내충격 코폴리머)보다 좋은 효과가 있다. 투명성과 낮은 융점이 요구될 때 쓰이는 랜덤코폴리머의 주요 사용처는 필름이나 중공성형 (Blow Molding)이다. 랜덤코폴리머 생산은 소량의 에틸렌이 계속적으로 제1반응기에 주입된다는 점 외에는 호모폴리머와 같은 방법으로 만들어진다. 폴리프로필렌의 폴리머 체인에 에틸렌 도입은 랜덤코포리머의 결정성을 아이소택틱 호모폴리머에 비해 크게 낮추어 자일렌 용해물 (XS, Xylene Solubles)을 많게 한다. 따라서 조촉매 (TEAL)/선택제어제 (PEEB)의 비율도 XS에 영향을 주지만, 에틸렌 함량을 늘리므로서 XS은 크게 증가한다.

(3) 블록코폴리머 (Block Copolymer, Impact Resistant Copolymer)

앞에서 설명한 것처럼 폴리프로필렌의 호모폴리머는 좋은 인장강도나 높은 융점 등 물리적 성질이 뛰어나 매우 유용하게 쓰이지만 낮은 온도에서 잘 깨지는 단점이 있다. 이것은 호모폴리머의 유리 전이온도 (T_g, Glass Transition Temperature)가 높아 (−20～0℃) 온도가 T_g에 도달하거나 T_g보다 낮게 되면 유리화 (Glassy) 되어 충격에너지를 흡수하는 능력이 떨어지게 된다. 낮은 온도에서 호모폴리머의 충격강도를 증진시키는 방법은 ① 폴리에틸렌 (PE)과 블렌딩하여 EPR고무 (Rubber) 성분을 첨가시키거나 ② 에틸렌/프로필렌으로 공중합체인 블록코폴리머 (Block

Copolymer)를 생산하는 방법이 있다. 이들 방법 중에 강성을 크게 떨구지 않고도 낮은 온도에서 원하는 물성을 얻을 수 있는 블록공중합(Block Copolymerization)이 가장 효과적인 방법으로 알려져 있다. 블록코폴리머의 생산은 반응기 2개가 직렬로 연결된다는 점에서 특이하다.

제1반응기가 호모폴리머 생산에 사용되는 반면 제2반응기는 에틸렌/프로필렌 고무(EPR, Ethylene Propylene Rubber) 부분을 만든다. 제2반응기에서 만들어지는 수지는 더 이상의 촉매 첨가 없이 이루어지므로 호모폴리머의 모체 안에서 형성된다. 이것은 물리적 혼합에 의해 고무를 첨가하는 것에 비해 더 친밀한 혼합물을 이루어 강인성(Toughness)을 증가시킨다. 제1반응기의 운전은 일반적인 호모폴리머를 생산할 때와 같다. 호모폴리머의 XS은 강성과 충격강도의 증가를 위해 일반 호모폴리머 때 보다 낮게 목표치를 설정해야 한다. 이렇게 제1반응기 안에서 생기는 낮은 XS의 호모폴리머는 제1반응기를 나와 제2반응기로 들어갈 때 약간 낮은 촉매 생산성을 가지게 되지만 제2반응기에서 활성을 크게 증가시키는 에틸렌이 도입되므로 보상을 받게 된다. 어떠한 촉매생산성의 혼란도 제2반응기로 전달되어 통제하기가 훨씬 어렵게 된다. 그러므로 호모폴리머 시스템을 안정시키는 노력이 블록코폴리머 생산에 큰 효과를 가져온다.

PP제품들 중에서 PP블록코폴리머는 내충격제품으로서 통상 15% 정도의 고무(Rubber)를 포함하고 고무함량에 따른 굴곡탄성율(Flexural Modulus)과 충격강도(Impact Strength)의 물성관계는 [그림 4.11]에 나타내었다. 그림에서 보면 고무함량이 증가할수록 굴곡탄성율은 감소하는 반면 충격강도는 증가함을 볼 수 있다. 따라서 사용용도와 고객의 요구에 따라 적절한 고무함량을 가진 제품을 생산하게 된다.

[그림 4.12]는 제2반응기에서 생산한 용융흐름지수(MFI, Melt Flow Index)가 8.0g/10min인 PP블록코폴리머(고무함량 15% 정도)의 형태학(Morphology)을 나타낸다. 그림에서처럼 폴리프로필렌 매트릭스(Matrix) 상에 고무(Rubber) 영역(Domain)이 분산되어 있는 형태를 보여주고 있다. 다시 말해 PP(Polypropylene)가 연속상, PE(Polyethylene)가 분산상이고 그 계면에 고무(EPR, Ethylene Propylene Rubber)가 존재하며 더욱이 PE상 중에 EPR이 일부 혼입한 마이크로 형태학(Micro Morphology) 구조를 나타낸다 **(Capter 8의 열가소성 탄성체에서 별도 언급이 있음)**. [그림 4.13]은 [그림 4.12]와 같이 반응기중합으로 고무 개질된 PP(PP블록코폴리머)의 고배율 TEM(Transmission Electron Microscopy) 이미지로 고무상(Rubber Phase) 내에 결정 PE가 분산되어 있음을 보다 더 선명하게 보여준다.

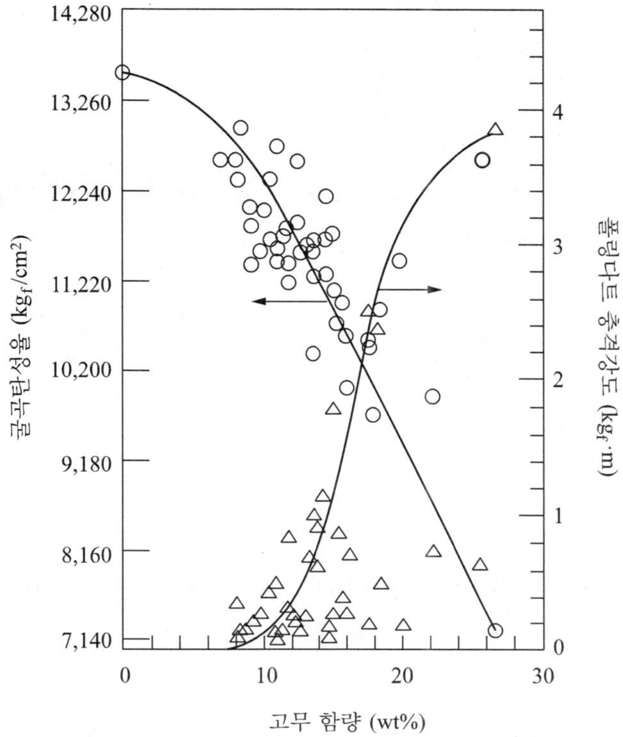

▲ 그림 4.11 PP블록코폴리머의 고무함량과 기계적 물성 관계

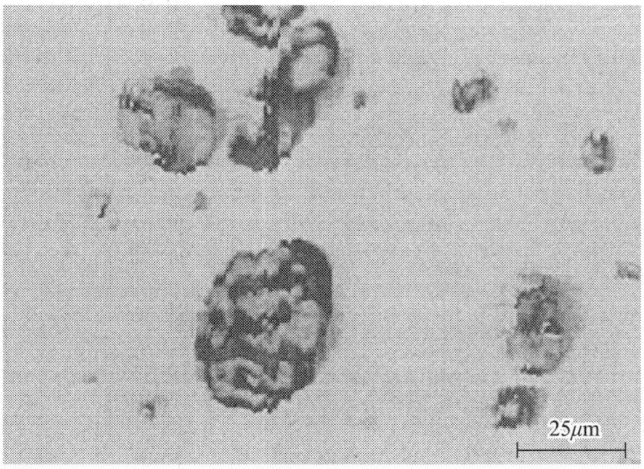

▲ 그림 4.12 PP블록코폴리머의 형태학

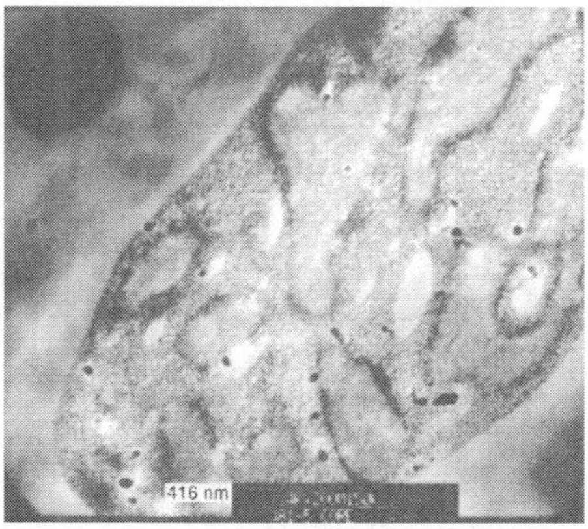

▲ 그림 4.13 PP블록코폴리머의 형태학 (고배율)

이상에서 언급된 1차 반응기와 2차 반응기에서 생산된 PP 제품의 종류와 특성은 일반적으로 [표 4.5]와 같이 정리할 수 있다.

▼ **표 4.5 폴리프로필렌 종류 및 특성**

PP	구조	강성	충격강도	연성	결정화도	투명성
호모폴리머	PPPPPPPPPPPPPPP	양호	-	-	높음	보통
랜덤코폴리머	PEPPEEPPPEPEEPP	-	보통	양호	낮음	양호
블록코폴리머	PPP (EEEPEEPE)PPP	보통	양호	보통	중간	-

주) P (Propylene), E (Ethylene)

03 탈기체 및 원료회수 공정 (Degassing/Vent Recovery Unit)

이 공정은 ① 압축기 ② 응축기 냉동인터체인저 ③ 벤트회수컬럼 (벤트회수분리기) ④ 질소서지탱크 ⑤ 디에탄아이저컬럼 ⑥ 프로필렌서지탱크 등으로 구성되어 있다. 벤트회수 공정은 수지 탈기 시스템 (Resin Degassing System)과 제1/제2반응기 사이클 벤트가스에 포함된 프로필렌을 회수하는데 있다. 결국 반응기에서 미반응된 프로필렌가스를 회수하여 반응의 원료로 재투입하는 공정이며 공정 구성과 흐름도는 [그림 4.14]와 같다.

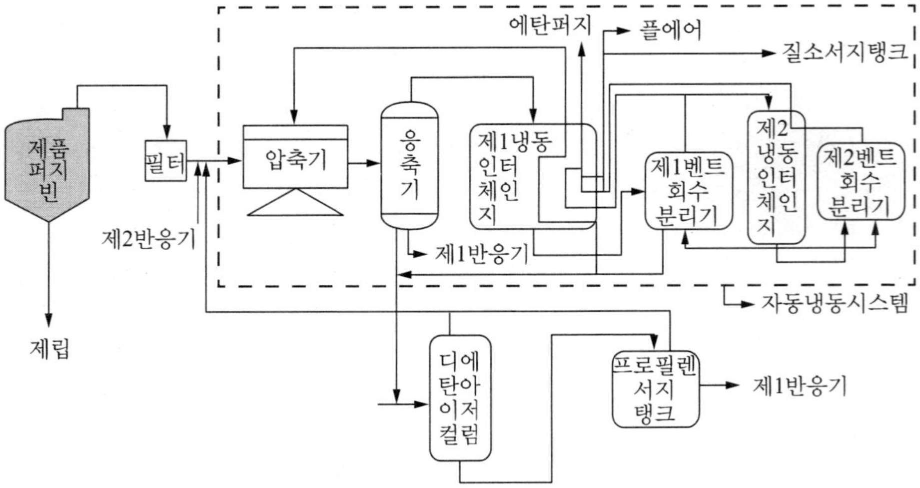

▲ **그림 4.14 탈기체 및 원료회수 공정**

그리고 2종류의 증류컬럼 분리 공정을 사용하고 있다. (1) 디에탄아이저 컬럼에서는 회수된 프로필렌/프로판으로 부터 가벼운 성분을 제거하고 (2) 2개의 벤트회수 컬럼에서는 리사이클스트림으로부터 프로판과 새로운 프로필렌 피드로부터 무거운 성분을 제거하기 위함이다. 디에탄아이저 컬럼은 총 58단이고 52단으로 피드되며 72℃, 29.9 kg_f/cm^2에서 운전된다. 벤트회수컬럼은 118 다중 다운컴어 트레이로 구성되어 있으며, 새로운 피드 트레이는 112단이고, 리사이클 피드는 82단이다.
자동냉동시스템 (Auto Refrigeration System)은 압축, 응축, 팽창, 증발을 통해 미반응 프로필렌, 질소 회수를 유도한다. (a) 3단 왕복식 압축기는 제품배출 시스템으로부터 회수된 가스 및 제2반응기의 벤트가스를 고온 고압으로 압축한다. (b) 응축기는 고온 고압의 기체를 저온 고압으로 전환시키고, (c) 1/2차 회수분리탑은 저온 고압 기체를 팽창 증발시킨다.

04 제립공정 (Pelletizing Unit)

제립공정은 피드되는 수지와 첨가제를 혼합하고 용융시키며, 용융 균일화, 용융 압착화, 스크리닝, 펠릿타이징, 펠릿회수의 운전으로 구성되고, 주요 구성 요소는 믹서, 용융펌프, 다이플레이트 및 펠릿터이다.
제립공정은 (a) 제품형태 변화에 의한 취급 용이 (b) 원료 및 제품품질 균일화 (c) 고분자 알로이에 의한 제품물성 균일화 (d) 첨가제의 분산개선 (e) 분자물성의 변화에 있다. 결국 파우더 입자 (Granular) 형태의 제품을 제립화하는 공정으로 각종 첨가제를 투입하여 제품을 안정화 시킨다.
사용 첨가제에는 열안정제 (Heat Stabilizer), 산화방지제 (Antioxidant), 자외선안정제 (UV Stabilizer), 기핵제 (Nucleating Agent), 대전방지제 (Antistatic Agent), 슬립제 (Slip Agent), 개구제 (Antiblock Agent) 등 기능과 종류에 따라 매우 다양하다. 공정에서는 취급성 용이 때문에 주로 고농축 마스터배치 (Master Batch) 형태로 사용한다.

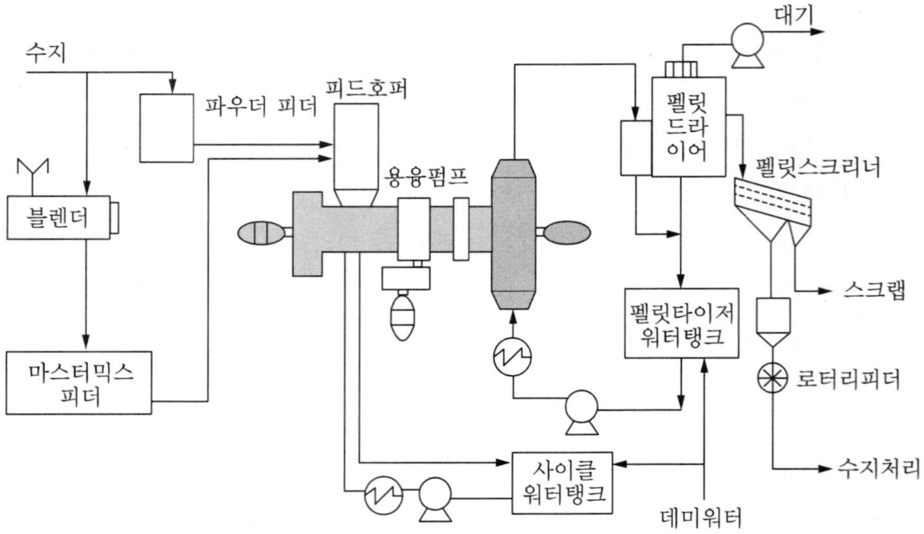

▲ 그림 4.15 제립공정 흐름도

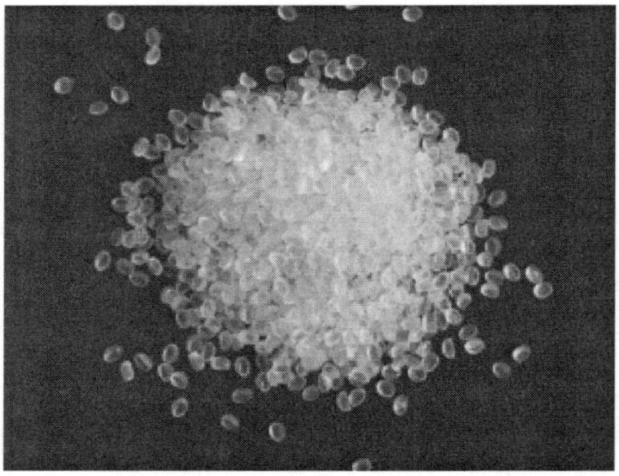

▲ 그림 4.16 PP펠릿 (Pellet)

05 제2반응기 PP블록코폴리머 제조 상세

낮은 온도에서 PP호모폴리머의 총격강도를 증진시키는 방법으로 에틸렌과 프로필렌의 공중합체인 PP블록코폴리머이다. 제1반응기가 호모폴리머 생산에 사용되는 반면 제2반응기는 에틸렌/프로필렌 고무 부분을 만든다. 제2반응기에서 만들어지는 수지는 더 이상의 촉매 첨가 없이 이루어지므로 호모폴리머의 모체 안에서 형성된다. 제2반응기에서는 촉매활성을 크게 증가시키는 에틸렌이 첨가되고 제1반응기에 비해 통제하기가 훨씬 어렵게 된다. 그러므로 호모폴리머 시스템을 안정시키는 노력이 블록코폴리머 생산에 큰 효과를 가져온다. 블록코폴리머의 품질조절은 제1반응기 성능이 제2반응기 성능에 영향을 끼치고 두 반응기가 분리된 것으로 생각하기보다는 하나의 반응계로 간주해야하기 때문에 호모폴리머 생산시보다 더욱 복잡하다.

제1반응기의 호모폴리머 분자량이 제2반응기의 블록코폴리머의 형태학(Morphology)에 결정적인 역할을 한다. 고무(EPR) 성분은 제2반응기에서 중합되며 고무 중 에틸렌함량(E_c)과 폴리머 중의 고무함량(F_c)으로 코폴리머의 물성을 특정 지을 수 있다. 초고분자량 고무는 고분자 내 응력집중점으로 작용하는 겔(Gel)을 생성시키고 초저분자량은 고무 과분산을 일으켜 충격을 저하시킨다. 또한 일반적으로 고무 분자량이 클수록 용융강도(Melt Strength)가 커져서 중공성형(Blow Molding)이나 열성형(Thermoforming)에는 유리하다. 통상 고분자 중 고무함량(F_c)은 13.2~15.2 wt%(목표치 14.2 wt%) 그리고 고무(EPR 혹은 F_c) 중 에틸렌함량(C_2 혹은 E_c)은 57~63 wt%(목표치 60 wt%)의 범위에서 운전한다. 에틸렌함량(E_c)이 65 wt% 이상일 경우는 고무(EPR)가 폴리에틸렌(PE) 성질을 가지게 된다.

(1) 고무의 결정성과 입도분포

고무의 결정성은 고무중 에틸렌함량(E_c)과 사용촉매에 의존하며 최상의 탄성을 유지하기 위해서는 두 가지 단량체인 프로필렌과 에틸렌의 함량이 동일할 경우이다. 즉, E_c가 50 wt%일 경우 가장 양호한 강인성(Toughness)을 보인다. 강인성은 고무상의 유리전이온도(T_g)에 비례하며 EPR(상업적 EPR 제품: C_3 함량 26 wt%, T_g −52℃, 결정화도 3%, 밀도 0.86 g/cm^3)의 경우에는 두 가지 호모폴리머 즉, 폴리에틸렌(PE)의 T_g −77℃와 폴리프로필렌(PP)의 T_g 0~10℃의 중간

값인 $-55 \sim -60$℃ (@E_c 50 wt%)을 나타낸다. 고무입도 분포는 PP매트릭스 내에 EPR입자 분산정도가 블록코폴리머의 특성을 규정하는 최대의 변수이다. 일반적으로 블록코폴리머에서 EPR입도는 $0.3 \sim 1$ μm일 때 최적의 충격강도를 나타낸다. 고무입자가 $10 \sim 30 \mu m$로 클 경우 겔(Gel)을 형성하고 응력집중점으로 작용하여 충격강도를 저하시킨다. 즉, 고무 분산이 안되고 서로 뭉쳐있는 상태를 말한다.

(2) 최적 물성을 위한 용융흐름지수 비

EPR과 호모폴리머의 고유점도비(β/α비)는 최종제품의 형태학에 중요한 영향을 미치므로 겔 형성이 가장 적은 $\beta/\alpha = 1.2 \sim 1.6$ 사이의 값이 최적의 충격강도를 나타낸다. β/α비는 블록코폴리머 중의 고무성분의 완전한 분리 및 추출이 본질적으로 곤란함으로 EPR의 고유점도인 β 실측이 곤란하다. 반면에 호모폴리머의 고유점도인 α의 측정은 가능함으로 다음 식에 의해 β를 산출할 수 있다.

$$\text{전체고유점도 } (IV_{tot}) = (1 - F_c)\alpha + F_c \times \beta$$

이는 용융흐름지수(MFI)와 적절한 상관관계를 나타내는데 다음과 같은 β/α비, 즉 고무와 호모폴리머 간의 고유점도비(Intrinsic Viscosity Ratio) 값으로 측정한다.

$$\beta/\alpha = \frac{(\mathrm{MFI_1/MFI_2})^{0.213} - 1.0}{\mathrm{Fc}(\%)} \times 100 + 1.0$$

여기서 $\mathrm{MFI_1}$은 제1반응기의 호모폴리머의 용융흐름지수, $\mathrm{MFI_2}$는 제2반응기의 고무의 용융흐름지수, F_c는 고무함량을 나타낸다.

혼련(Mixing) 과정의 전단(Shear)에 의해 일반적으로 고무 입자크기가 감소되며 혼련방향에 따라 입자구조가 찌그러진다. 압출을 계속하면 겔의 입자크기와 전체 겔 함량 모두가 감소한다. 반대로 전단이 없거나 낮은 상태에서 용융시간을 길게 할 경우는 본성인 PP매트릭스와 EPR의 상용성 미비로 인해 에틸렌함량(E_c)이 높아질수록 EPR거동이 폴리에틸렌(PE)과 유사하게 되며 이로 인해 PP매트릭스 안으로 분산성이 떨어져 EPR의 입도를 크게 한다. $\beta/\alpha = 1$인 경우 고무입자의 과분산이 일어날 것이며 이 경우 고무입자 직경이 $1 \mu m$ 이하로 충격강도가 저하될 것이다. 혼련과정에서 과도한 전단이 걸릴 경우 즉, 낮은 MFI제품을 트윈 스크류 압출기(Twin Screw Extruder)로 기계적인 혼련을 할 때 고무입자의 파괴 및 과분산으로 충격강도를 저하시킬 수 있다. 따라서 이때는 적절한 이형제(Lubricant)를 첨가하여 전단(Shear)을 낮추어야 한다. 일반적으로 겔 함량은 β/α 증가에 비례하며 또한 고무함량(F_c)에도 비례함을 알 수 있다.

(3) 제2반응기 최적운전 조건

제2반응기에서 만들어지는 고무함량(F_c)은 반응순환계에 에틸렌함량을 조정하여 조절한다. 가장 실제적인 고무함량의 조절방법은 요구된 고무조정을 주는 에틸렌/프로필렌의 분압을 일정하게 하는 것이다. 고무함량은 다른 조건들을 일정하게 유지된 상태에서 제2반응기의 에틸렌과 프로필렌 분압을 변화시켜서 조절한다. 만약 운전할 수 있는 분압범위의 최고점에 있다면 고무를 증가시키는 방법은 제2반응기에 더 많은 조촉매(TEAL)를 공급한다. 제2반응기에서 만들어진 물질의 에틸렌함량(E_c)은 제2반응기에서의 에틸렌/프로필렌 몰 비에 의존한다. 이 비가 낮으면 낮을수록 에틸렌함량이 낮아지거나 에틸렌이 수지에 결합되는 양이 줄어든다. 일반제품에서 에틸렌 함량 목표치는 60 wt%이다. 겔(Gel)의 형성은 보통 고무성분이 호모폴리머 구조에 잘 분산되지 않았음을 나타낸다. 좋은 충격강도 물성을 나타내기 위해서는 고무성분이 호모폴리머 상으로 잘 분산되는 것이 중요하다. 상대적 분자량은 호모폴리머와 코폴리머 반응기의 H_2/C_3비에 의해 조정되는데 상기 제1반응기 H_2/C_3에 대한 제2반응기 H_2/C_3 비율이 겔 함량과 관계가 있다. 허용치의 겔을 지닌 코폴리머를 생산하기 위해서는 이 비율이 최소한 1.0~2.0까지 필요하다. 이 비율을 늘리면 겔 함량은 훨씬 더 줄일 수 있지만 제2반응기의 H_2/C_3가 커지면 코폴리머(EPR, 고무)의 분자량이 작아져서 제품의 충격강도가 줄어든다. 최종제품의 용융흐름지수(Melt Flow Index)은 제1반응기 수지의 용융흐름지수(MFI), 제2반응기의 H_2/C_3비 그리고 고무함량(F_c)에 따라 조절된다. 제1반응기에서 대부분의 수지가 만들어지므로 제2반응기에서 제품의 물성을 크게 변화시킨다는 것은 현명치 못하다. 상기 β/α비 식에서 나오는 호모폴리머 MFI에 대한 코폴리머 MFI 비율은 겔 함량이 낮고 좋은 충격강도를 얻기 위하여 좁은 범위로 조정되어야 한다.

1) **제1반응기 MFI/제2반응기 MFI > 5 경우**는 겔 함량이 높고 낙하충격강도가 낮아지며 아이조드충격강도는 최소가 된다.

2) **제1반응기 MFI/제2반응기 MFI = 1 경우**는 겔 함량의 문제는 없고 낙하충격강도가 최소가 되며 아이조드충격강도는 감소한다.

3) **제1반응기 MFI/제2반응기 MFI = 0.8~3.0 경우**는 가장 바람직한 운전 범위에 속한다.

제2반응기에서 MFI를 조정하기 위해서는 제2반응기의 H_2/C_3비를 조절해야 한다. 제2반응기에서 너무 높은 H_2/C_3비는 성질상 수지를 더욱 끈적끈적하게 만드는 저분자량 고무생성을 유발할 수 있다.

(4) PP블록코폴리머 제품 해석

PP블록코폴리머 제품 해석에는 다음과 같은 방법들이 있다.

1) 적외선분석법 (Infrared Analysis) FT-IR 분광계 중의 Grim-Short 방법을 이용하여 보정밴드 4,348 cm^{-1}로 프로필렌에 인접한 에틸렌단량체 734cm^{-1}, 프로필렌에 인접한 둘 이상의 에틸렌단량체 단위에서의 스펙트럼 흡수정도에 따라 전체에틸렌함량(E_t) 및 고무 중의 에틸렌함량(E_c) 값을 얻을 수 있다. 이 값을 이용하여 폴리머 중의 고무함량(F_c)은 다음 식으로 얻는다.

$$F_c = E_t / E_c \times 100$$

2) 열분석 (Thermal Analysis) 에틸렌 결정입자 존재여부는 110~130℃에서 그리고 호모폴리머의 결정구조 존재여부는 160~170℃에서 확인된다. 그리고 냉각스캔(Cooling Scan)은 결정화특성 즉 핵화 유무 판단에 이용될 수 있다.

3) GPC (Gel Permeation Chromatography) 블록코폴리머를 일정 MFI까지 크래킹(Cracking)하기 위해서는 호모폴리머에 비해 보다 많은 과산화물(Peroxide)이 요구된다. 이는 고무의 가교(Cross Linking)에 기인하며 E_c와 F_c에도 일부 의존할 것이다.

4) 현미경 (Microscopy) 고무입자의 분포정도를 판별가능한 분석기로 고무입자가 1μm 미만인 경우는 STEM (Scanning Transmission Electron Microscopy)를 이용하여 적절한 염색(Staining)을 거쳐 입자분포 기하학, 입자구조, 매트릭스 형태학에 관한 정보를 얻을 수 있다. SEM (Scanning Electron Microscopy)은 갈라진 표면, 파우더 입자의 형태학 등의 시험에 사용된다.

5) 핵자기공명 (13C NMR, Nuclear Magnetic Resonance) 블록코폴리머의 E_t, E_c, F_c의 해석에 사용되며 스펙트럼 해석이 어려워 주로 Grimsby Short Infrared Test의 백업시 사용된다.

6) XS (Xylene Soluble) 블록코폴리머를 뜨거운 자일렌(Xylene)에 용해 여과시 고무의 대부분이 용해되므로 아이소택틱호모폴리머로부터 고무상을 부분적으로 분리하는데 효과적이다. 이 중에는 어택틱호모폴리머 뿐만 아니라 추출된 소량의 아이소택틱폴리머도 포함되어 있다.

7) 충격강도 (Impact Strength) 충격시험은 상품이나 시험편이 다른 물건에 떨어

지거나 부딪히거나 던져지거나 충돌했을 때 실생활에서 일어나는 상황과 일치되므로 많이 이용된다. 가장 많이 사용되는 시험방법으로 진동추에 의한 너치 아이조드 (Notch Izod)와 낙하추에 의한 가드너 (Gardner)의 두 시험방법이 있다. 아이조드는 크랙 (Crack)이 한 방향으로 진행 (대개 실제 충격상황은 양 방향으로 진행)하며 너치 (응력집중점으로 작용)로 인해 크랙의 개시보다는 진행정도를 측정하는 것이다. 이에 반하여 Gardner는 크랙 개시와 진행 모두를 비교적 타당성 있게 설명될 수 있으며 충격의 양방향 기하학을 얻을 수 있어 실제 응용에 유리하다. F_c와 β/α비가 정해졌다면 E_c가 충격물성에 주요한 변수로 작용한다. 일정 F_c와 β/α비를 가진 파일럿 플랜트에서 최적 E_c가 60%로 나타나는데 이것은 낮은 T_g와 무정형 및 결정고무가 적절한 비로 구성되어 있음을 의미한다.

8) 강성 (Stiffness) F_c는 인장강도와 반비례 특성을 나타내며 E_c값은 강성과는 비례하나 충격강도를 저하시킨다.

9) 과산화물개질 제품 (Peroxide Modified Grade) 일반적으로 유변학제어 (CR, Controlled Rheology)는 원제품 물성을 대체로 보존하고 있는 상태에서 MFI를 상승시키는 방법이며, 충격강도는 동일 MFI와의 블록코폴리머에서 크래킹제품이 더 우수하다. 이는 과산화물에 의한 고무의 가교 (Cross Linking)에 기인하기 때문이다.

10) 기핵제 (Nucleating Agent) 블록코폴리머에서 투명성이 주요인자가 아니므로 가격이 비싼 소비톨 (Sorbitol) 계통의 핵제는 보편적으로 타당하지 않다. 따라서 소듐벤조에이트 (Sodium Benzoate) 같은 벤조산 금속염이 적합하다. 기핵제 처방시 용융점이 미세하게 높아지며 재결정화온도를 10℃ 이상 증가시킨다. 그리고 용융열은 약간 높게 되며 용융열 (결정화도)의 증가로 용융밀도 (Melting Density)가 약간 높아질 수 있다.

11) 고무중 에틸렌함량 (E_c) 결정층구조는 일반적으로 $E_c=55\sim60$ wt%에서는 나타나지 않고 $E_c=75\sim80$ wt%에서 나타난다. E_c가 너무 낮거나 (PP성 결정생성) E_c가 너무 높으면 (PE성 결정생성) 결정생성으로 인한 충격손실이 발생하므로 적절한 E_c (55～60 wt%)를 유지하여야 한다.

12) β/α비 이는 제1반응기와 제2반응기의 MFI 차이에 의해 주로 영향을 받으며 고무사이즈 (응력집중점으로의 고무 겔 사이즈)를 결정하는 주요인자이다.

13) 제립화에 의한 충격강도 영향 트윈 스크류 압출기에서 재제립(Re-Pelletizing)을 통한 β/α비 조정(기계적 전단에 의한 고무 쪼갬) 가능성 여부를 실험을 통해 확인할 수 있다

06 폴리프로필렌 촉매(Polypropylene Catalyst)

원료 프로필렌이 촉매, 조촉매, 선택제어제 하에서 중합반응으로 폴리프로필렌(Polypropylene)이 아래와 같이 만들어지게 된다.

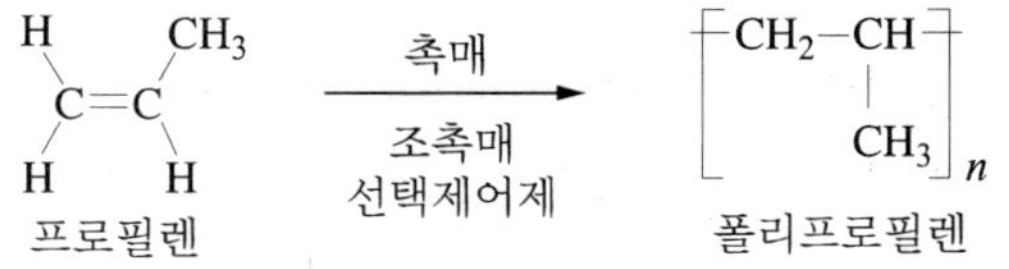

상업적 사용 촉매의 현황은 아래 [표 4.6]과 같다.

▼ **표 4.6 상업용 PP 사용촉매 현황**

분 류	상품명	화학명	용 도
주촉매	SHAC-103	Magnesium Supported Titanium Complex	프로필렌 중합 촉매
	SHAC-205		
	LYNX-1000M		
	TK-320		
조촉매	TEAL	Triethyl Aluminum	중합반응 활성화제
선택제어제 (SCA)	PEEB	Paraethoxy Ethylbenzoate	입체 규칙성 조절제
	NPTMS	N-Propyl Trimethoxy Silane	
	C-Donor	Cyclohexyl Methyl Di-Methoxy Silane	
	D-Donor	Di-Cyclopentyl Di-Methoxy Silane	
공정용 첨가제	Atmer 163	Amine Ethoxyate	공정용 대전방지제
	POLYAD 163M	Atmer 163, 50% Blended in Mineral Oil	

[그림 4.17]은 $TiCl_4$가 활성의 $MgCl_2$ 담체 상에 담지된 지글러 나타촉매 (Ziegler Natta Catalyst)의 형태학을 나타낸다.

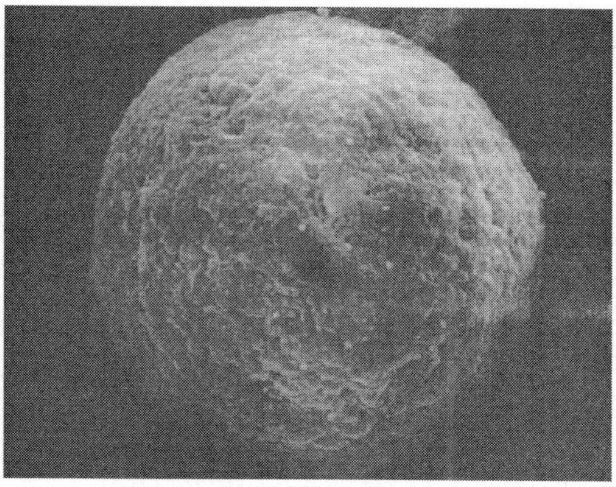

▲ 그림 4.17 Ziegler Natta 촉매 형태학 (×1,500)

6.1 지글러 나타 (Ziegler Natta) 촉매와 메탈로센 (Metallocene) 촉매

폴리프로필렌 중합 촉매에는 지글러 나타 촉매와 메탈로센 촉매가 있는데 이들의 특징은 다음과 같다.

(1) 지글러 나타 (Ziegler Natta) 촉매 다중사이트 촉매 (Multi Site Catalyst)로서 반응계 내에서 전기적/입체적 성질이 다른 여러 종류의 활성점을 생성하고 활성점의 특성에 맞는 다양한 구조의 고분자가 생성한다. 즉 생성되는 고분자의 구조와 분포는 활성점의 종류와 분포에 대응하여 다양한 분자량과 사이드 체인 (Side Chain) 분포를 가진 고분자가 섞여 있는 형태이다. 촉매 특성은 촉매 제조시 결정되어 특성 조절이 불가능하다.

(2) 메탈로센 (Metallocene) 촉매 유기금속 혼합물 (Organometallic Compound)의 단일사이트 촉매 (Single Site Catalyst)로서 반응기내에서 전기적/입체적 성질이 균일한 동일 종류의 활성점을 생성한다. 따라서 생성된 고분자는 균일한 분자량과 사이드 체인 분포를 가지며, 메탈로센 촉매를 "싱글 사이트 촉매"라고 부른다.

(3) 지글러 나타/메탈로센 촉매시스템의 공통점 지글러 나타와 메탈로센 촉매시스템의 공통점은 (1) 촉매 중심 금속으로 IV족 금속 Ti (Titanium) (2) 조촉매로

XIII족에 속하는 Al (Aluminum) (3) 촉매 성분이 조촉매의 도움 없이는 활성점을 만들지 못한다. (4) 활성점은 전자가 결핍된 양이온성 (5) 중합기구는 배위 중합으로 촉매 빈 공간 (Vacant Site)에 올레핀의 이중결합의 배위 및 부가이다. 그리고 이들 촉매 시스템의 비교를 [표 4.7]에 나타내었다.

▼ 표 4.7 지글러 나타/메탈로센 촉매시스템의 비교

구 분	지글러 나타	메탈로센
촉매성분	$TiCl_4$, $TiCl_3$	Cp_2ZrCl_2, Cp_2TiCl_2
조촉매	TEAL	MAO (Monoamine Oxidase)
조촉매/촉매비	몰비≤100	몰비≤1,000
중합기구	배위중합	배위중합
촉매활성점	양이온성	양이온성
고분자	iPP, HDPE, LLDPE, VLDPE	iPP, HDPE, LLDPE, VLDPE, sPP, sPS, sPMMS 등
공단량체	1－Bu, 1－Hx, 1－Ot	α－올레핀 (C_4～C_{30})

6.2 지글러 나타 (Ziegler Natta) 촉매 조성

지글러 나타 촉매는 주촉매, 조촉매, 입체규칙성 제어제로 디자인되어 있고 각 성분과 상업화된 제품은 아래와 같다.

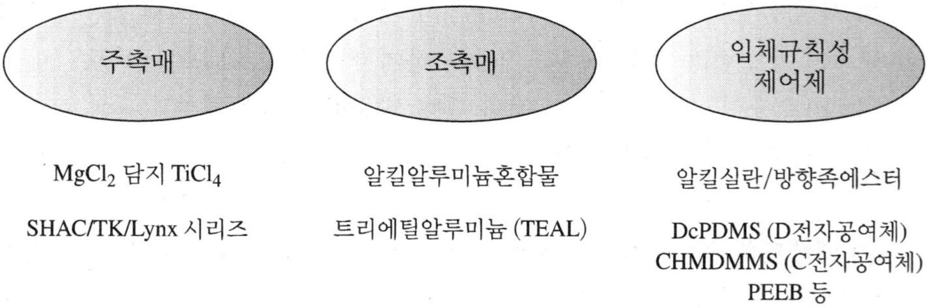

(1) 활성촉매 (Active Catalyst) 지글러 나타 촉매는 전이금속화합물과 금속알킬화합물이 활성촉매를 형성한다. ① 여기서 전이금속화합물을 촉매라 부르며 주로 Ti나 V을 사용한다. iPP (Isotactic PP) 중합 시에는 Ti 촉매가 사용되며 V 촉매는 sPP (Syndiotactic PP) 합성 시 사용한다. ② 반면 금속알킬화합물은 조촉매

(Co-Catalyst)라고 부르며 대부분 알루미늄알킬 혼합물이 사용된다. 또한 ③ 제3의 성분으로 입체규칙성(Stereoregularity) 조절을 위하여 SCA (Selectivity Control Agent)라는 물질을 사용하며 합성시 촉매에 결합시키는 내부전자공여체(Internal Donor)와 중합반응시 반응기 내에 촉매와 함께 투입하는 외부전자공여체(External Donor)로 구분할 수 있다.

(2) 담체(Support) 폴리프로필렌 중합촉매의 담체는 특허 독점 하에서 독특한 방법으로 제조되는데 활성 $TiCl_4$가 넓게 퍼질 수 있는 넓은 표면을 제공하는데 목적이 있다. 담체로는 $MgCl_2$를 사용하고 있다.

(3) 전자공여체(EB, Ethyl Benzoate) 내부전자공여체(Internal Donor)로 SHAC 103 촉매는 Ti 함량과 결정크기($MgCl_2$ 결정 사이즈) 조절을 위해 에틸벤조이트(Ethyl Benzoate)를 사용한다. 에틸벤조이트 함량을 증가시키면 결정크기가 작아지고 Ti 함량이 감소하나 선택도는 높아진다. 그래서 최적의 에틸벤조이트 함량 결정이 중요하다. 현재 대부분의 촉매는 프탈레이트(Phthalate) 계열을 사용하며 최근에는 디에테르(Diether)나 석시네이트(Succinate) 계가 적용된다.

(4) 조촉매(Co-Catalyst) 알루미늄알킬은 전이금속과 착화합물을 형성하여 활성점(Active Site)을 만든다. 여러 종류의 알킬알루미늄 중에서 트리에틸알루미늄(TEAL, Triethyl Aluminum)을 사용했을 때 가장 높은 활성도(Activity)와 선택도(Selectivity)를 나타낸다.

(5) 입체규칙성 조절제(SCA, Selectivity Control Agent) $TiCl_4$와 알킬알루미늄만을 담지시킨 $MgCl_2$ 촉매를 사용하면 높은 수율을 얻을 수 있으나 중합물의 대부분은 어택틱(Atactic)이다. 선택적 중합을 하기 위해서는 알킬실란이나 방향족 에스터가 사용되는데 내부전자공여체와 최적의 조합을 이루어 활성점과 선택적으로 착화합물을 형성하여 비활성화함으로써 중합수율은 감소하나 선택도는 증가하게 된다.

[그림 4.18]은 PP 입체 규칙성(메틸기)을 나타내고 있다.

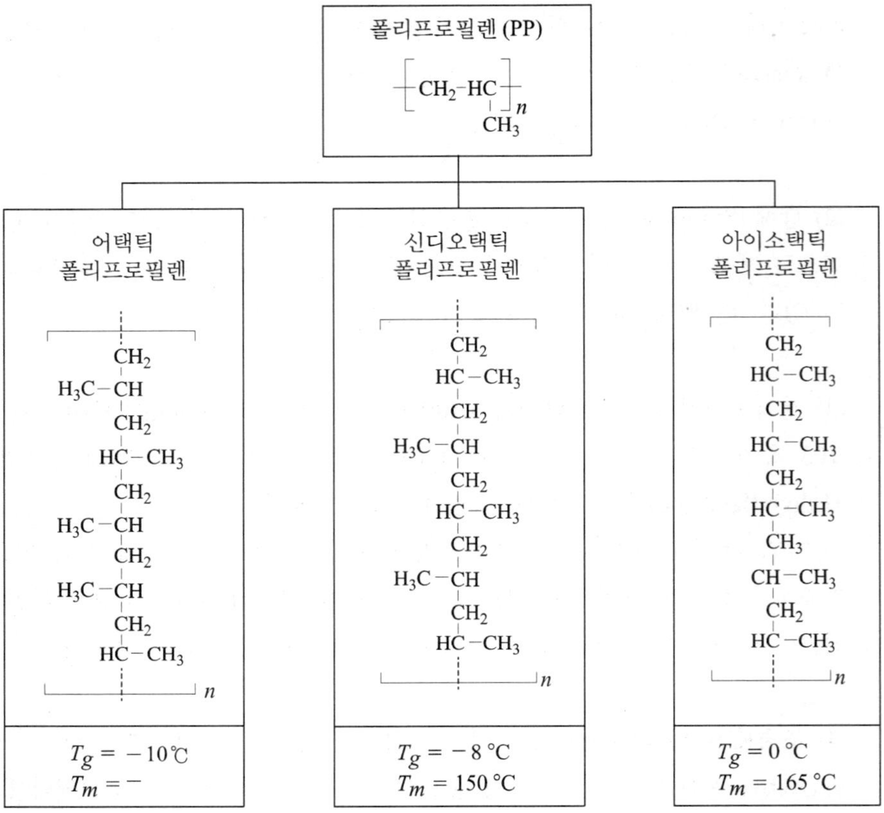

▲ **그림 4.18** PP의 3가지 **입체규칙성 모형도**

6.3 폴리프로필렌 중합촉매의 조건

PP 중합촉매의 조건에는 아래와 같은 것이 있다.

(1) 입체특이성 (Stereospecificity) 높은 기계적/열적 물성 요구시 높은 입체 규칙성을 보이고(즉 낮은 어택틱 함량) 용도에 따라 XS 함량 제어범위가 넓어야 한다.

(2) 공중합특성 (Copolymerization Behavior) ERP (Ethylene Rubber Particle) 사이즈 및 분산이 적절하고, 필요시 공단량체(Comonomer) 함량 증대가 용이해야 한다.

(3) 분자량 및 분자량분포 조절 (MW/MWD Control) 최종제품의 용도에 적절한 분자량 및 분자량분포를 가져야한다.

(4) 생산성 (Productivity) 촉매활성이 높아 경제성이 우수하고 낮은 촉매잔사를 나타내야 한다.

(5) 기타 안정도 (Stability), 촉매 주입성 (Feedability), 반응특성 (Kinetic Profile), 형태학 (Morphology) 등이 양호해야 한다.

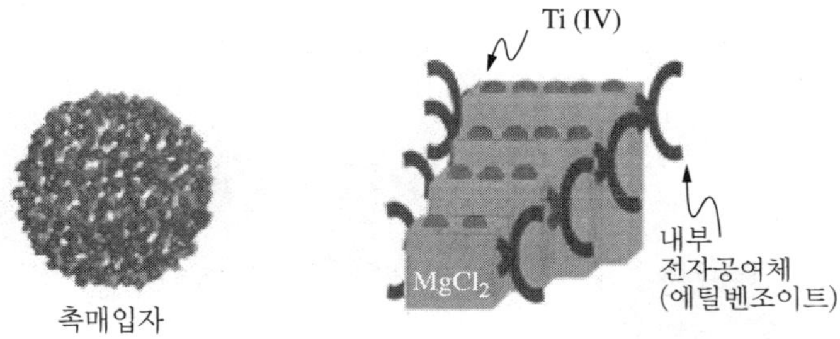

▲ 그림 4.19 촉매구조

▲ 그림 4.20 외부전자공여체 반응

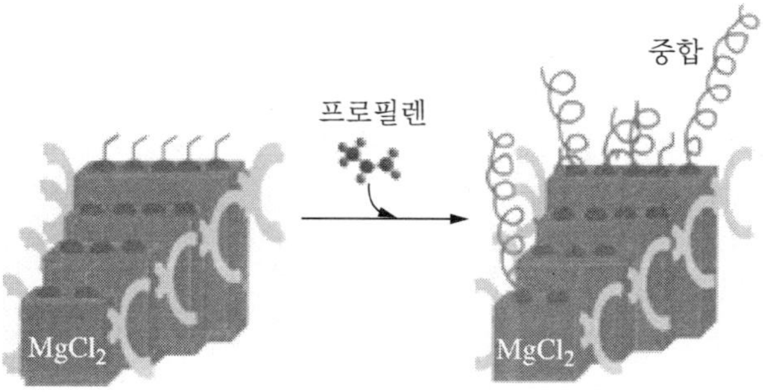

▲ 그림 4.21 프로필렌 중합 (Propylene Polymerization)

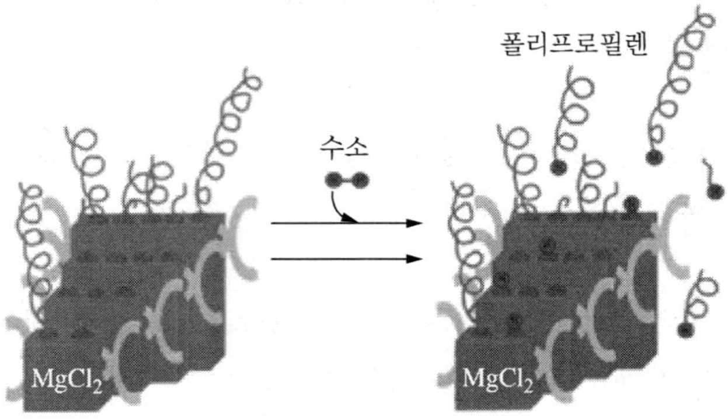

▲ 그림 4.22 수소반응 (Hydrogen Reaction)

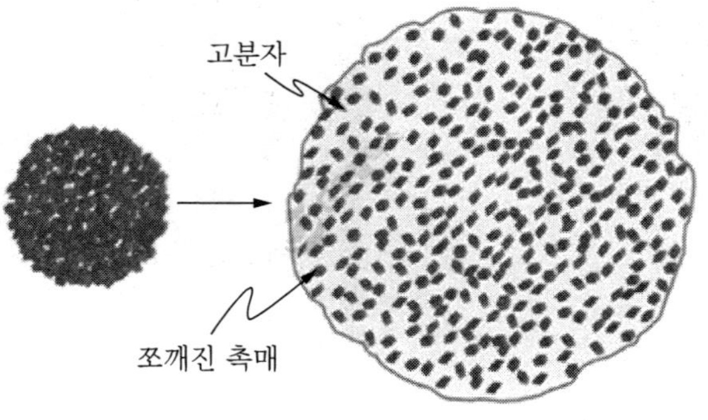

▲ 그림 4.23 고분자입자 성장 (Polymer Particle Growth)

Chapter 5

열가소성수지 (Thermoplastic Resin, 비닐계중합체)

고분자들은 플라스틱 (열가소성, 열경화성, 엔지니어링), 합성고무, 섬유로 분류될 수 있다. 이들 중 범용 열가소성 플라스틱의 수요가 가장 많다. 이어서 섬유, 합성고무, 열경화성수지 순이다. 상업적으로 대부분의 열가소성 플라스틱은 폴리올레핀 (폴리에틸렌, 폴리프로필렌), PVC (Poly Vinyl Chloride), 스티렌류 [PS (Poly Styrene), HIPS (High Impact Poly Styrene), SAN (Styrene Acrylonitrile), ABS (Acrylonitrile Butadiene Styrene)] 등이다.

열가소성수지는 가열하면 소성변형을 일으키지만 냉각하면 가역적으로 단단해지는 성질을 이용한 것으로, 보통 고체 상태의 고분자물질로 이루어진다. 이 경우, 선 모양의 구조를 가진 고분자화합물을 가열하면 가소성을 드러내어 여러 가지 모양으로 변형시킬 수 있고, 냉각하면 모양을 그대로 유지하면서 굳는다. 다시 열을 가하면 물렁물렁해지며, 계속 높은 온도로 가열하면 유동체가 된다. 이와 같은 성질을 가진 고분자를 열가소성수지라고 한다.

열가소성수지에는 결정성과 비결정성이 있다. 결정성 열가소성수지에는 폴리에틸렌, 폴리프로필렌, 나일론, 폴리아세탈, 폴리에틸렌테레프탈레이트 (PET) 등이 포함되고 유백색이다. 비결정성 열가소성수지에는 염화비닐수지, 폴리스틸렌, ABS 수지, 아크릴수지 등의 투명한 것이 많다. 전체 합성수지 생산량의 80% 정도를 차지한다. 전체 열가소성수지 종류에는 염화비닐수지 (폴리염화비닐), 아크릴수지, 비닐아세테이트수지, 폴리에틸렌, 플루오로수지 (불소수지), 폴리프로필렌, 폴리스티렌, ABS, 폴리아미드계 (나일론), 에스터계수지 (반방향족 PET수지) 등이 있다. 이들 중에서 LDPE, HDPE, PP, PVC, PS를 5대범용수지라고 부른다. 참고로 미국의 5대범용수지의 생산량을 [표 5.1]에 나타내었다.

▼ 표 5.1 미국의 5대범용수지 생산량 (2012년)

고분자		생산량 (×1,000톤)
폴리에틸렌	LDPE	3,123
	LLDPE	6,098
	HDPE	8,046
폴리프로필렌		7,405
폴리스티렌		2,473
PVC와 공중합체		6,944

열가소성수지는 압출과 사출성형을 포함한 다양한 방법에 의해 능률적으로 용융 가공할 수 있다는 장점이 있다. 반면에 내열성과 내용제성은 열경화성수지에 비해 다소 떨어진다. 주요 용도는 포장용 필름, 사진 및 자기테이프, 음료수병, 쓰레기용기, 실내장식 재료, 자동차부품 등 매우 다양하다. 특히 PET수지는 플라스틱 병(PET병)과 폴리에스터 섬유로 쓰이는 중요한 수지이다. 아래에 이들 열가소성수지의 중합과 제품특성에 대하여 알아보기로 하자.

01 폴리올레핀 (Polyolefin)

폴리올레핀은 결정화도 (밀도)에 의해 다양한 종류의 폴리에틸렌 (PE)과 폴리프로필렌 (PP)이 있다. [표 5.2]는 폴리프로필렌, 낮은 결정화도를 가지는 저밀도폴리에틸렌 (LDPE), 높은 결정화도를 가지는 고밀도폴리에틸렌 (HDPE)의 물성비교를 나타낸다.

1.1 폴리에틸렌 (PE, Polyethylene)

원유를 증류하여 납사 부분 (100～200℃ 유분)을 분리시키고 이중 경질납사를 납사크래커 (Naphtha Cracker)에서 분해하여 에틸렌을 얻는다. 이 에틸렌 (Ethylene)을 중합시켜서 아래와 같은 폴리에틸렌 [$(C_2H_4)n$]을 만든다.

$$CH_2 = CH_2 \rightarrow \cdots - CH_2 - CH_2 - CH_2 - CH_2 - \cdots$$

폴리에틸렌의 분자량은 대부분 5～10만의 것이다. 위에서처럼 CH_2만으로 구성되기 때문에 전기절연성이 우수하고 탄소(C)의 사슬을 중심으로 하여 대칭성이기 때문에 고주파 절연재료로 가장 우수하다. 그리고 폴리에틸렌은 녹으면서 스스로 연소한다. 일반적으로 PE는 각종 용기, 포장용 필름, 섬유, 파이프, 패킹, 도료 등에 널리 사용된다. 들통(Bucket), 컵 등은 압출성형으로 만들어지고, 공업 약품용 용기, 액체세제 용기 등은 중공성형으로 만들어진다. 또한 압출성형의 섬유는 높은 인장력을 가지며 주로 공업용 로프 등을 만드는데 사용된다.

폴리에틸렌은 중합방법에 따라 여러 종류의 폴리에틸렌이 중합되는데, 저밀도폴리에틸렌(LDPE), 선형저밀도폴리에틸렌(LLDPE), 고밀도폴리에틸렌(HDPE)으로 구별된다. [표 5.3]은 중합방법에 따른 폴리에틸렌의 물성을 나타낸다. 현재는 표에서 A류에 해당하는 LDPE(연질 PE)와 C류에 해당하는 HDPE(경질 PE)가 주요 제품이고 그 중 LDPE가 많이 생산된다.

▼ 표 5.2 폴리올레핀의 물성 비교

물성	시험방법	단위	LDPE	HDPE	PP
비중	D792	-	0.91～0.93	0.94～0.97	0.90～0.91
결정화도	DSC	%	50～70	80～95	82
용융점	DSC	℃	98～120	127～135	165～171
인장강도	D638	kg_f/cm^2	42～163	214～388	316～418
인장탄성율	D638	kg_f/cm^2	1,020～2,652	4,182～12,648	11,220～15,810
파단연신율	D638	%	90～800	20～130	100～600
아이조드충격강도 (Notched)	D256	kg_f·cm/cm	No break	2.8～109	2.1～5.4
열변형온도 (@4.6kg_f/cm^2)	D648	℃	38～49	60～88	225～250

▼ 표 5.3 중합방법에 따른 폴리에틸렌 물성

	밀도 (g/cm^3)	결정화도 (%)	경도 (상대 비)	인장강도 (kg_f/cm^2)	연신율(%)	내충격강도 (kg_f·cm/cm)	연화점(℃)
A	0.91	65	1	100	140	2,724	16
B	0.93	75	2	110	180	1,634	8
C	0.95	85	3	120	250	1,090	4
D	0.97	95	4	130	400	109	3

(1) 저밀도폴리에틸렌 (LDPE, Low Density Polyethylene)

LDPE는 분지가 많고 결정성이 낮은 밀도 0.91～0.93의 폴리에틸렌으로 기계적 강도는 떨어지지만 가공성이 우수하다. 투명 또는 반투명의 고체이며 산/알칼리 용제에 견디나 고온 탄화수소 및 할로겐화 탄화수소에는 녹는다. 전기절연성, 내수성, 방습성, 내한성이 양호하며 용도는 포장용기, 전선피복, 파이프, 섬유, 포장재료 등에 이용되고 있다.

저밀도폴리에틸렌은 미량의 산소 또는 과산화물을 개시제로 사용하여 자유라디컬(Free Radical) 벌크중합 (Bulk Polymerization)으로 제조된다. 중합은 고압반응기로 250℃, 3,000기압의 높은 압력에서 연속식 관형반응기 내에서 행해진다. 따라서 고압폴리에틸렌이라고 하며, 에틸렌은 중합열이 높으므로 발열을 조심스럽게 조절해야 한다. 이러한 이유로 각 단계는 낮은 전환율을 적용하여 다단계로 중합을 진행한다.

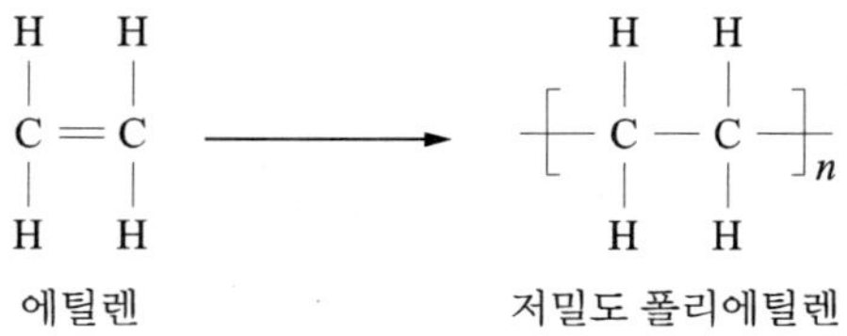

또한 아크릴레이트, 비닐에스터, 비닐에테르 등과 같은 소량의 극성 공단량체 들이 중합공정에 유입되면 생성물의 물성을 변화시키는데 특히 결정성 감소를 통한 저온 유연성을 부여한다. 예를 들어 (1) 에틸렌과 비닐아세테이트 (EVA, Ethylene Vinyl Acetate)의 저분자량 공중합체는 PVC의 고분자 가소제로 사용된다. (2) 에틸렌에 소량의 비닐아세테이트 (7% 이하)를 유입하면 보다 나은 강인성, 투명성, 광택성이 있는 개질 저밀도폴리에틸렌 (LDPE) 필름이 된다. (3) 에틸렌과 비닐알코올의 공중합체 (EVOH수지, Ethylene Vinyl Alcohol Resin)들은 포장용으로서 향상된 가공성, 내수분성으로 우수한 내통기성을 나타낸다. (4) 에틸렌과 에틸아크릴레이트의 공중합체 필름들은 우수한 인장강도, 파단신율, 투명성, 응력균열 저항성, 저온 유연선 등을 나타낸다.

일반적으로 LDPE의 분자량은 6,000～40,000에 속한다. 성형에 있어 용융 흐름성의 척도로서 용융흐름지수 (MFI, Melt Flow Index)를 사용하는데 이 지수별로 제품을 분리 포장하여 판매하게 된다. 여기서 용융흐름지수는 시료를 일정한 온도(190℃)와 하중 (2,160g) 하에서 10분 동안 실린더 속을 흘러내린 무게를 말한다. 즉 제품의 MFI가 낮을수록 분자량이 크고 유동성이 어려워 성형에 보다 많은 열을 필요로 한다. 전형적인 LDPE의 MFI는 대략 0.1～110의 범위를 가지고 중합에서 개시제인 산소농도를 조절하여 MFI (분자량, 흐름성)을 제어하게 된다.

그리고 에틸렌의 자유라디컬 중합은 가지가 많은 분자를 생산한다. 가지의 수는 단량체 500개당 30개까지 이를 수 있다. 대부분의 에틸 (Ethyl, $-C_2H_5$)이나 부틸 (Butyl, $-C_4H_9$) 같은 짧은 사슬의 알킬기로서 아래와 같이 분자 내 되물기 (Back Biting) 메커니즘으로 만들어 진다.

(a) 뒤물기 (Back Biting)

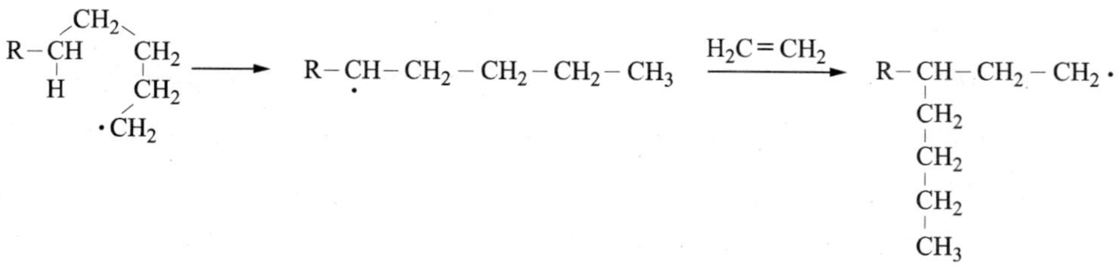

또한 보다 높은 전환율과 보다 낮은 압력에서는 아래와 같이 분자간 사슬이동 (Chain Transfer) 메커니즘을 통해 헥실기 (Hexyl, $-C_6H_{13}$) 이상의 긴 사슬가지가 생성될 수 있다. HDPE에 비해 LDPE의 낮은 밀도와 낮은 결정용융온도 (T_m)에서 보듯이 가지 (Branch)는 결정성을 저하시키는 요인으로 작용한다. 중합 압력을 증가시키면 가지 생성을 낮출 수 있다. 예를 들어 거의 선형인 폴리에틸렌은 5,000기압 가까운 압력에서 자유라디컬 중합으로 만들어질 수 있다.

(b) 사슬 이동 (Chain Transfer)

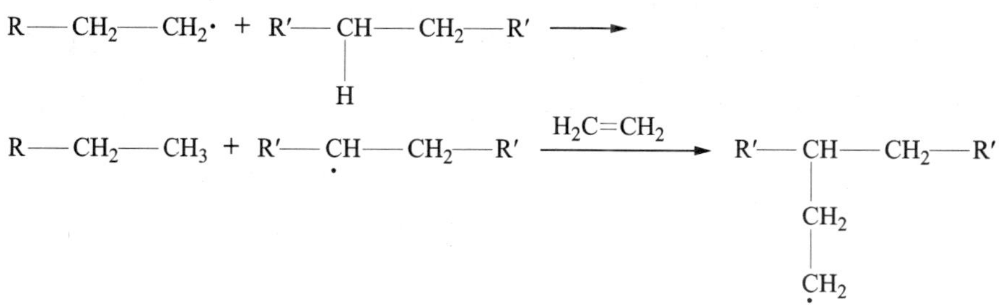

(2) 선형저밀도폴리에틸렌 (LLDPE, Linear Low Density Polyethylene)

폴리에틸렌은 메탈로센 (Metallocene) 중합으로 제조할 수 있다. 메탈로센 촉매는 지글러 나타 촉매보다 훨씬 더 비싸지만 그만큼 매우 높은 활성도를 나타낸다. 에틸렌 중합에서 높은 활성도를 가지는 최초의 메탈로센 촉매인 Bis (Cyclopenta-Dienyl) Zirconium Chloride (Cp_2ZrCl_2)-MAO (조촉매)는 Sinn과 Kaminsky에 의해 보고되었다. 이 공정은 좁은 분자량분포를 가지는 선형저밀도폴리에틸렌 (LLDPE)을 생산하였으며 올레핀 중합을 위한 다른 메탈로센 촉매와 비메탈로센계 전이금속 촉매 사용의 길을 열었을 뿐 아니라 메탈로센촉매는 부텐-1, 헥센-1, 옥텐-1과 같은 공단량체를 다른 촉매에 비하여 훨씬 더 효율적으로 유입할 수 있다.

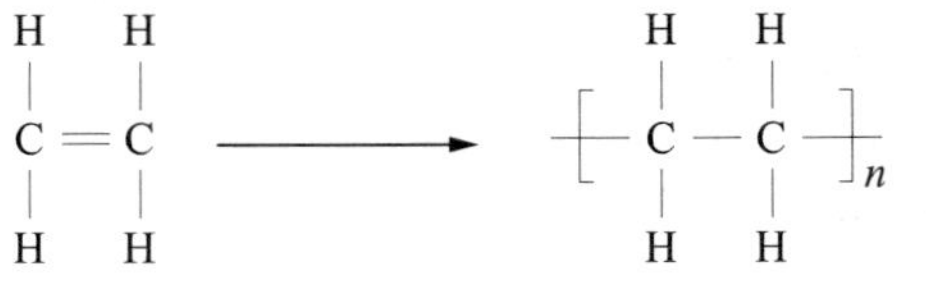

에틸렌　　　　선형저밀도폴리에틸렌

약 30년 전에 저압공정 (Unipol)을 이용한 에틸렌 중합법이 개발되었는데 이 공정은 3세대 복합 폴리에틸렌으로 간주되는 저압에서 선형저밀도폴리에틸렌 (LLDPE)을 생산한다. 가지들은 선형알케인으로서 LDPE의 가지들보다 짧다. LDPE에 대한 LLDPE의 장점은 저장용기나 뚜껑을 성형시 사이클 시간이 빠르다. LLDPE는 종종 필름이나 시트용으로 LDPE와 블렌드되고 그 수요는 최근 증가하고 있다. 그리고 메탈로센 중합으로 생산하는 LLDPE는 통상적으로 제조하는 LLDPE에 비해 기계적, 열봉합 (Heat Sealing) 물성이 우수하다.

(3) 고밀도폴리에틸렌 (HDPE, High Density Polyethylene)

HDPE는 분지가 적고 결정성이 높은 밀도 0.94 이상의 폴리에틸렌으로 기계적 강도, 경도, 내열성 등이 우수하여 쇼핑백, 전선, 호스, 맥주상자, 우유용기, 수도 및 가스관 등의 원료로 사용되며 가공성은 약간 열악하다. 많은 배위촉매 존재 하에서 에틸렌을 중합시킬 수 있는데 공업적 제법에는 할로겐화 티탄/트리알킬알루미늄을 촉매로 하는 저압법 (지글러 나타 촉매법)과 실리카 알루미나/크롬 촉매에 의한 중압법 (필립스 촉매법) 그리고 3,000 atm을 사용하는 초 고압법 등이 있다.

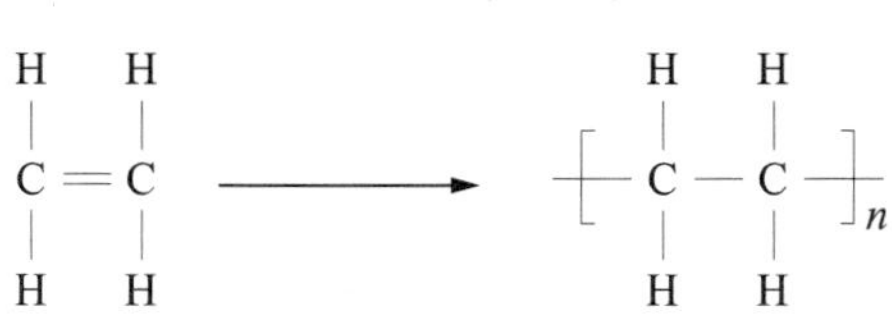

에틸렌　　　　고밀도폴리에틸렌

위에서 언급된 필립스 (Philips)법은 알루미나 실리카를 운반체로 하는 산화크롬 (CrO_3)을 촉매로 하여 100 atm, 200℃에서 불용촉매를 함유한 탄화수소 용매 (불균일계 용액중합) 내에서 이루어진다. 그리고 지글러 나타 (Ziegler Natta)법은 지글러 나타 촉매 (사염화티타늄/트리에틸알루미늄의 착염촉매)를 사용하여 약 75℃, 10 atm에서 에틸렌을 중합시킨다. Philips법에 비해 Ziegler Natta법은 일반적으로 고분자량의 선형고분자를 얻는데 보다 낮은 온도 및 압력을 요구한다. 따라서 통상 HDPE는 저압폴리에틸렌이라고 하는데, 앞서 [표 5.3]에서 나타낸 바와 같이 연화점, 경도, 강도가 높지만, 신율과 내충격성이 낮고 촉감이 딱딱하다. 게다가 5백만 이상의 매우 높은 분자량을 갖는 폴리에틸렌은 특수용도 특히 인공 둔부 대체재(Artificial Hip Replacement)와 같은 의료용으로 사용되고 있다. 이외에 상업적 폴리에틸렌으로 중밀도폴리에틸렌(MDPE, Medium Density Polyethylene)과 초저밀도폴리에틸렌(VLDPE, Very Low Density Polyethylene)이 있다.

1.2 폴리프로필렌(PP, Polypropylene)

프로필렌은 석유화학공정에서 경질납사를 분해할 때 에틸렌과 함께 생긴다. 폴리프로필렌은 프로필렌의 중합체로 경량이고 대체적으로 높은 용융온도를 가지며 파이프, 시트, 발포성형 저장용기, 섬유 등으로 널리 사용된다.

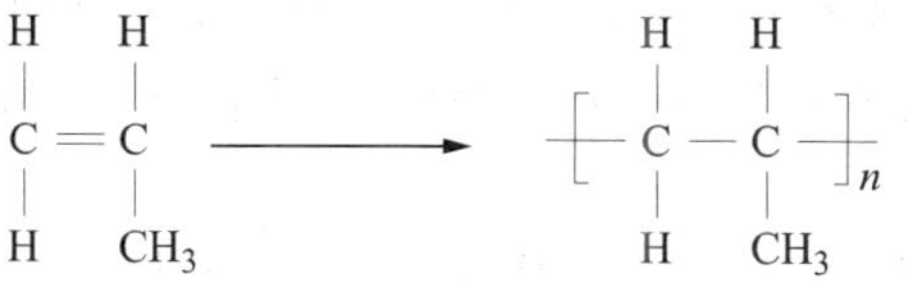

프로필렌　　　　폴리프로필렌

일반적으로 PP와 같은 α-올레핀은 라디컬 또는 이온성 촉매들로 중합할 수 있다. 아래와 같은 어택틱 PP(Atactic PP, aPP)는 Lewis산 혹은 유기금속 화합물을 사용하여 생성할 수 있으나 생성물은 실온에서 가지상의 고무상 고분자(T_g −10℃)로서 상업적 가치가 없다.

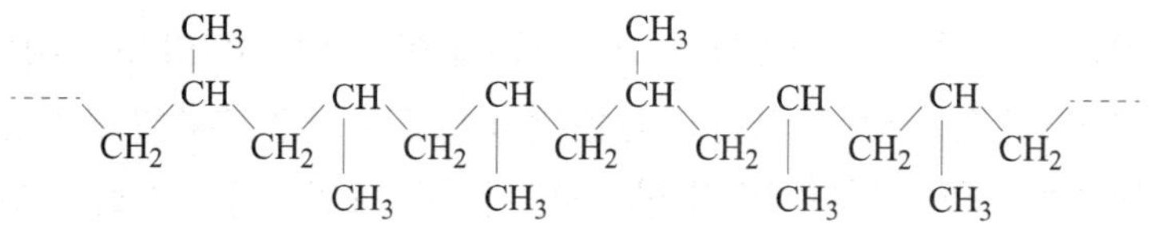

(a) **어택틱** PP (T_g −10℃, T_m −)

1950년대 Natta는 Ziegler형 촉매를 사용하여 고결정성을 가지는 입체규칙성 PP를 생성할 수 있음을 보였다. 그러나 HDPE 중합과는 달리 α-올레핀의 배위중합은 반응속도가 느리고 촉매 특성에 더 좌우된다. 그 후 1957년에 소개된 것은 아래와 같은 높은 아이소택틱 PP(Isotactic PP, iPP)로서 개질염화티타늄과 에틸알루미늄 같은 유기알루미늄화합물을 조촉매 또는 활성화제로 하는 불균일촉매를 이용하여 만들어진다. 촉매들은 탄화수소 혼합물 내에서 슬러리 형태로 이루어져 50~80℃, 5~25기압에서 운전하는 배치식 또는 연속식반응기 내에서 열전달을 용이하게 한다. 그리고 사슬이동제 역할을 하는 수소(H_2)는 제품의 분자량 조절에 의한 흐름성을 제어한다.

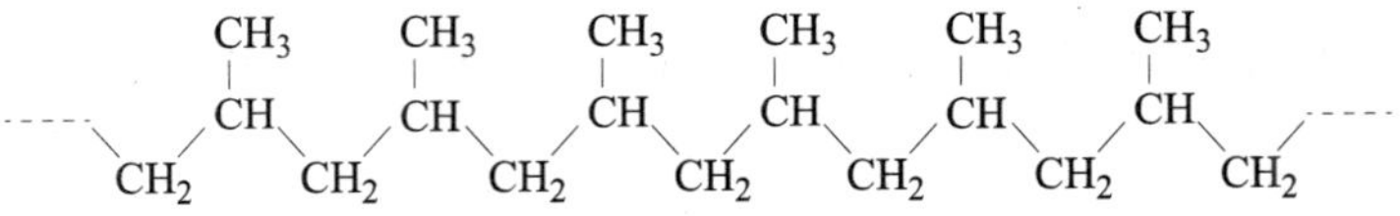

(b) **아이소택틱** PP (T_g 0℃, T_m 165℃)

신디오택틱 PP (Syndiotactic PP, sPP)는 저온에서 균일 Ziegler Natta 촉매를 사용하여 재조합할 수 있다. 그러나 메탈로센촉매의 개발로 sPP에 대한 관심이 높아지고 있다. Isopropyl(C_p)(Fluorenyl)$ZrCl_2$/MAO (Monoamine Oxidase, 조촉매)와 같은 촉매를 사용하는 PP의 메탈로센 중합은 매우 높은 신디오택틱성 ([rrrr] > 90%)과 150℃에 가까운 용융온도를 가지는 PP를 형성한다. iPP에 비해 sPP는 약간 낮은 용융온도를 나타내며 용매의 공격에 더 취약하다.

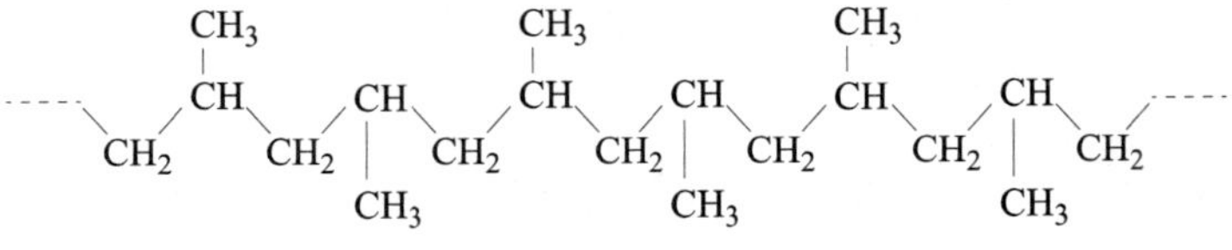

(c) **신디오택틱** PP (T_g −8℃, T_m 150℃)

HDPE에 비하여 상업적 iPP는 더 높은 용융온도, 약간 낮은 결정화도, 향상된 내균열성을 갖는다. 최저에너지 입체형태가 펼쳐진 평면 Z자인 PE와는 달리 PP의 메틸기는 더 복잡한 입체형태를 요구하는데 여기에서 3단량체 단위는 나선 (Helix)에서 한번 회전을 한다. 그리고 높은 용융온도는 고온 수증기 소독용 제품에도 PP를 사용할 수 있게 한다. PP의 한 가지 단점은 메틸기가 열산화분해 반응 (Thermo Oxidative Degradation)에 취약하다. 기타 PP제조에 관한 상세한 내용은 **이 책에 소개한 PP 상업적 생산공정 (기상중합공정)을 참조하기 바란다.**

참고 ▌ PP 상세 용도

일반적인 용도는 포장용 필름, 연신테이프, 섬유, 의류, 카펫, 파이프, 일용잡화, 완구, 공업용 부품, 컨테이너 등이다. 사출성형품은 각종 용기를 비롯한 일용잡화이고, 합성섬유는 주로 강력한 공업용품이나 카펫, 이불솜이 많다. 플랫얀 (Flat Yarn)은 중 및 저압폴리에틸렌과 마찬가지로 쌀,

밀, 비료 포대, 접착테이프 등에 사용된다. 압출성형으로는 연신필름과 같은 포장재 및 돗자리 등이 있다. 중공성형품은 뜨거운 물에 견디므로 폴리에틸렌과 달리 보온병, 열소독을 하는 의료기구, 약품용기 등에 사용된다.

02 비닐고분자 (Vinyl Polymer)

비닐고분자는 비닐 단량체를 중합하여 제조한 고분자로서 가장 널리 사용하고 있는 것으로 비닐기 ($CH_2=CH-$)를 포함하고 있다. 즉 비닐 단량체는 탄소 탄소 이중결합을 가진 작은 분자이다. 예를 들면 에틸렌 (Ethylene), 프로필렌 (Propylene), 스티렌 (Styrene), 염화비닐 (Vinyl Chloride), 메틸메타크릴레이트 (Methyl Methacrylate), 테트라플루오로에틸렌 (Tetrafluoroethylene)이 있다. 에틸렌과 프로필렌을 제외한 이들 단량체들의 중합과 제품특성에 대하여 아래에서 살펴보기로 하자.

2.1 폴리스티렌 (PS, Polystyrene)

스티렌의 라디컬 중합으로 얻어지는 비결정성의 고분자로, 무색 투명한 열가소성수지이다. 에틸렌과 벤젠을 반응시켜 생긴 액체 스티렌 단량체의 중합체인 폴리스티렌으로 이루어지며 약품에 잘 침식되지 않는다. PS의 용도는 포장용으로 PP와 경쟁이 심화되고 있고 특히 스티렌계 고분자들의 주 용도는 발포체 제조와 절연 및 포장재료용 입자 (Bead)이다.

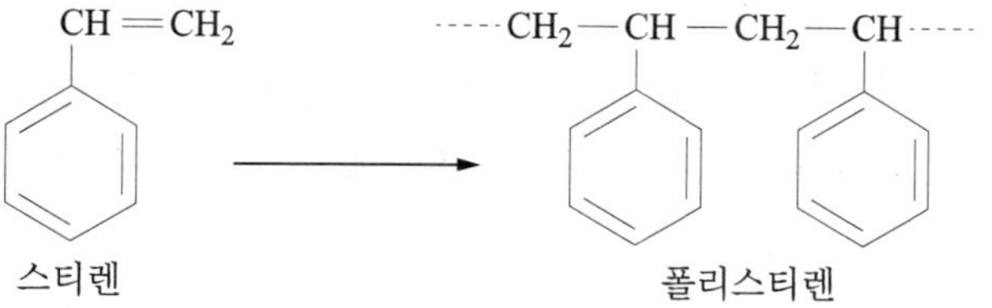

스티렌 수지는 플라스틱 중에서 가장 가공하기 쉽고 높은 굴절률을 가진다. 또 투명하고 빛깔이 아름다울 뿐만 아니라 단단한 성형품이 되고 전기절연 재료로도 우

수하다. 폴리스티렌(PS)은 범용 폴리스티렌과 고충격폴리스티렌(HIPS, High Impact Polystyrene)으로 대표한다. 이들을 포함하는 스티렌계 수지의 물성은 [표 5.4]와 같다.

▼ **표 5.4 스티렌계수지의 물성 비교**

물성	시험방법	단위	범용PS	고충격PS (HIPS)	ABS
비중	D792	-	1.04～1.05	1.03～1.06	1.03～1.58
인장강도	D638	kg_f/cm^2	373～556	225～345	422～527
인장탄성율	D638	kg_f/cm^2	24,582～34,476	18,258～33,048	21,114～28,152
파단연신율	D638	%	1～2	13～50	5～25
아이조드충격강도 (Notched)	D256	$kg_f \cdot cm/cm$	1.4～2.2	2.7～60	16.3～32.7
열변형온도 (@4.6kg_f/cm^2)	D648	℃	75～100	75～95	102～107

상업용 어택틱 PS (Atactic PS, aPS)는 과산화물이나 미량의 산소를 개시제로 사용하여 벌크(Bulk) 또는 현탁(Suspension) 자유라디컬 중합으로 제조한다. 벌크 중합에서의 발열조절은 다단계 중합법을 사용하여 구현할 수 있다. 우선 교반탱크 반응기(Stirred Tank Reactor)에서 낮은 전환율로 반응을 진행한 후 이어서 온도를 증가시키면서 관형반응기(Tubular Reactor)에서 높은 전환율에 이르게 한다.

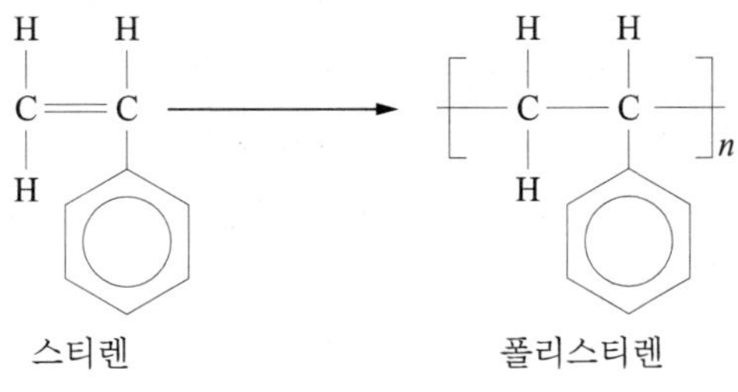

PS는 희고 가벼우며 내수성, 단열성, 방음성, 완충성 등이 우수하기 때문에 용도는 컵이나 그릇, 접시, 육류 포장용기, 달걀 포장용기, 전자제품이나 기타 부서지기 쉬운 물품의 운송용 포장재, 나뭇결 무늬를 넣은 건축재료, 장식용 가구, 농수산물 상자 등으로 널리 사용된다. 이 밖에 식육 냉동 창고의 벽재, 냉동 파이프의 외장, 조립식 주택의 벽이나 천장 재료, 텔레비전의 무대장치나 인공 눈 등으로도 사용된다.

▲ 그림 5.1 PS컵 용기

(1) 발포 폴리스티렌

발포 폴리스티렌(EPS, Expandable Polystyrene)은 PS입자를 탄화수소계 추진제(Propellant)나 부탄과 이소부탄 같은 발포제를 사용하여 제조한 닫힌 기공(Closed Cell)의 구조를 하고 있다. 건축 용도의 난연제용의 EPS는 헥사브롬오사이클로도데칸(HBCD, Hexabromocyclododecane)과 같은 브롬화 지방족 화합물을 1% 미만으로 가하여 생산할 수 있다. 포장관련 용도에 PS를 이용할 때 장점은 쉽게 재가공할 수 있다는 것이다. 예를 들어 30~50%의 깨끗한 스크랩(Scrap)을 열성형 포장용기 제조에 재 사용하며, 사용한 커피컵을 갈아 새 컵 제조시의 3층 시트의 중심(Core)으로 재활용할 수 있다. PS는 특히 광산화분해에 취약하여 쉽게 깨지거나 황변현상을 나타낸다. 이것은 페닐기가 태양광으로부터 자외선(UV)을 흡수하여 개시되기 때문이다. 이 흡수 자외선 에너지는 고분자 사슬을 통해 다른 부위로 이동하여 결합절단, 라디컬 형성, 산소와 반응하여 하이드로퍼옥사이드(Hydroperoxide) 및 카르보닐기(Carbonyl Group)를 형성하게 된다.

그리고 발포 폴리스티렌은 폴리스티렌에 펜탄이나 부탄 등 탄화수소가스를 주입시킨 뒤 이를 증기로 부풀린 발포제품이므로 체적의 98%가 공기이고 나머지 2%가 수지인 자원 절약형 소재이다. 제조공정은 스티렌에 펜탄, 부탄가스 등의 발포제를 주입해서 물로 중합한 뒤, 소정의 분자량이 될 때까지 가열한다. 이어 얻어진 발포 폴리스티렌의 구상입자인 비드(Bead)를 세척 건조시키고 폐수를 처리한 후 선별하면 완제품이 된다. 발포제로 쓰이는 펜탄가스는 그대로 내버려둘 경우 약간의 스모그를 발생시킬 수 있다. 그러나 오존층을 파괴하는 염소원자를 함유하지 않고, 대기의 낮은 고도에서 급속히 분해되기 때문에 상공의 오존층에는 전혀 영향을 미치지 않는다. 즉, EPS는 오존층 파괴의 주범인 프레온가스(CFCs)를 사용하지 않고, 단열 포장재로서 지구 온난화, 온실효과, 산성비의 원인이 되는 가스 방출을 줄여 주며, 합성목재나 경량 콘크리트 등으로 재활용이 가능하다. 또 땅에 묻어도 메탄가스가 발생하지 않아 지하수를 오염시키지 않는다.

(2) 입체 특이성 폴리스티렌

앞에서 언급한 상업용 폴리스티렌은 어택틱 PS (Atactic PS, aPS)이고 자유라디컬 중합으로 만들어진다. 아이소택틱 PS (Isotactic PS, iPS)는 $TiCl_4$ (Titanium Tetrachloride)/ $(C_2H_5)_3Al$ (Triethylaluminum)으로 이루어지는 Ziegler Natta 촉매를 이용하여 처음 합성되었다. iPS는 230℃ 정도의 용융온도를 나타내는 중간 정도의 결정체이나 aPS보다 취약하며 비싸서 상업화되지 못하였다. 그 후에 신디오택틱 PS (Syndiotactic PS, sPS)를 메탈로센 중합으로 생성하게 되었다. iPS와는 달리 sPS는 물성면에서 상업용 aPS보다 우수하다. 즉 향상된 고온 기능성 (용융온도 약 277℃), 향상된 강인성, 낮은 투과성 (가스 차단성 개선), 우수한 화학약품 저항성을 나타낸다. 이러한 장점은 법용 PS에 대비하여 높은 단가를 받을 수 있게 하였다. 현재 sPS의 잠재력은 폴리부틸렌테레프탈레이트 (PBT)와 경쟁할 수 있는 전기, 전자 응용부분을 포함한다. 다른 영역으로는 사출성형 시에 얇은 벽과 길고 까다로운 흐름 디자인을 요구하는 특수제품 분야를 예로들 수 있다.

(3) 스티렌 공중합체

이것에는 SAN수지, HIPS, ABS, 가교 PS 등이 있다. 범용 PS의 단점이 잘 부서지는 성질과 높은 유리전이 온도 (T_g)이다. 그래서 이러한 문제점들은 어느 정도까지는 공중합으로 해결이 가능하다. 예를 들면 (a) 스티렌과 아래의 말레산무수물을 공중합시키면 보다 높은 열변형온도를 갖게 되고 (b) 스티렌과 아크릴로니트릴을 공중합하면 높은 강도와 내약품성을 갖는 스티렌아크릴로니트릴 수지 (SAN, Styrene Acrylonitrile Resin)를 얻게 된다.

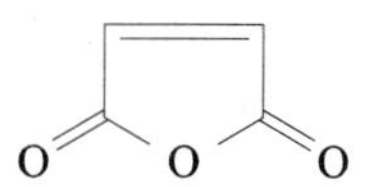

말레산무수물

그리고 PS의 충격물성은 폴리부타디엔 (PB, Polybutadiene)을 도입하여 개선할 수 있다. 예를 들어 (c) 고충격 PS (HIPS, High Impact Polystyrene)는 폴리부타디엔 또는 스티렌 부타디엔 라텍스 (SBR) 내에서 스티렌을 유화중합하여 합성할 수 있다. 얻어진 강화 PS (Reinforced PS)는 폴리부타디엔이 분산된 작은 영역 (Domain, 직경 ~0.005cm)을 갖는 유리상 PS 매트릭스 (Matrix)로 이루어진다. (d) 고강도에 중요한 높은 계면접착성은 HIPS제조 과정에서 스티렌의 그래프트중합 (Graft Polymerization)을 통해 얻어진다. 또한 (e) ABS수지는 SAN (Styrene Acrylonitrile)과 NBR (Nitrile Butadiene Rubber) 라텍스 유제 (Emulsion)를 블렌드하거나 혹은 스티렌과 아크릴로니트릴을 라텍스 형태로 폴리부타디엔에 그래프트시켜 가능하다. (f) 스티렌과 제한된 양의 디비닐벤젠을 공중합하여 폴리스티렌을 가교시킬 수 있다. 가교된 PS 입자의 용도로는 겔투과 크로마토그래피 (GPC, Gel Permeation Chromatography)와 이온교환수지를 들 수 있다.

(4) 다른 스티렌류 고분자 (폴리 *p*-메틸스티렌)

제올라이트 (Zeolite) 공정을 이용하여 톨루엔과 에틸렌으로부터 *p*-메틸스티렌 (PMS, *p*-Methylstyrene) 단량체를 높은 수율로 합성할 수 있다. 이 단량체는 PS 제조법과 유사한 방법으로 중합하여 폴리 *p*-메틸스티렌 (Poly *p*-Methylstyrene)을 제조하는데 이 고분자는 전형적인 범용 PS에 비하여 낮은 밀도, 약간 높은 열변형 온도, 향상된 내연성, 보다 빠른 성형사이클을 갖는다. 그리고 입체특이성 폴리 *p*-메틸스티렌은 메탈로센 촉매로 중합할 수 있다.

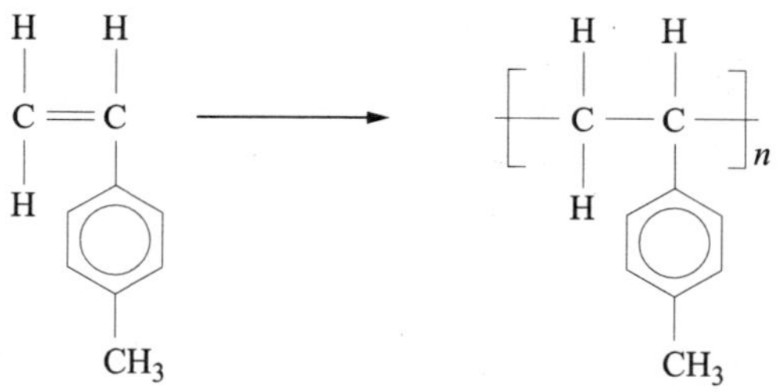

P-메틸스티렌　　　　폴리 P-메틸스티렌

2.2 폴리비닐클로라이드 (PVC, Polyvinyl Chloride, 폴리염화비닐)

폴리비닐클로라이드 (염화비닐수지)는 에틸렌분자의 수소 하나를 염소로 치환한 비닐클로라이드라고 하는 분자를 중합시킨 것이다. 비닐클로라이드는 −10℃ 전후에서 기화하는 저비점의 액체이다. 이것을 중합시키는 데는 벤조일퍼옥사이드 같은 촉매와 함께 미세한 분산 상태로 가압, 교반, 가열하여 중합시킨다. 이 방법을 현탁중합 (Suspension Polymerization)이라고 한다. 또한 특수한 폴리비닐클로라이드에는 유화제를 넣어 비닐클로라이드를 유화시켜 거기에 촉매를 가하여 중합시키는 유화중합 (Emulsion Polymerization)이 있다. 이와 같은 방법으로 중합된 폴리비닐클로라이드 (폴리염화비닐)는 흰 분말상의 덩어리로 얻어진다.

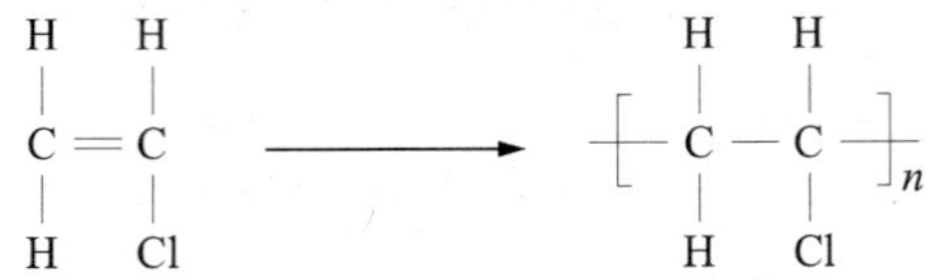

비닐클로라이드 폴리비닐클로라이드

그리고 폴리비닐클로라이드(PVC)에는 경질과 연질의 두 종류가 있다. 경질 PVC는 시트, 파이프, 창문틀, 기타 성형부품으로 사용된다. 그리고 연질 PVC는 PVC에 낮은 유리전이온도(T_g)를 갖는 가소제를 넣어 블렌드하여 제조한다. 가소화된 PVC(즉 연질 PVC)의 용도는 전선코팅, 가구, 장판, 필름, 튜브 등이다. 상업용 PVC는 투명하고 중간 정도의 강인성을 갖는 낮은 결정성(T_g 87℃, T_m 212℃)의 물질로 저분자량에서 중분자량(25,000～150,000)의 재료이다. 경질 PVC와 연질 PVC의 물성은 [표 5.5]에 나타내었다.

▼ **표 5.5 대표적인 PVC 물성치**

물성	시험방법	단위	경질 PVC	연질 PVC
비중	D792	-	1.03～1.58	1.16～1.35
인장강도	D638	kg_f/cm^2	422～527	225～345
인장탄성율	D638	kg_f/cm^2	24,582～42,228	18,258～33,048
파단연신율	D638	%	2～80	13～50
아이조드충격강도 (Notched)	D256	$kg_f \cdot cm/cm$	2.2～109.1	2.7～60
열변형온도 (@4.6kg_f/cm^2)	D648	℃	57～82	75～95

앞에서 언급한 것처럼 상업용 PVC는 주로 현탁중합(Suspension Polymerization)에 의한 자유라디컬 반응으로 합성하지만 유화중합(Emulsion Polymerization), 벌크중합(Bulk Polymerization)도 사용한다. PVC는 단량체에는 용해되지 않으므로 고분자 벌크중합 시에는 단량체 방울 내에 있다. 현탁중합을 적정한 압력에서 진행한 후 높은 단량체 전환율 단계에서 통기시키면 다공성의 건식 블렌드 수지가 생성된다. 이러한 수지들은 끈적해지기 전에 다량의 가소제를 흡수할 수 있으므로 유연성이 있는 등급의 PVC배합에 사용된다.

상업용 PVC의 중합 온도는 일반적으로 50℃ 부근으로 이는 높은 온도에서는 소량의 가지와 탈염화수소반응(Dehydrochlorination)에 의한 과대한 염산이 생산되는 한편, 낮은 온도에서는 신디오택틱 함량이 높아지기 때문이다. 약 100℃에서 시작하는 탈염화수소반응은 용융가공시와 같이 불안정한 PVC가 유리전이온도 이상으로 가열될 때 발생하는 심각한 문제이다. 열에 의해 개시되는 탈염화수소 반응은 염산(HCl)을 생산하고 궁극적으로는 고분자의 물성을 저하시킨다. 이 때문에 최초에 생산된 상업적 비닐수지는 비닐클로라이드와 비닐아세테이트, 비닐에테르, 아크릴릭에스터의 공중합체이었다. 단일 PVC의 열적 안정성은 유기주석(Organictin) 및 다른 화합물을 첨가하여 개선시킨다.

PVC 물성은 화학변성, 공중합, 블렌딩으로 개질할 수 있다. 예를 들면 (a) PVC는 온수용 파이프와 같은 용도를 위하여 염소화하여(CPVC) 열변형온도를 증가시킨다. (b) 유연한 필름은 비닐클로라이드와 비닐리덴클로라이드(Saran) 또는 비닐아세테이트와의 공중합으로 얻어질 수 있다. (c) 비닐아세테이트는 또한 PVC사슬에 그래프트 될 수 있다. (d) PVC의 강인성은 ABS (Acrylonitrile Butadiene Styrene), MBS (Methylmethacrylate Butadiene Styrene)와 같은 고충격성 수지와 블렌드하여 개선할 수 있다.

참고 ▌ 폴리비닐클로라이드(폴리염화비닐, 염화비닐수지)

PVC의 분자사슬은 PE 사슬의 탄소 하나 건너에 염소가 붙은 구조로 이 염소 원소는 전자를 끌어 붙여 두는 강한 원자이기 때문에 폴리염화비닐의 사슬은 자유로이 움직이기 어렵게 된다. 이 때문에 염화비닐수지는 단단하고 부서지기 쉬운 물질로서 실제로 사용할 때는 이것과 잘 섞이는 기름, 예를 들면 DOP (Dioxy Phtalate), TCP (Tricrazyl Phosphate)와 같은 화합물(가소제라 함)을 혼합하여 가소성을 높인다. 또한 분해를 방지하기 위하여 안정제나 충진제를 섞는다. 특히 연질의 염화비닐수지인 경우에는 DOP, TCP 등의 가소제를 비닐클로라이드의 반량 정도 사용한다. 이를테면 비닐클로라이드와 가소제와의 용액상태이다. 이와 같이 다량으로 가소제가 들어간 폴리비닐클로라이드는 온도가 높아지면 너무 무르게 되기 쉽고 저온에서는 단단해지는 결점이 있다. 수도관이나 물받이를 만드는 경질 폴리염화비닐은 가소제의 양을 조금 사용하고, 충진제로 탄산칼슘($CaCO_3$) 같은 각종 무기물질을 많이 섞은 것이다. 이와 같이 그 성질은 다소 나빠지나 투명한 점, 착색하기 쉬운 점, 가공하기 쉬운 점, 잘 타지 않고 또 값이 싼 점 등으로 훌륭한 합성수지이다.

2.3 폴리메틸메타크릴레이트(PMMA, Polymethylmethacrylate)

메타크릴산(Methacrylic Acid)은 구조상으로 α-메틸아크릴산이다. 즉, 아크릴산(Acrylic Acid, $CH_2=CHCOOH$)의 수소 대신에 메틸기($-CH_3$)가 치환된 형태[$CH_2=C(CH_3)COOH$]로 이 메타크릴산과 그 에스터는 중합하기 쉬운 성질이 있어 단독 혹은 다른 비닐화합물과의 공중합으로 각종 비닐고분자 제조에 사용된다.

주요 비닐고분자로는 여기서 언급하고 있는 폴리메틸메타크릴레이트(PMMA) 외에 폴리비닐아세테이트 및 그 유도체가 있다. PMMA는 메타크릴산[$CH_2=C(CH_3)COOCH_3$]을 중합하여 얻어지는 고분자로서 대표적인 메타크릴 수지이다. 그리고 플라스틱 재료 중에서 뛰어난 투명성과 내광성이 있으며 기계적 강도와 성형성의 밸런스가 좋다.

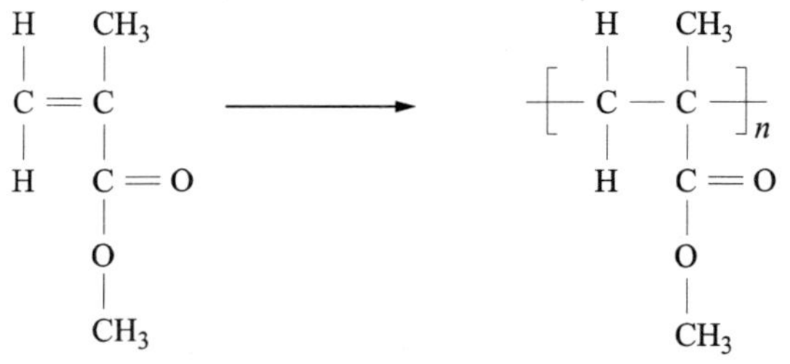

메틸메타크릴레이트 (MMA) → 폴리메틸메타크릴레이트 (PMMA)

상업용 PMMA는 중간정도의 유리전이온도(105℃), 높은 광투과성, 산 및 환경노화에 대한 우수한 저항성을 나타내는 무정형 고분자이다. 과산화물이나 아조화합물과 같은 자유라디컬 개시제를 사용하여 현탁중합 혹은 벌크중합(주형중합)하여 시트, 성형배합물, 경질 콘텍트렌즈와 같은 보다 특수화된 용도에 사용한다. PMMA는 저온에서 음이온중합하여 높은 아이소택틱(T_g 45℃, T_m 160℃)과 높은 신디오택틱(T_g 115℃, T_m 200℃) 고분자를 제조한다. PMMA의 주된 용도는 자동차의 후진등과 전광판, 욕조, 광고사인, 조형설치물의 아크릴시트, 부엌싱크대, 세면기, 욕조설치물용 복합재료이다.

2.4 폴리비닐아세테이트(PVAC, Polyvinyl Acetate)

폴리비닐아세테이트는 무색투명하고 원료인 비닐아세트산($CH_2=CH-OCOCH_3$)은 에틸렌($CH_2=CH_2$)에서 만들어진다. 비닐아세트산(비닐아세테이트의 단순한 물질)을 여러 가지 방법으로 중합시키면 폴리비닐아세테이트가 되는데, 보통 중합도(비닐아세테이트의 연결수)는 1,000 이상의 것이 많이 이용되고 있다. 폴리비닐아세테이트(PVAC)는 유리전이온도가 29℃이고 자유라디컬 유화중합 또는 현탁중합으로 합성한다. 제한된 용도로서의 접착제, 폴리비닐알콜(PVAL)과 폴리비닐부티랄(PVB)의 시재료(Starting Material)로 이용된다.

폴리비닐아세테이트의 연화점은 낮아 40℃ 정도이고 이 성질을 이용하여 츄잉껌의 베이스로 쓴다. 비닐아세테이트를 중합시킬 때 유화 중합법을 사용하면 폴리비닐아세테이트(아세트산비닐수지)의 에멀션화액(수지 입자가 물 속에서 분산된 것)을 얻게 되며, 이것은 유화 페인트 및 접착제로서 대량으로 사용된다. 그리고 플라스틱 모델을 조립하는데 사용하는 접착제는 폴리비닐아세테이트를 시너(Thinner)에 녹인 것이 많으며 부직포의 원료 또는 직물의 가공에도 쓰인다. 가장 큰 용도는 메탄올에 의한 가수분해로 얻는 폴리비닐알코올의 원료이다.

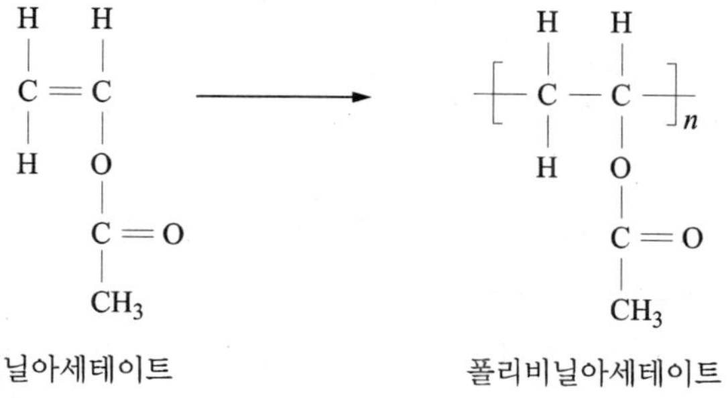

2.5 폴리비닐알콜(PVAL, Polyvinyl Alcohol)

폴리비닐알콜(PVAL)은 유화중합시 안정제로 사용하거나 증점제(Thickening Agent) 및 겔화제로서 사용되는데 비닐알콜로부터 직접 중합할 수 없다.

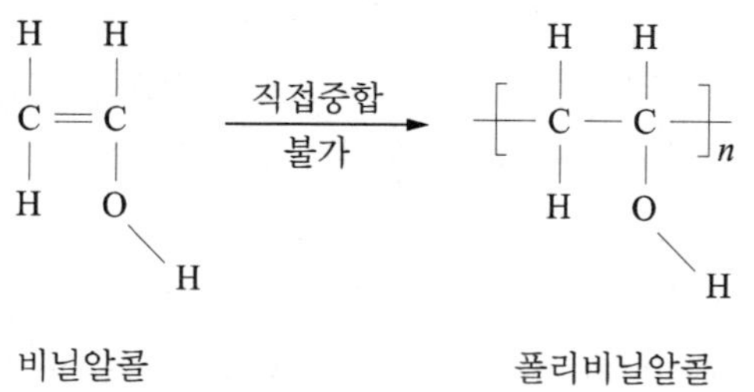

이것은 다음과 같이 비닐알콜이 아세트알데히드와 이성질체를 이루기 때문이다.

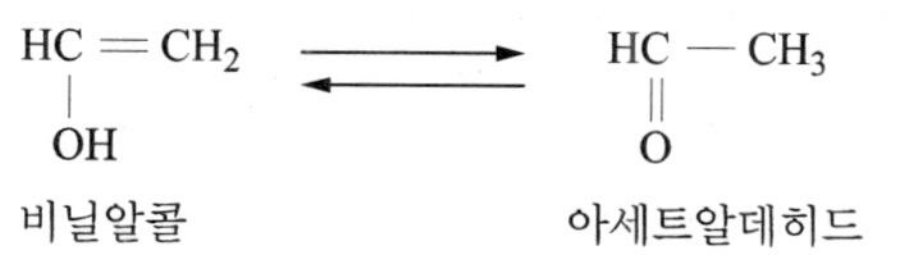

그래서 상업적 폴리비닐알콜(PVAL) 제조는 농축메탄올에서 폴리비닐아세테이트(PVAC)를 가수분해시켜 얻는다. 즉, 폴리비닐아세테이트(PVAC)에 메틸알콜

(CH_3OH)과 수산화나트륨 (NaOH)을 가해 30～50℃ 조건으로 가수분해시키면 백색의 고체로 침전되는데 이것이 PVAL이다.

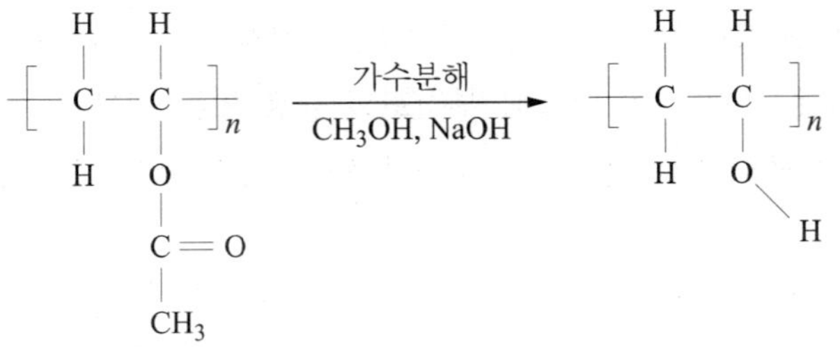

폴리비닐아세테이트　　　　폴리비닐알콜

PVAL은 비닐론합성섬유가 되고 또 비닐포르말, 비닐부티랄 플라스틱 등을 만들기도 한다. 예를 들면 PVAL은 산촉매하에서 부틸알데히드 (Butylaldehide)와 반응시켜 폴리비닐부틸랄 (PVB, Polyvinyl Butyral)을 얻는다. 이를 가소화하여 안전유리 (Wind Shield)의 내부 층으로 사용한다. PVAL 반복단위의 약 25%는 미반응 상태로 남겨 유리와 강력한 접착이 이루어지도록 한다.

2.6 EVA (Ethylene Vinyl Acetate Copolymer)

에틸렌 (Ethylene)과 초산비닐 (Vinyl Acetate)을 공중합시켜 얻어지는 중합체로 EVA라고 한다. 초산비닐의 함유량이 증가함에 따라 밀도가 증가하지만 한편 결정화도는 저하하여 유연성은 늘어난다. 저함량 EVA는 보통의 저밀도 폴리에틸렌과 같이 가공되어 내충격성 (특히 저온시), 내스트레스 크래킹성이 우수하여 중포장재, 라미네이트 필름의 접착제 등에 이용된다. 10～20%의 EVA는 샌들이나 구두창 등의 발포성형품이나 농업용 필름, 업무용 스트레치 필름 등 연질 염화비닐수지와 같은 용도에 쓰인다. 고농도의 EVA는 접착제의 원료로 사용된다.

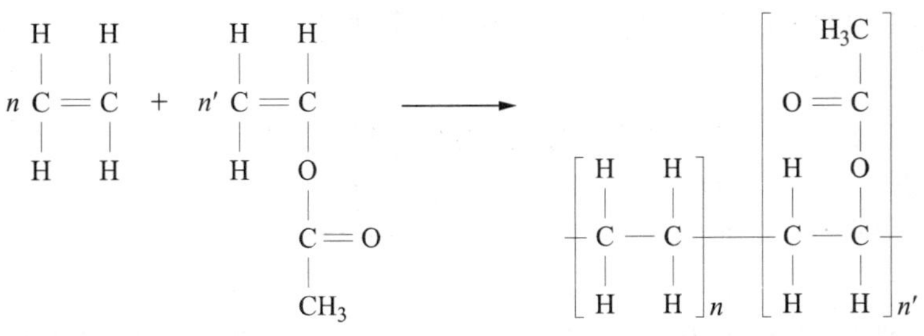

에틸렌　　비닐아세테이트　　　　에틸렌 비닐아세테이트

2.7 폴리비닐피롤리디논 (PVP, Poly n-Vinyl-2-Pyrrolidinone)

이것은 폴리비닐아미드 (Polyvinylamide)의 일종으로 흥미로운 비닐계 고분자에 속한다. 즉 높은 극성과 양쪽성을 지닌 상업적으로 중요한 고분자로 반응식은 다음과 같다.

비닐피롤리디논 폴리비닐피롤리디논

상업적 제품의 PVP는 무정형 고분자로 유리전이온도가 126~174℃를 나타낸다. 매우 낮은 독성, 우수한 필름 형성, 접착성, 물/알코올/다수의 유기용매와 같은 광범위한 용매에서의 용해성 등의 매우 유용한 물성을 갖는다. 더욱이 물, 알코올, 하이드록시기 (−OH)를 포함하는 폴리비닐알코올과 같은 고분자와 카르보닐기 ($\overset{\delta+}{C}=\overset{\delta-}{O}$) 사이의 수소결합 형성으로 광범위한 화합물과 복합체를 형성할 수 있다. 비닐피롤리디논 (Vinyl Pyrrolidinone)과 하이드록시 에틸메타크릴레이트 (Hydroxyethyl Methacrylate)의 공중합체는 소프트 콘택트렌즈 제조에 이용된다. PVP의 응용으로 접착제, 코팅, 약물방출 재료 그리고 식품산업에서 맥주와 포도주의 정화에 사용된다. 또한 PVP는 (a) 유화 및 현탁중합의 보호콜로이드나 섬유재료의 염색을 향상시키는 용도로도 사용한다. 보통 (b) 과산화물이나 아조화합물을 개시제로 하여 라디컬 메커니즘으로 벌크중합하거나 (c) 무수말레산, 메틸메타크릴레이트, 아크릴산, 아크릴로니트릴과 같은 다수의 다른 단량체와 그래프트중합 또는 공중합 할 수 있다. 그리고 PVP는 (d) 강알칼리, 무기과황산류 (과황산포타슘), 과산화물에서 가교되거나 UV 혹은 γ선을 조사하여 가교시킬 수 있다.

2.8 폴리비닐리덴클로라이드 (PVDC, Polyvinylidene Chloride, 염화비닐리덴수지)

염화비닐리덴수지라고도 부르는 비닐리덴클로라이드 단독중합체는 불연성이며, 연화점은 185~200℃, 결정성과 내약품성은 뛰어나지만, 열안정성이 나쁘고 일반적인 유기용매에 잘 녹지 않는다. PVDC 중합은 과산화물을 촉매로 보통 30℃ 전후의 수용액 속에서 현탁중합(Suspension Polymerization) 또는 유화중합(Emulsion Polymerization)의 형태로 이루어진다.

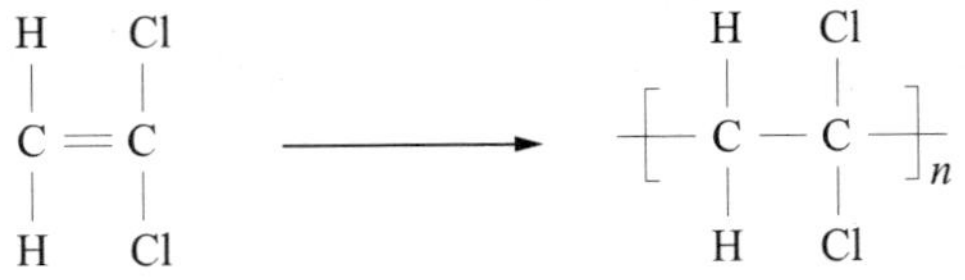

비닐리덴클로라이드 폴리비닐리덴클로라이드

그러나 비닐클로라이드와의 공중합체는 결정성을 가지며 가공성, 열안정성이 좋고, 비중이 커진다. 두 성분(비닐리덴클로라이드와 비닐클로라이드)의 배합 비율을 변화시켜 여러 성상의 공중합체가 생성된다. 예를 들면, 비닐클로라이드(염화비닐)를 10~15% 함유한 공중합체는 가공성과 열안정성이 좋고, 그 섬유는 내수성, 내약품성의 특징을 가진다.

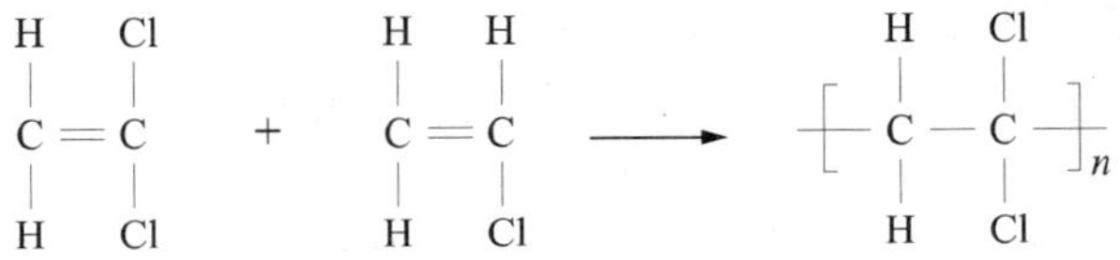

비닐리덴클로라이드 비닐클로라이드 폴리비닐리덴클로라이드

비닐리덴클로라이드(염화비닐리덴)의 비율이 많으면 강도가 커지고 내약품성이 뛰어나다. 또 얇은 막으로 가공할 수도 있고 셀로판, 폴리에틸렌 등보다 수증기/공기 등을 잘 투과/흡수하지 않는다. 이런 특징을 이용해서 가장 무겁고 불연성인 합성섬유 사란(Saran)이 만들어졌다. 이 밖에 식품포장용 필름 등 방습/방취 제품과 천막, 어망 등으로 사용된다.

03 ABS 수지(Acrylonitrile Butadiene Styrene Resin)

ABS 수지는 아크릴로니트릴(A, Acrylonitrile), 부타디엔(B, Butadiene), 스티렌(S, Styrene)의 세 가지 성분으로 이루어져 있다. 스티렌 아크릴로니트릴(SAN, Styrene Acrylonitrile)의 공중합체를 스티렌부타디엔고무(SBR, Styrene Butadiene

Rubber)와 니트릴부타디엔고무(NBR, Nitrile Butadiene Rubber)와 같은 탄성체나 부타티엔과 그래프트중합시켜 제조한다. 3가지 단량체의 화학구조식은 다음과 같이 여러 가지 형태로 나타낼 수 있다.

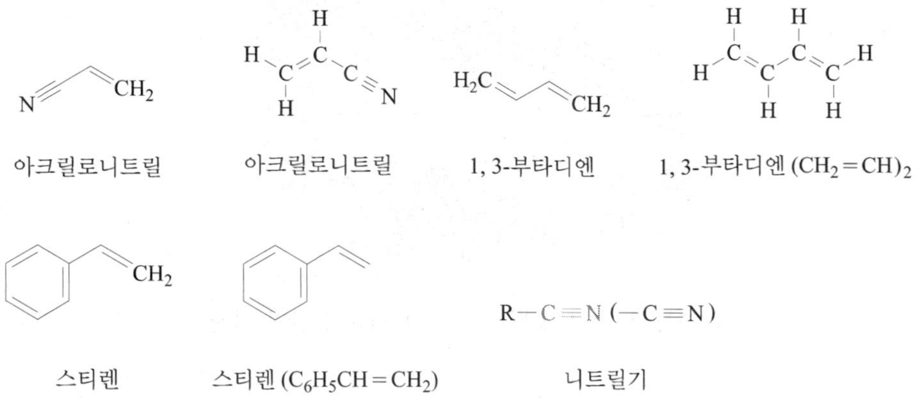

▲ 그림 5.2 ABS수지 단량체의 화학구조식

ABS수지는 높은 충격강도를 가지고 높은 열변형 온도를 가지는 폴리스티렌이다. 열가소성 나일론과 함께 가격과 성능 면에서 범용 열가소성수지와 엔지니어링 열가소성수지의 경계에 있다고 볼 수 있다. ABS수지는 자동차 산업, 크고 작은 소비재, 사업장비, 적은 비용으로 좋은 충격강도가 요구되는 원거리 통신장비에 이용된다.

ABS수지는 1950년대 폴리부타디엔고무(PBR)의 반가교 상태에 있는 입자 위에 스티렌 아크릴로니트릴의 공중합체(SAN)를 그래프트(Graft) 시키면서 처음 발견하였다. ABS수지의 (a) PBR요소는 SAN만으로 이루어지는 것에 비해 충격강도를 높이는 역할을 한다. (b) 1960년대에는 ABS수지를 얻는 방법으로 벌크(Bulk), 유화(Emulsion), 현탁(Suspension) 중합을 포함하는 다양한 방법이 개발되었다. 그러나 이 중에서 현재까지도 유화공정 즉, PBR이나 부타디엔 공중합체의 존재 하에 스티렌과 아크릴로니트릴의 자유라디컬 중합이 가장 많이 사용된다. 전형적인 ABS수지의 조성은 15% 미만의 부타디엔과 20% 미만의 아크릴로니트릴이다.

ABS 수지의 형태는 부타디엔 부분의 불포화기를 착색(Staining)함으로서 주사현미경으로 볼 수 있다. 일반적으로 PBR과 SAN의 불용성은 [그림 5.3]에서 보는 바와 같이 SAN 매트릭스에 PBR이 작은 입자로 분산되는 형태의 상분리를 일으킨다. 벌크나 현탁공정으로 만들어진 고무입자(0.5～5μm)는 유화방법으로 얻어진 입자(0.1～1μm)보다 크다.

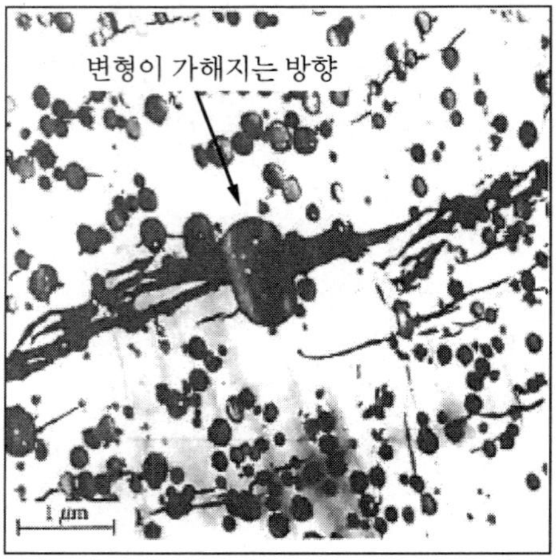

▲ 그림 5.3 변형된 ABS수지 시료의 단면 사진

SAN과 PBR의 그래프트 중합은 매트릭스상과 분산상 간의 좋은 계면결합을 만든다. ABS수지가 기계적으로 변형되었을 때 PBR입자는 작은 균열을 형성하거나 전단 벤딩 (Shear Bending)을 통해서 변형과정을 개질시키는 역할을 한다. 결과적으로 전체 파괴에너지 (충격강도)는 개질전의 PS나 SAN보다 증가한다.

▲ 그림 5.4 ABS수지 완구

참고 ▮ ABS수지

ABS수지는 내충격성, 내약품성, 내후성이 뛰어나고, 특히 사출성형, 압출성형의 성형성과 착색 등 2차 가공성이 우수하다. 또 다른 수지와의 상용성이 좋고, 염화비닐수지와 폴리카보네이트 등과의 블렌드도 실시되고 있다. ABS수지는 VTR, 텔레비전, 라디오 같은 가전 부품, 프론트그릴 (Front Grill), 클럼커버 같은 자동차 부품, 사무기기, 잡화 등에 이용되고 있다. 앞으로 더욱 고품질화 및 고기능화되어 다른 소재와의 복합화가 전개될 것으로 보인다.

04 열가소성폴리에스터 (포화폴리에스터, 엔지니어링 폴리에스터)

에스터 결합(－CO－O－)을 갖는 고분자 물질의 총칭이다. 다가 알코올과 다염기 산과의 중축합체로써 포화 폴리에스터와 불포화 폴리에스터로 구분한다. 포화 폴리에스터는 선상 중합체로 열가소성이고 불포화폴리에스터는 열경화성으로 가교에 의해 경화한다. 전자는 필름으로써 유연한(Flexible) 프린트 배선기판용, 후자는 종이기재 동부착 적층판용으로 사용되고 있다. 대표적인 합성섬유 소재로서 최근 필름과 병 등 비섬유 분야에 용도가 확대되고 있다. 수지로써의 특징은 (a) 기계적 성질이 뛰어나며 FRP(Fiber Reinforced Plastics)의 주류이다. (b) 전기특성이 좋고 내열성이 뛰어나다. (c) 알칼리와 강산에 침해된다.

다양한 화학반응들을 통해 폴리에스터를 합성할 수 있다. 그 중 흔히 사용되는 화학반응은 축합중합이다. 하나 혹은 그 이상의 단량체들을 결합할 때 생기는 물 혹은 알코올과 같은 분자들을 부생성물로 제거하는 반응이다. 축합중합은 단계 성장 중합(Step Growth Polymerization) 반응의 한 형태이다. 흔히 사용되는 화학 작용기들은 카르복실산과 알코올이다. 카르복실산과 알코올 유도체들 간의 축합중합 반응으로 폴리에스터가 합성되고 물 분자들이 부생성물로 제거된다.

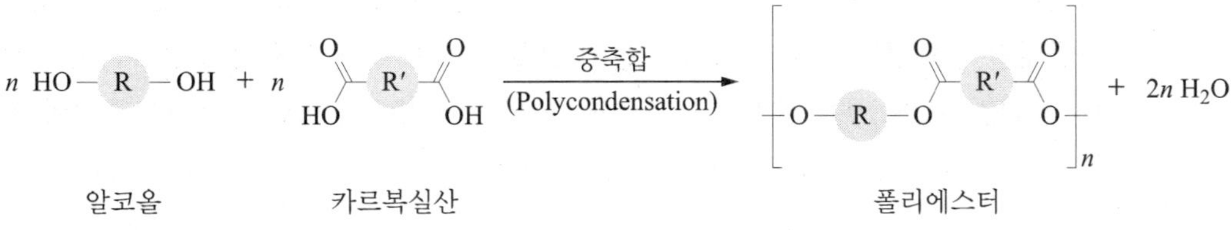

▲ 그림 5.5 폴리에스터의 축합중합 반응

또한 폴리에스터(Polyester)는 나일론(Nylon)과 비교된다. 나일론과 폴리에스터는 모두 석유화학 제품이다. 나일론은 아미드(Amide) 결합(－CONH－)에 기반을 둔 고분자로써 인장강도가 비단(Silk)에 비해 크게 향상된 합성고분자이지만, 인조섬유 중 폴리에스터는 비교적 양모(Wool)와 비슷한 성질을 보인다.

▲ 그림 5.6 신축성을 보이는 폴리에스터 섬유

05 플루오로수지 (Fluoroplastics, Fluororesin, 불소수지)

불소수지라고 하는 플루오로수지는 내열성, 내약품성, 전기 절연성 등이 뛰어나고, 특히 마찰계수가 작을 뿐만 아니라, 접착 및 점착성이 없는 특성을 갖고 있다. 또 폴리테트라플루오로에틸렌(PTFE)은 용융상태로 하여도 점도가 높고, 보통 성형가공법인 용융성형이 되지 않기 때문에 분말을 예비 성형한 후에 소결하는 방법으로 성형을 하고 있다. 일반적으로 열적, 화학적 성질이 뛰어난 플루오로수지의 종류는 많으며 주요한 것을 [표 5.6]에 나타내었다.

5.1 폴리테트라플루오로에틸렌 (PTFE, Polytetrafluoroethylene)

폴리테트라플루오로에틸렌은 미국 듀폰사에서 테플론(Teflon)이라는 이름으로 1950년부터 생산을 시작하였다. 단량체(Monomer)는 테트라플루오로에틸렌이며, 이 단량체를 중합 개시제인 과황산암모늄과 붕사(Borex) 수용액을 넣은 가압솥에 불어넣어 고압으로 하고, 온도를 올려 중합시켜서 고분자화 한다. 즉, PTFE는 유화 자유라디컬 중합으로 얻어지고 제한된 가공성은 PTFE의 극히 규칙적인 구조와 높은 분자량에 기인하는 높은 결정성과 높은 결정용융온도(T_m 327℃)를 가지기 때문이다. 또한 코팅제로 쓰일 때에는 고온, 고압에서 소결하는 방법을 쓴다. 비중은 2.2, 흡수율 0.00%, 260℃ 이하에서 어떤 강산, 강알칼리, 용매에도 공격당하지 않으며, 오랫동안 사용해도 노화하지 않는다. 마찰계수는 가장 작고 비점착성이다. 온도가 －100～260℃까지 사용이 가능하고 전기절연성이 뛰어나며 특히 고주파 재료로서 우수하여 무선기기용, 레이더용으로 사용된다. 패킹, 개스킷, 전기분해용 격막, 제빵용 시팅롤, 가정용 오븐 접시, 스키바닥의 피복 등에 쓰인다.

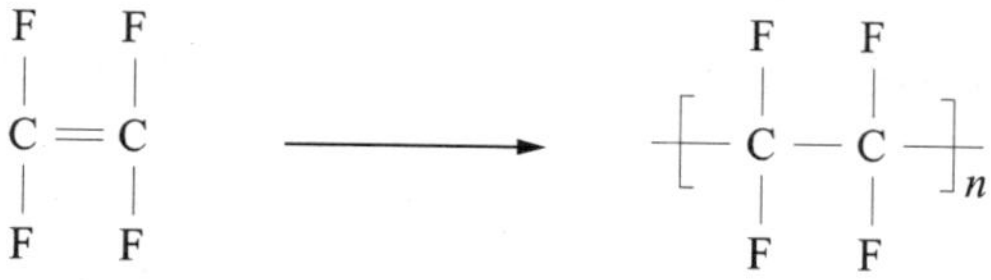

테트라플루오로 에틸렌 (TFE) → 폴리테트라플루오로 에틸렌 (PTFE)

▼ **표 5.6 주요한 플루오로수지**

종류	화학구조식
폴리테트라플루오로에틸렌 (PTFE)	$\left[CF_2-CF_2 \right]_n$
폴리클로로트리플루오로에틸렌 (PCTFE)	$\left[CF_2-\underset{F}{\overset{Cl}{C}} \right]_n$
폴리비닐리덴플루오라이드 (PVDF)	$\left[CH_2-\underset{F}{\overset{F}{C}} \right]_n$
폴리비닐플루오라이드 (PVF)	$\left[CH_2-\overset{F}{CH} \right]_n$
플루오린화에틸렌프로필렌공중합체 (FEP)	$\left[CF_2-CF_2 \right]_m \left[CF_2-\underset{CF_2}{CF} \right]_n$

5.2 폴리클로로트리플루오로에틸렌(PCTFE, Polychlorotrifluoroethylene)

테플론(PTFE)보다 먼저 나왔으며, 반응식은 아래와 같다. 이 플라스틱은 비중은 2.1 이상이고, 흡수율이 0.00%이며, 테플론에 가까운 성질을 지닌다. 그리고 －50～200℃까지 사용이 가능하고 자외광선이나 가시광선을 잘 통하는 특성이 있다. 광학창, 고주파용 진공관베이스, 치수정밀도가 높은 기기부품 등에 사용된다.

클로로트리플루오로에틸렌 (CTFE) → 폴리클로로트리플루오로에틸렌 (PCTFE)

5.3 폴리비닐리덴플루오라이드 (PVDF, Polyvinylidene Fluoride)

폴리비닐리덴플루오라이드는 높은 열적, 화학적 저항을 가지는 탄성체로서 중요한 용도에 쓰인다. 이들은 플루오라이드와 헥사플루오로프로필렌의 무정형 공중합체를 포함하며 이는 아민 첨가 후 플루오린화수소 이탈반응을 통한 디아민과 염기성 산화물 하에서 가교가 가능하다. 탄성체는 Perfluoroalkyl Vinyl Ether와 Tetrafluoroethylene (TFE)의 공중합이나 비닐리덴플루오라이드와 헥사플루오로이소부틸렌의 공중합으로 만들어질 수 있다. 그물구조의 형성은 가열될 때 트리아진 (Triazine) 구조를 형성하는 니트릴 가지기를 갖는 공단량체를 유입하여 이루어질 수 있다. 다른 플루오로수지에 비해 녹는점 (177℃)과 밀도 (1.78)가 낮고 단가가 싸서 전기줄의 절연, 건물의 외벽을 바르는 고급 페인트로 많이 쓰인다.

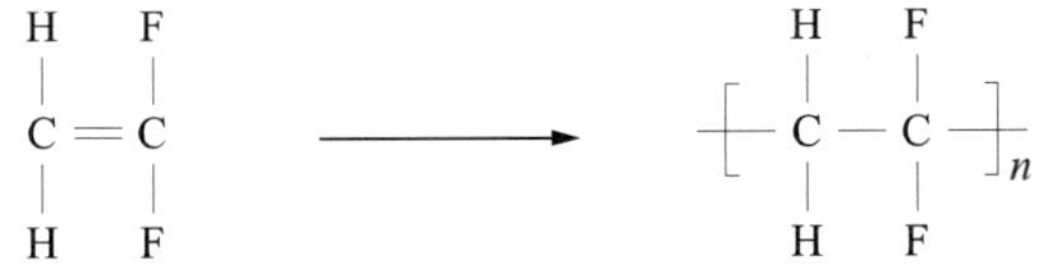

플루오린화비닐리덴 → 폴리플루오린화비닐리덴 (PVDF)

5.4 폴리플루오린화비닐 (PVF, Polyvinyl Fluoride)

폴리플루오린화비닐의 반응은 다음과 같다. 즉, $CH \equiv CH + HF \rightarrow CH_2 = CHF \rightarrow$ 중합의 과정으로 제조되고 현재 내후성과 유연성 (Flexibility)이 뛰어난 필름이 많다. 온실의 천장, 채광창, 전기절연용 등으로 사용된다.

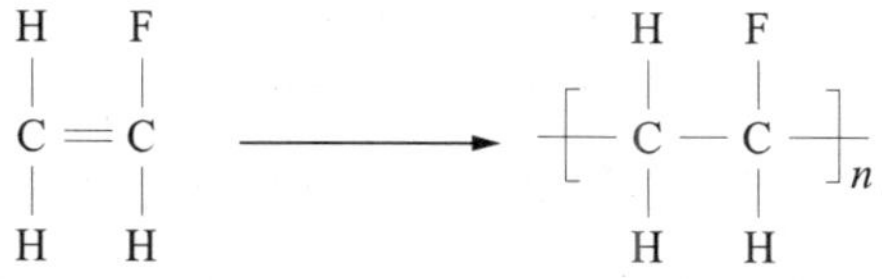

플루오린화비닐 폴리플루오린화비닐 (PVF)

5.5 공중합물

공중합물로 테트라플루오로에틸렌 ($CF_2=CF_2$)과 헥사플루오로프로필렌 ($CF_2=CF-CF_3$)의 공중합은 테플론의 성능을 그대로 지니면서도 성형성이 좋다고 한다. 불소수지는 전기 및 전자재료, 기계재료 외에 화학 플랜트의 탱크, 밸브 등 내식성을 필요로 하는 화학분야, 프라이팬과 핫플레이트 같은 가정용품에 널리 이용되고 있다. 앞으로는 체육관 등 대형 구조물 지붕재와 스키웨어용 방수 통기성의 다공질 필름 등으로 용도가 확대될 것으로 보인다.

▲ 그림 5.7 테플론 프라이팬

06 아크릴수지 (Acrylic Resin)

플라스틱의 일종으로 대표적인 것은 아세톤, 시안산, 메탄올을 원료로 하여 만든 비중 1.18의 메타크릴산메틸에스터 (메타크릴산메틸)의 중합체이다. 150℃ 이상에서 압축성형 할 수 있다. 또 형틀에 넣어 주형 성형하여 투명판을 만든다. 이 판은 투명도가 뛰어나므로 두께 10cm 이상인 항공기의 특수 창유리, 조명기구 커버, 차량의 유리, 광학 기계용 프리즘, 필터, 시계유리 등에 이용된다. 또한 의료관계에서는 콘택트렌즈나 의치의 대부분이 아크릴수지로 만들어진다. 아크릴수지에는 (a) 폴리메틸아크릴레이트(PMA, Poly Methyl Acrylate)와 (b) 폴리메틸메타크릴레이트(PMMA, Poly Methyl Methacrylate)가 있다. 이들의 화학구조식은 각각 다음과 같다.

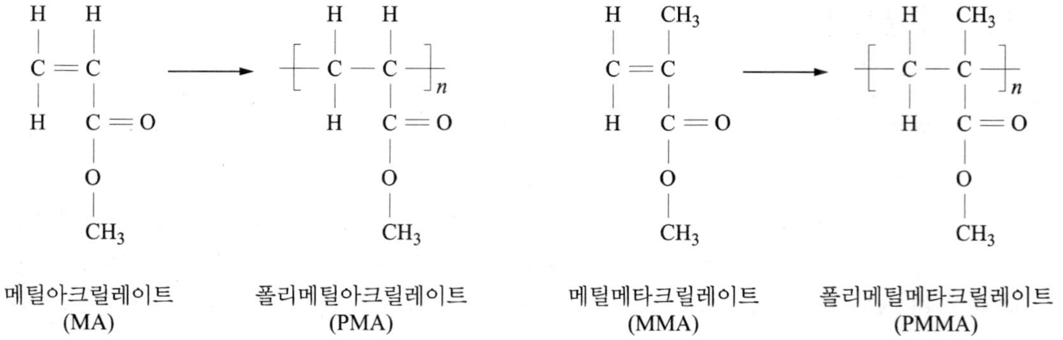

▲ **그림 5.8 아크릴수지: (좌) PMA와 (우) PMMA**

그리고 아크릴산이나 그 메틸에스터, 에틸에스터의 중합물이나 공중합물은 섬유나 종이 가공 특히 새로운 도료, 접착제로서 중요시되고 있다.

참고 ▌ 아크릴수지 용도

항공기/자동차의 방풍유리, 건축재료/조명용 등에도 널리 쓰인다. 유리 이상의 투명도가 있고 성형 가공도 쉬우며, 보통 유리에 비하여 무게는 약 절반이고 각종 강도, 굳기, 내열성은 작지만 물, 산, 알칼리에 강하므로 유기 유리라고도 하며 유리 대신으로 쓰인다. 색이 있는 아크릴수지는 문짝 등의 장식용에 적합하다. 긁힌 자국이 눈에 잘 뜨이고 먼지가 묻기 쉬우므로 취급에 주의한다.

참고 ▌ 단량체 화학식

Acrylic Acid ($CH_2=CHCOOH$)

Methacrylic Acid [$CH_2=C(H)COOH$]

Methyl Methacrylate [$CH_2=C(CH_3)COOH$]

Acrylonitrile [$CH_2=CHCN$]

07 SAN 수지 (Styrene Acrylonitrile Copolymer)

방향족탄화수소인 스티렌(Styene)과 불포화니트릴인 아크릴로니트릴(Acrylonitrile)을 공중합시켜 만든다. 투명도, 열변형성, 내화학성, 광택성 등이 뛰어나다. 이러한 성질은 아크릴로니트릴의 함량과 분자량이 차지하는 정도에 따라 달라진다. 아크릴로니트릴의 함량과 분자량이 많으면 일반적으로 앞에서 말한 성질은 더 좋아지지만 가공성은 떨어진다. 그리고 특수한 재질을 원할 때에는 자외선 안정제와 차단제, 내후성 물질, 정전기 방지제, 유리보강물질 등을 첨가한다. 열에 대해 안정한 성질이 있어서 냉장고의 육류와 채소 보관 서랍, 혼합용기, 진공청소기 부품, 가습기 부품, 세제 디스펜서 등과 같은 가정용품의 성형에 널리 쓰인다. 또 전기기기 부품, 자동차 부품, 악기와 그 밖의 부품 등을 만드는 데에도 사용된다.

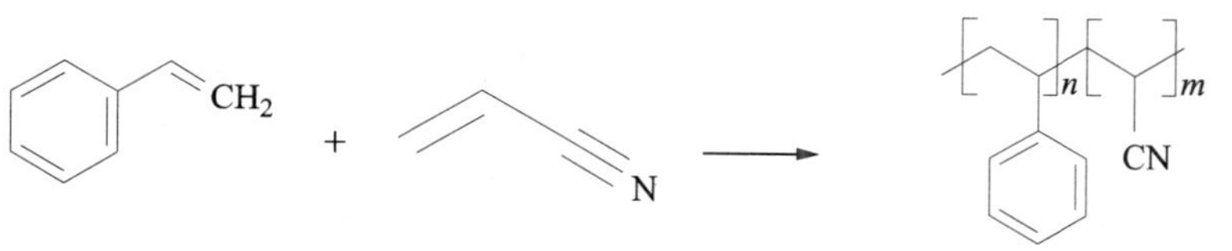

스티렌 아크릴로니트릴 스티렌 아크릴로니트릴 수지

08 PAN (Poly Acrylonitrile)

아크릴로니트릴(CH=CHCN)의 중합체로 약칭은 PAN이다. 아크릴계의 합성섬유와 NBR(아크릴로니트릴부타디엔고무)계 합성고무의 주원료이며, 플라스틱으로서의 이용에는 부타디엔(Butadiene), 스티렌(Styrene)과 3성분 공중합물로서의 ABS 수지가 있다. 아크릴로니트릴(Acrylonitrile)은 한때 아세틸렌에 시안화수소산(청산)을 반응시켜 제조했으나, 지금은 프로필렌을 원료로 사용하는 소하이오법을 채용하여 백색 내지 황색의 부드럽고 불투명한 분말 또는 덩어리를 얻는다. 이 아크릴로니트릴을 라디컬 중합시켜 얻는 것이 폴리아크릴로니트릴(PAN)의 비닐중합체인데 주로 아크릴계 합성섬유로 사용된다. 일부는 고온에서 찌면 검은색의 내열성 반도체가 되기도 한다. 여러 가지 단량체(Monomer)와 공중합 시킨 것이 이용되는데, 최근에 주목받고 있는 탄소섬유(Carbon Fiber)는 PAN계의 것이 주류이다.

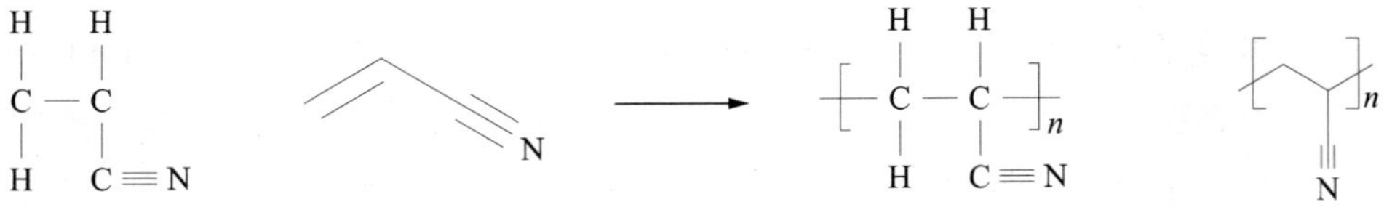

아크릴로니트릴 (Acrylonitrile) → 폴리아크릴로니트릴

Chapter 6

열경화성수지 (Thermoset Resin, 중축합개환중합계)

열경화성수지와 고무탄성체가 열가소성 플라스틱과 구별되는 주요 특징은 가공시 가교에 의한 망상구조의 형성이다. 이러한 망상구조는 공유결합 또는 각 분자를 연결하는 물리적 결합에 의해 형성될 수 있다. 이 결합이 형성되어 있는 재료에 결합을 깰 수 있는 힘보다 작은 힘을 가하면 변형은 일어나지만 힘을 제거했을 경우 원상태로 돌아간다. 결정성이 거의 없는 고분자는 낮은 유리전이온도 (T_g, -50~-70℃)를 가지며 위와 같은 방법으로 가교시에는 탄성체 용도로 이용될 수 있다. 열경화성수지는 높은 가교밀도를 나타내며 따라서 불용성이고 하중 하에서 입체구조적으로 안정한 고분자재료이다.

열경화성수지는 저분자의 중합체를 가열하면 중합도가 증가하여 큰 힘을 가해도 변형하지 않는 성질을 이용한 것으로, 분자 내에 3개 이상의 반응기를 가진 비교적 저분자량의 물질로 이루어진다. 즉, 저분자 혼합물에서 적당한 점성을 가진 액체를 원료로 하여 열을 가하면 가교 형성이 진행되면서 입체적인 그물모양 구조를 형성하므로, 큰 응력을 가해도 변형되지 않고 용제에도 녹지 않으며 또 온도를 올려도 녹지 않게 된다. 종류에 따라서는 열을 가하면 어느 정도 물러지거나 강도가 떨어지는 것도 있지만, 대부분은 분해되거나 증발해 버린다. 그리고 물성으로는 내열성, 내용제성, 내약품성, 기계적 성질, 전기절연성이 좋으며, 충진제를 넣어 강인한 성형물 (압축성형)을 만들 수가 있다. 또 고강도 섬유 (Fiber)와 조합하여 섬유강화플라스틱 (FRP, Fiber Reinforced Plastics)을 제조하는 데에도 사용된다. 주요한 열경화수지는 축중합형으로 (a) 에폭시수지 (b) 폴리에스터가 있고 첨가 중합형으로 (c) 포름알데히드수지 (예를 들어, 페놀 포름알데히드, 우레아 포름알데히드, 멜라민 포름알데히드수지) 등이 있다. 일반적으로 페놀수지가 가장 큰 부분을 차지하고 이어서 우레아수지, 불포화 폴리에스터, 멜라민수지 순이다.

01 에폭시 수지 (EP, Epoxy Resin)

에폭시 수지란 분자 내에 에폭시기 ($-\overset{\ \ O}{CH-CH_2}$)를 갖는 수지를 말한다.

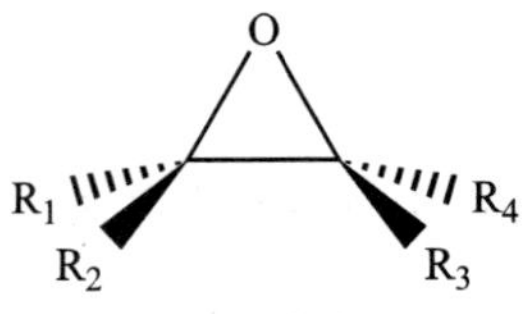

에폭시기

에폭시 수지는 2단계 공정에 의해 형성된다. 저분자량의 염기촉매 (수산화나트륨, NaOH)하에서 비스페놀 A [2,2-비스 (4'-옥시페놀)프로페인]와 에피클로로히드린 (Epichlorohydrin)과 같은 에폭시드의 단계 성장반응으로 분자량 300 ~ 4,000가지는 제1차 수지 Bisphenol A Diglycidyl Ether 예비중합체 (Prepolymer)를 합성한다. 즉 비스페놀 A와 에피클로로히드린으로부터 에폭시 예비중합체의 형성은 다음과 같이 나타낸다.

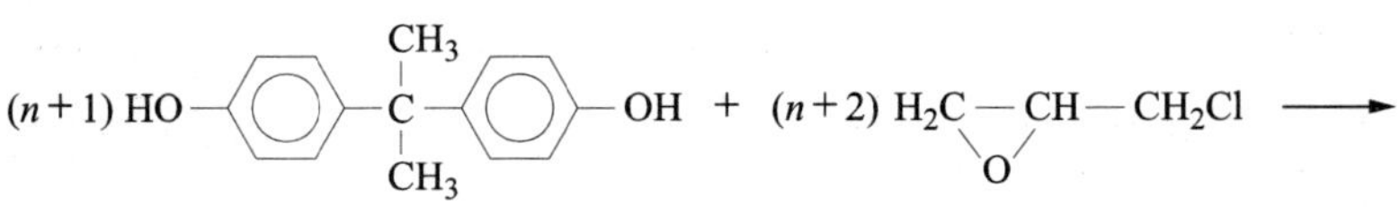

비스페놀 A　　　　　　　에피클로로히드린

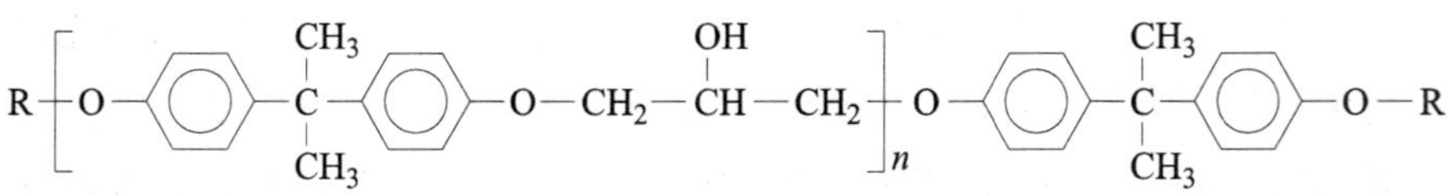

에폭시 예비중합체

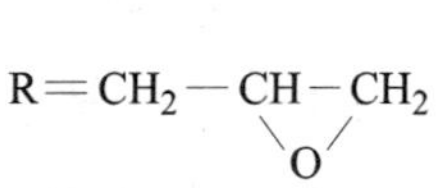

다음에서 보듯이 예비중합체의 분자량이 증가하고 별도의 경화단계에서 망상구조를 형성한다. 보통 방향족의 아민을 사용하여 친핵성 부가반응으로 에폭시드 말단기를 개환 반응시킬 수 있다. 다음은 예비중합체와 아민의 반응에 의한 에폭시수지의 경화를 나타낸다.

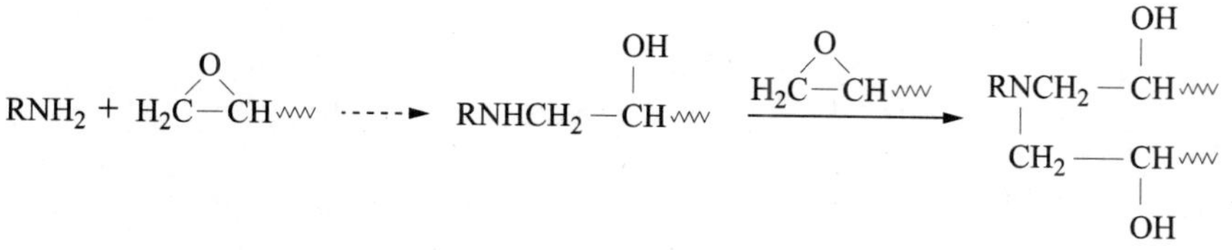

또한 무수프탈산과 같은 무수카르복실산은 가지 (Pendant) 하이드록시와 반응하여 에스터산을 형성하고 이 에스터산은 에폭시드나 다른 하이드록시기와 반응하여 추가적으로 에스터를 형성한다. 다음은 예비중합체와 무수물과의 반응에 의한 에폭시수지의 경화를 나타낸다.

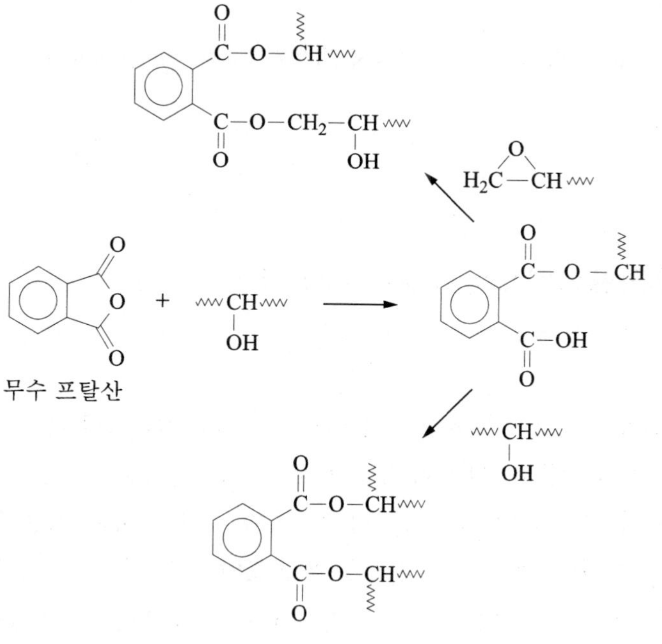

위에서 언급된 아민과 무수프탈산은 경화제 (Curing Agent) 라고 하며 에폭시기의 고리열림 및 하이드록시기와의 반응이 일어나 다리결합이 이루어진다. 사용 경화제의 종류나 반응조건에 따라 각각 성질이 다른 수지가 생길 수 있다.

에폭시수지는 우수한 내약품성, 부식저항성, 뛰어난 접착특성, 경화시 낮은 수축, 우수한 전기적 물성을 나타낸다. 주 용도는 보호코팅, 복합체 매트릭스, 접착제를 들 수 있다. 이제는 종래의 제품이 내열성에서 미흡한 점을 보완하여 고리모양 디에폭시수지를 개발하고 내열성을 180℃까지 높이는 데 성공하였다.

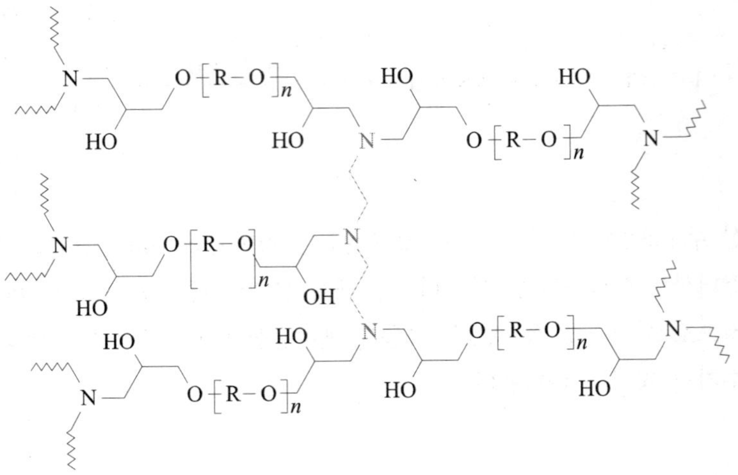

▲ **그림 6.1 경화 에폭시 접착제** (Cured Epoxy Glue)

02 불포화폴리에스터 (Unsaturated Polyester)

소형 선박이나 보트 등을 만드는 데도 사용되고 플라스틱 욕조, 정화조 등은 대부분 이것으로 만든다. 이 밖에 도료용, 화장판용, 운동용구로서 장대높이 뛰기용, 스키용 등과 건축재료로서 지붕용의 플라스틱 파형판으로도 사용된다. 불포화폴리에스터는 PET와 같은 열가소성 선형 폴리에스터와는 망상구조에 의해 구별된다. 가교는 2가지 방법에 의해 이루어지는데 (a) 포화폴리에스터 (Glyptal)의 경우는 글리세롤과 같은 폴리올을 사용하며 (b) 불포화폴리에스터의 경우는 무수말레산과 같은 불포화 디카르복실산을 이용한다. 다음 2가지 그림에서 위쪽은 포화폴리에스터 (Glyptal)의 형성을 그리고 아래쪽은 불포화폴리에스터의 형성을 각각 나타낸다.

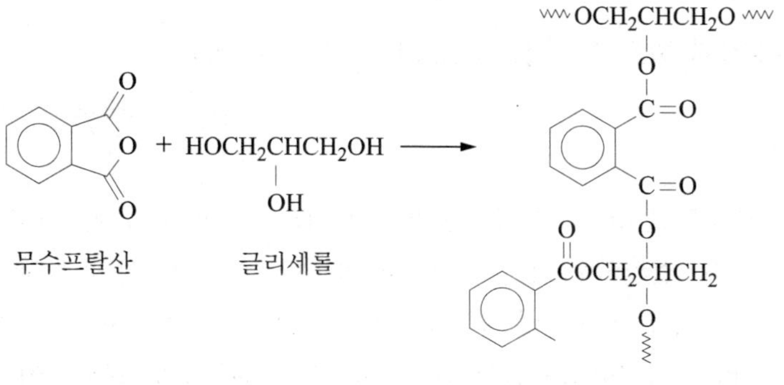

포화폴리에스터 (Glyptal)

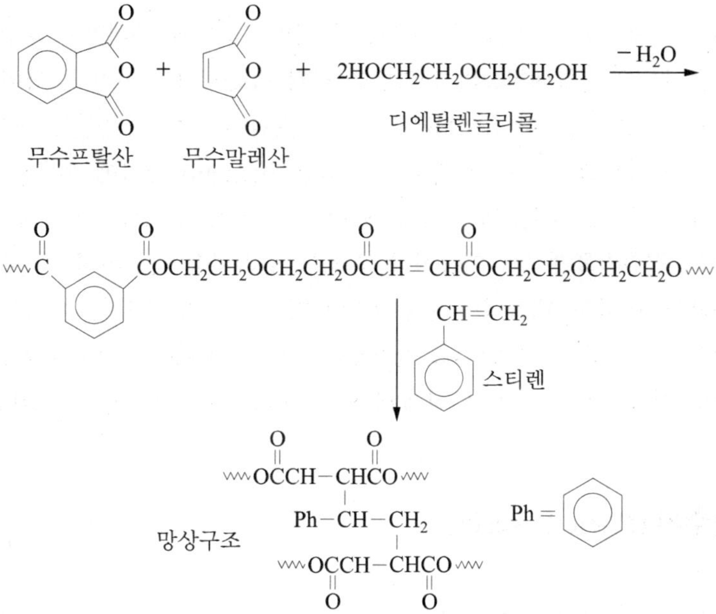

불포화폴리에스터

위에 나온 식처럼 불포화폴리에스터 경우, 제1차 수지를 만드는 대표적인 예는 프로필렌글리콜(혹은 디에틸렌글리콜) 1.1, 말레산무수물 0.5, 프탈산무수물 0.5의 몰비로 취하고 가열, 축합시켜서 제1차 폴리에스터로 만든다. 이것에 30% 정도의 스티렌을 섞고 중합촉매를 혼합하면, 스티렌과 공중합하여 제1차 수지 사이에 다리결합이 생겨 경화한다. 보통 제1차 수지에 스티렌을 섞은 것이 시판되고 있는데, 실제로 사용할 때는 유리섬유로 뼈대를 만들고, 이것에 혼합수지에 중합촉매를 섞은 것을 함침시켜서 상온에서 경화시켜 성형물을 만든다.

이 수지는 일반적으로 유리섬유로 강화되기 때문에 섬유강화 플라스틱(FRP, Fiber Reinforced Plastics)이라 한다. 최근에 발달한 성형법을 사용하면 강철과 같은 강도를 가진 FRP도 만들 수 있다. 유리섬유뿐만 아니라 나일론이나 테트론 같은 섬유도 사용되며 엔지니어링 플라스틱으로 쓰인다.

03 포름알데히드수지 (Formaldehyde Resin)

포름알데히드 (Formaldehyde)는 페놀수지 (Phenolplast)와 아미노수지 (Aminoplast, 우레아수지, 멜라민수지)의 제조에 이용된다. 페놀수지는 페놀과 포름알데히드의 축합으로 합성한다. 이것은 최초의 합성경화성 수지이다. 이것의 약 41%가 합판제조에 그리고 약 14%는 절연체로 이용된다. 다른 용도로는 래커와 니스, 주형물, 적층재 (Laminates)를 들 수 있다.

그리고 아미노수지 중 우레아수지는 포름알데히드와 우레아를 축합시켜 얻고, 멜라민수지는 포름알데히드와 멜라민을 각각 축합시켜 얻어진다. 아미노수지의 용도는 페놀수지와 유사하다. 섬유의 수축과 구김에 대한 저항성을 개선하기 위해 섬유처리에 이용되며 종이의 습윤강도 (Wet Strength) 증가에 이용된다. 우레아수지는 페놀수지처럼 주형, 적층, 접착제용으로 이용될 수 있다. 또한 전기스위치, 전기플러그, 절연발포제로도 이용한다. 그리고 멜라민수지는 우레아수지보다 단단하며 내화학성, 내열성, 내습성이 우수하지만 더 고가이다. 멜라민수지의 용도는 장식용 플라스틱 식기류, 적층조리대, 전기용품 등이다. 포름알데히드 수지는 비개질된 화합물로 사용하거나 강화 충진제 (톱밥, 유리섬유)와 혼합할 수 있다.

3.1 페놀수지 (Phenol Resin)

페놀수지는 내열성, 내약품성, 치수 안정성 등이 뛰어나고 그 특성과 코스트의 밸런스가 잡혀 있기 때문에 꾸준한 수요를 갖고 있다. 또 각종 충진제와 융화가 잘 되기 때문에 단독으로 사용하기 보다는 고무와 유리 같은 유기, 무기 충진제와 복합해서 사용하는 경우가 많다. 결점으로서는 알칼리에 약하고, 착색이 자유롭지 못한 점을 들 수 있다. 페놀과 포름알데히드를 산 혹은 알칼리 촉매로 반응시킨다. 반응은 우선 페놀에 포름알데히드를 첨가시켜 메틸올페놀을 만들고 이것이 탈수 축합하여 메틸렌 결합을 생성한다. 따라서 이 합성반응은 첨가축합반응이다.

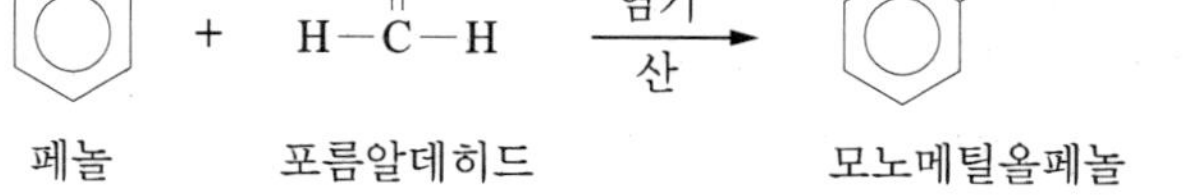

페놀　　포름알데히드　　모노메틸올페놀

알칼리성 촉매(수산화나트륨, 암모니아, 아민 등)의 존재에서 반응시키면 초기 생성물로서 하이드록시메틸기가 풍부한 가용성 물질인 레졸(Resol)이 얻어진다. 레졸은 아래 중합체와 같이 메틸올페놀, 메틸올디페닐메탄의 혼합물로, 이것을 가압 가열하면 하이드록시메틸기와 벤젠핵 혹은 하이드록시메틸기 상호에서 탈수하여 메틸렌 결합($-CH_2-$) 혹은 디메틸렌에테르 결합($-CH_2-O-CH_2-$)을 생성하고 가교 반응이 진척되어 불용 불융의 수지가 된다. 레졸을 가열하여 축합을 진행시킨 것을 레지톨(Resitol)이라고 하고, 다시 축합이 진행되어 불융 불용의 상태가 된 것을 레지트(Resite)라고 한다.

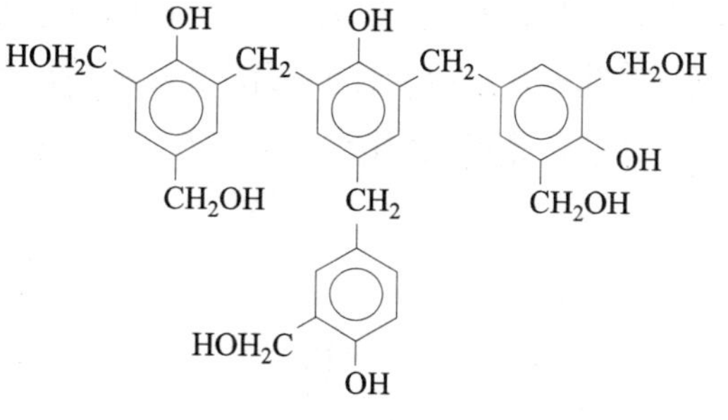

레졸(Resol)

(1) 주형용 페놀수지(Casting Phenol Resin) 수산화나트륨을 촉매로 하여 100℃에서 반응시켜 얻은 레졸에 락트산 또는 아세트산을 가하여 산성으로 하고, 감압에서 탈수, 거푸집에 흘려 넣어서 성형한다.

(2) 적층용 페놀수지(Phenol Resin for Laminate) 레졸을 알코올에 녹인 것으로, 수지 용액을 종이, 천 등에 스며들게 하여 건조 후 겹쳐 쌓아서 가압 가열하면 적층판이 얻어진다. 접착제용 페놀수지는 레졸을 감압 탈수시켜 알코올에 녹인 것으로 사용할 때에 방향족 설폰산(Sulfonic Acid), 인산(Phosphoric Acid) 등의 경화제를 가한다.

(3) 산(황산, 염산, 인산, 옥살산 등) 촉매 이들 촉매로 페놀과 포름알데히드를 반응시키면 주로 메틸렌 결합으로 이루어진 가용가융의 수지가 얻어진다. 이것을 노볼락(Novolac)이라고 부른다. 노볼락은 그대로 가열을 계속해도 경화하지 않지만, 과잉의 포름알데히드 또는 가열에 의해 포름알데히드를 발생하는 물질(예를 들면 헥사메틸렌테트라민)을 가하여 가열하면 메틸렌 결합, 디메틸렌이민 결합에 의해 가교가 생겨 경화한다.

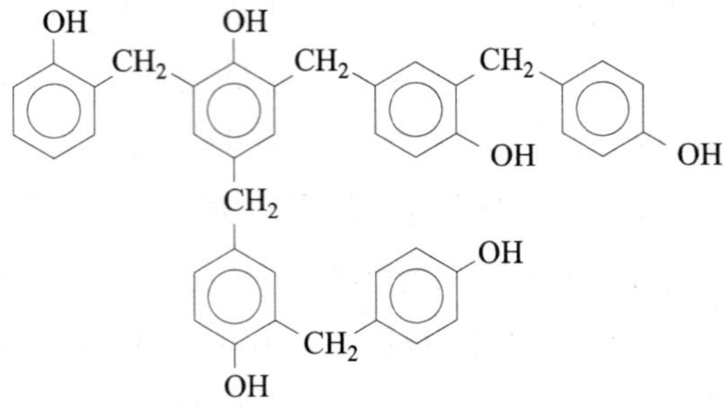

노볼락 (Nobolac)

페놀수지의 성형법은 압축성형 또는 이송 성형 (Transfer Molding)에 의해 행해진다. 페놀 수지는 전기, 전자부품, 기계부품, 자동차부품 등의 성형재료, 판, 막대, 관 등의 적층품, 그리고 일용 잡화에 이르기까지 폭넓은 분야에 이용되고 있다.

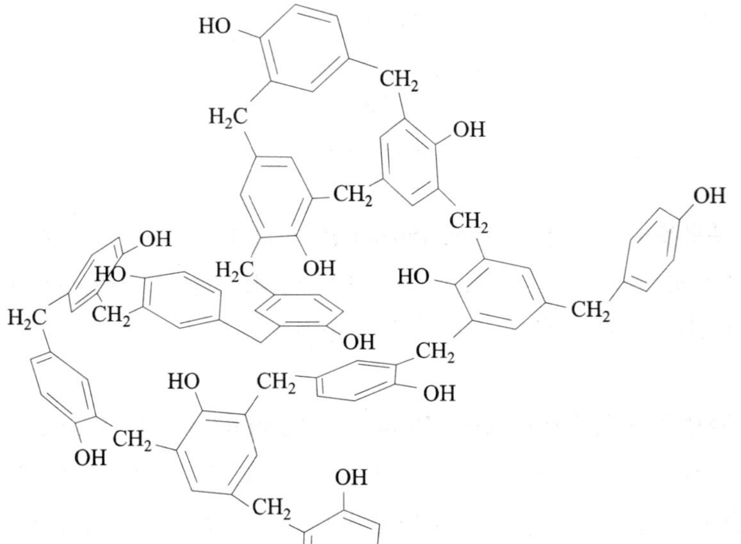

▲ **그림 6.2 페놀수지**

3.2 아미노수지 (Aminoplast)

우레아수지와 멜라민수지는 모두 아미노기 ($-NH_2$)를 가지므로 아미노수지라 부른다. 아래에 이들 각각의 제법과 특성 및 용도를 살펴보자.

(1) 우레아수지 (Urea Resin, 요소수지)

요소수지 또는 요소 [$(NH_2)_2CO$] 포르말린 (HCHO) 수지라고도 한다. 무색 투명하고 착색도 간단히 할 수 있으나 물에 약하다. 우레아 (요소)와 포름알데히드의 축합반응에 의해서 생성되는 합성수지이다. 즉 우레아와 포르말린 (포름알데히드 수용액)을 합하고, 때로는 미량의 암모니아를 가해서 약한 알칼리성으로 하고, 70℃ 정도로 가열하면 수용성인 진득한 제1차 우레아수지가 된다. 이 우레아수지 생성의 첫 단계에서는 아래 반응식에서 보듯이 페놀수지 제조의 개시단계와 유사하다. 즉 우레아는 포름알데히드와 친핵성 부가반응하여 메틸올 유도체를 형성한다. 이 유도체가 연속적으로 축합되어 높은 분자량의 수지를 형성한다.

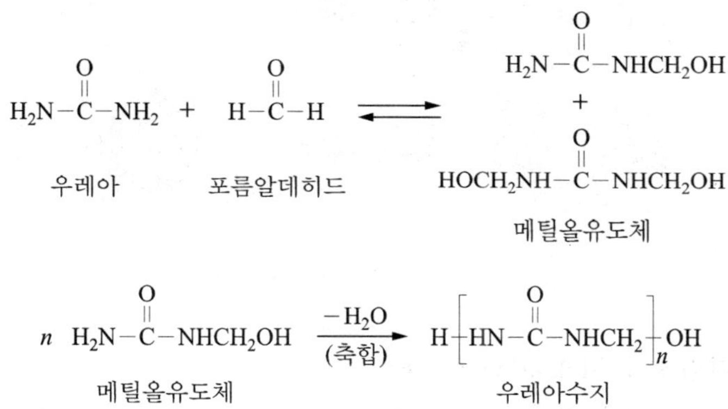

▲ 그림 6.3 우레아수지

그리고 수용성인 초기 축합물에 염류를 가하면 상온에서도 경화한다. 우레아수지는 그림에서 보는 바와 같이 순수한 망상구조 또는 과량의 포름알데히드와의 회합으로 안정화된 우레아 축합물의 콜로이드상 분산체일 수도 있다.

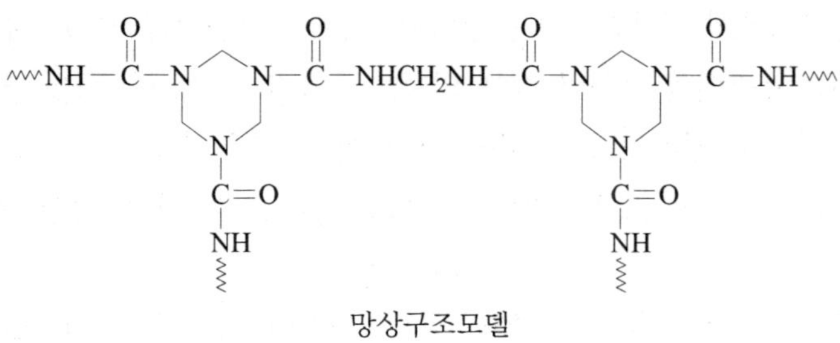

망상구조모델

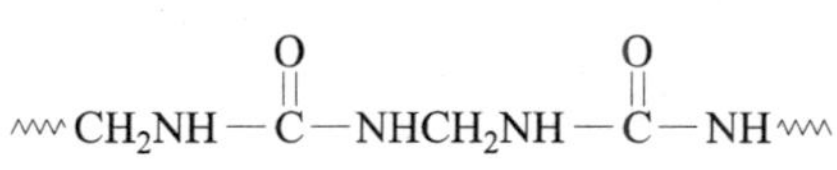

콜로이드 분산상 올리고머 우레아수지 축합체

용도로 식기와 같은 성형물을 만들 때는 여기에 인조 견펄프분말, 나무가루 등을 가하고 건조시켜 가루로 만든 다음, 형틀 속에서 가압 성형한다. 종이 가공용인 경우에는 제1차 수지 수용액에 촉매를 가하여, 비터 (Beater) 속에 첨가하여 종이로 뜬다. 특히 합판의 제조 등에 대량으로 사용되는 목재 접합용인 경우에는 제1차 수지 수용액에 염화암모늄을 가해서 약한 산성으로 하여 목재에 칠한다. 이 밖에 섬유 가공용, 도료용 등도 있다.

▲ 그림 6.4 우레아수지 제품

(2) 멜라민수지 (Melamine Resin)

이 수지는 무색 투명하여 아름답게 착색할 수 있으며, 열, 산, 용제에 대하여 강하고 전기적 성질도 뛰어나다. 용도에 따라 약간의 차이는 있으나, 약 알칼리성으로 한 포름알데히드 수용액 (포르말린)에 적당량의 멜라민을 가하여 가온 반응시켜 시럽 모양의 제1차 수지를 얻는다. 성형용 혼합물 가루로 만드는 데는 셀룰로스 가루, 석면, 유리섬유 등을 혼합하여 말린 후에 가루로 만든다. 이것을 틀에 넣어 가열 성형한다.

아래 반응식에서 멜라민수지 합성의 첫 단계는 포름알데히드와 멜라민의 축합반응인데 이는 우레아와 포름알데히드의 축합반응과 유사하다. 이들 두 수지의 반응 차이는 대부분의 멜라민의 아미노기가 우레아수지처럼 모노메틸올 (Monomethylol) 유도체를 형성하지 않고 디메틸올 (Dimethylol) 유도체로 형성하는 점이다.

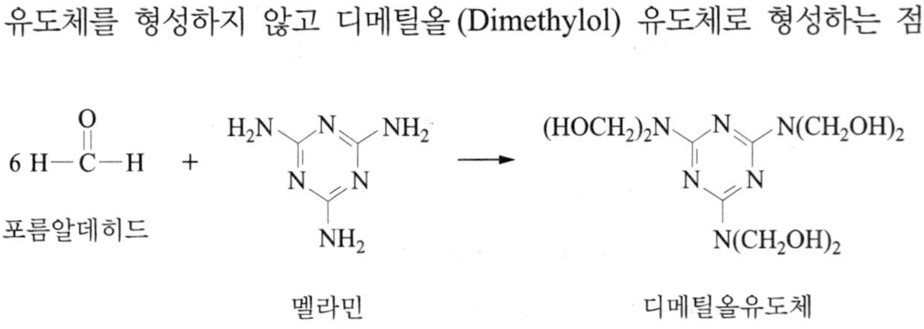

다음 반응식에서 나타낸 바와 같이 메틸올기가 아미노기와 축합하여 메틸렌 다리를 형성하며 이 다리는 단단한 망상구조 내에서 예비중합체의 사슬을 연결한다.

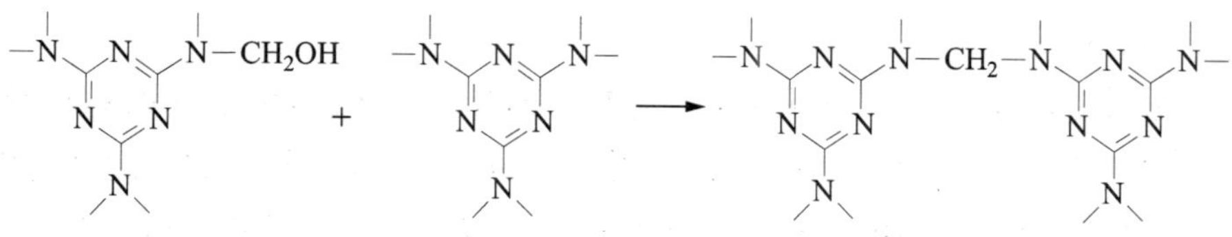

망상구조형성

용도는 식기, 잡화, 전기기기 등의 성형재료로 쓰이는데 일상생활에서 볼 수 있는 도자기 같은 감촉의 컵은 완성품의 비중이 매우 가볍다. 또 내열성에 있어서 강한 화장판은 식탁, 벽판 등에 사용되는데, 이것은 종이에 제1차 수지액을 침투시키고 겹쳐서 가압 가열한다. 맨 위에 나오는 종이에 적당한 인쇄를 하면 나뭇결 무늬와 같은 다양한 무늬를 낼 수도 있다. 그리고 내수성은 우레아수지보다 우수하다.

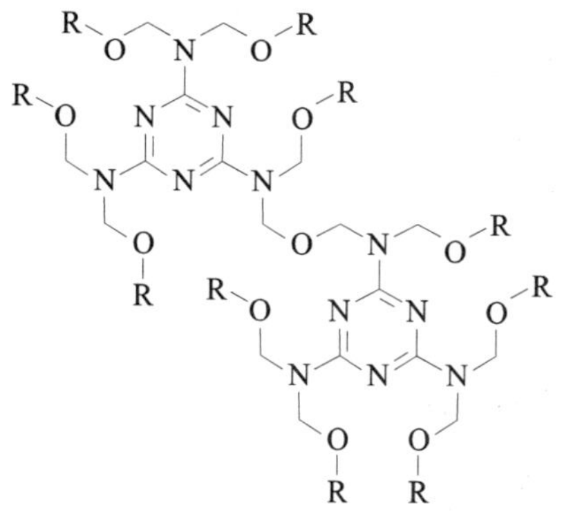

▲ 그림 6.5 멜라민수지

접시 (Plate)

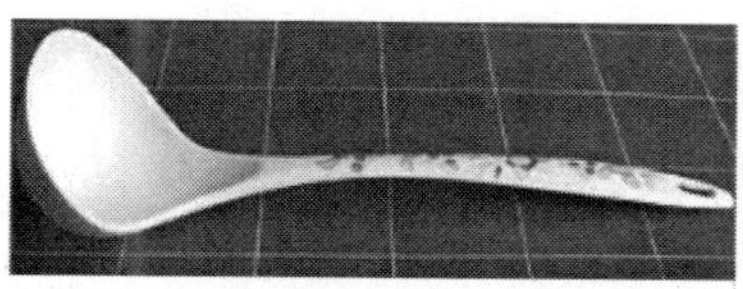

국자 (Ladle)

▲ 그림 6.6 멜라민수지 제품

04 알키드수지 (Alkyd Resin)

알코올 (Alcohol)과 산 (Acid)을 결합한 어원으로 알키드 (Alkyd)라 부른다. 말레산 무수물 [Maleic Anhydride, $C_2H_2\ (CO)_2O$], 프탈산무수물 [Phthalic Anhydride, $C_6H_4\ (CO)_2O$] 등의 산과 글리세롤 (Glycerol, $C_3H_8O_3$), 펜타에리트리톨 등의 3가, 4가

의 알코올, 여기에 불포화유지나 지방산(아마인유, 오동유, 리놀레산, 올레산 등)을 혼합하여 가열하면 알키드수지가 생긴다. 이 중에서 프탈산무수물과 글리세롤을 주성분으로 하는 것을 글립탈수지(Glyptal Resin)라 하며 자동차 도료 등으로 사용된다.

알키드수지는 3가 이상의 알코올 성분과 건성유를 함유하므로 칠할 때까지는 선상 고분자이지만 칠한 후에는 에나멜링 조작이나 공기의 작용으로 다리결합을 갖는 3차원 고분자가 되어 내수성과 내약품성이 강해진다. 따라서 그대로 도료로 사용하거나 우레아수지, 멜라민수지 등과 혼합하여 만들어진 굴곡성 있는 금속도료로 건축물, 선박, 철교 등에 널리 사용되고 있다.

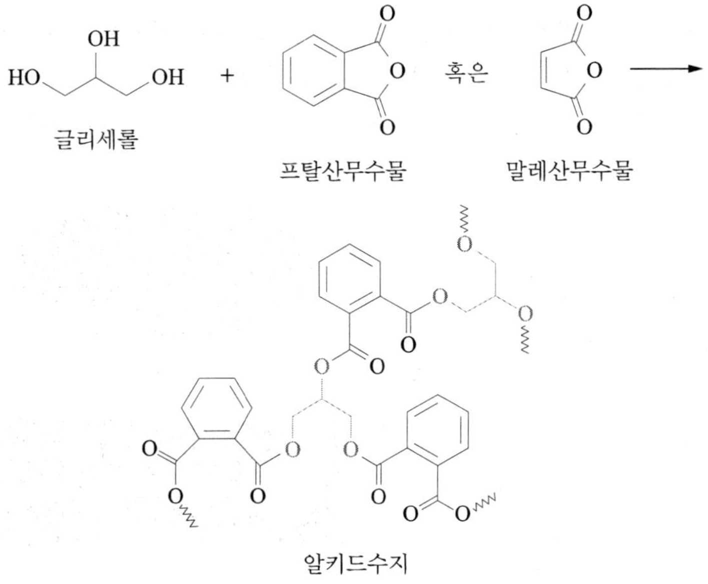

▲ **그림 6.7 알키드수지**

05 실리콘수지 (Silicone Resin, 규소수지)

유기규소화합물의 일반명으로 쓰이는 미국 GE사의 상품명으로, 선상의 중합체는 열가소성이어서 실리콘유, 실리콘 그리스, 규소고무로 쓰이고 3차원 중합체는 열경화성이어서 절연 바니시, 적층판 등에 사용된다. 내열성, 내수성, 내한성이 뛰어나다.

실리콘 (규소, Si)에 탄소 (C)/수소 (H) 따위를 결합시켜 만든 유기규소화합물의 중합체이다. 규소 (Si)/산소 (O)로 되는 실록산 (Siloxane, Si－O)의 결합 (－Si－O－Si－O－)에 의해 사슬결합을 형성하고 있는 고분자를 말한다.

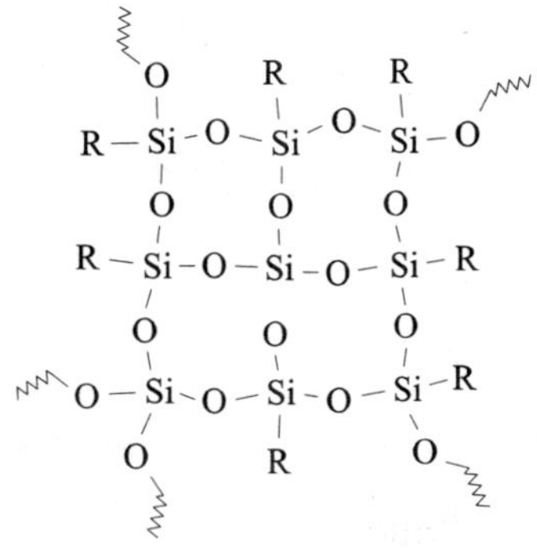

R: CH_3, H, OH

▲ 그림 6.8 실리콘수지

규소수지는 내열성이 다른 수지에 비해 우수하므로, 발열에 견디는 전기 절연체로 쓰인다. 또 물을 튀기는 성질이 있어 방수제로도 쓰인다. 기름 모양, 그리스 모양, 고무 모양의 여러 형태가 있으며, 윤활제, 크림, 소포제, 변압기유, 패킹 등에 쓰이고 있다. 그리고 실리콘수지의 제조 과정은 다음과 같다.

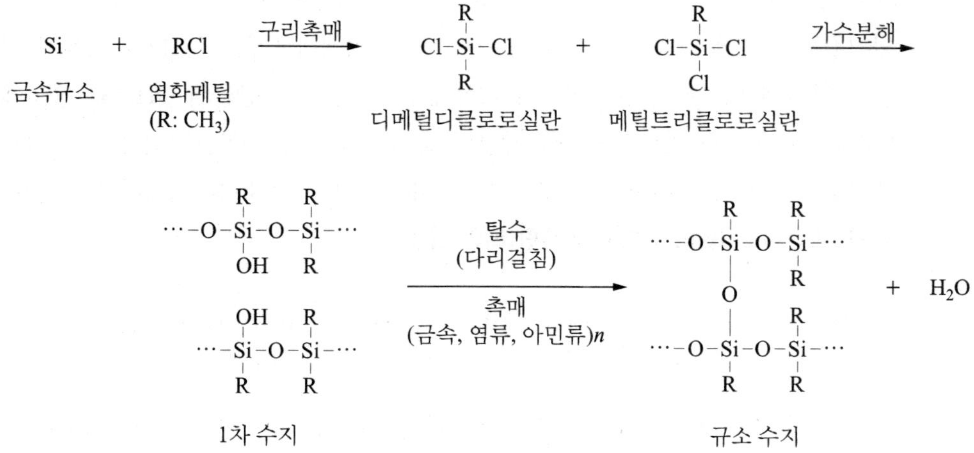

▲ 그림 6.9 실리콘수지 제법

참고 ❚ 실리콘수지 정리

실리콘수지는 다음과 같이 유기 측쇄기 (Organic Side Group, Si에 부착)를 가지고 있고 실리콘 (Si)과 산소 (O)의 단위체인 실록산 (Siloxane, Si－O)의 반복체인 주쇄 (Backbone Chain, 골격사슬, ⋯ − Si − O − Si − O − Si − O − ⋯)로 이루어져 있다. 다시 말해 실리콘수지는 실록산(Siloxane, 실록세인)의 중합체이고, 실리콘 폴리디메틸실록산(PDMS, Polydimethylsiloxane)과 실록산의 화학구조식은 아래와 같다.

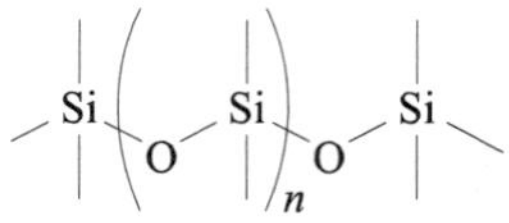

$[R_2SiO]n$

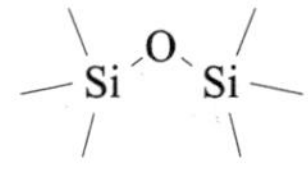

실록산

06 폴리우레탄(PU, Polyurethane)

알코올기(− OH)와 이소시안기(− NCO)의 결합으로 우레탄결합(− NHCOO −)이 만들어진다. 합성섬유로 만들어지는 것은 탄성섬유 스판덱스(Spandex)이다. 우레탄계 합성고무에는 폴리에스터계와 폴리에테르계가 있다. 폴리에스터계는 프로필렌글리콜과 에틸렌글리콜을 아디프산과 반응시켜 폴리에스터로 만들고, 양단에 OH기를 가진 분자량 3,000까지의 것을 나프탈렌-1,5-디이소시아네이트로 우레탄화시킴과 동시에 고분자로 만든 것이다. 또 폴리에테르계는 산화프로필렌에 얼마간의 산화에틸렌을 섞어서 먼저 폴리에테르로 하고, 그 양끝의 OH기를 톨루엔디이소시아네이트와 반응시켜 고분자량의 폴리우레탄으로 만든 것이다. 공업적으로 폴리우레탄 제조는 이와 같이 디이소시아네이트와 글리콜(폴리올)과의 중첨가 반응에 의한다 **[Chapter 8의 우레탄고무 참조]**.

$$O=C=N-R-N=C=O \; + \; HOR'OH \longrightarrow \left[-\underset{\underset{O}{\|}}{C}-NH-R-NH-\underset{\underset{O}{\|}}{C}-O-R'-O-\right]_n$$

여러 가지 종류의 디이소시아네이트와 글리콜의 중합반응에서 디이소시아네이트는 주로 톨루엔디이소시아네이트(2,4 − 및 2,6 − 의 혼합물)를 사용하고, 하이드록시기(− OH)를 갖는 화합물로서는 (a) 폴리옥시프로필렌글리콜, 폴리옥시프로필렌-폴리옥시에틸렌글리콜과 같은 폴리에테르형 (b) 아디프산과 에틸렌글리콜을 축합시킨 것을 주로 하는 폴리에스터형의 2종류가 있다. 전자를 폴리에테르폴리우레탄 그리고 후자를 폴리에스터폴리우레탄이라고 하며 최근에는 전자 쪽이 많다. 폴리우레탄의 성질은 폴리아미드와 폴리에스터 중간의 성질을 보이는데 내마모성, 내약품성, 내용제성이 좋고 내노화성, 산소에 대한 안정성이 뛰어나다. 각종 디이소시아네이트와 글리콜의 종류에 따라 생성되는 폴리우레탄의 녹는점과 성질은 서로 다르다. 또한 폴리우레탄의 종류를 용도별로 구분하면 다음과 같다

(1) 폴리우레탄폼 (Foam) 제조 시 물 또는 프레온 가스 (CFCs)에 의해 발포하게 하면서 동시에 가교반응도 일어나게 하여 삼차원으로 결합시킨다. 가교 정도에 따라 연질 폴리우레탄폼, 경질 폴리우레탄폼을 얻을 수 있다. 연질의 것은 내용제성이 좋고 무취, 노화하지 않는 등 발포고무 (Foam Rubber)보다 뛰어난 성능을 가졌기 때문에 가구류, 깔개의 바닥 붙임, 자동차 부품, 포장 용기, 매트리스 침대, 양복의 안감 등에 이용되며, 경질의 것은 단열재, 흡음재 등으로서 수송 관계, 공업용, 건축용에 사용되고 그 외에 어업용 부이, 선박 등에도 이용된다.

(2) 폴리우레탄고무 (캐스트용) 고도의 탄성이 있는 것 외에 기계적 성질이 뛰어나며 또한 광유에 대한 저항성도 있고, 내노화성, 내후성도 뛰어나기 때문에 자동차부품, 토목 광산용품, 공업용품 등에 사용된다.

(3) 접착제 용제에 녹여서 목재, 고무, 유리, 플라스틱 및 금속의 접착에 사용된다.

(4) 섬유 폴리우레탄 합성 섬유 (Spandex)로 이용된다.

(5) 도료 이소시아네이트와 알코올류가 첨가 (부가) 중합하여 폴리우레탄의 견고한 피막을 만드는 점을 이용한 도료로서 사용할 때에는 양쪽을 혼합해서 래커 (Lacquer)로 한다.

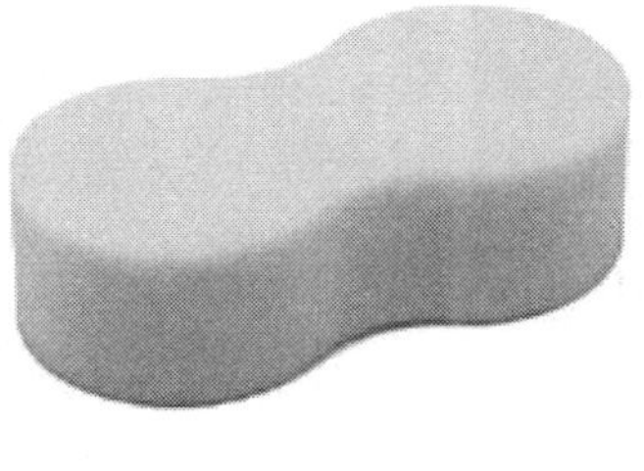

▲ 그림 6.10 폴리우레탄 발포 스폰지

Chapter 7

엔지니어링 플라스틱 (EP, Engineering Plastic) ”

엔지니어링 플라스틱의 성능과 특징은 그 화학구조에 따라 다르며 공통점은 분자량이 몇 십만에서 몇 백만이나 되는 고분자물질이다. 엔지니어링 플라스틱은 일상적인 열가소성 고분자와 비교할 때 높은 열안정성, 뛰어난 내화학성, 낮은 크리프 순응도, 높은 인장강도, 굴곡강도, 충격강도와 같은 우수한 물성을 갖고 있기 때문에 금속의 대체재로, 특히 자동차 및 항공 산업처럼 높은 강도가 요구되는 분야에 이용된다. 한편, 이보다 한발 앞서 엔지니어링플라스틱을 유리섬유 또는 탄소섬유 등과 혼합시켜, 더욱 강력한 특성을 발휘하는 복합재료인 섬유강화플라스틱 (FRP, Fiber Reinforced Plastics)의 개발도 이루어졌다.

01 5대 엔지니어링 플라스틱 (EP, Engineering Plastic, Enpla, 엔플러)

주요한 엔지니어링 플라스틱으로 폴리아미드 (지방족, 방향족), 폴리카보네이트, 폴리아세탈, 폴리페닐렌옥사이드, 엔지니어링 폴리에스터 (반방향족: PET, PBT) 등을 들 수 있다. 아래 [표 7.1]은 대표적인 열가소성 엔지니어링 플라스틱의 주요 물성을 나타낸다.

▼ 표 7.1 열가소성 엔지니어링 플라스틱의 주요 물성

물성	시험방법	단위	ABS (중간내충격)	나일론 6 (습조건)	나일론 66 (습조건)
비중	D792	-	1.03～1.06	1.12～1.14	1.13～1.15
인장강도	D638	kg_f/cm^2	418～530	704	775
인장탄성율	D638	kg_f/cm^2	21,420～28,560	7,038	NA
파단신율	D638	%	5～25	300	300
굴곡강도	D790	kg_f/cm^2	775～918	347	428
굴곡탄성율	D790	kg_f/cm^2	265,200～285,600	98,940	122,400～285,600
아이조드 충격강도	D256	$kg_f \cdot cm/cm$	16.3～32.6	16.3	11.4
열변형온도 (@4.6kg_f/cm^2)	D648	℃	102～107	150～185	180～240

물성	폴리카보네이트 (PC)	폴리아세탈 (Acetal)	폴리페닐렌 옥사이드 (PPO)	폴리설폰 (PSF)	폴리페닐설폰 (PPS)
비중	1.20	1.42	1.06	1.24	1.34
인장강도	673	673～847	673	714	755
인장탄성율	24,480	36,720	24,480	26,520	33,660
파단신율	110	25～75	20～60	50～100	3
굴곡강도	949	989	949	1,081	1,408
굴곡탄성율	234,600	265,200～306,000	255,000～285,600	275,400	418,200
아이조드 충격강도	87.1	7.0～12.5	9.8～27.2	16.3～32.6	1.1
열변형온도 (@4.6kg_f/cm^2)	138	124	137	150～175	137

1.1 폴리아미드(PA, Polyamide, Nylon, 나일론)

강인하고 내마모성이 양호하며 마찰계수가 작은 열가소성 수지이다. 일반적으로 나일론(Nylon)이라고 불리고 있다. 폴리아미드는 1939년 미국의 화학회사인 듀폰사에서 개발하여 현재는 5대 엔지니어링 플라스틱(EP) 중에서 가장 생산량이 많은 품목이다. 폴리아미드(나일론)는 모든 지방족 또는 방향족 주사슬 구조를 가질 수 있으며 아래 [표 7.2]는 주요 폴리아미드의 화학구조를 나타낸다.

▼ **표 7.2 주요 폴리아미드의 화학구조**

단량체	고분자	구조
카프로락탐	폴리 (*ε*-카프로락탐) (나일론 6)	$\left[NH-\overset{O}{\overset{\|}{C}}-(CH_2)_5 \right]_n$
헥사메틸렌디아민 아디프산	폴리 (헥사메틸렌아디프아미드) (나일론 66)	$\left[NH-(CH_2)_6-NH-\overset{O}{\overset{\|}{C}}-(CH_2)_4-\overset{O}{\overset{\|}{C}} \right]_n$
헥사메틸렌디아민 세박산	폴리 (헥사메틸렌세박아미드) (나일론 610)	$\left[NH-(CH_2)_6-NH-\overset{O}{\overset{\|}{C}}-(CH_2)_8-\overset{O}{\overset{\|}{C}} \right]_n$
이소프탈로일 클로라이드 *m*-페닐렌디아민	폴리 (*m*-페닐렌이소프탈 아미드) (Nomex)	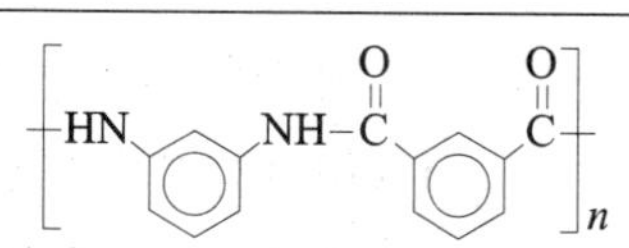
테레프탈로일 클로라이드 *p*-페닐렌디아민	폴리 (*p*-페닐렌테레프탈 아미드) (Kevlar)	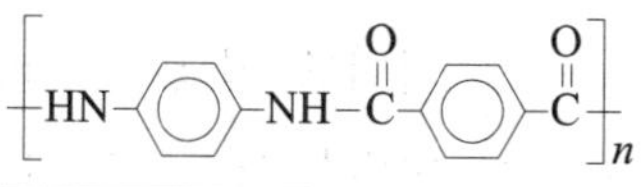

나일론 6와 나일론 66는 비섬유상 폴리아미드 시장을 지배한다. 모두 비중이 1.1이고 섬유로서의 강도나 내약품성에 있어서도 매우 유사하다. 그러나 녹는점은 나일론 66가 250℃, 나일론 6는 210℃로 다르기 때문에 타이어코드와 같이 내열성이 요구되는 용도에는 나일론 66가 사용된다. 또한 훌륭한 차단효과로 인해 나일론 6 필름은 산소에 민감한 음식물의 포장재로 사용한다. 지방족 폴리아미드의 제조 방법은 다음과 같다.

(1) 지방족폴리아미드 나일론 6 ϵ-카프로락탐을 합성하고 이를 고리열림중합(개환중합)을 시켜 제조한다. 탄소 6개로 이루어진 ϵ-카프로락탐이 그대로 중합하여 고분자를 이룸으로 나일론 6라 부른다. 다음은 Nylon 6의 중합 반응식이다.

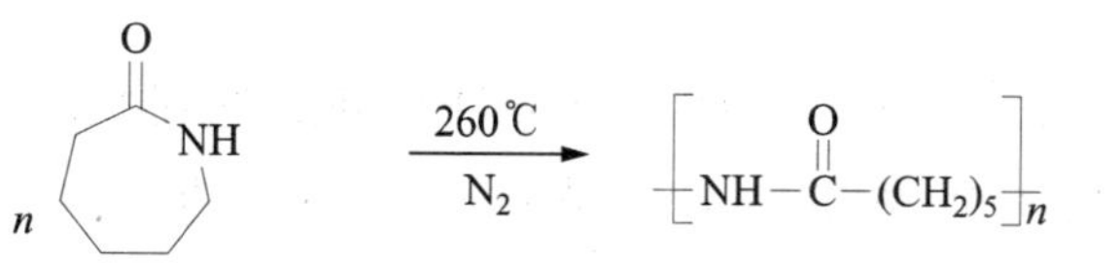

Caprolactam $[(CH_2)_5C(O)NH]$　　Nylon 6 $-[HN(CO)(CH_2)_5]_n-$

(2) 지방족폴리아미드 나일론 66 헥사메틸렌디아민(Hexamethylenediamine)에 아디프산(Adipic Acid)의 중축합반응으로 제조된다.

$$n\ \mathrm{HOOC{-}(CH_2)_4{-}COOH} \ + \ n\ \mathrm{H_2N{-}(CH_2)_6{-}NH_2} \longrightarrow$$

Adipic Acid　　　Hexamethylenediamine

$$\mathrm{[{-}OC{-}(CH_2)_4{-}CO{-}NH{-}(CH_2)_6{-}NH{-}]_n} \ + \ (2n-1)\ \mathrm{H_2O}$$

Nylon 66

그 외 특별한 시장을 갖고 있는 다른 지방족나일론으로는 나일론 11, 나일론 12, 나일론 46이 있다. 예를 들어 나일론 11과 12는 연료라인과 압축공기 브레이크 관의 제조에 적용한다.

1960년대 기존 나일론의 열저항성 및 내연성을 개선시키기 위해 방향족폴리아미드(가끔 Aramide로 불림)가 개발되었다. 그 중에 폴리 메타(m)-페닐렌이소프탈아미드(상품명: Nomex)는 매우 높은 열저항을 가진(용융점 370℃) 나일론이다. 따라서 내화성 보호복과 고온 기체 여과장치와 같은 여러 분야에서 석면 대체품으로 사용된다. 이에 상응하는 선형 방향족폴리아미드인 폴리 파라(p)-페닐렌테레프탈아미드(상품명: Kevlar)는 500℃ 이상에서 열분해한다. 이 섬유는 동일 무게에서 강철보다 높은 강도와 탄성률을 가진다. 그래서 용도는 방탄조끼, 벨티드 레이디얼 타이어(Belted Radial Tire), 섬유강화 플라스틱 제조 등에 사용된다.

(3) 노멕스(Nomex)의 방향족폴리아미드 합성은 다음과 같다.

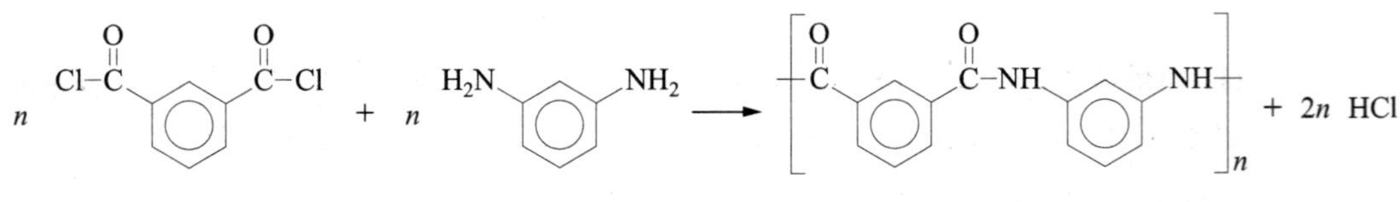

이소프탈로일 클로라이드　　*m*-페닐렌 디아민　　폴리(*m*-페닐렌 이소프탈아미드)

전체적으로 폴리아미드 계열은 우수한 내마찰 및 내마모성, 낮은 마찰계수, 우수한 탄성력 및 높은 충격강도를 나타낸다. 따라서 자동차 부품, 전기 및 전자부품, 기계부품, 건재부품, 의료용품, 가정용품 등 폭넓은 분야에 이용되고 있으며, 특히 나일론 66은 물성면에서 뛰어나 수요가 증가 추세에 있다. 단점으로는 아미드기의 수소결합 특성으로 인해 수분에 민감하기 때문에 수지 가공 전에 수분 함량을 0.3% 이하로 낮추어 주어야 한다.

1.2 폴리카보네이트 (PC, Polycarbonate, 렉산)

강도, 내열성, 내환경 변화 등에 우수하고 투명한 엔지니어링 플라스틱으로, 정밀 기계부품에 대한 진출이 현저하다. 폴리카보네이트는 열가소성수지로, 비결정성이기 때문에 투명하다. 아래는 비스페놀 A (Bisphenol A)와 포스겐 (Phosgene, $COCl_2$)의 축중합에 의한 폴리카보네이트의 중합 반응식을 나타낸다.

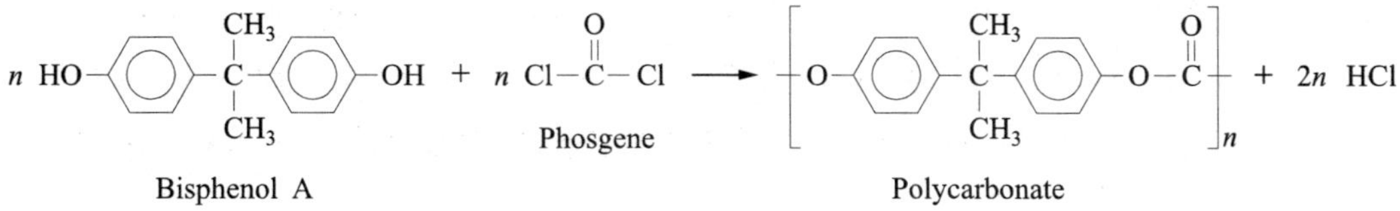

위에서 언급한 것처럼 PC는 기계적 강도가 높고 내열성과 전기절연성이 뛰어나며 충격강도는 열가소성수지 중 가장 높다. 또 흡습으로 인한 치수 변화가 대단히 적고, 온도 변화에 따른 물리특성이 안정된 여러 가지 특성을 지니고 있어 환경 변화에 강한 엔지니어링 플라스틱이다. 결점은 유기 용제에 약하고, 성형시에 큰 일그러짐이 있으며 변형하여 금이 가는 것 등이다.
폴리카보네이트는 VTR과 OA기기 등, 전기 및 전자분야, 자동차 범퍼, 카메라, 시계 등의 기계분야, 인공 장기 같은 의료분야에 이용되고 있다. 앞으로는 투명성, 내열성, 치수 안정성을 살린 광학 정보 분야에 이용이 기대된다.

참고 ▌ Carbonate Group [－O－(C＝O)－O－]을 가진 카보네이트는 다음과 같이 나타낸다.

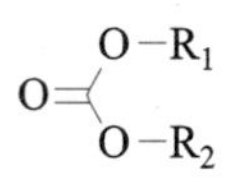

1.3 폴리아세탈 (Polyacetal, Acetal Resin, POM, Polyoxymethylene)

가끔은 아세탈, 아세탈수지, 폴리옥시메틸렌 (POM, Polyoxymethylene), 폴리포름알데히드라고도 한다. 폴리아세탈 단량체에는 아래 분자식들과 같이 3종의 아세탈 (Acetal), 3종의 트리옥세인 (Trioxane) 이성체, 산화에틸렌 (에틸렌옥사이드)이 있다.

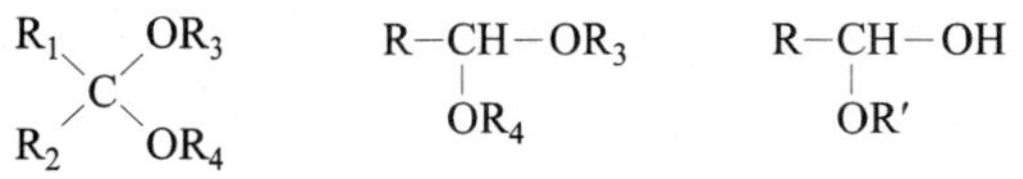

3종 아세탈 (좌에서 아세탈, 알데히드아세탈, 헤미아세탈)

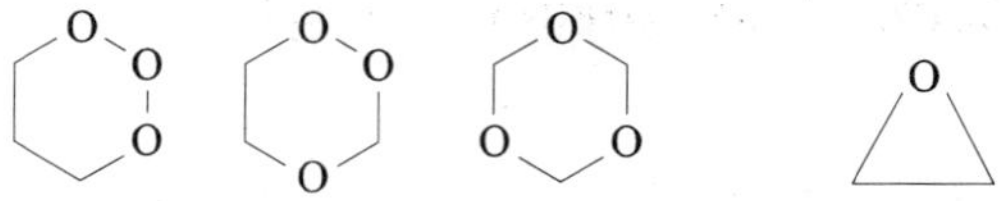

3종 트리옥세인 이성체 ($C_3H_6O_3$)　　산화에틸렌 (C_2H_4O)

주로 폴리아세탈은 다음 반응식과 같이 포름알데히드의 음이온 중합과 양이온 중합이나 트리옥세인의 양이온 개환반응을 통해서 제조한다. 포름알데히드 음이온 중합에 의한 폴리포름알데히드 (상품명: Delrin, 델린), 트리옥세인과 산화에틸렌 (에틸렌옥사이드)의 공중합체 (상품명: Duracon, 듀라콘) 등이 유용하게 쓰이고 있다. 즉 듀라콘 (Duracon)은 트리옥세인에 소량의 알킬렌옥사이드 혼합에서 아세탈 수지가 제조된다.

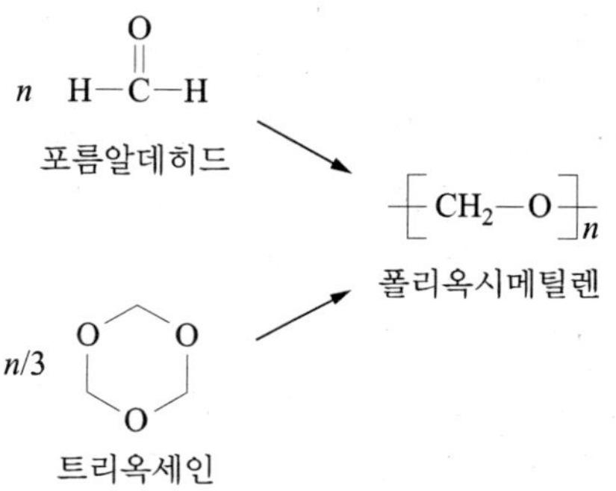

아세탈수지는 우수한 치수 안정성 (Dimensional Stability)과 크리프 저항성 (Creep Resistance)을 가지고 있기 때문에 기계 부분이나 금속기어의 대체물질로 사용이 가능하다. 그리고 자동차 산업과 전기 및 전자 산업에서 사용하는 양은 전 세계 아세탈 생산량의 60% 이상을 차지하고 증가 추세에 있다. 이것은 아세탈수지가 화학적으로 단량체로의 재생이 가능하기 때문이기도 하다. 단점으로 아세탈수지는 자외선에 노출되면 분해가 일어나서 변색이 되고 강인성과 인장강도가 감소한다. 그러나 UV 흡수제 혹은 아민 광안정제 (HALS, Hindered Amine Light Stabilizer)를 처방하여 안정화가 가능하다.

다시 말해 폴리아세탈의 특성은 기계적 성질, 내마모성, 내약품성, 내열성이 우수하고 마찰계수가 작아 엔지니어링 플라스틱으로서 회전 날개, 베어링, 각종 스프링 등에 널리 사용되고 있다. 단점은 비중이 크고 가연성이며, 불투명하고 흡수성이 크며 산에 약하다.

1.4 변성폴리페닐렌옥사이드 (에테르) [변성PPO (PPE), Modified Polyphenylene Oxide (Ether), M-PPO (PPE), Noryl]

폴리페닐렌옥사이드는 [PPO, 폴리페닐렌에테르 (PPE)]는 무정형 열가소성수지로서 높은 열변형온도 (HDT, Heat Distortion Temperature)을 가지고 있다. 이는 라디컬중합, 단계중합, 산화적 짝지음 (Oxidative Coupling) 중합으로 만들어진다. 다음의 반응식은 촉매 (Cu^-과 아민)하에서 2,6-자이레놀 (Xylenol)의 산화 짝지음의 중합으로 폴리 2,6-디메틸-1,4-페닐렌 옥사이드 (PPO, PPE)가 제조되고 부산물로 3,5,3',5'-테트라메틸디페노퀴논 (DPQ)이 생성되는 것을 나타낸다 (메탄올과 페놀을 원료로 제조하기도 함). 부산물 DPQ는 포름산제2구리 (Cupric Formate)와 피리딘 (Pyridine) 촉매를 사용할 경우 약 3 wt%가 생성한다.

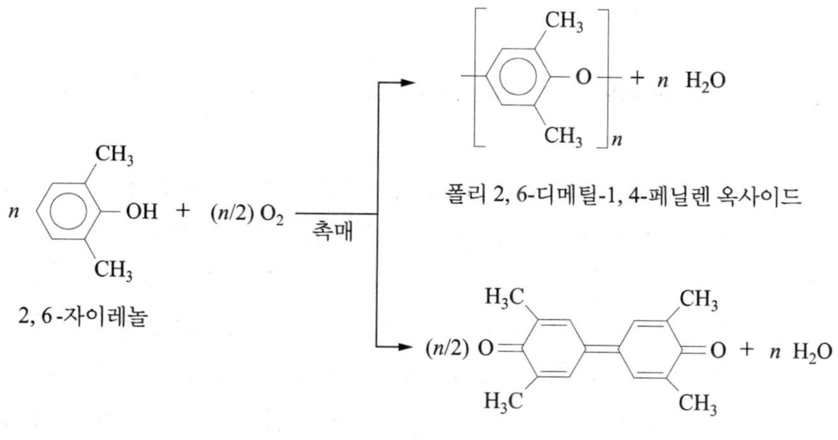

처음에 PPO는 섬유 쪽으로 적용을 고려하였고 GC 컬럼의 충진에만 사용되었다. 이 수지는 높은 충격강도와 광물성 산과 유기산에 대한 화학적 안정성, 낮은 흡습성 등의 특성을 가지지만 상업화의 한계는 메틸기의 쉬운 열적산화와 관련된 높은 유리전이온도 (T_g 약 214℃)로 인해 용융 가공에 문제를 야기한다.

따라서 PPO에 고충격성폴리스티렌 (HIPS, High Impact Polystyrene)을 블렌딩 (Blending)하게 되었다. 이것이 1966년 GE사 (현 SABIC)가 개발한 변성 PPO (Modified PPO)인 노릴 (Noryl) 상품명의 복합수지이다. 이 노릴 복합수지는 단순 PPO보다 열변형온도 (HDT)가 낮지만 용융온도가 낮아 가공성이 용이하게 되었다.

(블렌딩/복합화/알로이)

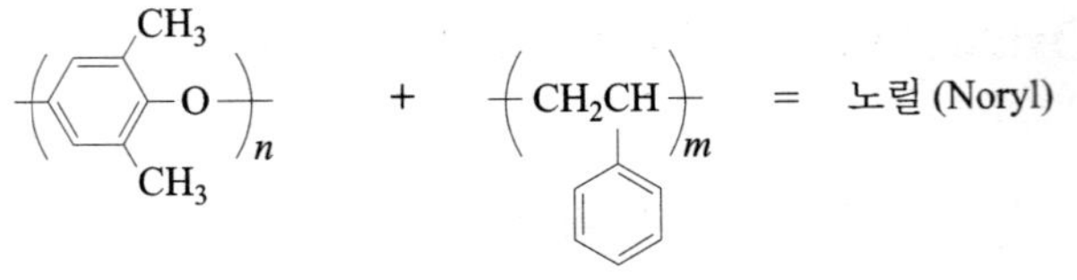

Polyphenylene ether (PPE) Polystyrene (PS)

결국 변성 PPO는 강도, 치수 안정성, 전기절연성, 특히 내열성이 뛰어난 복합형 (Alloy, Blend) 수지로서 PPO 단독으로는 성형이 어려웠으나 복합화 함으로써 성형 가공성이 크게 개량되어 급속도로 보급되고 있다.
또한 비중이 작고, 가벼워 균형이 잡힌 기계적 성질을 갖고 있고, 단점으로는 내후성, 내약품성에 다소 난점이 있어 개선의 여지가 있다. 주로 커넥터, 스위치 등의 전기 및 전자부품, 호일 커버, 퓨즈 박스 같은 자동차 부품 등에 사용된다.

1.5 엔지니어링 폴리에스터 (Engineering Polyester)

앞서 언급한 바 있는 폴리에스터 제조는 알코올 유도체들과 카르복실산 (다염기산) 간의 중축합중합 반응으로 합성되고 물 분자들이 부생성물로 제거된다. 많은 폴리에스터가 열가소성을 보이고 흡습성이 낮으며 다양한 분야에서 사용된다. 예를 들면 섬유로써 의류와 가구 덮개, 이불, 컴퓨터용 마우스 패드, 방수 시트, 산업용 밧줄, 벨트 등에 널리 사용된다. 폴리에스터의 종류는 다음 [표 7.3]과 같다.
공업적으로 가장 중요한 폴리에스터는 폴리에틸렌테레프탈레이트 (PET, Polyethylene Terephthalate)와 폴리부틸렌테레프탈레이트 (PBT, Polybuthylene Terephthalate)이다. 이들의 제법과 특성은 다음과 같다.

▼ **표 7.3 폴리에스터 종류**

합성	유형	예 폴리에스터
지방족	호모폴리머	폴리글리콜리드 (PGA)
		폴리락트산 (PLA)
		폴리카프로락톤 (PCL)
		폴리하이드록시알카노에이트 (PHA)
		폴리하이드록시부티레이트 (PHB)
	공중합체	아디프산 폴리에틸렌 (PEA)
		폴리부틸렌 숙신네이트 (PBS)
		Poly (3-Hydroxybutyrate-co-3-Hydroxyvalerate) (PHBV)
반방향족	공중합체	폴리에틸렌테레프탈레이트 (PET)
		폴리부틸렌테레프탈레이드 (PBT)
		en: Polytrimethylene Terephthalate (PTT)
		en: Polyethylene Naphthalate (PEN)
방향족	공중합체	벡트란

(1) 폴리에틸렌테레프탈레이트 (PET, Polyethylene Terephthalate)

폴리에틸렌테레프탈레이트 (PET)는 1941년 영국의 J. R. Whinfield 등에 의해 테레프탈산디메틸과 에틸렌글리콜에서 합성되는 것이 발견되어 1948년 ICI사, 듀폰(Dupont)사에 의해 섬유로 공업화되었다. PET는 강도, 내열성, 내후성, 내약품성 등이 뛰어나며, PET 필름과 PET 볼트 등 비섬유 분야에 대한 사용도 늘어나고 있다. PET는 용융 방사로 의류용 폴리에스터 섬유를 만드는 것 외에, 비디오 테이프와 마이크로 필름용을 위해 필름상태로 하거나 맥주나 간장을 넣는 병처럼 중공성형품으로 사용하고 있다. 그리고 오디오, VTR, 컴퓨터용의 자기 테이프, 플로피디스크, 디스크 등의 기재로 널리 쓰이는 한편, 가볍고 깨지지 않는 재료이기 때문에 병으로 사용되는 등 용도가 광범위하다.

PET 성형은 1953년부터 섬유용으로 인식되다가 1960년대 중반에 사출성형용 PET 제조가 성공하지 못했다. 이유는 느린 결정화속도로 인해 성형속도가 너무 느렸기 때문이다. 당시 이것의 대체품으로 PET에 비해 결정화속도가 빠른 폴리부틸렌테레프탈레이트 (PBT) 였는데 이것 또한 성형 후의 뒤틀림 문제로 기대 이상의 수요를 확대하지 못하였다. 그리고 1970년대 후반에 음료수병 및 열성형 쟁반과 같은 포장제품 성형에 적합한 보다 빠르게 결정화하는 PET 제품 개발에 관심이 모아져 현재는 수요 시장이 크게 확장되었다. 전형적인 PET 제법은 아래와 같이 2단계 연속 에스터교환반응의 중합과정을 거치게 된다. 즉 1단계로 에틸렌글리콜과 디메틸테레프탈레이트의 에스터 교환반응을 하고, 2단계로 고분자량의 PET 생성물과 부산물인 에틸렌글리콜 형성의 고온 에스터화 반응이다.

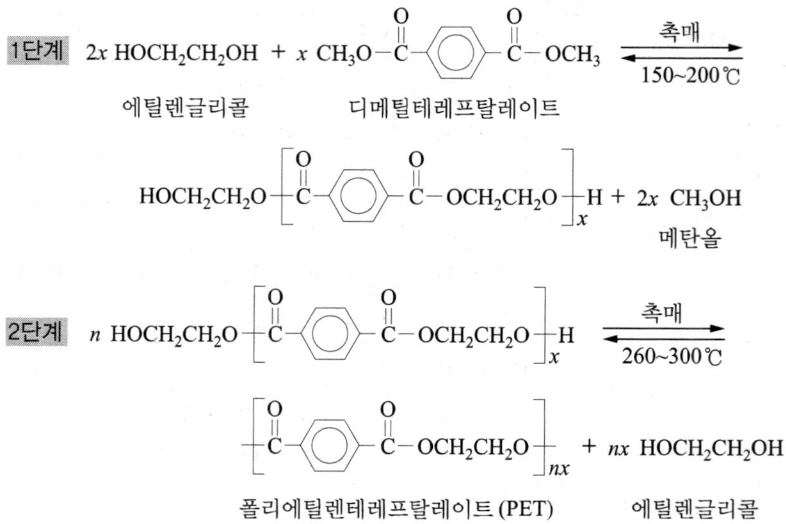

또한 PET는 재활용이 상대적으로 용이하며 재활용된 PET가 음료수병으로는 사용할 수 없으나 절연보드와 같은 용도로 사용이 가능하다. 그리고 열 혹은 화학적으로 단량체로 분해시켜 원래 수지의 합성에 이용할 수 있다.

(2) 폴리부틸렌테레프탈레이트 (PBT, Polybutylene Terephthalate)

약어로 PBT라고 하며 열가소성 결정성수지이다. 부탄디올 (1,4-Butanediol)과 테레프탈산 (TPA, Terephthalic Acid)을 중합하여 제조하는 범용 엔지니어링 플라스틱으로 전기 및 전자제품의 절연체로 사용된다. 현재 PBT는 특수 용도의 폴리아릴레이트 (Polyarylate), 액정폴리에스터와 같은 특수 용도의 엔지니어링 열가소성 수지를 대신한다. PBT의 제조 반응식은 다음과 같다.

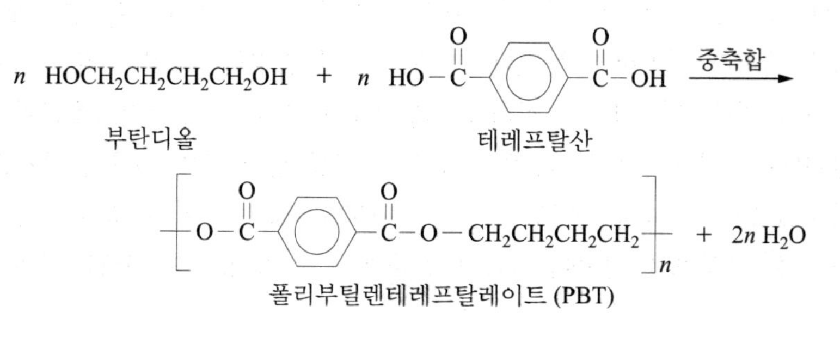

이 수지는 성형단계에서 변형이 작으며, 재질이 강하고, 150°C까지 열 저항능력을 가지고 있어 불에 잘 타지 않는 난연 성질을 지니고 있다. PBT는 가전제품, 자동차 부품 등의 제품에 주로 사용되고, 질감이 부드럽기 때문에 칫솔 섬유나 컴퓨터 키보드의 키 캡 등 촉감을 이용하는 제품에 많이 쓰인다. PBT로 만든 염소 저항 원사를 이용한 수영복 등에도 사용된다.

02 특수엔플러 (Special Enpla)

특수용도의 엔지니어링 플라스틱에는 다음과 같은 폴리설폰 (PSF), 폴리페닐설폰 (PPS), 폴리에테르설폰 (PES), 폴리페닐렌설파이드 (Polyphenylene Sulfide) 등이 있다.

2.1 폴리설폰 (PSF, Polysulfone)

폴리설폰은 설폰 결합 $-SO_2-$를 갖는 중합체를 말한다. 1965년 유니온카바이드사에서 처음 도입하였으며, 고온에서도 강하며 안전하다. 설포닐기 ($-SO_2-$), 에테르기 ($-O-$), 이소프로필리덴기 ($-C(CH_3)_2-$)가 벤젠고리에 결합된 구조로 중합된 특수 엔지니어링 플라스틱의 열가소성 고분자이다. 대표적인 폴리설폰의 구조와 물성은 각각 [표 7.4]와 [표 7.5]에 나타내었다.

▼ 표 7.4 대표적 폴리설폰의 구조

폴리설폰	화학구조
폴리설폰 (PSF)	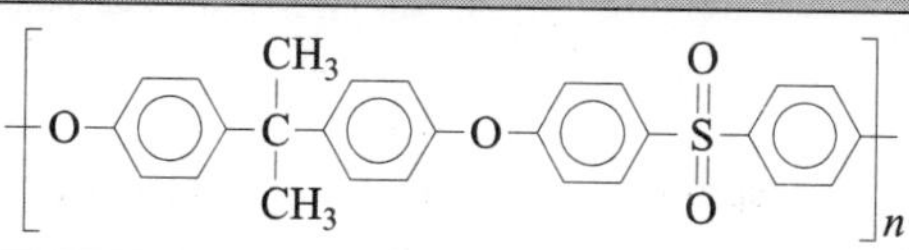
폴리페닐설폰 (PPS)	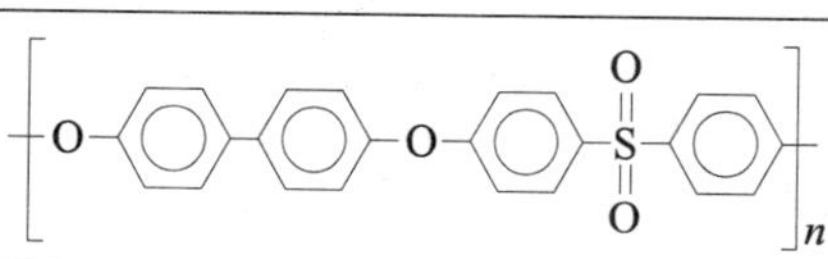
폴리에테르설폰 (PES)	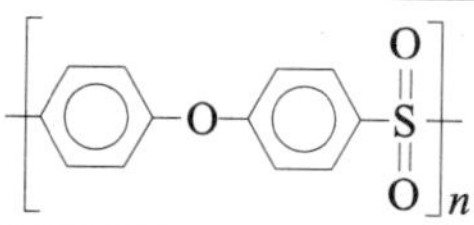

▼ 표 7.5 대표적 폴리설폰의 물성

물성	시험방법	단위	폴리설폰 (PSF)	폴리페닐설폰 (PPS)	폴리에테르설폰 (PES)
비중	D792	-	1.25	1.29	1.37
인장강도	D638	kg_f/cm^2	717	731	858
인장탄성율	D638	kg_f/cm^2	25,295	21,830	27,540
파단신율	D638	%	50～100	60	40～80
굴곡강도	D790	kg_f/cm^2	1,080	872	1,316
굴곡탄성율	D790	kg_f/cm^2	27,438	23,460	26,214
아이조드 충격강도	D256	$kg_f \cdot cm/cm$	7	65.4	8.7
열변형온도 (@4.6kg_f/cm^2)	D648	℃	174	200～204	203 (@18.6kg_f/cm^2)

(1) 폴리설폰 (PSF, Polysulfone)

폴리설폰은 높은 내열성과 산화성, 가수분해에 대한 안정성 그리고 수용성 광물성 산, 알칼리, 염 용액, 오일 및 그리스 등에 대한 저항성이 강하다. 그리고 우수한 생체 적합성을 가지며 다양한 기술들에 의해 소독이 쉽기 때문에 의료 분야에 적합하다. 또한 높은 투과도와 투과선택성을 가지므로 기체분리에서 막 (Membrane) 고분자로 사용이 용이하다.

폴리설폰은 활성화된 방향족 디할로겐화물 (Dihalide)에 대한 비스페놀레이트 (Bisphenolate)의 알칼리염의 친핵성 치환반응이 관여하는 축중합으로 합성된다. 아래 반응식은 비스페놀 A 폴리설폰의 축중합 과정을 나타낸다. 즉, 비스페놀 A의 나트륨염을 사용하는 것은 개질되지 않은 비스페놀 A 단량체의 축중합으로 인해 발생할 수 있는 부식성의 염산 (HCl)보다는 유기용액에서 침전할 수 있는 염화나트륨 (NaCl)의 축합을 하게 한다.

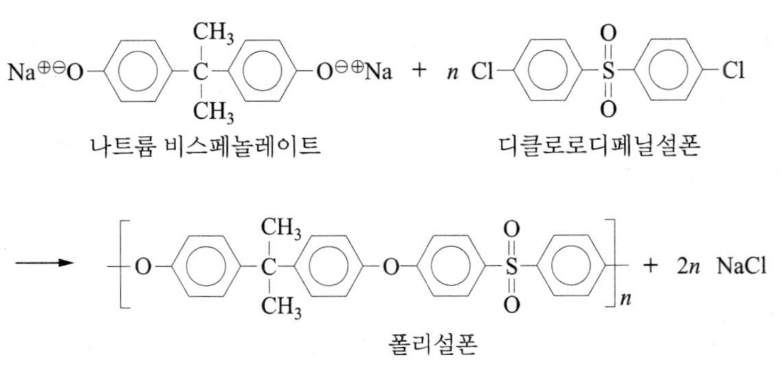

높은 온도에 대한 열저항 능력이 있어, 다른 방염처리 없이 높은 열에서 그 강도를 유지할 수 있는 방염제 역할을 한다. 고압 증기살균을 필요로 하는 의료기구 및 가전제품의 소재로 사용될 뿐만 아니라, 혈액투석, 폐수처리 시설 등과 같은 분야에서 응용되고 있다. 전선피복제, 각종 배관재료 및 자동차 부품으로 사용되기도 한다.

(2) 폴리페닐설폰 (PPS, Polyphenyl Sulfone)

그 밖에 폴리설폰에는 다음과 같은 화학구조의 폴리페닐설폰 (PPS, Polyphenyl Sulfone)이 있다.

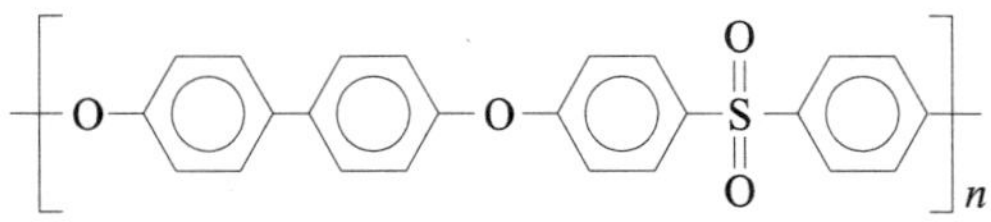

(3) 폴리에테르설폰 (PES, Polyeter Sulfone)

폴리에테르설폰 (PES)은 Lewis산 ($FeCl_3$) 촉매에 의한 설포닐클로라이드 (Sulfonyl Chloride)의 친전자성 치환반응 (Friedel Craft)에 의해서 중합된다.

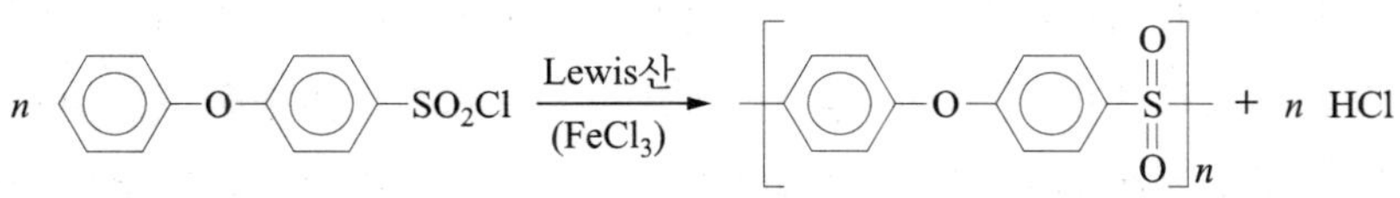

고온 엔지니어링 열가소성 플라스틱이나, 기존의 플라스틱 가공장비를 이용하여 성형하여 사용한다. 열저항, 난연성, 투명도가 뛰어나며, 연소 시에도 연기 배출이 거의 없는 우수한 성질을 지니고 있다. 무게가 가볍고, 비결정성이며, 넓은 범위의 온도에서도 공차를 가지고 있어서, 전자, 전기, 우주, 비행기, 자동차 및 철도 등의 많은 산업에서 활용되고 있다.

2.2 폴리페닐렌설파이드 (PPS, Polyphenylene Sulfide)

폴리 파라페닐렌설파이드 (PPS, Poly *p*-Phenylene Sulfide, Poly Thio-1,4-Phenylene)는 미국 필립스 (Philips) 석유화학사에서 개발한 고성능의 열가소성 엔지니어링 플라스틱이다. 라이톤 (Ryton) PPS는 갈색의 결정성 고분자로 매우 높은 내열성, 내약품성, 난연성, 전기특성을 갖고 있으며 무기질과도 친화성이 좋은 특성을 가지고 있다. 이러한 특성으로 인해 유리섬유, 필러 등이 더해져 고수준의 엔지니어링 플라스틱으로 쓰이고 내열성, 내약품성이 높은 도료가 만들어 진다. 이 PPS의 성상은 분말이다.

그리고 상대적으로 높은 용융점 (285℃)을 갖는 결정성수지로서 200℃ 이하에서는 유기 용매에 녹지 않는다. 또한 300~370℃의 높은 온도에서 사출 및 압출성형이 가능하며 이 온도에서 PPS입자는 부드러워지면서 외관상으로 가교반응이 진행되어 결국 완전한 불용성 물질이 된다. PPS 제조는 파라디클로로벤젠 (*p*-Dichlorobenzene)과 황화나트륨 (Sodium Sulfide)을 노말메틸피롤리딘 (*n*-Methylpyrrolidine) 등의 극성 용매 중에서 175℃에서 축중합에 의해서 만들어지고 반응식은 다음과 같다.

p-디클로로벤젠 황화나트륨 폴리 (*p*-페닐렌설파이드)

열가소성 수지이기 때문에 성형이 용이하고, 또 그 뛰어난 성능에 비해서 가격이 싸기 때문에 자동차용 배기가스 밸브, 포그라이트 렌즈, 각종 센서, 전기 및 전자부품, 전자레인지, 스팀 아이론 등 내열성이 요구되는 분야에 사용된다. PPS는 보강재, 충진제와 친화성이 좋고 충진량을 높일 수 있어 고성능과 낮은 코스트를 실현할 수 있다. 유리섬유를 넣은 것이 성형재료의 기준이고 성형조건에 따라 다른 기능성 충진제를 혼입한다. 유리섬유와 불소수지 분말 등이 혼련되어 베어링 등 섭동 특성이 요구되는 용도로 쓰인다.

03 슈퍼엔플러 (SEP, Super Engineering Plastic)

공업용 플라스틱에 비교하면 강도, 탄성 및 내열성 등이 우수하며 금속이나 세라믹에 가까운 특성을 지닌 플라스틱으로 폴리이미드 (PI), 폴리에테르이미드 (PEI), 폴리아미드이미드 (PAI), 폴리비스말레이미드, 폴리벤즈이미다졸 (PBI), 폴리이미다조피롤론, 폴리에테르에테르케톤 (PEEK) 등이 있다.

3.1 폴리이미드 관련 고분자

폴리이미드와 관련한 고분자에는 폴리이미드(PI, Polyimide), 폴리에테르이미드(PEI, Polyetherimide), 폴리아미드이미드(PAI, Polyamideimide)가 있다. PEI와 PAI는 모두 높은 열변형 온도, 인장강도 및 탄성률을 가진다. 대표적인 폴리이미드(Kapton H)와 PEI 그리고 PAI의 주요 물성은 [표 7.6]에 나타내었다. 표에서 보는 바와 같이 이민화된 Kapton은 낮은 열변형온도를 가진 PAI와 PEI와는 달리 더 이상 용융 가공이 불가능하다. Kapton은 357℃의 HDT와 약 270℃의 연속 사용 온도를 가지고 있다. Kapton에 비해 PAI와 PEI의 한 가지 장점은 물 흡수도가 낮다는 것이며 이는 복합재료의 적용에 중요한 요소이다. PAI와 PEI의 용도로는 고성능 전자, 전기부품, 전자레인지 부속품, 자동차 실내용 부품을 들 수 있다.

▼ 표 7.6 이미드관련 제품들의 물성

물성	시험 방법	단위	폴리이미드 (PI, Kapton H)	폴리에테르이미드 (PEI, Ultem 1000)	폴리아미드이미드 (PAI, Torlon 420L*)
밀도	D1505	g/cm^3	1.42	1.27	1.42
인장강도 (@23℃, 항복점, T_g)	D638	kg$_f$/cm^2	1,754	1,071	1,958
인장탄성율 (@1% Secant)	D638	kg$_f$/cm^2	30,600	30,600	48,960
항복연신율	D638	%	-	7∼8	-
파단연신율	D638	%	70	60	-
연성강도	D790	kg$_f$/cm^2	-	-	2,458
굴곡탄성율 (@23℃ Tangent)	D790	kg$_f$/cm^2	-	33,762	51,000
아이조드충격강도 (Notched)	D256	kg$_f$·cm/cm	-	5.5	14.7
아이조드충격강도 (Non-Notched)	D256	kg$_f$·cm/cm	-	136.4	109.1
열변형온도 (@18.6kg$_f$/cm^2)	D648	℃	357	200	278
물 흡수율 (@40% RH, 23℃, 24hr)	-	%	2.90	0.25	0.33

주) * TiO_2 3%/플루오로카본 0.5% 포함

(1) 폴리이미드 (PI, Polyimide)

내열성이 특히 뛰어난 수지로, 고가임에도 불구하고 항공기와 컴퓨터용 부품으로 중요한 재료가 되고 있다. 폴리이미드 수지는 주쇄 중에 이미드 결합 ($-N\langle^{CO-}_{CO-}$)을 갖고, 특히 내열성이 뛰어난 고분자로 1959년 미국의 듀폰 (Dupont)사가 항공 우주용으로 개발했다. 용융점이 700℃로 대단히 높기 때문에 이 수지로 만든 부품은 극저온에서 260℃에 걸쳐 광범위하며, 장시간 사용에 견딜 수 있다.

산 이미드 구조를 갖는 중합체로 보통 방향족 이미드계를 지칭하지만 지방족의 말레이미드계 등을 포함하는 경우도 있다. 일반적으로 방향족 테트라카르복실산 무수물과 방향족 디아민에서 축중합으로 만들어진다. 방향족 이미드의 올리고머의 말단에 이중결합과 삼중결합을 도입하여 열 가교하는 복합재료용의 열경화성 수지도 있다.

종종 폴리이미드는 다음과 같이 두 단계로 제조된다. 첫 번째 단계는 방향족 디언하이드라이드 (Dianhydride)와 방향족 디아민 (Diamine)의 축중합으로 중간단계의 폴리아민산 (Polyamic Acid)을 생성한다. 온도를 올려 폴리아민산을 탈수시키면 폴리이미드 구조가 만들어 진다.

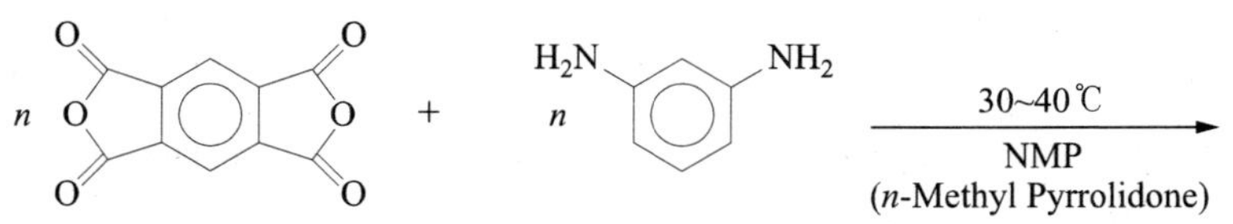

피로멜리틱 무수물　　　　디아민

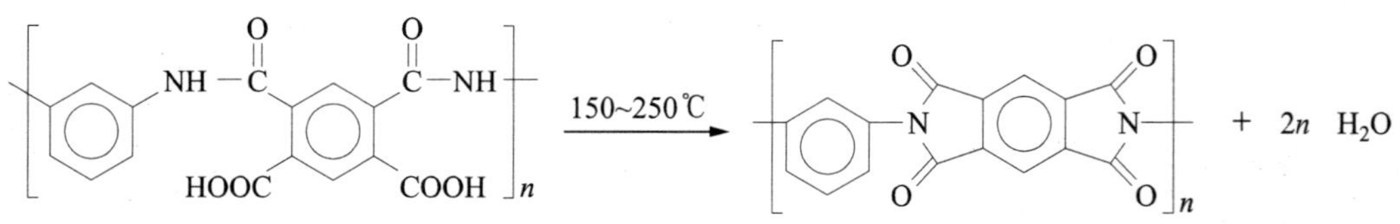

폴리아민산　　　　폴리이미드

매우 다양한 폴리이미드의 구조의 개수는 단지 디언하이드라이드와 디아민의 수로만 조절가능하다. 상업적으로 중요한 폴리이미드의 예로는 필름으로 쓰이는 Kapton으로 불리는 폴리피로멜리티미드 (Poly-Oxydiphenylene-pyromellitimide)가 있다. 이것의 이민화 구조의 반응 과정은 다음과 같다.

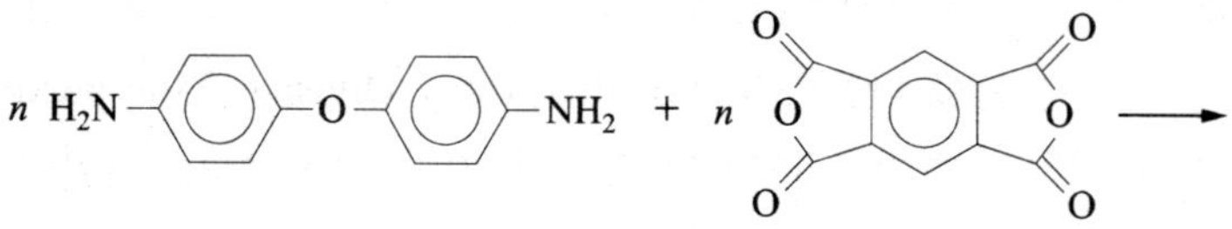

4, 4-디아미노디페닐에테르 피로멜리틱 무수물

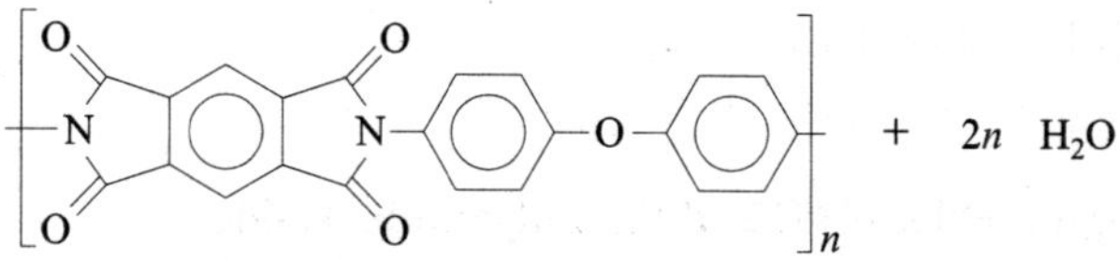

폴리피로멜리티미드 (Kapton)

또 기계적 강도, 전기적 특성, 내화학 약품성, 내방사선성 등에도 뛰어나서 성형재료, 복합재료, 필름 등 여러 가지 형태로 이용되고 있다. 앞으로는 양산화에 의해 코스트 다운이 실현되면 컴퓨터, 카메라, VTR 등 일반 용도에까지 이용 확대가 예상된다. 또 탄소섬유와의 복합재료는 항공 우주용의 내열구조 부품에 사용되고, 유리섬유 직물과의 적층판은 대형 컴퓨터의 다층회로 기판으로 사용되고 있다. 그 밖의 성형품으로는 제트엔진 부품, 전자레인지의 회전 부품 등, 극한 환경하의 기계부품으로 사용되고 있다.

(2) 폴리에테르이미드 (PEI, Polyether Imide)

PEI는 무정형의 고성능 엔지니어링 플라스틱이다. 뛰어난 열적, 기계적, 전기적 특성을 가지고 있고 연소시 우수한 난연성과 연기 발생이 적은데다가 반복적인 증기 멸균 공정을 견딜 수 있는 능력을 가지고 있어 다양한 의료기기, 식품과 접촉이 발생하는 응용 분야에 사용 가능한 이상적인 소재이다.

이미드형 열가소성 엔지니어링 수지로서 폴리에테르이미드 (PEI)의 예로서 Ultem (상품명)이 있는데 이것은 비스페놀 A, 4,4'-메틸렌 디아닐린과 3-니트로프탈릭 무수물을 포함한 니트로 치환반응으로 얻어지며 화학구조식은 다음과 같다.

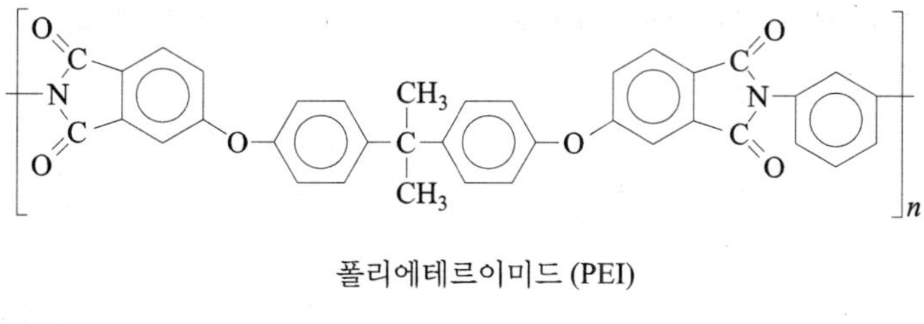

폴리에테르이미드 (PEI)

그리고 높은 충격강도와 낮은 온도에서도 사용이 가능하고 화학적 안정성을 가지고 있어 주파수 분할 다중화(FDM, Frequency Division Multiplexing) 3D 프린터의 소재가 되기도 한다. 내열성이 뛰어나 전기 개폐 장치, 커넥터, 전자레인지용 취사 도구 등의 구성 요소로 이용된다. 비결정성의 투명한 고성능 열가소성수지인 PEEK (Poly Ether Ether Ketone)에 비해 상대적으로 내열성이 뛰어나고 가격이 저렴하며 충격강도가 낮다.

(3) 폴리아미드이미드 (PAI, Polyamide Imide)

열경화성이거나 또는 열가소성인 비결정성의 고분자화합물로 특수 엔지니어링 플라스틱으로 분류된다. 마찰, 열, 화학적인 저항력이 뛰어나 1차 전기 절연재, 코팅제, 접착제, 압출용 수지, 내열도료, 내열판, 내열접착제, 내열섬유 및 내열필름 등에 응용된다. 단기 사용온도는 300℃로 수 시간 저항력을 가지며, 장기 사용온도는 220℃로 수년간 저항력을 갖는다.

폴리이미드의 용융 가공성을 개선하기 위해 염기성 이미드 구조를 방향족 에테르나 아미드와 같은 유연한 방향족과 결합시킬 수 있다. PAI로 예를 들면 Torlon (상품명)은 트리멜리틱 무수물(TMA, Trimellitic Anhydride)과 방향족 디아민(예, 4,4'-Oxydianiline)의 축합으로 얻어진다.

분말 형태로 만들어져 금속 또는 자석 와이어 등의 코팅제로 사용되며 용도에 따라 다른 첨가제와 혼합하여 사용한다. PAI 도료는 불소중합체와 함께 장식과 부식 방지용 도료로 사용된다. PAI가 불소중합체를 금속 기판에 접착시키는 역할을 한다. 또한 주방 조리기구에 코팅을 하는 데 많이 사용된다. 또한 내열성과 내화학성의 특징이 있어 가스 분리에 사용하는 막(Membrane)으로 사용될 수 있다. 천연가스 유정에서 이산화탄소, 황화수소 및 불순물과 같은 오염물의 여과 장치에 사용된다.

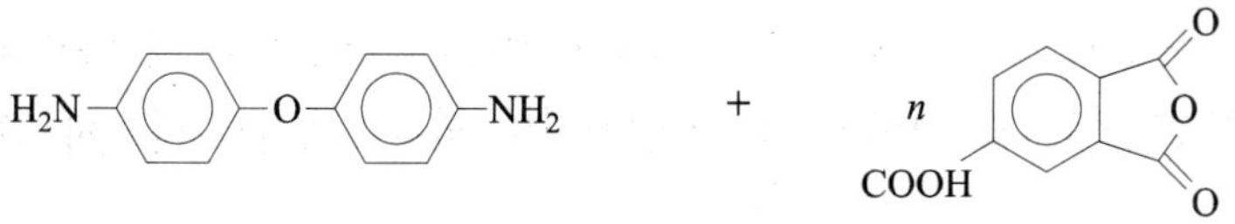

4,4-디아미노 디페닐에테르 (4,4′-Oxydianiline)　　트리멜리틱무수물 (TMA)

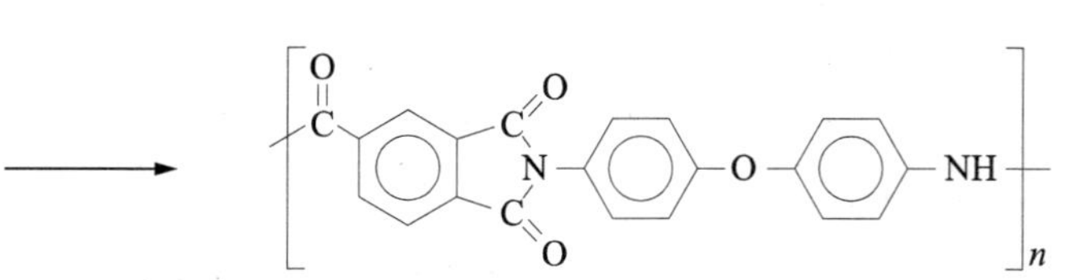

폴리아미드이미드 (PAI. Torlon)

참고 ▌ 아미드 (Amide)와 이미드 (Imide) 기능기

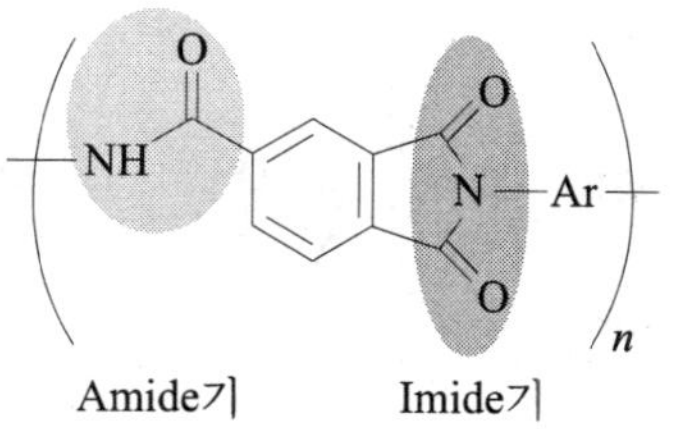

3.2 폴리비스말레이미드 (Polybismaleimide)

폴리비스말레이미드는 이미드 계열의 고분자로 Kerimide, Kinel이 있다. 용도는 주로 필라멘트 와인딩, 라미네이트용의 복합재료수지, 마찰패드, 기어 및 베어링에 사용한다. 이 수지는 다음과 유사한 구조를 가지는 비스말레이미드의 끝에 불포화 디아민의 첨가로 얻어진다.

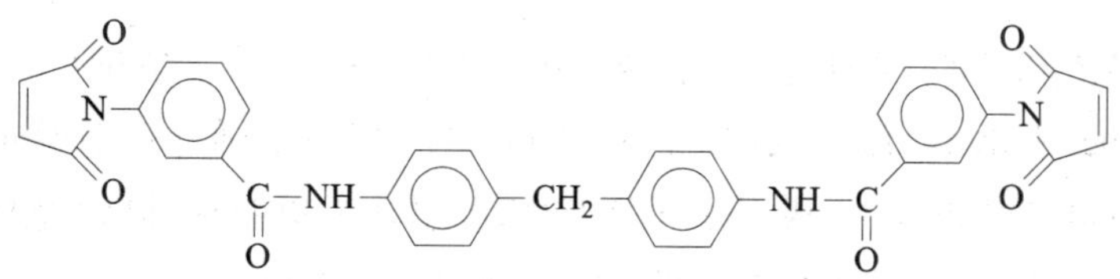

폴리비스말레이미드의 반복 화학구조는 다음과 같다.

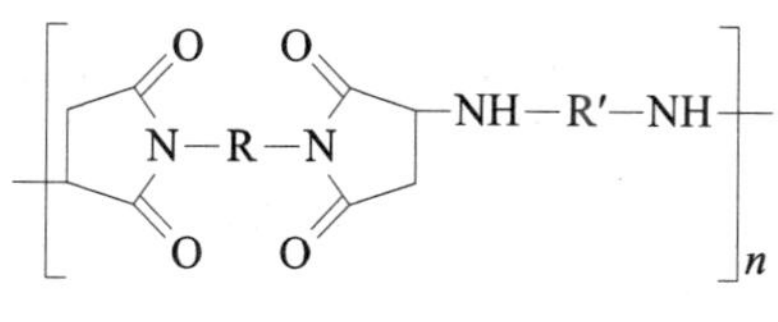

3.3 폴리벤즈이미다졸 (PBI, Polybenzimidazole)

폴리벤즈이미다졸 (Poly 2,2'-m-Phenylene-5,5'-bibenzimidazole)은 매우 높은 열적, 가수분해적 안정성을 가지고 있으나 종종 용해되지 않는다. 주로 고온 복합체와 다른 응용에 섬유 형태로 사용된다. 또한 연료전지 막으로서 활용이 활발하게 고려되고 있다.

PBI는 다음과 같이 3,3'-디아미노벤지딘과 방향족 디카르복실산으로부터 얻어진다. 여기서 “X”는 OH, Cl, OCH_3, OC_6H_5를 포함하는 몇몇 기능성 있는 반응자리의 하나를 의미한다.

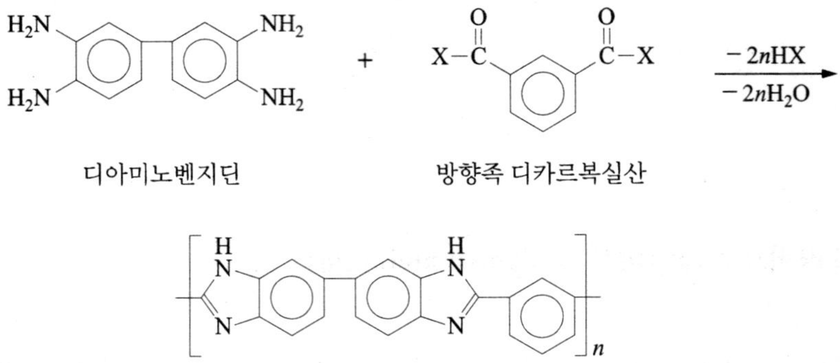

디아미노벤지딘 방향족 디카르복실산

폴리벤즈이미다졸 (PBI)

3.4 폴리이미다조피롤론 (Polyimidazopyrrolone)

폴리이미다조피롤론과 같은 융화된 고리 주사슬을 지닌 고분자는 사다리형 고분자 (Ladder Polymer)로 알려져 있고 500℃ 이상의 고온에서도 안정하다. 이 고분자는 아래 그림과 같이 방향족 테트라카르복실산과 방향족 테트라민의 초기 축합반응을 포함한 두 단계의 경화반응을 통해서 얻어진다.

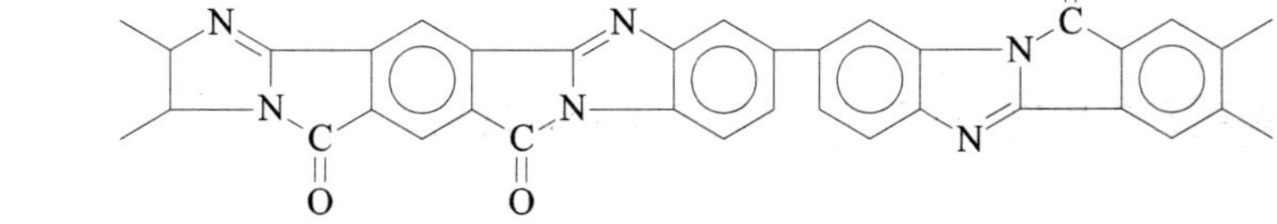

테트라카르복실산 테트라민

폴리이미다조피롤론 (사다리형 고분자)

사라리형 고분자는 높은 열적 안정성을 가진다는 잠재력으로 인하여 1960년 중반에 합성되었고 이 후 공액 (Conjugated) 사다리형 고분자의 선형 및 비선형 광학적 물성에 대한 연구가 이루어져 왔다.

3.5 폴리에테르에테르케톤(PEEK, Poly Ether Ether Ketone)

엔지니어링 반결정성 열가소성 수지로 폴리아릴에테르케톤(PEAK)이 있는데 그 중에 폴리에테르에테르케톤(PEEK, Victrex)이 가장 중요하다. PEEK는 영국 ICI 사에서 개발한 고성능 슈퍼엔지니어링 플라스틱이다. 이것은 높은 마모저항성, 낮은 인화성, 낮은 연기 및 독성기체 발생, 낮은 흡습성 외에 가수분해, 마모, 방사 및 고온증기에 대한 저항성을 가지고 있다.

PEEK는 그림과 같이 2개의 에테르 결합과 1개의 케톤기에 의한 결합으로 달라붙은 3개의 벤젠핵을 단위로 한 고분자로 그 분자쇄의 모양은 굳고 단단하며 결정성을 가지고 있으므로 상당히 높은 온도까지 강성이나 기계적 강도가 유지되고 내열수, 내스팀성이 양호하며 내피로성도 좋다.

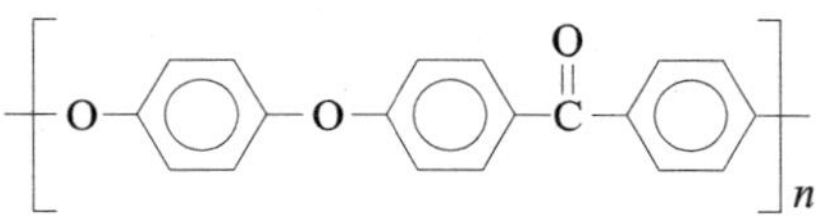

선형의 부분 결정성 방향족 열가소성인 PEEK의 용융점(M.P. 334℃)과 유리전이 온도(T_g 143℃)를 비롯한 물성을 [표 7.7]에 나타내었다.

PEEK는 할로겐화 벤조페논과 하이드로퀴논(Hydroquinone)의 용액중축합 반응에 의해 제조된다. 알칼리 금속화합물을 조제로 사용하여 탈할로겐화 수소반응을 촉진하고 용매는 극성기를 가지는 비점이 높은 것을 사용한다. 즉 하이드로퀴논의 이칼륨염과 4,4'-디플루오로벤조페논(4,4'-Difluorobenzophenone) 으로부터 320℃에서 합성이 되고 용매는 디페닐설폰[Diphenyl Sulfone, $(C_6H_5)_2SO_2$)]을 사용한다. 합성 반응은 다음과 같다.

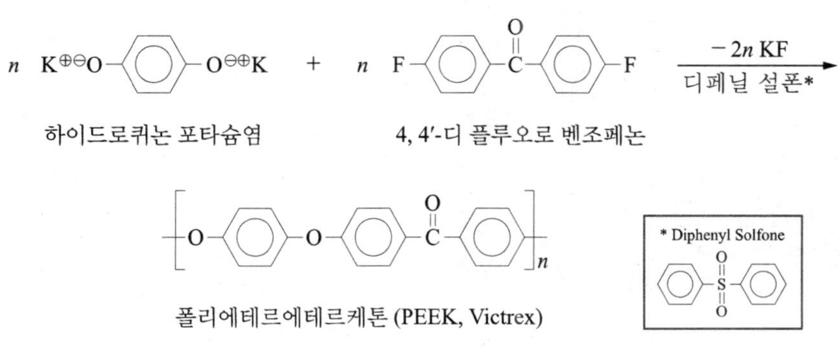

▼ 표 7.7 전형적인 PEEK 물성

물성		시험방법	단위	폴리에테르에테르케톤 (PEEK)
밀도	비결정	D1505	g/cm^3	1.26
	결정			1.40
결정화도	일반	DSC	%	20～35
	최고			48
용융온도		DSC	℃	334
유리전이 온도 (T_g)		-	℃	143
인장강도 (@23℃)		D638	kg$_f$/cm^2	928
연신율		D638	%	150
굴곡탄성율 (@23℃)		D790	kg$_f$/cm^2	39,678
Charpy 충격강도		D256	kg$_f$ · cm/cm	142
열변형온도 (@18.6kg$_f$/cm^2)		D648	℃	148
물 흡수율 (@40% RH, 24hr)		-	%	0.15

PEEK는 내열성, 강인성, 내화염성, 내약품성 등이 기존 엔지니어링 플라스틱보다 우수하다. 또 고강도, 고강성, 고치수정밀용으로 유리섬유를 10, 20, 30% 함유한 제품들이 있다. 특히 고탄성율화한 것 중에서 내열성, 내충격성이 우수하다. 이 수지는 농유산에 용해되지만 내용제성이 뛰어나 난연성으로 연소시 연기가 적게 발생한다. 탄소섬유와의 복합재는 파괴 강인성이 에폭시수지의 약 20배에 달할 정도로 뛰어나다. 사출, 압출, 압축, 회전성형 및 분체도장이 가능하며 가공온도 370～400℃이다.

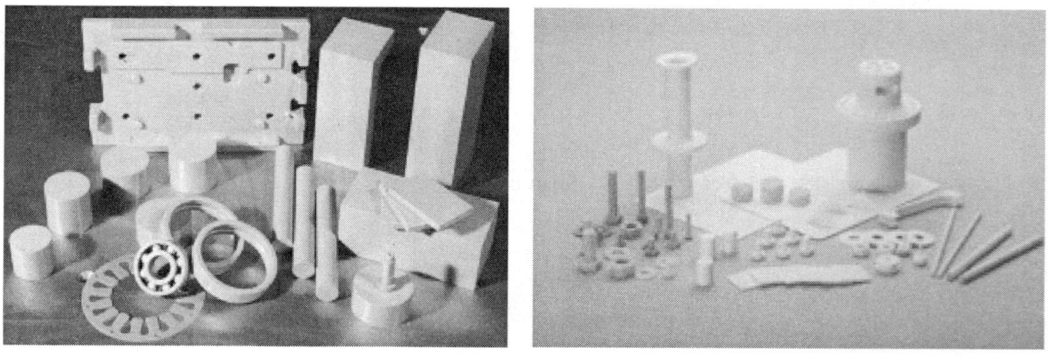

▲ 그림 7.1 폴리에테르에테르케톤 (PEEK) 제품

견고한 특성으로 베어링, 피스톤부품, 펌프, 전기절연 케이블, 자동차, 항공, 우주 분야 등 이용이 까다로운 조건의 필요 응용분야에 주로 사용된다. 특히 초 고진공 응용분야에 사용될 뿐 아니라 신경외과에서 MRI와 임플란트에 사용되는 고급 생체 소재이기도 하다. 호박색을 띠고 반투명 혹은 불투명하다. 얇은 필름의 경우는 무정형이며 투명하다.

참고 ▌ PEEK특성과 상세용도

PEEK는 처음 고성능 전선 절연용으로 개발된 결정성 내열수지이다. 따라서 종래의 열가소성수지는 물론, 장기간 내열성이 좋은 폴리페닐렌설폰(PPS)보다도 매우 안정되어 있다. PEEK에는 노치(Notch)를 붙여도 연성영역이 급속히 생성되어 노치효과를 없애는 특성이 있다. 따라서 노치의 유무에 상관없이 다른 엔지니어링 플라스틱보다 내크리프성이 우수하다. 그리고 종래의 수지에서는 볼 수 없는 매우 강인한 성질을 가지고 있어 다음과 같이 용도가 다양하다.

케이블/와이어피복분야 피복가공성(용융압출법), 무용매 가공 내약품성, 내방사선성, 자유로운 착색가공, 연소시의 저발연성과 부식성, 가스발생이 없는 특징을 바탕으로 컴퓨터용, 항공기용, 지하철용, 원자력용, 유정용, 마그네트와이어용으로 개발되고 있다.

성형분야 열가소성수지로 최고의 내열성과 강인선 및 컴파운딩(Compounding)에 의해 변성으로 폭넓은 특성을 부여하고 금속대체 용도로 개발되고 있으며 커넥터, 자동차부품(엔진, 클러치, 베어링, 항공기 부품, 열수펌프, 터빈날개, 각종 내열섭동재)으로 이용된다.

필름분야 폴리이미드 Kapton에 필적하는 성능을 가지고 있다.

섬유/필라멘트 우수한 내열성, 탁월한 내약품성으로 폴리에스터에 필적하는 용도로 개발되고 있다.

참고 ▌ 그 밖의 PEEK 합성 반응식

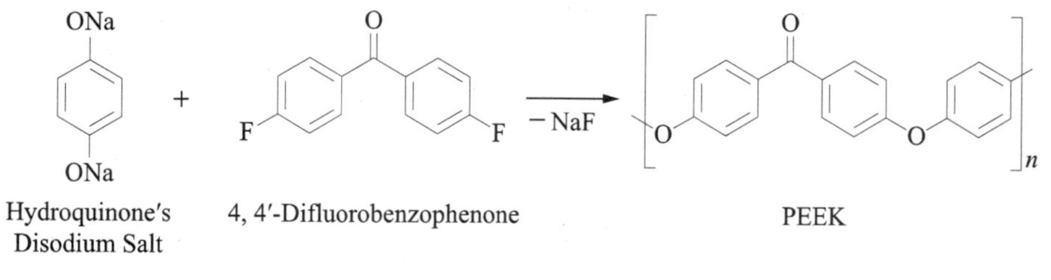

Chapter 8

고무탄성체 (Synthetic Rubber)

탄성체 (Elastic Body)는 크게 (a) 디엔탄성체 (b) 비 디엔탄성체 (c) 열가소성 탄성체의 3가지로 분류한다.
다시 디엔 (Diene) 탄성체에는 폴리부타디엔 (Polybutadiene), 폴리이소프렌 (Polyisoprene), 폴리클로로프렌 (Polychloroprene) 등이 있으며 모두 다음과 같이 2개의 순차적인 이중결합을 가진 단량체로부터 중합이 된다.

$$H_2C=\overset{\overset{\displaystyle R}{|}}{C}-CH=CH_2$$

여기서 치환기 R이 수소원자 (H)일 경우는 폴리부타디엔 (Polybutadiene), 염소원자 (Cl)일 경우 폴리클로로프렌 (Polychloroprene), 메틸기 (CH_3)일 경우는 폴리이소프렌 (Polyisoprene)이 된다. 중합은 이어지는 가교 (가황)의 장소를 제공하는 1개의 이중결합을 갖는 반복단위를 낳는다.
비 디엔 (Non-Diene) 탄성체에는 폴리이소부틸렌 (Polyisobutylene), 폴리실록세인 (실리콘고무), 폴리우레탄 (Spandex), 플루오로고무 (Viton) 등이 있다. 비 디엔탄성체는 불포화기가 없으므로 가교는 축중합 (예, 폴리실록세인)의 경우 3작용기 단량체, 자유라디컬 개시제 또는 소량의 디엔단량체 (예, 부타디엔)와의 공중합과 같은 대체방법을 필요로 한다.
SBS (Styrene Butadiene Styrene) 삼원공중합체와 같은 열가소성 탄성체는 화학적으로 가교된 탄성체와는 달리 단단한 유리상 영역과 유연한 고무상 영역을 갖는 열적으로 가공 가능한 열가소성 수지이다. 냉각 과정에서 단단한 영역과 유연한 영역은 물리적으로 뚜렷하게 분리된다. 여기서 단단한 영역은 고무상 영역에 대해 물리적 고착 (Physical Anchor) 역할을 하여 열가소성 탄성체가 인장되면 복원력을 제공한다.
다음에서 이들 탄성체의 합성 방법과 물성에 대하여 알아보자.

01 디엔탄성체 (Diene Elastic Body)

탄성 망상구조를 형성하는 방법 중의 하나는 이웃한 고분자의 분자에 2개의 불포화탄소를 화학결합하는 것이다. 불포화탄소를 갖는 중요한 합성고무는 앞에서 언급한 폴리부타디엔, 폴리이소프렌, 폴리클로로프렌이 있다. 아래 그림에서와 같이 이소프렌과 클로로프렌 같은 공액 디엔 (Conjugated Diene)은 1,2-, 3,4-, 1,4- 고분자를 형성할 수 있다. 그리고 1,4-고분자의 경우는 *cis*형과 *trans*형 둘 다 가능하다. 비대칭 치환기가 존재하지 않는 1,3-부타디엔 중합 경우와 1,2-, 3,4- 구조는 동일하다.

고분자 사슬에 유입되는 각 구조형의 비율은 고분자의 열적, 물리적 물성에 영향을 주며 중합조건과 중합방법에 의해 조절된다. 예를 들어 부타디엔을 자유라디컬 부가반응으로 낮은 온도에서 중합하면 약 20% 정도의 1,2- 구조를 함유하는 대부분의 *trans*-1,4- 구조를 나타낸다. 중합 온도가 증가할수록 *cis*-1,4- 구조의 양은 증가하는 한편 1,2-구조의 비는 거의 동일하다. 다음은 디엔 단량체의 중합으로 1,2-, *cis*-1,4-, *trans*-1,4- 구조를 나타낸다.

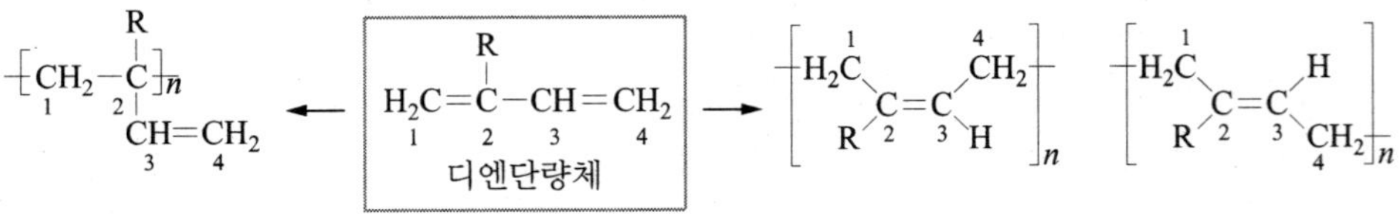

1, 2-구조　　　1, 4-구조 *cis*　　　1, 4-구조 *trans*

그리고 치환기 (R)에 따라 다른 탄성체가 얻어진다.

▼ **표 8.1 치환기에 따른 탄성체**

디엔치환기 (R)	단량체	탄성체
H	1,3-부타디엔	폴리부타디엔
Cl	2-클로로-1,3-부타디엔	폴리클로로프렌
CH_3	2-메틸-1,3-부타디엔	폴리이소프렌

디엔을 펜탄 (C_5H_{12}) 혹은 헥산 (C_6H_{14})과 같은 비극성 용매에서 리튬 또는 *n*-부틸리튬과 같은 유기리튬을 이용하여 음이온 중합을 하면 높은 함량의 *cis*-1,4- 구조

의 고분자를 얻을 수 있다. 극성이 강한 용매 또는 강한 알칼리 금속(Alkali Metal) 개시제를 이용하는 경우 *cis*-1,4-구조의 비는 감소한다.
입체규칙성은 지글러 나타 촉매(Ziegler Natta Catalyst)와 같은 선택적 배위 촉매(Selective Coordination Catalyst) 또는 알케닐나트륨(Alkenyl Sodium) 화합물, 할로겐화 알칼리금속, 알콕사이드(Alkoxide)의 결합으로 이루어진 비균일계 알핀(Heterogeneous Alfin) 촉매를 이용하여 조절할 수 있다. 후자 시스템을 이용하는 경우 고분자의 *trans*-1,4-함유 고분자를 구할 수 있다.

1.1 부타디엔 기본 탄성체

모든 합성고무 중에서 부타디엔 공중합체와 폴리부타디엔(BR)의 판매량이 가장 큰 부분을 차지한다. 특히 스티렌 부타디엔 공중합체(SBR, Styrene Butadiene Rubber)는 현재 미국의 합성탄성체 시장에서 가장 큰 몫을 차지하고 있다. BR과 SBR은 타이어 제품 생산에 주로 이용되는데 이것은 일반적으로 천연고무와 합성고무의 블렌드이다. 여기서 폴리부타디엔은 타이어용 재료의 중요 물성인 우수한 복원력, 내마모성, 낮은 열축적을 나타낸다.

(1) 부타디엔고무(BR, Butadiene Rubber, Polybutadiene)
BR은 내마모성, 반발탄성, 내노화성이 뛰어나지만 가공성, 인장강도 등에 문제가 있어 천연고무(NR, Natural Rubber), 스티렌 부타디엔 고무(SBR, Styrene Butadiene Rubber) 등과 혼합하여 사용하고 있다. 용도는 대부분 자동차 타이어용이고 수요가 자동차 공업 경기에 좌우되는 경향이 있다.

$$\left[CH_2-CH=CH-CH_2 \right]_n$$

일반적으로 부타디엔(Butadiene)을 지글러 나타 촉매(Ziegler Natta Catalyst) 혹은 유기금속 화합물을 촉매로 하여 탄화수소 중에서 용액중합하여 얻어진다. 즉 다음 [그림 8.1]의 반응식과 같이 1,3-부타디엔을 중합하여 *cis*-1,4-구조를 가지는 중합체로 만든 것이다. 이 중합법은 1956년부터 수년간에 걸쳐 미국과 이탈리아에서 발명되었다. 분자구조가 입체규칙성을 지니고 있어 이소프렌고무(IR, Isoprene Rubber)와 마찬가지로 입체규칙성 고무(Stereo Rubber)라고도 부른다.

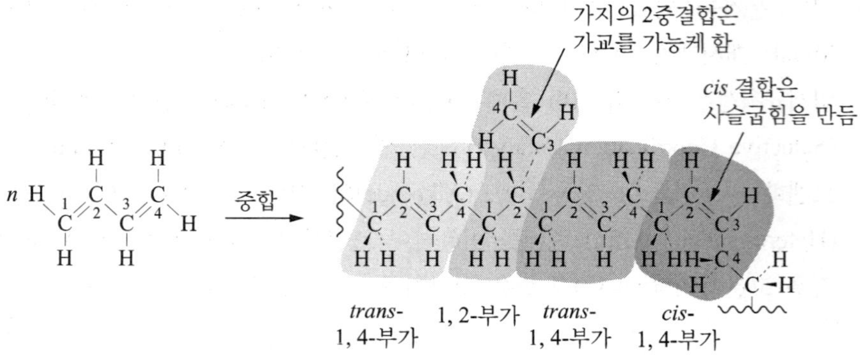

▲ 그림 8.1 부타디엔고무 중합

SBR보다 기계적으로 우수하며, 앞서 언급한 것처럼 특히 반발탄성, 내한성, 내마멸성이 높고, 게다가 발열성이 낮으므로 타이어용으로 생산되며, 장차는 천연고무의 대체품으로서 주종을 이룰 것으로 보인다. 그리고 *trans*-1,4-구조의 BR은 골프공 등 경질제품으로서의 용도를 가지며, 최근에는 *cis*-/*trans*-/vinyl 구조가 블렌드된 고무가 치핑(Chipping) 현상을 억제하는 타이어 재료로서 제조된다.

▲ 그림 8.2 타이어(Tire)

▲ 그림 8.3 골프공(Golf Ball)

(2) 스티렌부타디엔 고무(SBR, Styrene Butadiene Rubber)

부나에스(Buna-S), 지아르에스(GR-S)라고도 한다. SBR은 부타디엔에 10~25%의 스티렌을 중합한 매우 불규칙한 공중합체이다.

중합 온도, 유화제(에멀션화제), 중합정지제, 노화방지제, 응고제, 결합 스티렌의 양, 무니점도(Moony Viscosity)에 따라 나누며 여러 종류가 있다. 여기서 스티렌의 첨가는 가격을 낮추고 SBR의 내마모성과 결합 특성을 향상시켜 준다. 또한 BR을 단독으로 사용할 때보다 강도, 내마모성, 블렌드의 상용성을 향상시켜 준다.

SBR 중 부타디엔 영역의 전형적인 조성은 약 70%의 *trans*-1,4-폴리부타디엔, 15~20%의 *cis*-1,4-폴리부타디엔, 15~20%의 1,2-폴리부타디엔이다. 그리고 용액중합에 의한 SBR 생성물(Stereo SBR)은 유화중합으로 합성한 SBR보다 높은 분자량, 좁은 분자량 분포, 높은 함량의 *cis*-1,4-구조를 가진다.

BR과 마찬가지로 SBR은 유화상태에서 자유라디컬 반응에 의해 30~60℃에서 고온고무(Hot Rubber) 방식과 0℃ 부근에서 저온고무(Cold Rubber) 방식이 있는데 주로 저온고무 방식을 많이 사용한다. 즉 물을 분산제로 하고, 비누로 스티렌과 부타디엔을 유화하여 공중합하는 유화중합을 말한다. 원료인 부타디엔, 스티렌, 용수계면활성제, 중합조절제 등을 자동 유량조절 밸브에서 일정한 비율과 속도로 섞어 냉각하고, 과산화물을 넣은 뒤, 저온에서 중합한다. 그 다음 내림작업과 가황공정을 거쳐 고무제품을 만든다.

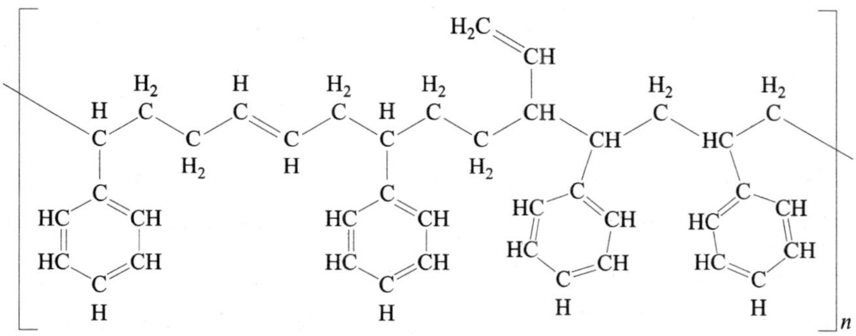

▲ **그림 8.4** SBR **화학구조식**(@25℃, 1atm)

천연고무(Natural Rubber)에 비하여 가격이 싸고, 품질이 고르며, 일정한 가황속도를 갖는다. 열에 강하고 쉽게 마모되지 않으며 잘 변질되지 않는다. 주로 경량 타이어와 벨트, 호스 성형품, 고무판, 구두창 등을 만드는 데 쓰인다.

참고 ▌ 고 스티렌 부타디엔고무(High Styrene Butadiene Rubber)

스티렌 함량이 50% 이상인 스티렌부타디엔 혼성 중합체를 말한다. 스티렌부타디엔 수지라고도 하며 대부분은 황중합법으로 합성된다. 스티렌 함량이 늘어남과 함께 단단해지고 유리전이온도가 상승한다. 일반적인 성질은 SBR과 폴리스티렌의 중간이고 스티렌 함량의 증가에 따라 인장강도와 비누화온도가 증가한다. 반대로 부타디엔 함량이 증가하면 내충격성은 상승한다.

이것을 천연고무 및 합성고무에 블렌드하면 가공성, 내마모성, 내굴곡성, 내균열성, 전기특성 등의 여러 성질이 개선된다. 특히 인장 강도 및 경도를 증대시키므로 보강성, 경화성 유기배합 재료로서 구두창, 마루타일, 볼 커버, 착색 경질고무 등으로 폭넓게 사용된다. 또 내충격성 폴리스티렌으로 부타디엔 함량이 특히 적은 중합체가 이용되는 경우도 있다.

(3) 니트릴부타디엔 고무 (NBR, Nitrile Butadiene Rubber; Nitrile Rubber)

아크릴로니트릴부타디엔고무 (Acrylonitrile Butadiene Rubber), 니트릴고무 (Nitrile Rubber), Buna-N이라고도 부른다. 부타디엔에 15~40%의 아크릴로니트릴과 고온 또는 저온 자유라디컬 유화중합으로 공중합할 수 있다. 즉 NBR은 아크릴로니트릴 [Acrylonitrile, (CH_2CHCN)]과 1,3-부타디엔 [1,3-Butadiene, ($CH_2=CH)_2$]으로 만들어지는 합성고무 (Synthetic Rubber) 공중합체 (Copolymer)이다. 내유성과 내방향족 용매성이 우수하여 개스킷 (Gasket), 튜브, 오링 (O-Ring), 가솔린 호스의 재료로 사용한다. 그리고 타이어 제조시 블렌드 성분으로도 이용할 수 있다.

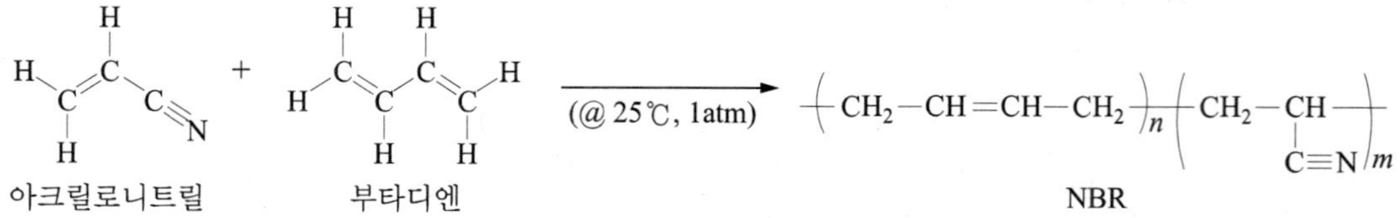

NBR은 부타디엔과 아크릴로니트릴의 몰비가 2:1, 3:1인 공중합에 의해 얻어지고 보통 황으로 가황한다. 가황 고무는 인장 강도, 탄성도 크고, 내유성, 내마모성이 우수하다. 니트릴 함유량이 많을수록 내유성이 커진다. 주로 내유성 호스, 진공용 패킹, 진동방지 고무, 인쇄 롤, 벨트 등에 이용된다. SBR에 이어서 널리 이용되고 있는 합성고무로, 고체와 라텍스상 (Latex Phase)으로 시판되고 있다.

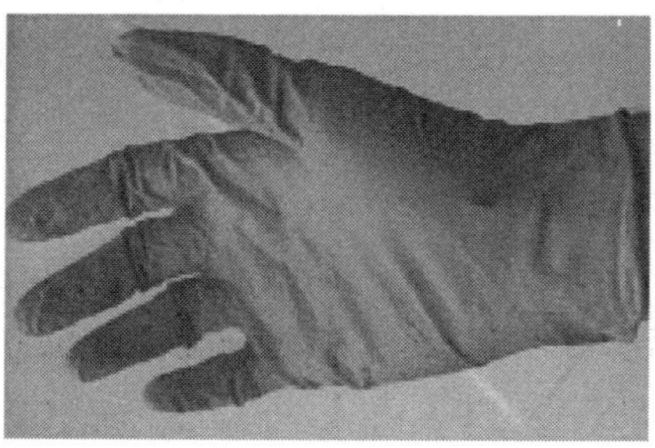

▲ 그림 8.5 NBR 일회용 장갑 (Disposable Glove)

1.2 이소프렌고무 (IR, Isoprene Rubber; Polyisoprene, 합성천연고무)

이소프렌을 중합하여 얻은 천연고무의 성분인 1,4-폴리이소프렌을 말하며, 합성천연고무라고도 하는 입체규칙성 고무 (Stereo Rubber)이다. 단량체인 이소프렌 [Isoprene, 2-Methyl-1,3-Butadiene, $CH_2=C(CH_3)-CH=CH_2$)] 용액을 지글러 나타 촉매 (Ziegler Natta Catalyst)나 알킬리튬 (Alkyl Lithium) 촉매를 사용하여 중합시켜 얻은 것으로, 주성분의 분자구조가 천연고무와 같은 *cis*-1,4-폴리이소프렌 (*cis*-1,4-Polyisoprene)이다.

90% 이상이 *cis*-1,4-구조로 이루어져 있어 화학구조는 천연고무와 거의 같으나, 천연고무에 비해 *cis*-1,4-함유량이 다소 적고 3,4-결합이 좀 더 보완되어 있는 것이 다르다. 따라서 일반적인 특성은 천연고무와 비슷하나 품질이 더 균일하고 먼지 등의 이물질이 없다. 이소프렌고무와 단량체의 화학구조식은 각각 다음과 같다.

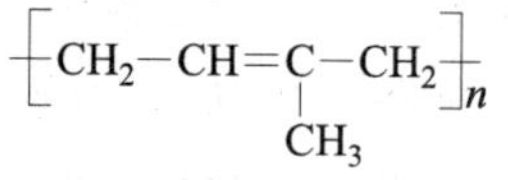
이소프렌고무

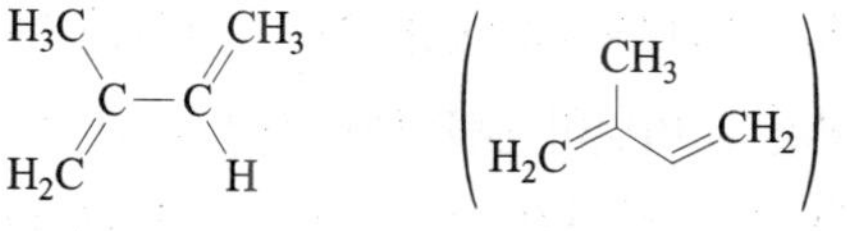
이소프렌 단량체

이전에는 *trans*- 및 *cis*-의 1,2-, 3,4- 구조가 혼합된 고무 밖에 합성하지 못했으나, 지글러 나타 촉매 (Ziegler Natta Catalyst) 등을 사용하는 입체규칙성 고무 합성법이 1954년 미국에서 완성되었다. 디엔을 기본으로 하는 탄성체의 경우에서 보듯이 이소프렌고무 (IR)은 오존, 가솔린, 기름, 유기용매에 대한 저항성은 약하다.

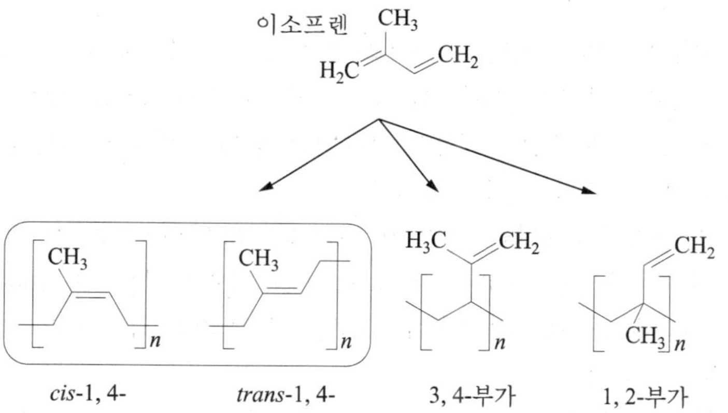

cis-1, 4- *trans*-1, 4- 3, 4-부가 1, 2-부가

그러나 색상이 밝아 착색성이 좋고, 고무 특유의 냄새가 심하지 않으며, 내림작업 (Mastication)이 쉬워 가공성이 좋고, 신장 및 균열 발생에 대한 저항성이 크다. 또 천연고무에 비해 내마멸성과 내노화성/흡수성 및 전기특성이 뛰어나다. 단, 탄성률이 다소 낮고 물에 젖으면 미끄러지기 쉬워 타이어용으로는 잘 쓰지 않는다. 침지제품이나 발포고무 (Foam Rubber), 고무계 감압테이프 및 라미네이트 가공지 등의 접착제로 많이 쓰인다.

참고 ▌ IR (Isoprene) 고무 중합식

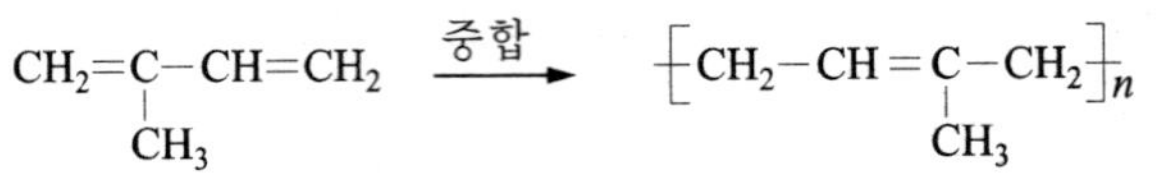

이소프렌　　　　이소프렌고무 (합성천연고무)

1.3 클로로프렌고무 (CR, Chloroprene Rubber, Polychloroprene, Neoprene)

네오프렌 (Neoprene) 혹은 CR이라 부르기도 한다. 아세틸렌 2분자를 중합시키면 생기는 비닐아세틸렌에 염산을 첨가시켜 클로로프렌을 얻고, 이것을 5℃ 또는 40℃에서 유화 (에멀션화)시켜 제조한다. 즉, 다음과 같이 클로로프렌 [Chloroprene, 2-Chloro-1,3-Butadiene, $CH_2=CCl-CH=CH_2$]의 자유라디컬 유화중합으로 얻어진다.

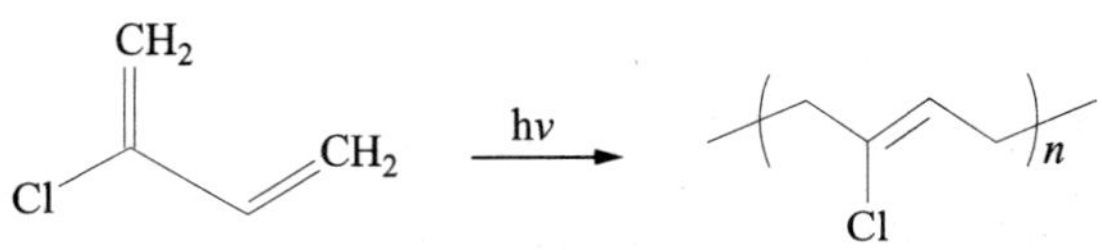

클로로프렌　　　　폴리클로로프렌 (네오프렌)

그 분자구조는 약 95%까지가 1,4-부가를 하며, 주로 *trans*- 구조를 이루고 있다. 또한 몇 %의 1,2- 및 3,4-부가를 한 부분을 함유한다. 클로로프렌은 극히 중합되기 쉽고, 중합온도와 중합 조정제에 따라 많은 종류가 생긴다. 녹는점이 약 80℃까지이고 유리전이 온도는 약 −45℃이다.

클로로프렌만의 중합체는 결정성이 크므로 스티렌이나 아크릴로니트릴을 소량 공중합 시킨 것도 있다. CR를 가공하기 위한 기본 배합은 CR 100, 노화방지제 2, 산화마그네슘 4, 산화아연 5이다. 즉, 가황을 산화마그네슘으로 하는데 135℃에서 30분간 가열한다.

CR 제품은 여기에 언급된 다른 탄성체보다 산소, 오존, 기름, 가스 등에 강한 저항성을 가진다. 이러한 성질로 인해 개스킷, 튜브, 오링 (O-Ring), 밀봉 (Seal)재, 가솔린 호스 등의 재료로 사용된다. 또한 강력한 접착성을 띠므로 접착제로도 대량 사용된다.

참고 ▌ CR 특성 및 용도

내약품성, 내유성, 내후성, 내열성, 내오존성, 내마모성이 뛰어나다. 용도는 전선의 피복, 호스, 패킹, 개스킷, 구두창 등 광범위하다.

참고 ▌ CR (Chloroprene Rubber)

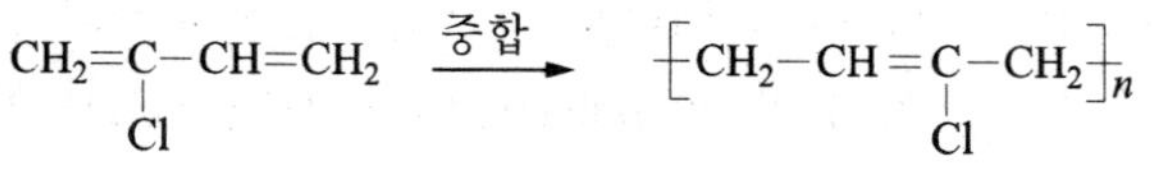

클로로프렌　　　　클로로프렌고무 (네오프렌)

1.4 상호 교환 탄성체

현재 2종류의 상업적 탄성체로 Polynorbornene과 Polyoctenamer가 있는데 모두 개환 상호교환 중합으로 형성된다. 이들은 특수 탄성체로 전자는 높은 오일흡수성을 가지고 후자는 고강도 물성을 가진다. 최근에는 부타디엔 뿐 만 아니라 블록(Block)과 그래프트 (Graft) 공중합체를 포함한 다른 탄성체를 상호교환을 이용하여 제조하고 있다.

1.5 가황 (Vulcanization) 공정

라텍스상으로 얻어지는 천연고무는 비가교 고무로서 끈적하고 점착성의 재료이다. 일상생활에서 보는 고무밴드, 고무호스, 타이어 제품과 같이 복원력과 고정형상(Permanent Set)을 나타내지 못한다. 그러므로 복원력을 가지기 위해서는 망상 구조를 가져야 한다. 디엔 탄성체가 망상구조를 가지기 위해서는 과산화물, 이온화 조사 (Ionizing Radiation), 황 (황화물) 등을 이용하여 가교시킨다. 다음은 가교된 탄성체의 망상구조를 나타낸다. [그림 8.6] 속의 검은 점이 폴리설파이드 다리(Polysulfide Bridge)의 가교점을 나타낸다.

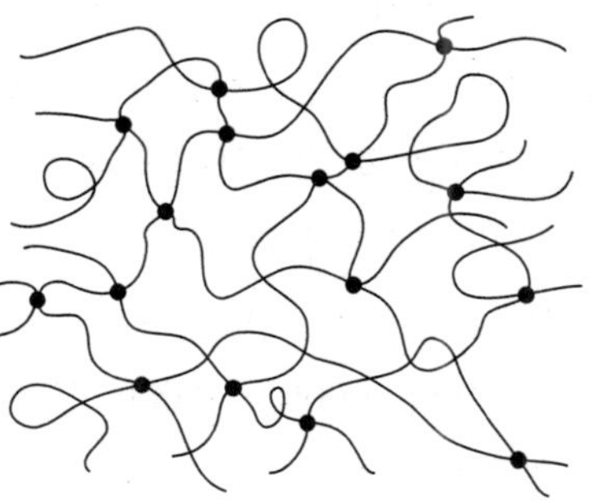

▲ 그림 8.6 가교 탄성체의 망상구조 모형

전형적인 가황방법은 황과 고무화합물에 열을 가하는 것이다. 각각의 고무분자 사이에 형성된 황 다리 (Sulfur Bridge)는 이중결합에 부가되어 일어나는 이온 메커니즘으로 이해된다. 황이 약 30 pph (Part Per Hundred)가 첨가되어 가교도가 높고 딱딱한 경화고무 (Hard Rubber)인 에보나이트 (Ebonite)와는 달리 가황제품은 3 pph의 황이 첨가된다.

일반적인 가황공정은 긴 황다리와 고리형 황구조가 형성되는 등 비효율적이고 반응속도가 느리다. 그래서 이 공정에 촉진제 (예, Thiuram Disulfide, Dithiocarbamate, Benzothiazole)를 첨가하여 개선한다. 그리고 산화아연 (Zinc Oxide)과 스테아르산 (Stearic Acid)은 활성제로 고리형 황의 농도를 줄이고 황다리의 길이를 짧게 형성하도록 도와주는 역할을 한다. 이러한 첨가제와 함께 통상적인 상업용 고무 배합에 산화방지제와 강화충진제도 함유한다.

[표 8.2]는 디엔 탄성체의 가황 배합도를 나타낸다. 앞서 언급한 것처럼 표에서 지방산 (스테아르산)과 산화아연은 가황 활성화제 역할을 한다. 이때 활성화제는 촉진제와 결합하여 염을 생성하는 것으로 여겨진다.

▼ 표 8.2 전형적인 폴리디엔의 가황 배합도

성분	phr
촉진제	0.5～2
황	0.5～4
지방산 (스테아르산)	1～4
산화 아연	2～10

주) phr, Parts per Hundred Rubber

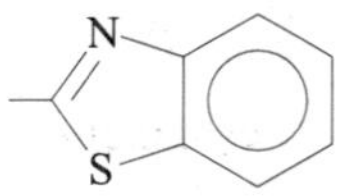

Benzothiazolyl 기

[그림 8.7]에서 보는 바와 같이 촉진제는 단량체의 폴리설파이드를 형성한다. 여기서 Ac기는 촉진제로부터 유도된 유기 라디컬 (예, Benzothiazolyl 기)이다. 이 단량체 (Ac)의 폴리설파이드는 탄성체 사슬 중의 불포화기와 반응하여 고무 폴리설파이드를 생성하고 최종적으로 또 다른 사슬과 반응하여 폴리설파이드 다리를 형성한다. 즉 [그림 8.7] (a)에서는 황 원소와 촉진제의 반응으로 형성된 단량체의 폴리설파이드가 고무사슬과 반응하여 폴리설파이드 다리를 형성하고 (b)에서는 두 고무 사슬간의 폴리설파이드 다리를 나타낸다.

가교점 사이의 분자량은 대략 4,000～10,000 정도이며 각각 하나의 사슬 분자량은 약 100,000～500,000 단위이다.

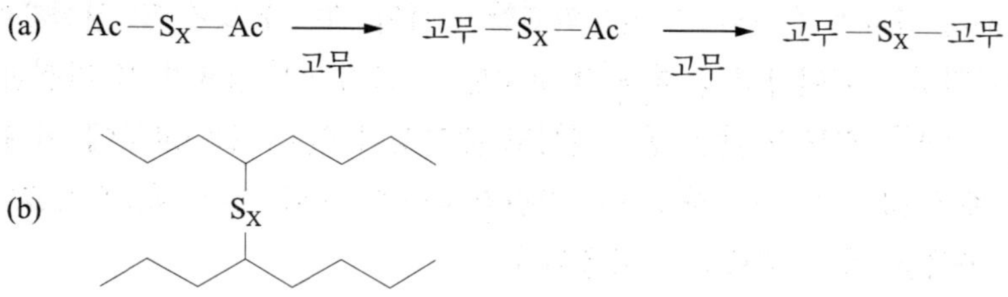

▲ **그림 8.7 가황공정** (Vulcanization Process)

02 비 디엔탄성체 (Non-Diene Elastic Body)

다수의 중요한 탄성체는 디엔 탄성체의 불포화 사슬구조를 갖지 않는다. 이러한 비 디엔탄성체로는 앞에서 언급한 폴리이소부틸렌 (부틸고무), 폴리실록세인 (실리콘고무), 바이톤 (Viton, 플루오로 탄성체), 스판덱스 (Spandex, 폴리우레탄 탄성체), 에틸렌/프로필렌에서 유도된 탄성체 (EP, EPDM 탄성체)가 있다. 이 중에서 부틸고무와 EPDM의 경우는 가황 장소를 제공하는 소량의 디엔 단량체의 공중합을 이용하여 도입한다. 다른 비 디엔탄성체의 경우는 자유라디컬 개시제 또는 다작용기 단량체를 이용하여 망상구조를 형성한다. 비 디엔탄성체는 주사슬에 이중결합이 없거나 소량 존재하므로 디엔탄성체에 비하여 산소, 오존에 대한 저항성과 뛰어난 내화학성을 가진다.

2.1 부틸고무 (Butyl Rubber; PIB, Polyisobutylene; IIR, Isoprene Isobutylene Rubber)

줄여서 PIB 혹은 IIR이라고 한다. 폴리이소부틸렌이나 부틸고무는 가황의 불포화 장소를 제공하는 소량의 이소프렌 (Isoprene)을 함유하는 공중합체 (IIR)로 만들어진다. 즉, 순도 99% 이상의 이소부틸렌 (Isobutylene)과 약 1.5～4.5%의 이소프렌의 혼합물에 순수한 메틸클로라이드를 넣고 촉매제로 무수염화알루미늄을 넣은 뒤 낮은 온도에서 양이온 부가중합 (Cationic Addition Polymerization)으로 만든다. 불포화도, 무니점도, 오염 유무에 따라 할로겐화부틸고무와 폴리이소부틸렌 등 여러 종류로 나누어진다.

기후의 변화에 잘 견디고 불포화결합이 적어 열이나 오존 및 산화제에 강하며 전기절연성이 뛰어나고 충격을 잘 흡수한다. 그리고 탄성체가 잘 결정화하지 않으므로 −50℃ 정도의 낮은 온도에서도 유연성이 있다. 천연고무에 비해 기체투과성이 매우 작아서 주로 자동차나 자전거 타이어 속에 있는 내부튜브로 쓰고 전선이나 공업용 건축 재료로도 사용된다.

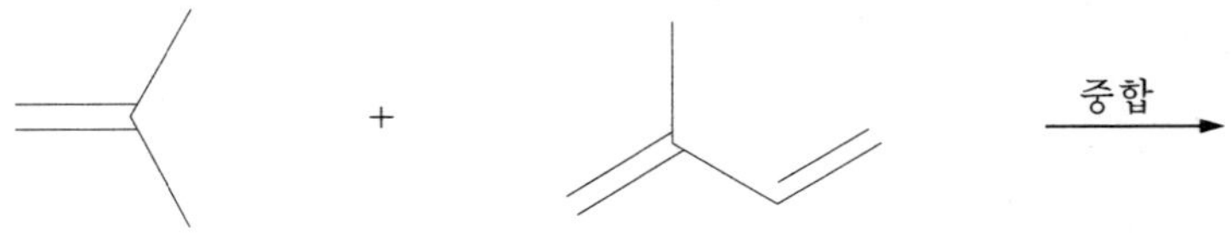

이소부틸렌 [$(CH_3)_2C=CH_2$]　　　이소프렌 [$CH_2=C(CH_3)-CH=CH_2$]

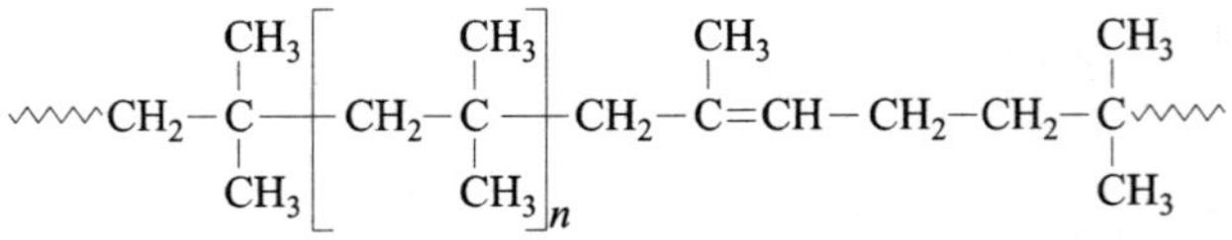

폴리이소부틸렌 (부틸고무)

주) 긴 폴리이소부틸렌분절 (PIB Segment)은 양호한 유연성을 보임

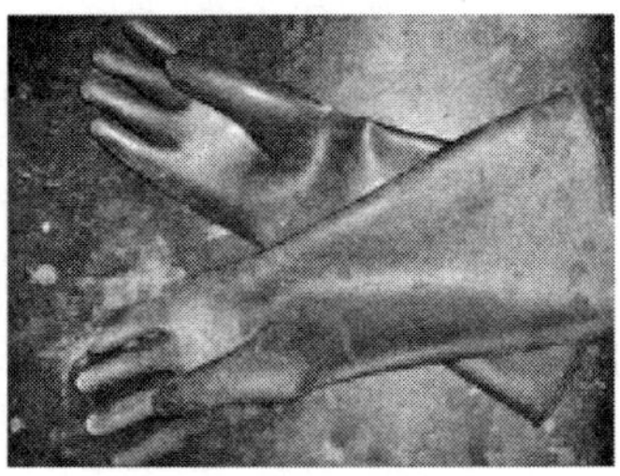

▲ **그림 8.8 부틸고무 장갑** (Butyl Rubber Glove)

2.2 실리콘고무 [Silicone Rubber; Polysiloxane (폴리실록세인); 규소고무]

실록세인 (Siloxane) 결합 (Si − O)을 가지고 있는 중합체를 말한다. 실리콘 탄성체는 고온안정성, 산화안정성, 저온유연성, 우수한 전기적 물성, 내유성, 내후성을 가진다. 일반적인 용도로는 전선과 전선피복제의 절연체, 수술용 의치, 개스킷, 밀봉제, 항공기용 튜브를 들 수 있다. 아래 반응식에서와 같이 제법은 디메틸디클로로실레인 (Dimethyldichlorosilane)과 같은 디클로로실레인 (Dichlorosilane)을 가수분해하여 폴리실록세인 (Polysiloxane)을 만든다. 이 공정은 삼량체 (Trimer), 사량체

(Tetramer)에 의한 고리형 실록세인 (Siloxane)이 형성되므로 고분자량의 고분자를 만들기에는 적절하지 않다. 탄성체의 응용에 적합한 고분자량의 고분자는 염기 촉매하에 고리형 생산물의 개환중합으로 얻을 수 있다. 가교된 실록세인 탄성체는 중합에 추가적인 반응 기를 제공하는 디클로로실레인과 알킬 트리클로로실레인의 공가수분해 (Cohydrolysis)로 제조된다. 또한 폴리디메틸실록세인은 과산화물 (과산화벤조일, 디큐밀페르옥시드) 을 사용하여 가교할 수도 있다. 가황단계의 효율은 비닐메틸실라놀 (Vinylmethylsilanol)과 같은 실록세인을 함유한 비닐기와 공중합을 통하여 불포화 장소를 도입하면 크게 향상된다.

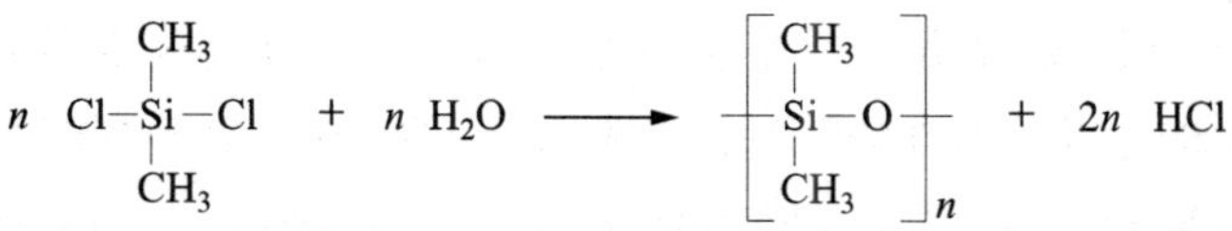

디메틸디클로로실레인 폴리디메틸실록세인

실리콘고무는 실리콘 오일보다 분자량이 큰 것으로, 분자량은 수십만 정도이고, 시판되고 있는 것 중에는 메틸기 ($-CH_3$)의 일부가 페닐기 ($-C_6H_5$)나 비닐기 ($-CH=CH_2$)로 치환되어 있는 것도 있다. 독자적인 성질을 보이는 것은 내열성으로, 250℃에서 3일간 방치하여도 강도와 신장률의 변화를 10% 이내로 유지할 수가 있다. 또 저온 (−45℃)에서도 고무 탄성을 잃지 않는다. 따라서 항공기의 창문을 봉하는 용도와 발수성 (물을 튀기는 성질)을 필요로 하는 곳, 또는 발열하는 곳에 특수 재료로 사용되며, 고무롤러의 속 부분, 패킹 재료, 전기 절연재료 등으로 널리 쓰인다.

[그림 8.9]는 탄성을 높이기 위한 실리콘고무의 유기과산화물 (Organic Peroxide)에 의한 가교 (Cross Linking)를 나타내고, [그림 8.10]은 실리콘고무의 반복단위를 각각 나타낸다.

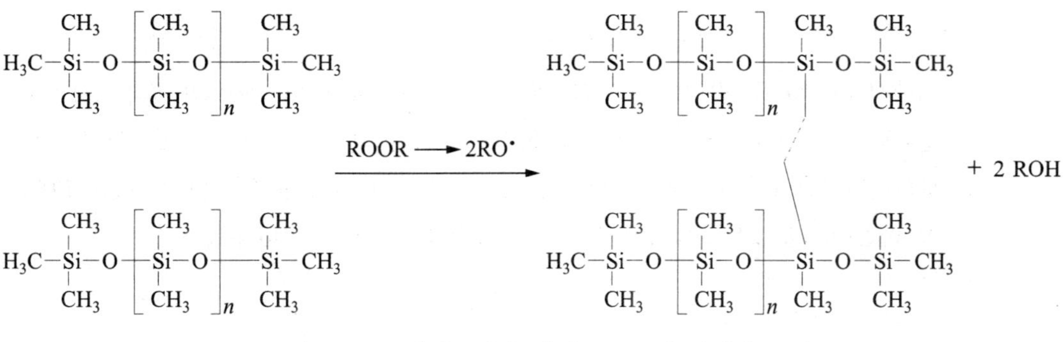

▲ 그림 8.9 폴리실록세인 (실리콘고무)의 과산화물 가교

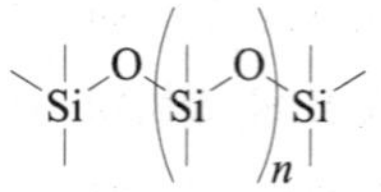

▲ 그림 8.10 실리콘고무의 반복단위

2.3 플루오로고무 [Fluororubber, 플루오린고무, 플루오로탄성체, 불소고무, Viton]

플루오로 원자를 함유한 고무상 물질을 말한다. 대부분의 플루오로 탄성체는 유기개시제 또는 무기개시제를 사용하여 고압, 자유라디컬 유화중합으로 얻어진다. 그리고 대부분의 플루오로 탄성체는 비닐리덴 플루오라이드(Vinylidene Fluoride)를 가진 플루오린화 폴리올레핀(Tetrafluoroethylene과 Hexafluoropropylene)의 공중합체이다. 내열, 내한, 내유, 내약품성이 뛰어난 고무로 현재 시판되고 있는 고무 중 가장 내열성이 뛰어나다.

불소 탄성체에는 다음과 같은 것들이 있고 이들은 주로 제트기용 각종 부품재료, 오일통의 패킹재(Seal) 등에 쓰이며 단점은 가공성이 좋지 않다.

(a) 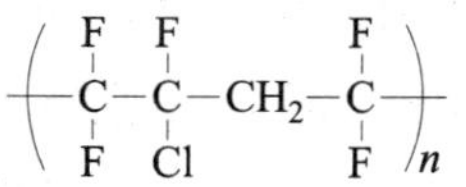 Kel-F 탄성체

(b) 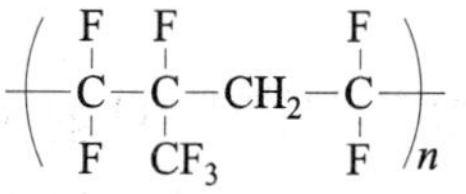 Viton A

(c) 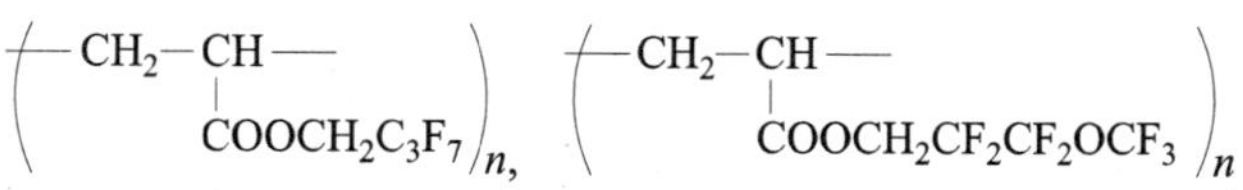 Poly FBA

위에서 (a) Kel-F 탄성체는 트리플루오로클로로에틸렌 30~50%와 플루오로화비닐리덴 70~45%의 공중합체이다. (b) Viton A는 헥사플루오로프로필렌과 플루오로화비닐리덴의 공중합체이다. (c) 폴리아크릴로니트릴계 공중합체로서 Poly FBA에 속한다. 그리고 주요 플루오로 탄성체를 [표 8.3]에 나타내었다.

▼ 표 8.3 주요 플루오로 탄성체

플루오로탄성체	상품명
Poly (Vinylidene fluoride-co-hexafluoropropylene)	Viton, Fluorel
Poly (Vinylidene fluoride-co-hexafluoropropylene-co-tetrafluoroethylene)	Viton, Fluorel
Poly [Vinylidene fluoride-co-tetrafluoroethylene-co-perfluoro (methyl vinyl ether)]	Viton
Poly [Tetrafluoroethylene-co-perfluoro (methyl vinyl ether)]	Kalrez
Poly (Tetrafluoroethylene-co-propylene)	Aflas
Poly (Vinylidene fluoride-co-chlorotrifluoroethylene)	Kel-F

참고 ▌ 플루오로수지 (Fluororesin, 불소수지, 불화수지)

불소수지는 불소를 포함한 올레핀을 중합시켜 얻어진 합성수지이다. 내열성 내약품성의 우수성이나 마찰계수가 작은 것이 특징이다. 그중에서도 가장 많이 생산되고 있는 불소수지는 폴리테트라플루오로에틸렌 (PTFE, 4플루오로화수지, 테플론)이다. 테플론은 듀폰사의 불화수지로 260℃의 내열성을 가지지만 열가소성이 없고 가공성이 나쁘다. 그래서 성형성을 높이기 위해 완전불화시킨 PTFE의 불소기 일부를 수소 또는 염소로 치환하거나, 올레핀으로 여러 클로로트리플루오로에틸렌수지 (CTFE)나 불화비닐리덴수지 (PVDF)가 개발되었다.

2.4 우레탄고무 (Urethane Rubber, Polyurethane)

폴리우레탄은 높은 강도, 가스, 오일 및 방향족 탄화수소에 대한 우수한 저항성, 우수한 내마모성, 산소와 오존에 대한 뛰어난 저항성을 나타내지만 세균공격에 취약하다. 용도는 구두밑창, 고형타이어 및 임펠러 등을 들 수 있다. 일반적으로 폴리우레탄은 다음과 같이 (a) 디이소시아네이트 (Diisocyanate)와 디하이드록시 (디올) 화합물의 단계 성장 중합으로 합성하거나 (b) 비스클로로포메이트 (Bischloroformate)와 디아민의 반응으로 합성한다.

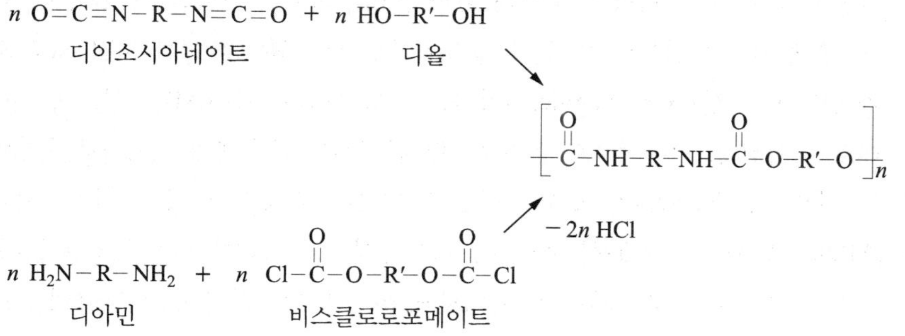

여기서 디올(Diol)은 폴리에스터나 폴리에테르의 글리콜을 사용하는데 폴리에스터글리콜은 에틸렌, 프로필렌, 부틸렌 등의 글리콜을 아디프산 등과 반응시켜 제조하며, 폴리에테르글리콜은 폴리옥시에틸렌, 폴리옥시프로필렌, 폴리옥시테트라하이드로푸란 등의 글리콜이 사용된다. 그리고 디이소시아네이트(Diisocyanate)는 톨루엔디이소시아네이트 혹은 4,4-디페닐메틸렌디이소시아네이트 등이 사용된다. 일반적인 디이소시아네이트의 종류는 다음 [표 8.4]와 같다.

작용기가 2개 이상인 이소시아네이트 또는 하이드록시 화합물을 이용하여 가지 그룹 또는 가교점을 형성할 수 있다. 고분자 주사슬에 카바메이트기(Carbamate Group)의 존재는 모든 폴리우레탄의 특징이다.

$$-O-\overset{\displaystyle O}{\overset{\|}{C}}-NH-$$

카바메이트기

▼ **표 8.4 디이소시아네이트 종류**

디이소시아네이트	약어	구조식
Hexamethylenediisocyanate	HMI	$O=C=N-(CH_2)_6-N=C=O$
4,4'-Methylene-bis (cyclohexylisocyanate)	$H_{12}MDI$	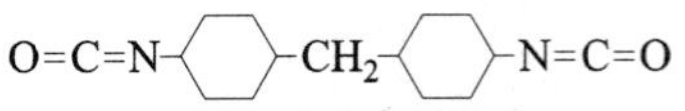
Methylene-4,4'-diphenyldiisocyanate	MDI	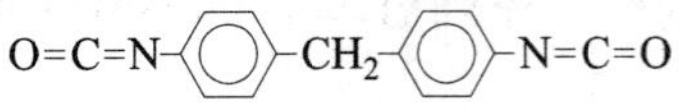
Naphthalene-1,5-diisocyanate	NDI	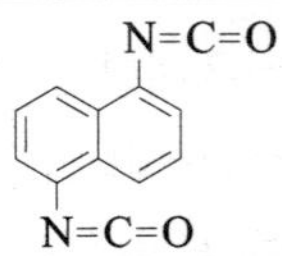
Toluene-2,4-diisocyanate	TDI	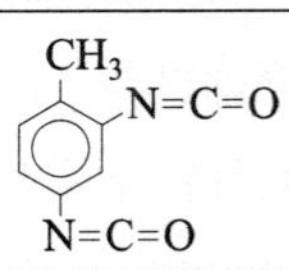

반응물의 R, R'의 화학적 조성에 따라 폴리우레탄의 사슬은 에스터, 에테르, 아미드(우레아)기를 함유할 수 있다. 폴리우레탄 탄성체는 유연한 분절(Soft Segment)과 단단한 분절(Hard Segment)이 교차하며 이루어지는 $(AB)n$ 블록공중합체의 형태로 얻어진다. 일반적으로 폴리우레탄 탄성체는 말단에 이소시아네이트가 존재하는 예비중합체(Prepolymer)를 만들기 위하여 과량의 방향족 디이소시아네이트(MDI, TDI)와 말단에 하이드록시기가 존재하는 폴리에스터(폴리에테르)를 반응시켜 합성한다. 주로 사용하는 일예로 폴리에테르는 폴리프로필렌글리콜이고 폴리

에스터는 폴리디에틸렌글리콜 아디페이트(Polydiethyleneglycol Adipate)로 각각의 화학구조식은 다음과 같다.

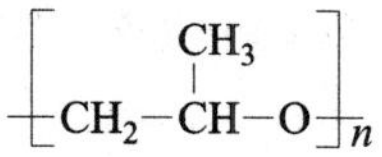

폴리프로필렌 글리콜

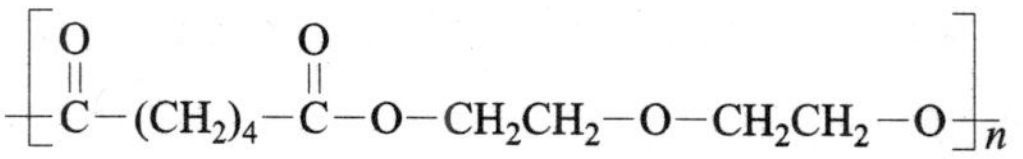

폴리디에틸렌글리콜 아디페이트

폴리에스터계 폴리우레탄은 폴리에테르계보다 저렴하고 산화안정성과 고온열안정이 우수하지만 수분안정성과 낮은 온도에서의 유연성은 떨어진다. [그림 8.11]에서 보는 바와 같이 예비중합체(Prepolymer)는 사슬연장제로 작용하는 디아민(예, 에틸렌디아민)과 반응하여 다음과 같은 우레아 결합(Urea Linkage)을 통해 고분자량의 탄성체를 만들 수 있다. 우레아 결합: $-NH-\overset{O}{\overset{\|}{C}}-NH-$

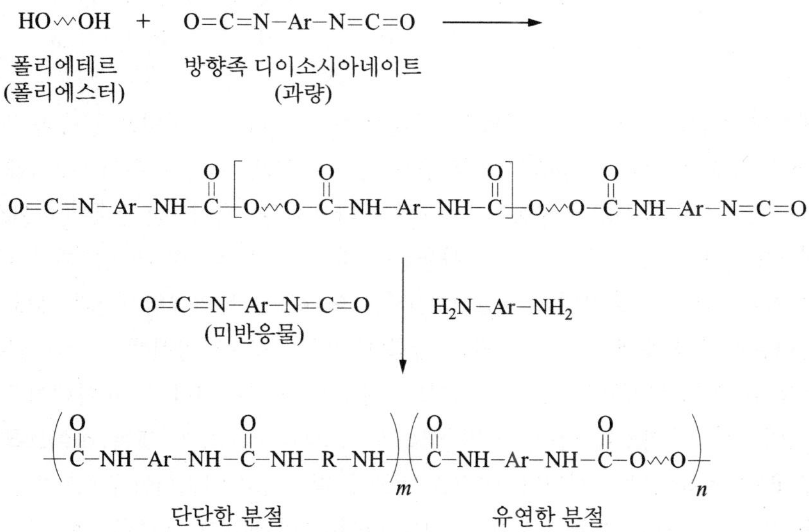

▲ **그림 8.11 섬유용 탄성 폴리우레탄 합성**

공중합체의 유연한 블록은 폴리에스터/폴리에테르 분절로서 탄성체의 대부분을 이루며 유리전이온도(T_g)가 일반 사용온도(T_{use})보다 낮은 무정형 연속상을 형성한다. 우레탄결합 사이의 분자 간 수소결합은 단단한 블록의 영역 화합을 생성하고 이 영역($T_g > T_{use}$)은 탄성체가 인장되었을 때 회복력을 제공해주는 물리적 고착점 또는 가교점의 역할을 한다. 폴리우레탄 탄성체를 인장시키면 유연한 영역은 장력이 제거될 때까지 신장하고 결정화가 이루어진다.

폴리우레탄 탄성체는 쉽게 염색이 되며 높은 강도와 우수한 내화학성, 내마모성, 내흠집성 (Abrasion/Mar Resistance), 탄성회복력을 가진다. 또한 케톤과 같이 산소가 포함된 용매와 강산에는 취약함에도 불구하고 탄화수소와 산소의 공격에는 안정하다. 폴리우레탄 탄성체의 용도로 여성용 속옷, 수술용 호스, 수영복의 제조를 들 수 있다.

참고 ▌ 폴리우레탄 총정리

우레탄 탄성체라고도 한다. 우레탄결합, 에스터결합, 에테르결합을 갖는 망상구조의 고분자 물질이다. 폴리에스터나 폴리에테르의 글리콜과 디이소시아네이트를 반응시켜 제조한다.

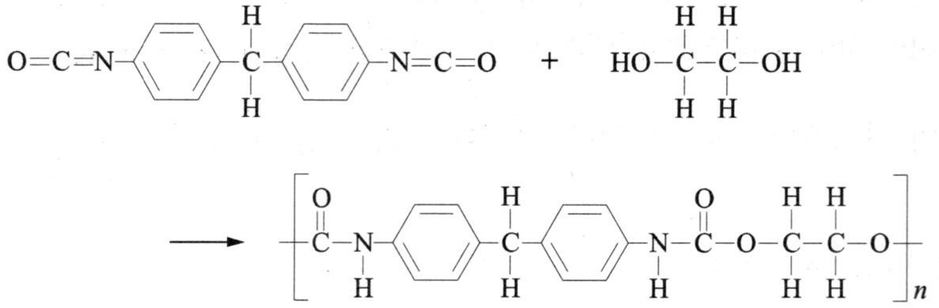

여기서 폴리에스터글리콜은 에틸렌, 프로필렌, 부틸렌 등의 글리콜을 아디프산 등과 반응시켜 제조 (분자량 1,000～2,000)하며, 폴리에테르글리콜은 폴리옥시에틸렌, 폴리옥시프로필렌, 폴리옥시테트라하이드로푸란 등의 글리콜이 사용된다. 그리고 디이소시아네이트는 톨루엔디이소시아네이트, 4,4-디페닐메틸렌디이소시아네이트 등이 사용된다. 다시 말해 양끝에 하이드록시기를 갖는 폴리에스터 또는 폴리에테르를 출발원료로 한다. 전자는 아디프산 등의 2염기산과 에틸렌글리콜이나 프로필렌글리콜과의 반응에 의해서 후자는 산화에틸렌, 산화프로필렌에서 각각 얻는다. 다음에 폴리에스터 또는 폴리에테르와 이소시아네이트, 예를 들어 톨루엔디이소시아네이트 혹은 4,4-디페닐메틸렌디이소시아네이트를 반응시키면 양끝에 이소시아네이트기 또는 하이드록시기를 갖는 예비중합체 (Prepolymer)가 합성된다. 이것을 형틀에 넣으면서 이소시아네이트기가 과잉일 때는 글리콜, 디아민을, 하이드록시기가 과잉일 때는 디이소시아네이트, 산화물, 황 등을 가교제로서 가하면 망상구조가 생겨서 합성고무 제품이 된다.

성형은 일반적으로 가압, 가열 하에서 이루어지며 이중결합을 함유하지 않으므로 내후성, 내산화성이 양호하고, 우레탄 결합이 있으므로 기계적 강도, 내마모성, 내충격성 등에서 우수하다. 용도는 타이어의 표면, 소형의 공업용 바퀴, 구두 뒤축 표면 등의 제조에 많이 사용된다.

2.5 폴리올레핀계 탄성체

폴리올레핀계 탄성체에는 EPR (EPM)과 EPDM등이 있다. EPR (EPM)은 에틸렌과 프로필렌의 공중합체이고 EPDM은 에틸렌, 프로필렌, 소량의 제3단량체 (디엔 함유)의 삼중중합체 (Terpolymer)로 유황으로 가황시켜 사용된다.

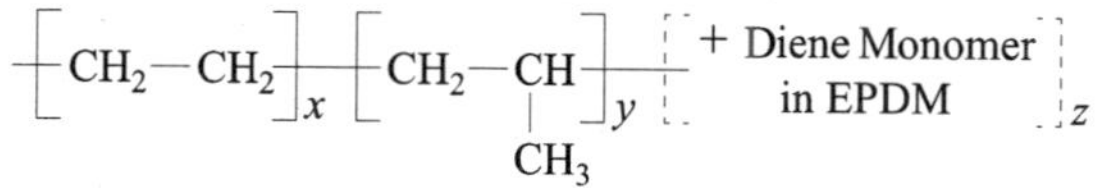

이들은 내산성, 내후성, 색안정성, 전기적 안정성이 우수하다. 이들은 타이어, 라디에이터 호스, 개스킷, 밀봉재와 같은 자동차용의 SBR과 네오프렌의 대체 재료로 사용할 수 있다. 또한 전선과 케이블 절연, 틈마개 재료 (Weather Stripping), 신발에도 이용된다. 그리고 PP와 EPDM의 블렌드는 자동차 범퍼 제조의 재료로 이용된다. 일반적으로 에틸렌 고무는 극히 양호한 내오존성, 내양광성과 내기후성을 가지고 있고, 저온 하에서도 양호한 굴곡성과 양호한 내화학품성 (많은 희석산과 염, 극성용제) 그리고 양호한 전기절연성을 가진다.

(1) 에틸렌프로필렌고무 (EPR, Ethylene Propylene Rubber)

EPR (EPM)은 에틸렌 (60～70%)과 프로필렌 (30～40%)의 불규칙 공중합체 (비결정성 고분자)로서 조절된 에틸렌 프로필렌 단량체의 농도에서 가용성 지글러 나타 촉매를 이용하여 제조할 수 있다. 단량체의 불규칙적인 배치는 결정성을 저하시키고 결과적으로 고무상 재료가 되는데 이는 수소 추출과 이어지는 라디컬 결합을 통하여 과산화물과 가교할 수 있는 고무상의 재료에 이르게 된다. 이중결합이 적어 내열성과 내오존성은 우수하지만 가황이 쉽지 않아 다소 성형하기가 곤란하다.

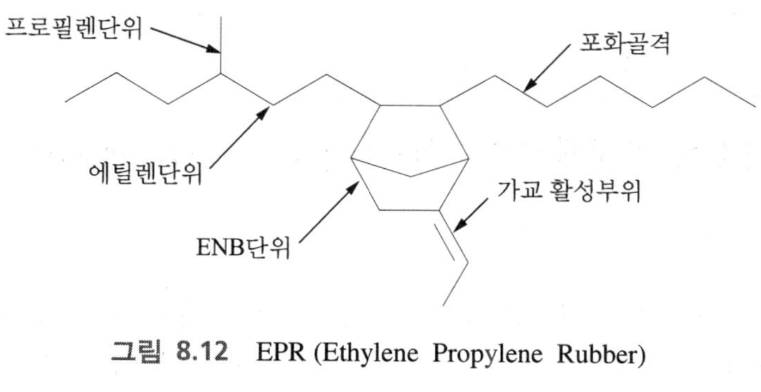

그림 8.12 EPR (Ethylene Propylene Rubber)

(2) 에틸렌프로필렌디엔모노머고무 (EPDM, Ethylene Propylene Diene Monomer Rubber)

EPDM 고무는 불포화 삼원공중합체 (Terpolymer)로서 에틸렌과 프로필렌에 제3 성분인 Dicyclopentadiene, Cyclooctadiene, 1,4-Hexadiene, Ethylidiene Norbornene (ENB, 에틸리디엔 폴리사이클릭 불포화 탄화수소)와 같은 비공액 디엔을 가하여 합성할 수 있다. 이러한 불포화 삼원공중합체는 전형적인 방법으로 가황을 할 수 있다.

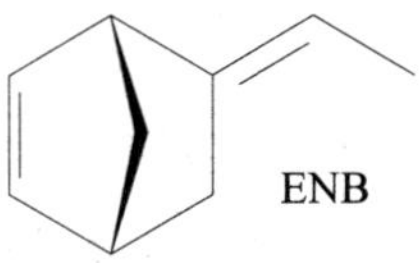

EPDM은 화학적으로 안정하며 내후성, 유전성 등 여러 성질이 우수하나 제3성분인 디엔단량체 값이 비싼 편이다. 전선 및 케이블의 피복, 컨베이어 벨트 등의 제조에 이용된다. 가황한 것은 물리적 성질이 천연고무와 SBR의 중간성질을 보인다.

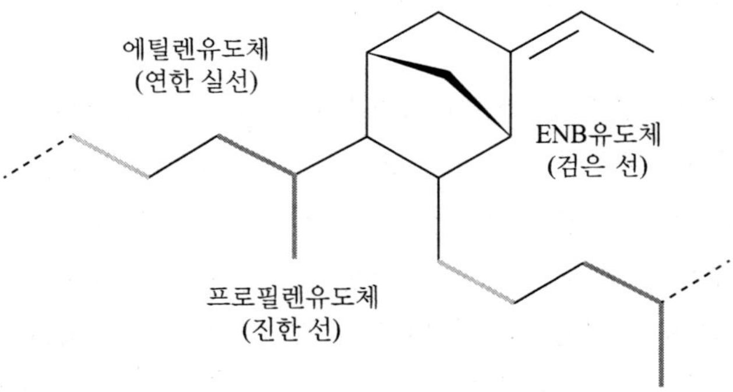

▲ **그림 8.13** EPDM (Ethylene Propylene Diene Monomer)

03 열가소성 탄성체 (TPE, Thermoplastic Elastomers)

열가소성 탄성체는 고무의 물리적 특성을 가지는 플라스틱 고분자이다. 즉, 사용조건하에서 고무탄성을 나타내며 성형조건하에서는 열가소성 플라스틱과 같이 성형이 가능한 고분자이다. 이것은 부드럽고 유연성이 있으며 고무의 탄성을 가지고 있다. 가황고무처럼 가교결합 공정은 불필요하기 때문에 기존의 열경화성 물질보다 경제적이고 재사용이 가능한 특징을 가지고 있다.

아래 [그림 8.14]에서 보듯이 공유결합자리에 망상구조를 형성하기 위하여 단단한 영역구조를 사용한다. 이들은 일반적으로 블록공중합체의 결정 블록이나 유리상 블록과 연관되는 결정상 또는 유리상이거나 다른 분자에서의 화학 그룹간의 수소결합과 같은 2차 결합을 통하여 형성되는 화합의 결과이다. [그림 8.14]는 SBS (폴리스티렌-*block*-폴리부타디엔-*block*-폴리스티렌)와 같은 열가소성 탄성체의 유리상 영역을 나타낸다. 원형 부분이 물리적으로 분리된 유리상 고분자 영역 (예를 들어 폴리스티렌)을 나타내고 이 유리상 영역은 탄성체 (즉, 폴리부타디엔) 분절로 연결되어 있다. 그리고 이와 같은 열가소성 탄성체는 폴리우레탄, 폴리에스터, 폴리올레핀, 스티렌계와의 블록 공중합체로부터 제조할 수 있다.

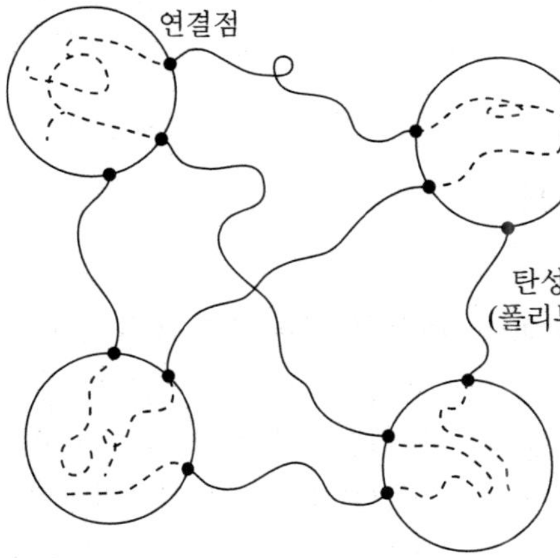

▲ **그림 8.14 열가소성 SBS 탄성체의 유리상 영역 모형**

열가소성탄성체는 스티렌계 (SBC), 올레핀계 (TPO), PVC계 (TPVC), 우레탄계 (TPU), 폴리에스터계 (TPEE), 폴리아미드계 (TPAE)로 대별한다. 여기서 (a) 스티렌계 (SBC)에는 스티렌 부타디엔계 (SBS), 스티렌 이소프렌계 (SIS), 스티렌 에틸렌 부타디엔 (SEBS)의 3가지 형이 있다. (b) 올레핀계 (TPO)는 종래 PP와 EP(D)M을 단순 블렌드 또는 과산화물 (Peroxides) 등으로 부분가교하여 얻었다. 그러나 몬산토 (Monsanto)사의 Santoprene (상품명)은 동적가류법을 이용한 것으로 종래법과 구별된다. 몬산토사의 동적가교물이 가교고무의 분산계 즉, 2상계 고분자 알로이 (Alloy)에 해당한다. 또한 제법상의 진전으로 통상 블렌드 수법에 의하지 않고 중합법으로 제조하는 연구가 진행되어 유니온카바이드 (Union Carbide)사는 반응기 생산 열가소성 올레핀 (TPO, Thermo Plastic Olefin)탄성체를 포함하는 폴리올레핀 코폴리머 (PE와 PP의 중간영역)의 생산을 1989년부터 시작하였다.

▼ 표 8.5 스티렌계(SBC)와 올레핀계(TPO) 비교

	구속양식	경질상	연질상	제조사/상품명
스티렌계 (SBC)	동결상	폴리스티렌(PS)	부타디엔고무 (BR) 혹은 이소프렌고무(IR)	Shell Chemical/Kraton 일본화성고무/JSR
올레핀계 (TPO)	결정상	폴리에틸렌(PE) 또는 폴리프로필렌(PP)	EPDM, EPR	스미토모화학공업/스미토모TPE 미쯔이석유화학/Sirasromer 일본합성고무/JSR-Samoran Monsanto/Softorex 도넨석유화학/CTE, TEX

현재 가장 널리 사용되는 열가소성 탄성체는 스티렌과 부타디엔, 이소프렌, 에틸렌 또는 에틸렌/프로필렌 단량체와의 블록공중합이다. 열가소성 탄성체의 중요한 특징은 유연성, 부드러움, 탄성이다. 주요 용도는 신발, 감압접착제, 절연, 재생 가능한 범퍼 등이다.

3.1 Monsanto사 동적가교물

1980년도 미국 몬산토(Monsanto)사에서는 동적가교(Dynamic Vulcanization) 기술법을 이용하여 종래의 올레핀계(TPO) 탄성체보다 성능이 우수한 탄성체를 개발하여 Santoprene이라는 상품명으로 시판하기 시작했다. 이것은 페놀수지 가교제를 사용한 동적가교 기술법에 의한 것으로 PP 중에 완전가교된 EPDM입자를 분산시켜 종래의 TPO탄성체보다 압축영구변형율이 작고 내열성, 내유성, 강도 등이 우수하여 고성능 TPO탄성체로 주목을 받았다. 보통 블렌드에 의한 TPO탄성체 제조에서는 유기과산화물 및 페놀수지 등과 같은 EPDM의 가교제를 사용해서 EPDM 부분을 가교시키는 방법이 실시되고 있다. 블렌드하는 EPR의 양이 많은 영역은 열가소성탄성체로서 실용화되고 있는데 현재 시판되고 있는 TPO탄성체는 EPR부분의 가교상태에 따라 단순블렌드, 부분가교형태, 완전가교형태의 3가지 종류로 대별한다. 단순블렌드에 비해 가교형태는 보다 고무적인 성질을 나타낸다. 그리고 EPDM 부분의 상태에 따라 3가지로 구분한다. 첫째, 단순히 EPDM과 PP 등 폴리올레핀계 수지를 블렌드한 형태로 EPDM과 PP 모두 연속상이다. 둘째, EPDM을 부분적으로 가교시킨 형태로 아직 구조에 대한 명확한 해석은 없다. EPDM/PP = 70/30 조성에서 부분가교에 대한 현미경 관찰에서 EPDM은 $10\mu m$, PP $2\mu m$ 이하의 지름이 보고되고 있으나 어느 것이 매트릭스(Matrix) 인지는 분명치 않다. Katuki 모델에 의하면 부분가교 EPDM이 모체로 되고 PP가 영역(Domain)이라 예상하고 있다. 셋째, EPDM을 완전히 가교시켜 PP매트릭스 중에 분산시킨 형태

로 PP가 매트릭스이고 EPDM이 영역(Domain)이다. [그림 8.15]는 가교 유무에 따른 분산상의 그림을 나타낸다.

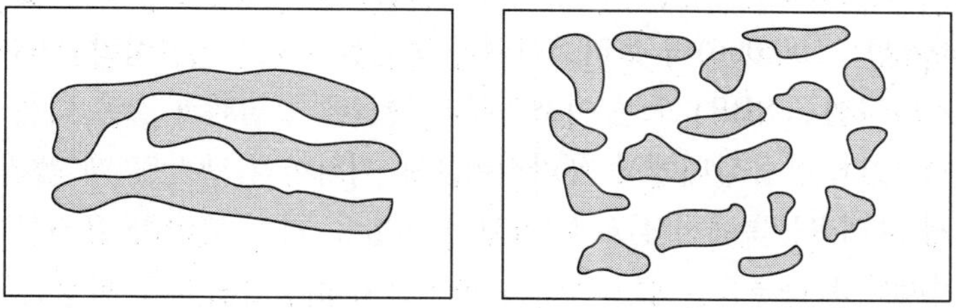

(a) 비가황 블렌드 (b) 열가소성 가황물

▲ **그림 8.15 분산상 모형**

가교형태의 열가소성 올레핀(TPO) 탄성체는 PP와 EPR을 용융 혼련시키면서 유기과산화물로 가교하는 공정에 의해 제조된다. EPR 분자간의 가교 이외에 PP와 EPR의 그래프트(Graft) 결합이 생성된다. 그래프트 폴리머의 생성량이 많아질수록 영역(Domain)의 평균입경이 미세하게 되고 PP와 EPR의 계면이 두꺼워져 충격강도는 향상된다. [그림 8.16]은 가황고무의 화학적 가교를 나타낸다.

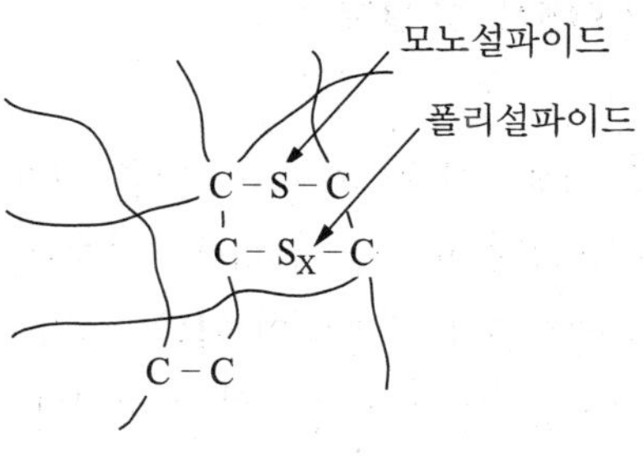

▲ **그림 8.16 가교고무(유황가교)**

참고로 A와 B의 블렌드에 대한 기본적인 미이크로 상분리 조직 모델은 [그림 8.17]과 같이 나타낼 수 있다.

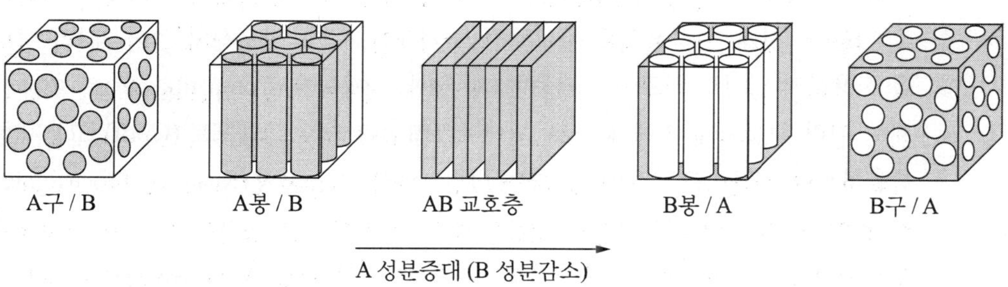

▲ **그림 8.17 마이크로 상분리 모델**

3.2 열가소성 SBS 탄성체

상업적으로 중요한 열가소성 탄성체인 ABA형 블록공중합체는 양 말단에 고분자량(50,000~100,000)의 폴리스티렌과 중간블록으로 저분자량(10,000~20,000)의 폴리부타디엔(YSBR) 또는 이소프렌과 에틸렌 부틸렌과 같은 다른 올레핀으로 구성되어 있다. 용융상태에서 유리전이온도 이하까지 냉각될 때 폴리스티렌 블록은 탄성체 올레핀블록에서 물리적 가교점 역할을 하는 단단한 유리상 영역을 형성한다. 이러한 블록공중합체는 음이온 리빙(Living) 중합으로 합성된다. 등급상 SBS 탄성체는 SBR고무보다 인장강도가 크지만 제한적인 열안정성을 나타낸다. YSBR을 수소처리하여 내후성과 열안정성을 개선시킬 수 있다. 스티렌계 열가소성 탄성체의 블렌드는 고무밴드, 장난감, 구두 밑창 및 개스킷 재료로 이용된다. 부타디엔 함량이 30%인 YSBR과 PS를 블렌드한 수지는 열성형 음료수용 플라스틱 컵 제조에 적당하다. PS 단독으로는 너무 취약하여 열성형으로부터 발생하는 높은 신율을 견디지 못한다.

3.3 열가소성 올레핀(TPO) 탄성체

지글러 나타 촉매를 이용하여 합성하는 올레핀 열가소성 탄성체로는 폴리알로머(Polyallomer)를 들 수 있으며 이는 폴리프로필렌(단단하고 결정성 블록)과 일반적으로 에틸렌 또는 에틸렌과 디엔(EPDM)인 두번째 올레핀계 블록의 블록 공중합체이다. EPDM 블록공중합체는 우수한 가공성과 착색물성으로 인하여 내유성 전선과 케이블 절연체에서 네오프렌의 대체 재료로 주목받고 있다.

폴리올레핀계에 내충격성을 부여하는 방법에는 위에서 언급한 반응기에서 개질의 공중합법과 탄성체의 블렌드를 중심으로 한 알로이가 있다. 예를 들어 PP의 장점을 살리고 단점(충격강도 취약, 도장 등 2차 가공 나쁨, 치수안정성 나쁨)을 보완하기 위해 고분자 알로이(Polymer Alloy)를 하게 되는데 다음과 같이 크게 3가지로 나눈다. 첫째, 준상용계로 두성분 A, B가 어느 정도 상용성이 있어 제3의 성분을 사용하지 않아도 알로이가 가능한 것. 둘째, 상용화제(Compatibilizer)를 이용한 계로 미리 중합조에 의해 제조된 AB블록(Block) 또는 그래프트(Graft) 고분자를 상용화제를 이용하여 알로이화 하는 방법. 셋째, 반응공정(Reactive Processsing)에 의한 계로 블렌드시 반응성 상용화제를 제3성분으로 첨가하여 A, B 양성분을 용융 혼련함과 동시에 A, B 블록 또는 그래프트 고분자(Graft Polymer)를 생성시키면서 알로이화 하는 방법 등이 있다. [그림 8.18]은 10wt% HDPE를 첨가한

PP/EPR블렌드의 형태학을 나타내고 있다.

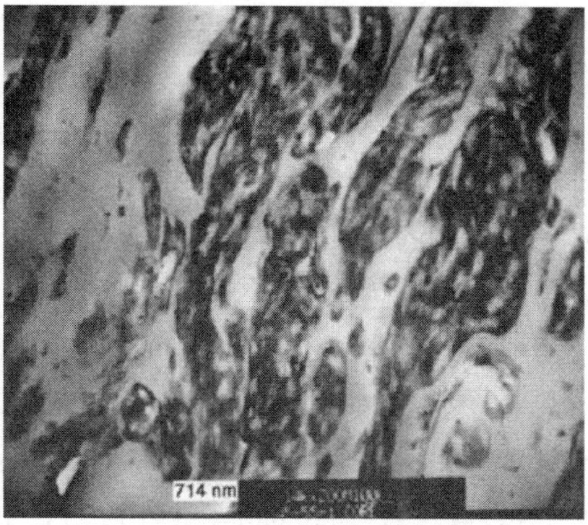

▲ 그림 8.18 HDPE첨가한 PP/EPR블렌드 형태학

[그림 8.19]와 같이 EPR (15wt%)과 PP의 블렌드는 EPR이 PP 중에 1μm 이하의 크기로 분산된 준상용계이다. 이와 같이 컴파운딩 (Compounding)된 TPO탄성체는 압출기 (Extruder)의 가공조건에 따라 고무 (Rubber)의 분산상태가 좌우된다.

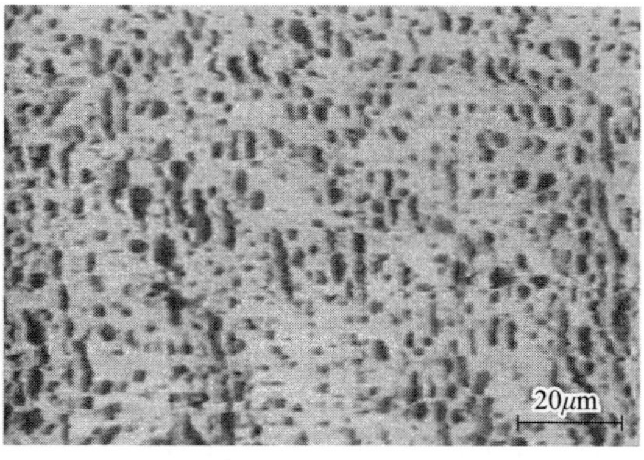

▲ 그림 8.19 PP/EPR 블렌드 형태학

한편 연속 2개 반응기에 의한 PP개질공중합체는 PP의 저온충격강도를 개선하기 위하여 에틸렌 (Ethylene)과의 블록 (Block) 공중합으로 만들어진다. 공업적으로 PP블록공중합체 제조는 제1중합조에서 우선 프로필렌 (Propylene)을 중합시킨 후 잔류 프로필렌 단량체 (Monomer)를 제거하든가 또는 그대로 제2 중합조에 이송되어 이것에 에틸렌과 프로필렌을 가해 공중합하는 방식을 채택하고 있다. 다시 말

해 제1반응기에서 생산된 PP호모폴리머는 불연속적으로 제2반응기로 투입되어서 에틸렌 및 프로필렌과 반응하여 내충격성 PP블록코폴리머를 생성하게 된다. 에틸렌의 반응성이 프로필렌보다 높고 촉매 잔류활성이 남아있기 때문에 제2반응기에는 촉매는 주입하지 않고 조촉매만 주입한다. 제조제품의 고무(Rubber) 함량이 25～30wt%인 경우를 초 고충격 PP (Super High Impact PP)라 하고 그 이상인 경우 열가소성탄성체(TPE, Thermo Plastic Elastomer)로 분류되며, 고무(Rubber) 함량이 40wt%일 때는 －20℃ 이상에서 50wt%에서는 －40℃ 이상에서 나치 아이조드(Notched Izod) 충격강도(Impact Strength) 시험시 비파괴(Non-Break)를 나타낸다. [그림 8.20]은 열가소성 올레핀(TPO) 탄성체인 PP블록코폴리머의 상 구조 모델을 보여준다.

이와 같이 반응기에서 중합으로 얻어진 공중합체(Copolymer)는 일반적으로 다른 공중합에서 얻어진 것과는 달리 [표 8.6]과 같이 PP, PE, EPR이 주성분인 고분자로 이루어진 혼합물이다. 다시 말해 [표 8.6]은 프로필렌과 에틸렌 단량체의 복합중합체(단일 및 공중합체)를 나타내고 있다. 즉 PP 호모폴리머, 에틸렌으로 불규칙하게 개질된 PP (PP랜덤코폴리머), 내충격 PP (PP블록코폴리머), 탄성체(Elastomer), 열가소성 탄성체(TPE, Thermo Plastic Elastomer), 프로필렌으로 불규칙하게 개질된 PE (PE랜덤코폴리머), PE호모폴리머의 혼합물을 나타낸다.

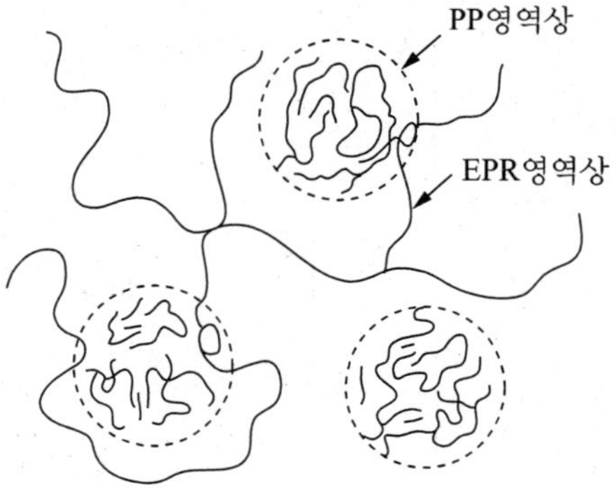

▲ **그림 8.20 열가소성 올레핀 탄성체 모델**

[표 8.6]에서 언급된 여러 형태의 중합체들 중에서 [그림 8.21]은 PP블록공중합체(내충격 PP)의 결정성부분(아이소택틱블럭)과 무정형부분(어택틱블럭)을 나타내고 있다.

▼ 표 8.6 에틸렌과 프로필렌 공중합체의 제품

단량체 연결	제품
PPPPPPPPPPPPPP	호모폴리머 폴리프로필렌
PPPEPPPPPEPPPP	에틸렌개질 랜덤폴리프로필렌
PPPPPPPP + EPEPEP	호모폴리머PP + 에틸렌프로필렌 랜덤 PP
PPPPP + EPEP + EEEE	내충격폴리프로필렌 (PP + EPR + PE)
EPEPPEEPEPEPEPE	탄성체 (Elastomer)
EEEEPEPEPEEEEEP	열가소성 탄성체 (TPE)
EEEEEPEEEEEEPEE	프로필렌개질 랜덤폴리에틸렌
EEEEEEEEEEEEEEE	호모폴리머 폴리에틸렌

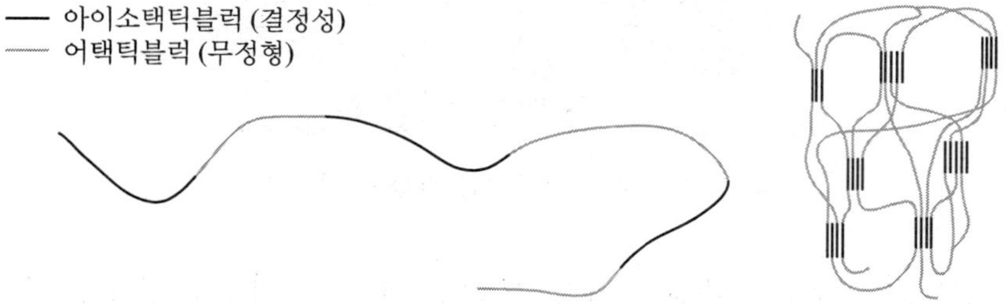

▲ 그림 8.21 PP블록공중합체의 모형

[그림 8.22]는 반응기 중합에 의한 PP블록공중합체에 기핵제를 처방한 시료의 SPM (Scanning Probe Micrographs, × 75,000) 사진을 나타낸다. 이미지에서처럼 PP매트릭스 상에 고무상 영역이 분산되어 있다.

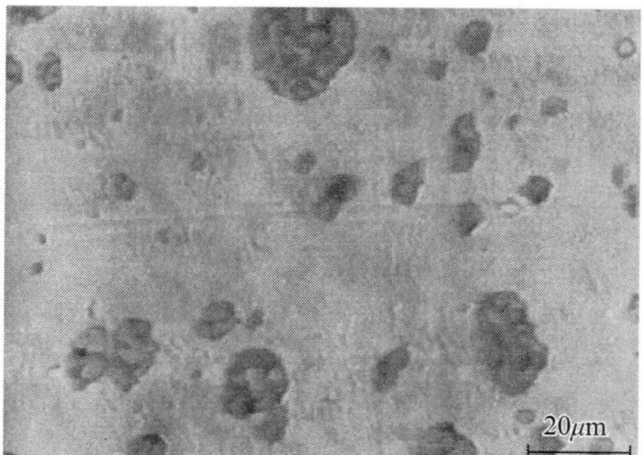

▲ 그림 8.22 PP블록공중합체의 형태학

[그림 8.23]은 반응기 중합에 의한 고무개질 PP 탄성체 (Elastomer)의 형태학으로 고배율 TEM 이미지에서 보듯이 고무상에 분산된 결정 PE (Crystalline PE) 상을 나타내고 있다.

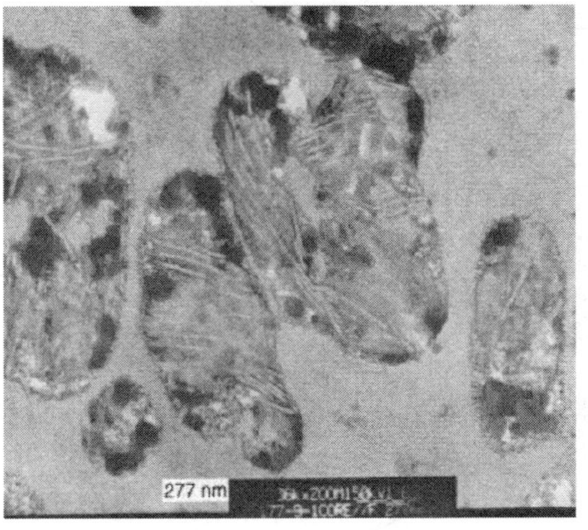

▲ 그림 8.23 고무개질 탄성체 형태학

이와 같이 반응기 (Reactor)에서 제조된 올레핀 열가소성 탄성체 (TPE)는 고무 (Rubber)가 PP에 결합되어 있는 것이므로 고무의 분산이 분자수준까지 되어 있고 사이즈분포도 좁은 (Narrow) 것이 특징으로 동일한 딱딱함 (Stiffness)에서는 압출기에 의한 블렌드 (Compounding)보다 우수한 저온충격 특성을 나타낸다. 아래 [그림 8.24]는 물리적 가교에 의한 열가소성 탄성체의 구조를 나타낸다.

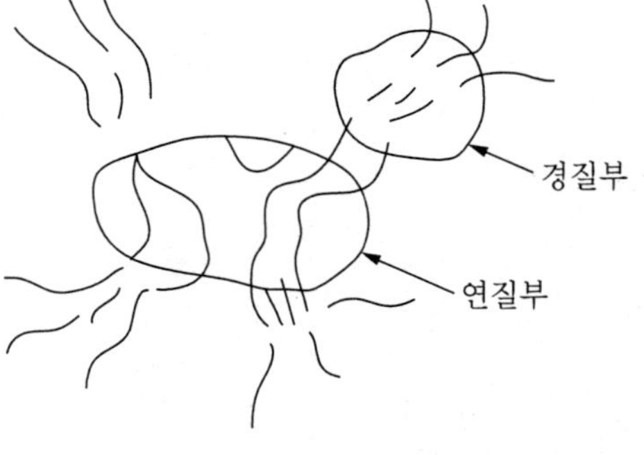

▲ 그림 8.24 열가소성 탄성체

위에서 언급한 두 가지의 열가소성 올레핀 (TPO) 탄성체 제조방법 (반응기 중합, 압출기 블렌드)에서 제조 비용은 반응기에 의한 열가소성 탄성체 (TPE)가 압출기로 블렌딩 (Compounding)한 제품보다 10～15% 정도 싸며 가공상의 이점도 있어 더욱 비용을 줄이는 것이 가능하다. 또한 반응기에 의한 열가소성 탄성체는 고무 입자의 형태학이 고무함량에 따라 차이가 있는데 고무함량이 50% 이상일 때는 IPN (Inter Penetrating Network)의 구조를 나타낸다.

3.4 공폴리에스터

열가소성 폴리에스터 공중합체는 테레프탈산과 부텐디올과 같은 반응으로 형성된 단단한 (결정성) 폴리에스터 블록과 무정형의 긴 사슬 폴리에스터 (예를 들어 Polytetramethylene Ether Glycol)의 유연한 영역으로 구성되어 있다. 열가소성 폴리우레탄과 같이 열가소성 공폴리에스터는 탄화수소에 안정하고 내마모성이 우수하다. 용도로는 전선과 케이블 절연, 개스킷, 밀봉재, 호스 및 자동차 부품을 들 수 있다.

참고 ▌ 탄성체 (Elastomer)

외력을 가하여 잡아당기면 늘어나고, 외력을 제거하면 본래의 길이로 돌아가는 성질을 지닌 고분자를 말한다. 잡아당기면 늘어지는 것은 선상의 고분자 사이가 미끄러져 전체적으로 길어지기 때문이고, 힘을 제거하면 되돌아가는 것은 변형된 분자의 운동 때문이다. 대표적인 것이 탄성 고무로 알려진 가황 고무이다. 이와 같은 물질에 상대되는 고분자 물질을 소성 중합체라 한다. 즉 한 번 외력을 가해 변형시키면 다시 본래 상태로 돌아오지 않는 것이다.

04 기타 탄성체

4.1 천연고무 (NR, Natural Rubber, 생 고무)

천연고무 (생고무)는 합성고무에 상대하여 이르는 말이다. 즉, 식물에서 생산되는 원료를 사용한 고무이다. 현재의 천연고무의 대부분은 고무나무 (Rubber Tree)에서 생산되며 주성분이 *cis*-1,4-폴리이소프렌의 이소프렌 고무이다.

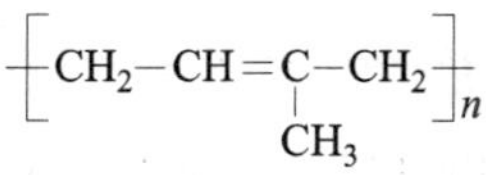

▲ **그림 8.25 라텍스** (Latex)

생고무는 고무나무의 껍질에서 빼낸 유액(Latex, 고무성분 30~40% 함유)을 초산으로 굳혀서 넓적한 판 모양으로 만든 것으로, 탄성 고무의 원료가 된다. 생고무는 보통 온도에서는 탄성이 풍부하지만, 높은 온도에서는 엿같이 되며, 낮은 온도에서는 딱딱하게 굳어 탄성을 잃는다. 천연고무에 있어서도 생고무 자체의 사용은 적고 주로 가황을 한 가황고무 형태로 사용한다. 그리고 가황을 하면 양호한 탄성을 나타내지만 공기와 자외선에 약하다.

4.2 아크릴고무 (Acrylic Rubber)

아크릴산에틸(Ethyl Acrylate)과 아크릴산부틸 등의 아크릴산에스터를 중합시켜 제조하는데, 가공성을 좋게 하기 위해서 아크릴산-2-클로로에틸, 아크릴로니트릴 등과 공중합시키고 폴리아민과 황으로 가황을 한다. 이 고무는 내열과 내유성은 좋으나 물과 수증기에 약하다. 아크릴로니트릴과 공중합체는 그 양이 많아질수록 내유성은 좋아지나 저온에서의 특성이 나빠지므로 대개 12% 정도 함유시킨다.

에틸아크릴레이트 (95%)

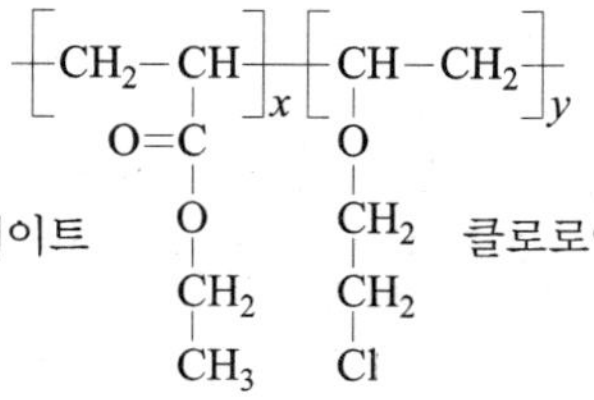

클로로에틸비닐에테르 (5%)

참고 ▌ 아크릴산 (Acrylic Acid)

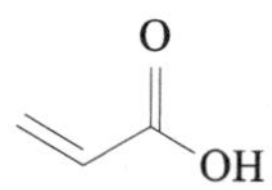

CH_2=CHCOOH

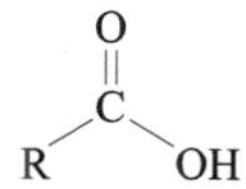

카르복실산
(Carboxylic Acid)

아크릴산은 가장 단순한 불포화 카르복실산 (R－COOH)이다.
카르복시기 [C (=O)OH, －COOH]

참고 ▌ 아크릴로니트릴 (Acrylonitrile)

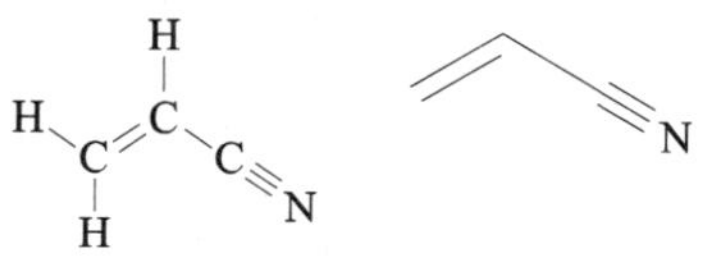

CH_2CHCN

참고 ▌ 아크릴산에틸 (Ethyl Acrylate)

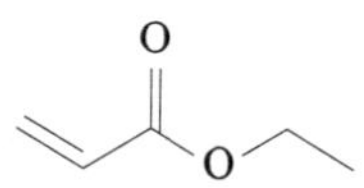

$CH_2CHCO_2CH_2CH_3$

에틸아크릴레이트는 아크릴산의 에틸에스터 (Ethyl Ester)이다.

참고 ▌ 폴리아민 (Polyamine)

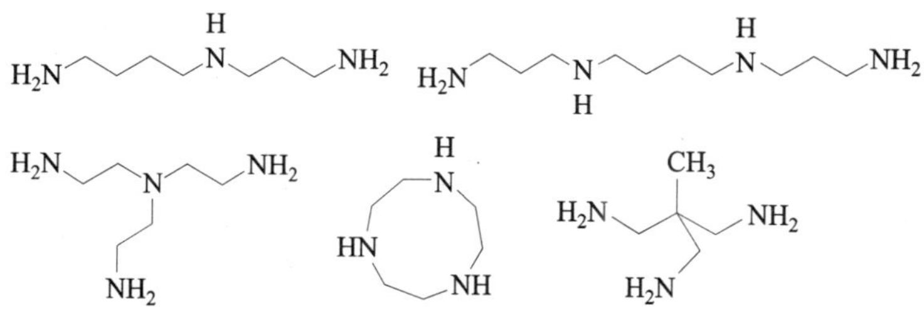

“ Chapter 9

기능성 고분자 ”

기능성 고분자는 기술선진국을 중심으로 보다 부가가치가 높은 고분자재료로서 연구와 개발이 활발히 진행되고 있는 분야이다. 기능성 고분자재료는 빛, 전기, 열, 압력과 같은 기계적 외부자극에 대하여 응답성을 가지며 그 응답성을 이용한 기능재료로서 소재나 부품에 이용되고 있는 고분자 재료이다. 일반적으로 가장 먼저 개발된 기능성 고분자 재료로서 받아들여지고 있는 것은 이온교환수지이다. 그러나 20세기 후반부터 다양한 다른 종류의 기능성 고분자들이 나타나기 시작했는데 코팅에 의한 제품의 표면 개질에 이용되는 감광성고분자, 제품의 사용온도를 올리는데 사용되는 고강도 내열성 고분자, 전자공업의 칩(Chip) 제조에 필수적으로 사용되는 포토레지스트 고분자, 생분해성 고분자, 전기전도성 고분자 등 실로 많은 종류의 기능성 고분자가 개발되었다. 그리하여 어떤 종류의 기능성 고분자들은 기능성의 특수한 용도를 넘어서서 일상생활에 다량으로 광범위하게 사용되고 가격 또한 저렴한 관계로 오늘날에는 기능성고분자로 분류하기에 적합하지 않는 경우도 있다.

01 전자 기능성 고분자

이것에는 전기전도성 고분자와 압전성 고분자가 있다.

1.1 전기전도성 고분자

대부분의 유기고분자는 전기의 전도성에 있어서는 절연체이다. 그러나 π전자가 짝이 된(Conjugated) 구조의 몇몇 고분자에서 반도체 수준의 고유한 전기전도성이 알려지면서 이에 대한 연구가 광범위하게 진행되었다. 이러한 전도성고분자 연구의 출발점이 된 것은 일본의 시라카와(Shirakawa)에 의하여 발견된 폴리아세틸렌의 합성과 요오드 도핑을 통한 전도성의 급격한 증가이다. 폴리아세틸렌 중에서도 특히 트란스 구조의 고분자가 높은 전도성을 나타내는데 π전자가 길게 짝이 된 (Conjugated) 이중결합이 무한히 연결된 구조가 전도성 발현을 위한 이상적인 화학구조임을 나타내고 있다. 그러나 폴리아세틸렌은 산화나 열에 매우 약한 단점이 있어 응용에 있어서 한계를 나타내고 있다.

그 후 전도성의 발현을 위한 이상적인 공액(Conjugated) 구조와 안정성을 동시에 갖춘 몇 종류의 전도성 고분자가 알려지게 되었고 대표적으로 다음과 같은 것이 있다.

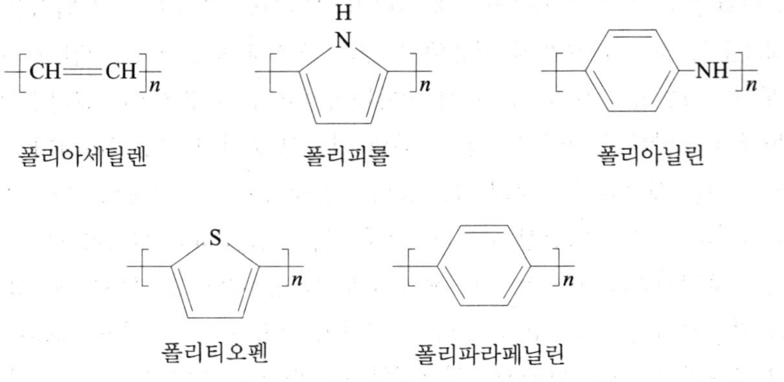

▲ **그림 9.1 전도성 고분자 구조**

위에 나타난 것들은 전도성 고분자의 기본 골격구조이며 이들의 용해성, 가공성, 안정성을 개선하기 위해서 측쇄의 도입이나 공중합 등의 방법을 통한 수많은 변화가 이루어 질 수 있다. 특히 이들 고분자들의 입체구조가 전기적 성질에 매우 큰 영향을 미치며, 또한 측쇄의 입체위치규칙성(Regiospecificity) 또한 전기적 성질을 결정하는 중요한 인자임이 확인되고 있다. 폴리아세틸렌의 경우 전이금속 촉매를 이용한 연쇄중합으로 합성되며, 폴리피롤, 폴리아닐린, 폴리티오펜의 합성은 산화제를 사용한 화학적 중합법이나 전기화학적인 산화법을 이용한 중합법에 의해 합성된다. 많은 경우 합성과 함께 도핑(Doping)이 진행되며, 폴리아닐린의 경우는 색과 전도성이 차이가 나는 4단계의 산화/환원 과정이 수반되는 것은 널리 알려진 사실이다.

전도성 고분자는 유기고분자 자체로 전도성을 나타낼 수 있으며, 고분자 주쇄의 산화 및 환원과정을 수반한 도핑을 통하여 전도성의 변화가 급격하게 이루어진다. 이러한 산화환원 반응을 이용하여 고분자전지의 양극 및 음극재료로 이용될 수 있으며 부도체인 일반 유기고분자와 블렌딩(Blending)하여 전도성이 있는 고분자 복합재료로 활용될 수도 있다. 또 금속의 부식 방지를 위한 코팅이나 투광되는 빛의 양을 조절할 수 있는 스마트 윈도우 등에도 그 응용이 연구되고 있다.

1.2 압전성 고분자

압전성 고분자(Piezoelectric Polymer)란 압력의 변화를 전기흐름의 변화로 전환할 수 있는 고분자 재료를 말한다. 가장 잘 알려진 압전성 고분자는 폴리비닐리덴플루오라이드(PVDF, Polyvinylidene Fluoride)이다. 이러한 압전성의 PVDF는 현재 적외선검지기, 음파탐지기, 무접촉 스위치, 마이크로폰, 이어폰, 확성기, 도난경보기, 화재경보장치에 널리 사용된다. 또한 나일론 11도 PVDF보다는 떨어지지만 압전효과를 나타내는 것으로 알려져 있다.

02 생체적합 기능성 고분자

여기에는 의료용 고분자, 고분자 의약품과 고분자 시약, 고흡수성 고분자에 대하여 간단히 살펴보기로 하자.

2.1 의료용 고분자

의료용 고분자 재료로 쉽게 우리가 접할 수 있는 것으로는 일회용 의료용 재료인 혈액 백(Bag), 주사기 등에 사용되는 폴리에틸렌, 폴리프로필렌, PVC, PS 등의 범용고분자들을 우선 들 수 있다. 또 PGA(폴리글리콜릭산), PLA(폴리락틱산) 등의 흡수성 수술용 봉합사가 있으며, Cellulose, Poysulfone, Polyamide로 이루어진 중공사 형태나 막 형태로 이루어진 혈액투석기, 산소투과도 및 우수한 투명성으로 인해 콘택트렌즈의 재료로 사용되는 아크릴계 고분자와 PHEMA(Polyhydroxy Ethylmethacrylate)가 있다. 또 PET섬유로 직조하거나 불활성 표면을 가지는 PTFE로 제조한 인공혈관, 기계적 강도를 가진 폴리우레탄으로 제조된 인공심장이 있으며 이외에도 많은 종류의 고분자들이 의료용 고분자로 응용되고 있으며 그 범위는 점점 더 확대될 것이다.

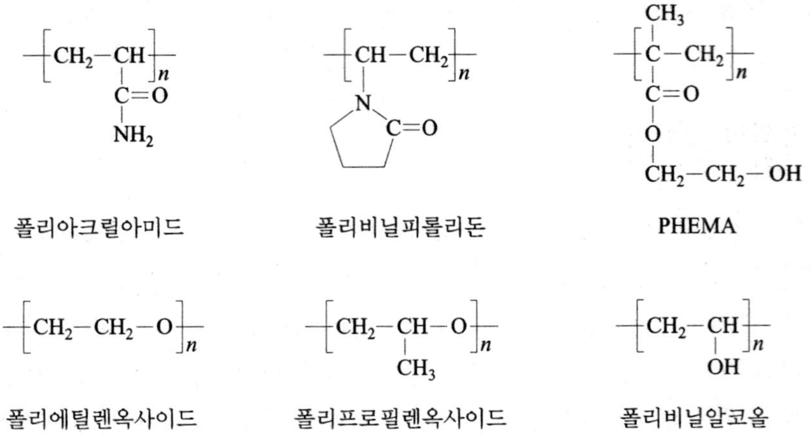

▲ **그림 9.2 의료용 고분자 구조**

[그림 9.2]는 생체적합성이 있어서 의료용 고분자로 다양하게 응용되고 있는 고분자들의 기본 구조를 나타내고 있다. 이들 고분자들도 어디까지나 생체적합성 고분자 재료로서 사용되는 것들 중에서 예로 든 몇 가지 종류에 불과하다. 실제적으로는 화학구조상의 유도화나 복합 재료화를 통해 그 성능을 최대화하고 있다.

2.2 고분자 의약품(고분자 시약)

고분자 분자쇄에 약제(Medicine), 효소(Enzyme), 촉매(Catalyst)를 부착하기 위한 많은 기술이 개발되어 있다. 대표적으로 사용되는 고분자는 클로로메틸 또는 디페닐포스핀기가 붙어 있는 가교의 정도가 조절된 구형의 폴리스티렌 입자이다. 폴리스티렌의 페닐 그룹에 부착되어 있는 클로로메틸이나 포스핀 그룹은 여러 가지 반응성그룹과 화학결합을 형성하기 때문에 이곳에 의약품, 촉매 등을 다양하게 화학 결합시킬 수가 있기 때문이다. 약제의 경우 이와 같은 고분자 쇄에 고정하는 방법 외에도 고분자로 마이크로 캡슐화하여 약제가 서서히 조절 방출되도록 하는 기술도 DDS (Drug Delivery System)로 널리 알려져 있다. 이러한 DDS 기술의 예로는 에틸렌 초산비닐 공중합체로 만들어낸 자궁 내 피임기구에 의해 프로게스테론을 1년 이상 동안 조절 방출하는 것을 들 수 있다. 효소의 경우도 고분자 표면에 공유결합에 의하거나 또는 겔과 마이크로캡슐 속에 넣어 고정화 될 수가 있다. 메리필드(Merrifield) 수지는 고분자 시약 제조에 사용되는 대표적인 기능성 소재이다. 이 수지의 반응성 클로로메틸기는 여러 가지 친핵체와 치환반응을 일으킨다. 이를 사용하여 제조된 고분자 촉매는 반응 혼합물로부터 제거가 쉬운 장점이 있다. 수지와 결합된 화학시약도 분리가 쉬우며 효과는 이온교환 수지와 비슷하다.

2.3 고흡수성 고분자

고흡수성 고분자란 물에 녹지 않고 자체 무게의 수백 배의 물을 흡수하고 유지하는 능력을 가진 고분자 재료이다. 고흡수성 고분자는 먼저 종이 기저귀에 채용되면서 우수한 흡수성능이 평가되었는데 유아용 및 여성용품으로서 수요가 급증하였다. 고흡수성 고분자의 기본원리는 수용성의 고분자를 가교함으로써 흡수해도 형상을 유지하는데 있다. 물과 친화성이 높은 이온성 기를 가지며, 고분자 분자 상호간에 결합이 있는 가교구조의 고분자라고도 할 수 있다. 이온성 기로서 아크릴산 나트륨계 중합체의 가교물이 가장 널리 사용된다.

03 광기능성 고분자

광기능성 고분자에는 광감성 고분자와 발광다이오드용 고분자가 있다.

3.1 광감성 고분자

광감성 고분자의 범위는 매우 넓다. 광감성 고분자로 현재 산업화가 널리 이루어진 분야는 바닥장식재, 상재류 등의 코팅에 사용되는 광경화성 반응이며 이 경우에는 광에너지에 의하여 올리고머(Oligomer) 혹은 고분자량의 광감성 고분자들이 가교화되어 경화되는 경우이고 아크릴계 고분자와 가교제를 사용한 배합물 시스템이 가장 많다. 또 다른 경우는 광에너지에 의하여 고분자량의 화합물이 분해를 일으켜 용해성이 증가하는 성질을 이용하는 것으로 어느 경우이든 긍정형 혹은 부정형으로 사진평판술(Photolithography)에 이용되고 있다.

3.2 발광다이오드용 고분자

발광다이오드 (LED, Light Emitting Diode)는 빛을 발하는 결정성 반도체 소자이다. 1960년에 개발된 최초의 LED에서는 빨간색과 녹색만 표현이 가능했다. 유기발광다이오드 (OLED, Organic Light Emitting Diode)는 저분자량의 유기화합물 혹은 고분자재료로 구성된 발광다이오드를 말하며 1989년 캠브리지 대학 Friend 그룹에서 집중적으로 연구가 시작되었다. 발광다이오드 고분자재료로 중요한 고분자는 폴리페닐렌비닐렌 (PPV, Polyphenylene Vinylene)를 시작으로 개발되었으며, 다양한 구조의 변화로 현재 모든 빛의 색깔을 나타낼 수 있는 고분자재료의 조합이 가능하나 아직 수명과 효율에 있어서 특히 푸른색을 중심으로 개선해야 될 여지가 있다. [그림 9.3]은 현재 많은 과학자들의 연구대상이 되고 있는 OLED 고분자재료의 중요한 기본구조들을 나타낸다.

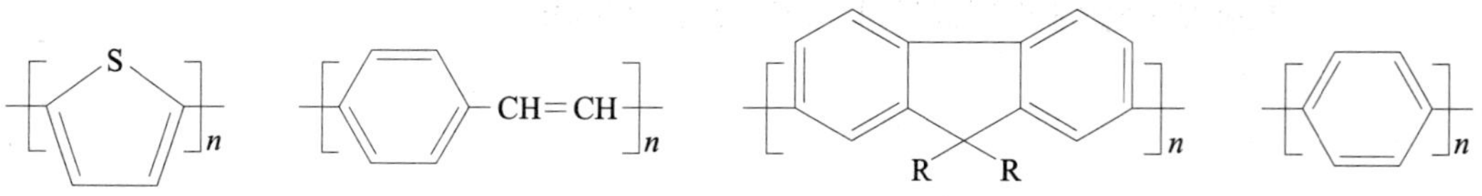

폴리티오펜 폴리페닐렌비닐렌 폴리플루오렌 폴리파라페닐렌

▲ **그림 9.3 발광다이오드용 고분자 구조**

위의 그림에 나타난 고분자들은 발광다이오드에 사용이 연구되고 있는 고분자들의 골격구조를 나타내고 있음에 주의해야 한다. 실제 최근에 연구되고 있는 고분자들은 위에 나타난 고분자들의 공중합체나 다양한 측쇄 혹은 고분자 주쇄의 변화 등과 같이 매우 방대하고 다양하다.

04 이온교환수지 (Ion Exchange Resin)

기능성 고분자 중에서 가장 일찍 개발되어 많이 사용되는 분야가 이온교환수지 (Ion Exchange Resin)이다. [그림 9.4]는 이온교환수지에 사용되는 대표적 기능그룹을 나타내고 있다. 이러한 기능 그룹들은 일반적으로 폴리스티렌, 폴리올레핀 등의 매트릭스 고분자에 기능그룹을 함유한 단량체가 공중합체의 형태로 삽입되어 있는 경우가 가장 많다. 이온교환수지 기술은 1935년경부터 영국의 Adams와 Holmes의 연구가 시작되어 현재에는 다양한 상품명의 합성 이온교환수지가 전 세계에서 판매되고 있으며 양이온과 음이온 교환물질로서 대별될 수 있다. 스티렌과 디비닐벤젠의 설폰화된 공중합체는 양이온교환수지에서 가장 많이 생산되는 형태의 구성요소이다. 전형적인 제품은 Amberlite, Dowex, Duolite, Ionac과 같은 상품명으로 판매되고 있다.

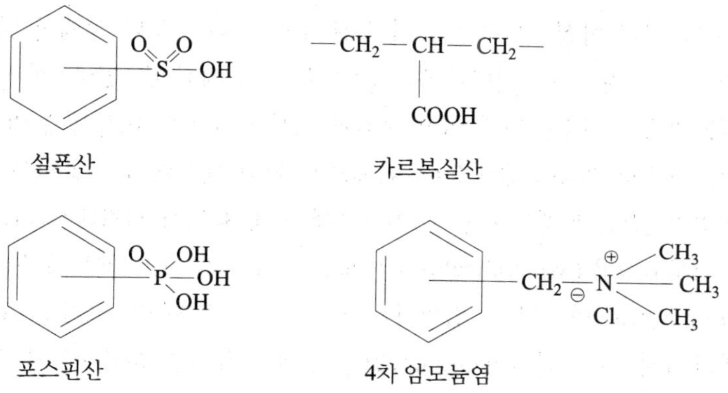

▲ **그림 9.4 이온교환수지용 기능성 그룹**

기본 고분자의 설폰화는 각 방향족 핵의 파라(Para) 위치에 한 개의 설폰산기가 도입되도록 합성 변화되며 약산, 양이온교환수지는 아크릴산과 메타크릴산을 원료로 하고 포스폰산기의 도입은 염화알루미늄 존재하에서 폴리스티렌을 삼염화인과 반응시켜 합성된다. 음이온교환수지는 폴리스티렌을 염화메틸화한 다음 아민화시켜 얻을 수 있다. 페놀 포름알데히드수지도 이온교환 수지제조에서 기본 고분자로 사용된다. 이온교환고분자의 적용은 물의 정제, 폐수처리, 설탕, 포름알데히드와 같은 화학제품을 정제할 수 있는 등 매우 다양하다. 이온교환수지는 제품의 복잡한 혼합물의 분석에도 매우 유용하다. 미세하게 분리된 이온교환수지는 위산을 줄이고 담즙산을 중화시키는 치료제로서 사용된다. 클로랄칼리(Chloralkali) 제조를 위한 새로운 이온교환막은 테트라플루오로에틸렌과 이온그룹을 함유한 불소화비닐 에테르 단량체(Vinyl Ether Perfluoroacid) 전구체와 공중합에 의해 제조된다.

05 생분해성 고분자

완전하게 생분해되는 고분자는 실제로 없다. 사실 폴리아미드나 폴리플루우오로카본, 폴리에틸렌, 폴리프로필렌, 폴리카보네이트와 같은 대부분의 고분자들은 미생물의 공격에 대해 저항성이 매우 높다. 합성고분자 중에는 폴리우레탄, 특히 폴리에테르 폴리우레탄이 생화학적으로 분해가 가능하다. 일반적으로 자연적으로 생성되는 고분자가 합성고분자보다 더 생분해성이 좋다. 보다 상세히 말해서 에스터기를 가진 고분자 특히 지방족폴리에스터는 생분해될 수 있다. 이러한 고분자들의 생분해 과정은 가수분해에 의한 공격과 더불어 토양의 미생물에 의해 생산되는 불특정한 에스터 가수분해효소(Esterase)에 의해 에스터기가 공격을 받아 진행된다고 알려져 있다. 분해의 산물은 미생물에 의해 빠르게 신진대사 된다. 완전한 생분해나 광물화작용(Mineralization)은 모든 고분자가 가스상의 생성물이나 바이오매스(Biomass)로 변환될 때 일어나게 된다. 산소 존재하의 호기성(Aerobic)과 산소가 존재하지 않는 혐기성(Anaerobic) 분해도 유사한 분해산물을 얻게 되지만 혐기성 분해 동안에는 물과 CO_2 외에 메탄도 얻어진다. 생분해성 고분자 중에 상업적으로 중요한 작용기의 하나가 천연적으로 생성된 폴리에스터인 Poly(β-Hydroxyalkonates)이다. 이 고분자의 일반적인 구조는 다음과 같다.

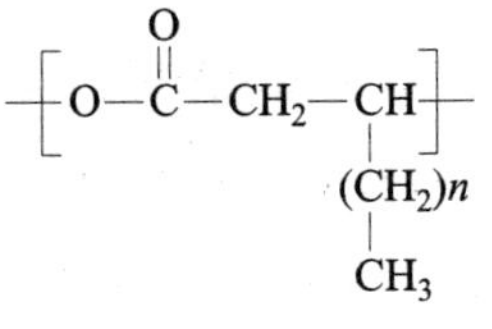

Polyhydroxyalkonates는 생분해성을 나타내므로 사용후 생분해 가능한 플라스틱 포장재료 뿐만 아니라 생체재료로서도 상업적인 잠재성을 가지고 있다. 1925년에 처음 확인된 **PHB [Poly (β – Hydroxybutyrates) n = 0]**는 박테리아인 Alcaligenes Eutrophus에 의해 합성된다. 이 박테리아는 PHB의 작은 알갱이를 식물의 전분이나 동물의 지방과 같이 에너지 저장매체로서 사용한다. 고분자는 박테리아의 세포질 내에 분리된 막으로 둘러싸인 작은 알갱이 내에 축적된다. PHB는 100% 아이소택틱 취성(Brittle) 고분자로서 65~85%의 고결정성이다. PHB의 유리전이온도는 5~10℃이며 결정의 용융온도는 175℃로서 열분해 온도인 200℃에 가깝다.

▼ **표 9.1** PP와 PHB (Polyhydroxybutyrate) **물성 비교**

물성	단위	PHB	PP
유리전이온도	℃	15	−10
용융온도	℃	175	176
결정화도	%	80	70
밀도	g/cm^3	1.25	0.905
굴곡 탄성율	kg$_f$/cm^2	40.8	17.3
인장 강도	kg$_f$/cm^2	408	388
파단 연신율	%	6	400
자외선 저항성	-	좋음	나쁨
용매 저항성	-	나쁨	좋음

PHV [Poly (β-Hydroxy Valerate) $n = 1$**]**와 같이 긴 n-알킬기를 갖는 **Poly (β-Hydroxyalkanoates**는 발효과정 중에 이용 가능한 탄소기질의 형태에 의존하여 다른 박테리아인 Pseudomonas Oleovorans 뿐만 아니라 A. Eutrophus에 의해서도 생산될 수 있다. 위 쪽 [표 9.1]에서 보는 바와 같이 PHB와 PP 같은 범용 열가소성수지의 기계적 성질에서의 중요한 차이점은 PHB가 낮은 인장 파단연신율을 갖는 점이다. PHB는 Hydroxy Valerate와 공중합을 시킴으로써 강인성을 개선할 수 있으며 PHB의 열분해온도와 용융온도 (T_m)는 낮아진다. 이 공중합체는 글루코스와 함께 프로피온산 (Propionic Acid) 또는 발레르산 (Valeric Acid)이 존재할 때 박테리아 A. Europhus에 의해 생산된다. 최근에 작은 규모로 상업화 된 **HBHV 공중합체**는 매립지에서 토양 미생물로 완전히 분해하거나 또는 쓰레기 오물과 함께 퇴비화하면 이산화탄소 (CO_2)와 물 (H_2O)만을 생성한다. 현 단계에서 이러한 플라스틱은 가격이 비싸고 긴 재고기간을 요구하는 제품이나 박테리아 성장에 적합한 PHB의 특성 때문에 음식용 포장 재료로 사용하는 것은 부적합하다고 할 수 있다. PHB는 최근 상업적으로 샴푸통의 제조에 이용된다. HBHV공중합체는 이들의 적절한 생체적 합성과 생분해 성질 때문에 약물방출 조절용 매트릭스로 적합하다. 이러한 생분해성 고분자의 비교적 높은 생산 가격은 앞으로 대규모의 생산과 생물공학의 발전에 힘입어 낮추어질 수 있을 것이다. 예를 들어 최근에 PHB를 합성하는 유전인자가 확인되었고 따라서 E.Coli와 같은 고생산성 박테리아에서 이 폴리에스터를 생산할 수 있을 것이며 심지어 감자, 순무와 같은 농작물에서도 전분 대신에 PHB를 만들게 될 것이다.

또 하나의 중요한 생분해성 폴리에스터는 **PLA [Poly (Lactic Acid)]** 이다.

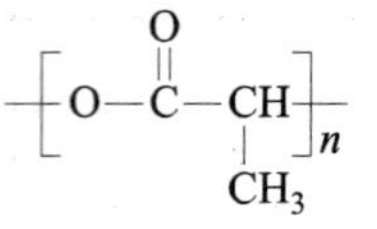

PLA는 감자 껍질과 같은 음식물 폐기물을 박테리아를 이용하여 발효시켜 얻어진 전분이나 옥수수 또는 쌀에서 유도된 덱스트로스 (Dextrose)로 제조되는 젖산 (Lactic Aid)으로부터 중합된다. 젖산은 고리 화합물인 락티드 (Lactide)로 변환되고 이를 개환하여 PLA를 얻는다.

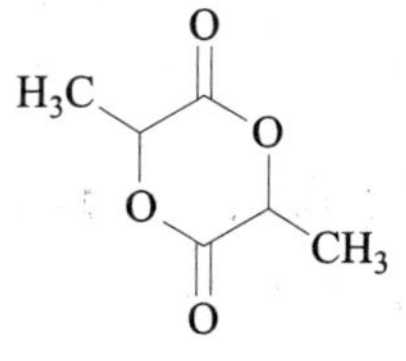

PLA 시장은 의복 및 카펫과 같은 섬유와 포장용기이다. PLA의 시장이 의류용과 카펫용의 섬유와 포장재 용도가 거의 같은 정도로 형성되어 있다. PLA의 열성형이 가능할 정도로 좋은 가공성을 나타내며 높은 인장강도와 섬유용도의 적절한 특성을 지니고 있고 음식물 포장재로서 높은 냄새 차단성, 그리스, 지방질 및 기름에 대한 저항성이 있다. PLA는 인체 내에서는 젖산으로 분해되기 때문에 봉합사나 약물전달 시스템, 그리고 상처클립 (Wound Clips)과 같은 의료기기로 상품화할 수 있다. PLA는 또한 비료나 살충제의 시간지연 코팅제나 수분이나 열의 유지를 위한 그리고 농작물 가운데서 잡초군을 감소시키기 위한 농작물 사이 (고랑)의 제초필름과 같은 농업용 제품에도 응용될 수 있다. PLA가 재생 가능한 농업자원으로부터 얻어진다는 사실에 덧붙여 PLA는 퇴비화 될 수 있어 환경 친화적이다. 중요한 생분해성 공중합체로는 **PLGA [Poly (Lactide-co-Glycolide)**가 있다.

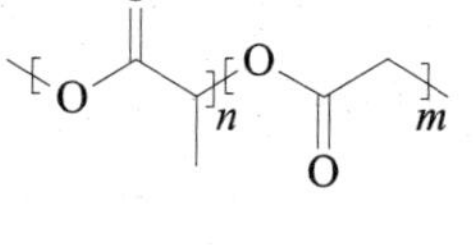

PLGA는 락티드 (Lactide)와 글리콜라이드 (Glycolide)의 공중합으로 얻을 수 있다.

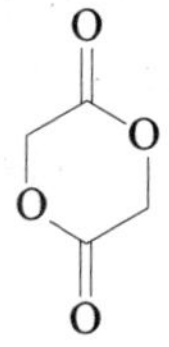

25～75%까지 글리콜산(GA) 조성에서 PLGA는 무정형으로 약물전달계 용도에 적합하다. PLGA는 뼈의 천연 석화재인 Hydroxyapatite(Calcium Phosphate Hydroxide)를 도입하여 인공뼈를 개발하는 과정에서의 기질(Substrate)로 고려되고 있다. 종종 특정한 미생물에 의하거나 또는 화학적 분해를 촉진시키기 위한 촉진제 등을 첨가하여 생분해될 수 있는 다른 합성고분자로는 폴리에스터인 **PCL [Poly(Caprolactone)], Poly(Vinyl Alcohol), 셀룰로스 및 그 유도체** 등이 있다.

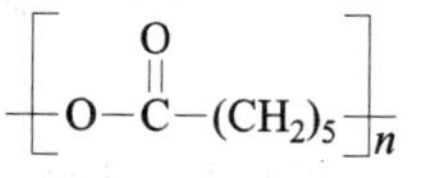

폴리카프로락톤(PCL)

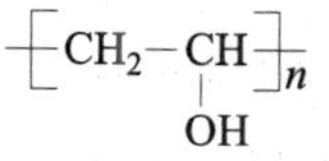

폴리비닐알코올

생분해성은 원하지 않는 단량체를 처분하는 데에도 사용할 수 있다. 예를 들어 스티렌은 P. Aeruginosa에 의하여 300mg 스티렌/g 박테리아/h의 속도로 소멸된다. 생분해 산물은 바이오매스[콜로니(Colony) 성장 동안 형성된 박테리아 세포질 물질], CO_2, H_2O이다.

참고 ▌ 분해성 고분자

요즘에는 우편물 등의 비닐봉투에 광분해성 비닐이라는 표시가 많이 눈에 뜨인다. 그 동안 합성플라스틱의 자연분해 기간이 너무 길어서 폐기물의 처리가 문제 되었다. 소각도 한 가지 방법이지만 여기에는 이산화탄소의 배출과 소각로 다이옥신 등이 대두된다. 따라서 근본적으로 천연고분자처럼 쉽게 분해되는 고분자 제조에 관심을 갖게 된 것이다. 분해성 고분자는 수분 및 미생물에 의하여 분해되는 생분해성과 빛에 의하여 분해되는 광분해성으로 크게 나눈다. (a) 광분해성의 경우 라디컬 형성을 통해 분해가 진행되는데 광여기제와 금속촉매를 넣어서 라디컬 형성을 돕는다. 또한 (b) 생분해성 플라스틱은 고분자 매트릭스(Matrix)가 분해되는 것으로 매트릭스 분해형으로도 불리며 (c) 생붕괴성 플라스틱은 일반 플라스틱에 첨가된 전분이나 금속화합물이 먼저 분해되거나 분해를 촉진하는 것으로 첨가형으로도 구분한다. 전분첨가형이나 금속화합물 첨가형은 가격이 싸고 현재의 가공기술을 직접 응용하는 장점이 있으나 모체의 분해속도가 느린 단점이 있다. 매트릭스 분해형 고분자는 가격이 비싸서 일반 용도로 쓰기에는 경제적으로 부담이 너무 크다. 앞으로 환경규제의 정도에 따라 개발 분야 및 속도가 결정될 것으로 생각된다.

[표 9.2]는 분해성 고분자의 종류와 그 용도를 정리하여 나타내었다. 그리고 [표 9.3]에서 나타낸 것처럼 생분해에서 미생물에 의해 분해될 때에는 호기성인지 혐기성인지에 따라 분해 생성물이 달라진다. 특히 혐기성인 경우 메탄가스 (CH_4)가 방출되는데 주로 매립지에서 공기가 차단되어 발생한다.

▼ 표 9.2 분해성 고분자의 종류와 용도

종류	고분자	용도
생분해성 고분자	PHB, 다당류 (미생물고분자), PCL, PLA, PG (합성고분자), 천연다당류, 키틴 (천연고분자)	식품 및 화학제품 첨가제, 분해성 포장재, 봉합사, 방출조절 의약품, 의료용
생붕괴성 고분자	PE+전분, PE+PCL	일회용 기저귀 안감, 쓰레기봉투, 쇼핑백, 제초필름
광분해성 고분자	PE+광여기제, 금속촉매 (광분해제 첨가형)	종이코팅, 쟁반, 잡화, 백, 컵, 제초필름
	PP+비닐 케톤계 공중합체, PE+에틸렌 케톤계 공중합체 (공중합체형)	

주) PHB (Poly Hydroxybutyrate), PCL (Poly Caprolactone), PLA (Poly Lactic Acid), PG (Propylene Glycol)

▼ 표 9.3 호기성 생분해와 혐기성 생분해의 생성물

생분해	생성물
호기성	$C_{polymer} + O_2 \rightarrow C_{residue} + C_{biomass} + CO_2 + H_2O$
혐기성	$C_{polymer} \rightarrow C_{residue} + C_{biomass} + CO_2 + CH_4 + H_2O$

06 그 외 기능성 고분자

그 밖에 기능성 고분자에는 분리기능막 고분자, 중공사막용 고분자, 고분자 전해질 등이 있다.

6.1 분리기능막 고분자

고분자물질은 구조형성재료로 막을 만드는 데 적합하다. 막의 양측에 서로 격리되

어 있는 물질 사이에서 이동이 일어나, 어떤 물질은 그 막을 통과할 수 있고 다른 물질은 통과할 수 없을 경우, 그 막은 그들 물질의 분리기능을 갖게 된다. 실용화되어 있는 고분자막의 예로, 바닷물의 담수화에 사용되는 셀룰로오스아세테이트계 역삼투막, 폐수처리 등에 사용되는 각종 한외여과막, 인공신장용의 투석막(재생 셀룰로오스) 등이 있다. 또 요즘 연료전지에 사용되는 수소이온전도성 고분자인 나피온(Nafion)이나 나피온 유사체의 고분자 재료도 일종의 분리막 재료로 볼 수 있다.

6.2 중공사막(Hollow Fiber Membrane)용 고분자

중공사막은 바닷물과 소금기가 있는 물의 담수화에서 역삼투 시스템에 사용된다. 다른 곳에 응용되고 있는 경우로는 한외여과/미세여과혈액투석(인공신장), 암모니아 공장과 정유에서 수소의 회수, 공기로부터의 질소의 생산, 천연가스로부터 이산화탄소와 황화수소의 분리를 포함하는 기체분리 등이 있다. 중공사막은 1mm 이하 직경의 모세관이며 벽은 반투과막과 같은 기능을 가진다. 보통 중공사 물질은 원통형 막으로서 사용되며 평평한 시트 또는 판상막에 비해 단위 부피당 높은 생산성을 나타낸다. 중공사막의 구조에서 사용되는 고분자는 초산셀룰로오스, 폴리설폰, 폴리아크릴로니트릴, 폴리메틸메타크릴레이트, 폴리아미드, 폴리벤즈이미다졸이 있다. 걸프전 동안에 군대에 모든 식수를 공급한 미군의 이동정수 차량은 역삼투 기술을 사용하였다. 도시의 쓰레기, 농업파치, 직물쓰레기, 화학공정으로부터 나온 쓰레기의 처리도 이 기술이 사용된다.

6.3 고분자 전해질

고분자전해질에는 많은 종류가 있으나 현재 중요한 것으로는 가장 주목을 받고 있는 이차전지인 리튬전지에 사용되는 리튬이온 전도성의 고분자 전해질이다. 전해질의 고분자재료화에 의하여 전지의 박막화 및 대면적화가 가능하며 누액을 방지함으로서 안정성의 증대를 꾀할 수 있다.

Chapter 10

천연고분자

지금까지 언급하였던 인공적인 합성고분자에 대응하는 천연적으로 제조되는 고분자를 말한다. 천연고분자는 동물 및 식물에 존재하며 셀룰로오스, 전분, 글리코겐, 단백질, 핵산, 리그닌 등의 생체를 구성하는 고분자이다. 특히 3대 천연고분자라고 하면 우리는 셀룰로오스, 단백질, 핵산을 말하며 이들은 생물체의 생명성을 유지하는데 없어서는 안 될 중요한 역할을 하고 있다. 미생물로부터 고등동물에 이르기까지 생체는 하나의 열역학적인 계를 이루고 있다. 이것은 생체를 출입하는 물질들이 완전히 자유롭게 출입하는 것이 아니며 여러 가지 생체의 생명으로서의 기능에 의하여 제어 조절되는 관점에서 보면 생체는 반개방계로 볼 수 있다. 이러한 반개방계로서 생체를 보는 경우 생체계의 엔트로피 (Entropy)가 비생물과는 달리 증가하지 않는 차이가 있다. 이는 생체가 생명을 보존하는데 필수적인 요소이며 이러한 반개방계를 제어하는 중요한 기능들을 생체고분자들이 수행하고 있기 때문이다. 또 생체가 가지는 기계적인 강도나 유연성도 고분자 혹은 고분자의 복합재료화에 의하여 발생하며 생체 내에서의 끊임없는 고분자의 합성에 의하여 성장하고 재생되는 생체의 기능이 유지되고 있다.

01 단백질 (Protein)

아미노산 (Amino Acid)은 단백질을 구성하는 기본단위이다. 아미노산 구조는 다음과 같다. 중앙에 탄소원자를 중심으로 비대칭형이며 광학활성을 갖는다. 그리고 쌍극자이온 (Dipolar Ion)으로 작용할 수 있는 이온화기를 가지고 있다.

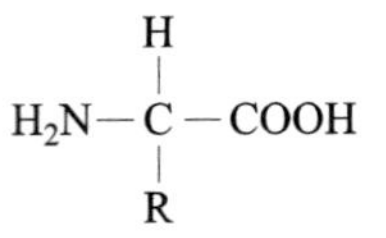

▲ **그림 10.1 아미노산의 구조**

아미노산 중에 카르보닐 (Carbonyl)기와 아미노 (Amino)기가 서로 반응하여 [그림 10.1]과 같은 펩티드 결합 (Peptide Bond)을 형성한다.

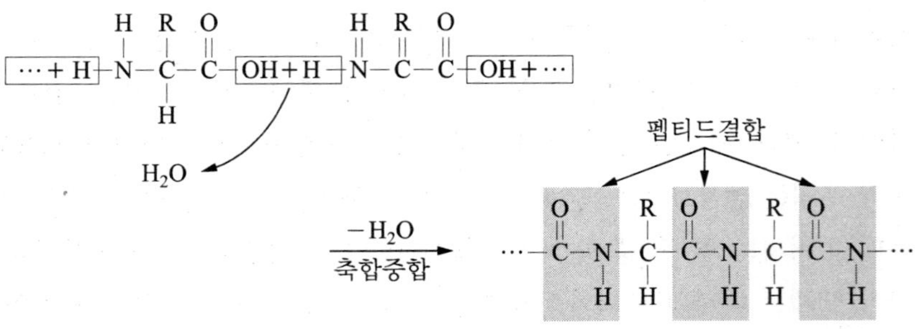

▲ **그림 10.2 아미노산의 펩티드결합**

이와 같이 결합된 아미노산이 모여서 단백질을 만드는 역할을 한다. 위의 아미노산 구조에 들어 있는 R그룹에 따라 아미노산의 물리적 특성이 달라진다. 공업적인 관점에서 펩티드결합을 본다면 아미노그룹과 카르복시그룹 간의 축합에 의하여 형성된 아미드결합의 형태를 하고 있으며, 펩티드결합으로 구성된 단백질의 일반적인 구조는 다음과 같다. 천연단백질 중에는 [표 10.1]에 나타낸 20종류의 아미노산이 들어 있는 것으로 알려져 있다. 아미노산의 분류는 표에서 보는 바와 같이 친수성 (Hydrophilic), 소수성 (Hydrophobic) 아미노산이 있고 산성 (Acidic), 염기성 (Basic) 아미노산 그리고 황함유 아미노산 또는 R그룹의 탄소수 등에 의해 구분한다.

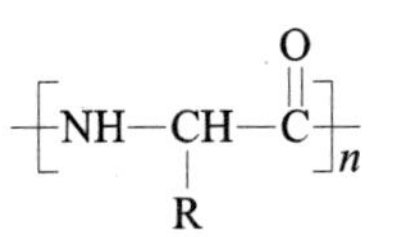

[표 10.1]에서와 같은 아미노산이 어떠한 과정으로 단백질을 형성하는지를 살펴보자. 단백질의 1차 구조는 이러한 아미노산이 어떠한 순서로 연결되어 있는가를 나타내는 것이다. 그래서 단백질은 20개의 아미노산이 공중합 된 형태로 볼 수 있는데 공업적인 고분자처럼 단량체에 해당하는 아미노산이 무작위로 결합한 고분자는 아니다. 아미노산의 연결순서는 유전정보를 함유한 핵산 (DNA)의 염기 순서에 의

하여 정확하게 제어된다.

유전자는 유전정보의 저장고이다. 즉, 유전자의 구성단위인 뉴클레오티드의 염기서열에 의해 단백질의 합성에 소요되는 아미노산의 배열 순서를 결정한다. 3개의 뉴클레오티드의 염기서열은 한 개의 아미노산을 지정한다. 따라서 DNA의 염기서열에 보존되어 있는 유전정보가 전달되어 단백질 생합성에 이르기까지 [그림 10.3]과 같이 일련의 복잡한 과정이 필요하다. 첫 번째 전사(Transcription)의 과정이다. DNA의 유전정보가 RNA의 중합효소(RNA Polymerase)에 의해 전령 RNA (mRNA, Messenger RNA)를 생성하는 과정이다. 이 과정에서는 DNA의 이중가닥이 열리고 두 가닥 중 주형 DNA (Template DNA)의 염기서열에 대하여 상보적인 염기서열을 갖는 mRNA를 생성함으로써 유전정보가 DNA로부터 mRNA로 옮겨진다. 이어서 mRNA는 세포질내의 단백질 생합성 기구인 리보솜(Ribosome)으로 옮겨져서 전달 RNA (tRNA, Transfer RNA)에 의해 옮겨지는 아미노산을 이용하여 단백질을 합성하기 위한 유전암호로 이용된다. 이 과정을 통하여 다수의 아미노산을 구성단위로 하는 단백질이 생합성 된다. 이 과정을 번역(Translation)이라고 한다.

이때 mRNA상의 특정의 아미노산을 지정하는 염기서열을 코돈(Codon)이라고 한다. 3개의 염기는 1개의 코돈을 형성하고 이것은 1개의 아미노산을 지정한다. 다시 말해 DNA를 구성하는 염기의 종류와 배열순서에 따라서 이로부터 합성되는 단백질의 종류가 결정된다. 좁은 의미의 유전자 재조합은 DNA를 구성하고 있는 뉴클레오티드를 연결시켜 주는 이인산에스터 결합을 분해하여 DNA를 자르거나 이인산에스터 결합을 새로이 형성하여 DNA를 연결함으로써 구성염기의 종류와 배열 순서를 인위적으로 배열시키는 것이다.

결국 거의 모든 유전정보는 실제로 이를 함유한 핵산(DNA)의 전사에 의하여 합성된 단백질들에 의하여 발현된다고 할 수 있다. 이렇게 합성된 단백질 고분자의 주쇄 및 측쇄에 의하여 나타나는 공유결합, 이온결합, 수소결합, 소수성인력 (Hydrophobic Interaction) 등에 의하여 α-나선(α-Helix), β-시트(β-Sheet) 등의 단백질 2차 구조와 이들이 모여 형성되는 3차 구조, 3차 구조의 조합에 의한 4차 구조에 의하여 복잡하고 특이성이 뛰어난 생체내의 역할을 담당하게 된다.

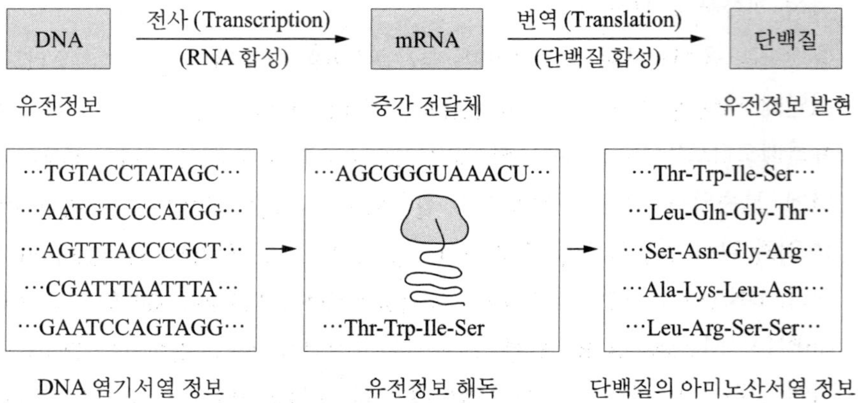

▲ **그림 10.3 전사와 번역을 통한 단백질 합성 과정**

▼ **표 10.1 단백질구성 단량체로 아미노산 종류와 구조**

아미노산	기호	구조	특성
알라닌 Alanine	Ala	CH_3 $H_2N-CH-COOH$	비극성, 소수성
아지닌 Arginine	Arg	$CH_2(CH_2)_2NHC(NH)NH_2$ $H_2N-CH-COOH$	염기성
아스파라진 Asparagine	Asn	CH_2CONH_2 $H_2N-CH-COOH$	극성, 친수성
아스파트산 Aspatic Acid	Asp	CH_2COOH $H_2N-CH-COOH$	산성
시스테인 Cystein	Cys	CH_2SH $H_2N-CH-COOH$	극성, 친수성
글루탐산 Glutamic Acid	Glu	CH_2CH_2COOH $H_2N-CH-COOH$	산성
글루타민 Glutamine	Gln	$CH_2CH_2CONH_2$ $H_2N-CH-COOH$	극성, 친수성
글리신 Glysine	Gly	H $H_2N-CH-COOH$	극성, 친수성
히스티딘 Histidine	His	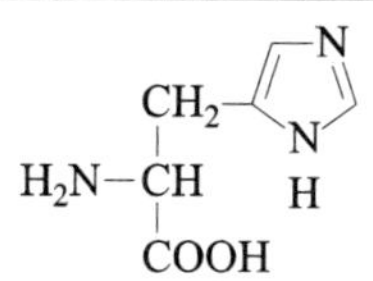	극성, 친수성
아이소루신 Isoleucine	Ile	$CH(CH_3)CH_2CH_3$ $H_2N-CH-COOH$	비극성, 소수성

루신 Leucine	Leu	$CH_2CH(CH_3)_2$ $H_2N-CH-COOH$	비극성, 소수성
라이신 Lysine	Lys	$CH_2(CH_2)_3NH_2$ $H_2N-CH-COOH$	염기성
메싸이오닌 Methionine	Met	$CH_2CH_2SCH_3$ $H_2N-CH-COOH$	비극성, 소수성
페닐알라닌 Phenylalanine	Phe	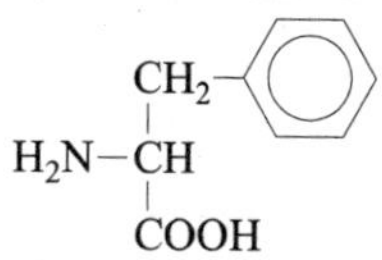	비극성, 소수성
프롤린 Proline	Pro	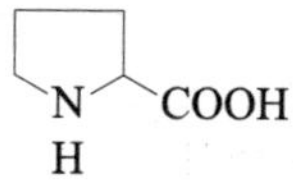	비극성, 소수성
세린 Serine	Ser	CH_2OH $H_2N-CH-COOH$	극성, 친수성
트레오닌 Threonine	Thr	$CH(CH_3)OH$ $H_2N-CH-COOH$	극성, 친수성
트립토판 Tryptophan	Trp	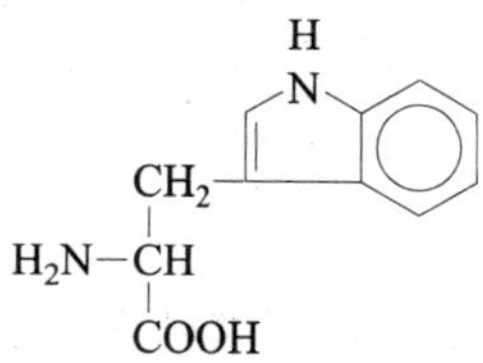	극성, 친수성
타이로신 Tyrosine	Tyr	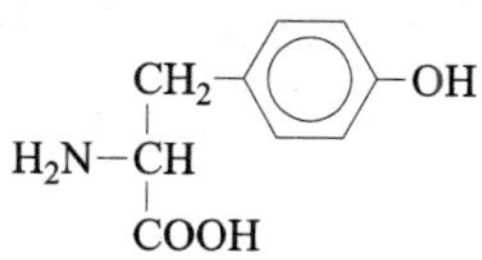	극성, 친수성
발린 Valine	Val	$CH(CH_3)_2$ $H_2N-CH-COOH$	비극성, 소수성

단백질은 고분자물질로서 생리적으로 매우 중요하다. 단백질 분자 내에 아미노산만으로 구성된 단순단백질, 아미노산 이외에 당, 지질, 무기질, 색소 등이 들어 있는 복합단백질, 그리고 천연단백질이 분해되거나 변성되어 이루어진 유도단백질로 분류된다. 탄수화물을 함유하는 당단백질 (Glycoprotein)에는 항체 (Antibody)와 많은 종류의 효소 등이 있다. 지질단백질 (Lipoprotein)은 혈액 중에 지질을 전달하는 Plasma에서 발견될 수 있다. 단백질은 여러 가지의 기능을 가지고 있다. 예를 들어 생물체의 구조적 성분인 힘줄, 체온을 유지하는 머리카락, 대사활성을 조절하는 호르몬, 운동력을 갖는 근육, 반응의 촉매 역할을 하는 효소 등이 있다. [표

10.2]는 생체내 단백질의 기능과 종류를 정리하여 나타내었다.

▼ **표 10.2 생체 내 단백질의 분류**

기능	종류	적용 예
구조단백질	α-케라틴	피부, 손발톱, 깃털
	글리코단백질 (Glycoprotein)	세포의 표피
	피브로인	누에고치의 실크 성분
	콜라겐	섬유질의 연결 조직
저장단백질	오발부민	계란의 흰자질
	카제인	우유의 단백질
효소	약 2,000종 이상	생체반응 촉매
전달단백질	헤모글로빈	혈액속 산소 운반
	미오글로빈	근육세포의 산소 운반
보호단백질	항체, 항원	의약용
독	독소	뱀의 독소
호르몬	인슐린, 성장호르몬	인체 대사조절
수축단백질	근육의 미오신, 악틴	인체 근육

이와 같은 여러 가지 형태의 단백질 중 인류에 의하여 오래전부터 고분자 천연재료의 형태로 이용되어 온 것으로는 양모(Wool)와 비단(Silk)을 들 수 있다.

02 다당류 (Polysaccharide)

다당류란 단당류인 오탄당이나 육탄당들이 높은 분자량의 형태로 결합된 천연물을 말하며 합성은 태양에너지를 이용한 식물의 광합성에서부터 출발하게 된다.

$$6CO_2 + 6H_2O \longrightarrow -(CH_2O)_6- + 6O_2$$

생체에 존재하는 탄수화물은 단량체에 해당하는 단위 탄수화물의 수에 따라 단당(Monosaccharide), 이당(Disaccharide), 올리고당(Oligosaccharide), 다당(Polysaccharide)로 나눌 수 있다. 그리고 단위 탄수화물의 탄소원자 수에 의하여 오탄당(Pentose), 육탄당(Hexose) 등으로 또 카르보닐 그룹이 알데히드인가 케톤인가에 따라 알도오스(Aldose), 케토스(Ketose) 등으로 나눌 수 있다. 다음에 대표적인 단당류인 글루코오스와 리보오스의 구조를 나타내었다.

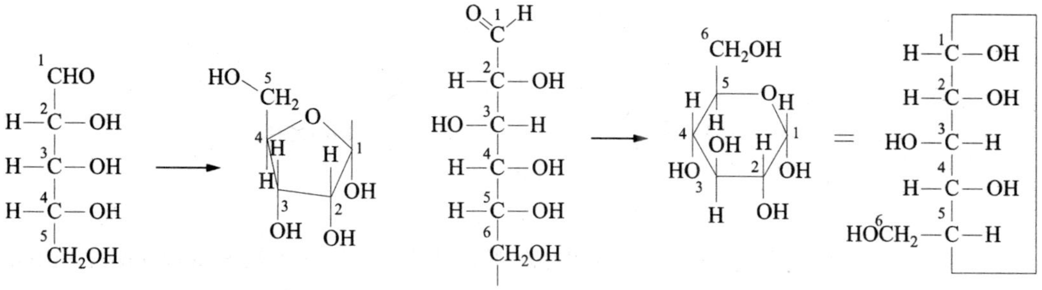

리보오스
(D-Ribose)

글루코오스
(D-Glucose)

이러한 단당류들은 열린 분자쇄(Open Chain) 구조보다는 고리구조로 생체 내에서 존재하며 이들이 축합되어 연결된 형태가 곧 다당류이다. 대표적인 다당류에는 셀룰로오스, 녹말, 글리코겐은 당 분자들의 집합에 의해 이루어진 선형폴리에테르(Polyether)이다. 이 중에서 셀룰로오스는 지구상에 존재하는 유기물 중에서 가장 많이 존재하는 화합물로서 건조된 목재의 약 50% 정도가 셀룰로오스로 보아도 될 것이다. 셀룰로오스는 4번 위치의 하이드록시기와 β형의 하이드록시기가 서로 축합되어 선형으로 연결된 고분자의 형태를 취하고 있다. 이와 비교하여 녹말은 4번 위치의 하이드록시기와 α형의 하이드록시기가 서로 축합되어 결합된 형태를 하고 있으며 선형 고분자인 아밀로오스(Amylose)와 분지가 있는 아밀로펙틴(Amylopectin)으로 나눌 수 있다.

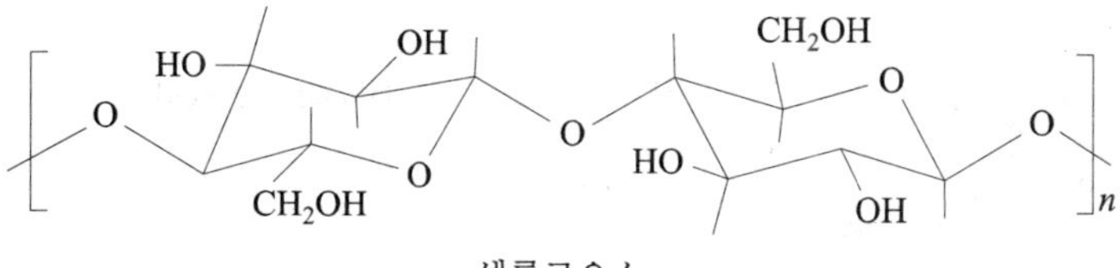

셀룰로오스

셀룰로오스는 목재로부터 정제과정을 거쳐 종이의 원료가 된다. 셀룰로오스의 함량이 높은 천연재료로는 면(94%), 모시(73%), 아마(75%) 등이 있으며 인류의 문명과 함께 오래전부터 의복이나 밧줄 등의 원료로 사용되어 왔다. 셀룰로오스 자체로는 용해성과 용융가공성이 거의 없기 때문에 화학반응을 통하여 이를 개선하여 이용되기도 한다. 그 외 중요한 다당류는 곤충이나 몇몇 갑각류의 외골격에서 발견되는 아미노기의 다당류인 키틴(Chitin)으로 구성된다. 키틴은 N-아세틸기를 갖는 2탄소에 하이드록시기를 치환한 점에서만 셀룰로오스와 다르다.

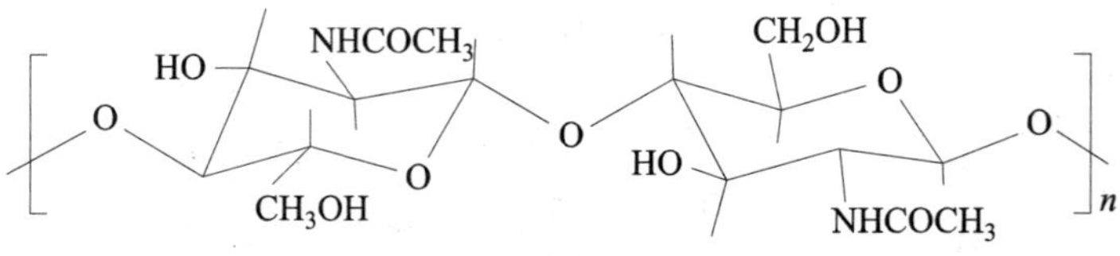

키틴

미생물성 다당류는 식품 또는 의약품에 안정제로 사용되며 Xanthan Gum, Dextran, Curdlan, Pullulan 등이 있다. 이들은 분자량이 크고 알코올 용액에 불용성이며 이온화기를 가지고 있다. Xanthan Gum은 [그림 10.4]에서 보는 바와 같이 포도당, Mannose, Glucuronic Acid로 구성되어 있는 다당류로서 Xanthomonas Campestris가 생산하는 미생물성 다당류로 산업화되어 있는 대표적인 물질이다.

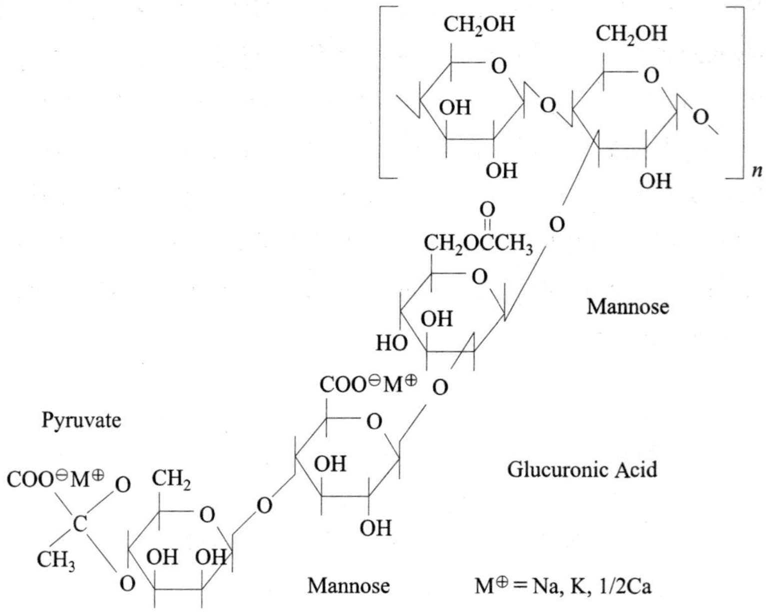

▲ **그림 10.4** Xanthan Gum의 구조

03 핵산 (Nucleic Acid)

1940년대 중반에 이르러 핵산인 DNA와 RNA의 기본적인 화학구조를 알게 되었다. DNA와 RNA는 염기, 인산, 당으로 구성되었으며 이 중에서 당이 디옥시리보스 (2-Deoxyribose)와 리보스 (Ribose)일 때 각각 DNA와 RNA라 명명한다. DNA를 구성하는 4개의 염기는 아데닌 (A, Adenine), 구아닌 (G, Guanine), 시토신 (C, Cytosine), 티민 (T, Thymine)이다. RNA에서는 티민 대신 우라실 (U, Uracil)이 발견된다. 이들 당과 염기의 구조는 [그림 10.5]와 [표 10.3]에 나타내었다.

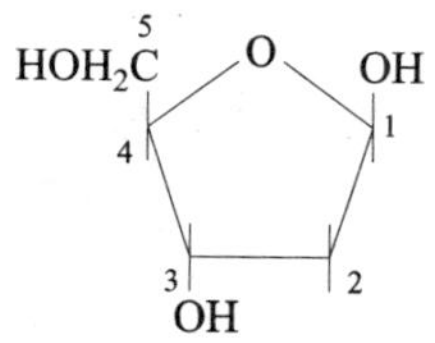
디옥시리보스 (2-Deoxyribose)

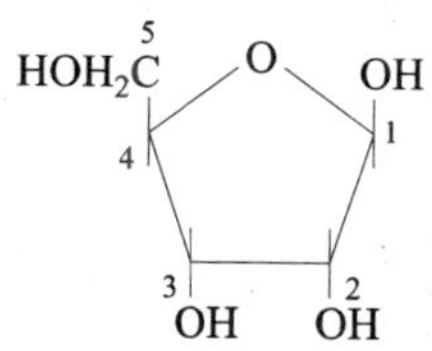
리보스 (Ribose)

▲ **그림 10.5 핵산 (DNA, RNA)의 당**

▼ **표 10.3 핵산 (DNA, RNA)에서 발견되는 퓨린과 피리미딘 염기**

구분	종류		
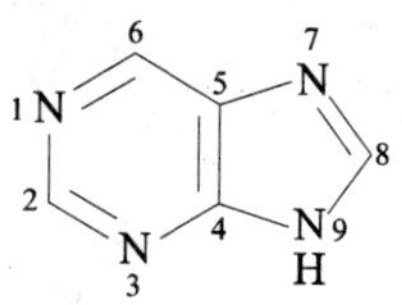 퓨린 (Purine)	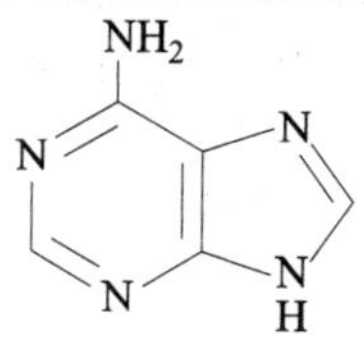 아데닌 (Adenine)	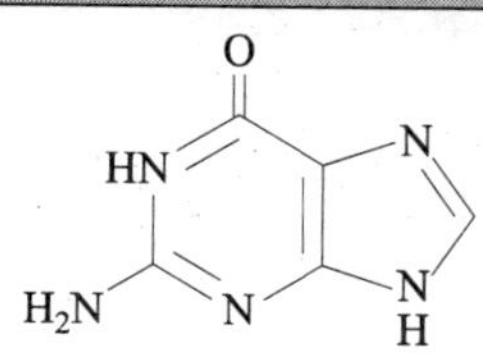 구아닌 (Guanine)	
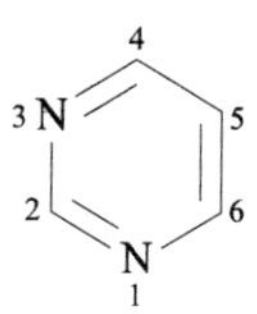 피리미딘 (Pyrimidine)	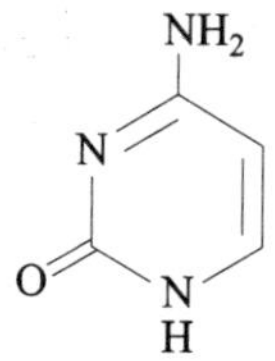 시토신 (Cytosine)	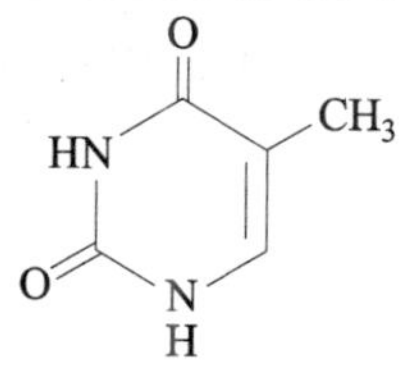 티민 (Thymine) : Only DNA	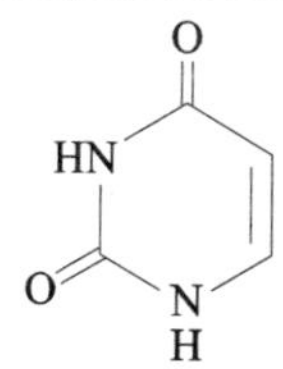 우라실 (Uracil) : Only RNA

핵산의 구성단위인 염기, 인산, 당을 뉴클레오티드(Nucleotide)라고 하며 인산이 없고 염기와 당으로만 구성된 것을 뉴클레오시드(Nucleoside)라고 한다. 각각의 뉴클레오티드는 당의 3번 탄소위치에 하이드록시기(−OH)를 가지며 5번 탄소위치에는 인산기(Phosphate)를 가지고 있다. 5본 탄소에 붙은 인산기가 인접하는 뉴클레오티드의 3번 탄소에 있는 하이드록시기를 연결하여 폴리뉴클레오티드의 사슬을 형성하며 이 결합을 이인산에스터 결합(Phosphodiester Bond)이라고 한다. DNA는 Watson과 Crick이 밝힌 바와 같이 이중나선 구조를 가진다. 아래 [그림 10.6]은 DNA의 이중나선 구조 형태를 나타낸다.

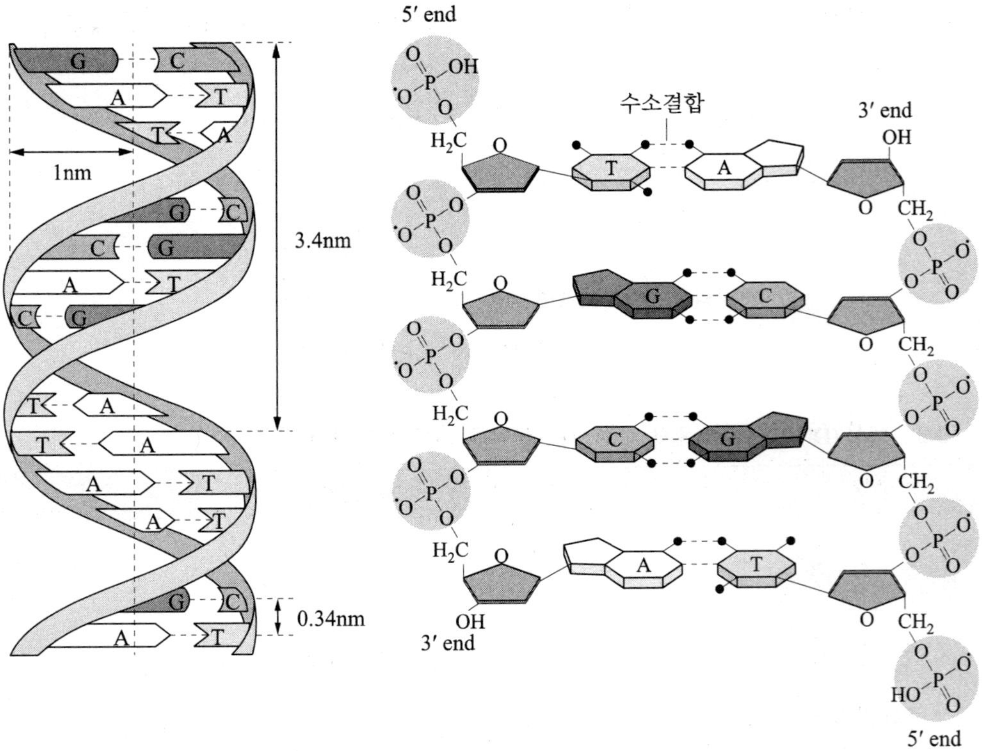

▲ 그림 10.6 DNA의 이중나선 구조 형태

참고 ▌ DNA의 나선구조

화살표는 인산이 3'에서 5'의 탄소를 인접한 디옥시리보스 당 잔기(Residue)에 연결하는 방향을 보여준다. 아데닌, 티민, 구아닌, 시토신은 상호 보완적인 염기쌍과 수소결합을 형성하며 나선 축에 직각으로 겹친다.

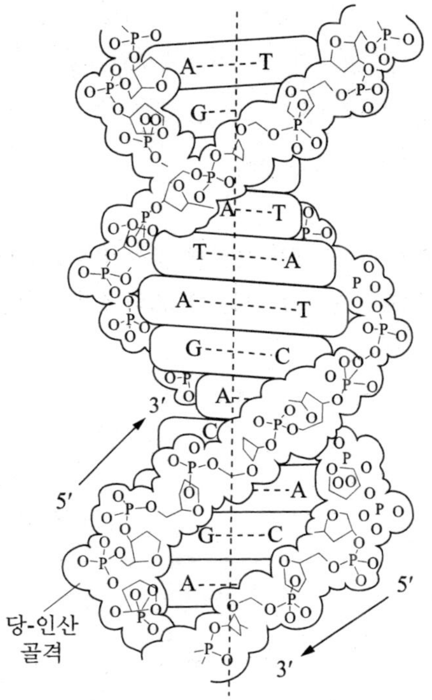

각 각의 단일가닥(Single Strand) DNA는 [그림 10.7]과 같은 DNA의 두 염기쌍 간의 수소결합에 의해 이중가닥(Double Strand) DNA를 형성한다. G는 C와, A는 T와 특이적으로 결합하는데 이들을 상보적 염기쌍(Complementary Base Pair)이라고 한다. 이러한 상보적 결합관계는 유전자공학과 관련된 매우 중요한 기초를 제공한다.

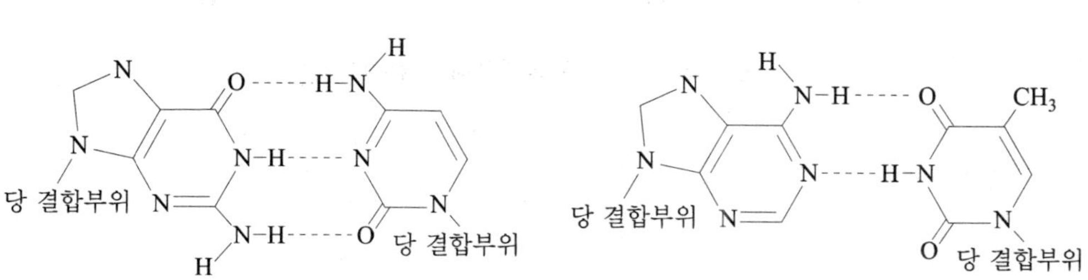

구아닌 *시토신* *아데닌* *티민*

▲ **그림 10.7** DNA의 **염기쌍**

참고 ▍ DNA내 상호 보완성 염기쌍 사이의 수소결합

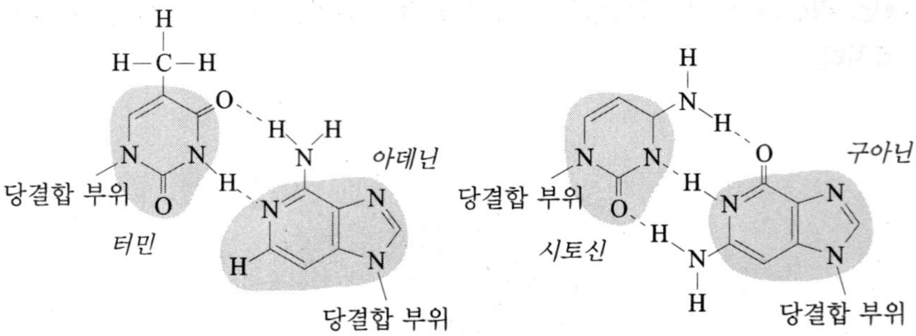

다음 [그림 10.8]에서 왼쪽은 A-C-G-U 염기 순서를 갖는 RNA의 대표적인 4가지 뉴클레오티드 분절을 나타내고 오른쪽은 A-C-G-T 순서를 갖는 DNA의 4가지 뉴클레오티드 분절을 각각 보여 주고 있다.

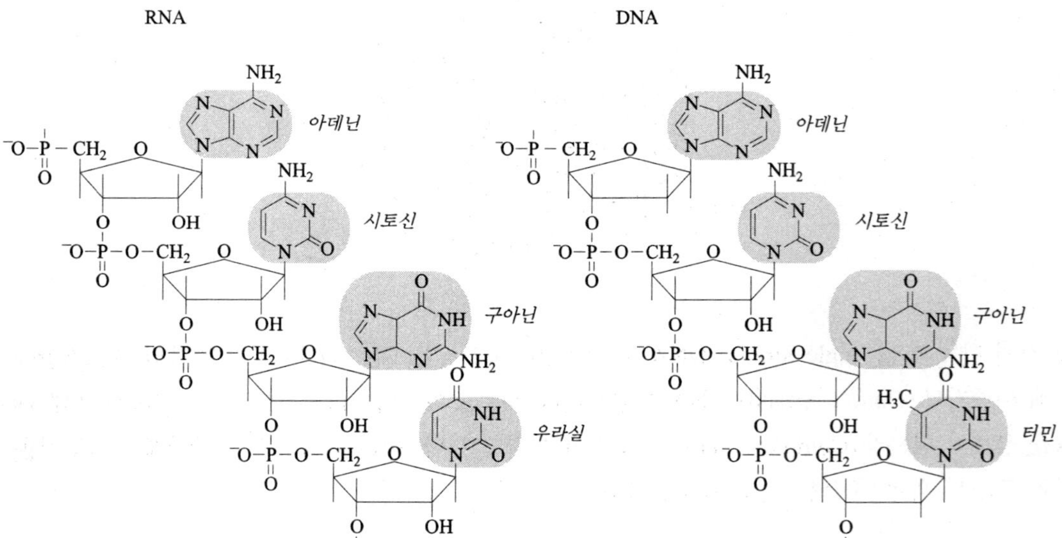

▲ **그림 10.8 뉴클레오티드 분절**

참고 ▌ 뉴클리오티드 (Nucleotide)와 뉴클리오시드 (Nucleoside)

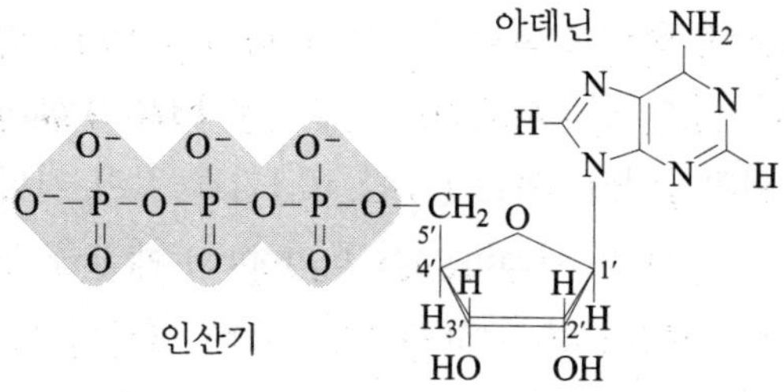

리보스 (오탄당)

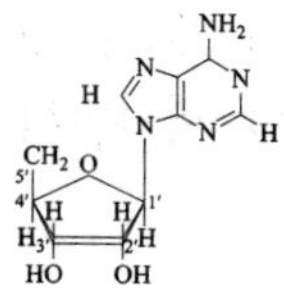

아데노신
(뉴클레오시드)

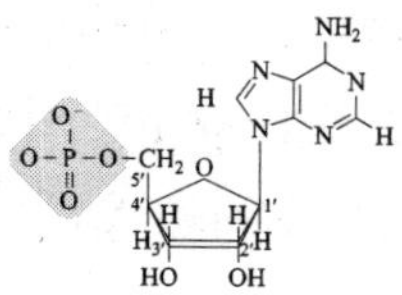

아데노신 일인산
(뉴클레오티드)

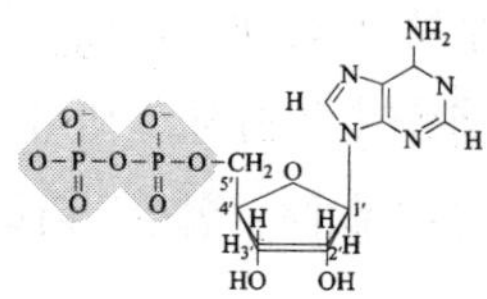

아데노신 이인산
(뉴클레오티드)

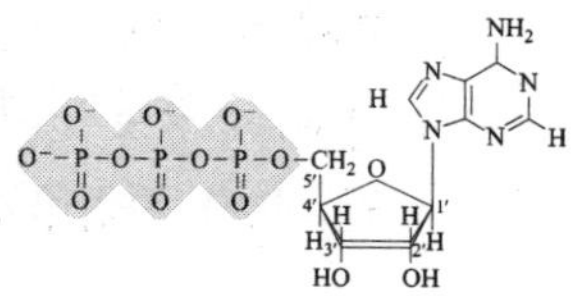

아데노신 삼인산
(뉴클레오티드)

04 그 외 천연고분자

위에서 언급한 3대 천연고분자 외에도 많은 종류의 천연고분자들이 있다. (a) **키틴**은 새우, 게 등의 갑각류의 껍질을 구성하고 있는 천연고분자로 셀룰로오스의 구조가 변형된 형태이며 의약, 위생재료, 식품공업 등에 이용된다.

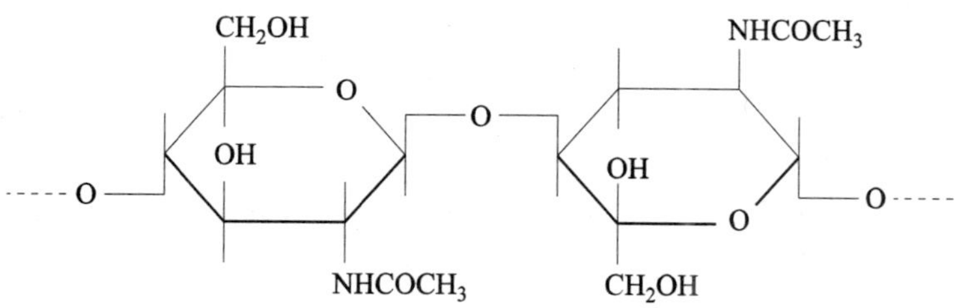

▲ **그림 10.9 키틴고분자의 구조**

(b) **리그닌**은 목재에서 셀룰로오스 다음으로 많은 고분자 성분인데 페닐그룹을 포함하여 탄소수 9개의 단위체가 복잡하게 3차원구조로 결합된 형태이며 그 구조는 매우 다양하여 아직까지 완전히 밝혀지지 않았다(그림 10.10 참조). (c) 또 다른 예로 미생물의 배양에 의하여 공업화된 천연고분자로 **PHB (Polyhydroxybutyrate)**는 지방족폴리에스터 화합물이다. 이는 [그림 10.11]과 같이 나타낼 수 있는 고분자 화합물의 일종으로 박테리아(Alcaligenes Eutropus) 배양을 통해서 얻을 수 있으며 배양액의 조정이나 배양조건, 균류의 변화 등에 의하여 여러 형태의 단일중합체 혹은 공중합체를 얻을 수 있다. (d) 다른 또 하나의 중요한 천연고분자로 **천연고무**가 있다. 이는 말레이 반도를 중심으로 Hevea Brasiliensis라는 남미에서 영국을 통해 이식된 고무나무에서 라텍스(Latex)의 형태로 얻어지며 이들의 가공을 통하여 여러 형태의 고무제품이 얻어지고 있다. 이와 같은 순수한 탄소 탄소 결합만의 천연고분자 화합물이 식물체에서 합성된다는 것은 놀라운 일이다.

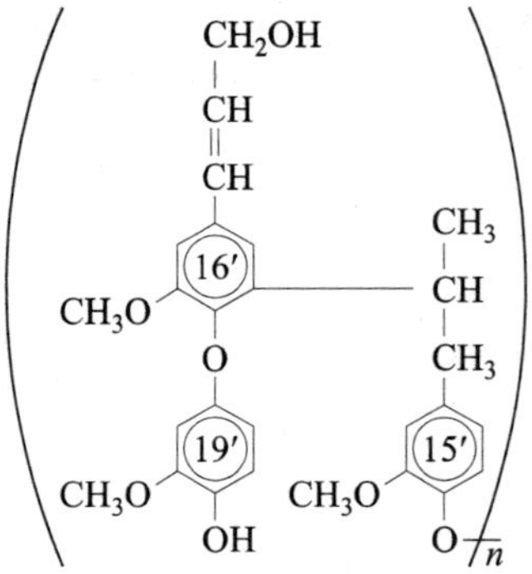

▲ 그림 10.10 리그닌의 구조

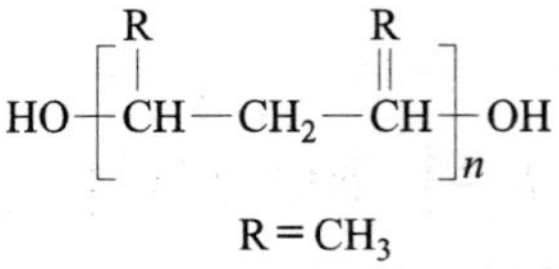

▲ 그림 10.11 PHB의 구조

Chapter 11

고분자 가공 (Polymer Processing)

고분자 재료는 인류에게 이용 가능한 화학적, 물리적, 전기적 특성을 복합적으로 지니고 있으므로 용도가 매우 폭넓은 물질이며, 고온에서 화학적으로 경화되기 전의 열경화성 고분자 또는 열가소성 고분자는 변형이 가능하므로 플라스틱(Plastic)의 여러 다양한 형태의 최종 제품을 만들 수 있다. 어떤 것은 기하학적으로 대단히 복잡한 형태를 갖는다. 이 때 사용된 공정은 기술적으로 비교적 단순하며 신속하게 이루어진다. 고분자와 플라스틱의 이러한 유용성과 현대생활에 이용되는 효과는 플라스틱의 특유의 특성으로 적절하게 형태를 제작하는 기술의 발전과 시장성 및 융통성에 기인하여 실용화된다. 많은 플라스틱 중에서 예를 들어 열가소성 결정화수지인 폴리프로필렌(PP)의 물성과 가공성관계를 알아보자. [그림 11.1]은 일반적인 PP제품의 성형방법별 전단속도에 대한 점도의 흐름곡선을 나타낸다. 그림을 보면 일반적으로 전단속도가 높아지면 점도가 낮아진다. 성형별 전단속도는 압축성형(Compression Molding)이 가장 낮고 이어서 캘린더링/밀링(Calendering/Milling), 압출성형(Extrusion Molding), 사출성형(Injection Molding), 케이블압출(Cable Extrusion) 성형 순으로 높아진다. 그리고 일정한 전단속도에서는 압출성형제품(@ 190~210℃), 사출성형제품(@ 230~260℃) 그리고 필름성형제품(@ 250~270℃) 순으로 점도는 낮아짐을 보여준다.

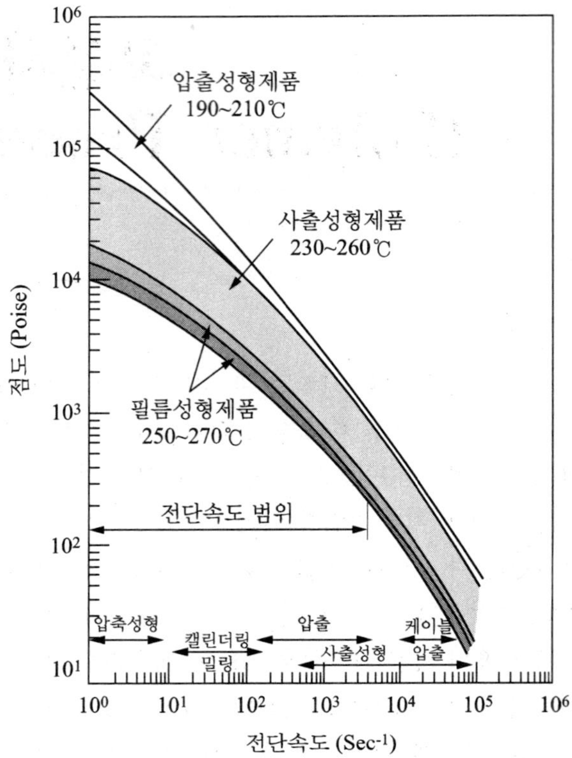

▲ **그림 11.1 성형방법별 전단속도에 대한 점도 변화**

[그림 11.2]는 PP제품에서 섬유압출성형의 전단속도범위 내에서 전단속도 (Shear Rate)에 따른 점도의 변화를 나타낸다. 즉 동일 용융흐름지수 (MFI, Melt Flow Index)를 가지면서 분자량분포 (MWD, Molecular Weight Distribution)가 다른 2가지 PP시료의 근접 제로전단점도 (Approaching Zero Shear Viscosity)를 보여준다. 넓은 분자량분포 시료와 좁은 분자량 분포 시료의 곡선이 만나는 점이 용융흐름지수 측정의 전단속도와 점도가 된다. 결국 특정한 전단속도 범위에서 넓은 분자량분포 쪽이 좁은 분자량분포보다 점도변화가 크다. 그러므로 섬유방사에서는 전단속도에 대한 점도변화가 덜 민감한 좁은 분자량분포를 선호하게 된다.

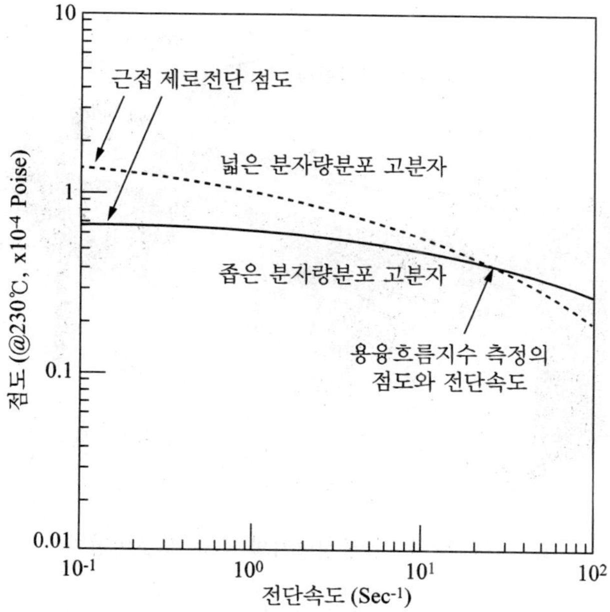

▲ **그림 11.2 분자량분포에 따른 전단속도와 점도**

고분자 가공은 고분자 재료나 시스템의 유용성을 증대시키기 위해 수행되는 공정에 관련된 기계적 특수성으로 정의된다. 간단히 말하면 고분자 가공은 고분자 원료 물질을 최종 제품으로 전환시킨다. 여기에서는 오늘날 수행되는 일반적인 고분자 가공법에 대하여 살펴보기로 한다.

압출공정에서는 고분자를 용융 및 이송시킨 후 금속다이에 밀어 넣고 통과시켜 고분자를 용융물의 원하는 형태를 연속적으로 만들어 준다. 압출가공시 사용되는 압출기는 펌프, 열교환기, 혼합기의 복합적인 기능을 가지고 용융이송과 압축의 기능을 갖는다. 압출성형은 주로 필름, 파이프, 배관, 호스 등을 만드는데 사용되나 고분자블렌드, 화합물제조 등의 혼합공정에도 널리 사용된다. 또한 사출성형이나 중공성형의 중간공정에 사용되기도 한다. 압출공정의 핵심은 가열된 바렐(Barrel) 안에서 스크류(Screw) 회전을 통해 고분자의 용융과 이송 및 혼합이 이루어지는 것이다.

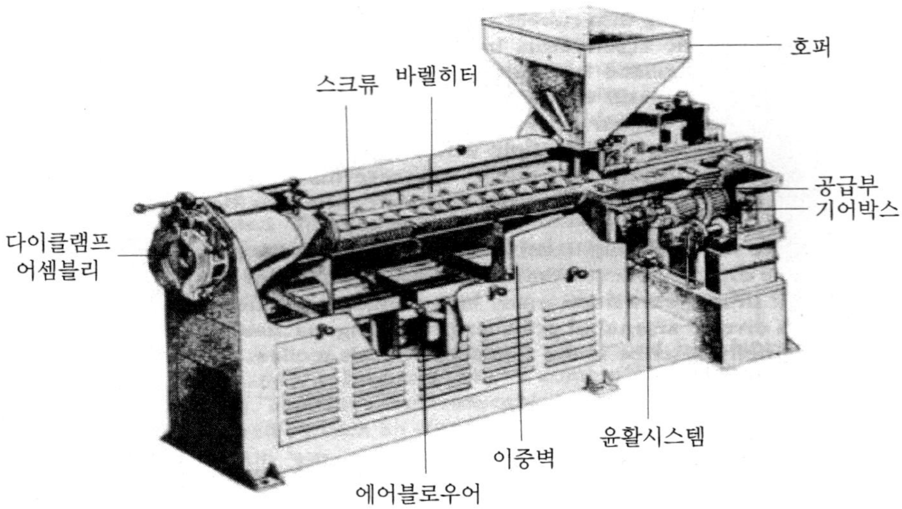

▲ **그림 11.3 압출성형기의 주요 부품명칭**

압출기는 크게 수지투입부(Hopper), 원통부(Barrel), 압출부(Die)로 이루어져 있다. 수지투입부에서는 일정한 속도로 개개의 입자로 된 고체 즉, 펠릿, 파우더, 칩과 같은 고체를 중력에 의해 주입시켜 주고 원통장치는 스크류(Screw)의 작용으로 주입된 수지를 가소화, 용융시켜 이송하며 압출 다이는 수지가 일정한 형태로 압출되게 한다.

원통부는 다시 스크류의 위치에 따라 공급부(Feed Section), 압축부(Compression Section), 계량부(Metering Section)로 나뉘는데 공급부는 호퍼로부터 수지를 받아 열을 가하여 압축부로 이동시키고 압축부는 펠릿(Pellet)이나 파우더(Powder)의 재료들을 가압하여 조밀하게 만들고 가열하여 녹이며 용융된 플라스틱을 연속적으로 이송이 되도록 한다. 외부의 가열이 고분자 내부의 마찰에 의해 상당한 열이 발생한다. 계량부는 최종제품에 일정한 치수를 부여하는데 필요한 균일한 유동속도를 가지게 하고 마지막에 압출기 선단에 부착된 다이(Die)에서 고분자 용융물이 연속적으로 밀려 나오도록 충분한 압력을 부여한다. 다이의 모양은 원하는 제품의 단면에 따라 다르다. 예를 들어 다이의 모양이 환형 모양이면 이로부터 파이프를 얻을 수 있고 모세관 다이로부터는 막대형의 제품을 얻을 수 있으며 직사각형의 슬릿 다이로부터는 시트 형태의 제품을 얻는다.

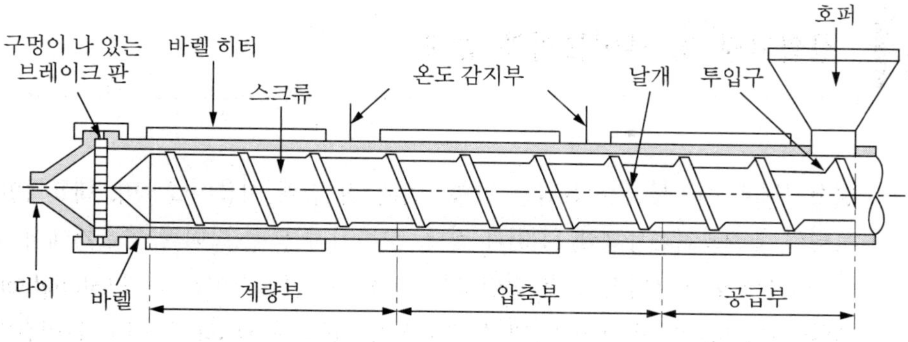

▲ 그림 11.4 압출기의 단면 모식도

압출기에서 설계변수는 Chapter 1에서 언급한 것처럼 원통부 내부에 있는 스크류의 직경(D)과 길이(L)이며 직경에 대한 길이의 비율을 L/D로 표현하며 나사선의 각은 17.6°가 보통 사용된다. 아래 [그림 11.5]와 같은 스크류의 설계는 압출공정의 성공을 결정하는데 가장 중요한 요소이므로 많은 주의를 기울려야 한다. 전형적인 플라스틱 압출기의 L/D는 24:1이고, 이는 점진적으로 짧은 L/D 8~10의 고무압출기까지 다양하다. 특별한 목적의 압출기는 L/D 비율이 36~40에 달하는 것도 있다. 일축압출기와 같은 기능을 하는 한 쌍 또는 다층 스크류의 압출기도 있다. 특히 사방이 톱니바퀴와 같은 형태로 맞물린 한 쌍의 스크류 압출기는 이축 스크류 압출기로 가장 널리 사용되는 기종이다. 예를 들면 PVC파우더, 분쇄 스크랩(Regrind Scrap), 원료투입이 어려운 재료는 일축 스크류 압출기보다 이축 스크류 압출기를 이용하는 방법이 널리 사용된다. 이러한 이유는 압출기 종류에 따라 펌핑, 용융, 혼합메커니즘에는 현저한 차이가 있기 때문이다.

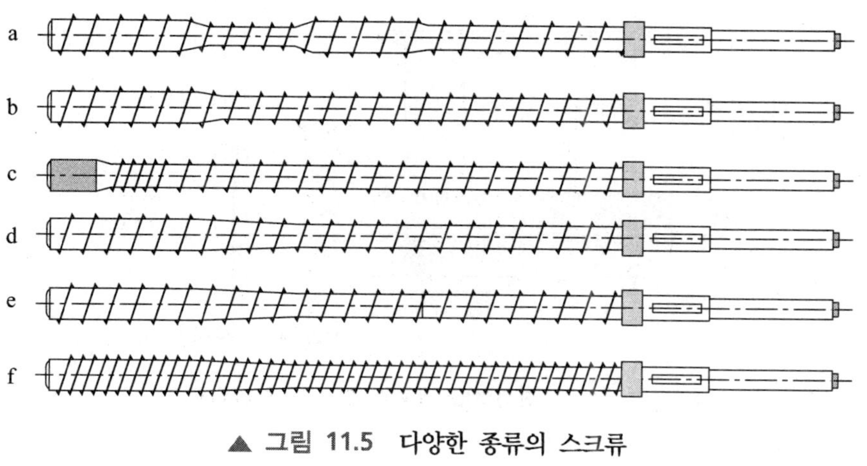

▲ 그림 11.5 다양한 종류의 스크류

01 전선코팅 및 케이블피복 공정

전선코팅과 케이블 외피작업은 압출작업의 첫 번째 적용이었으며, 대표적인 전선코팅의 공정흐름은 [그림 11.6]과 같다. 고분자가 도선을 따라 압출기에서 코팅되고, 수조에서 냉각되며 전기 절연성을 준다. 즉, 금속전선은 펴기 (Straightener)와 예열기 (Preheater)를 통해 나와서 크로스헤드 (Cross Head) 다이로 들어간다. [그림 11.7]과 같은 크로스헤드 다이에서 전선은 피복되고 다이를 빠져나와 냉각수가 채워진 수조를 통하게 된다. 그 후 절연량 시험을 위한 전기시험 장치를 거치고 당기기 도구를 통해 감아올리는 기계로 간다. 전선피복 줄의 속도는 고분자와 전선계기에 의존하지만, LDPE나 PVC의 일차 절연에서는 라인속도가 1,000~1,500 m/min이다. 케이블 외피는 이와 원리는 비슷하지만 훨씬 낮은 속도에서 작동된다.

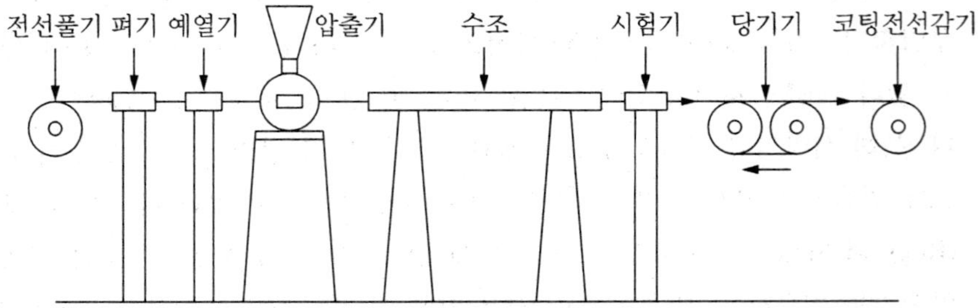

▲ 그림 11.6 전선코팅 작업공정 흐름도

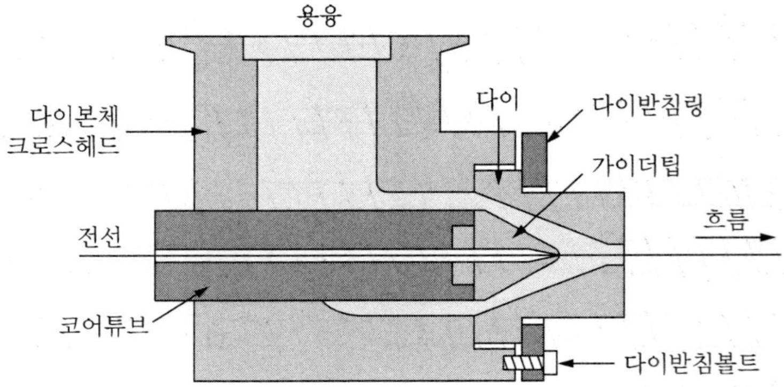

▲ 그림 11.7 전선코팅 크로스헤드 다이 단면도

02 압출시트코팅 및 라미네이팅 공정

이동하는 시트 위에 액체, 예를 들어 고분자 용융체 또는 용액의 얇은 층을 코팅하기 위한 많은 다른 형태의 공정들이 있으며 이를 웹(Web)이라고 한다. 코팅의 예로서는 (a) 셀룰로오스 위의 사진 유제(Photograpic Emulsion) (b) 기록과 컴퓨터 테이프를 위한 폴리에틸렌테레프탈레이트(PET) 위의 자기표현 (c) 축전기 응용을 위한 금속박(Metal Foil) 위의 고분자층 (d) 섬유나 직물 위의 마감재나 백킹(Backing) 등의 침적(Deposition)을 들 수 있다. [그림 11.8]은 여러 가지의 코팅 방법을 나타내고 있다.

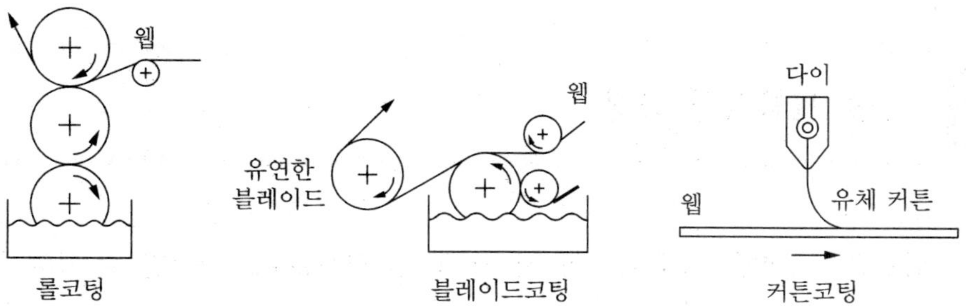

▲ 그림 11.8 여러 가지 코팅 방법

라미네이팅(Laminating) 압출 공정은 여러 기판이나 단섬유 압출(방사)의 피복을 압출하는 것이다. PE로 양쪽 면이 피복된 우유 마분지, 한쪽 면을 PE로 피복된 일회용 커피컵 또는 크래프트지 등은 좋은 예이다. 피복은 물을 차단하고 또한 단열의 효과가 있다.

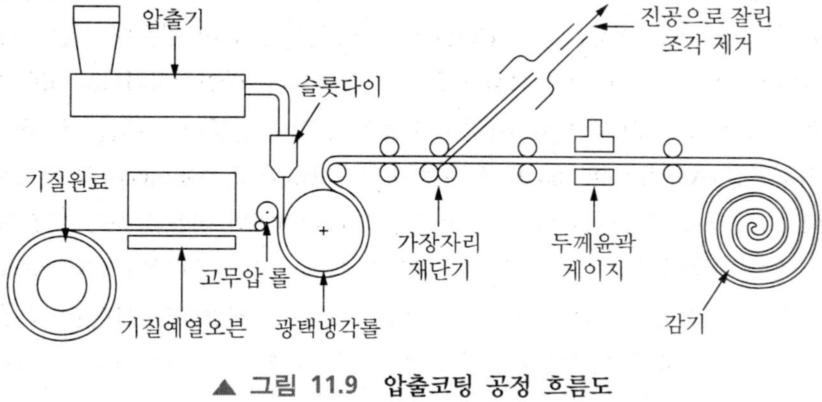

▲ 그림 11.9 압출코팅 공정 흐름도

[그림 11.10]은 압출코팅 방법으로 만들어진 접착테이프를 나타낸다.

▲ 그림 11.10 접착 테이프

03 압출 필름성형 공정

압출필름 성형은 크게 튜브형, 캐스트형 및 연신유무로 구분할 수 있다.

3.1 튜브필름 블로우 성형 (Tubular Film Blow Molding, Inflation Film)

고분자 필름의 상당수가 튜브필름 블로우성형 공정으로 제조된다. 그 예로 농업용 필름이나 흔히 보는 쇼핑백 등 다양하게 사용된다. 필름은 얇은 벽으로 둘러싸인 튜브에 상향 또는 하향의 수직 방향으로 압출된다. 필름은 [그림 11.11]에서처럼 다이를 지나 공기링 (Air Ring)에 의해 냉각된다. 다이 안쪽의 공기관을 통해 공기는 튜브 안으로 필름을 부풀 (Inflated)리고 안쪽에 갇혀 있는데 이는 라인의 위쪽 끝에서 쌍으로 된 링이 튜브출구를 막기 때문이다. 끌어당김 (Haul Off) 속도와 연관된 부풀리기 (Blow Up) 비율은 이 공정에 의해 필름의 두께를 결정하고 필름의 일축연신 (Axially Oriented) 또는 이축연신 (Biaxially Oriented)의 정도를 결정한다. 그러므로 부풀리기 비율 즉, 버블반경/다이반경의 비율은 매우 중요하다. 일반적으로 부풀리기 비율은 1.5～4.0정도의 범위이고 가로방향 (기계방향의 반대)에서의 연신 (배향)을 결정한다. 끌어당김 속도는 기계방향의 연신 (배향)을 결정한다. 일반적으로 다이에서의 수지가 통과하는 두께는 약 0.05 cm이고 필름 두께는

0.0005～0.025 cm (5～250 μm) 범위이다. 다이 반경은 10 cm 이하에서 120 cm 이다. 피드백게이지에 의해 계속적으로 두께를 감지하고 그것을 당기는 속도를 다양화함으로써 두께를 정밀하게 조절할 수 있다.

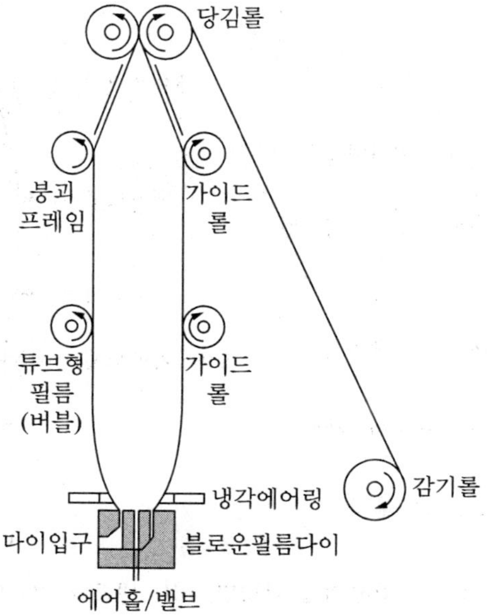

▲ **그림 11.11 튜브필름 블로우성형 공정 흐름도**

이 밖에도 튜브필름 제품의 연신에 의한 배향을 부여하기 위하여 다음과 같은 2축 연신을 하는 성형공정도 상업화되어 있다.

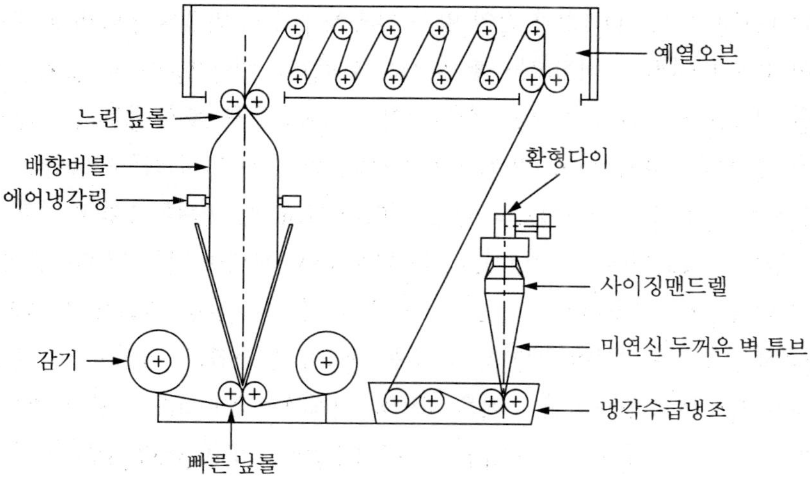

▲ **그림 11.12 2축 연신 튜브필름 성형 공정도**

또한 튜브필름 압출은 생성 버블(Bubble)의 냉각 방법에 따라 다음과 같이 냉각수에 의한 급냉법(Water Quenching)과 찬 공기에 의한 급냉법(Air Quenching)이 있다.

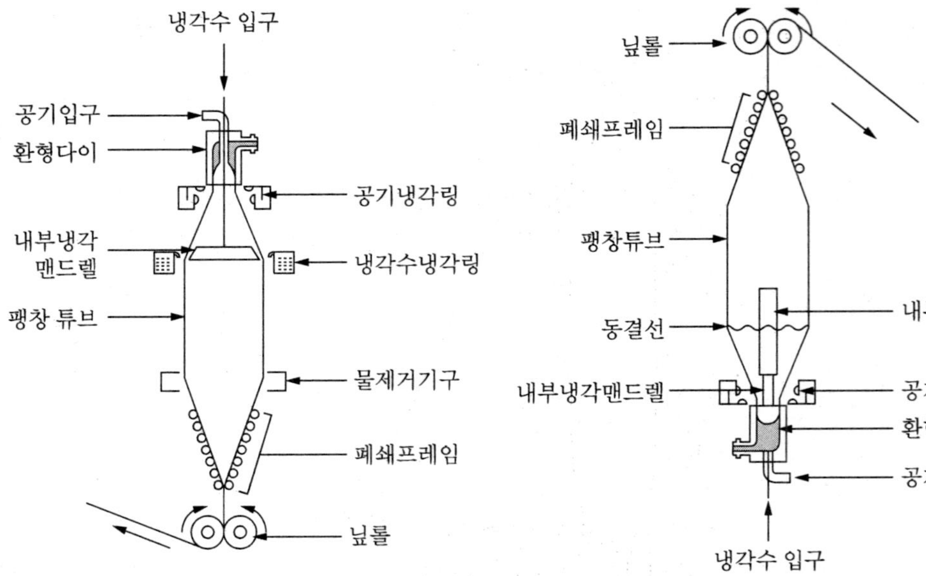

▲ **그림 11.13 압출버블 급냉법: (좌) 냉각수 (우) 냉각공기**

3.2 냉각롤 캐스트필름 성형(Chill Roll Cast Film Molding)

또한 필름은 냉각롤 주형(Chill Roll Cast)에 의해 제조될 수 있다. 용융물은 [그림 11.14] 및 [그림 11.15]와 같이 얇은 금속판 안으로 압출되어 곧바로 냉각되며, 표면이 잘 닦여지고, 회전하는 롤 안으로 들어간다. 이런 방법으로 압출된 필름은 평판 필름으로 불린다. 제품은 광택이 있고 일반적으로 높은 광학 성질을 갖지만 대개 블로우 필름(Blown Film)보다 비싸다. 더 두꺼운 시트도 비슷한 방법으로 생산한다. 용융물은 일반적으로 옷걸이(Coat Hanger) 형태의 T형 다이를 거쳐 평면 시트로 압출되는데 이 평면시트는 표면이 매우 광택이 나는 크롬으로 코팅된 3개의 냉각롤(Chill Roll) 속으로 들어간다. 각 롤의 온도는 순환유에 의해 개별적으로 제어되고 일정하며, 제어할 수 있는 속도로 운전한다. 라인속도는 얇은 시트에 대해서는 20 m/min이고 두꺼운 시트에 대해서는 2 m/min 정도로 한다. 첫 번째 쌍으로 된 롤 사이의 갭(Gap)은 다이(Die)의 틈새(Opening)보다 보통 약 10% 작은 것이 일반적이다.

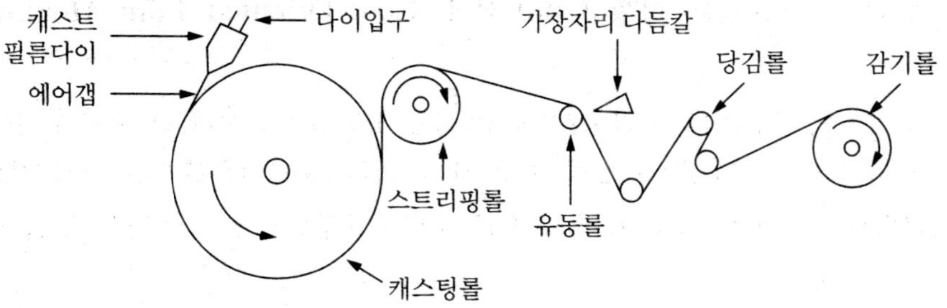

▲ 그림 11.14 냉각롤 캐스트필름 성형 공정도

보다 상세한 냉각롤 캐스트필름 전체 성형공정 흐름도를 [그림 11.15]에 나타내었다.

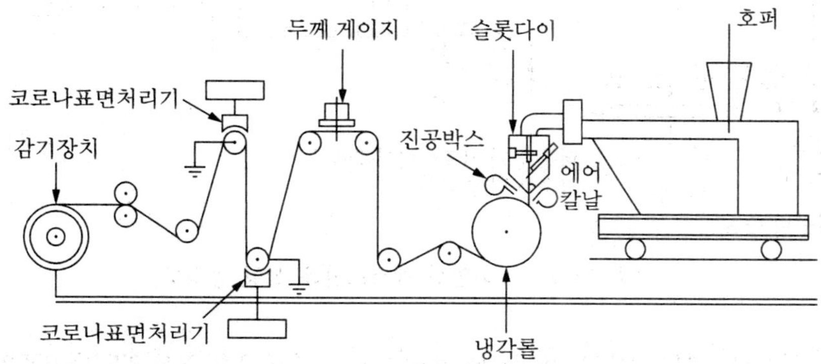

▲ 그림 11.15 냉각롤 캐스트필름 전체 성형공정 개요도

[그림 11.16]은 높은 라이너 강도를 갖는 기계방향 연신필름(PP) 인장 테이프이다.

▲ 그림 11.16 연신 필름 인장 테이프

3.3 냉각롤 연신필름 성형 (Chill Roll Cast Oriented Film Molding)

연신필름 성형은 동일 압출롤 캐스트필름 성형법으로 보다 고 품질의 필름 생산을 위하여 [그림 11.17]과 같이 압출 텐터 (Tenter)를 이용한 2축 연신 캐스트필름 (Biaxially Oriented Cast Film)으로 고급포장재로써 널리 사용되고 있다.

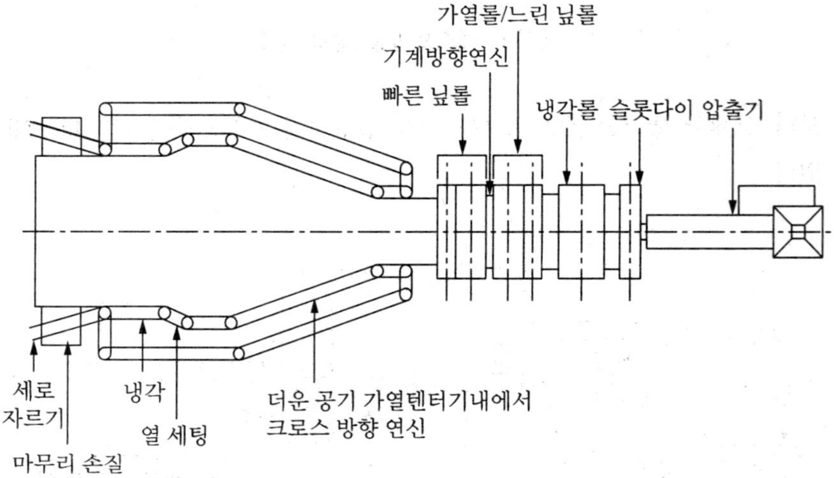

▲ 그림 11.17 2축연신 캐스트필름 성형 공정도

[그림 11.18]은 가스차단 (Gas Barrier) 성이 우수한 2축 연신 PP필름 (OPP, Oriented Polypropylene Film)으로 만든 여러 가지 포장지를 보여준다.

▲ 그림 11.18 2축연신 필름 포장지

3.4 다층 필름 압출 성형 (Multi Layer Film Extrusion Molding)

하나 이상의 압출기를 사용하고 정확한 다이 설계를 함으로써, 다중 성분의 층으로 이루어진 제품을 같은 크기로 압출할 수 있다. 특히 음식 포장과 같은 특별한 용도를 위한 다중층(Multi Layer)의 필름은 매우 일반적이다. 시트(Sheet) 뿐만 아니라 두 개 성분의 섬유도 특별한 성질을 부여함으로써 같은 크기로 압출된다.

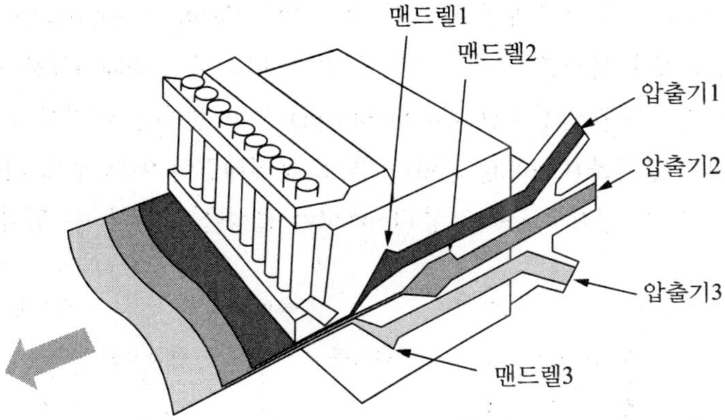

▲ 그림 11.19 다층 필름 압출 성형 공정도

04 압출 슬릿테이프(Slit Tape) 성형 공정

2가지 방법이 있는데 시트를 테이프로 가르는 시트공정과 각 테이프를 개별 다이를 통해 압출하는 직접공정이다. [그림 11.20]과 같은 시트공정이 훨씬 널리 사용되고 있다. 테이프는 일반적으로 두께 50 μm, 너비가 2.5mm이다. 이 시트공정에서는 슬롯다이를 통해 용융커튼이 냉각롤 위로 또는 냉각수 급냉조 속으로 압출된다. 이 시트공정은 낮은 투자비와 효율적인 시트급냉으로 선호되고 있다. 시트는 테이프로 길게 잘라지는데 이 테이프는 보통 연신에 앞서 표면을 마멸시켜 광택을 없애기도 한다. 연신장치로는 가열롤, 가열판, 더운 공기오븐 등이 사용되고 이는 테이프를 가열하여 연신이 되도록 한다. 일반적으로 연신비는 5:1에서 7:1로 하지만 단계적 연신 또는 높은 온도 경우는 10:1가까이 되기도 한다. 오븐과 가열롤은 수축률 제어를 위해 배향테이프 (Oriented Tape)에 이용될 수 있다. 이들 연신테이프가 콘 (Cone) 또는 보빈 (Bobbin)에 감기고 나서 공정은 마무리가 된다.

슬릿테이프는 거의 대부분 포장백 (Bag)이나 카펫 뒷면지지대 (Carpet Backing)로 사용된다. 슬릿테이프 직물은 주로 강도 물성용으로 판매되므로 결국은 제조에서 높은 연신비 (High Draw Ratio)로 강도성 (Strength, Tenacity) 부여를 하게 된다. 그러나 이는 카펫 실다발 (Needle Tufting)의 수명에 필요한 강인성 (Toughness)이 약해지므로 적절한 연신비가 요구된다. 그리고 시트 또는 테이프의 캐스트 속도는 25 m/min이고 압출물에 물이 따라 붙는 현상 (Water Carryover)이 발생하여 가열과 연신단계에 문제를 야기 시키기도 한다. 따라서 스릿테이프용 수지에 처방되는 첨가제 중에서 광안정제 (Light Stabilizer)가 이 문제를 야기시키므로 냉각수급냉조 대신에 냉각롤 (Cooling Roll) 교체로 문제해결이 어느 정도 가능하다. 이것 또한 보다 느린 냉각속도로 강성 (Tenacity) 물성을 제한할 수 있다.

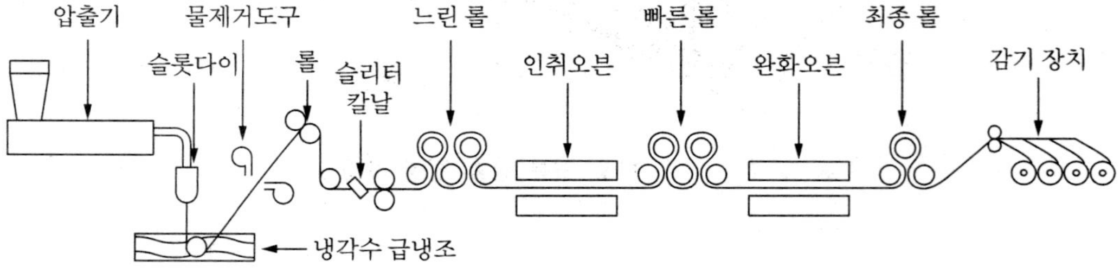

▲ **그림 11.20 슬릿테이프 압출 공정 개요도**

아래 [그림 11.21, 22, 23]은 압출 슬릿테이프의 여러 가지 용도를 나타낸다.

▲ **그림 11.21 카펫 뒷면 지지대**

▲ **그림 11.22 벌크컨테이너 백**

▲ **그림 11.23 토목섬유** (Geotextile)

05 압출시트 (Extrusion Sheet) 성형 공정

시트라인 (Sheet Line)은 크기에서 매우 다양하지만 대부분의 생산은 상당히 좁은 구간에서 이루어진다. 시트 두께는 0.2~10 mm가 가능하나 6 mm 이상은 찾아보기가 어렵다. 대부분의 생산은 보통 두께 1 mm 안팎, 폭은 600~2,000 mm이다. 압출기는 생산량 260~600 kg/hr 용량의 직경 60~150 mm를 사용한다. 압출기는 시트 품질을 제어하고 조절하는 기어펌프 (Gear Pump)를 갖추고 있고, 슬롯다이 (Slot Die)는 요구 시트 두께보다 약간 크게 지정된 다이 립 (Die Lip) 개방 (열림)으로 200~230℃ (PP 경우)의 용융물을 압출해서 [그림 11.24]와 같이 수평으로 3롤 스텍의 밑에서 2번째 롤 속으로 들어가게 된다. 여기서 첫 번째 닢 (Nip)에 축적되는 용융물의 비드 (Bead)는 시트표면이 중앙 롤에 의해 냉각되기 앞서 바닥롤에 의해 잘 닦여지게 한다. 이것은 시트 전체 두께를 균일하게 하고 시트의 공기쪽 표면에 부드러움이 있게 한다. 그러나 너무 많은 비드 축적은 용융상의 혼란과 시트 결함을 야기 시키므로 주의가 요구된다.

매우 두꺼운 시트를 제외하고 시트 결정화는 보통 첫 번째 냉각롤 (Chill Roll)을 떠나기 전에 두께를 통하여 완료된다. 두 번째 냉각 롤은 단지 시트상의 추가 열을 제거하기 위함이다. 냉각 롤을 거친 시트는 냉각을 완료하기 위해 가끔은 팬 (Fan)이 장착된 롤러 컨베이어 (Roller Conveyor)를 통과시킨다. 그 후 두께 측정기기를 통과한 시트는 절단, 적재 혹은 롤에 감기게 된다. 고 품질의 시트 생산을 위해 용융온도와 롤 온도가 매우 중요하다. 이유는 약간의 온도차이가 시트 반대면의 결정화 (Crystallization)/수축률 (Shrinkage) 거동에 영향을 주어 시트 주름 (Curving)과 휨 (Warping) 현상을 야기 시킬 수 있기 때문이다. 그리고 시트압출기 (Sheet Extruder)는 열성형에서 쉽게 발생할 수 있는 40~50%의 스크랩 (Scrap)을 되돌려 받기 위해 후단에 열성형기 (Thermoformer)를 가지고 있다.

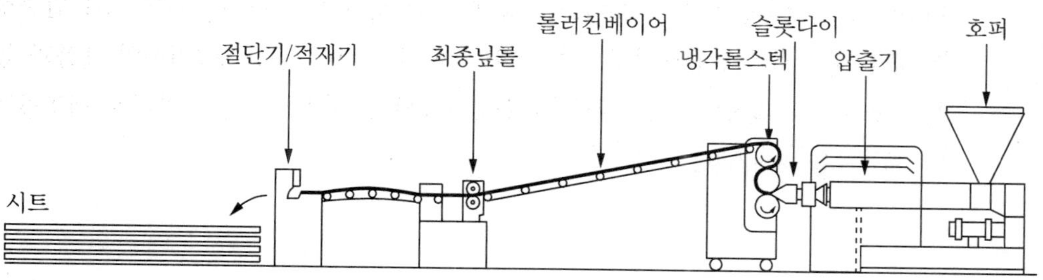

▲ 그림 11.24 시트 압출 공정 개요도

06 압출골판지 (Corrugated Board) 성형 공정

골판지에 플라스틱 적용은 흔하지 않다. 그러나 종이 골판지를 대체하고 상당히 내구성이 있어 이제는 널리 사용되고 있다. 골판지 단면은 실제로 여러 수직칸막이로 연결된 평행한 수평 벽으로 되어 있다. 이는 기계방향으로 배열되고 마치 피리 (Flute) 칸막이와 같은 사다리 (Ladder) 모양을 하고 있다. 골판지 제조공정은 압출 (Extrusion), 성형 (Forming), 아닐링 (Anealing), 절단 (Cutting)의 4단계로 통합되어 있다. 첫 번째 단계는 용융수지 (예, PP)가 단면이 사다리모양인 다이를 통해 압출된다. 두 번째의 성형단계는 용융압출판이 진공성형기 (Vacuum Former)을 통해 지나면서 냉각되고 시트와 피리모양 칸막이를 갖춘 최종 형태로 고형화된다. 여기서 시트에 적용되는 진공의 정도는 판의 평평함 (Flatness) 유지와 쭈그러짐 (Crush)을 방지할 정도로 적절히 제어되어야 한다. 최적의 쭈그러짐의 방지는 내부의 피리형 칸막이가 상하 표면에 완전히 수직이 되는 경우이다. 세 번째는 아닐링 단계로서 오븐속의 시트가 성형과정에서 받은 응력을 완전히 풀고 최종판 (Board)으로서의 평평함을 유지할 수 있도록 한다. 마지막은 시트를 최종 치수로 절단하는 단계이다.

상업적 골판지는 두께가 2∼16 mm이고 제조과정에서 어려움은 이 시트 두께와 관련이 있다. 라인 속도와 생산량은 성형단계에 의해 제한된다. 빠른 결정화 시간 (Crystallization Time)과 높은 용융강도 (Melt Strength)를 가지는 수지 (예, PP)의 경우는 성형시간 (Forming Time)을 단축시킬 수 있다. 그리고 높은 라인 속도에서 두 번째 제한요소는 아닐링 단계이다. 이 제한요소를 극복하는 것은 결국 긴 오븐 체류 시간을 필요로 한다. 그리고 낮은 용융흐름지수 (MFI, Melt Flow Index)의 제품이 이 공정에서는 요구된다. 그러나 저온내충격성을 요구한다면 호모폴리머 대신에 블록코폴리머 (PP 경우)를 사용해야 할 것이다. 이것은 근본적으로 압출성형 공정이기 때문에 용융강도가 중요하다. 따라서 낮은 용융흐름지수의 제품과 높은 용융강도의 제품이 바람직하다. [그림 11.25]는 위에서 언급된 골판지 제조공정의 흐름도를 나타낸다.

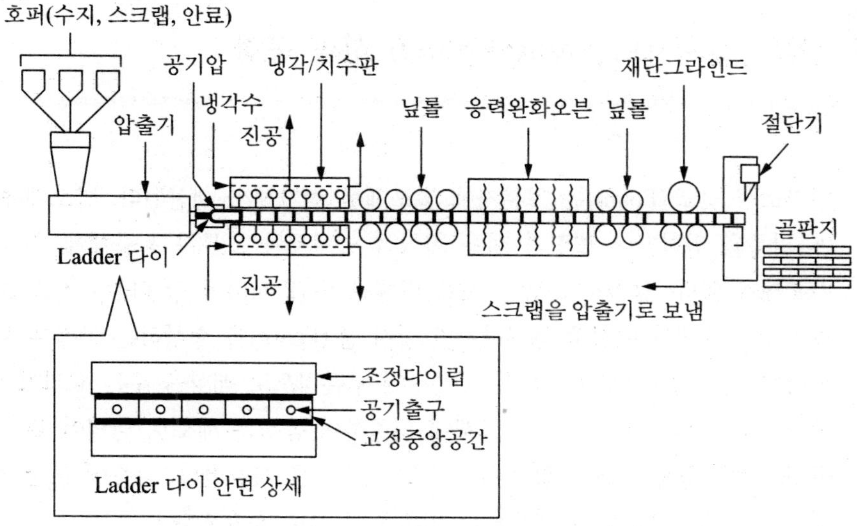

▲ 그림 11.25 골판지 제조 공정 흐름도

아래 [그림 11.26]은 PP소재의 압출골판지로 만든 여러 종류의 박스를 나타낸다.

▲ 그림 11.26 골판지 박스

07 압출 발포시트(Foamed Sheet) 성형 공정

열가소성 발포(Foam)는 고분자에 발포제를 첨가해서 생산된다. 발포제에는 펠릿에 피복을 입히거나 펠릿과 섞은 화학적 발포제와 고분자 용융체에 주입된 액상 발포제가 있다. 압출시 고압은 기계 내에서 폼(Foam)이 생성되는 것을 저해한다. 그러나 용융체가 다이를 빠져나가면 즉시 폼(Foam)을 형성하는 공정은 시작된다. 확장된 폼(Expanded Foam)은 고분자에 부분적으로 배향을 주는 효과가 있다. 고분자와 최종제품의 밀도는 발포제에 의존하며 공정은 세로로 일렬이 된 하나이지만 두 개의 싱글 스크류 압출기나 트윈 압출기를 사용한다. 나중에 포장 제품으로 열 성형되는 시트 등의 제품으로 일회용 식기로 사용된다.

비록 발포시트의 대부분은 폴리스티렌(PS)이지만 한 가지는 PP를 고집하고 있다. 그것은 가구와 전기기구 같이 섬세한 표면을 가지는 제품의 포장용으로 가볍고 질긴 소재이기 때문이다. 제조 공정은 PP코폴리머와 용제(Solvent)의 혼합물을 사용하는데 용제는 $1lb/ft^3$ 이하의 아주 낮은 밀도를 가지는 발포체를 형성하면서 비교적 낮은 온도에서 압출 시 빠른 단열 팽창을 가능하게 한다. 이 공정의 제어는 매우 민감하고 좁은 온도 범위 내에서 비교적 만족스럽게 가공이 된다.

높은 용융강도(High Melt Strength)를 가지는 PP 개발로 지금은 $3 \sim 10\ lb/ft^3$의 밀도를 가지는 발포 PP시트 제조도 가능하게 되었다. 사용 수지의 종류에 따라 발포제(Blowing Agent), 용융온도(Melt Temperature), 아닐링조건(Aging Condition)이 다르다. 즉 PP와 PS에 사용하는 이들의 조건이 상이하다. 전형적인 발포시트의 제조공정(Foamed Sheet Process) 흐름도는 [그림 11.27]과 같다.

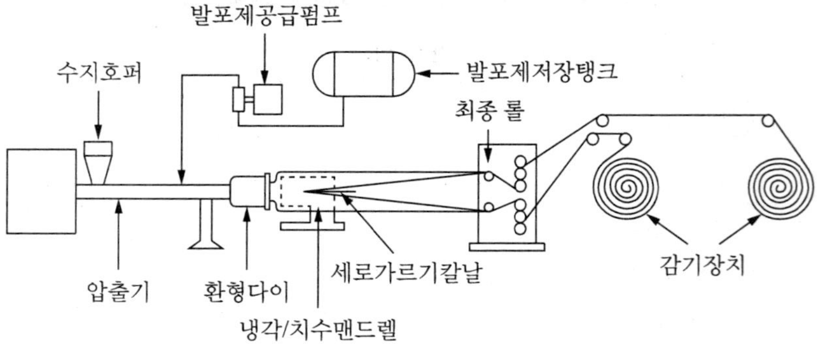

▲ 그림 11.27 발포시트 제조 공정 흐름도

08 파이프, 튜브, 프로파일 (Profile) 압출 공정

파이프, 튜브, 프로파일 압출은 실제적으로 중요한 다른 형태의 압출 조작이다. 파이프와 튜브는 크기로 대별된다. 튜브는 반경이 1.25 cm 이하이고 이보다 큰 것은 파이프이다. 독특한 프로파일을 가진 제품을 위한 다이 설계는 단순하지 않고, 대부분의 실험 관찰에 의해 결정된다. 파이프 또는 튜브의 크기를 일정하게 생산하는데 가장 널리 사용되는 기술은 진공 캘리브레이터이다. 압출기에서 나온 고분자 용융물을 튜브형태로 유지시키고 확대하며 냉각수를 담고 있는 진공 탱크 안으로 들어간다. 튜브 안의 대기압은 탱크에 잠기는 튜브가 끌리는 일련의 정립판 (Sizing Plate)에 따라 고체화되는데 이때 튜브는 압력차를 견디기에 충분히 강하게 되어야 한다. 튜브와 파이프는 정립 (크기대로 배열된) 탱크 다음에 일련의 판들이 있는 캐터필러 (Caterpillar)에 의해서 끌린다. [그림 11.28]은 튜브의 압출공정도를 나타낸다.

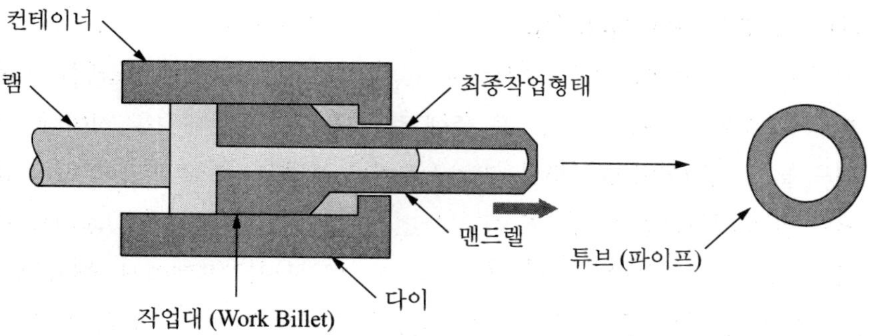

▲ 그림 11.28 파이프 압출 공정도

프로파일의 정밀한 제작은 더 어려운데 이는 냉각되는 동안 비틀리고 구부러지는 경향 때문이다. 냉각되고 위치들을 조절할 수 있는 금속 Fingers는 움직이는 부드러운 프로파일의 속도를 일정하게 유지시키는데 사용된다. 공기 분출구 (Air Jet)는 냉각에 사용되고 때때로 가열하는데도 사용된다. 가끔 프로파일은 냉각 정립기 (Chilled Sizing Unit)를 통해 흐르는데 여기서 프로파일은 구멍 난 벽을 이용한 진공에 의해 정립벽에 밀착되어 냉각되고 캐터필러에 의해 끌리면서 제작된다. 예로써 PS, Polyolefin, PVC, ABS로 만들어진 프로파일은 목재 대체품, 절연판, 전선 보호용 장식재 등을 만드는데 사용된다.

09 섬유방사 (Fiber Spinning)

크게 용액방사와 용융방사로 나누고 용액방사는 다시 건식방사와 습식방사로 구분한다.

9.1 용액방사 (Solution Spinning)

이는 열로는 용융되지 않는 폴리비닐알코올, 폴리아크릴로니트릴, Kevlar, 셀룰로오스 등의 고분자를 저분자 용매에 녹여 섬유를 만드는 방법으로 용제가 강한 휘발성일 때는 건식방사 방법을 사용하고 비휘발성이거나 열적으로 불안정한 경우에는 습식방사 방법을 사용한다. 따라서 압출방사에는 건식방사 (Dry Spinning)와 습식방사 (Wet Spinning) 그리고 용융방사 (Melt Spinning)가 있다.

(1) 건식방사 (Dry Spinning)

건식방사법은 [그림 11.29]에서처럼 고분자 용액중의 용매를 노즐을 통해 수직관으로 내보내 공기나 불활성기류 중에 증발시켜 섬유를 만드는 것이다. 여기서 용매는 물론 휘발성이어야 한다. 공기수증기나 불활성가스를 필요에 따라 같은 방향이나 반대 방향으로 통과하게 한 온도조절용 재킷으로 둘러싸인 수직통 형식의 용기를 사용하여 방사한다. 건식방사는 오랫동안 아세톤 용액에서 셀룰로오스아세테이트를 얻는데 사용 되어왔고 현재는 폴리비닐클로라이드나 그 혼성중합체를 포함하는 비닐섬유, 유기용매를 사용한 고분자 용액으로부터 방사된 폴리아크릴로니트릴에 이용되고 있다. 건식방사는 항상 고분자 용액제조에서 시작된다. 방사용 용매는 용해성, 비등점, 증발열, 안정성, 회수안정성 등을 고려하여 택한다. 결국 비점과 흡습성이 간편하지 않은 비극성 용매를 사용하는데 정전기가 발생하는 위험성을 갖는다. 또한 증발열이 큰 저 비점 용매를 사용하면 섬유표면상에 고분자를 응고시키는데, 이는 용매가 증발할 때 섬유가 냉각되어서 수분이 응축되기 때문이다. 이것은 광택과 강도를 저하시킨다. 일반적으로 건식 방사법에서는 권취 속도가 $10^2 \sim 10^3$ m/min 정도로 용융방사보다 조금 낮고, 방사 원액의 농도는 15～40 wt%이고 점도는 300～5,000 Poise 이다. 또한 수직 방사관 내에 주입되는 온도는 고분자나 용제의 종류에 따라 다르지만 보통 100～250℃ 정도이다.

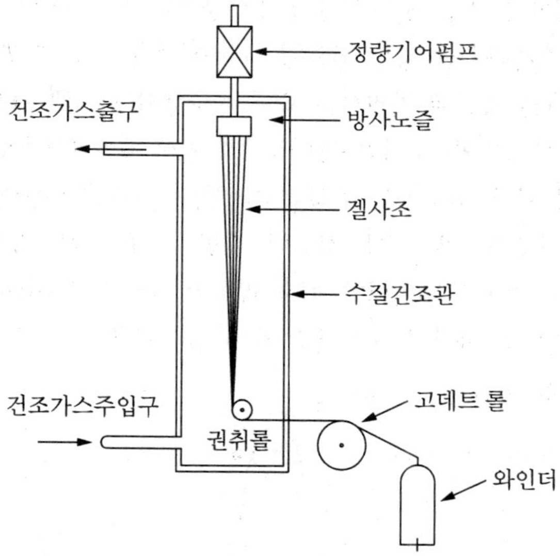

▲ 그림 11.29 건식방사 공정 개요도

(2) 습식방사 (Wet Spinning)

습식방사법에서는 [그림 11.30]에서와 같이 점성의 고분자 용액을 노즐을 통해 비용매인 욕조에 방사하여 응고시켜 섬유를 형성하는 방법으로 섬유는 권취기를 통해 감긴다. 일반적으로 이 공정은 비스코스, 셀룰로오스, 염 용액으로부터 폴리아크릴로니트릴 같은 합성섬유를 방사하는데 이용된다. 습식공정은 고분자 용액으로부터 대부분 응고 욕조로 용매를 옮기는데 이와 같은 이동에 있어서 용융방사에서의 고화열이나 건조방사의 용매의 증발열과 같은 것이 발생하지 않는다. 용액의 점성도, 비용액의 성질과 온도가 섬유의 성질에 영향을 준다. 다른 방법의 방사에서와 같이 섬유 (Filament) 주변의 표면장력이 굉장히 강해서 방적돌기에서 원형의 단면을 가진 단섬유를 생성하는 것은 어렵다. 결국 표면 장력에 의해 단섬유가 알맞은 형태로 절단되고 이 때문에 고분자의 점도가 작아지고 따라서 점도가 큰 끈끈한 용액일수록 방사하기가 쉽다. 즉 진한 농도의 고분자용액을 사용하는 것이 방사하는데 유리하다. 그러나 이것이 다시 고점도를 내게 하고 그 이상에서는 고분자를 거를 수도 압송하거나 사출할 수도 없게 한다. 그래서 고분자를 점도가 낮아지는 높은 온도에서 습식 방사한다. 온도가 상승하면 대개 결정화가 촉진되어 정밀하고 강한 섬유가 된다. 셀룰로오스 섬유는 50℃에서, 아크릴로니트릴섬유는 160～185℃ 의 높은 온도에서 방사된다. 응고 중에는 확산, 침투, 염석과 같은 여러 가지 공정이 동시에 일어나 이들이 상호작용하여 고분자용액을 용매와 침전제를 동시에 함유한 겔 (Gel)상의 섬유 다발로 만든다. 일반적으로 응고단계는 급속적으로 일어나므로 섬유가 크게 인장 되지 않는데 겔상의 섬유다발로 되면서 나머지 용매가 없어져 기둥 내 물질의 부피가 줄어든다. 이에 따라 주름이 잡히는데 한 예로 비스코스레이온과 같은 섬유에 특유의 주름 잡힌 단면을 가지게 되는 것을 보게 된다. 다른 경우에 있어서는 응고가 상당히 느리며 단섬유는 응고전보다 30배나 길이가 인장된다. 구리암모늄이 물에 의해 셀룰로오스로 방사되는 것과 같은 것이 한 예가 된다. 응고에는 충분한 시간이 필요하고 일반적으로 확산에 따른 기타 처리나 응고욕조에 의한 점성의 견인 등에 의해 습식방사속도가 46~91 m/min의 느린 속도로 제한된다. 습식 방사된 실은 보빈(Bobbin)상이나 엉성한 덩어리로 집합된 후 화학처리나 건조 등이 실시된다.

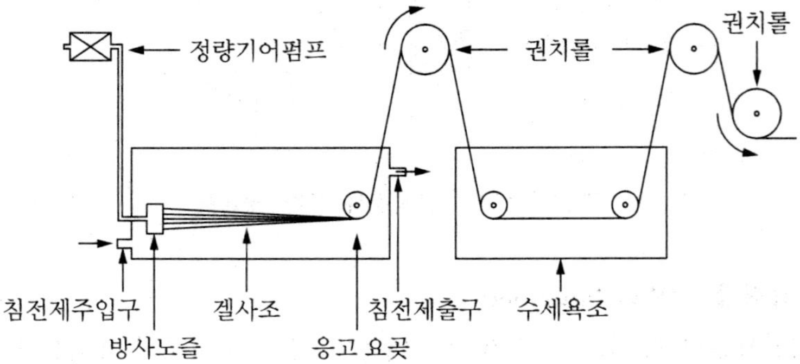

▲ 그림 11.30 습식방사 공정 개요도

9.2 용융방사(Melt Spinning)

용융공정은 독특하게 간단하다. 용융된 고분자를 다수의 세공을 가진 방축돌기를 통해 일정한 속도로 밀어내면 용융고분자는 방축돌기면에서 공기 중으로 들어가면서 냉각되기 시작한다.

(1) 단섬유 공정(Monofilament Process)

이 공정을 빨리 하기 위해 공기분사를 이용할 수 있다. 따라서 고분자 용융액이 굳어 실(Filament)이 되면 보통 762 m/min으로 보빈(Bobbin)에 감긴다. 그 다음에 견인 공정으로 섬유에 일정한 방향을 준다. 방적돌기는 지름이 0.254 mm 이하이고, 파인 50~60개의 구멍을 가진 강직판으로 두께가 약 4.11 mm이고 지름이 41.08~61.62 mm이다. 섬유의 데니어(Denier)는 구멍의 지름이 아니고 고분자가 방적돌기를 압송 통과하는 속도와 섬유가 감기는 속도에 의해 결정된다. 대규모의 공업적인 방법은 고분자 펠릿이나 칩을 열선으로 용융시키고 기포를 제거하고 용융과정에서 질소분위기를 유지시킨다. 가압 하에서 여과한 후 용융고분자를 방사구를 통해 방사하고 찬 공기를 들여보내 용융섬유를 고형화하여 [그림 11.31]과 같이 롤(Roll)이나 보빈(Bobbin)에 감는다. 이러한 기술로 인조 섬유를 분당 수천 피트의 빠른 속도로 생산할 수 있다. 고분자는 전류나 가열증기로 가열되는 강직관 형태의 뜨거운 그리드(Grid)에 접촉시켜 녹인다. 고분자 용융물을 수증기나 탄산가스 또는 질소가스와 같은 불활성가스로 에워싸서 산소의 작용으로부터 보호할 필요가 있다. 그리고 용융고분자의 점도가 낮으면 직접 일정한 속도의 측량펌프에 통과시키고 반면에 점성이 큰 용융물에서는 승압펌프를 사용한다. 방축된 섬유는 완전히 일정한 방향으로 향해 있지는 않는다. 그러므로 용융되는 동안 방축돌기와 감기는 실 사이에는 여전히 인장이 진행되는 중이므로 섬유가 냉각이나 결정화하기 전에 분자배열을 위해 이완하기에 충분한 시간이 있다. 따라서 최적의 물리적 성질을 나타내는데 필요한 결정의 배열이 되도록 별도의 견인공정이 필요하다. 용융 방사법의 장점은 방사공정이 빠르고 섬유가 균일하며 원형의 단면을 갖는다는 것이다. 용융방사공정으로 나일론 6/66, 폴리에틸렌, 폴리우레탄 등의 합성섬유를 제조할 수 있고, 방사 전에 녹여진 용융유리나 대리석을 사용하여 만든 유리섬유(Glass Fiber)로는 장치 필라멘트(Filament) 등을 제조할 수 있다.

[그림 11.32]는 단섬유로 직조하여 만든 일회용 옷을 나타낸다.

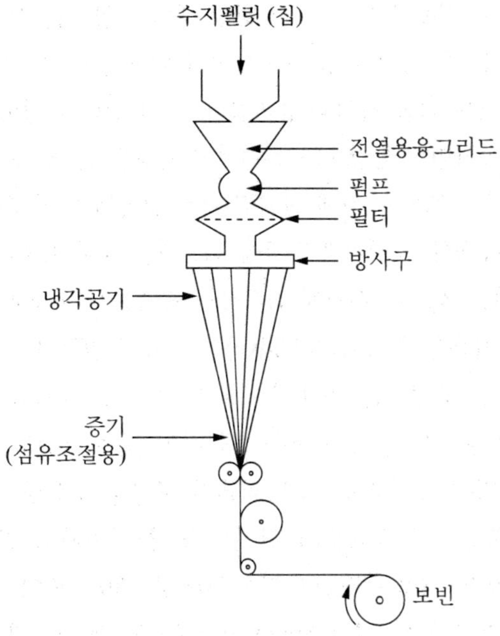

▲ 그림 11.31 용융방사 공정 개요도

▲ 그림 11.32 일회용 옷
(Disposable Garment)

(2) 부직포 공정 (Spunbonded Process, Staple Process, Unwoven Fabric Process)

부직포 공정 (Spunbonded Process)은 [그림 11.33]과 같다. 섬유 (Filament) 형성은 하나의 큰 방적돌기 (Spinneret)로 이루어지는데 이 돌기는 수 천 개의 구멍을 가지거나 40개 정도의 구멍이 있는 작은 방적돌기의 다발 (Bank)이다. 방적돌기를 나온 후 용융섬유는 공기급냉시스템에 의해 급냉되어 진다. 그리고 나서 방적돌기에서 당겨져 나가고 고압공기로 연신되어 가늘어진다. 공기에 의해 가늘어짐 (Air Attenuation)에는 2가지 방법이 있는데 모두 벤튜리 효과 (Venturi Effect)을 이용한다. 첫 번째는 흡인장치 슬롯 (Aspirator Slot)을 사용하여 섬유를 당긴다. 두 번째 방법은 노즐이나 흡인장치를 통하여 섬유를 연신한다. 오리피스 크기가 중요하기 때문에 다중 건 (Multiple Gun)을 사용한다. 이와 같은 방법으로 만들어진 섬유는 직물 (Fabric)을 짜기 위해 스크린 (와이어)이나 다공형성벨트 상에 모이게 된다. 직물 무게는 방적돌기 구멍당, 구멍 수당 처리량으로 결정되거나 형성벨트 속도에 의존한다. 진공은 그 벨트의 아래쪽에서 유지된다. 이 진공은 직물형성의 균일화에 매우 중요하고 섬유를 가늘게 함에 사용된 공기를 제거하는 역할을 한다. 이 공정에 있어서 공기처리와 제어는 매우 중요하다. 직물형성 지역은 제어를 향상시키기 위하여 나머지 라인으로부터 자주 봉쇄된다. 다양한 방법들이 직물형성을 돕고 균일성을 높이기 위하여 사용된다. 예를 들어 정지 혹은 유동의 변류기 (Deflector) 사용, 섬유의 분산을 향상시키기 위하여 정전기 혹은 공기와류 (Turbulence) 이용 등을 들 수 있다. 직물 통합을 위해 형성 챔버를 봉인할 수 있고 압축롤을 통해 지나가도록 한다. 직물은 통합과 강도를 높이기 위하여 한 개 롤상의 융기부분이 직물과 결합하는 가열 캘린더롤 사이를 통과한다. 수지 선택은 결합온도와 범위에 영향을 주는데 바꾸어 말하면 직물강도와 유연성에 영향을 준다. 넓은 결합온도 범위가 조업성과 물성의 최적 조합을 위해 바람직하다. 결합에 이어 최후의 마무리는 직물에 소수성, 친수성, 항균성, 정전기방지 등을 적용하는 것이다. 이 마무리 작업은 직물에 기능성을 부여하는 것으로 수지에 첨가하는 농축물 (Concentrates)의 사용은 증가하고 있다. 이것의 사용은 첨가제 (Additive)를 섬유의 일부가 되도록 한다. 결합과 첨가제 처리 후 직물은 요구되는 폭과 길이를 가지는 롤 속에서 길게 잘라진다. 생산 직물의 공정효율과 품질은 장비 선택을 포함하여 많은 요인들에 의해 다양할 수 있다. 예를 들어 공기속도, 수지종류, 방적돌기 구멍당 생산량, 직물무게 등과 같은 여러 변수들이 품질과 공정효율에 현저한 영향을 미치고 있다.

부직포 직물용으로 사용 수지는 PP의 경우 용융흐름지수 (MFI)가 30~40이다. 이것은 과산화물 (Peroxide)로 수지의 흐름성 (MFI 8에서 30~40)을 제어한 제품이다. 높은 용융흐름지수는 합리적인 생산성과 적절한 물성을 가능하게 한다. 그리고 좁은 분자량분포(MWD)는 섬유의 매우 높은 연신비(High Drawdown)에서 높은 배향(High Orientation)을 갖기 위해 특별히 디자인된다. 넓은 분자량분포(MWD)의 수지가 더 점성이 있고 낮은 연신비에서 더 많은 배향을 보이는 반면 높은 연신비에서는 배향이 낮아진다. 그래서 좁은 분자량분포(MWD)가 주어진 연신비에서 배향(Orientation) 측면에서 더 효과적이다. 이것은 이들 조건에서 더 점성이 있다는 것과 같다. 결국 부직포 연신비(Spunbonded Draw Ratio)에서 좁은 분자량분포(MWD)가 더 양호하게 응답을 한다. 같은 이유에서 좁은 분자량분포(MWD)는 더 좋은 방적(Spinning) 연속성(Continuity)을 제공한다. 높은 연신섬유는 변형으로 보다 빨리 굳어지고 덜 끊어짐이 발생할 것이다. 대신 섬유의 두꺼운 부분은 연신이 더 많이 있게 된다.

또한 이상적으로 고분자는 겔(Gel)이 없어야 하고 첨가제 처방 패키지는 공정성과 섬유물성을 유지하기 위해 좋은 용융안정성, 가스퇴색(Gas Fading)과 열적변색(Thermal Decoloration)에 대한 저항성을 제공해야 한다. 그리고 첨가제는 섬유가 압출될 때 방출되는 연기(휘발물) 양에 영향을 줄 수 있다. 이 휘발물은 방적돌기, 건(Gun), 슬롯(Slot)을 오염시키고 덩어리를 형성하여 섬유 단락을 야기시킬 수 있다.

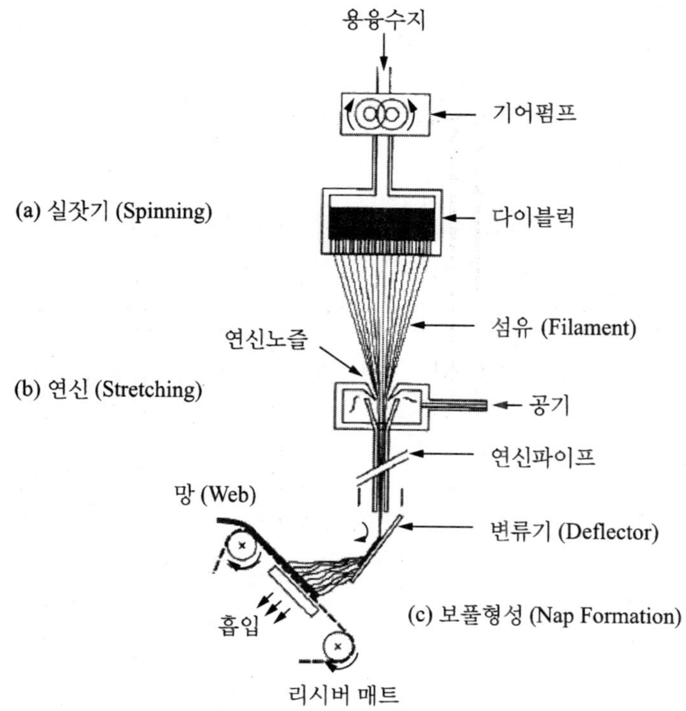

▲ **그림 11.33 부직포 직물 공정도** (Spunbonded Fabric Process)

아래 [그림 11.34]는 부직포로 만든 일회용 기저귀를 나타낸다.

▲ 그림 11.34 일회용 기저귀

(3) 기타

이 밖에도 상업적으로 [그림 11.35]와 같이 1단으로 방사(Spin), 당김(Drawn), 배향(Textuize)의 벌크(Bulked) 연속 섬유 방적사(Continuous Filament Yarn)의 제조 공정과 [그림 11.36]과 같이 2단 연속 섬유 방적사 공정개요도를 각각 나타내고 있다.

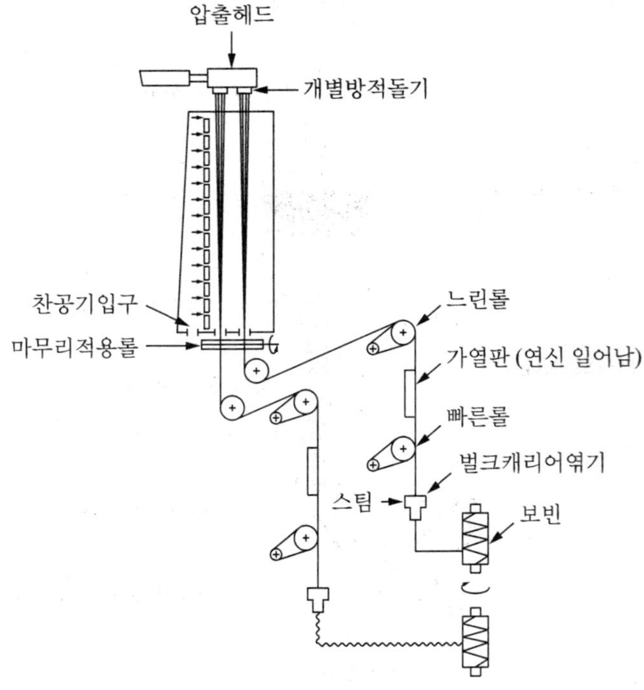

▲ 그림 11.35 1단 연속 섬유 방적사 공정 개요도

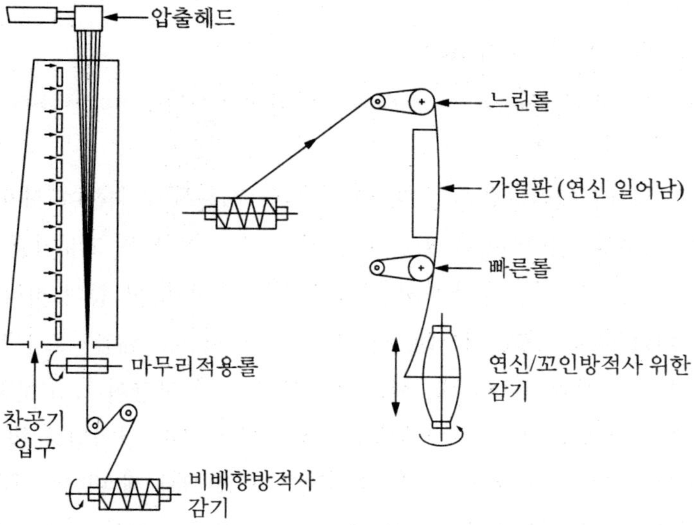

▲ 그림 11.36 2단 연속 섬유 방적사 공정 개요도

[그림 11.37]과 [그림 11.38]은 섬유 (Filament)로 직조한 로프와 아웃도어 웨어를 각각 보여주고 있다.

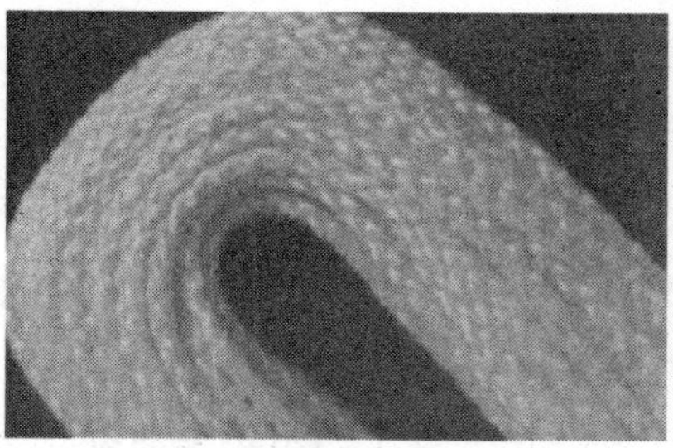

▲ 그림 11.37 로프

▲ 그림 11.38 아웃도어 웨어

10 캘린더링 (Calendering)

압출에 덧붙여 캘린더링은 플라스틱 시트를 생산하기 위하여 사용할 수 있는 또 다른 방법이다. 캘린더링은 회전롤(실린더) 사이의 용융 고분자를 압출하여 필름이나 시트를 제조하는 공정으로 가장 오래된 가공 방법 중의 하나이다. 캘린더는 보통 4개의 롤로 이루어지는데, 이들은 다른 방법으로 배열되고 [그림 11.39]와 같이 현재 가장 보편적으로 사용되는 형태는 역 L자 모양이다. 고분자는 첫 번째 두 개의 롤 사이에 들어가 그 아래에서 시트로서 나오고 남아있는 롤 사이를 통과한다. 처음의 것은 들어가는 속도를 조절하고 두 번째와 세 번째는 최종 제품의 두께를 결정한다. 하나의 롤에서 다른 롤로의 이동은 롤 사이의 온도, 속력, 그리고 표면 마감 차이의 조합에 의해 조절된다. 시트는 회전이 빠른 스트립(Strip) 롤에 의해 마지막 롤에서 떼어내어 진다. 이것은 또한 시트를 늘려 배향을 주는 데도 사용될 수 있다. 어떤 표면 마감을 공급하는 양각으로 새겨진 롤 쌍(Embosser Pair)이 따라오기도 한다. 결과적으로 시트는 냉각과 고체화를 위해 일련의 냉각롤을 지나간다. 이 공정은 감는 공정으로 종결된다. 첫 번째 롤 쌍에 들어가는 것은 대개 용융물이다. 예비 단계는 벤버리(Banbury) 타입 혼합기와 녹인 고분자 혼합물을 시트에 롤밀(Roll Mill)한 것으로 캘린더에 들어가기 전의 공정이다. 롤에 과량으로 들어오거나 부족한 것은 캘린더 닙(Nip)에 들어간다. 캘린더 공정에서 고체오염물질은 공정 불량을 심각히 유발하므로 롤밀과 캘린더 사이에서 금속감지기나 압출기는 고체 오염물질을 걸러내는 역할을 한다. 대신에 미리 걸러내어 혼합한 것은 직접적으로 캘린더에 들어가도 무방하다. 다른 대체품으로 단순 스프레드 다이(Spread Die)를 장착한 압출기를 사용하여 용융시키고 투입하기 용이한 형태로 만들어 직접 캘린더에 들어가는 방법도 있다.

캘린더의 뛰어난 특징은 높은 생산속도이다. 싱글 라인을 통과하는 속도는 4,000 kg/hr에 달한다. [그림 11.40]은 32 인치 대형 캘린더를 보여준다. PP, PS, PE재질의 시트는 대체적으로 압출에 의해 만들어졌으나 PVC나 단단한 고무의 필름과 시트 등은 분해가 덜 일어나는 캘린더링으로 만들어진다. 이 기술은 마루판 구조의 제품을 만드는데 널리 이용된다.

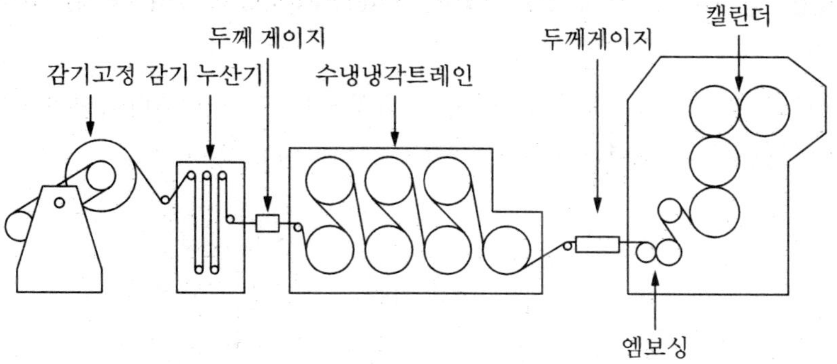

▲ 그림 11.39 플라스틱 시트생산 캘린더링 공정 개요도

▲ 그림 11.40 L형 캘린더 압출기

11 사출성형 (Injection Molding)

사출성형은 플라스틱 산업에서 중요한 가공법 중의 하나로 고분자를 고속으로 금형에 주입하여 동일한 제품을 생산하기 위한 성형법이다. 이것은 고대 금속 주물공정에서 사용된 주형틀에서 발전된 것이다. 과거에는 한 번 성형하는데 28 g의 고분자가 필요한 소품에 이 방법이 이용되었지만 현재에는 수 kg에 달하는 텔레비전이나 냉장고 등의 가전제품이나 자동차 내장재나 범퍼류 등의 대형 제품에도 사용된다.

11.1 일반 열가소성 사출성형 (TIM, Thermoplastic Injection Molding)

주로 대부분의 열가소성 수지들은 사출성형법으로 성형된다. [그림 11.41]은 사출성형기 (왕복스크류형)의 장치 개요도를 나타내고 있다.

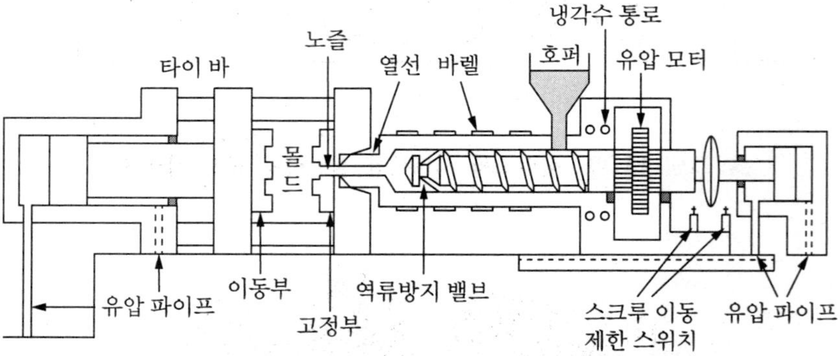

▲ 그림 11.41 사출성형기의 장치 개요도

또한 사출성형온도는 압출성형 시 온도보다 높아서 대부분 재료의 경우 250℃ 이상이 된다. 또한 섬유 보강된 고분자 및 엔지니어링 플라스틱뿐만 아니라 열경화성 수지도 적용 가능한 성형방법이다. 기본적으로 사출기는 사출부 (Injection Unit)와 형체부 (Clamp Unit)로 구성되어 있는데, 사출부는 플라스틱을 용융, 가소화시켜 노즐과 흐름길 (Runner)을 통해 금형틀 (Mold)에 주입시키며 플런저 (Plunger)형과 왕복스크류 (Reciprocating Screw)형으로 나눈다.

[그림 11.42]의 (a)와 같은 플런저형에서는 유로에 어뢰 모양의 확대형 지형물 (Torpedo)을 설치하여 재료가 가열판과 지형물 사이에서 얇은 환상 (Annular)막을 형성하고 이를 통과시킴으로써 열전도를 극대화시켜 고분자가 충분히 용융, 가소화되고, 일정한 온도가 되도록 하는 역할을 한다. 형체부는 금형을 포함하는 부위이며, 자동적으로 금형을 개폐하고 최종제품을 빼낸다. 사출성형 시 플런저에 가해지는 압력은 703～2,108 kg_f/cm^2 정도의 고압으로 충진되고 금형 내부로 수지의 유입이 매우 빠르므로 비교적 정밀도가 우수하고, 완성품이 나오는 시간이 10～30초 정도로 짧아 생산성이 좋다. 이보다 발전된 왕복스크류사출기 [그림 11.42]의 (b)의 사출공정 사이클은 [그림 11.43]과 같이 ① 스크류전진과 금형충진 ② 스크류정지와 보압유지 및 제품냉각 ③ 스크회전 후진과 실린더 재충진 및 제품냉각 ④ 스크류정지와 금형에서 제품 꺼내기의 반복과정을 거친다.

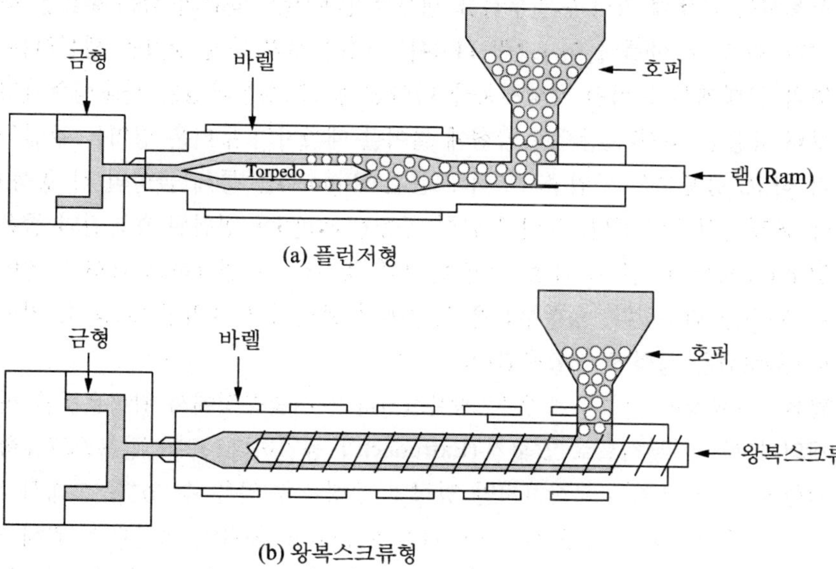

▲ **그림 11.42 사출성형기**

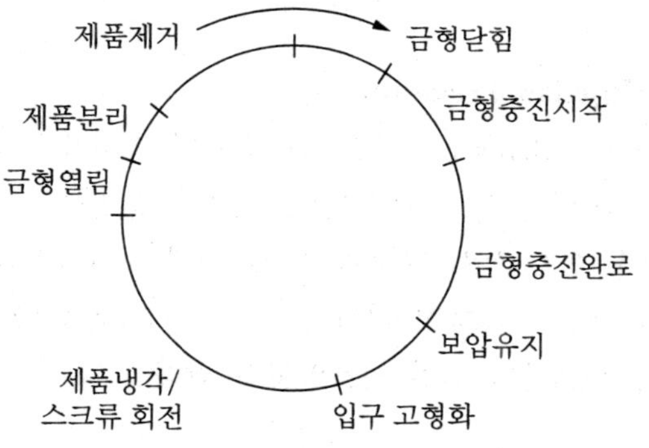

▲ **그림 11.43 사출성형 사이클**

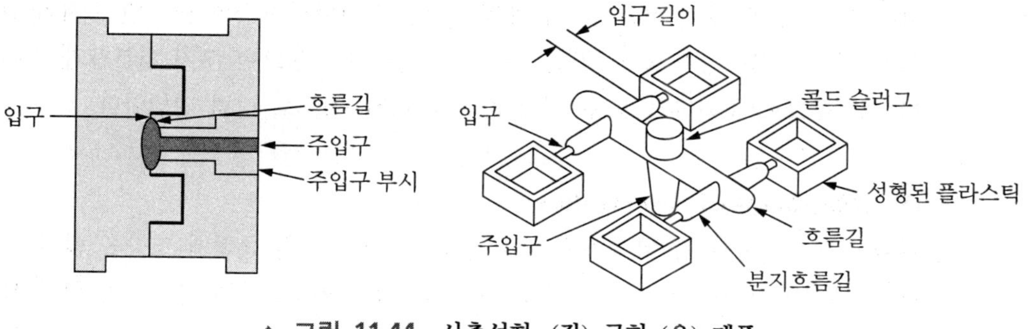

▲ **그림 11.44 사출성형: (좌) 금형 (우) 제품**

사용하는 금형에 따라 단일부품을 생산하거나 여러 종류의 작은 부품을 동시에 생산할 수 있다. 예를 들어 [그림 11.44]는 여러 개의 동일 상자를 생산하는 금형 단면과 금형에서 분리된 성형제품을 나타낸다. 그 성형과정은 사출성형기의 노즐로부터 용융된 수지가 강제로 금형에 들어갈 때까지의 두터운 영역을 주입구 (Sprue)라 하고, 용융물은 주입구로부터 흐름길 (Runner)을 통해 금형의 각 공동 (Cavity)에 균일하게 채워진다. 그리고 금형 공동 (Cavity)에 연결된 흐름길의 좁은 부분을 입구 (Gate)라고 한다. 금형 안이 완전히 채워진 후 냉각하고 금형을 열어서 성형된 부품을 회수한다. 성형부품은 입구에서 분리되고 주입구, 흐름길, 입구의 스크랩 (Scrap)은 성형에 재활용한다.

왕복스크류형은 사출부에 있는 왕복스크류가 사출공정에서 왕복운동을 하는 것을 제외하고는 기본적으로 압출기 (Extruder)와 동일하다. 또한 왕복스크류형은 플런저형에 비해 구조는 복잡하지만 양질의 성형품을 얻을 수 있다. 그래서 오늘날에는 왕복스크류형이 대부분의 사출기에 이용되고 품질의 고급화를 위해 자동화가 촉진되는 추세이다. 이는 열경화물, 보강제품용 재료 및 경질폴리비닐 클로라이드 등의 사출성형을 포함한 플라스틱 가공에 있어서 새로운 발전을 촉진하게 되었다. 그리고 주요 사출성형의 조건은 다음과 같다.

(1) 사출압력 (Injetion Pressure)

사출압력은 스크류 (Screw)가 전진하여 용융된 수지가 노즐 (Nozzle)을 통해 사출될 때 수지에 가해지는 압력이다. 실제 사출을 운전하는데 있어서 필요한 압력은 용융수지를 금형 안으로 사출하는데 필요한 일차 사출압과 수지가 금형틀 안에서 충진이 끝난 후에도 계속해서 이어지는 이차 사출압 (보압)의 두 가지가 있다. 일반적으로 이차 사출압이 일차 사출압보다 낮다.

(2) 실린더 온도 (Cylinder Temperature)

실린더 온도는 수지가 투입구로 들어간 후 용융되어 금형에 도달하기까지 실린더에서 온도를 정해주어 작동하는데 대개의 경우 실린더의 온도가 높으면 수지의 점도가 떨어져 유동성이 좋아진다. 그러나 온도가 너무 높으면 수지 열분해가 일어나기 쉬우므로 주의하고 보통 3～4개의 영역 (Zone)으로 나눠 가열한다.

(3) 금형온도 (Mold Temperature)

금형온도는 성형사이클에 관련이 큰 변수로서 성형 등의 품질에 영향을 많이 준다. 성형시 금형온도가 낮으면 공동 (Cavity) 내의 재료가 빨리 냉각되어 성형 사이클이 짧아지므로 생산성은 좋아지지만 수지의 유동성은 나빠져 웰드 라인 (Weld Line) 등의 결함이 생기거나 치수불량의 원인이 되기도 한다. 그러므로 금형온도가 높아야 비교적 좋은 품질의 제품을 얻을 수 있다. 그러나 온도가 너무 높으면 싱크마크(Sink Mark) 등의 결함이 생긴다. 다음의 [표 11.1]은 몇 가지 열가소성 플라스틱의 전형적인 사출 성형 조건을 나타내었다.

▼ 표 11.1 플라스틱의 사출성형 조건

플라스틱 성형 조건	고밀도 폴리에틸렌	폴리프로필렌	폴리스티렌	ABS	PVC
실린더 온도(℃)	210～280	200～270	180～240	200～230	165～180
금형 온도(℃)	30～90	30～100	30～80	40～80	40～60
사출압력(kg_f/cm^2)	500～1,500	400～1,000	400～1,300	400～1,300	1,000～1,500

예를 들어 [그림 11.45] 탄성체 [그림 11.46] 강성 [그림 11.47] 내열성과 내약품성 [그림 11.48] 가볍고 저렴 [그림 11.49] 방치가능 [그림 11.50] 저렴과 방사소독 가능 [그림 11.51] 단단하고 가벼움 등과 같은 수지의 특성(예, PP)을 고려한 다양한 사출성형품을 나타낸다.

▲ **그림 11.45 자동차 그릴(Grill)**

▲ **그림 11.46 자동차 판넬(Panel)**

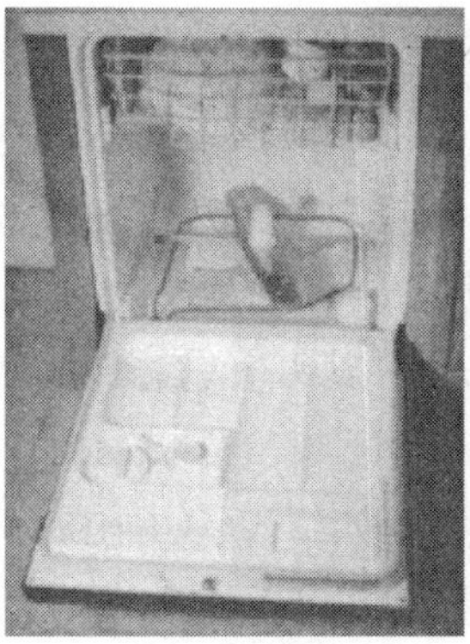

▲ **그림 11.47**
식기세척기 라이너

▲ **그림 11.48**
소형 가전제품

▲ **그림 11.49**
옥외 의자

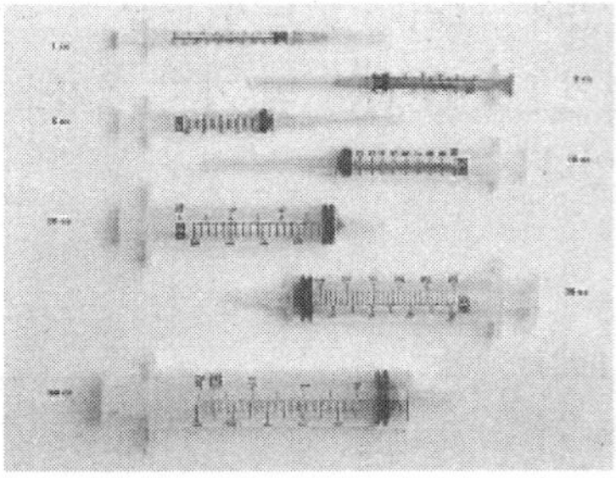

▲ 그림 11.50 일회용 주사기

▲ 그림 11.51 얇은 두께 용기

11.2 반응사출성형 (RIM, Reaction Injection Molding)

반응사출 성형 (RIM)이란 고분자를 생성하는 중합공정과 이를 원하는 형태로 성형하는 가공공정이 동시에 일어나는 사출성형을 말하는 것으로, 금형 내에 단량체나 프리폴리머 (Prepolymer)를 투입해 적당한 조건하에서 중합 또는 경화 반응을 일으켜 최종 성형제품을 얻는 공정이다. RIM은 [그림 11.52]에서 보는 바와 같이 두 종류 이상의 반응물이 계량 및 혼합되어 금형 내로 주입되면 적당한 온도에서 중합 또는 경화된다. 그런 후 어느 정도 딱딱해지면 미 반응물을 제거하기 위해 성형물을 떼어내어 후경화 (Post Cure)를 시킨다. RIM은 금형 내에서 중합이 동반되므로 앞서 언급한 열가소성 사출성형 (TIM, Thermoplastic Injection Molding)과는 크게 다르다. 한편 열경화성수지의 사출성형이나 캐스팅 (Casting)과 같은 반응성형 공정에서도 중합이 동반되나 이는 반응을 활성화하기 위해 금형표면을 통해 열전달을 하는데 반해 RIM에서는 반응을 활성화하기 위해 단량체와 금형 온도보다는 효율적인 혼합을 위해 단량체간의 충돌 혼합 (Impingement Mixing)을 사용한다. RIM의 장점은 다음과 같다.

(a) 반응물로 저분자량의 혼합물이 금형 내로 주입되므로 낮은 압력으로 금형을 채울 수 있어 일반 사출로는 만들기 어려운 복잡한 모양의 제품이나 큰 성형물을 얻을 수 있다. (b) 가해지는 압력과 온도가 낮으므로 에너지와 설비비용이 절감된다. [표 11.2]에서 RIM과 TIM을 간단히 비교해 보았다. 이런 이점에 반해 RIM에 사용되는 재료를 선택하는 데는 많은 제약이 따른다. (a) 원료가 단량체나 프리폴리머 (Prepolymer)로 반응성이 크므로 수송이나 보관이 힘들다. (b) RIM의 원료로 사용되려면 반응속도가 경제적인 성형사이클에 맞도록 빠르고 반응조건도 까다롭다. RIM은 1960년대 자동차의 내 외장재의 경량화를 위해 플라스틱 재료로 사용되기 시작해 현재는 전자제품의 하우징 (Housing), 신발, 각종 생활용품 등 다방면에 이용되고 있다.

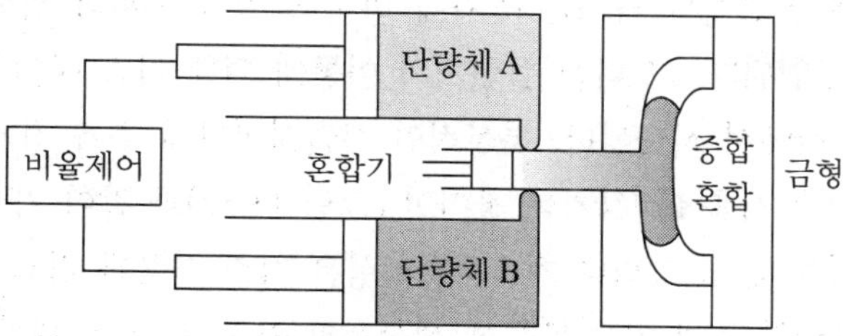

▲ 그림 11.52 반응 사출성형 공정도

▼ 표 11.2 반응사출과 열가소성 사출성형 비교

	단위	반응 사출성형 (RIM)	열가소성 사출성형 (TIM)
반응 온도	℃	~60	200~300
금형 온도	℃	~70	23
사출압	kg_f/cm^2	< 142.8	734.4~1,530
형체력 (Clamping Force)	kg_f/cm^2	0.00003	0.0006~0.0013
수지 점도	Poise	0.1~10	$10^3 \sim 10^6$

11.3 가스사출성형 (Gas Assisted Injection Molding)

지난 20년간 통상의 사출성형 방법에 의해 생산하기 어려운 특별하게 고안된 형태의 부품을 생산하기 위해 수많은 방법들이 시도되었다. 그 한 예로 가스사출성형 가공법이 있다. 이는 공동 (Cavity)의 충진과 보압을 돕기 위해 고분자 용융체 안으로 압축된 가스를 사출하는 것으로 디자인과 플라스틱 부품 생산에 상당한 유연성을 제공한다. 또한 이 기술은 통상의 사출성형 가공법보다 더 적은 클램프 (Clamp) 용량으로 더욱 향상된 표면처리와 잔류응력을 갖는 얇은 부분과 두꺼운 부분의 조합을 균형 있게 설계하여 견고한 부품의 생산을 가능케 한다. 이는 또한 재료절감, 무게감소, 보다 높은 강성 vs 무게비 (Stiffness to Weight Ratio), 조작과 가압용량의 절감을 통한 경비절감을 가능하게 한다.

가스사출성형 공정은 전형적인 사출성형과 마찬가지로 고분자 용융체의 사출로 구성되어 있고, 압축된 가스의 사출이 다음에 이루어진다. 대부분의 가스 사출성형에서 가스는 노즐 (Nozzle), 주입구 (Sprue), 흐름길 (Runner)을 경유하거나 또는 직접 공동 (Cavity)으로 용융의 핵심 (Core)에 사출된다. 압축가스는 최소 저항의 경로를 가지고 성형품의 가장 두꺼운 단면을 통하여 용융체 정면을 향하여 흐른다. 가스압 제어공정에서 압축가스는 조절된 가스압 분포를 갖고 사출된다. 그리고 가스부피 제어공정에서 가스는 초기에 미리 조절된 부피와 압력에서 압축실린더로 계량되어 주입된다. 그 다음 플런저의 이동에 의해 가스 부피가 감소된 것으로 유발된 압력 하에서 사출된다. 통상적인 사출성형기에 추가 장치 즉, 가스소스(Gas Source), 가스 사출조절장치를 붙이면 [그림 11.53]과 같이 가스사출성형에 적합하게 개조할 수 있다. 그러나 가스사출성형은 가스 사출과 가스 침투를 보호하기 위한 가스 채널의 조절 기능 때문에 생산품과 공구 및 공정 디자인으로의 다른 접근이 요구된다. 압축가스는 유용성, 낮은 가격, 높은 가공온도에 고분자 용융체의 안정성 때문에 보통 질소를 사용한다. 이 방법은 모든 열가소성 플라스틱에 적용이 가능하다. 가스에 의한 압력의 효과적인 흐름으로 섬유(Fiber)가 첨가된 복합재료뿐만 아니라 흐르기 어려운 재료에도 예외적으로 잘 적용된다.

가스사출성형은 가벼운 제품, 싱크마크(Sink Mark)가 없는 단단한 제품, 휨 현상이 적은 부품을 생산할 수 있다. 더욱이 얇거나 두꺼운 부분들이 있거나 가공하기 어려운 부분들도 가스사출 가공법을 사용하여 하나의 부품으로 디자인할 수 있다. 전형적인 가스사출 응용은 [표 11.3]에 나타낸 것처럼 3가지의 범주 및 이들의 조합으로 나눌 수 있다.

▼ 표 11.3 가스사출 응용 예

응용	적용 예
중공(Hollow) 부품	옷걸이, 손잡이, 의자팔걸이, 샤워기, 수도꼭지 등
시트(Sheet) 구조부품	위성안테나, 옥외용 기구, 기계하우징, 자동차패널 등
복합체(Complex) 부품	TV커버, 컴퓨터프린터 하우징 홈, 자동차부품 등

가스 사출성형공정은 플라스틱 부품의 제조와 디자인에 새로운 크기를 갖는 부품생산을 가능하게 하였다. 그러나 동시에 복잡한 2개상의 흐름공정에 더 많은 디자인 매개변수를 포함하기 때문에 생산품과 가공디자인은 더 어렵게 된다. 그 결과로서 많은 제조업자들은 의존할 만한 공학적 노하우와 경험의 부족으로 아직 본 공정을 사용할 준비가 되어있다고 생각하지 않는다. 즉, 생산품의 디자인, 도구, 가공 공정은 특별히 선택된 가스 사출성형공정 또는 기계보다 중요한 역할을 한다. 가스사출성형과 같은 혁신적인 기술에서는 무엇보다도 CAE(Computer Aided Engineering) 기술이 유용하게 사용될 것으로 예상된다. 그 이유로 이 기술은 실제 실험을 거치지 않고서도 디자인과 공정에서 발생할 수 있는 문제점을 발견하고 이를 사전에 수정함으로써 시간과 경비를 절약할 수 있게 해주는 장점을 가지고 있기 때문이다. 따라서 이에 대한 연구가 이루어져야 하며, 현장에서의 문제점을 실험실에서 해석할 수 있는 능력도 뒤따라야 한다.

이와 같은 진보된 기술을 포함한 사출성형 예는 [그림 11.54]와 [그림 11.55] 등에서 많이 찾아볼 수 있다.

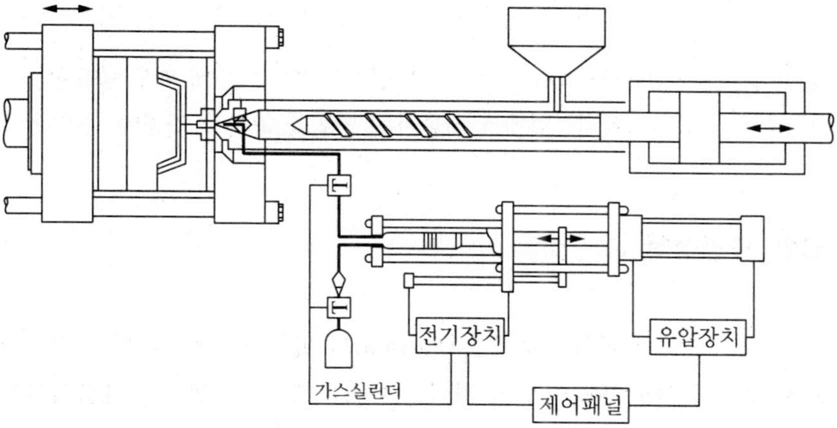

▲ 그림 11.53 전형적인 가스 성형 사출기

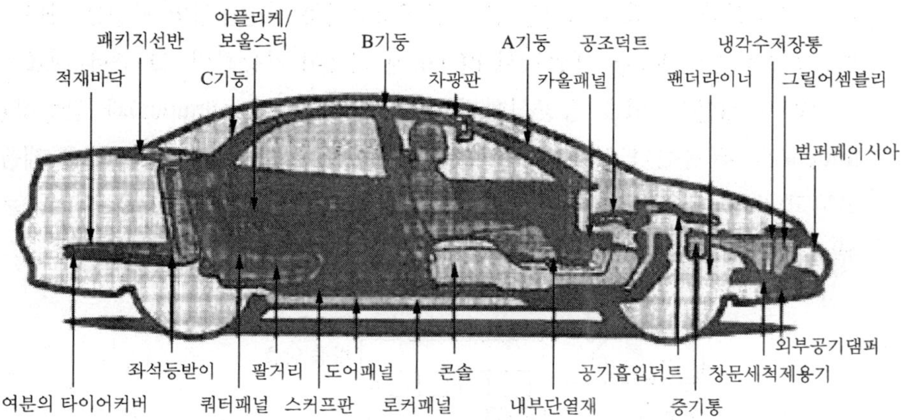

▲ 그림 11.54 자동차 부품 성형

▲ 그림 11.55 자동차 배터리 케이스

12 압출중공성형 (Extrusion Blow Molding)

중공성형은 병 (Bottle)과 같이 속이 빈 용기를 제조하는데 매우 중요한 고분자 가공 방법이다. 이것은 유리공업에서 사용하는 방법을 고분자 가공에 응용한 것이다.

12.1 일반 중공성형

이 공정은 처음에 용융된 파리손 (Parison)의 형성을 수반하는데 그것은 원통 형태로서 보통 압출로 만들어진다. 파리손은 좌우 두 개로 분할된 제품형태의 금형 사이에 위치하며 좌우 금형이 붙으면 압축공기를 불어 넣어 풍선처럼 부푼다. 고분자는 차가운 금형과 접촉하면서 신속하게 고형화하고 병모양의 제품은 가공기계로부터 취출된다. [그림 11.56]은 압출 중공성형기와 성형공정의 과정을 나타내고 있다. 중공성형의 새로운 개발로서 PET병에 적용이 가능하며, 그 중에 대표적인 몇 가지만 소개한다. 압출 중공성형 공정에는 연속형 (Continuous)과 간헐형 (Intermittent)의 두 종류가 있다. 연속형은 보통 3.8 리터 (1 Gallon)보다 작은 제품에 적용되고, 1개 이상의 다이를 통해 파리손을 압출하면서 연속적으로 회전하는 스크류 압출기로 이루어진다.

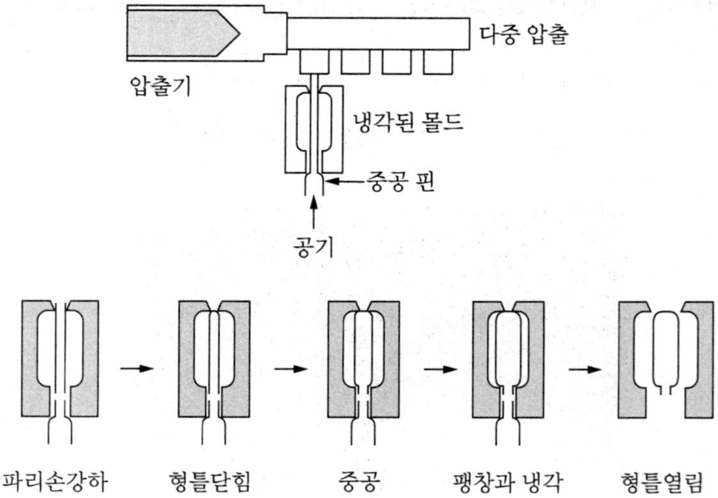

▲ 그림 11.56 중공성형기와 성형 과정

간헐형은 왕복스크류(Reciprocating Screw), 램 어큐뮬레이터(Ram Accumulator), 어큐뮬레이터헤드(Accumulator Head)의 3가지 주요 부품으로 구성되며 주로 무거운 제품에 적용한다. [그림 11.57]은 연속형과 간헐형(왕복스크류형)의 압출중공성형장치를 각각 나타낸다.

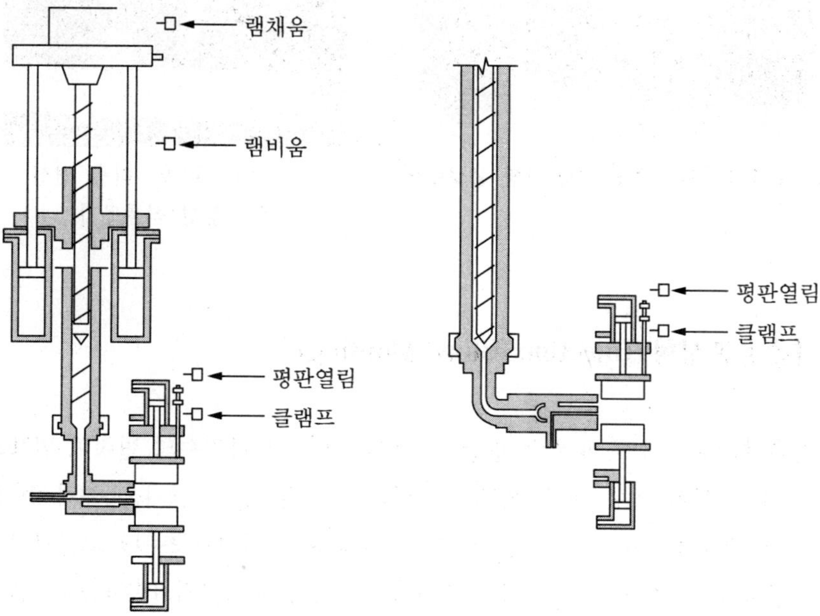

▲ **그림 11.57 압출 중공성형기: (좌) 간헐형 (우) 연속형**

파리손 생산방법 중 간헐방식이 성형의 유연성과 가공조건의 제어 및 조절이 용이하여 중공성형의 핵심기술 개발에 더 적합하다. 기체가 주입되어 풍선처럼 부풀리는 블로잉(Blowing) 단계는 매우 빨라 버블(Bubble) 형상에 따른 두께 조절에는 거의 유연성이 없다. 그래서 압출시 다이 스웰(Die Swell)이 서로 다르게 발생하는 파리손을 형성시 압출속도를 조절함으로써 최대한 균일한 두께의 생산품이 제조되도록 파리손의 두께를 사전에 제어하는 프로그램이 설정되어야 한다. 파리손 형성은 온도와 같은 유변학적인 성질에도 민감하다. 블로잉 공정은 매우 빠르지만, 냉각은 비교적 느리므로 블로잉 후에 액상의 이산화탄소를 주입하거나 촉촉한 공기를 고압에서 불어넣는 등 냉각 속도를 증가시키기 위한 다양한 수단이 고안되어 왔다. [그림 11.58] 가스차단성과 [그림 11.59] 가스와 수분 차단성 기능을 부여한 중공성형품으로 음료수병과 식품용기를 각각 나타낸다.

▲ 그림 11.58 연신 중공성형 음료수병

▲ 그림 11.59 다층 연신 중공성형 식품용기

12.2 사출중공성형 (Injection Blow Molding)

자유낙하로 형성된 파리손 형상은 축 늘어지거나 파리손의 변형이 발생되므로 크기 및 고분자 종류 등에 제한이 있다. 이를 개선한 첨단기술 중의 하나가 [그림 11.60]과 같이 사출중공성형 공정에서 파리손을 금형으로부터 고분자로 사출하여 형성시키므로써 파리손 두께를 자유롭게 조절한다. [그림 11.61]은 사출중공 성형품을 보여준다.

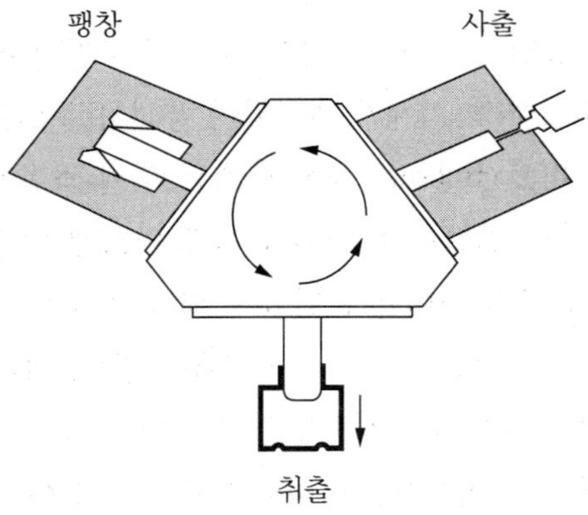

▲ 그림 11.60 회전 사출중공성형기의 사이클

▲ 그림 11.61 사출중공 성형품

12.3 2축연신 중공성형 (Biaxial Oriented Blow Molding)

또한 배향면에서 부분적으로 2축 방향의 배향 (Biaxial Orientation)을 도입하여 제품의 성질을 크게 개선한 공정이 스트레칭 (Streching) 중공성형 공정이다. 즉, 1차는 파리손이나 예비성형품 (Preformer)에 배향을 주기 위해 축 (기계) 방향으로 늘어나게 한다. 다음 2차 단계는 접선 방향으로 배향을 주는 블로잉 (Blowing)이 곧바로 뒤를 잇게 한다. 이 방법으로 성형한 제품은 광학성질이 크게 개선되고, 기체 투과성은 감소하며, 제품의 무게는 부분적으로 감소하는 장점이 있다. 고분자 용융물의 온도와 스트레칭 (Streching)할 때의 온도 수준은 이 과정의 가장 중요한 임계 변수가 된다. [그림 11.62]는 2축연신 중공성형으로 만들어진 용기를 나타낸다.

▲ 그림 11.62 2축연신 중공성형 용기

13 열성형 (Thermoforming)

플라스틱 시트에 열을 주어 연화시킨 후에 외압을 가하든지, 형틀과 시트 사이에 진공을 걸어 형틀의 예비성형물을 형성한다. 즉 진공과 형성공정으로 평판 시트를 가열한 후 시트와 형틀 사이의 공간을 제거하여 형틀 윤곽에 연화된 시트를 맞추는 단순한 2차가공의 공정을 말한다. [그림 11.63]은 열성형 장치조작을 나타낸다.

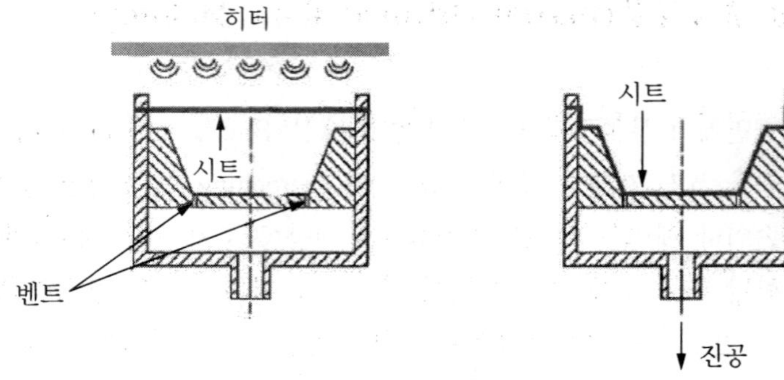

▲ 그림 11.63 열성형 장치조작 개요

다시 말해 평판의 고분자 시트나 필름으로부터 열을 가해 형상을 만드는 가공방법으로 이의 다양성에 의해 여러 형태의 용기 형상, 특히 디프드로잉 용기(Deep Drawing Container) 형태가 성형되는 방법을 말한다. 이 모든 공정에서 평판의 재료는 용융온도(T_m)나 유리전이온도(T_g) 위로 가열되고 부품주변을 따라 고정시키는 클램프(Clamp) 틀에 놓인다. 가열시 시트는 지지되지 않기 때문에 열성형에 사용되는 고분자는 열변형이 전혀 없어야 하며 고분자는 심하게 축 늘어지면 성형 공정에서 제약을 받을 우려가 있다. 열성형 공정에서는 일반적으로 ABS와 내충격 폴리스티렌(HIPS)이 사용된다. 이 경우 변형 가능한 시트나 필름은 다음과 같은 기계적 수단으로 금형의 모양을 갖는 제품을 제작하게 된다.

(1) 진공성형 진공(Vacuum)은 금형의 구멍이나 채널을 통해 사용된다.

(2) 압력성형 0.51～20.4 kg_f/cm^2 범위의 공기나 가스압력은 금형(Mold) 내로 시트(Sheet)를 끌어들이지는 않지만 억지로 밀어 넣는다. 평판의 재료에 강력한 힘이 작용하기 때문에 압력성형은 무겁고 강하며 거친 고분자 시트에도 사용된다.

(3) 플런저(Plunger) 이것에 의해 적용되는 힘은 금형의 암컷(Female) 부분의 모양을 형성하는 데 사용된다. 이 세 번째 방법은 매치금형성형(Matched Mold Forming)이라고 한다. 이 방법은 T_m이나 T_g 아래 온도에서 이루어지며 단조 또는 콜드성형(Cold Forming)이 된다.

그리고 계속된 공정으로 차가운 금형벽은 열전도에 의해 냉각이 발생하게 한다. 이것은 1～2초의 사이클이 보편적인 얇은 필름(Blister 컵) 성형에서는 문제가 되지 않는다. 때로는 0.25～1.25 cm의 두꺼운 시트성형에서도 적용될 수 있는 가공방법이다. 특히 느린 결정화속도의 특성을 가진 다결정 고분자에서 사용될 수 있다. 시트성형에서 가열과 냉각단계 때문에 성형 사이클은 비교적 길지만, 반경이 4cm 되는 큰 물체를 성형할 수 있는 장점이 있다. 또한 열성형 진공성형법에도 [그림 11.64]의 진공성형과 [그림 11.65]와 같은 플러그보조 진공성형이 있다.

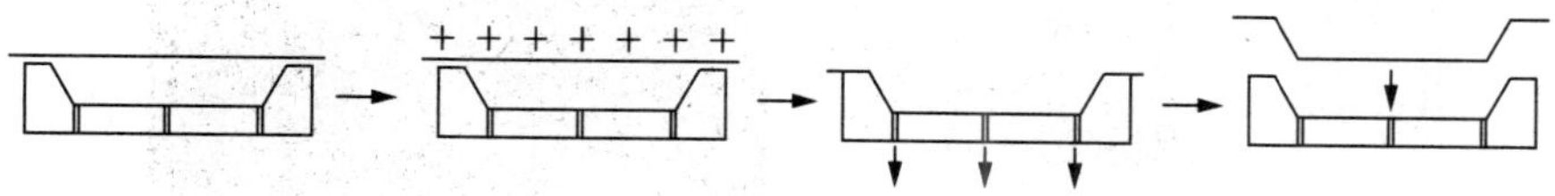

▲ **그림 11.64 열성형 진공성형법 공정 흐름도**

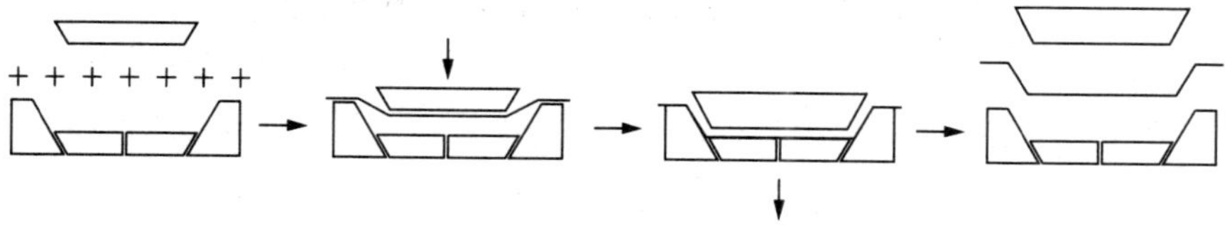

▲ **그림 11.65 플러그보조 열성형 진공성형법 공정 흐름도**

열성형 공정의 주된 장점은 성형기계의 가격이 비교적 저렴하다. 원형과 적은 부피의 제품은 목재나 에폭시 금형을 가지고 만들 수 있고, 저압이 사용되며 높은 열이동속도가 요구되기 때문에 금형을 알루미늄으로 만들기도 한다. 콜드성형 공정에는 단단한 강철 금형을 사용할 수도 있다. 또 다른 장점은 중공 성형에서처럼 밀폐된 제품에도 적용될 수 있다. 열성형의 최대 단점은 약간의 언더컷(Undercut)이 있는 단순한 형태에 한정된다. 그렇지 않으면 비싼 공동(Cavity)이 사용되어야 하므로 경제적인 장점이 상실된다. 열성형 조작은 일차적인 필름이나 시트의 압출 다음에 적용되는 제품의 형태를 결정짓는 단계이기 때문에 이차적 가공공정으로 언급된다. 일반적인 열성형 라인은 전단에 압출공정이 있을 수도 있고 없을 수도 있다. 제품부피가 크지 않으면 얇은 두께 게이지의 열성형은 그 밖의 곳에서 제조된 필름 롤을 활용한다. 용융상의 열성형 전체공정 흐름도는 다음 [그림 11.66]과 같다.

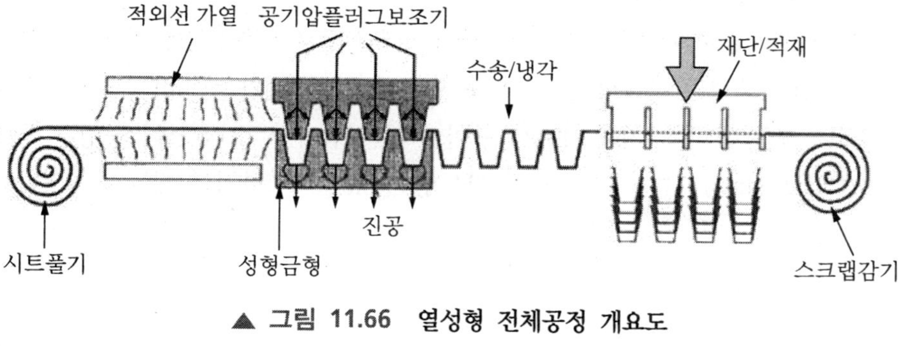

▲ **그림 11.66 열성형 전체공정 개요도**

[그림 11.67]은 열성형법으로 만들어진 컵과 커피캡슐 제품을 나타낸다.

▲ **그림 11.67 열성형**: (좌) 컵 (우) 커피캡슐

14 압축성형/이송성형 (Compression Molding/Transfer Molding)

압축성형 (Compression Molding)은 금형 공동 (Cavity)의 원하는 형상 안에 일정 양의 고분자를 압력을 가하여 강제로 밀어 넣는 것으로 닫힌 금형 안에 고분자를 주입하는 사출공정과는 달리 [그림 11.68]과 같이 한 쪽의 금형에 반쪽의 다른 금형을 덮어서 성형하는 것이다. 유압에 의해 가해지는 압축과정은 금형에 채워진 고분자를 밀어내 공동 (Cavity)을 압력 하에 꽉 죄는 형태로서의 유변학적 타입으로 흐름과 기계적인 정밀도가 필수적인 기술이다. 이 공정의 원리에 있어서는 열가소성 고분자에도 사용이 가능하나 열경화성수지에 폭넓게 이용된다. 열은 중합과 가교결합의 화학적 공정을 유발하면서 고온의 금형벽에서 고분자로 전도되어 가해지는 압력과 더불어 고분자의 유동에 영향을 미친다. 원료 고분자는 먼저 펠릿화시켜 투입하거나 스크류 압출기에 의해 먼저 가소화시켜 투입, 또는 파우더를 혼합하여 계량 후 투입시킬 수도 있다. 압축성형은 사출성형에 비해 몇 가지 장점이 있다. 금형이 사출성형보다 더욱 단순하고 충진제가 비교적 손상되지 않은 상태로 제품이 되며, 거의 재료의 낭비가 없는 점이다. 그러나 이 공정은 제조시간 (Cycle Time)이 느리고 성형이 가능한 형상에 기하학적인 제한점이 있다.

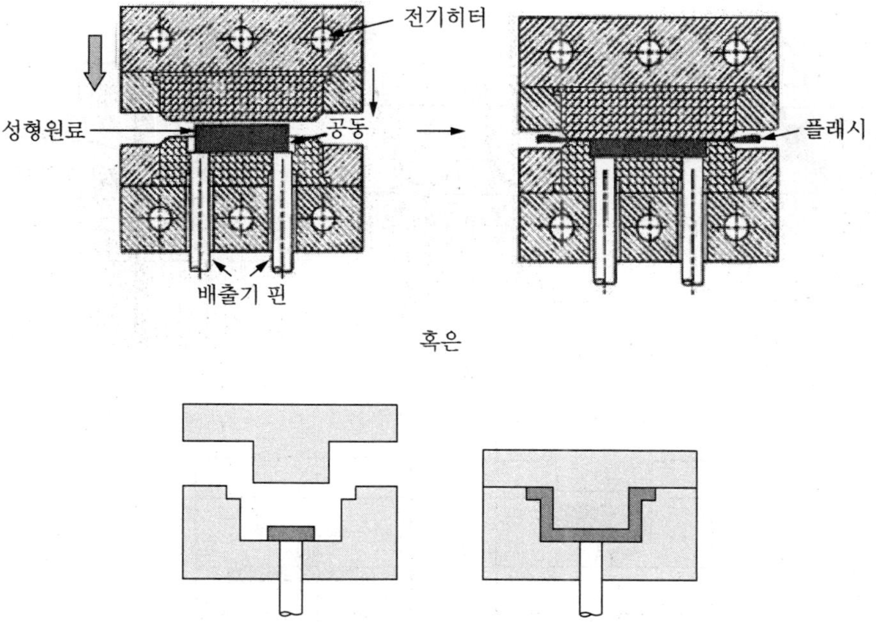

▲ **그림 11.68 압축성형 장치조작 개요**

이런 몇 가지 한계를 극복하기 위해 이송성형 (Transfer Molding)이 발달했다. 이 이송성형은 압축성형과 사출성형의 중간적 단계로 양쪽의 단점을 보완해 준다. 투입방법은 분리된 도가니 (Pot)에 일정한 모양의 고분자가 투입되고 가열되어 용융된다. 금형이 닫히면 이 용융된 고분자는 램 (Ram)에 의해서 흐름길 (Runner)을 통해 입구 (Gate)를 지나 공동 (Cavity)으로 이동된다. 이때의 도가니 내의 작업조건이 매우 중요하며 이송성형에서는 금형의 일부가 설계된다. [그림 11.69]는 이송공정을 나타낸다. 이송성형 사이클은 압축성형보다 짧은데 이는 금형온도가 더 높은 상태로 유지될 수 있기 때문이다. 도가니에 투입되어 먼저 용융된 고분자는 더 빨리 용이하게 금형내로 들어간다. 그러므로 더 대형화되고, 더 복잡해지며, 뒤틀림을 방지할 수 있는 금형 개발이 가능하다. 고압이 사용되는 사출성형보다, 유압실린더를 고정판과 분리시킬 수 있고 저압이 사용되므로 매우 유용한 플런저 형태의 가공장치이다. 현재 반도체 제조회사에서 IC 제조에 사용되는 첨단 장치이다.

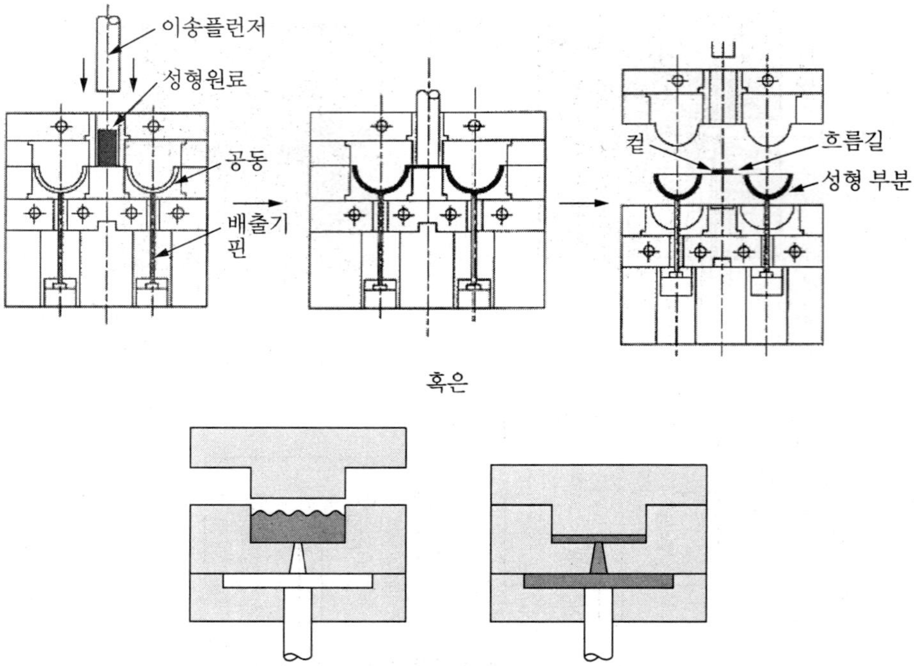

▲ 그림 11.69 이송성형 장치조작 개요

[그림 11.70]은 압축성형법으로 만들어진 접시와 용기제품을 나타낸다.

▲ 그림 11.70 압축성형품 (세라믹)

15 주형, 슬러쉬 성형, Dip 주형, 파우더 코팅 및 회전성형

높은 점성을 가진 유체는 금형 내에서 주조할 수 없고 고압에서 금형 내로 사출, 압축, 또는 이송되어야 한다. 그러나 가소제에 분산된 프리폴리머, 단량체, 고분자는 주조에 의해 가공된다. 이와 같은 것들은 낮은 점성 시스템이고, 주조 조작이 용이하다. 그러므로 폴리에스터나 에폭시수지는 화학적 가교결합과 세팅(Setting)이 일어나는 가열된 금형 내에서 자주 주조된다. 또한 스티렌/아크릴릭 단량체 또는 고분자/단량체 용액도 (a) **주형**에 의해 최종 제품으로 가공된다. 매우 가소화되고 유연한 PVC가공의 가장 보편적 방법은 플라스티솔(Plastisol) 주형이다. 이것은 가소제에 분산된 PVC의 낮은 점성 시스템이다. 가열하면 PVC는 부풀어 고무제품으로 굳어진다. 플라스티솔 주형의 중요한 변형은 (b) **슬러쉬 성형**이다. 재료는 뜨거운 금형 내로 흘러 들어가 두꺼운 금형이 금형 내 벽에 형성되고 과잉량은 흘러나온다. 금형은 종종 균일한 피복을 견디기 위해 회전한다. 이 모양을 만드는 공정은 또한 금속형성이나 세라믹공업에 쓰인다. 이 공정을 역으로 하면, 뜨거운 금속 부분이 플라스티솔 내로 파고들어 고분자가 밑면 또는 고분자 파우더의 유체화 된 밑면에 힘을 주고 그것에 의해 (c) **피복**된다. (d) **파우더코팅**은 PVC, PE, PP, Polyesters, 그리고 Acrylics 에 쓰인다. 파우더코팅의 개선된 변형은 (e) **정전기코팅과 분사**이고 여기서 파우더 입자는 한 쪽 전기 하전(Charge)을 받고 코팅된 입자는 반대 하전을 받는다. 결과는 균일한 코팅이고 더 균일한 공정이라는 것이다. 좋은 고분자 파우더는 슬러쉬 성형의 무수한 변형에서 금형 내에 피복될 수 있다. 구멍은 파우더로 채워질 수 있고 슬러쉬 성형처럼 과잉량은 흘러나온다. 파우더는 원심 주형을 가져오는 회전 금형 안에 넣어질 수도 있고 가열된 오븐으로 이동되는 금형 내로 넣어질 수도 있다. 이 오븐에서 파우더의 균일한 분포를 이겨내면서 약 두 축으로 회전되어 균일한 코팅이 된다. 후자는 (f) **회전성형**이라 한다. 회전성형은 저장탱크 같은 매우 큰 제품에서 사용이 증대되고 있다.

16 가공 물성과 배향 (Orientation)

일반적으로 고분자 성형 조작은 수지를 용융하여 기계장치 속에서 어떤 형태로든 힘을 가하여 흐르게 하고 냉각하여 성형물을 만들게 된다. 이와 같은 성형조작 과정에서 용융온도, 냉각속도, 흐름 속도는 고분자의 결정구조 변화에 크게 영향을 미친다. PP를 예로 들면 PP가 용융에서 냉각으로 되면서 생기는 단사정계 결정은 구정을 형성하면서 응집한다. 상업적인 PP호모폴리머의 결정화도는 X선 회절법에 의해 60~80%로 측정된다. [그림 11.71]에서처럼 PP의 흡열피크인 용융점 온도 (T_m)는 결정성 대부분이 가열로 인하여 용융될 때 나타나고 발열피크인 결정화온도 (T_c)는 고분자 덩어리가 냉각에 의해서 결정화될 때 나타나는 온도이다. 이들 온도의 차이가 과냉각 (Super Cooling) 정도이며 그림에서는 약 60℃를 나타낸다. 만약 냉각속도가 증가되면 결정화피크온도 (T_c)는 더 낮아지고 과냉각의 정도는 증가한다. 즉, PP의 경우 냉각속도가 1℃/min일 때 T_c는 119℃를 나타내는 반면 33℃/min일 때는 100℃를 나타낸다. 다시 말해 낮은 결정화온도는 낮은 결정화도를 나타낸다.

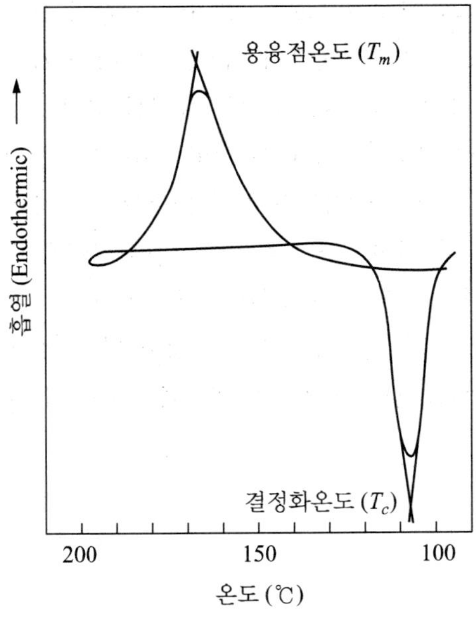

▲ 그림 11.71 시차열분석 (DTA)의 열곡선 (Thermogram)

[그림 11.72]는 수지성형온도에 요구되는 고밀도 폴리에틸렌(HDPE), 폴리프로필렌(PP), 폴리스티렌(PS)의 에너지 변화를 나타낸다. 그림에서 커브의 변곡점이 있는 것은 결정성수지(PE, PP)이고 그렇지 않은 것은 무정형수지(PS)에 해당한다.

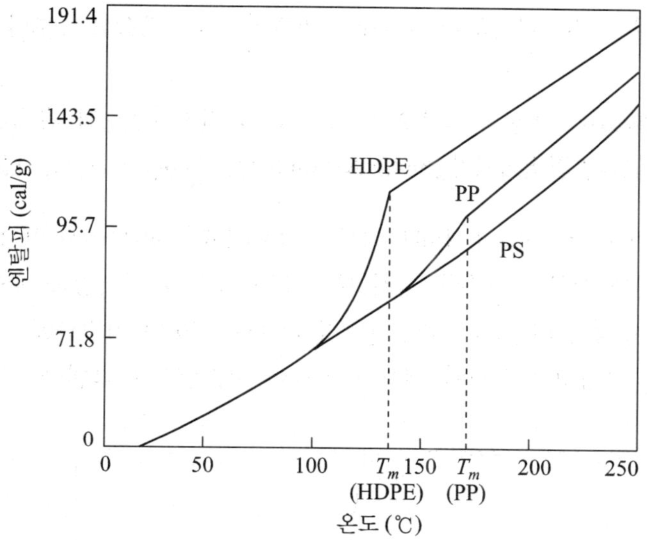

▲ **그림 11.72 수지성형 온도에 요구되는 에너지**

아래 [표 11.4]는 결정성 폴리프로필렌(PP)과 무정형 폴리스티렌(PS)의 사출성형품의 물성을 나타낸다. 표에서 이들 두 가지 수지의 비교에서 나타나듯이 결정성수지는 비결정성수지에 비해 비열, 엔탈피변화, 굴곡탄성율, 열변형온도가 높으며 성형 수축률 또한 큰 것으로 나타난다.

▼ **표 11.4 PP와 PS의 사출품 물성비교**

물성	단위	폴리프로필렌(PP)	폴리스티렌(PS)
밀도	g/cm^3	0.91	1.04
굴곡탄성율	kg_f/cm^2	16,600	21,500
성형수축율	%	1～2	0.5～0.6
열변형온도	℃	105	75
열전도도	cal/cm sec℃	0.0001	0.00069
비열	cal/g℃	0.68	0.56
엔탈피변화	cal/g	119	91

일반적으로 수지결정화속도는 다음과 같이 Avrami식을 따른다.

$$\gamma = 1 - e^{-ktn}$$

여기서 γ는 결정성물질의 부피분율, t 결정화시간, n 구정성장을 나타내는 상수(약 3), k는 결정화정도를 나타내는 평형상수 즉, 결정핵 농도와 결정화온도의 함수이다.

핵(Nucleus)의 농도와 결정화속도는(등온) 결정화온도의 감소량에 따라 증가한다. 따라서 반결정화시간(Semicrystallization Time, $t_{\frac{1}{2}}$) 즉, 0.5에 도달하기위한 γ의 시간은 결정화온도 130℃에서 약 13분부터 140℃에서 약 150분까지 다양하다. 냉각에 의한 고체화를 형성하는 결정구조는 구정성장과 새로운 결정핵 형성 사이의 평형에 의존한다. 다음 [그림 11.73]은 PP의 결정화에 있어서 결정화온도에 따른 구정성장 속도와 핵형성 속도의 의존성을 나타낸다.

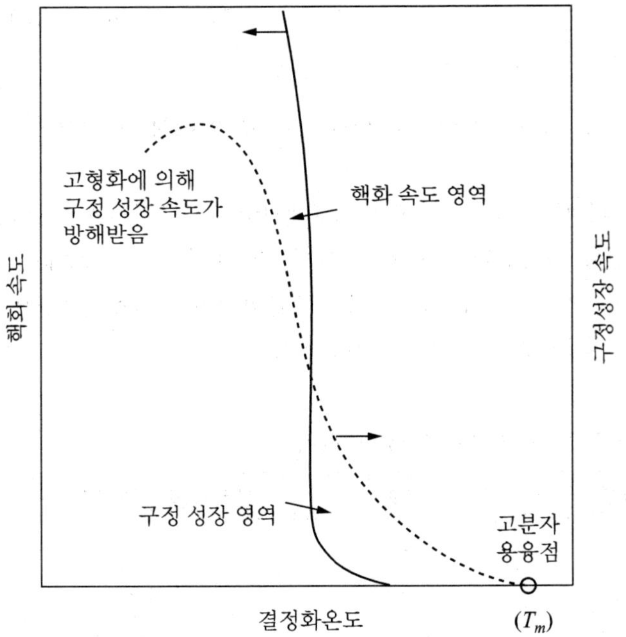

▲ **그림 11.73 핵화 속도와 구정성장속도의 온도의존성**

결정융점(T_m)에 가까운 온도 이하에서의 구정성장은 결정화속도를 결정하는 주된 요소이고 그 결과 생긴 고체는 상대적으로 작은 수의 큰 구정을 만들고 전체적으로 결정화도는 높아진다. 더 빠른 냉각속도에서는 결정화온도(T_c)가 낮아지고 새로운 핵형성의 속도는 결정화를 지배한다. 그 결과 또한 많은 수의 작은 구정이 생기고 최소한 초기에는 전체 결정화도는 낮다. 빠르게 냉각된 PP의 결정화도는 응력완화(Annealing)에 의하여 증가되기는 하지만 이것은 시간이 소비되는 과정이므로 비경제적이다. PP의 결정구조 즉, 고체화 동안 냉각속도는 물리적 성질에 중요한 영향을 준다.

구정은 고체의 무정형 영역에서 굴절율이 다르기 때문에 구정이 커지면 성형품의 투명성이 나빠진다. 빠른 냉각에 의해 얻어진 낮은 결정화도 구조는 작은 구정, 높은 투명도, 신율(Elongation)과 강인성(Toughness)이 증가하는 반면에 밀도(Density), 항복강도(Yield Strength), 탄성율(Modulus)이 낮아진다. 빠른 냉각에 얻어진 낮은 결정화도는 결정이 형성되기 전에 분자사슬의 유동성이 억제되고 무정형 영역이 고화된 결과이다. 빠른 냉각에서 높은 결정화의 조합은 PP용융체에 이질적인 외부핵(기핵제)을 도입함으로써 얻을 수 있다. 이것은 위 [그림 11.73]에서 핵형성 커브를 오른쪽으로 이동시키는 이유로 고화과정에서 구정성질 지배요소보다 기핵을 만드는 것에 더 기인하다. 그 결과 과냉각이 감소하고(더 높은 결정화온도 T_c), 빠른 결정화, 높은 밀도, 높은 결정화도, 높은 인장 성질을 가지는 한편 작은 구정구조를 가짐으로써 광학성질을 양호하게 한다.

이와 같은 기핵제를 쓰지 않은 경우는 PP를 급냉에 의해서 다른 결정구조를 얻을 수 있다. 즉 앞서 압출성형에서 언급되었던 강성과 투명성을 가진 냉각롤 캐스트 얇은 필름(Chill Roll Cast Thin Fim)과 사출성형시 빠르게 냉각되는 사출성형제품의 표면층에서 볼 수 있고 상대적으로 느리게 냉각되는 내부영역에서는 보다 큰 구정을 형성하고 일반적으로 이들은 표면층에 비해 더욱 부서지기(Brittle) 쉽다. 이와 같은 캐스트필름에 비해 튜브형 필름(Blown Film)은 상대적으로 느리게 냉각되어 구정을 형성하게 되며 결과적으로 그것은 캐스트 필름보다 덜 투명하고 더 낮은 강성(더 높은 부서지기 쉬움)을 준다.

구정크기는 보통 편광현미경으로 측정한다. 아주 강한 기핵제 처방이 아닌 시료의 경우 구정밀도(Spherulite Density) 혹은 핵 밀도(Nucleus Density)는 구정수에 의해 결정된다. 상업화된 많은 기핵제 제품들 중에서 Millard 3905/Millard 3940은 형태학(Mophology)에 큰 변화를 가져다 준다. 즉 반 결정성 폴리올레핀(Poly Olefin)의 경우 투명성(Haze) 열등은 결정(Crystalline)영역과 무정형(Amorphous) 영역의 경계에서 광산란(Light Scattering)에 의해서 야기된다. 그 산란은 영역들 사이 다른 회절지수(Different Refractive Indices) 때문에 일어난다. 즉 그 영역은 가시광선(Visible Light)의 파장(Wavelength)과 작용할 만큼 충분한 크기를 가지기 때문이다. 기핵제 Millard 3905는 시료(PP랜덤코폴리머)의 결정을 훨씬 미세(Fine)하고 보다 균일한 사이즈로 만든다. 따라서 그 결정이 가시광선보다 더 작기 때문에 산란이 감소되어 투명성이 증가한다. 이들 기핵제는 성형시 용융되어 분자수준으로 분산되므로 투명성(Haze)에 나쁜 영향을 주는 큰 사이즈의 기핵제가 없게 된다.

[그림 11.74]는 PP구정 사이즈에 미치는 기핵제의 영향을 나타내는데 기핵제 처방이 비처방보다 구정 사이즈가 매우 작음을 나타낸다.

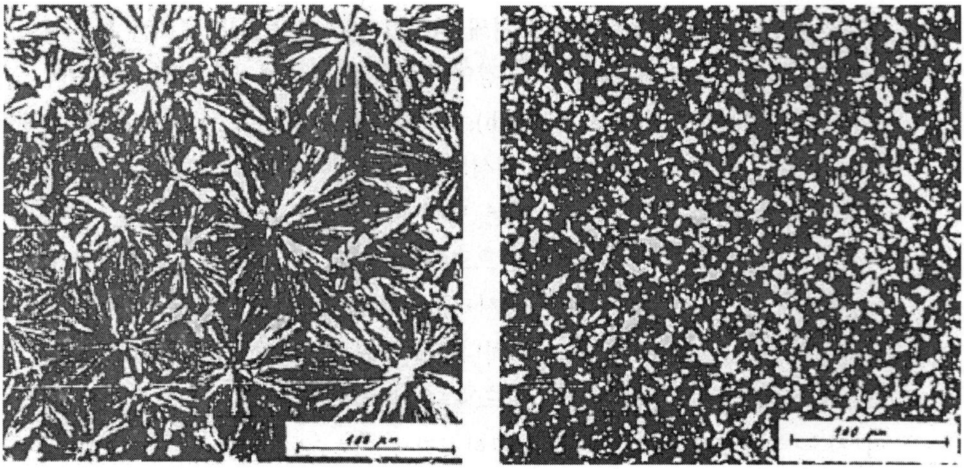

▲ **그림 11.74 기핵제 처방유무: (좌) 비처방 (우) 처방**

[그림 11.75]는 기핵제(Millard 3905) 처방유무의 PP를 225℃에서 용융 후 120℃ 등온결정화온도(T_c)에서의 결정화 구정 크기를 나타낸다.

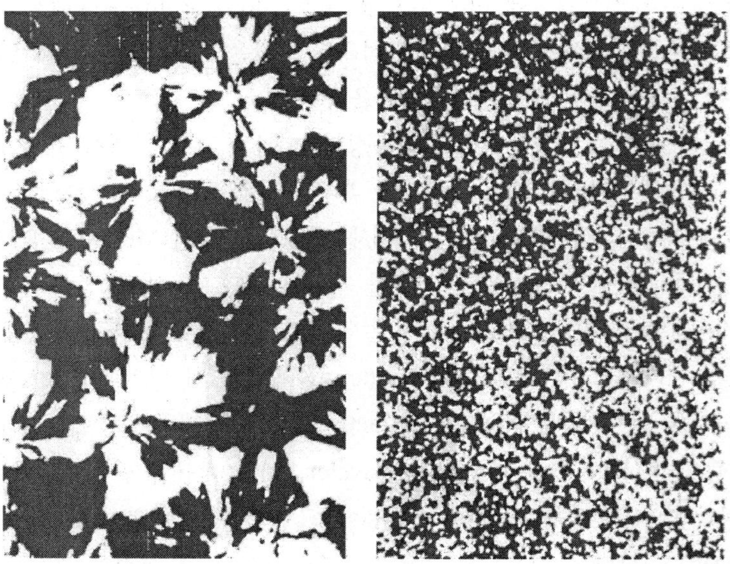

▲ **그림 11.75** Millard 3905 **기핵제 처방 유무: (좌) 비처방 (우) 처방**

[그림 11.76]은 PP의 기핵제 처방(소듐벤조이트 1%) 유무에 따른 시차주사열량계(DSC)의 냉각속도 8 ℃/min에서의 열곡선을 나타낸다.

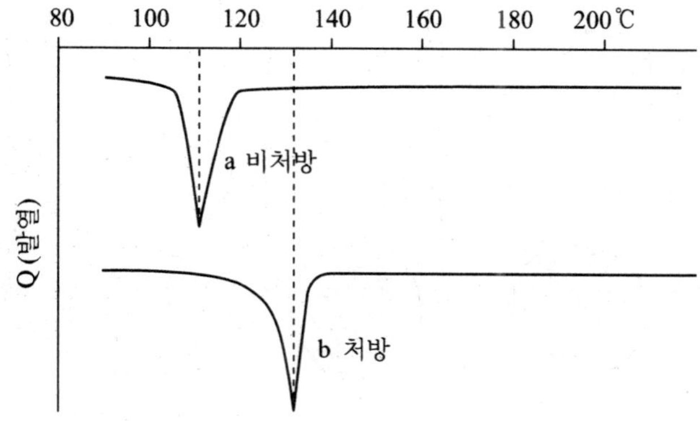

▲ 그림 11.76 시차주사열량계의 결정화 열곡선

일반적으로 결정성수지를 필름압출(특히 1축 혹은 2축 캐스트 연신필름, 슬릿테이프), 방사섬유, 사출중공성형 등과 같이 가공 중에 연신(Streaching, Drawing) 및 냉각(Cooling) 조작에 의하여 고분자 배향이 일어나게 된다. [그림 11.77]은 결정성수지를 용융성형시 연신에 의한 결정구조의 변화를 보여주고 있다.

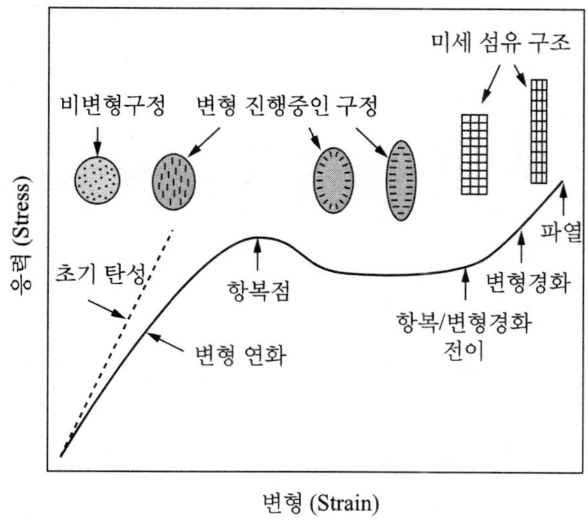

▲ 그림 11.77 연신에 따른 결정구조 변화 모형도

[그림 11.78]은 고밀도폴리에틸렌(HDPE) 용융수지를 방사했을 경우의 권취 속도(Drawing, Stretching)에 따른 결정구조 형태를 나타내고 있다.

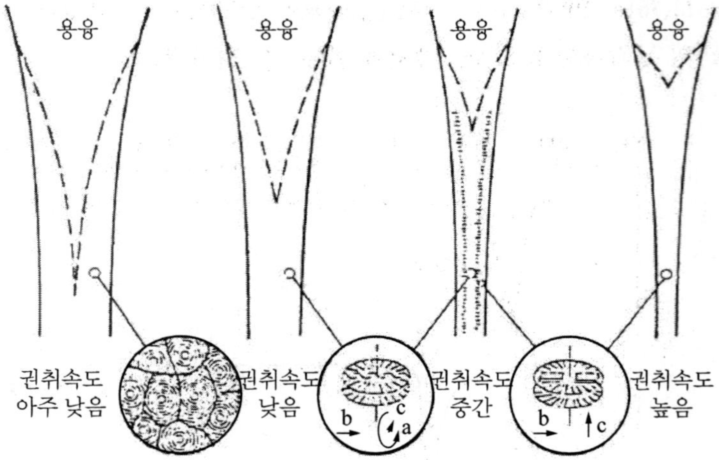

▲ **그림 11.78 방사 권취속도에 따른 결정구조 형태**

17 가공 결정분석 (Crystal Analysis)

[그림 11.79]는 WAXS (Wide Angle X-ray Scattering) 회절패턴에서 연신 아이소택틱PP (iPP) 필름의 영향을 나타낸다. WAXS의 결정구조분석에서 결정성이 클수록 선명한 굴절패턴을 나타내므로 그림 (a)의 구정변형에서는 시료필름의 연신이 클수록 (50%에서 400%) 결정성이 떨어지고 결정구조는 덜 선명해짐을 보여준다. 또한 연신이 더욱 커질 경우 (447%에서 635%) 그림 (b)처럼 섬유와 같은 변형이 일어나고 라멜라는 쪼개짐 현상을 보이게 된다.

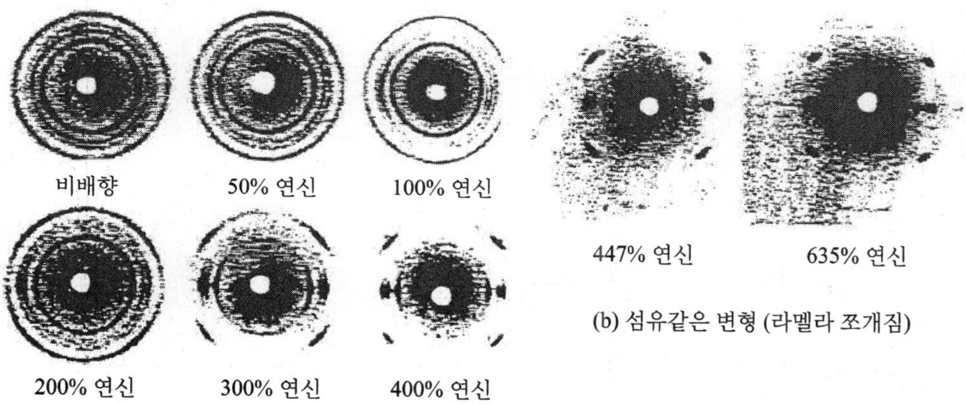

(a) 구정 변형 (라멜라 배향)

(b) 섬유같은 변형 (라멜라 쪼개짐)

▲ **그림 11.79 연신필름의 X선 회절 패턴**

18 가공 열분석 (Thermal Analysis)

다음은 여러 가지 조건에 의한 PP시료의 열분석 결과를 나타낸다.

(1) 가열속도 냉각속도 20℃/min에서 결정화된 α형 아이소택틱PP (α-iPP) 시료의 가열속도 1.25, 2.5, 5, 10, 20, 40℃/min에 따른 용융커브를 [그림 11.80]에 나타내었다.

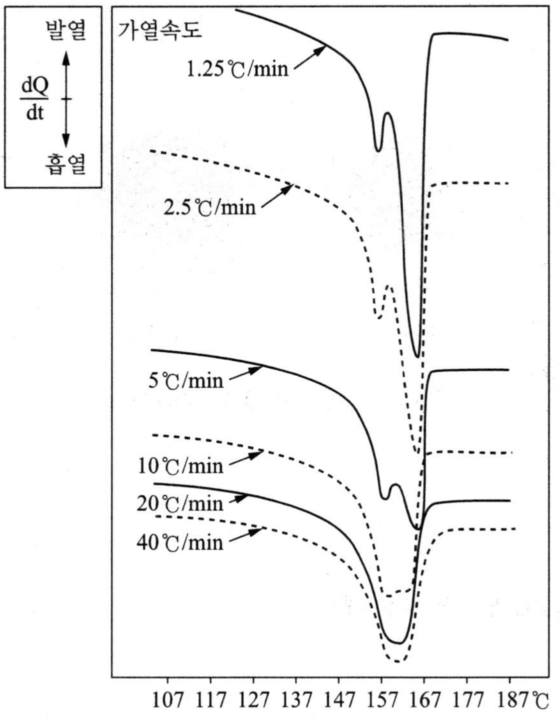

▲ 그림 11.80 가열속도에 따른 시료

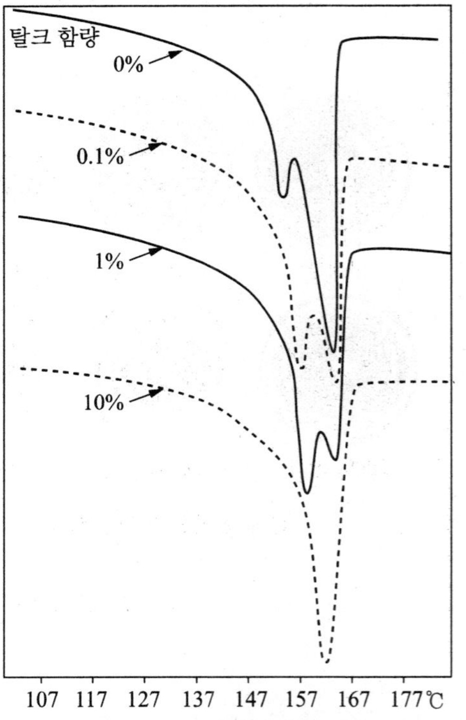

▲ 그림 11.81 탈크 충진량에 따른 시료

(2) 충진제 함량 0.1, 1, 10%의 탈크를 충진한 α형 아이소택틱PP (α-iPP) 각 시료를 2.5℃/min로 가열했다가 다시 20℃/min로 냉각 결정화한 시료의 용융커브를 [그림 11.81]에 나타내었다.

(3) 기핵제 종류 1 서로 다른 유기산(벤조산, 프탈산, 테레프탈산, 피로멜리트산)의 칼슘염(Ca Salt) 1 wt%로 기핵화된 아이소택틱PP (iPP) 시료를 10℃/min로 가열했다가 다시 10 ℃/min로 냉각 결정화한 시료의 용융커브를 [그림 11.82]에 나타내었다.

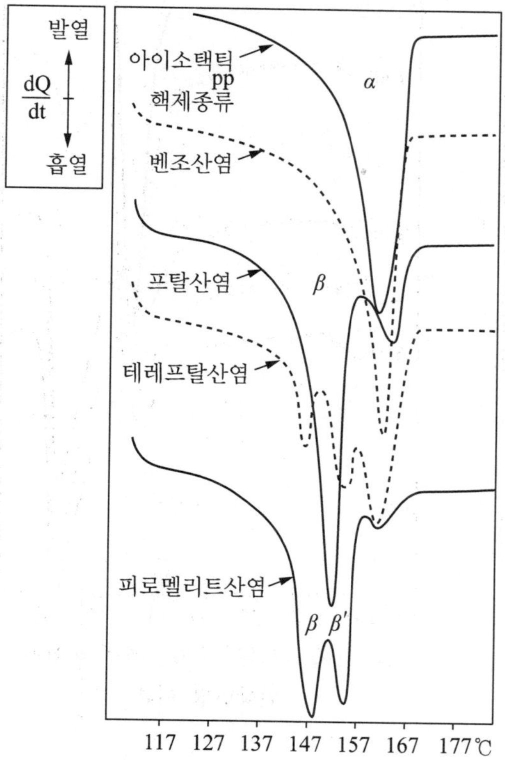

▲ 그림 11.82 기핵제(염) 처방 종류에 따른 시료

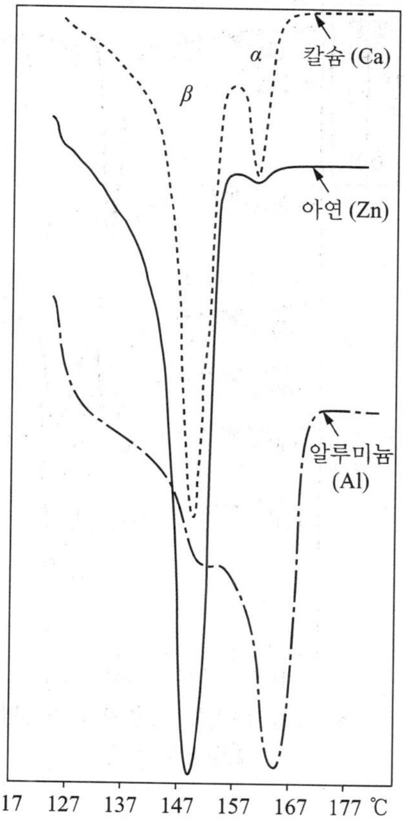

▲ 그림 11.83 기핵제(염) 처방 종류에 따른 시료

(4) 기핵제 종류 2 피멜산(Pimelic Acid)의 다른 염(Ca, Zn, Al)으로 기핵화된 아이소택틱PP(iPP) 시료를 가열속도 10 ℃/min, 결정화온도 124℃로 결정화한 시료의 용융커브를 [그림 11.83]에 나타내었다.

(5) 연신율 1 상온에서 3 mm/min 인장속도로 150%, 300%, 400%, 500%, 620%의 콜드연신(Cold Drawing)으로 인장변형(Tensile Strain)을 시킨 즉, 목화된(Necked) β형 아이소택틱PP(β-iPP) 시편들의 용융커브를 [그림 11.84]에 보였다.

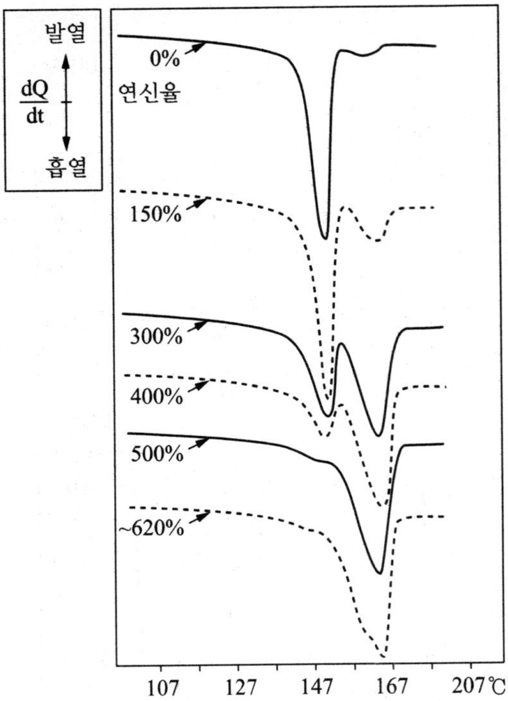

▲ **그림 11.84 상온에서 목화된 인장변형 시료**

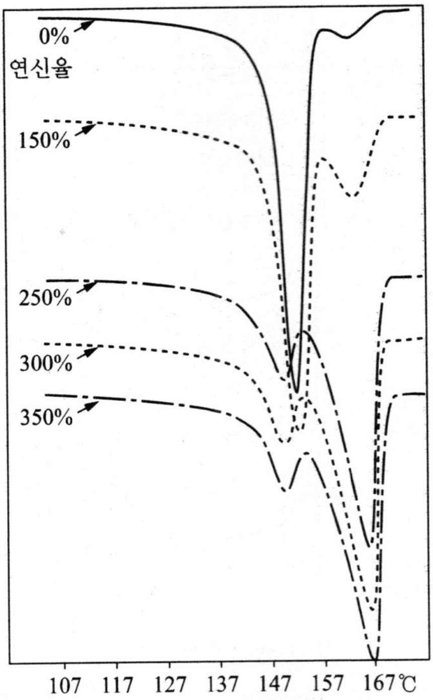

▲ **그림 11.85 120℃에서 목화된 인장변형 시료**

(6) 연신율 2 120℃에서 150%, 250%, 300%, 350% 핫 연신 (Hot Drawing)으로 인장변형 (Tensile Strain)을 시킨 목화된 (Necked) β형 아이소택틱PP (β-iPP) 시편들의 용융커브를 [그림 11.85]에 보였다.

19 가공 형태학 (Morphology)

다음은 몇 가지 PP탄성체 (올레핀 탄성체)의 성형방법에 의한 형태학을 나타낸다.

(1) 블렌드 고무개질 사출 [그림 11.86]은 HDPE 10% 첨가로 고무개질한 PP (블렌드)의 사출성형 결과로 높게 섬유화한 표면 (Highly Fibrillar Surface)의 TEM 이미지를 나타낸다.

(2) 반응 고무개질 압출펠릿 [그림 11.87]은 65% 고무탄성체를 포함하는 반응기로 중합한 개질 PP의 압출펠릿 (Extruded Pellet) 단면적 TEM 이미지를 나타내며 그림에서 검은 부분이 분산된 고무상을 나타낸다.

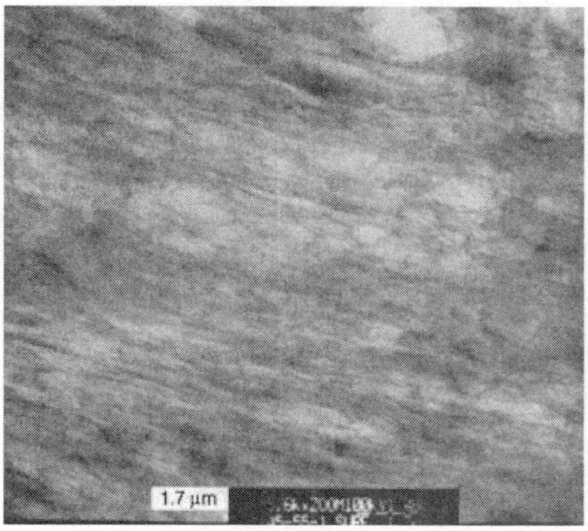

▲ **그림 11.86 사출시료 (블렌드)**

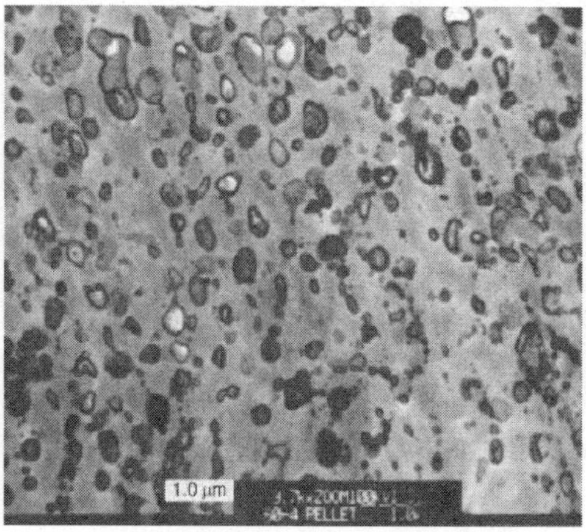

▲ **그림 11.87 압출펠릿시료 (반응)**

(3) 블렌드 고무개질 압출 튜브필름 1 [그림 11.88]은 65% 고무탄성체로 개질한 PP (블렌드)의 튜브필름 (Blown Film) 단면적을 TEM 이미지로 나타내며 그림에서처럼 필름이 기계방향으로 많이 배향되어 있음을 볼 수 있다.

(4) 블렌드 고무개질 압출 튜브필름 2 [그림 11.89]는 반응기에서 나온 PP호모폴리머로 고무개질한 PP를 사용하여 성형한 튜브필름 (Blown Film)의 단면적 TEM 이미지이다.

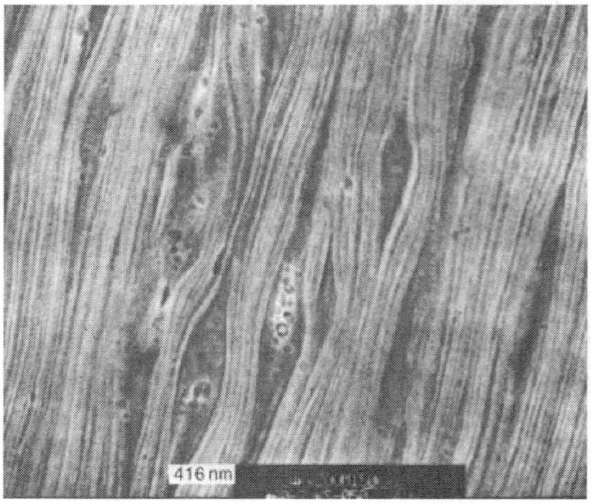

▲ 그림 11.88 압출 튜브필름 시료(블렌드)

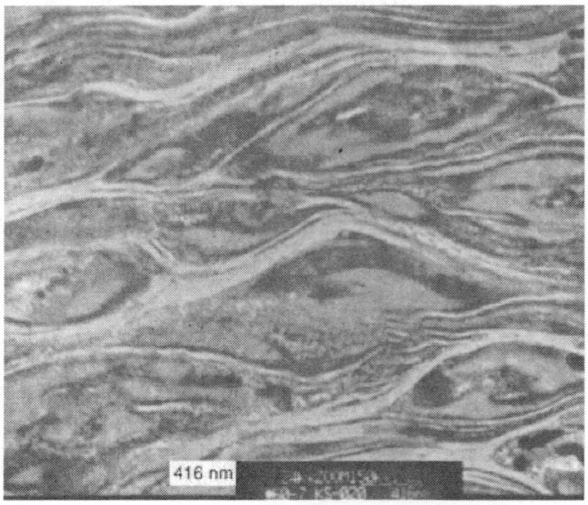

▲ 그림 11.89 압출 튜브필름 시료(블렌드)

▲ 그림 11.90 압출 튜브필름 시료(반응)

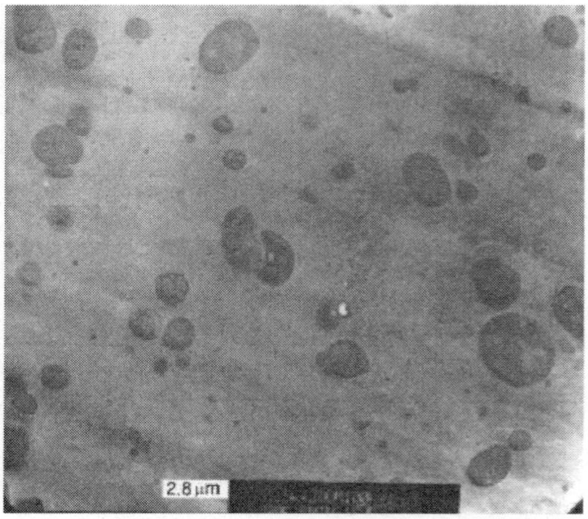

▲ 그림 11.91 사출시료(반응)

(5) 반응 고무개질 압출 튜브필름(PP랜덤코폴리머) [그림 11.90]은 반응기에서 3% 에틸렌(C_2)으로 고무개질한 PP랜덤코폴리머를 사용하여 성형한 튜브필름(Blown Film)의 단면적 TEM이미지를 나타낸다.

(6) 반응 고무개질 사출 [그림 11.91]은 반응기로 중합한 고무개질PP를 193℃에서 사출성형한 시료의 TEM 이미지를 나타낸다.

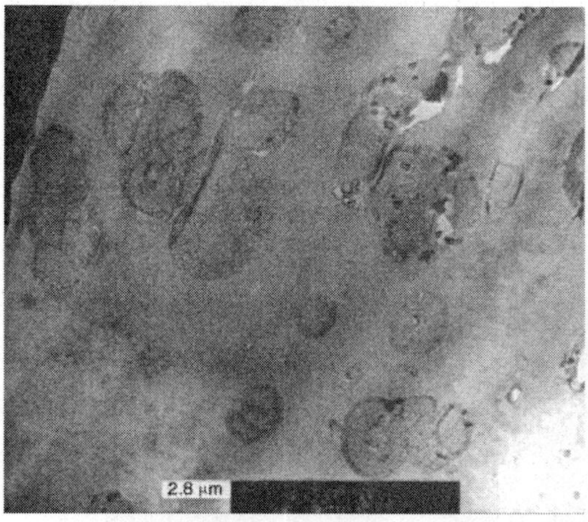

▲ 그림 11.92 사출시료 (반응)

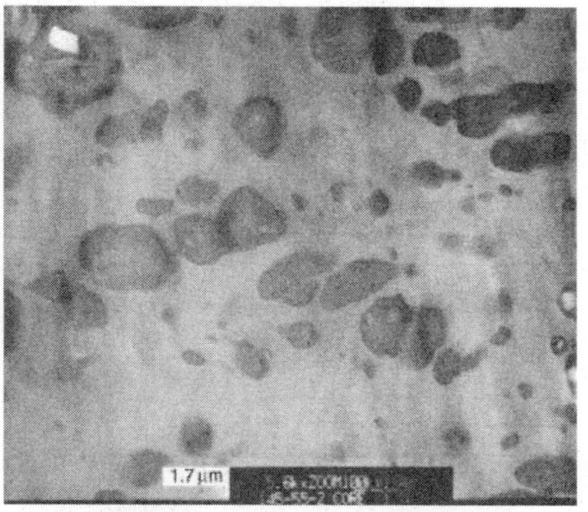

▲ 그림 11.93 사출시료 (블렌드, 중심)

(7) 반응 고무개질 사출 [그림 11.92]는 반응기로 중합한 고무개질PP를 215℃에서 사출성형한 시료의 단면적을 TEM 이미지로 나타내었다.

(8) 블렌드 고무개질 사출 (중심부) [그림 11.93]은 25 wt% EPR로 고무개질한 PP (블렌드)를 사출성형한 시료의 중심부 형태학을 TEM 이미지로 나타내고 있다.

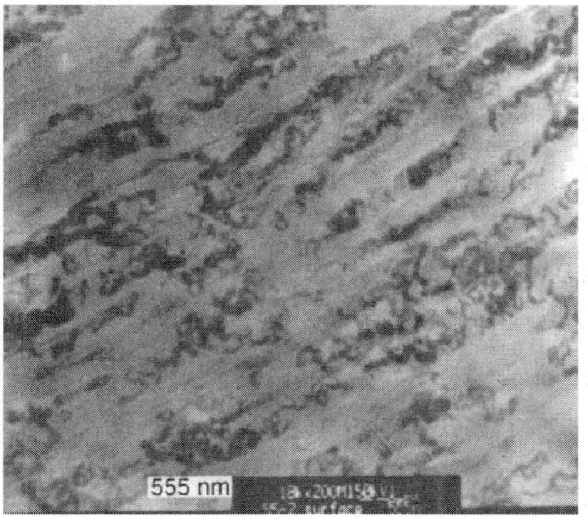

▲ 그림 11.94 사출시료 (블렌드, 표면)

(9) 블렌드 고무개질 사출 (표면부) [그림 11.94]에 25 wt% EPR로 고무개질한 PP (블렌드)로 사출성형한 시료의 표면 형태학 (Surface Morphology)을 TEM 이미지로 나타내었다.

[그림 11.93]은 사출시료의 중심부 고무상이 원형인데 비하여 [그림 11.94]는 사출 표면의 고무상이 길쭉하게 배향된 형태를 보여준다.

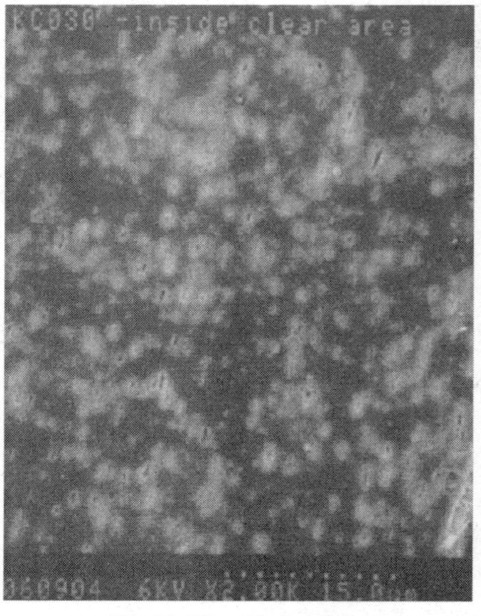

▲ 그림 11.95 입자 시료 (SEM)

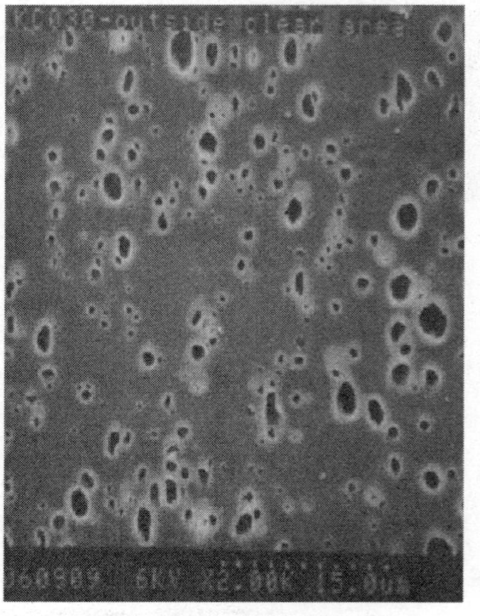

▲ 그림 11.96 사출시료 (SEM)

(10) 반응 고무개질 입자 (SEM) [그림 11.95]는 반응기에서 제조한 고무개질PP 입자 (Granule)의 단면적을 SEM이미지로 나타내었다.

(11) 반응 고무개질 사출 (SEM) [그림 11.96]은 반응기에서 제조한 고무개질PP 의 사출성형시료의 단면적을 SEM이미지로 나타내었다.

[그림 11.96]은 사출성형에 의한 전단응력으로 [그림 11.95]에 비하여 고무상이 혼련되어 사이즈가 커지고 약간의 배향을 가진 타원 형태를 지니고 있다.

Chapter 12

고분자 가공 부가제

고분자 가공에 사용되는 부가제에는 수지에 혼합 함량을 기준으로 대략 가소제, 충진제, 강화제, 첨가제로 크게 구분하고 이들의 종류 및 역할과 기능을 살펴보기로 한다.

01 가소제 (Plasticizer)

가소성 혹은 소성 (Pasticity)이라 함은 외력에 의해 형태가 변한 물체가 외력이 없어져도 원래의 형태로 돌아오지 않는 물질의 성질을 말하며 탄성한계를 넘는 힘이 작용할 때 나타난다. 예를 들어 물기가 있는 찰흙에 외부의 힘을 가하여 여러 형태로 변형시킨 뒤, 더 이상 외부에서 힘을 가하지 않아도 점토는 변형된 그대로의 모양을 유지하는 것을 말한다.

가소제 (Plasticizer)는 염화비닐, 아세트산비닐 같은 열가소성 플라스틱에 첨가하여 열가소성을 증대시킴으로써 고온에서 성형가공을 용이하게 하는 유기물질을 말한다.

가소제의 작용을 간단히 설명하면, 플라스틱은 긴 끈 같은 분자가 모여서 된 것으로, 분자 사이에 서로 끌어당기는 힘이 강할수록 딱딱해진다. 이때 분자 사이에 가소제가 끼어들면 플라스틱 분자 사이의 직접 끌어당기는 힘이 약해져 잘 휘게 된다. 그러므로 가소제는 그 플라스틱에 잘 섞일 수 있는 성질, 즉 상용성 (Compatibility)이 있는 것이어야 하며, 또한 가소성을 증가시킴과 동시에 내열성, 내한성, 내연성, 전기적 성질 등 다른 성질도 향상되어 있는 것이어야 한다.

가소제의 종류는 다양하며 중요한 것으로는 DOP (디옥틸프탈레이트), DOA (디옥틸아디페이트), TCP (트리크레실포스테이트) 등이 있다. DOP는 폴리염화비닐에 쓰이고, DOA는 내한용, TCP는 내연성인 것이 특성이다. 특히 DOP나 DOA는 옥틸기 대신에 다른 기로 바꾼 것이 많이 사용된다.

가소성의 측쇄구조는 고분자내 작용으로 유리전이온도를 강하시키지만 옛날부터 사용되는 가소제는 같은 작용을 첨가제형으로 실현시킨다. 가소제는 상호작용하는 고분자 사슬의 분절 분절 (Segment Segment) 간에 침입하여 자유체적을 증가시키는 작용을 한다. 고분자 고체의 유리전이온도를 강하시키기 위해 가소제 자신의 유리전이온도가 고분자 고유의 것보다 낮아야 하며 고분자와 가소제가 상용성이 있어야 한다. 이와 같은 가소제는 고분자 고체물성의 분자량 의존성에 의해 특징을 갖는 형태학 (Morphology)을 수식하여 물성을 변화시키는 형태학 수식제의 원형 (Prototype)이다. 폴리염화비닐은 1872년에 이미 연구되었던 역사가 오래된 플라스틱이지만 가소화 기술이 발견된 1927년 이후 처음으로 실용화되었다. PVC 고체의 유리전이온도는 약 80℃이므로 실온에서 매우 무른 재료이다. 실용에 적합한 재료로 만들기 위해 가소제를 첨가하여 유리전이온도가 실온보다 낮게 되도록 개질해야 한다. PVC에 프탈산에스터, 인계에스터 또는 세바신산에스터 유도체를 첨가하면 어떤 경우에도 가소제 배합 고분자재료의 유리전이온도 (T_g)는 가소제의 체적분율에 대해 직선적으로 감소한다.

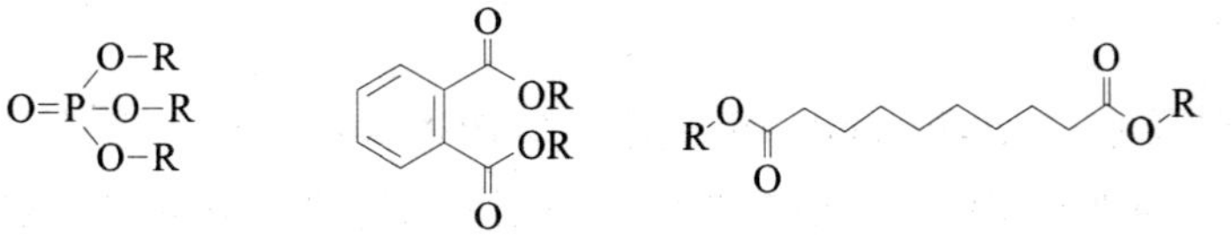

인산에스터 프탈산에스터 세바신산에스터

즉 유리전이온도가 T_{g1}인 고분자의 체적분율 V_1과 유리전이온도 T_{g2}인 가소제의 체적분율 $V_2(1-V_1)$로부터 배합되는 고분자의 유리전이온도 T_g는 다음 식으로 나타낸다.

$$T_g = V_1 T_{g1} + V_2 T_{g2}$$

앞에서 언급한 것처럼 유리전이온도 (T_g)는 고분자 고체 중에 존재하는 자유체적의 증가와 함께 직선적으로 떨어지기 때문에 이들의 가소제는 상호작용하는 고분자의 분절 분절 간에 침입하여 상호작용에너지를 감소시키는 희석제로 작용한다. 이와 같은 가소제 (가소제 가소제간 상호작용에너지: w_{pp})에 의한 희석효과는 분절 분절 상호작용에너지 (w_{ss})를 개방하여 분절 가소제 간 상호작용에너지 (w_{sp})로 치환될 경우 에너지 차이 [$\Delta w = w_{sp} - (w_{pp} + w_{ss})/2$]로 평가된다. 에너지 차이가 크고 자신의 분자구조가 가소성이 풍부한 가소제일수록 큰 가소효과를 얻는다.

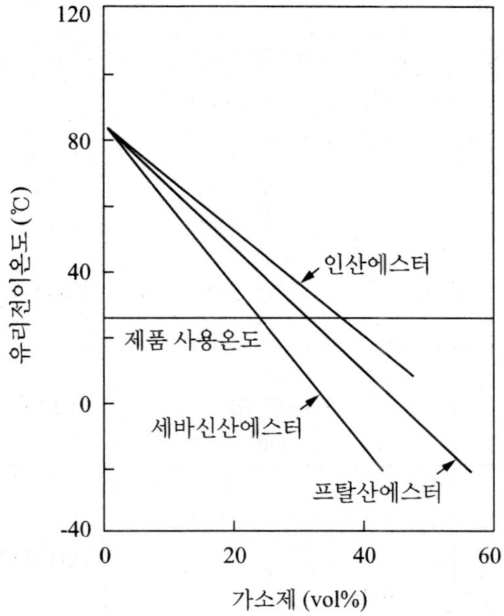

▲ **그림 12.1 PVC의 T_g에 미치는 가소제 효과**

위 쪽 [그림 12.1]에 보인 예는 인산에스터 < 프탈산에스터 < 세바신산에스터 순으로 분자크기가 크며 가소성구조를 갖는 분자일수록 같은 체적분율을 가할 경우 가소효과가 커진다. 가소제는 유리전이온도(T_g)를 강하시키며 연성이 생기는 온도범위를 넓히는 작용을 나타낸다. 또한 가소제의 분자물성은 가소제배합 고분자 제품의 최종 물성에도 큰 영향을 준다. 장쇄알킬기를 갖는 가소제는 고분자재료의 파단강도를 저하시키며 단쇄알킬기나 분지알킬기 및 방향족기를 갖는 가소제는 딱딱한 재료가 된다. 이와 같이 가소제의 분자물성과 고분자 고유의 물성은 가소화 고분자재료의 물성을 지배하는 요인이 되기 때문에 배합계의 개체 형태학의 특성 해석을 통하여 가소제의 기능이나 성능을 종합평가하는 것이 필요하다. [표 12.1]은 PVC에 사용되는 가소제를 나타내고 있다.

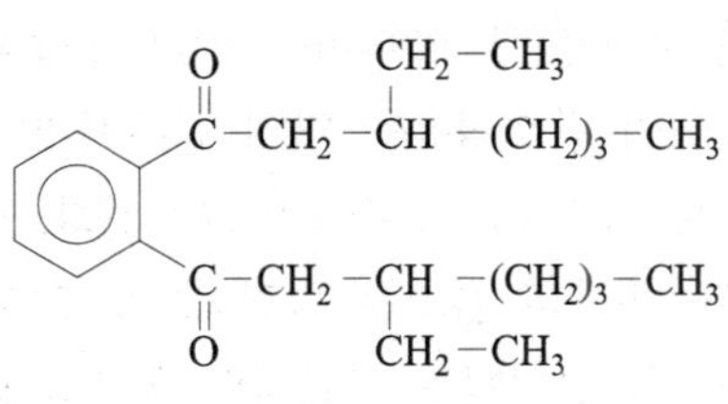

디옥틸프탈레이트 (DOP)

▼ **표 12.1** PVC 가소제 종류

가소제 종류	화학 구조	예
지방족디에스터	$RO-C(=O)-(CH_2)_n-C(=O)-OR$	DOA (디옥틸아디페이트)
디알킬프탈레이트	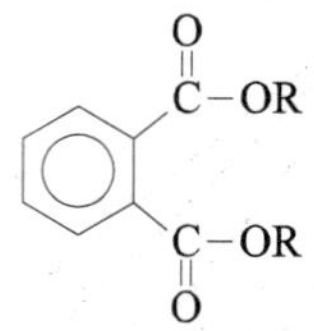	DOP (디옥틸프탈레이트) DIOP (디이소옥틸프탈레이트)
트리알킬포스페이트	$RO-P(=O)(OR)-OR$	TCP (트리크레실포스페이트)
트리알킬트리멜리테이트	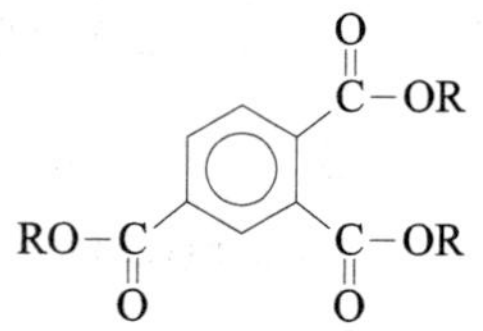	TOTM (트리옥틸트리멜리테이트)

02 충진제 (Filler)

열경화성수지와 열가소성수지에 사용하는 충진제는 수지의 가격을 낮추고 가공성을 향상시키거나 열경화 반응에서 발생하는 열을 흡수하는 작용을 하는 비활성재료일 수 있다. 이러한 충진제의 예로는 톱밥, 진흙, 활석 (Talc), 비산재 (Fly Ash), 모래 (Sand), 운모 (Mica), 유리구슬 (Glass Bead)을 들 수 있다. 운모는 고분자의 전기 및 열 절연성을 개질시키는데 사용될 수도 있다. 다른 미립자 충진제 (Particulate Filler)는 성형수축을 감소시키거나 정전기를 최소화하는데 사용될 수 있다. 이들에는 흑연, 카본블랙, 알루미늄 박편, 금속류, 또는 금속으로 코팅된 섬유 등이 있다. 예를 들어 탄소섬유를 많이 함유시키면 컴퓨터 응용에서의 정전기적 간섭을 막을 수 있다. 그리고 고분자의 고강성화, 강인화는 고분자 제품의 필요한 두께를 감소시키며 두께의 감소는 필연적으로 고분자 사용량의 감소와 경량화를 가져온다. 고강성화와 강인화는 고분자의 공중합체화, 고입체규칙성화, 알로이 (Alloy) 등이 있다. 가장 간편하고 유익한 고강성화법은 충진제의 부가이다. 충진제의 종류, 부가량은 경량화와 직결되는 것은 아니며, 충진제의 대표적인 예는 다음의 [표 12.2]와 같다.

▼ 표 12.2 충진제 종류

무기 화합물	규산염	활석 (Talc), 유리 부스러기 (Cullet), 운모 (Mica), 석면, 유리섬유, 유리풍선, 유리비드, 규산칼슘, 벤토나이트 (Bentonite)
	산화물	실리카, 규조토, 알루미나, 산화티탄, 산화철, 산화아연, 산화마그네슘, 페라이트 (Ferrite), 알루미나섬유
	수산화물	수산화알루미늄, 수산화마그네슘, 염기성탄산마그네슘
	탄산염	탄산칼슘, 탄산마그네슘, 백운석 (Dolomite)
	(아)황산염	황산칼슘, 황산바륨, 황산암모늄, 아황산칼슘
	탄소	카본블랙, 흑연 (Graphite), 탄소섬유, 탄소중공구
	기타	금속가루 (철, 구리, 납, 알루미늄), 황화몰리브덴, 보론섬유, 탄화규소섬유, 금속섬유, 티탄산칼륨, 붕산아연, 메타붕산바륨, 붕산칼슘
유기화합물		방향족 폴리아미드섬유, 폴리프로필렌섬유, 나일론섬유, 전분, 목분, 목면, 황마 (Jute), 종이, 플라스틱 조각, 고무조각, 각섬유 (야자, 땅콩, 벼, 아몬드)

03 강화제 (Reinforcing Agent)

강화제는 탄성율, 인장강도, 마모강도, 피로강도 등과 같은 기계적 물성을 향상시키는데 사용된다. 예를 들어 카본블랙이나 실리카와 같이 미립자 충진제는 사업적 탄성체의 강도나 마모 저항성 등을 높이기 위해 사용된다. 섬유는 연속가닥 (Continuous Strand), 직조된 편물 (Woven Fabric), 비연속적 절단 섬유 (Chopped Fiber) 등의 형태로 열경화성수지와 열가소성수지의 강화에 사용된다. 고분자 복합재료의 전형적인 섬유 함량은 전체 중량의 약 20%에서 80%정도이다. 가장 널리 쓰이는 섬유 강화제의 형태는 E 유리섬유로서 특히 불포화 폴리에스터와 에폭시수지 등의 열경화성수지의 강화에 주로 사용된다. E 유리섬유는 알칼리금속 함량이 낮고 산화칼슘 (Calcia, CaO) 및 산화마그네슘 (Magnesia, MgO)을 소량 함유하는 보로알루미노실리케이트 (Boroaluminosilicate) 유리이다. 항공기 부품제조 등의 특수 응용에는 보론섬유, 케블라 (방향족 폴리아미드 또는 아라미드) 및 탄소나 흑연 섬유 등이 사용된다. 탄소섬유나 흑연섬유는 폴리아크릴로니트릴 (PAN), 레이온 또는 피치 (Pitch)와 같은 유기물을 열분해하여 얻을 수 있다. 가장 높은 기계적 물성은 300℃의 고온에서 섬유를 정렬시킴으로써 얻을 수 있다 (흑연섬유). 이러한 특수 섬유들은 높아진 가격과 취성만큼 유리강화 복합재료에 비해 높은 복합재료 강도와 탄성률을 나타낸다. 최근에는 아라미드(Aramid) 섬유와 유사한 강도를 가지는 초고분자량 폴리에틸렌이 에폭시와 다른 매트릭스(Matrix)의 섬유강화재로서 주목받고 있다. [표 12.3]은 복합재료 응용에 사용되는 섬유의 물성을 나타낸다. 기계적 물성의 향상뿐만 아니라 복합재료는 탄소나 흑연섬유가 나타내는 바와 같이 중량감소 및 전도성을 향상시킬 수도 있다. 보다 높은 물성이 요구되는 응용의 경우 마이크로 섬유나 알루미나 또는 실리콘카바이드의 단결정(합성으로 성장된 단결정)이 사용되기도 한다. 이러한 단결정은 인장강도 약 281,520 kg_f/cm^2, 인장탄성율 약 7,038,000 kg_f/cm^2을 가진다. 최근에 주목받기 시작한 충진제인 풀러렌(Buckminsterfullerene, C_{60})은 열적안정성과 T_g 모두를 증가시키는 것으로 확인되었다. 탄소 나노튜브는 매우 높은 탄성률(최고 1,800 kg_f/cm^2)을 가지며 탄소섬유보다 덜 취약하다. 이러한 충진제들은 정전기 페인트에 적합한 전도성 복합체를 만드는데 쓰일 수 있다. 참고로 강화제로 사용되는 유리섬유와 탄소섬유에 관한 내용은 다음과 같다.

▼ **표 12.3 복합재료 섬유의 물성 비교**

섬유	인장탄성률 (kg_f/cm^2)	인장강도 (kg_f/cm^2)	밀도 (g/cm^3)
Boron	3.937	34.7～37.7	2.38～2.66
E 유리	738	35.2	2.55
S 유리	872	49.3	2.49
흑연 고탄성	4,927～5,273	19.0	1.97
흑연 고강도	2,387～2,601	28.9	1.77
케블라 49	1,408	28.2	1.44
강철	4.151	42.2	7.81

3.1 유리섬유(Glass Fiber)

규산염을 주성분으로 하는 유리를 용융, 가공하여 섬유 모양으로 가공한 것이다. 글라스 파이버(Glass Fiber) 또는 글라스 울(Glass Wool)이라고도 한다. 유리섬유를 제법, 용도에 따라 분류하면 단섬유와 장섬유로 나눈다. 이 밖에 화상전송용인 광학섬유, 광통신용인 유리섬유(광섬유)가 있다. 유리는 고온상태에서 쉽게 실처럼 늘어나므로 고대부터 공예적인 용도로 알려져 있었다. 이것이 공업화된 것은 제1차 세계대전 중 천연석면의 대용품으로 독일에서 고온단열용의 단섬유가 제조된 것이 처음이다. 장섬유는 1930년대에, 또 광학섬유는 1960년대에 모두 미국에서 공업화되었다.

단섬유는 제조도 간단하며 펠트처럼 만들어 단열재에 이용되고, 장섬유는 직물로서 섬유보강플라스틱 (FRP, Fiber Reinforced Plastic), 절연재 등으로 널리 사용되고 있다. 광학섬유는 수천 개에서 수십만 개 정도로 특수한 구조를 가진 섬유를 규칙적으로 묶은 것이며 다발의 한쪽 끝에서 화상을 집어넣으면 다발의 굴절에 따라 다른 끝에 전송된다. 일반적으로 유리섬유는 가늘므로 비표면적이 매우 크다. 예를 들면 지름 1 cm인 유리구슬을 지름이 1 μm의 섬유로 늘이면 길이가 약 4,000 m나 되고 면적도 400배 가까이 늘어나므로 습기에 잘 침식되지 않는 화학조성 (E유리)을 가지게 된다. C유리는 내산성이고 축전지의 격벽 등에 내알칼리 섬유는 최근에 실용화된 것으로 시멘트 강화용에 사용되고 있다.

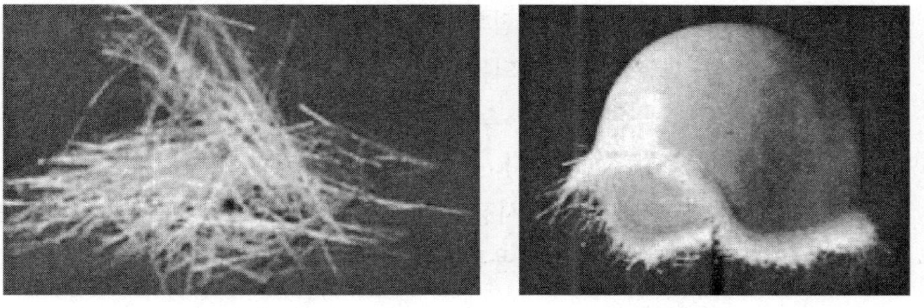

▲ 그림 12.2 강화제: (좌) 유리섬유 (우) 안전모

3.2 탄소섬유 (Carbon Fiber)

탄소로 된 섬유로서, 비강도, 비탄성률 중 특히 비탄성률이 높은 것이 특징이다. 수지로 굳히면 가볍고 변형이 잘 되지 않는 재료가 된다. 탄소섬유는 많은 유기고분자 섬유를 약 1,000～3,000℃로 소성하면 생성되는데, 현재 아크릴 (폴리아크리로니트릴, PAN) 섬유, 피치섬유, 액정 피치섬유로부터 생산되고 있다. 탄소섬유는 주로 탄소원자 육 (6)각망 평면으로 구성되어 있지만 이 망평면이 섬유축에 평행에 가깝게 배열된 것 (고배향, 이방성)과 난잡하게 집합한 것 (등방성)이 있다. PAN계, 액정피치계는 전자의 전형이고, 피치계는 후자의 전형이다. 비중이 낮고 산, 알카리에 침해당하는 일이 없으며, 불활성 분위기 속에서 내열성이 높다. 전기 전도성, 내마모성이 있다. 탄소섬유 제조과정은 아크릴섬유로 (a) 산화에 의한 탈수소로 안정화 (b) 불활성가스 중에서 고온가열에 의한 탄화 (c) 접착성 향상을 위해서 표면처리하여 만든다. 물성은 인장강도탄성계수가 크고 용도는 카본섬유강화, 복합재료, 항공기기, 우주기기, 자동차, 레이저, 섬유재료 등으로 쓰인다.

즉, 유기섬유를 불활성기체 속에서 적당한 온도로 열처리해 탄화, 결정화시킨 섬유이다. 탄소섬유는 그래파이트(Graphite)상의 탄소로 된 고강도, 고강성 등 기계적 성질이 뛰어난 섬유인데, 현재는 아크릴섬유 등을 원료로 1,000~1,500℃에서 산화 등의 화학반응이 일어나지 않는 불활성 상태에서 탄화시켜 제조하는 폴리아크릴로니트릴(PAN)사의 탄소섬유가 중심이다. 고강도, 고탄성률이라는 특징을 살려 복합재료용의 섬유, 특히 플라스틱 재료의 강화섬유로서 이용가치가 높다. 강화제로서 탄소섬유를 쓴 것이 탄소섬유강화플라스틱이다. 골프샤프트, 테니스라켓 등의 스포츠용품에 쓰이고 있으며 내열성이 뛰어나므로 우주 왕복선의 기체 표면의 재료로서도 사용된다. 그 밖에 민간항공기의 기체용, 풍력 발전용의 풍차의 날개판, 연료전지 등에 대한 이용연구도 진행되고 있다.
고 배향 탄소섬유는 인장강도, 탄성률이 높아 고성능 탄소섬유로 취급되며, 선팽창계수가 낮다. 그리고 수지와의 접착성을 높이기 위해 표면 처리가 되어 있다. 레이온, PAN, 페놀 섬유에서 제조되는 활성 탄소섬유는 입상 활성탄과 같은 정도의 흡착 성능과 훨씬 높은 흡탈착 속도를 나타낸다. 탄소 섬유는 대부분이 구조재료용 복합재료 강화제로 사용된다. 각종 탄소섬유 강화 복합재료로 응용이 폭넓게 전개되기 때문에, 탄소섬유의 시장 규모는 해마다 증가될 것으로 기대된다. 활성탄소섬유는 공기 정화 등에 사용된다.

04 첨가제 (Additives)

고분자의 장점을 확대하고 결점을 보완하기 위해 새로운 기능을 창출할 목적으로 고분자에 소량의 첨가제를 가한다. 실용되는 고분자의 대부분은 첨가제를 함유하고 있다. 고분자 단독으로 사용되는 것은 거의 별로 없다. 고분자의 기능이 대부분이 첨가제에 의해 지배된다. 그러므로 문명의 유지, 향상, 합리화에 고분자용 첨가제가 필수적이다. 우선 플라스틱 열화와 안정화제의 역할을 살펴보면 다음과 같다.
플라스틱은 보통 유기물질과 같으며 산화에 대한 저항성이 적은 것이 많고 산소 존재 하에서 서서히 산화 및 열화된다. 열화는 본질적으로 열이나 자외선 등에 의해 유발되는 자동산화에 의한 것이 대부분이다. 플라스틱의 열화를 제어하기 위해서 적어도 한 개 이상의 열화요인을 제거할 필요가 있다. 빛에 의한 악영향을 제거하기 위해 자외선흡수제 또는 소광제, 라디컬 포착제의 일종인 HALS (Hindered

Amine Light Stabilizer)가 사용되며, 산화방지를 위해 자동산화를 가속화시키는 중금속을 포착하는 중금속불활성화제, ROO·, RO· 등의 라디컬 포착에 라디컬 포착제, ROOH의 비 라디컬적 분해를 위해 수소과산화물(Hydroperoxide) 분해제가 각각 유효하다. 실제로 한 종류의 안정화제가 여러 개의 기능을 갖는 것은 드물며 기능이 다른 안정화제를 조합하여 사용함으로써 상승효과를 발현시켜 플라스틱을 실용화할 수 있도록 안정화하고 있다. 안정화제의 상승효과를 발현시키는 조합에 관련된 기술은 플라스틱 안정화의 노하우(Knowhow)라고 할 수 있다. 안정화제의 조합에서 문제되는 것은 안정화제 사이의 길항작용이다. 예를 들면 HALS (Hindered Amine Light Stabilizer)와 황계 산화방지제는 병용에 의해 내후성이 떨어진다. 플라스틱을 실용화할 수 있도록 개발된 안정화제는 [표 12.4]와 같다.

성형된 플라스틱은 옥내외 등에서 사용되며 사용될 때에도 느리게 열화가 진행된다. 이 때문에 많은 플라스틱에 라디컬 포착제가 첨가된다. 더구나 그것이 자외선에 노출된 옥외에서 사용될 경우 광안정제의 첨가가 필요하다.

폴리올레핀과 같은 유기계 고분자재료는 여러 가지 환경에서 사용되는 동안 물리, 화학적 작용을 받아 서서히 고유의 특성을 잃어 마침내 실용에 견딜 수 없게 된다. 이와 같이 재료가 변질해 가는 현상을 열화라고 부른다. 고분자가 열화를 일으키면 겉모양이 변하고 강도나 신장 등의 여러 가지 물성이 저하되며, 화학구조의 변화 등 여러 가지 현상이 나타난다. 이것은 화학반응에 의해 고분자 특성의 발현이 떨어지는 분자량이나 분자 사이의 힘이 점점 손상되기 때문이다. 고분자가 열화하는 요인에는 빛, 열, 기계적 작용, 전기적 작용, 방사선, 약품, 미생물, 수분, 대기와 오염물 등이 있다. 자연환경에서 이들 요인이 단독으로 작용하는 것은 거의 없으며

▼ **표 12.4 안정화제의 종류**

용도별	기능 대분류	기능 소분류	구조
금속킬레이트화제	라디컬연쇄개시저지제	중금속불활성화제	Hydrazide계 Amide계 등
광안정제		자외선흡수제	Benzotriazole계 Triazine계 Benzophenone계
		Quencher	유기 Ni계
	라디컬포착제	HALS	Hindered Piperidine계
산화방지제		Phenol계산화방지제	Hindered Phenol계 Semihindered Phenol계
	과산화물분해제	인계산화방지제	Phosphite계 Phosphonate계
		황계산화방지제	Thioether계

복합적으로 작용하기 때문에 열화기구는 매우 복잡하다.

고분자의 열화는 본질적으로 각각의 고분자 사슬의 화학반응에 의해 일어난다. 빛, 열 등의 작용에 의해 고분자 사슬 위에 활성화한 반응점 (라디컬)이 일단 생성하면 산소가 들어가 화학반응이 연쇄적으로 진행한다. 이와 같은 반응을 자동산화라고 한다. 고분자의 산화가 자동산화에 의해 진행될 경우 분자량의 저하로 산소를 갖는 기능기 예를 들면 하이드로과산화물 (Hydroperoxide, －OOH), 알데히드 (Aldehyde, －CHO), 케톤 (Ketone, ＞C＝O), 카르복실산 (Carboxylic Acid, －COOH), 에스터 (Ester, －COOR), 알코올 (Alcohol, －OH) 등이 생성한다.

(a) 열열화

고분자를 가열하면 변형, 연화, 유동 등의 물리적 변화와 주쇄의 절단, 가교, 산화반응 등의 화학적 변화가 일어난다. 열열화에서는 온도가 중요한 인자이며, 고온영역에서는 산소가 없어도 주쇄절단 등의 열분해가 일어나고 산소 존재 하에서는 자동산화 반응이 일어나기 때문에 저온영역에서도 열화반응이 용이하게 진행된다. 고분자의 열분해는 주쇄절단반응 (Random분해와 해중합)과 곁사슬반응 (곁사슬의 탈리, 가교, 고리반응)으로 구별할 수 있다. 고분자의 열산화 열화는 산소가 개입하여 자동산화가 진행되며 고분자의 산화반응은 비결정영역에서 우선적으로 일어나기 때문에 결정화도 등의 형태학 (Morphology)의 영향을 크게 받는다. 또한 중합이나 성형가공에서 생성한 미량의 분기구조, 가교구조, 불포화기 등 다른 종류의 구조나 불순물이 열화개시에 중요한 역할을 한다.

(b) 광열화

고분자의 광열화도 광화학반응의 원리에 따라 빛에너지의 흡수에 의해 시작된다. 고분자에 의해 흡수된 빛에너지는 ⓐ 방열, 방사에 의해 물리적으로 활성을 잃는 과정 ⓑ 에너지 이동 과정 ⓒ 화학반응 과정에 의해 손실된다. 광화학반응에서 에너지 이동 과정은 에너지 공여체에 의한 열화개시와 수용체에 의한 광안정제와 관련되기 때문에 고분자의 열화 및 안정화기구를 자세히 살펴볼 필요가 있다. 고분자가 열화를 일으키기 위해서 빛에너지를 흡수할 수 있는 기능기, 즉 발색단이 고분자 속에 존재해야 한다. 일반적으로 많은 유기고분자는 무색이며 가시부 (약 380nm보다 장파장 영역)에서 흡수가 일어나지 않기 때문에 증감제와 착색제 불순물이 없는 한, 가시광선은 중요하지 않으며 자외선 영역의 빛만 문제가 된다. 실용상 문제가 되는 태양광의 경우 지구상에 도달하는 빛의 파장이 약 290nm보다 길기 때문에 이 영역의 빛을 흡수할 수 있는 발색단을 갖는 고분자만 광열화를 받는다. 최근 오존홀 (Ozone Hole)의 생성이 문제되는 것은 단파장의 자외선이 지표에 도달하기 때문이다. 폴리올레핀류는 화학구조로 미루어 볼 때 약 290nm보다 장파장광의 흡수가 일어나지 않으며 열열화의 경우와 같이 중합, 조립, 성형가공 공정과 보존시에 생성, 혼입하는 다른 종류의 불순물이 원인으로 되어 광열화가 시작된다.

(c) 금속화합물의 영향

고분자가 금속화합물과 서로 관련되는 기회는 매우 많다. 예를 들면 남아 있는 중합촉매와 성형가공시에 혼입된 불순물 금속화합물, 또는 안료와 같이 임의로 가해지는 금속화합물이 있다. 전성피복재료와 도막재료 등은 계속적으로 기재의 구리나 철 등과 접촉한다. 이와 같이 고분자와 여러 가지 관련된 금속과 그의 화합물은 고분자의 열화에 지배적인 영향을 준다. 그러나 고분자의 열화에 대한 금속화합물의 작용은 매우 복잡하며 여러 가지 요인에 의해 좌우된다. 예를 들면 ⓐ 고분자의 종류 ⓑ 고분자가 노출된 환경 (열, 빛, 방사선 등) ⓒ 금속의 종류 ⓓ 금속의 원자가 ⓔ 금속화합물의 음이온 또는 배위자 등에 의해 현저하게 다른 영향을 나타낸다. 그러므로 금속화합물의 고분자 열화에 대한 영향을 한 가지 요인으로 예측하기는 곤란하다. 사실상 어느 종류의 금속화합물은 특정한 고분자의 열화에 대하여 촉진작용을 나타내며 다른 고분자에 대해서는 역으로 억제제로서 작용하는 경우가 있다. 동일한 고분자 일지라도 열과 빛에 의한 열화로 금속화합물의 영향이 전혀 반대가 되는 경우도 있다. 이와 같이 금속화합물의 고분자 열화에 대한 영향은 복잡하며 금속화합물에 의한 열화촉진 기구에는 ⓐ 하이드로과산화물 (Hydroperoxide)의 접촉분해 ⓑ 고분자의 직접반응 ⓒ 산소의 활성화 ⓓ 금속화합물의 분해 ⓔ 광증감 작용 등이 있다. 예로서 하이드로과산화물 (Hydroperoxide)의 접촉분해 메커니즘은 다음과 같다. 즉 금속화합물의 주된 촉진작용의 하나이며 고분자의 열화로 중요한 역할을 하는 하이드로과산화물을 다음과 같은 산화환원반응 (Redox Reaction)에 의해 자유라디컬에서 접촉분해하여 연쇄생장반응을 촉진하다.

$$\mathrm{ROOH + M^{n+} \rightarrow RO\cdot + M^{(n+1)+} + OH^-}$$

$$\mathrm{ROOH + M^{(n+1)+} \rightarrow ROO\cdot + M^{n+} + H^+}$$

$$\mathrm{2ROOH \xrightarrow{M^{n+}/M^{(n+1)+}} RO\cdot + ROO\cdot + H_2O}$$

고분자에 사용하는 주요 첨가제 종류는 [표 12.5]와 같다.

▼ 표 12.5 주요 첨가제 종류

종류	기능	기능발현기구	예
안정제	내구성 향상 빛, 열, 전단응력에 의한 고분자의 산화 열화의 방지	빛 에너지 변환 활성산소의 불활성화 라디컬 포착 과산화물 안정화	Hydroxybenzophenone유도체 Ni Phenolate Hindered Phenol 유기 아인산에스터
난연제	난연화	라디컬 포착 흡열 탄화/가교 중질불연가스발생	할로겐화 유기화합물 Mg/Al 수산화물 폴리인산암모늄
대전방지제	대전방지	도전층 형성	글리세린 모노지방산에스터
기핵제	강성향상 투명성 향상	결정핵 형성 고분자 사슬 구속	유기인산 부분금속염 Dibenzylidene Sorbitol 유도체
착색제	착색 미장성 부여	가시광선의 선택적 흡수/반사	카본블랙, 산화티탄 금속 Phthalocyanine, Bengala
활제	성형가공성 향상 제품표면의 활성향상	표면에 활성박막형성	알칸산아미드, 알켄산아미드 지방산에스터
Antiblocking제	필름고착방지	필름표면에 미세 요철형성	미립 실리카
가소제*	유연성 부여	분자간 인력완화	프탈산에스터
충진제*	강성 향상 기능부여	충진제의 고강성이용 충진제의 기능복합	활석 (Talc), 세라이트 (Cerite), 유리섬유, 압전재, 카본블랙

주) *부가양이 많지 않을 경우 첨가제로 구분함

4.1 산화방지제 (Antioxidant)

안정 메커니즘의 관점에서 라디컬 포착제로 산화방지제 분야에서 페놀계 산화방지제가 대표적인 예이다. 페놀계 산화방지제의 특징과 메커니즘을 살펴보자. 특징은 (1) 대표적인 일차산화방지제 (라디컬 포착제)로서 대부분의 열가소성 수지에 사용된다. (2) 가공안정성이 요구되는 경우에 이차산화방지제 (Hydroperoxide 분해제)인 인계산화방지제와 병용된다. 폴리올레핀계수지의 가공조건도 점점 가혹하기 때문에 이와 같은 병용이 일반적으로 이용되고 있다. 대표적인 페놀계 산화방지제인 Irganox 1010과 인계 중에 가장 자주 사용되는 Irgafos 168의 PP에 대한 병용 예가 [그림 12.3]에 나타나 있다. (3) 고온 (예, 150℃)에서 정적열안정성을 요구하는 경우 이차산화방지제인 황계 산화방지제와 병용하면 우수한 효과를 나타낸다. 많은 종류의 페놀계 산화방지제가 이미 출시([표 12.6] 참조)되었으며 수지별과 용도별로 사용이 가능하다.

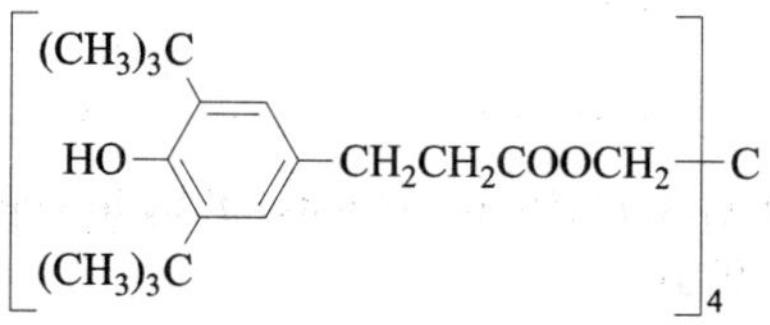

페놀계 산화방지제
(Irganox 1010)

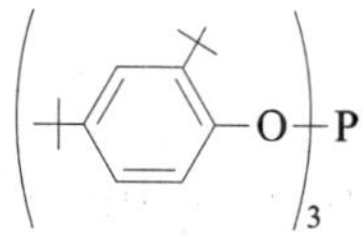

인계 산화방지제
(Irgafos 168)

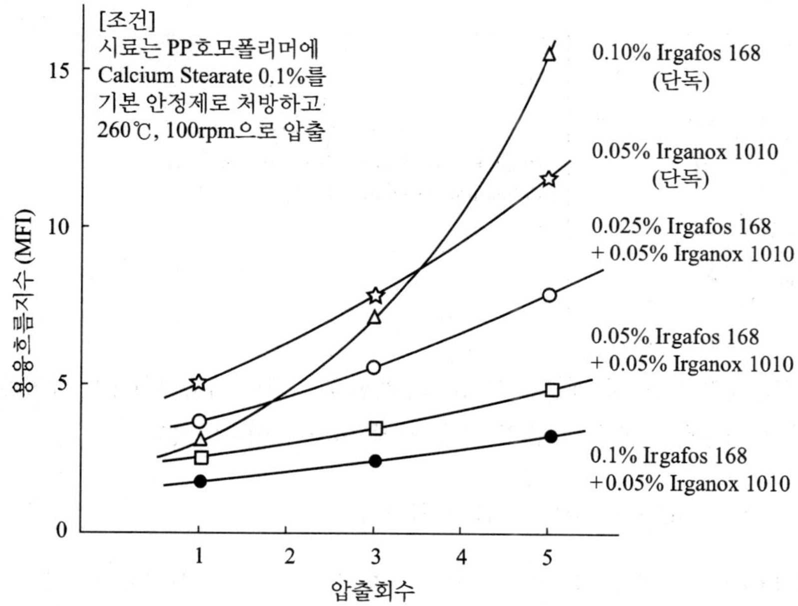

▲ **그림 12.3 페놀계와 인계 산화방지제의 상승효과**

▼ **표 12.6 주요 페놀계 산화방지제**

구조식	화학명
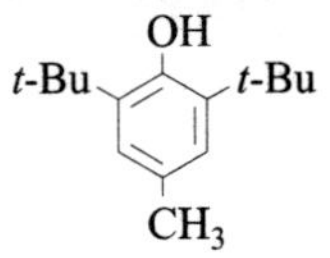	2,6-Di-*tert*-butyl-4-methylphenol (BHT)
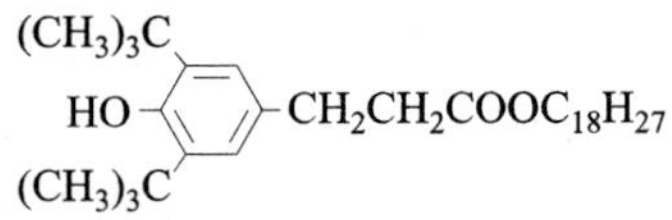	*n*-Octadecyl-3- (3',5'-di-*tert*-butyl-4'-hydroxyphenyl)propionate (Irganox 1076)
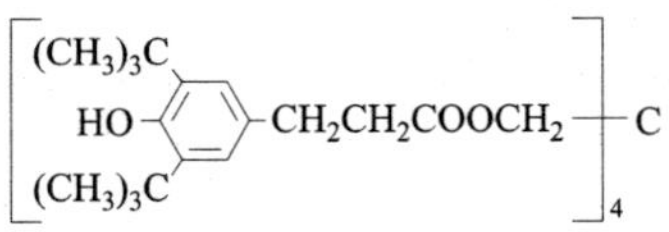	Tetrakis [methylene-3- (3,5-di-*tert*-butyl-4-hydroxyphenyl)propionate] methane (Irganox 1010)
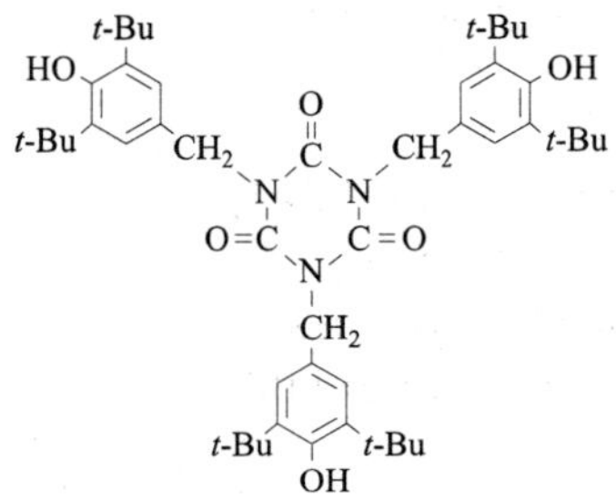	Tris (3,4-di-*tert*-butyl-4-hydroxybenzyl) isocyanurate (Irganox 3114)

작용 메커니즘으로 예를 들어 폴리올레핀계 수지의 자동산화에서 페놀계 산화방지제가 작용하는 것은 다음과 같은 식에 의해서 이루어진다.

$$ROO\cdot + RH \rightarrow ROOH + R\cdot$$

RH (고분자) 대신 페놀계 산화방지제를 반응시켜 자동산화를 저지할 수 있다. 페놀계 산화방지제의 작용기구를 알기 쉽게 아래 그림에 나타내었다. 페놀계 산화방지제는 ROO· 2개를 포착할 수 있다. 작용기구의 과정 중에 생성된 ROOH는 수지 용융시에는 RO·, ROO·, ·OH 등으로 차례로 분해하여 페놀계 산화방지제가 현저하게 소비된다. 이미 언급한 것처럼 인계 산화방지제와 병용이 필요한 이유가 여기에 있다. 인계 산화방지제는 수지 용융시에 스스로 ROOH와 반응하여 즉시 ROH로 변해 과도로 페놀계 산화방지제가 소비되는 것을 막을 수 있다. 작용기구 중에 나타난 퍼옥시 라디컬 (Peroxy Radical)의 안정성은 올소 위치의 치환기에 의해 영향을 받는다. 올소 위치의 치환기가 크면 페녹시 (Phenoxy) 라디컬은 안정되지만 한편으로 퍼록시 (Peroxy) 라디컬 ROO·와 반응성이 떨어진다. 안정성과 반응성이 균형을 갖기 위해 터셔리부틸 (tert-Butyl)기가 치환된 경우가 많다.

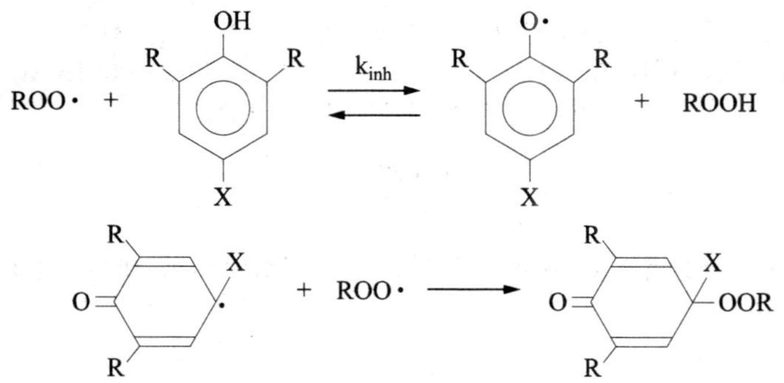

현재까지 상업적으로 생산되고 있는 페놀계 산화방지제 제품은 [표 12.7]에 나타내었다.

▼ 표 12.7 주요 페놀계 산화방지제 제품 현황

상품명	제조사	분자량	페놀수
BHT	Various	220	1
Irganox 1076	Ciba-Geigy	531	1
Irganox 1010	Ciba-Geigy	1,178	4
Irganox 3114	Ciba-Geigy	784	3
Ethanox 330	Albemarle	775	3
Topanol CA	Zeneca	545	3
GA-80	Sumitomo	741	$\bar{2}$

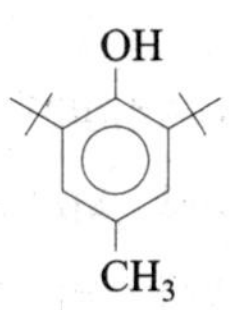
BHT

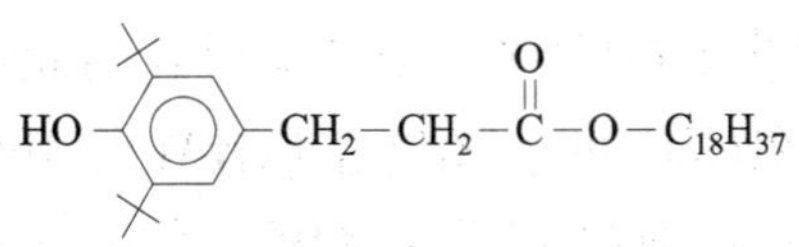
Irganox1076

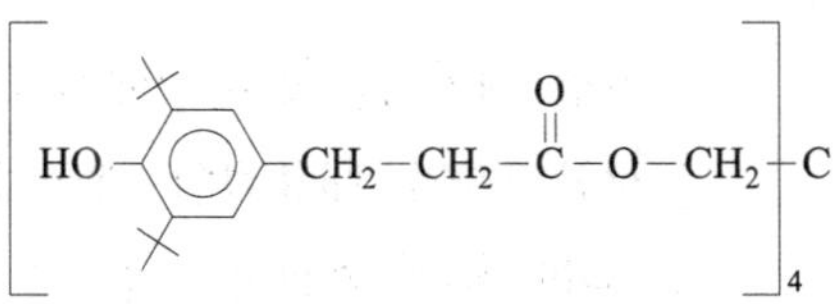
Irganox1010

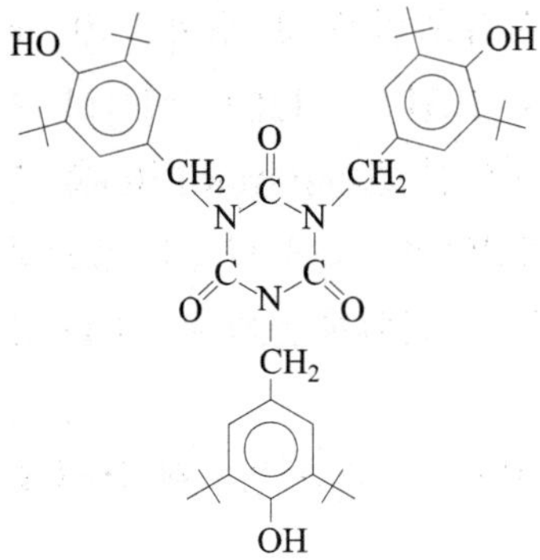
Irganox3114

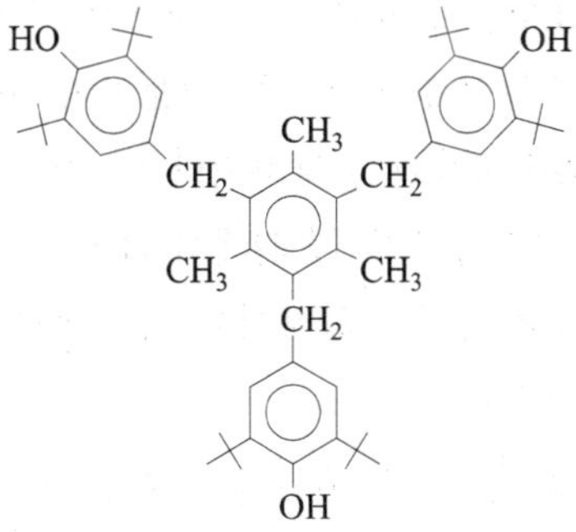
Ethanox330

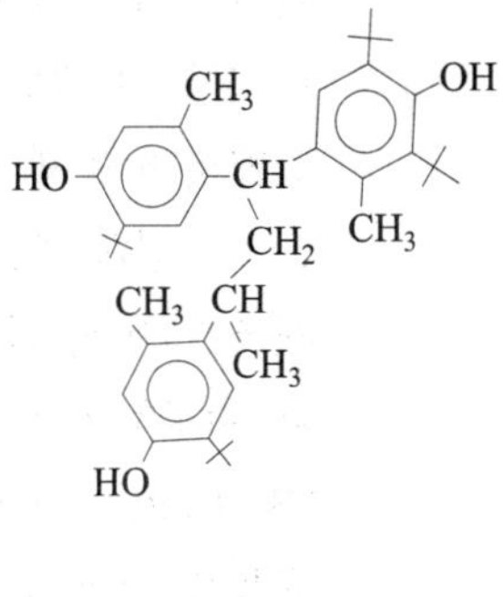
Topanol CA

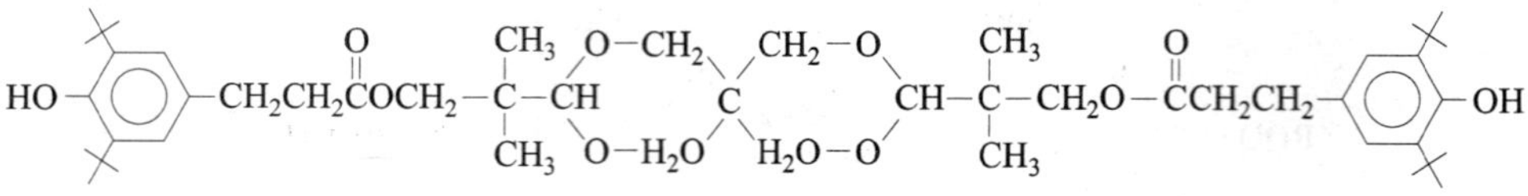

GA-80

현재까지 상업적으로 생산되고 있는 2차 산화방지제 제품은 [표 12.8]에 나타내었다.

▼ 표 12.8 주요 2차산화방지제 (인계, 황화합물) 제품 현황

구분	상품명	제조사	형태	분자량
Phosphites	Weston 399	General Electric	Aromatic Phosphite	688
	Ultranox 618	General Electric	Aliphatic Diphosphite	732
	Ultranox 626	General Electric	Aromatic Diphosphite	604
	Irgafos 168	Ciba-Geigy	Aromatic Phosphite	647
	Ethanox 398	Albemarle Corp	Fluorophosphite	487
Phosphonite	Sandostab P-EPQ	Sandoz	Aromatic Phosphonite	1,035
Thiocompounds	DSTDP	Various	Thioester	683
	DLTDP	Various	Thioester	514
	SE-10	Hoechst Celanese	Disulfide	571

4.2 자외선안정제 (UV Stabilizer)

안정 메커니즘의 관점에서 내광안정제분야에서 힌더드 아민 (Hindered Amine)계 광안정제가 대표적인 예이다. 힌더드 아민 광안정제 (HALS, Hindered Amine Light Stabilizer)의 특징으로는 (1) 폴리올레핀계, ABS, 엔지니어링 플라스틱 등 대부분의 열가소성수지의 열안정화에 유효하다. (2) 저분자량 형태의 HALS와 고분자량 형태의 HALS는 구별되어 사용되지만 병용에 의해 얇은 것, 두꺼운 것, 모든 용도의 광안정화가 가능하다. (3) 고분자량 형태의 HALS는 120℃ 이상의 온도에서 페놀계 산화방지제와 동등하거나 더 이상의 시험실 결과 (Oven Life)를 얻을 수 있다. 한 예로서 [그림 12.4]에서 HALS의 내광안정제로서 탁월한 효과를 벤조트리아졸 (Benzotriazole)계 자외선 흡수제 (UVA-1), 니켈계 소광제 (Ni-1) 등과 비교하여 나타내었다.

[표 12.9]는 현재 상업적으로 생산하고 있는 주요 힌더드 아민 광안정제 (HALS) 제품을 나타낸다.

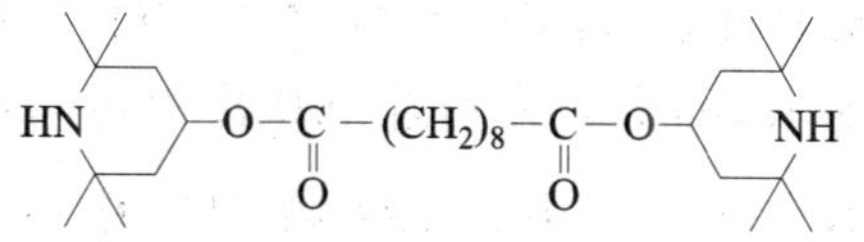

광안정제 (Tinuvin 770)

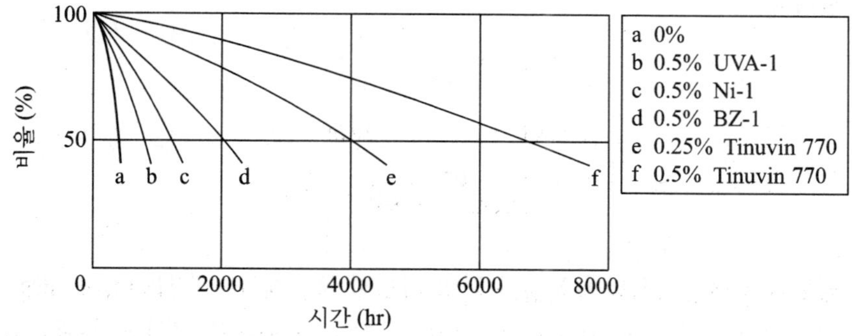

▲ **그림 12.4 경시에 따른 PP필름의 인장강도 (두께 930μm)**

▼ **표 12.9 주요 광안정제 (HALS) 제품 현황**

화학구조	화학명	분자량
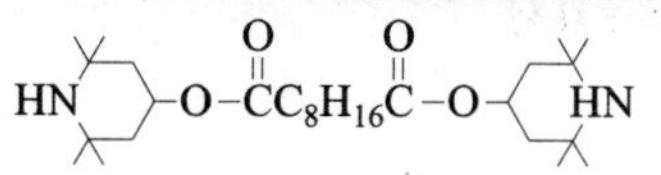 (Tinuvin 770)	Bis-(2,2,6,6-tetramethyl-4-piperidinyl) Sebacate	480
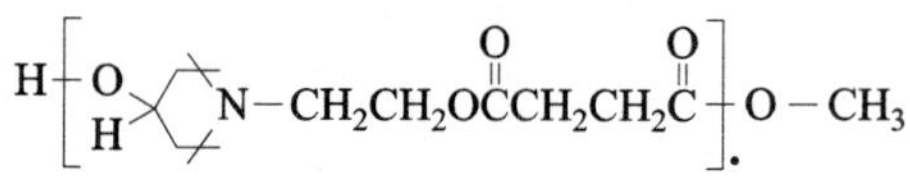 (Tinuvin 622)	Succinic Acid Dimethyl-1-(2-hydroxyethyl) -4-hydroxy-2,2,6,6-tetramethylpiperidine 중축합물	> 3,000
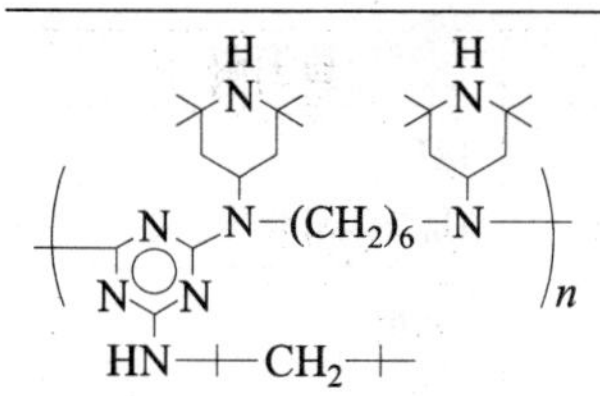 (Chimassorb 944)	Poly [(6- (1,1,3,3-tetramethylbutyl)imino-1,3,5-triazi/-2,4,-dyl] [(2,2,6,6-tetramethyl-4-piperidinyl)imino]hexamethylene (2,2,6,6-tetramethyl-4-piperidinyl)iminol	2,500 이상
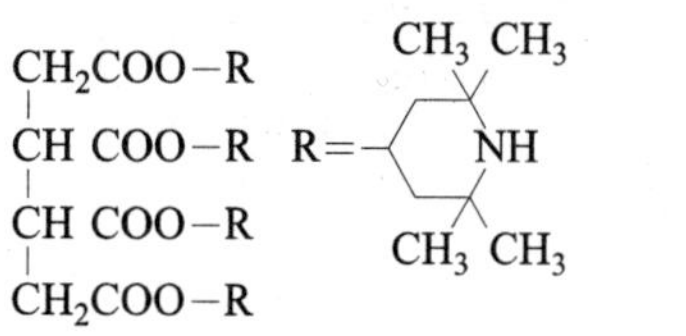 (ADK STAB LA-57)	Tetrakis (2,2,6,6-tetramethyl-4-piperidinyl)-1,2,3,4-butane tetracarboxylate	792

HALS의 작용 메커니즘은 여전히 논의 중에 있다고 할 수 있다. 여러 가지 연구 결과, HALS의 메커니즘에서 두 가지 중요한 점은 다음과 같다. (1) ROOH를 라디컬 분해하여 >NO· 로 변환 (2) >NO· 에 의한 R· 와 ROO· 의 촉매적 제거이다. (2)에서 >NO· 의 재생을 포함한 촉매적 안정화 사이클을 Denisov 사이클이라고 한다.

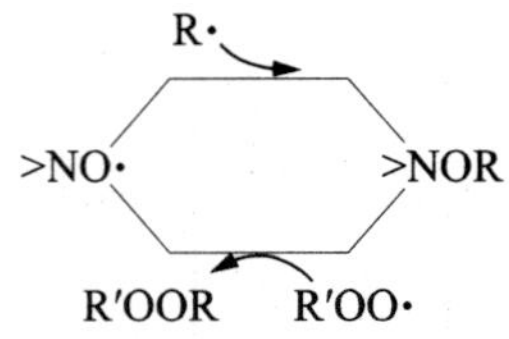

페놀계 산화방지제도 HALS와 같이 라디컬 포착제이지만 HALS의 내광성은 페놀계 산화방지제의 6～10배이다. 이것은 >NO· 의 재생을 포함한 촉매적 안정화 사이클에 의해 설명된다. 기타 HALS의 안정화 메커니즘으로 다음과 같은 HALS의 전하 이동착체 형성설이 있다.

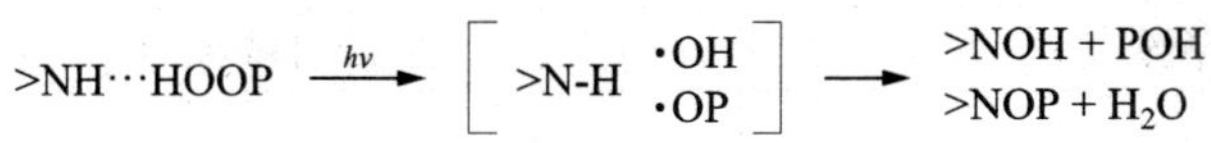

현재까지 상업적으로 생산되고 있는 주요 자외선안정제(광안정제) 제품은 [표 12.10]과 같다.

▼ 표 12.10 주요 자외선안정제 제품 현황

상품명	제조사	형태	분자량
Tinuvin 770 Chimassorb 944	Ciba-Geigy Ciba-Geigy	Monomeric Polymeric	481 M_n > 2,500
Cyasorb 3346 Cyasorb UV-500	Cytex Cytex	Polymeric Monomeric	1,600 522
Uvasorb HA-88	3-V Chemical Corp	Polymeric	～3,000
LA-57	Asahi Denka	Monomeric	326

4.3 대전방지제(Antistatic Agent)

체적고유저항이 도전성재료보다 약간 높은 $10^4 \sim 10^7$ Ωcm 수준을 일반적으로 대전방지재료로 부르며 분진방지 정도의 플라스틱의 대전방지를 고려하면 체적고유 저항은 더욱 높은 $10^{12} \sim 10^{13}$ Ωcm 수준으로 달성할 수 있다. 도전제를 소량 첨가해도 대전방지성이 얻어지지만 특정고분자 (폴리올레핀)의 열열화로 인한 물성 저하와 같은 이유와 코스트 제약으로부터 계면활성제 (Surfactant) 등이 사용된다. 계면활성제를 중심으로 하는 대전방지제는 저분자량형의 대전방지제와 이 후 개발된 영구대전방지제 (고분자량형의 대전방지제) 및 반응형 대전방지제로 분류한다. 저분자량에서 사용되는 계면활성제는 표면 도포형과 연입형이 있다. 표면도포형은 음이온, 양이온, 양성 등의 각종 계면활성제가 이용 가능하지만 연입형은 상용성이나 열안정성의 제약으로부터 비이온성 계면활성제가 일반적으로 사용된다. 대표적인 비이온성 형태는 다음 [그림 12.5]와 같다.

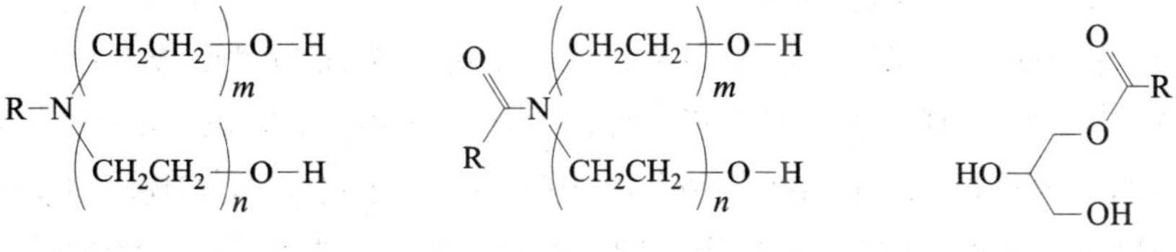

폴리옥시에틸렌 알킬아민　　폴리옥시에틸렌 알킬아미드　　지방산글리세린 에스터

▲ **그림 12.5 저분자량형 대전방지제 종류**

저분자량 연입형은 첨가량이 0.1～0.5%로 소량으로 효과를 발휘하는 반면 첨가한 대전방지제가 표면으로 이행 (Migration)하여 효과를 발휘하는 성질상, 블리드 (Bleed) 속도나 수분의 흡착평형 등의 의존성이 있기 때문에 성능의 조절이 어렵고 특히 장기간의 내구성에는 한계가 있다. 성형 후 신속하게 효과를 발현하여 내구성을 실현하는 블리드 (Bleed) 조절이나 각종 고분자재료의 특성에 맞는 계면활성제의 개발이 계속되고 있다. 저분자형의 결점을 해결하기 위해 고분자형 대전방지제의 개발도 진행되고 있다. 이것은 고분자 알로이 (Alloy) 기술의 진전으로 탄생한 고분자형 대전방지제로 대전방지 효과의 재현성이 좋고 영구적이므로 영구대전방지제로 부른다. 도전성 부분을 블록 또는 랜덤고분자 사슬 중에 삽입한 구조를 갖고 수지에 상용화시키는 것으로 대전방지성을 갖기 때문에 효율이 좋고 도전성을 높이는 분산기술이 성능의 관건이 된다. 높은 신뢰성과 내구성으로부터 앞으로 폭넓은 용도확대가 기대되며 영구대전방지제의 일반적인 첨가량은 5～10%로 많고 첨가 코스트로 용도가 한정된다. 같은 방법으로 고분자 제조시에 반응성 대전방지제의 첨가가 시도되었다. 고분자형 대전방지제의 대표적인 예가 다음 [그림 12.6]에 나타나 있다.

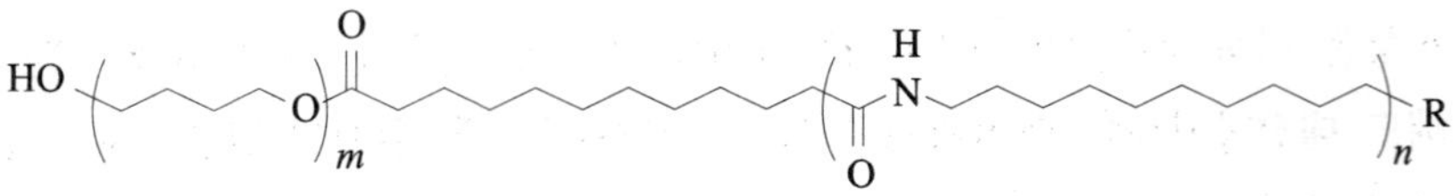

폴리에테르에스터아미드

▲ 그림 12.6 고분자량형 대전방지제

참고 ▮ 정전기 방지제

대부분의 고분자들은 전기 전도성이 떨어지기 때문에 정전기는 고분자의 표면에 형성되기 쉽다. 이와 같은 정전기 축적은 먼지의 침착 및 스파크(Sparking)와 같은 문제점을 유발시킬 수 있다. 다행히 정전기 방지제로 불리는 흡습성(Hygroscopic) 첨가제들은 정전하를 소진시키는데 효과적이다. 정전기 방지제는 외부용 또는 내부용의 2가지가 있다. 외부용 또는 국부적인 정전기 방지제는 플라스틱 표면에 스프레이, 도포 또는 함침 등으로 적용하는 한편, 내부용 정전기 방지제는 플라스틱 가공 중에 혼합한다. 내부용 정전기 방지제의 경우 첨가제는 고분자의 표면으로 확산하며 여기에서 흡습성 첨가제들은 습기를 흡수하여 전도성을 띠는 수분막을 형성한다. 정전기 방지제의 예로는 포스페이트, 지방산에스터, 폴리하이드릭 알코올 유도체, 황화 왁스, 에톡시화(Ethoxylated) 및 프로폭시화(Propoxylated) 지방족과 방향족, 그리고 특히 4차 암모늄 화합물 및 아민을 들 수 있다.

4.4 기핵제(Nucleating Agent)

일반적으로 결정성 고분자는 용융상태로부터 냉각되면 중합촉매잔사(Catalyst Residue)와 무기계의 불순물을 개시점(Embryo)으로 서서히 결정화하지만 결정화가 조절되지 않을 경우는 성형품의 결정부와 비결정부의 분포상태가 불균일하기 때문에 얻어지는 성형품은 이 상태를 반영한 여러 가지 물리적 특성을 나타낸다. 고분자(폴리프로필렌, 폴리아미드, 폴리에틸렌테레프탈레이트)는 기핵제를 첨가하면 결정화의 개시점을 현저하게 증가시킬 수 있으며 많은 개시점으로부터 미세한 고분자 결정이 생성한다. 이 때문에 일반적인 냉각으로도 미세한 결정이 생성한다. 기핵제가 고분자 용융시에 충분한 수의 개시점으로 작용하기 위해서는 기핵제의 결정구조 그 자체가 갖는 핵(Nucleus) 생성능력 외에 미세한 결정에 대응할 수 있는 균일한 분산이 특히 중요하다.

기핵제 적용 예를 들면 폴리프로필렌(PP)과 같은 결정성수지의 기계적 물성이나 광학적 성질은 고분자의 형태학(Morphology)에 크게 좌우되기 때문에 형태학의 조절은 물성개량 중 하나의 큰 과제이다. 기핵제를 첨가하면 폴리프로필렌 구정(Spherulite)의 성장이 조절되어 그 결과 결정은 매우 미세하게 되며 결정화온도(T_c)와 결정화도(Crystallinity)가 상승하여 성형사이클의 단축화가 가능하다. 또한 투명성이나 열변형온도, 강성 등 PP의 광학적 성질이나 기계적 물성을 현저하게 개선시킬 수 있다. 구체적인 이점으로 (1) 결정화온도 상승에 의한 과냉각(빠른 결정화 개시)으로 성형사이클 단축 및 성형효율 향상 (2) 성형물의 투명성 향상 (3) 보다 높은 결정화도에 의한 열변형온도 상승 (4) 강성을 비롯한 기계적 물성 향상 등을 들 수 있다. PP에 첨가되는 기핵제로서는 활석(Talc) 등의 무기충진제(Filler)나 안료(Pigment)는 이전부터 기핵 효과가 확인되었으며 그 후 여러 가지 종류의 고성능 기핵제가 개발되고 있다. 상업적으로 널리 사용되는 주요 기핵제는 다음과 같이 인산금속염류, 카르본산금속염류, 벤질리덴소비톨(Benzylidene Sorbitol) 등이 있다.

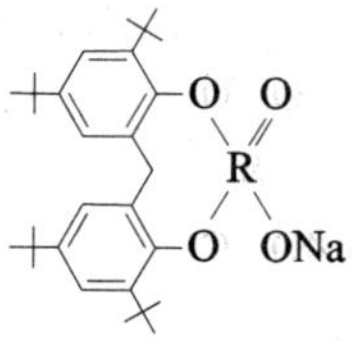

(a) 인산금속염

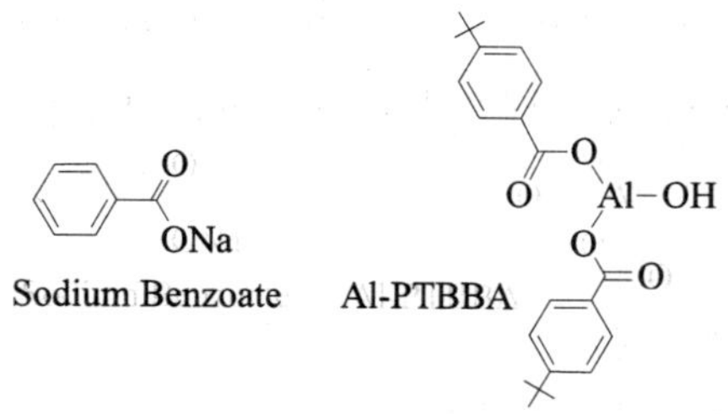

(b) 카르본산금속염

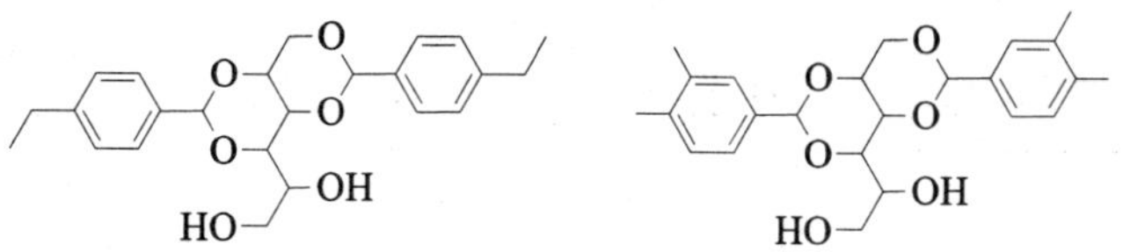

(c) 벤질리덴 소비톨

▲ 그림 12.7 기핵제 종류

4.5 난연제(Flame Retardant)

플라스틱의 연소방지성을 부여하는 가장 유용한 첨가제에는 삼산화안티몬이 있다. 효과적으로 연소를 방지하려면 유효염소를 발생하는 화합물과 같이 사용하고 널리 사용되는 연소방지제에는 옥시염소화 안티몬이 있으며 이외에 안티몬유도체나 인산에스터형 가소제가 특히 비닐수지의 가연성을 줄이는데 사용한다. 고분자재료의 가연성을 줄이는데 주된 요소로 (1) 냉각에 의한 휘발성 연료의 제법 (2) 탄화와 같은 방법으로 연소를 막아 열 전도력을 저하시켜 연료를 없앤다. (3) 많은 양의 라디컬 소멸제 같은 것들을 첨가해서 화기 내에서 사슬반응을 못하게 한다. 난연제의 종류로는 유기염화물, 유기브롬화합물, 유기인산, 안티몬산화물, 보론화합물, 알루미나삼수화물 (ATH, Alumina Trihydrate)를 들 수 있다.

4.6 슬립제 (Slip Agent)

필름이 잘 미끄러지도록 하기 위한 첨가제로 가공 도중이나 직후에 표면으로 스며나와 도포된다. 이 도포막이 마찰계수를 줄이는데 필요한 윤활작용을 하게 되므로 슬립성을 개선해주는 역할을 한다. 또 가공 중 압출부하를 감소시키는 활제의 효과도 있다. 대표적인 슬립제는 다음과 같은 올레아미드 (Oleamide), 에루카미드 (Erucamide), 스테아라미드 (Stearamide)가 있다. 용도는 주로 PE, PP 필름에 적용되고 있다.

▼ 표 12.11 슬립제 종류

종류	화학식	용융점 (℃)
올레아미드	$CH_3(CH_2)_7-CH=CH-(CH_2)_7-CONH_2$	66～72
에루카미드	$CH_3(CH_2)_7-CH=CH-(CH_2)_{11}-CONH_2$	79～85
스테아라미드	$CH_3(CH_2)_{14-16}-CONH_2$	98～104

4.7 개구제 (Antiblocking Agent)

필름에 무기물을 첨가해서 돌기를 만들어 서로 달라붙는 것을 방지하는 기능을 하는 첨가제이다. 필름 블로킹 (Film Blocking)은 압출기 다이 (Die)와 립롤 (Lip Roll)의 온도를 수지의 연화점 이하로 유지하면 감소하는 경향이 있다. 그러나 무기광물질의 미세한 입자인 실리카, 규조토, 카올린 및 활석 (Talc) 등을 첨가하여 필름 표면을 거칠게 하여 인접한 필름층 사이에 얇은 공간을 형성함으로써 접착을 방지할 수 있다. 주로 PE, PP 재질의 필름에 사용되고 있다.

4.8 무적제 (Antifogging Agent)

PE, EVA, PVC 필름으로 식품을 포장하거나 온상 피복하는 경우 필름 내면에 물방울이 맺혀서 식품의 보관시나 작물 생육시 나쁜 영향을 미칠 수 있다. 이를 개선하기 위해 플라스틱 필름의 표면장력을 증가시켜 물과의 친화력을 향상시키기 위해 비이온계 계면활성제의 일종인 Antifogging (AF)제를 첨가한다. 특히 온상 필름용 첨가제로서의 사용이 두드러지고 있는데 AF제가 지속성이 균일하지 않고 지속 기간이 너무 짧다는 문제가 있다. 이는 AF제가 필름 표면으로 접촉하면서 발생되는 물방울을 퍼져 흐르게 하는 동안에 같이 소모되기 때문이다. AF제의 소모량은 필름재질과의 상호친화성, 온상주변의 온도와 온상내부의 수증기 증발량 등과 깊은 관계가 있으므로 무적 (물방울 제거) 지속성을 일정하게 유지시키는 것이 매우 어렵다.

4.9 항균제 (Antimicrobial)

청결과 더불어 생활용품에도 항균제를 첨가한 상품이 증가하고 있으며 그 중에도 필요성이 의심되는 것도 있다. 건강하며 안전하게 생활하기 위해 항균제는 불가결하며 각종 플라스틱에 항균제 기능이 부여된 제품의 사용이 앞으로 점점 증가할 것으로 예상된다. 플라스틱에 항균성을 부여하는 항균제는 천연추출물이나 합성유기물 등의 유기계와 항균성을 갖는 은, 구리, 아연 등의 금속을 무기계 충진제 (Filler)에 담지시킨 무기계가 있다. 유기계의 경우 복합화되어 사용하는 경우가 많다. 소량 첨가로도 효과가 크며 광범위한 항균효과를 갖고 앞으로도 용도 확대가 지속될 것이며 비교적 독성이 강한 화합물이 많기 때문에 안전성 문제가 있다. 폴리올레핀용으로 내열성이 낮은 것도 문제이다. 유기계의 대표적인 활성원체의 예로 다음과 같은 것이 있다.

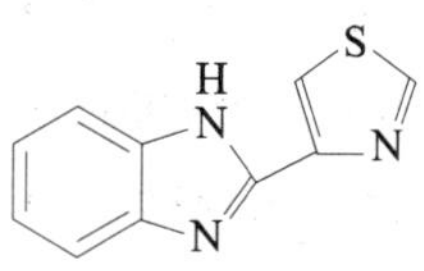

TBZ [2-(Thiazlyl)-Benzimidazole]

▲ 그림 12.8 유기계 항균제

안전성을 갖는 편백 티올(Hinoki Thiol), 대나무 추출물 등 천연계도 출시되고 있지만 폴리올레핀용으로 부적당하다. 종래의 유기계에 없는 고내열성과 고내후성을 갖고 안전성이 우수한 항균제가 새로운 형태로 개발 출시되고 있으나 구조 등이 아직까지 공개되지 않았다. 무기계는 은, 구리, 아연 등의 금속이온을 제올라이트, 실리카, 알루미나 등에 교환 흡착시켜 금속이온이 갖는 항균성을 유지하면서 고정화하여 안정화시킨다. 그러나 과잉의 금속이온은 이온으로 존재하면 변질과 변색을 일으키기 쉽다. 내후, 내열, 착색에 문제를 일으키는 것도 있어 안전성의 향상이 요구된다.

참고 ▮ 살생물제(Biocide)

일반적으로 폴리올레핀이나 비닐 고분자들은 박테리아 공격에 상당히 강하나 천연고무나 셀룰로오스, 셀룰로오스 유도체 및 일부 폴리에스터는 미생물의 공격에 취약하다. 살생물제는 박테리아의 생장을 조절하거나 파괴하는 화합물이다. 이는 박테리시드(Bactericide), 박테리스탯(Bacteristat), 밀드시드(Mildecide), 살곰팡이제(Fungicides), 펀지스탯(Fungistat), 살균제(Germicide), 살조류제(Algicide)로도 불린다. 중요한 응용으로는 라텍스 페인트나 직물이 있다. 이상적인 살생물제는 목표 미생물에는 유독하나 인체나 동물에는 안전해야 한다. 음식포장에의 응용을 위해서는 미국의 식약청(FDA, Food and Drug Administration)의 승인을 얻어야 한다. 미국의 경우 모든 살생물제는 환경보호국(EPA, Environmental Protection Agency)에 등록을 하여야 한다. 산업용 살생물제 예로는 라텍스 페인트, 직물, 플라스틱에 사용된 트리부틸틴옥사이드(Tributyltin Oxide) 그리고 비닐 및 우레탄 배합에 사용되는 10,10'-옥시비스페녹시아르신(OBPA, 10,10'-Oxybisphenoxy Arsine)이 있다.

4.10 발포제(Blowing Agent)

폴리스티렌(Expanded Polysyrene)과 폴리우레탄 같은 많은 고분자들에 기포를 형성시키게 되면 경질발포체(Rigid Foam)의 경우에는 절연물성을 나타내고 연질발포체(Flexible Foam)의 경우에는 유연성을 첨가할 수 있어 쿠션이나 다른 용도로 사용할 수 있다. 기체 발생은 발포제(Blowing Agent) 또는 거품발생제(Foaming Agent)라는 기체 생성 화합물을 첨가함으로써 이루어진다. 물리적 발포제는 단사슬 탄화수소(예, Pentane, Hexane, Heptane) 및 플루오로탄소(예, Trichloromethane, Tetrachloromethane, Trichlorofluoromethane)와 같은 휘발성 액체 그리고 질소(N_2), 이산화탄소(CO_2), 공기(Air)와 같은 기체가 가공과정에서 유입된다. 높은 압력의 가공조건 하에서 고분자 내에 녹아 있던 기체들이 가공압력이 사라졌을 때 기화하면서 발포된 구조를 형성한다. 하이드라진 (Hydrazine) 유도체와 같은 화학적 발포제 (CBA, Chemical Blowing Agent)는 고체첨가제로 가공온도에서 분해되면서 기체를 발생시킨다. 불포화 폴리에스터는 CBA에 의하여 발포된다. 어떤 경우에 있어서는 CBA가 고분자의 다른 성분과 화학적 반응을 일으켜 기체를 발생시키기도 한다. 가공 중에 발생하는 휘발성 유기화합물 (VOC, Volatile Organic Compound) 특히 염화탄화수소 (Chlorinated Hydrocarbons)에 대한 우려는 현재 사용되는 발포제에 대한 안전한 대체물질의 개발을 촉진하고 있다. 폴리우레탄의 경우는 이소시아네이트 (Isocyanate)와 물의 반응에 의해 생성된 이산화탄소 (CO_2)에 의해 연질 발포체가 형성된다.

$$R-N=C=O \ + \ H_2O \longrightarrow RNH_2 \ + \ CO_2$$

이소시아네이트가 과량일 경우 결과적으로 발생하는 아민은 다른 이소시아네이트 분자와 반응을 하여 우레아를 형성한다.

$$R'-N=C=O \ + \ RNH_2 \longrightarrow R'-NH-\overset{\overset{\large O}{\|}}{C}-NH-R$$

경질발포체는 트리클로로플루오로메탄 또는 펜탄과 같은 물리적 발포제에 의해 형성된다. 경질발포체의 중요한 예는 일회용 컵, 포장재, 단열재로 사용되는 발포폴리스티렌 (EPS, Expandable Polystyrene)이다. EPS에 사용되는 물리적 발포제는 일반적으로 펜탄이다.

4.11 착색제 (Colorant)

착색제에는 안료 (Pigment)와 염료 (Dye)가 있다. 플라스틱은 가공 중에 용해성 염료와 무기 및 유기안료를 부가하고 분산시켜 색상을 띠게 할 수 있다. 열경화성수지 염색에서 염료의 용해 또는 안료의 분산은 수지가 완전히 경화되기 이전에 이루어져야 한다. 플라스틱에 사용되는 염료의 종류에는 아조화합물, 안트라퀴논 (Anthraquinone), 잔텐 (Xanthene), 아진 (Azine)이 있다. 가장 중요한 무기안료로는 산화철, 카드뮴, 크롬옐로우 (Chrome Yellow) 및 특히 이산화티타늄 (Titanium Dioxide)을 들 수 있다.

4.12 생분해성제 (Biodegradable Agent)

생분해성을 부여하는 한 가지 방법으로써 상업적인 열가소성수지와 천연적으로 분해할 수 있는 전분과 같은 물질을 섞어 주거나 그래프트 공중합 시키는 것이다. 예를 들어 전분을 폴리에틸렌과 혼합하여 압출 성형하여 플라스틱 봉지용 필름을 제조할 수 있다. 매립지의 토양 미생물이 전분을 파고 들어가고 따라서 플라스틱 매트릭스가 보다 작은 입자로 부서지게 될 것이다. 옥수수 전분은 선형 아밀로스와 고도로 가지화 된 고분자량의 아밀로펙틴으로 구성된 글루코스형 생체고분자이다. 전분의 장점은 가격이 저렴하고 완전히 분해가 된다는 점이다. 옥수수 전분 과립은 약 6%에서 20%의 수분을 함유하지만 공기 중에서 250℃ 이상까지 열에 대해 안정하다. 압출된 전분은 10～15%의 신장률에서 204～306 kg_f/cm^2의 인장강도를 갖는다. 아크릴산, 스티렌과 같은 비닐계 단량체들을 4족의 세륨 (Ce) 이온의 개시에 의해 전분에 그래프트 시킬 수 있다. 전분을 이용하는 경우의 문제점은 전분이 첨가된 플라스틱은 약하며 따라서 쇼핑봉지 등과 같은 소비자용 제품으로서 요구되는 적절한 강도를 가지기 위해서는 석유화학제품이 더 많이 함유된 제품이 필요하다는 것이다. 전분과 혼합된 플라스틱으로 만들어진 일회용 기저귀나 쓰레기봉투들은 5% 정도의 작은 양의 전분이 함유되어 있기 때문에 전체적인 결과로 볼 때 자연환경에 더 많은 플라스틱이 버려지게 된다고 할 수 있다.

4.13 도전성제 (Conductive Agent)

폴리올레핀의 용도로서 가교폴리에틸렌이 전선의 절연성 피복재로서 일찍부터 폭넓게 사용되고 있는 것처럼 원래 폴리올레핀은 매우 양호한 전기절연재료 (체적고유저항, 10^{16}～10^{20} Ωcm)이지만 도전성을 부여하는 첨가제 즉, 도전제를 첨가하여 도전성 재료로서 사용 가능한 10^2 Ωcm 수준을 이룰 수 있으며 더욱 증가시키면 1 Ωcm 정도의 고전도성 수준까지 달성할 수 있다. 플라스틱용 도전제로서는 도전성 충진제 (Filler)인 카본블랙분말, 금속분말, 금속섬유, 탄소섬유, 금속조각 (Flake), 금속유리 비드, 금속화 유리섬유 등이 일반적으로 고려되고 있다. 그러나 카본블랙을 사용하는 경우 양호한 분산 상태를 카본구조를 파괴하지 않고 달성할 필요가 있으며 안정한 도전성을 나타낼 수 있는 가공기술과 가공제 등의 개발이 필요하다. 카본블랙을 첨가하면 색조가 흑색으로 한정되며 다량첨가에 의한 초기 물성 저하의 문제도 있으며 비착색, 저코스트, 저배합량으로 도전패스를 수지 중에 형성할 수 있는 첨가제가 요구된다. 비교적 첨가제 양이 소량인 구리와 같은 금속

분말의 첨가는 일부 수지(예, 폴리올레핀)의 열열화를 촉진하여 사용시에 제품의 초기성능을 유지할 수 없는 문제가 있다. 도전성을 손상하는 일이 거의 없는 안정화 처방의 확립이 기술적인 과제라고 볼 수 있다.

4.14 가교제(Cross Linking Agent)

천연고무뿐만 아니라 SBR, 부틸 및 니트릴고무 등과 같은 합성디엔계 고무류에서도 성질 변화를 가져오는 가장 실용적인 방법이 가황공정이다. 이 가황공정에 가열과 황이 반드시 필요한 것은 아니다. 다시 말해 황으로서 물성한계가 있는 제품이 있는데 이에 대해서는 수지 가황제나 퍼옥사이드 가황제로 가교결합 시킨다. 예를 들어 염화황을 작용하면 가열하지 않고도 고무가 가황되는데 일반적인 유황공정으로는 얻어지지 않는 특수한 성질이 얻어진다. 가교제로는 O, S, Se, Te 등이 있으나 O는 원자량이 작아 반응성이 너무 빨라 가교와 동시에 파괴되고 또한 셀레늄(Se)과 텔루륨(Te)은 원자량이 커서 반응이 느려 중간인 S가 주로 사용되어 가황공정으로 불리어 진다. 그러나 황만으로도 가열하여 가황이 진행되긴 하지만 공정이 매우 느리다. 그래서 여기에 촉진제인 소량의 무기 및 유기화합물을 첨가하여 반응속도를 빠르게 한다. 많은 촉진제들은 그들의 효과가 나타나기 전에 활성체 또는 증진제 등의 기타 화학제품의 존재가 필수적이다. 이들 활성제는 대개 산화아연과 같은 금속산화물이다. 이들 활성제는 수지산과의 반응으로 가황기 사이에 있는 고무상 금속비누의 존재 하에서 그 기능을 가장 잘 발휘한다. 결국 가황공정에서는 황 이외에 유기촉진제와 금속산화물 그리고 비누를 배합한 것이 중요하다. 예로서 천연고무의 황에 의한 가황제품은 다음과 같은 처방(Recipe)을 기본으로 한다.

처방: 고무(100), 촉진제(0.25～1.5), 아연화 같은 활성제(1～100), 비누[스테아르산 또는 라우르산 아연 등(1～5)], 산화방지제(0～1.5), 황(0.25～1.5)

참고 ▌ 가교제

사슬 모양의 고분자 사슬 사이에서 가교역할을 하는 물질을 말한다. 가교는 수지에 경도나 탄력성 등 기계적 강도와 화학적 안정성을 부여한다. 고무의 가황은 황을 가교제로 하는 가교반응이다. 그 외의 고분자 물질의 경우 가교 대신 경화(Curing)라는 말도 쓰며 경화제는 가교제에 해당한다. 가교는 모제인 고분자의 반응성이 높은 부분 즉, 반응하기 쉬운 기능기, 이중결합, 제3급 수소원자 등과 반응성이 풍부한 2 기능성 가교제가 반응한다. 방사선이나 빛 등의 고 에너지와 라디컬 시약을 사용할 때는 특별히 가교제가 필요하지 않을 때도 있다.

4.15 경화제 (Curing Agent)

경화 (Curing)는 일반적으로 열 및 압력을 가하여 고무나 열경화성수지의 물성을 변화시키는 공정이다. 경화공정에 있어서 황 함유 화합물 등 다양한 첨가제 즉, 경화제는 고무의 가교 (가황, Vulcanization) 또는 열경화 망상구조의 형성을 촉진시키기 위하여 (예, 에폭시 경화에서의 아민) 사용된다.

4.16 이형제 (Lubricant)

활제라고도 한다. 플라스틱을 가공시 윤활제는 용융점도를 낮추거나 가공장치와 고분자 용융물 사이의 접착력을 감소시켜 흐름을 향상시키기 위함이다. 전자를 내부 윤활제라고 하고 후자를 외부 윤활제라 부른다. 윤활제는 아미드, 에스터, 금속 스테아르산염, 왁스 및 산으로 크게 분류한다. 공정 윤활제의 주된 시장은 PVC 시장이며 종종 스테아르산염 (Stearate)이 사용된다. 그 밖의 윤활제로는 미네랄오일 및 저분자량 올레핀이 있다. 폴리우레탄의 반응사출성형 (RIM)에는 내부 금형이형제로서 유기작용기 실리콘 유체를 사용할 수 있다. 다시 말해 열가소성 수지을 가열 성형할 때, 그 유동성을 양호하게 해서 가공을 쉽게 하기 위한 것 및 성형품을 형틀에서 빼내는 것 (형빼기)을 쉽게 하기 위해 첨가하는 첨가제이다. 고무, 플라스틱 가공에서 소성 개선을 주목적으로 하여 연화제와 가소제가 있고 형빼기를 개선할 목적으로 이형제가 사용되는데, 활제는 그 두 작용을 갖는 것이라 할 수 있다. 일반적으로 고급 지방산 또는 그 염류가 이용되고, 염화비닐 수지에서는 스테아르산을 수지에 대해서 0.5% 정도 가한다. 이 첨가량이 많으면 수지와의 상용성이 나쁘기 때문에 성형 가공 후 표면에 베어 나오는 일이 있다. 안정제로서 스테아르산염과 같은 금속 비누를 사용할 때에는 활제의 작용도 겸하기 때문에 스테아르산을 가할 필요는 없다. 폴리스티렌 등에서 스테아르산아연이 0.05~0.2% 정도 활제로서 첨가되는 일도 있다

4.17 블렌드 충격개질제

어떤 고분자를 높거나 낮은 유리전이온도 (T_g)를 갖는 다른 고분자와 블렌드시킴으로써 T_g나 열변형온도 (HDT, Heat Distorsion Temperature)를 변화시킬 수 있다. 충격개질제에는 내충격성 폴리스티렌 (HIPS), 염소화폴리에틸렌 (CPE), 스티

렌아크릴로니트릴(SAN), 아크릴로니트릴 부타디엔 스티렌(ABS), 에틸렌비닐아세테이트(EVA), 메틸메타크릴레이트 부타디엔 스티렌(MBS), 메틸메타크릴레이트 아크릴로니트릴 부타디엔 스티렌(MABS)과 같은 공중합체 및 삼원공중합체가 포함된다.

4.18 블렌드 상용화제

두 가지 또는 그 이상의 고분자 사이의 블렌드는 상업적 고분자의 가격대 성능비를 향상시키는 중요한 기술이 되어 왔다. 예를 들면, 블렌드화 함으로써 비싼 엔지니어링 열가소성수지의 가격을 낮출 수 있고 고온용 또는 열에 민감한 열가소성수지의 가공성을 향상시킬 수 있으며 또는 내충격성을 향상시킬 수 있다. 상업적 블렌드는 균일하거나 상분리가 되었거나 또는 그 중간인 상태일 수 있다.
많은 고분자들은 서로 섞이지 않기 때문에 가공 중에 상분리를 일으킨다. 이러한 불용성 블렌드의 기계적 물성은 분산상과 매트릭스 사이의 취약한 계면 결합력으로 인해 종종 낮아진다. 계면 장력을 낮추어 상용성을 향상시키기 위하여 다양한 첨가제가 사용될 수 있다. 반응성 상용화제(Compatibilizer)는 블렌드 성분과 화학적으로 반응하고 따라서 많은 블렌드 조성에서 효과적이다. 비반응성 상용화제는 일반적으로 블렌드 단일 고분자의 블록 또는 그래프트 공중합체들이다.

이상에서 언급된 여러 가지 첨가제를 실제 상업적으로 적용하고 있는 예를 살펴보자. 아래 [표 12.12]는 PP제품(Grade)의 물성 향상을 꾀하기 위하여 부가하는 가공 및 용도별 첨가제처방을 나타낸다. 이것에 의하면 첨가제처방은 일반적으로 열안정제와 산화방지제를 기본으로 하고 용도별로 필요한 첨가제가 추가된다. 예를 들어 용융흐름지수(MFI) 11g/10min을 가지는 HP150 PP호모폴리머로 의류세탁물 포장용의 튜브필름(Inflation Film)을 압출성형시, 첨가제처방은 열안정제(Calcium Stearate)와 산화방지제 조합(Irganox 1010, Irgafos 168)을 기본으로 하고 여기에 필름 개봉을 쉽게 하는 슬립제(Armoslip CP, Armoslip E)가 추가된다. 슬립제처럼 특수기능을 부여하는 첨가제에는 투명성을 높이는 기핵제(Nucleating Agent), 정전기방지를 위한 대전방지제(Antistatic Agent), 자외선에 의한 열화방지용 안정제(UV Stabilizer), 세균공격을 막기 위한 항균제(Antimicrobial), 용융수지 흐름성을 제어하기 위한 과산화물(Peroxide) 사용 등이 있다. 또한 첨가제 사용함량은 기능 및 종류별로 다르며 보통 150～4,000 ppm의 범위를 가진다.

▼ 표 12.12 상업적 PP제품의 첨가제 처방 (사례)

PP	상품명	흐름성 (MFI)	가공법	첨가제처방		적용예
호모 폴리머	HP150	11.0	압출 (IPP)	Ca-Stearate Irgafos-168 Armoslip-E	Irganox-1010 Armoslip-CP	튜브필름
	HP240	8.0	압출 (CPP)	DHT-4A Irgafos-168	Irganox-1010 Armoslip-E	캐스트필름
	HP320	2.0	압출 (OPP)	Ca-Stearate Ultranox-626 BHT LEK-AS-1004	Irganox-1010 Towrex AO-180T Towrex ASMS-200 DHT-4A	연신필름
	HP430	3.5	압출연신	Ca-Stearate Irgafos-168	Irganox-1010 Ethanox-330	연신테이프
	HP540	8.0	사출	Ca-Stearate Irgafos-168	Irganox-1010	일반가정용품
	HP670	35.0	압출방사	Ca-Stearate ZnO LEK-AS-1004	Irganox-3114 Ultranox-626 Luperox-101	섬유 (부직포, 가발사)
	HP710	0.7	압출시트	Ca-Stearate Irgafos-168	Irganox-1010	포장용시트
랜덤 코폴리머	RC145D	8.0	압출 (IPP)	DHT-4A Irgafos-168 Armoslip-CP Silysia-340	Irganox-1010 LEK-AS-1004 Armoslip-E Luperox-101	고연성튜브필름 (식품/의류포장)
	RC240	7.0	압출 (CPP)	DHT-4A Irgafos-168 Silysia-340	Irganox-1010 Armoslip-E Luperox-101	캐스트필름 (Semi-Retortable Pouch Core Layer)
	RC840	6.5	압출 (OPP)	DHT-4A Irgafos-168 Silysia-340	Irganox-1010 Armoslip-E Luperox-101	연신필름 (Lamination Film, Heat Sealant)
	RC724	1.9	압출중공성형	Ca-Stearate Irgafos-168 Millard-3988	Irganox-1010 LEK-AS-1004 Armoslip-E	1축 연신 주스병/ 케찹 용기
	RC754	13.0	사출중공성형	DHT-4A Ultranox-626 LEK-AS-1004 PCO-3RO	Ca-Stearate Ethanox-330 Millard-3988	2축 연신 생수병

랜덤 코폴리머	RC5610K	7.0	발포 (Foam)	Ca-Stearate Irgafos-168 Tinuvin-622LD	Irganox-1010 Armoslip-E Luperox-101	자동차범퍼코어 패킹
	RC5850Y	1.9	발포시트 (Foam Sheet)	Ca-Stearate Irgafos-168	Irganox-1010	발포시트
	RC910	0.4	압출 (파이프)	Ca-Stearate Irgafos-168	Irganox-1010	PP-C 연질파이프
블록 코폴리머	BC240SR	8.0	압출필름 성형	Ca-Stearate Irgafos-168	Irganox-1010	Semi-Retort Film
	BC520	2.0	사출성형	Ca-Stearate Irgafos-168	Irganox-1010 Acrawax-C	자동차부품 (베터리케이스)/ 가전제품부품
	BC540	9.0	사출성형	Ca-Stearate Ultranox-626 Towrex AO-180T	Irganox-1010 BHT	가전부품/ 자동차부품/ 산업용품
	BC548N	9.0	사출성형	Na-Benzoate Ultranox-626 Towrex AO-180T	Irganox-1010 BHT	가전부품/자동차부품/산업용품-고강성용
	BC560J	23	사출성형	Na-Benzoate Ultranox-626 Towrex AO-180T PCO-3MO	Irganox-1010 BHT LEK-AS-1004 Luperox-101	가전부품/ 자동차부품/ 산업용품
	BC570	47.0	사출성형	Na-Benzoate Ultranox-626 Towrex AO-180T	Irganox-1010 BHT Luperox-101	가전제품부품-고강성, 대형성형품 (세탁기)
	BC580	62.0	사출성형	Na-Benzoate Irgafos-168 PCO-3MO	Irganox-1010 LEK-AS-1004 Luperox-101	가전제품부품-고강성, 초대형성형품 (세탁기)
	BC640	8.0	방사 (섬유)	Ca-Stearate Ultranox-626 Towrex AO-180T	Irganox-1010 BHT LEK-AS-1004	섬유 (Short Quench, High Denier)
	BC710	0.6	압출시트	Na-Benzoate Ultranox-626 Towrex AO-180T	Irganox-1010 BHT	시트/포장용기 (소형병)
	BC710G	0.4	플라스틱 골판지	Ca-Stearate Irgafos-168 LEK-AS-1004	Irganox-1010 Acrawax-C	플라스틱골판지

블록 코폴리머	BC710H	0.33	중공성형	Ca-Stearate Irganox-1010 Irgafos-168 Acrawax-C LEK-AS-1004	윤활유, 부동액용기
	BC710J	0.60	압출필름	Na-Benzoate Irganox-1010 Irgafos-168 Acrawax-C	음식 포장지
	BC910	0.33	압출 (Pipe)	Ca-Stearate Irganox-1010 Irgafos-168 Towrex AO-180T	PP-C파이프 (온돌파이프, 산업용)
	BC910AG	0.33	압출시트	Ca-Stearate Irganox-1010 Irgafos-168 Towrex AO-180T	Con Slut 및 계분벨트용

주) MFI: 230℃, 2,160g 하중에서 용융수지가 10분간 실린더를 흘러내린 무게 g수

Chapter 13

상업적 폴리우레탄 적용 기술 (사례)

폴리우레탄(Polyurethane)은 열경화성 수지(Thermosetting Resin)로서 이소시아네이트(Isocyanate)와 폴리올(Polyol)의 반응 중합체이다. 우수한 내마모성, 탄성, 충격강도, 인장/인열/압축강도, 내한성, 진동흡수, 내화학성/내유성/내오존성 등의 물성을 지닌다. 특히 경도(Hardness)에서는 60∼90 쇼어(Shore) A의 넓은 범위의 물성을 가지고 있다. 쇼어경도 A가 60∼63은 매우 유연하고, 70∼75는 약간 딱딱하나 아주 유연하며, 80∼85는 상당한 유연함과 딱딱함(예, 캐스트 피그)이 있다.

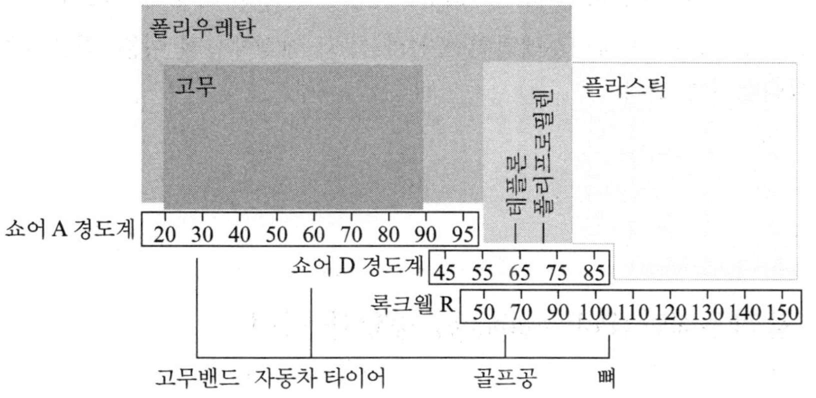

▲ 그림 13.1 폴리우레탄의 경도 물성 범위

이와 같은 물성의 특성으로 인하여 폴리우레탄의 용도는 매우 다양하다. 예를 들면 도료, 피복제, 접착제, 탄성체, 흡음재, 단열재, 섬유, 신발, 냉장고, 자동차 등에 널리 사용되고 있다. 실제로 아래 [그림 13.2]는 폴리우레탄의 탄성과 내마모성을 이용하여 파이프라인 내부 클리닝 및 유체를 이송하는데 사용하는 피그(Pig) 발포체를 나타낸다. 이들 제품들은 용도에 따라 서로 다른 경도(Hardness)와 다양한 형태를 취하고 있다.

▲ 그림 13.2 폴리우레탄 발포 피그 제품

위에서 언급한 것처럼 우리 생활에서 중요한 폴리우레탄은 가정, 전체 산업 그리고 여가생활 등 거의 모든 분야에서 사용되고 있다. 그러나 대부분의 사람들은 폴리우레탄 (Polyurethane)이 무엇인지 그리고 그것이 어떻게 만들어지는지 잘 모르고 있다. 그래서 폴리우레탄의 중합과 특성, 탄성중합체 이론, 적용기술에 대하여 알아보기로 하자.

01 폴리우레탄 (Polyurethane) 중합과 특성

폴리우레탄은 비중 0.006～1.220 g/cm^{3}의 범위에서 고경도 플라스틱에서 아주 유연한 발포 (Foam)에 이르기까지 아주 다양한 제품으로 생산할 수 있다. [그림 13.3]은 폴리우레탄의 경도물성과 비중에 따른 다양한 제품의 적용을 나타내고 있다.

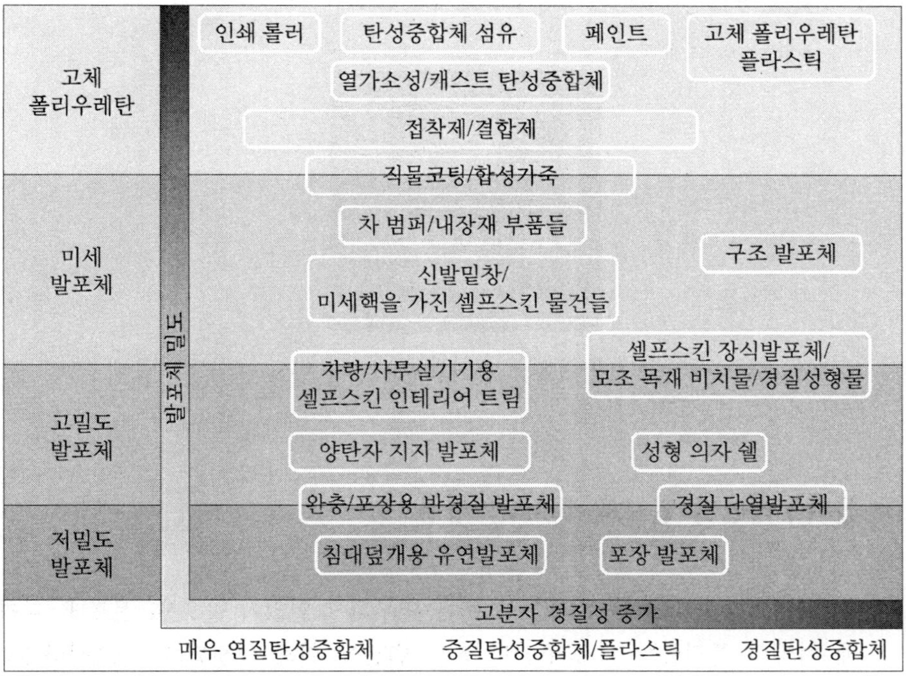

▲ **그림 13.3 폴리우레탄의 다양한 적용 제품**

폴리우레탄 반응물질은 또 다른 중요한 성질을 가지고 있는데 그것은 바로 강력한 접착제라는 것이다. 이러한 성질을 이용하여 간단히 강력한 복합물질이나 코팅제 또는 포장재를 생산할 수 있다. 따라서 발포물(Foams), 탄성체(Elastomers), 코팅제(Coatings), 접착제(Adhesives) 등 다양한 형태의 제품들이 있다. 폴리우레탄(Polyurethane)이라고 알려져 있는 것들은 액상의 이소시아네이트(Isocyanate)와 폴리올(Polyol)의 화학반응에 의하여 생성된 고분자이다. 즉, 이소시아네이트와 폴리올은 양끝에 기능기(Functional Group)를 갖고 있는 긴 사슬형태의 분자구조를 갖는다. 이소시아네이트의 기능기는 $-N=C=O$이고 폴리올의 기능기는 $-OH$이다. 폴리우레탄의 가장 큰 장점은 최종 생성물의 물성이 다양하고, 목적물을 만들기 쉽고, 다양한 부분에 사용할 수 있다는 것이다.

$$\underset{\text{이소시아네이트}}{R-NCO} + \underset{\text{하이드록시}}{R'OH} \longrightarrow \underset{\text{우레탄}}{R-NH\overset{O}{\overset{\|}{C}}O-R'}$$

참고 ▌ 폴리우레탄 용도

폴리우레탄은 물성에 따라 가구, 냉장고, 카페트, 바퀴, 자동차 의자 등 다양한 부분에 적용된다. 또한 신발의 중간 밑바닥(Midsole), 구두창(Outsole), 접착제, 가죽이나 합성피혁의 코팅제, 에어

백(Air Bag) 등의 다양한 소재로 사용되기도 한다.

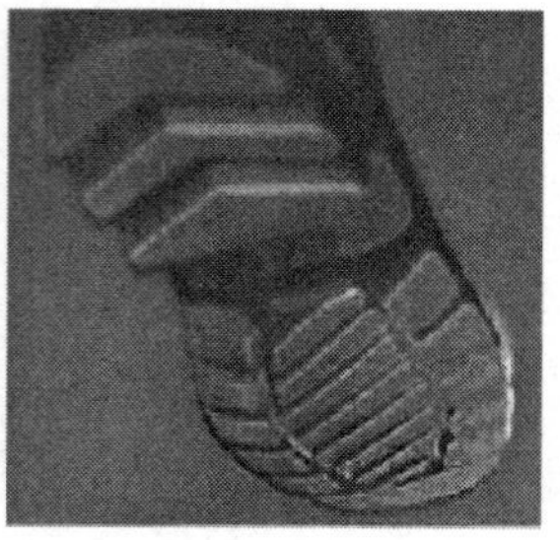

▲ 그림 13.4 폴리우레탄 신발 밑창

1.1 폴리우레탄의 발포체(Foam) 형성

폴리우레탄 발포(주로 우레탄 발포)은 외부의 가열없이 발포제, 정포제, 그리고 촉매 하에서 폴리올과 이소시아네이트의 반응에 의해 생성된다. 이소시아네이트기(−NCO)와 하이드록시기(−OH)의 반응은 주로 3차 아민 또는 유기금속촉매에 의해 반응이 촉진된다. 우레탄 발포 생성의 기본원리는 두 가지 중요한 동시반응에 기초한다. 즉, 촉매 및 정포제의 존재 하에서 폴리우레탄 형성과 기체발생 반응이다. 이를 다음과 같이 나타낼 수 있다.

폴리올 →
발포제 →
촉매 →
정포제 (계면활성제) →
기타 →

+ 이소시아네이트 → 가스생성/폴리우레탄 형성 → 발포체 (Foam)

(1) 우레탄 형성

$$\underset{\text{폴리올}}{HO-R'-OH} + \underset{\text{이소시아네이트}}{OCN-R-NCO} + \underset{\text{폴리올}}{HO-R'-OH} + \underset{\text{이소시아네이트}}{OCN-R-NCO} + \cdots$$

$$\longrightarrow \underset{\text{폴리우레탄}}{O-R'-\overset{\overset{O}{\|}}{C}-O-NH-R-NH-\overset{\overset{O}{\|}}{C}-O-R'-\overset{\overset{O}{\|}}{C}-O-NH-R-NH-\overset{\overset{O}{\|}}{C}}$$

(2) 가스발생 반응 (발포반응)

발포체를 생성하기위해서 폴리우레탄 고분자는 기포 또는 가스의 발생으로 팽창하거나 발포되어야 한다. 일반적으로 가스를 발생시키는 근원으로는 물과 이소시아네이트가 반응하여 발생하는 이산화탄소 (CO_2)이다.

$$n\ \mathrm{OCN{-}R{-}NCO} + n\ \mathrm{H_2O} \longrightarrow \left(\mathrm{R{-}NH{-}CO{-}NH}\right)_n + n\ \mathrm{CO_2}$$

이소시아네이트 물 폴리우레아 이산화탄소

또한 발포시스템에 저비점의 반응하지 않은 액체 (강제 발포제)를 도입하면 우레탄 반응열에 의해 물리적 발포를 시킬 수 있다. 가장 일반적으로 쓰이는 물리 발포제로는 클로로플루오로카본 (CFCs), 메틸렌클로라이드 (MC), 그리고 트리클로로에탄 (TCE) 등이 있다. 발포체 형성시 발열반응으로 인해 이러한 액체들의 증발이 일어나며 기체분자를 형성하여 기포 속으로 유입된다. 이로 인해 발포체의 팽창이 일어난다.

참고 ▍ 발포제 (Blowing Agent)

환경문제로 인한 클로로플루오로카본 (CFCs)의 사용금지로 발포시스템의 많은 변화가 생겼다. 즉 100% 수 (물) 발포시스템에 대한 상당한 연구들이 이루어지고 있다. 일반적으로 경질우레탄 발포체의 발포제 (Blowing Agent) 종류는 다음과 같다.

(a) CFCs (Chlorofluorocarbons, **프레온가스**, **염화플루오린화탄소**)

완전 할로겐화 클로로플루오로카본은 탄소, 불소 및 염소가 포함되어 있다. 이러한 발포제는 오존파괴 잠재력 (ODP, Ozone Depletion Potential)을 지니고 있어 이들 제품의 생산은 선진국에서는 대부분 단계적으로 폐지되었다.

(b) HCFC-141b (Hydro-Chloro-Fluoro-Carbon 141b, **수소화염화플루오린화탄소**)

CFC 발포제에서 HFC로 전환되는 동안 선택의 발포제로 1,1-Dichloro-1-Fluoroethane (HCFC-141b)을 사용하고 이 발포제는 CFC-11과 유사한 절연 특성이 있다. HCFC-141b는 몬트리올 의정서에서 오존층 파괴 물질로 분류되어 단계적으로 폐지되고 있다. HCFC는 대류권에서 분해되기 쉬우나 CFC의 10% 정도에 해당하는 염소성분을 가지고 있어 낮으나마 오존층 파괴 잠재력을 가지고 있다.

▼ **표 13.1 프레온가스(CFCs) 종류**

계통명	일반명	화학식
Trichlorofluoromethane	Freon-11, R-11, CFC-11	CCl_3F
Dichlorodifluoromethane	Freon-12, R-12, CFC-12	CCl_2F_2
Difluoromethane/pentafluoroethane	R-410A, Puron, AZ-20	50% CH_2F_2/ 50% CHF_2CF_3
Chlorotrifluoromethane	Freon-13, R-13, CFC-13	$CClF_3$
Chlorodifluoromethane	R-22, HCFC-22	$CHClF_2$
Dichlorofluoromethane	R-21, HCFC-21	$CHCl_2F$
Chlorofluoromethane	Freon 31, R-31, HCFC-31	CH_2ClF
Bromochlorodifluoromethane	BCF, Halon1211, H-1211, Freon 12B1	$CBrClF_2$
1,1,2-Trichloro-1,2,2-trifluoroethane	Freon 113, R-113, CFC-113, 1,1,2-Trichlorotrifluoroethane	$Cl_2FC\text{-}CClF_2$
1,1,1-Trichloro-2,2,2-trifluoroethane	Freon 113a, R-113a, CFC-113a	$Cl_3C\text{-}CF_3$
1,2-Dichloro-1,1,2,2-tetrafluoroethane	Freon 114, R-114, CFC-114, Dichlorotetrafluoroethane	$ClF_2C\text{-}CClF_2$
1-Chloro-1,1,2,2,2-pentafluoroethane	Freon 115, R-115, CFC-115, Chloropentafluoroethane	$ClF_2C\text{-}CF_3$
2-Chloro-1,1,1,2-tetrafluoroethane	R-124, HCFC-124	$CHFClCF_3$
Tetrachloro-1,2-difluoroethane	Freon 112, R-112, CFC-112	CCl_2FCCl_2F
Tetrachloro-1,1-difluoroethane	Freon 112a, R-112a, CFC-112a	$CClF_2CCl_3$
1,1,2-Trichlorotrifluoroethane	Freon 113, R-113, CFC-113	CCl_2FCClF_2
1-bromo-2-chloro-1,1,2-trifluoroethane	Halon 2311a	$CHClFCBrF_2$
2-bromo-2-chloro-1,1,1-trifluoroethane	Halon 2311	$CF_3CHBrCl$
1,1-Dichloro-2,2,3,3,3-pentafluoropropane	R-225ca, HCFC-225ca	$CF_3CF_2CHCl_2$
1,3-Dichloro-1,2,2,3,3-pentafluoropropane	R-225cb, HCFC-225cb	$CClF_2CF_2CHClF$

(c) HFCs (Hydro Fluoro Carbon, **플루오로화탄소**)

HFC는 불소와 수소를 포함하고 있으며 염소나 브롬은 포함하고 있지 않다. 즉 완전한 불소화 및 하이드로플루오로 제품으로 성층권의 오존을 파괴하지 않으며 생산제품은 몬트리올 의정서에서 금지되어 있지 않다. CFC와는 대조적으로 이 새로운 플루오로카본은 전형적으로 제로 오존파괴 잠재력을 가지고 있지만 여전히 탄화수소에 비해 상당히 높은 지구온난화 잠재력(GWP, Global Warming Potential)을 가지고 있다.

(d) **펜탄** (Pentane)

제로 오존파괴 잠재력을 고려하고 무시할 만한 지구온난화 잠재력을 가진 펜탄 이성질체와 같은 탄화수소들은 적합한 비점 범위에서 더 환경 친화적인 발포제로 선택되었다. 펜탄의 대기 수명은 며칠로 HFC의 몇 년보다 훨씬 짧다.

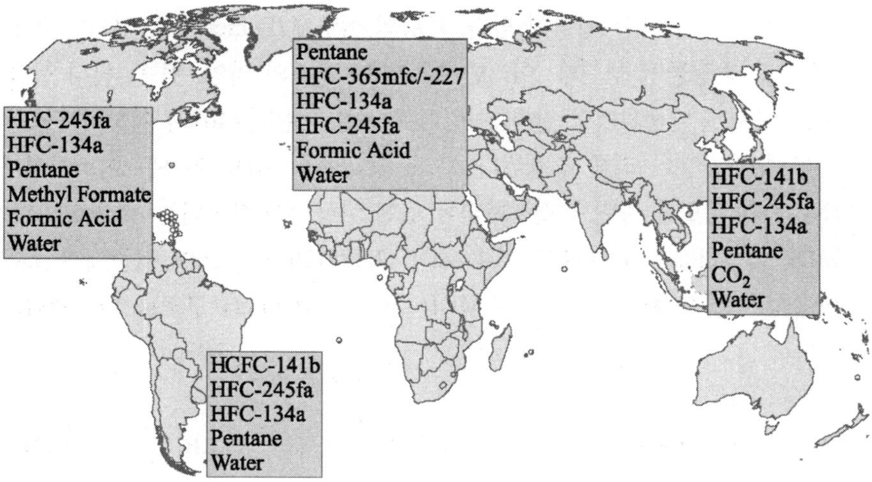

▲ 그림 13.5 대륙별 사용 발포제 종류

1.2 프리폴리머 합성공정과 이량체

(1) 프리폴리머 (Prepolymer)

$$n\ \mathrm{NCO-R-NCO} \quad + \quad \mathrm{HO-R_1-OH}$$

($n \geq 2$) 폴리에테르 (혹은 폴리에스터) 폴리올

만약 $n = 2$이면 프리폴리머 (Prepolymer), $n > 2$이면 준프리폴리머 (Quasi Prepolymer)가 된다.

$$\longrightarrow \mathrm{OCN-R-NH-\overset{\overset{\displaystyle O}{\|}}{C}-O - R_1 - O-\overset{\overset{\displaystyle O}{\|}}{C}-NH-R-NCO}$$

이소시아네이트로 종결된 프리폴리머 (준프리폴리머)

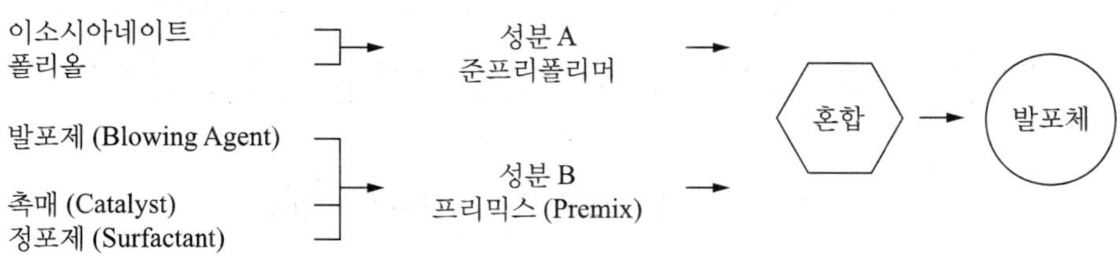

(2) 이량체 (Dimer)

MDI (Methylene Diphenyl Diisocyanate)는 적절한 조건에서 저장되지 않거나 취급되지 않으면 빠르게 변하는 경향이 있다. MDI는 자기들끼리 반응을 일으켜 이량체 (Dimer)가 되는 경향이 있다. 과량의 이량체 (Dimer)가 형성되면 액상이 탁하게 되고 침전물이 생긴다. 이러한 이량체는 기계의 라인, 펌프, 필터 등을 막히게 하여 문제가 발생하기도 한다. 이량체 형성은 녹는점 (40℃) 이상이나 0℃ 이하의 온도에서 가장 느리게 진행된다. 고체 상태에서 MDI 분자는 이소시아네이트기 (NCO)가 정렬을 하면서 결정화되어 쉽게 이량체가 형성되는 경향이 있다. 참고로 MDI 이성체에는 4,4'-MDI, 2,4'-MDI, 2,2'-MDI가 있으며 이중에서 4,4'-MDI가 반응성이 가장 빠르다. 다음은 MDI의 이량체 (Dimer) 구조를 나타낸다.

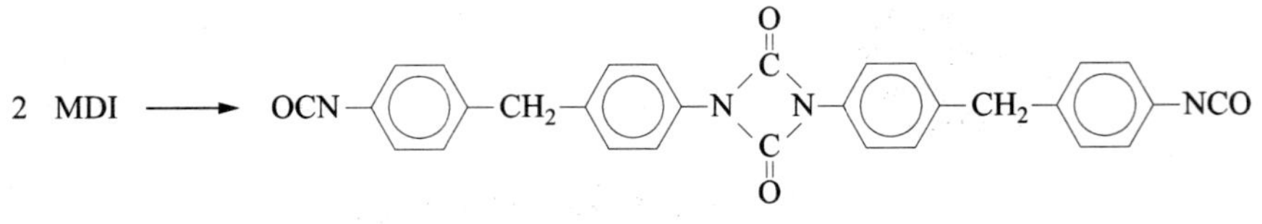

다음 [그림 13.6]은 이소시아네이트 (MDI)의 저장온도에 따른 이량체 (Dimer) 생성 속도를 나타내고 있으며 이량체 형성을 방지하기 위한 적절한 온도는 20℃ 이하의 온도이다.

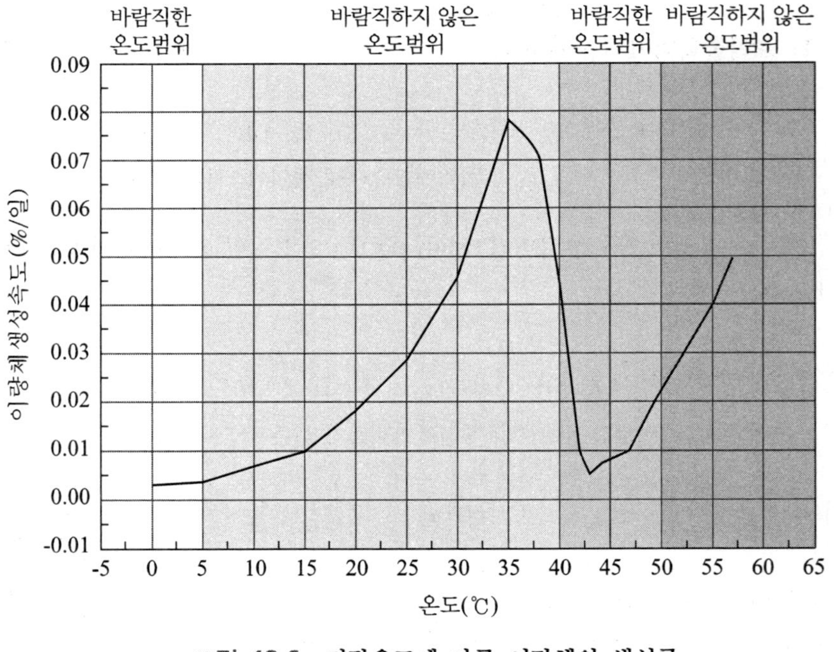

▲ 그림 13.6 저장온도에 따른 이량체의 생성률

1.3 폴리올 혼합물

이소시아네이트의 준프리폴리머 (이소시아네이트 + 폴리올)에 혼합할 폴리올 혼합물, 즉 폴리올에 발포제 (Blowing Agent) + 촉매 (Catalyst) + 정포제 (Surfactant) + 조색제 (Pigment, Dye) + 자외선안정제 (UV Stabilizer) + 항균제 (Antimicrobial)을 말한다.

(1) 폴리올 (Polyol)

폴리올은 하이드록시기 (−OH)를 가지고 있거나 이소시아네이트와 반응하는 반응기를 가지고 있다. 우레탄 발포체 (Foam)에 쓰이는 폴리올은 적어도 2개의 하이드록시기 (−OH)를 가지고 있는 올리고머 (Oligomer) 또는 고분자 (Polymer) 화합물이다. 이러한 폴리올에는 폴리에테르 폴리올 (Polyether Polyol), 폴리에스터 폴리올 (Polyester Polyol), 말단에 하이드록시기를 가지고 있는 폴리올레핀 (Polyolefin) 그리고 하이드록시기를 포함하는 식물성유지 등이 포함된다. 우레탄 발포체에 사용되는 주된 폴리올은 폴리에테르 폴리올이다. 폴리에스터 폴리올은 단지 특정용도에 사용된다.

폴리우레탄 신발 [밑바닥 (Sole)] 시스템에서 폴리에스터계 폴리우레탄은 신발 (밑바닥) 공장에서 가장 일반적으로 쓰이고 있다. 동일한 비중에서 폴리에스터 폴리우레탄시스템은 폴리에테르 폴리우레탄시스템보다 물성이 훨씬 더 양호하다. 즉 폴리에테르 시스템은 폴리에스터 시스템과 동일한 물성을 내기 위해서는 더 비중을 높여야 한다. 그러나 폴리에테르는 폴리에스터보다 내가수분해성이 우수하며 폴리에스터는 가수분해 (Hydrolysis)에 약하다. 그러나 폴리에테르는 쉽게 황변이 되며 백색 작업을 하는 폴리우레탄 신발 밑바닥에 적용 되서는 안된다. 폴리에테르는 주로 골프용 신발 (Golf Shoes), 경 등산화 그리고 수분과 미생물 번식이 많은 곳에 노출되는 깔창 (Sockliner) 등에 적용된다.

참고 ▌ 폴리우레탄 가수분해

이것은 폴리우레탄 발포체 (Foam) 또는 성형물이 수분으로 인하여 그 구조가 파괴되는 현상을 나타내는 말이다. 이 문제는 폴리에스터를 사용하는 폴리우레탄에서 주로 발생한다. 산 (Acid)이 존재할 때 수분은 반응한 발포체 및 성형물의 폴리에스터 결합을 뚫고 들어가서 그 결합을 깨뜨린다.

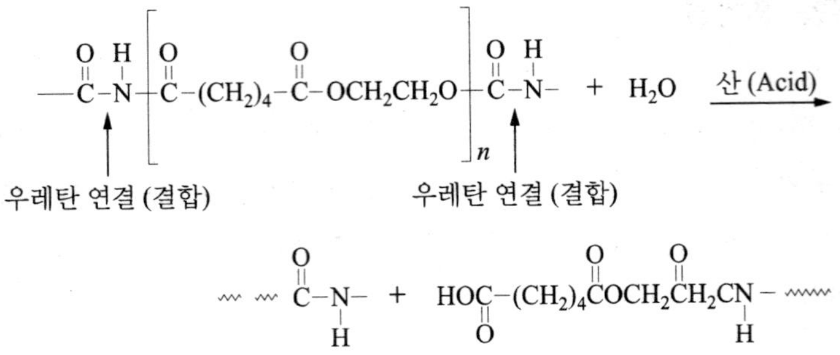

이런 현상은 카르복시기 (－COOH)가 있는 곳에서 발생하며 우레탄 발포체 또는 성형물이 가루가 될 때까지 지속된다. 수분은 폴리우레탄이 노출된 환경에서 유입된다. 이 산은 폴리에스터 생산과정에서 반응하지 않은 미반응 산 (Acid)이고 미생물이 자체 발생시킨 효소들이며 이런 효소들은 산성을 지니고 있고 이런 산들이 결국 가수분해 (Hydrolysis) 촉매로 작용한다.

최대 산가 (Acid Value)는 화합물 취급자가 명시하여 조절한다. 이러한 잔류 산을 반응시켜 없애기 위하여 주로 카르보디이미드 (Carbodiimide, HN＝C＝NH)를 첨가한다. 또한 미생물의 성장을 억제하기 위해 폴리올에 항균제를 첨가할 수도 있다. 결국 이런 첨가제는 소모되어 가수분해 현상은 발생한다. 그러므로 가수분해가 발생하는 속도는 산에 노출된 정도나 항균제를 첨가하는 정도에 따라 다를 수가 있다. 이런 이유로 인해 내가수분해가 요구되는 곳에는 폴리에테르 폴리올을 사용한다. 신발 밑바닥 성형시 스킨 (Skin)이 다소 약하게 성형되면 미생물이나 수분의 침투를 용이하게 하여 가수분해가 더 빨리 진행될 수가 있다. 즉, 가수분해에 의한 영향에 노출된 스킨은 미생물의 침투를 막아 주는 어떤 방호벽의 역할을 잃어버릴 수 있다.

(2) 정포제 (Surfactant)

정포제 (Surfactant)는 폴리우레탄 발포체의 주요한 원료이다. 정포제는 필요한 셀 (Cell) 구조를 얻어내는데 중요한 역할을 한다. 예를 들면 조밀한 셀 (Fine Cell), 닫힌 셀 (Closed Cell), 그리고 열린 셀 (Open Cell) 등이며 이러한 셀의 구조는 폴리우레탄 발포체의 여러 물성에 영향을 미친다. 우레탄 및 연관된 고분자 발포체에 사용되는 정포제는 주로 실리콘 (Silicone) 화합물이 사용되며 이 실리콘 화합물에 따라 각기 다른 특성을 지닌다. 예를 들어 화합물 구조에 따라 유화 (Emulsification), 발포체 안정화 (Foam Stabilization) 그리고 셀 크기를 제어하는 각기의 역할을 가진다.

(3) 촉매 (Catalyst)

실제로 상업적으로 모든 폴리우레탄 발포체는 반응시 그 반응을 제어하는 최소한 하나 이상의 촉매 (Catalyst) 존재 하에 반응이 된다. 지금까지 연구된 모든 종류의 촉매 화합물 중에서 우레탄반응에는 아민 (Amine)류와 유기금속 (Organic Metal)류 촉매가 가장 유효하게 사용되어진다. 사슬 (Chain) 확장반응 (이소시아네이트와 하이드록시기: 우레탄반응)과 발포반응 (이소시아네이트와 수분) 사이의 적절한 반응의 균형을 맞추기 위해 여러 촉매의 조합이 사용되어 질 수 있다. 발포체를 생산하는데 사용되는 촉매의 형태와 양은 매우 중요할 뿐 아니라 발포체 형성 과정 및 생성된 발포체의 물성에 영향을 미친다.

(4) 첨가제처방 (Additives)

특별히 요구되는 물성을 내기 위해 여러 가지 첨가제가 발포체 시스템에 도입된다. 발포체에 사용되는 몇 가지 첨가제는 다음과 같다.

1) 조색제 (Colorant)

많은 우레탄 발포체들이 생산과정에서 어떤 색의 필요성을 가지고 생산될 수 있다. 그 이유는 제품의 품질을 표현하거나 황변된 것을 가리기 위하여 또는 소비자의 기호를 맞추기 위해서이다. 발포체에 색깔을 나타내는 방법은 생산시 염료 (Dye)나 안료 (Pigment)를 섞는 방법이 있다. 전형적인 무기 조색제는 티타늄 다이옥사이드 (Titanium Dioxide), 철 옥사이드 (Iron Oxide), 그리고 크롬 다이옥사이드 (Chromium Dioxide) 등이 있다. 아조/디아조 염료에서 생성된 유기 안료에는 프탈로시아닌 (Phthalocyanine), 디옥사진 (Dioxazine), 그리고 카본블랙 (Carbon Black) 등이 있다.

2) 자외선 안정제 (UV Stabilizer)

방향족 이소시아네이트 (TDI, Toluene Diisocyanate)를 사용하는 모든 폴리우레탄은 햇빛에 노출되면 어떤 부반응이 발생되어 노랗게 변할 수 있다. 이런 황변 (Yellowish) 현상은 표면현상이며 발포체가 적용된 생산물에서 발생하는 현상은 아니다. 하이드록시벤조트리아졸, 징크디부틸티오카바메이트, 2,6-디터셔리부틸카테콜, 하이드록시벤조페논과 같은 UV안정제 그리고 입체장애를 받는 아민은 폴리우레탄의 UV안정성을 증대시키는데 사용되어 왔다.

3) 항균제 (Antimicrobial)

고온다습의 조건하에서 폴리우레탄은 유기생물체에 의해 공격받기 쉽다. 이것이 문제가 될 때에는 유기생물체에 저항성을 가지는 첨가제인 항균제를 생산과정에서 넣어준다.

1.4 폴리우레탄 원액관리

보관 장소는 습기가 없고 건조한 곳을 택하며 햇볕이 직접 닿지 않도록 한다. 창고에서 원료의 1차 보관은 실내온도가 20~25℃인 곳이 적당하고 선입 선출 관리를 해야 한다. 그리고 원료 용해시 열실 내부 온도는 이소시아네이트가 하절기 40~50℃/동절기 70~80℃, 폴리올이 40~50℃로 한다. 하절기 및 폴리올은 원액이 굳지 않기 때문에 보관온도(40~50℃) 에 준하며 동절기의 경우 원액이 굳은 상태이므로 상기온도에서 16시간 정도 유지한다. 또한 이소시아네이트의 경우는 제조일로부터 6개월 이내에 사용해야 한다.

(1) 폴리올(Polyol) 관리

폴리에스터 폴리올은 일반적으로 상온에서 상당한 점도를 가지는 물질이다. 몇 몇 폴리에스터 폴리올은 저온에서 방치될 때 굳어지게 된다. 이를 녹이기 위한 조건은 원액 관리 수칙에 따라야 한다. 녹는 시간은 운송시 또는 저장과정에서 굳게 된 조건에 따른다. 빨리 녹이기 위해서 국부적인 열을 가해서는 안되며 열실의 디자인도 주의해야 한다.

▲ 그림 13.7 원액 열실에서 녹임

▲ 그림 13.8 가열시 원액통 회전

열실 내의 위치에 따라 어떤 위치는 급속히 녹일 수 있고 다른 위치는 녹일 수 없을 수도 있다. 최적의 가열은 열을 가하는 동안에 원액통을 회전시킬 수 있는 롤러의 설치로 원형의 원액드럼을 회전시키면서 가열하는 것이다.

가열과 녹이는 과정이 완료된 후에 촉매(Catalyst), 글리콜(Glycol, Hardner), 그리고 안료(Pigment) 첨가제는 정확한 원액 양을 교반하는 중에 첨가한다. 교반은 소용돌이를 내면서 3~4분 정도 충분히 행해져야 한다. 너무 세게 교반하는 경우에 원액에 거품이 생기면서 대기 중의 수분이 유입될 수 있으므로 주의해야 한다. 이송량, 온도 등이 조절 가능한 기계의 원액 탱크에 첨가제가 혼합된 폴리에스터 폴리올을 투입한다. 이 탱크는 어떠한 작동/교정 온도에 의해서 폴리올을 안정시키게 된다.

일반적으로 폴리우레탄 신발밑창(Sole)을 생산하기 위한 기계들은 2 세트의 탱크를 가지는 것이 좋다. 폴리올용으로 2개(보조탱크, 작업탱크), 프리폴리머용 2개, 만일 2개의 탱크를 이용할 수 없다면 이소시아네이트와 폴리올의 교정이 더 빨리 수행될 때 각각의 원액은 원액온도의 ±2℃ 내에서 작업하는 것이 최적이다.

(2) 이소시아네이트(프리폴리머) 관리

이소시아네이트(프리폴리머)는 상온에서 굳을 수 있는 경향이 폴리올보다 상당히 크다. 폴리올에 대해서 가졌던 것과 같은 염려가 프리폴리머에도 적용된다. 프리폴리머는 지나친 가열에 대해서 더 주의해야 한다. 왜냐하면 지나친 가열시 프리폴리머는 이량화(Dimer)되거나 탁한 색으로 변하기 때문이다. 가열하기 전에 녹이는 시간을 결정하기 위해서 얼어 있는 정도를 체크해야하며 특히 열실에 롤러를 이용할 수 없을 경우에 더 그러하다. 녹임/가열이 완결되었을 때 프리폴리머는 아직 녹지 않은 고상의 침전물이 있는지 시각적으로 체크해야 한다. 이것을 확인하지 않고 원액을 탱크에 투입하면 여러 가지 문제점이 발생할 수 있으니 주의해야 한다. 확인 방법은 스테인레스 막대를 원액 통에 바닥까지 담궈 몇 번 긁은 후 신속히 막대를 뺀 후 잔류 물질이 남아 있는지 확인한다. 아직 잔류물(정상적인 잔류물은 왁스 상태임)이 남아 있다면 원액을 더 가열하기 위해서 열실에 다시 넣는다. 이때 주의할 점은 원액통을 봉할 때 확실히 밀봉을 해야 한다. 열실에 다시 넣을 때는 원액통을 뒤집어 넣는 것이 더 효율적일 수 있다. 열에 녹지 않은 굳은 침전물(또는 미세한 입자)이 있거나 색이 탁한 원액은 변질의 가능성이 높으므로 투입하지 않는다. 이것은 필터를 막히게 하고 라인의 순환 압력의 변동으로 인한 배합비 변화와 초류가 맞지 않는 문제를 발생시킨다. 만일 작업자가 이것을 투입했다면 탱크, 필터, 순환라인을 깨끗이 정비하여야 한다. 필터에 걸리지 않는 작은 입자는 오리피스에 걸려서 토출 압력의 문제를 야기할 수 있다.

이소시아네이트(프리폴리머)를 투입할 때에는 다시 한번 온도가 40~50℃에서 저장되도록 주의해야 한다. 대부분의 작업온도는 35~50℃ 사이에서 설정되는 것이 바람직하다.

1.5 컵 (Cup)테스트/초류배합비 (Lead Lag)/금형 (Mold)온도

발포체 작업에 들어가기 전에 다음과 같은 내용의 컵 테스트를 실시하여 배합비 상태 및 원액이 정상적인 상태인지를 확인한다.

(1) 크림 타임 (Cream Time)

컵의 밑바닥에 있는 폴리우레탄 액이 갑자기 불투명 또는 흰색이 되기 시작하는 시간으로 규정보다 너무 빠르거나 느리면 촉매 투입량 및 원액 온도를 점검한다.

(2) 라이즈 타임 (Rise Time)

발포체 (Foam)가 최대 팽창되는 시점까지 다다르는데 걸리는 시간을 말한다.

▲ 그림 13.9 컵 테스트

(3) 태크 타임 (Tack Time)

발포체의 표면이 손으로 살짝 만져서 끈적거리지 않을 때까지 걸리는 시간으로 지나치게 느린 경우가 문제가 될 수 있으며 이 경우 배합비 조정, 원액온도, 초류배합비 (Lead Lag) 등을 점검한다.

(4) 풀 타임 (Full Time)

발포체로부터 쉽게 떨어지지 않는 충분한 경화 (Curing) 상태에 도달하는데 걸리는 시간으로 태크 타임과 동일하다.

(5) 프리라이즈 밀도 (Free Rise Density, g/cc)

사전에 무게가 측정된 컵이 얼마동안 경화되게 한 후 컵의 상단부분과 왕관

(Crown) 부분을 일정하게 잘라내고 컵은 다시 측정하여 부피를 무게로 나눔으로서 자유 발포 비중 값을 구한다. 규정보다 낮으면 수분 유입 및 지나친 이소시아네이트(프리폴리머) 과다로 볼 수 있으며, 규정보다 높은 경우 폴리올 과다(Rich) 및 원액 온도상승 등을 의심 할 수 있다.

① 컵 발포물의 중간을 절단하여 기포와 초류배합비(Lead Lag) 상태 등을 점검한다.
② 절단한 컵 발포물은 기계에서 가까운 곳에 작업 종료시까지 보관하여 혹시 일어날 수 있는 수축을 점검한다.
③ 계속적으로 정상적인 상태가 되지 않을 경우 기계상태 점검부터 다시 실시한다.

▲ 그림 13.10 혼합액 컵으로 받음

(6) 초류배합비(Lead Lag)

프리폴리머(Prepolymer 혹은 이소시아네이트)와 폴리올(Polyol)이 동시에 혼합조(Mixing Chamber)에 도달하지 않아 부분적인 배합비 문제가 발생하는 현상이다. 이것은 기계가 순환되다가 토출할 때 갑자기 압력이 강하하거나 압력이 흔들릴 때 폴리올과 프리폴리머의 라인 압력차이 등이 나타날 때 발생한다.

① 2 성분의 점도 차이로 인해 오리피스 사이즈(Orifice Size)와 호스사이즈(Hose Size)가 맞지 않는 경우
② 기계헤드 부분 및 원액호스, 스트레이너 등에 원액흐름을 가로 막는 찌꺼기 등이 있는 경우
③ 혼합조 조립 상태가 불량한 경우

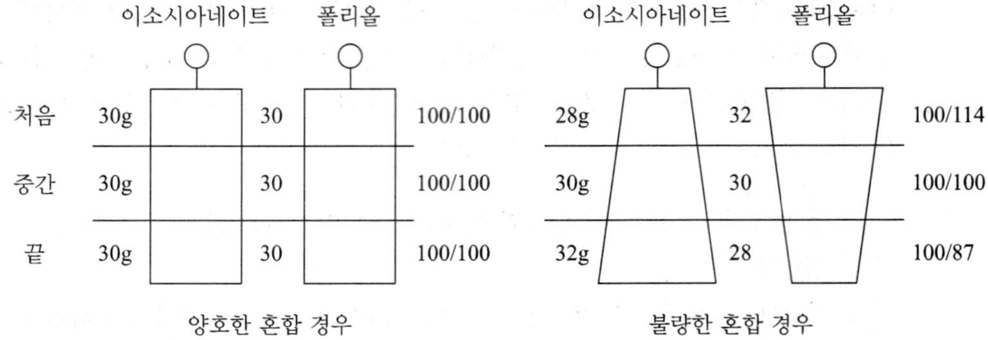

▲ 그림 13.11　최적의 배합비

(7) 금형온도 (Mold Temperature)

기계를 움직이기 시작한 시점부터 한 시간 후까지 특별한 주의를 기울린다 (보통 시작시에는 냉각되어 있고 그 후 과열될 수 있다). 너무 차가운 금형 (Mold)은 이중표피 (Double Skin)를 야기 시키고 결점 모양을 남긴다. 반면에 너무 뜨거운 금형은 크림/겔 (Gel) 타임을 단축시켜 외관과 기포에 영향을 준다. 또한 뜨거운 금형은 적당한 스킨 장벽의 형성을 방해하여 수분흡수와 가수분해를 증가시키며 물성의 변화를 일으킨다. 따라서 대부분의 금형온도는 45～65℃ 이내로 유지되어야 한다.

참고 ▌ 폴리우레탄 피그 제품 발포 성형 설비

(a) 발포 원액 혼합기　　(b) 금형　　(c) 발포 제품 (피그)

▲ 그림 13.12　발포설비 및 제품

02 폴리우레탄 (Polyurethane) 탄성중합체 이론

앞서 언급한 것처럼 폴리우레탄은 이소시아네이트와 폴리올의 중합반응으로 주 사슬이 우레탄결합을 반복적으로 갖는 고분자를 말한다.

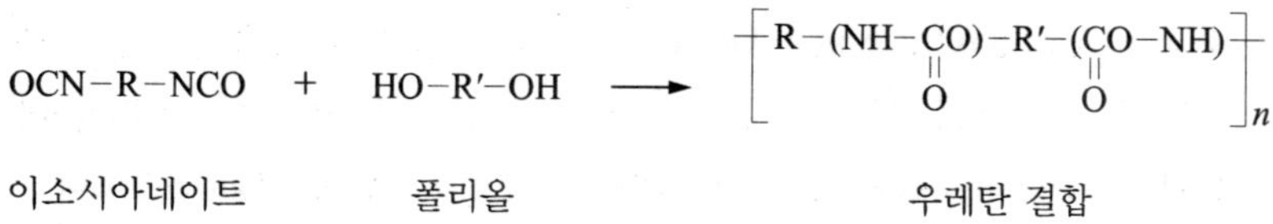

2.1 폴리우레탄 구성

연질부의 폴리올, 경질부의 이소시아네이트, 그리고 경질부 경화 (Curative)로 구성되어 있다. 즉 폴리우레탄 탄성중합체 (Elastomer)의 물성은 경질부 (Hard Segment)와 연질부 (Soft Segment)의 결합 (결정화)에 의해 결정된다.

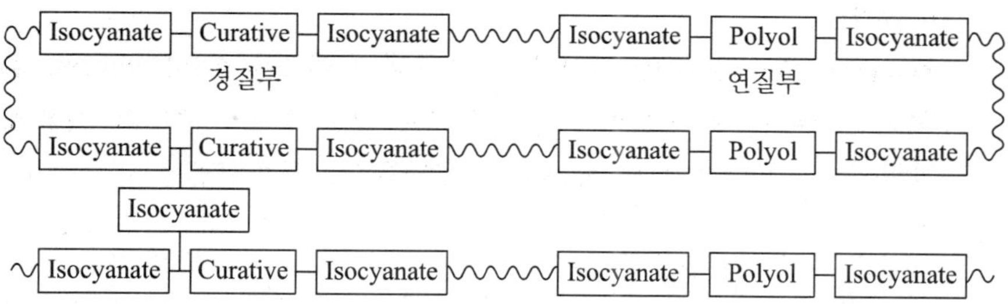

(1) 폴리올 폴리에스터계 (Ester, Lactone)와 폴리에테르계 (PTMG, PPG, PEG)가 있다. 주요 폴리올의 화학구조식은 다음과 같다.

① PEG (Polyethylene Glycol)

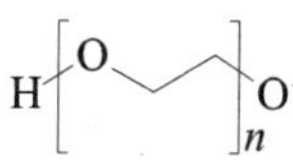

$C_{2n}H_{4n+2}O_{n+1}$, $H-(O-CH_2-CH_2)_n-OH$

② PPG (Polypropylene Glycol)

프로필렌옥사이드 (Propylene Oxide)의 개환중합 (Ring Opening Polymerization)에 의해서 만들어진다.

③ PTMG (Polytetramethylene Glycol)

다른 이름으로 Poly (Tetramethylene Ether) Glycol, Polytetrahydrofuran, Poly (Tetramethylene Oxide)라 부르기도 한다.

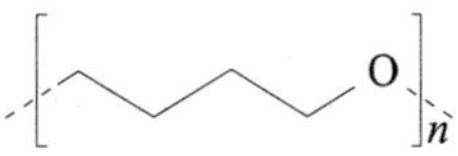

$(C_4H_8O)_n$, $(C_4H_8O)_nOH_2$ or $HO-((CH_2)_4O)_n-H$

④ Lactone (락톤)

Hydroxycarboxylic Acids (HCA)의 Cyclic Esters로 다음과 같은 것이 있으며 좌로부터 α-아세토락톤 (α-Acetolactone), β-프라피오락톤 (β-Propiolactone), γ-부티로락톤 (γ-Butyrolactone), δ-발레로락톤 (δ-Valerolactone)이다.

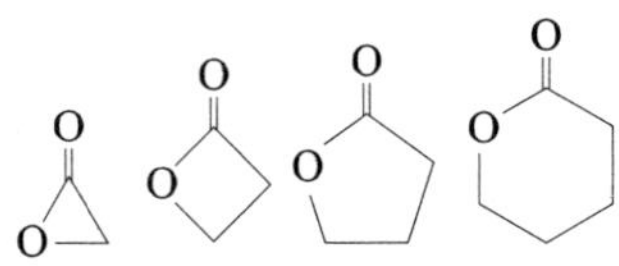

(2) 이소시아네이트 MDI (Methylene Diphenyl Diisocyanate), TDI (Toluene Diisocyanate), HDI (Hexamethylene Diisocyanate), PPDI, IPDI, NDI 등이 있다.

① MDI

Aromatic Diisocyanate 이성체로 그 중에서 다음은 4,4'-Methylene Diphenyl Diisocyanate를 나타내며 이는 빠른 반응성을 가진다. 그 외 이성체로 2,4'-Methylene Diphenyl Diisocyanate, 2,2'-MDI가 존재한다.

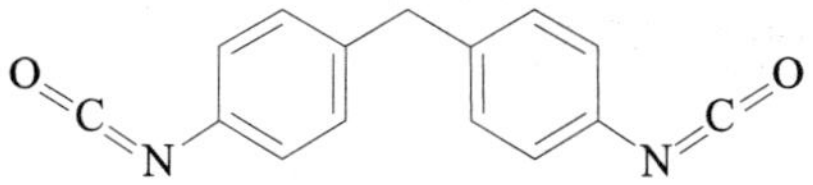

$C_{15}H_{10}N_2O_2$

② TDI

6개의 이성체 (Isomer)가 가능하고 그 중에서 다음은 Toluene-2,4-Diisocyanate (2,4-TDI)를 나타낸다.

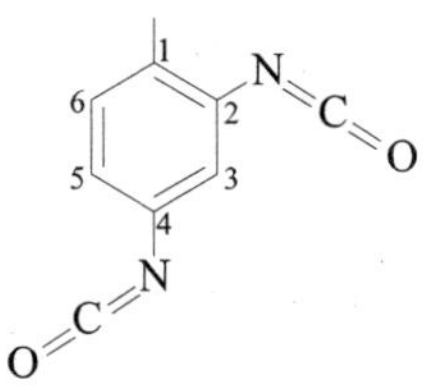

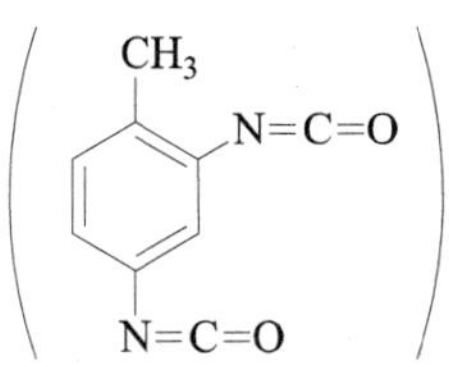

$CH_3C_6H_3(NCO)_2$, $C_9H_6N_2O_2$

(3) 경화제 (Curing Agent) 경화제로 아래와 같은 MOCA 혹은 MBOCA (4,4'-Methylene-Bis-2-Chloroaniline)가 있으며 이는 방향족아민으로 구조적으로 벤지딘 (Benzidine)과 유사하다. 그리고 발암물질 (Carcinogen)로 사용이 매우 제한적이다.

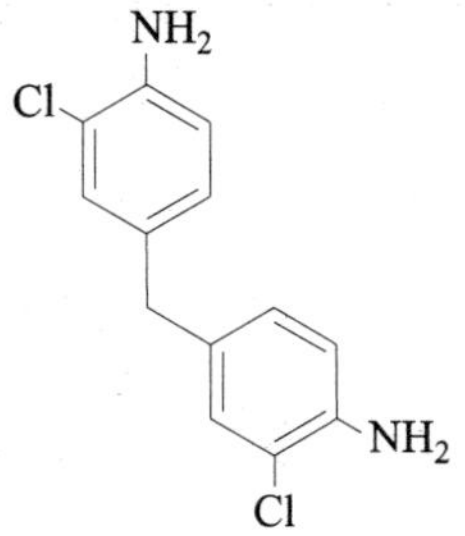

$C_{13}H_{12}Cl_2N_2$ cf

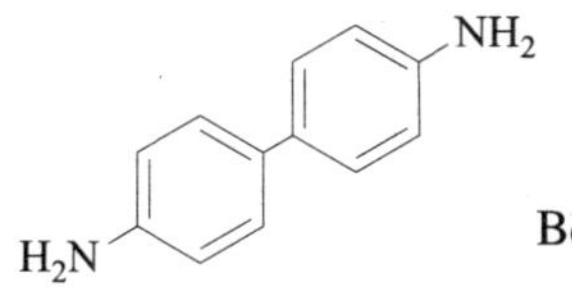

Benzidine

2.2 폴리우레탄 특징 및 용도

폴리우레탄 탄성체의 특징은 (1) 내마모성이 우수하다 (2) 우수한 탄성 특성을 가진다 (3) 인장, 인열, 압축강도가 우수하다 (4) 내 화학성, 내 유성, 내 오존성이 우수하다 (5) 내한성이 우수하다 (6) 충격강도가 우수하다 (7) 진동흡수가 우수하다 (8) 다양한 가공성으로 사용이 편리하다.

폴리우레탄 용도는 [표 13.2]와 같이 도료/피복제, 접착제, 탄성체, 연질/반경질/경질제품, 섬유 등으로 매우 다양하다.

▼ **표 13.2** 폴리우레탄 용도 및 적용 예

사용용도	적용 예
도료/피복제	각종 도장품, 합성피혁 (가방, 장갑, 혁대, 구기볼), 전선 및 케이블 등
접착제	식품포장용 필름, 섬유/금속/고무/플라스틱의 접착 등
탄성체 (Elastomer)	각종 산업용 롤 및 휠, 컨베이어벨트, 육상트랙, 부싱용
연질/반경질품	각종 신발창, 자동차 부품 (시트, 범퍼, 계기판, 핸들 등), 매트리스, 응접세트, 의자용 쿠션, 흡음제 등
경질품	냉장고 및 냉동컨테이너의 단열, 건축 및 배관의 단열, 볼링공 및 스키 등의 내부 충진제 등
섬유 (Spandex)	스타킹, 거들, 브레지어, 수영복, 양말, 스포츠 의류, 텐트, 방한방진복 등

폴리우레탄 탄성체의 형태에 따른 물성 비교는 [표 13.3]과 같다.

▼ 표 13.3 폴리우레탄 형태에 따른 물성 비교

형태 / 물성	폴리에스터		폴리에테르	
	에스터	락톤	PTMG	PPG
강도	◎	◎	○	△
가수분해	△	○	◎	◎
내유성	◎	◎	△	△
내한성	○	○	◎	△
탄성	○	○	◎	△

◎ 매우 뛰어남 ○ 우수함 △ 보통

2.3 MOCA 경화 시스템(MOCA Cure System)

MOCA (4,4'-Methylene-Bis-2-Chloroaniline)를 경화제(Curing Agent)로 사용하는 시스템으로서 작업성 및 가공성이 우수하며 내열성, 내마모성 및 기계적 물성이 우수하여 각종 롤(Roll), 휠(Wheel) 및 산업부품용으로 적합한 시스템이다.

(1) MOCA 형태 시스템

TDI (Toluene Diisocyanate)에 PTMG, PPG, 에스터 폴리올의 시스템에서 이소시아네이트기(NCO) 함량별 물성은 다음 [표 13.4]와 같다.

(2) 배합비 계산법

이소시아네이트 TDI 100g에 대한 경화제 MOCA 투입량의 계산식은 다음과 같다.

$$\text{MOCA투입량} = \text{NCO\%} \times 3.18 \times \text{Index}$$

Index란 MOCA와 프리폴리머(이소시아네이트액)의 당량비(NH_2/NCO)를 말하며 0.85～0.95 사이에서 작업한다.

▼ 표 13.4 폴리우레탄시스템의 이소시아네이트기 (NCO) 함량별 물성비교

	NCO함량 (%)	점도cps @80℃	가용시간 (min)	경도쇼어 A	인장강도 (kg_f/cm^2)	신율 (%)	인열강도 (kg_f/cm)	적용예
TDI/PTMG	3.0～3.3	1,500	18	82	330	500	85	캐스터롤 (Roll) 부싱
	4.5～4.8	800	10.5	90	450	420	110	
	6.4～8.7	500	4.5	95	500	370	150	
	7.8～8.2	2,000	3.5	68	470	200	130	
TDI/PPG	3.1～3.5	450	18	73	100	400	40	
	3.2～3.5	700	18	80	200	400	55	
	5.4～5.7	400	7.5	90	300	450	80	
	5.2～5.6	500	5	92	300	400	85	
	5.9～6.2	400	4	95	300	400	100	
TDI/Ester	4.9～5.3	2,000	5	90	520	500	100	
	5.4～5.8	1,900	3.5	92	500	480	110	

(3) MOCA경화시스템 가공 공정도

일반적으로 MOCA 경화시스템의 가공 공정도는 다음과 같다.

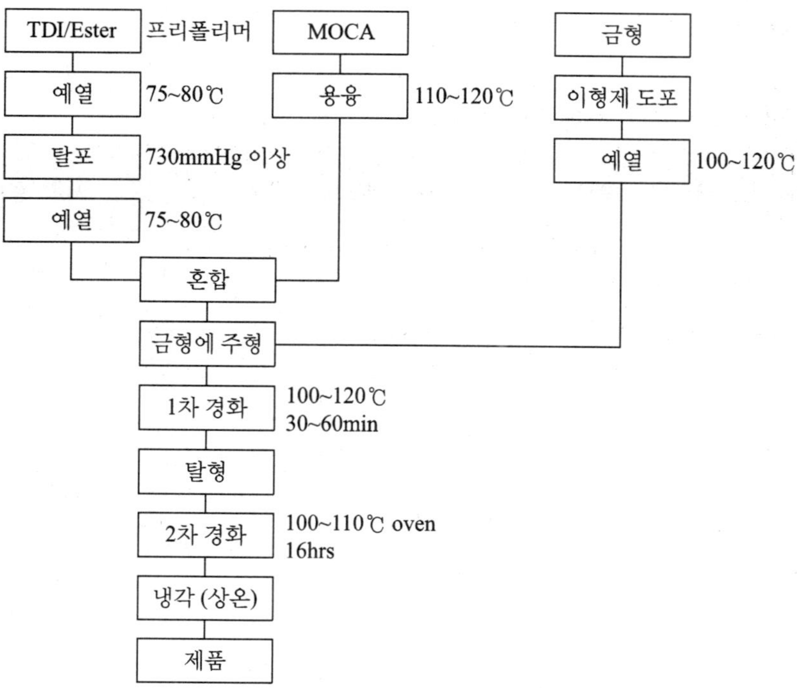

▲ 그림 13.13 폴리우레탄 가공 공정도

(4) Non-MOCA 경화 시스템

MDI 베이스의 열경화성수지로서 상온 경화용으로 숙성조건이 필요 없어 대량 생산에 적합하며 저경도(35 Shore F)부터 고경도(80 Shore F)까지 다양한 경도의 제품이 가능하다. [표 13.5]는 원액 종류별 물성을 나타낸다.

▼ 표 13.5 폴리우레탄 Non-MOCA 경화시스템의 제품 물성

제품명	외관	경도 (A)	인장강도 (kg_f/cm^2)	신율 (%)	인열강도 (kg_f/cm)	적용 예
A	투명	30 (Shore C)	15	800	8	신발안창
B	투명	60 (Shore C)	70	1,000	15	신발/악세서리
C	불투명	90	450	450	90	캐슬러 휠
D	투명	80	250	450	60	인라인스케이트
E	불투명	85	300	500	70	인라인스케이트

2.4 수지 형태별 비교

MOCA, Non-MOCA, 사출의 3가지 형태 수지가 있으며 이들을 비교하면 [표 13.6]과 같다.

▼ 표 13.6 폴리우레탄 3가지 형태의 물성 비교

구분 / 항목	MOCA 형태		Non-MOCA 형태		사출 형태
성상	2액형	주제: TDI 경화제: MOCA	2액형	주제: MDI 경화제: 폴리올	조각, 펠릿 형태
경화조건	100~110℃에서 16hrs 이상		상온경화		없음
기계적 물성	◎		◎		◎
생산성	△		○		◎
접착성	◎		◎		△
작업방식	수작업, 기계작업		기계작업		기계작업

◎ 매우 뛰어남 ○ 우수함 △ 보통

03 폴리우레탄 (Polyurethane) 적용기술과 제품

비중 0.006～1.220 g/cm^{3}의 범위에서 고경도 플라스틱에서 유연한 발포체에 이르기까지 아주 다양한 종류의 제품 생산이 가능하다. 최종 생성물은 물성에 따라 가구, 냉장고, 카페트, 바퀴, 자동차 의자 등 여러 가지 부품에 적용된다. 또한 발포체 중창 (Midsole), 구두창 (Outsole), 접착제, 가죽이나 합성피혁의 코팅제, 에어백 (Air Bag) 성형품 등의 다양한 소재로 사용한다. 특히 신발창 용도로 폴리우레탄의 장점은 피로도를 감소하여 여러 물리적인 활동으로부터 신체적인 부담을 감소시켜 준다. 경도는 20～80 (Shore C)의 범위로 다양하게 생산 가능하고 화학적인 성분을 조절함으로서 여러 가지 사용 용도에 적합한 물리적 성질의 제공이 가능하다. 그리고 하나의 처방으로 여러 가지 다양한 성형물이 가능할 뿐 아니라 탈형 시간을 단축함으로서 (4～8min) 경쟁력 있는 생산력으로 가격절감 효과가 있다.

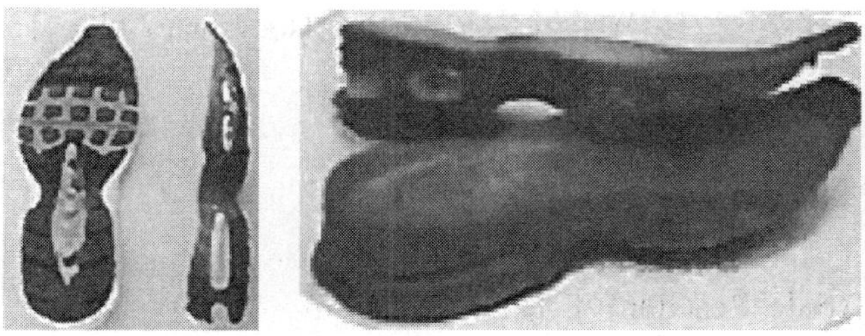

신발창 (Shoe Sole)

자동차 시트 (Car Seat)

▲ 그림 13.14 폴리우레탄 적용 예

3.1 폴리우레탄 반응

앞서 여러 번 언급한 것처럼 다량의 우레탄 결합을 하고 있는 고분자 물질을 말한다. 즉, 이소시아네이트 (Isocyanate) + 폴리올 (Polyol) = 폴리우레탄 (Polyurethane)으로 이 우레탄결합의 조합을 말한다.

$$\underset{\text{이소시아네이트}}{R-NCO} + \underset{\text{폴리올}}{R'OH} \longrightarrow \underset{\text{우레탄}}{R-NH\overset{\overset{O}{\parallel}}{C}O-R'}$$

디이소시아네이트 혹은 프리폴리머에 폴리올 혼합물을 섞어 발포성형물을 생성하게 한다.

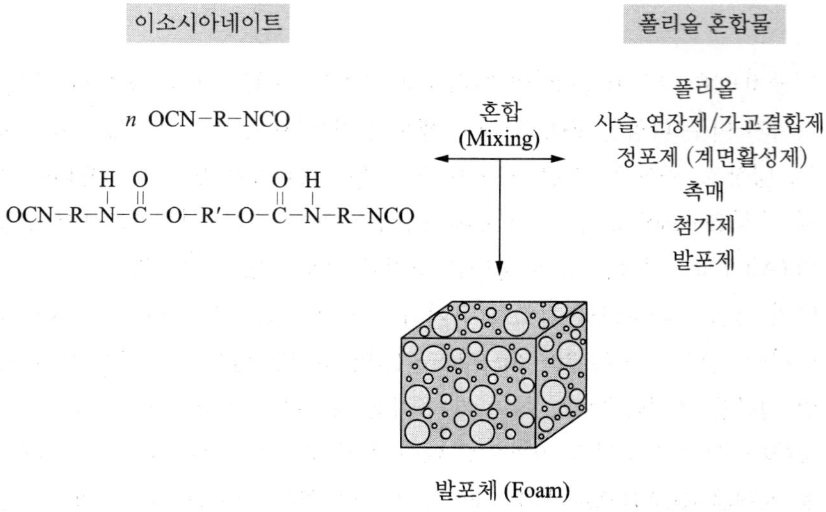

▲ 그림 13.15 폴리우레탄 반응 혼합도

가스 (CO_2)가 발생하는 발포반응은 물 (H_2O)과 이소시아네이트 (Isocyanate) 반응이다.

$$R-NCO+H_2O \rightarrow RNH_2+CO_2 \text{ 가스}\uparrow$$

그리고 다음과 같은 부반응 (Side Reaction)이 일어난다.

(1) 폴리우레아 반응 (Polyurea Reaction)

이소시아네이트 (지방족, 방향족)와 아민 (지방족, 방향족)이 반응하여 폴리우레아가 생성된다.

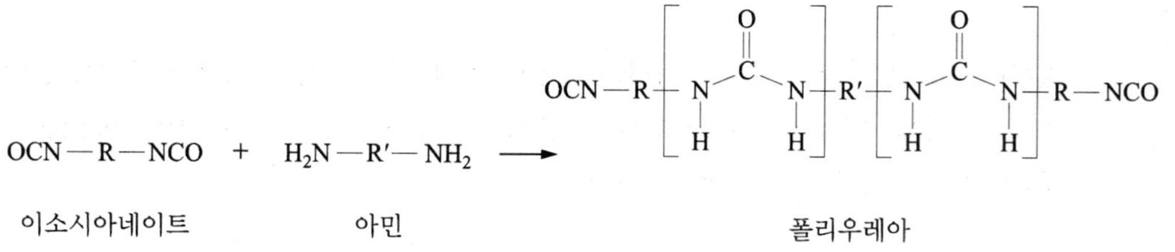

(2) 뷰렛반응/알로파네이트 반응

우레아 (Urea)와 이소시아네이트 (Isocyanate)가 반응하여 뷰렛 (Biuret) 혹은 알로파네이트 (Allophanate)를 생성한다.

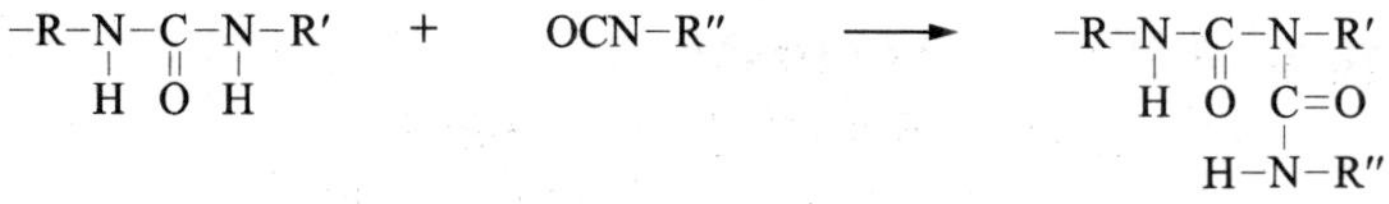

우레아 이소시아네이트 뷰렛

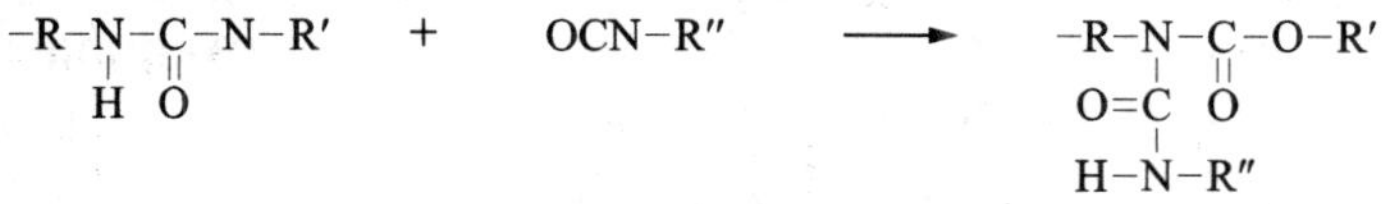

우레탄 이소시아네이트 알로파네이트

(3) 우레티딘디온 반응

방향족 이소시아네이트 2량체가 반응하여 우레티딘디온 (Uretidinedion) 이량체가 생성된다.

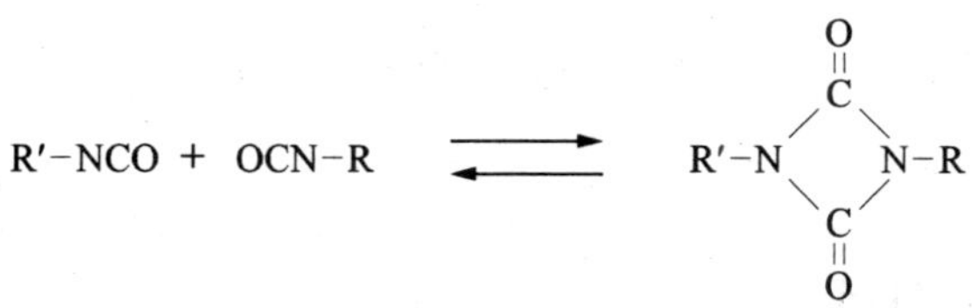

방향족 이소시아네이트 우레티딘디온 (이량체)

(4) 이소시아누레이트반응

이소시아네이트 3량체가 반응하여 이소시아누레이트 (Isocyanurate)를 생성한다.

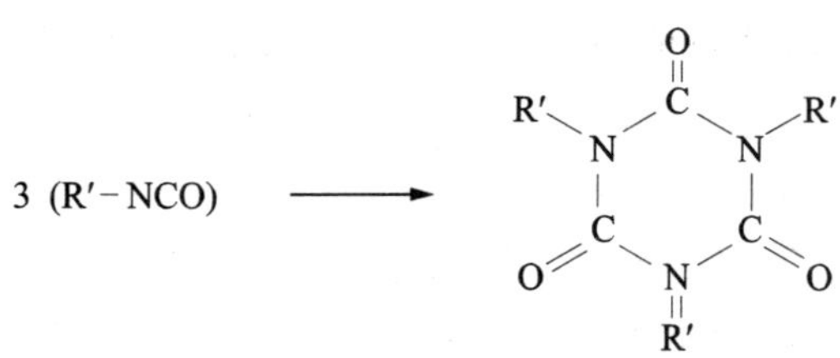

이소시아네이트 이소시아누레이트 (3량체)

3.2 기본적인 이소시아네이트 화학

[그림 13.16]은 기본적인 이소시아네이트의 화학을 나타내고 있다.

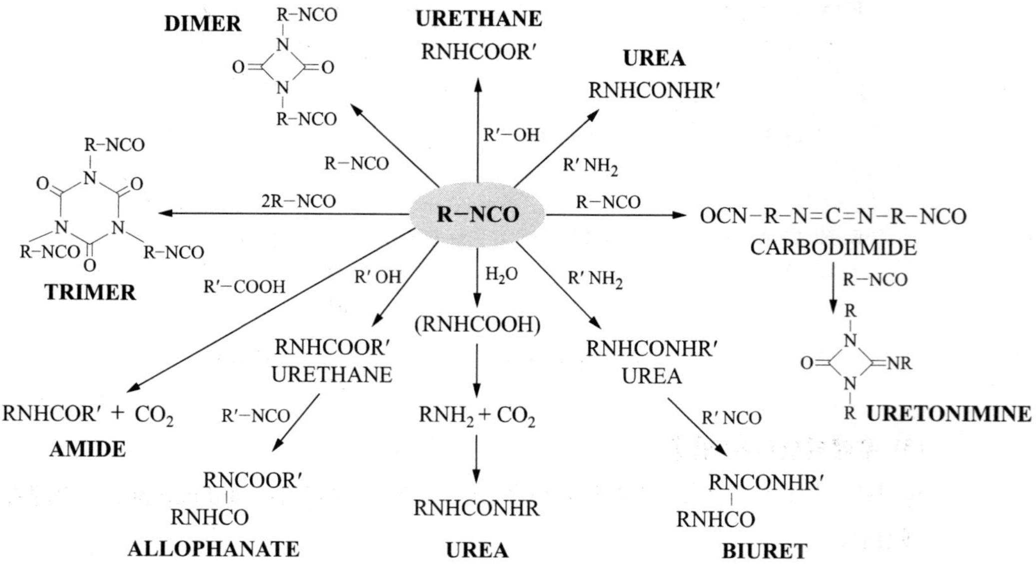

▲ 그림 13.16 이소시아네이트 화학

3.3 발포체 형성 단계

[그림 13.17]에서와 같이 발포체는 혼합, 핵화, 버블성장, 발포체안정, 버블성장, 경화의 단계를 거쳐 형성된다.

여러 단계에서 셀 (Cell) 형성은 핵화 (Nucleation)와 버블성장 (Bubble Growth)이 있다. 여기서 핵화 (Nucleation)는 국부적인 성장 초기의 현저한 열역학 상황의 단계를 말한다.

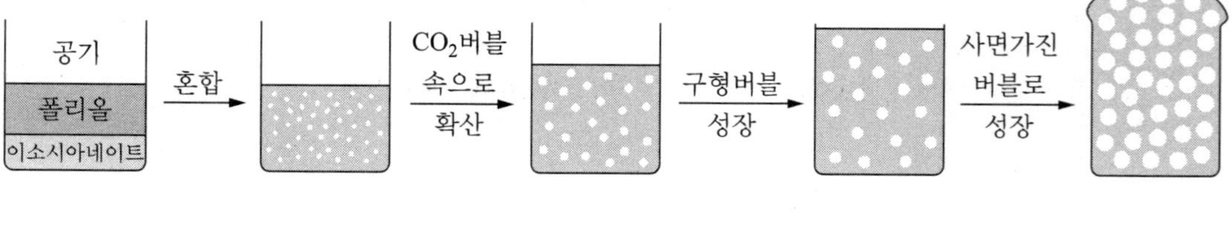

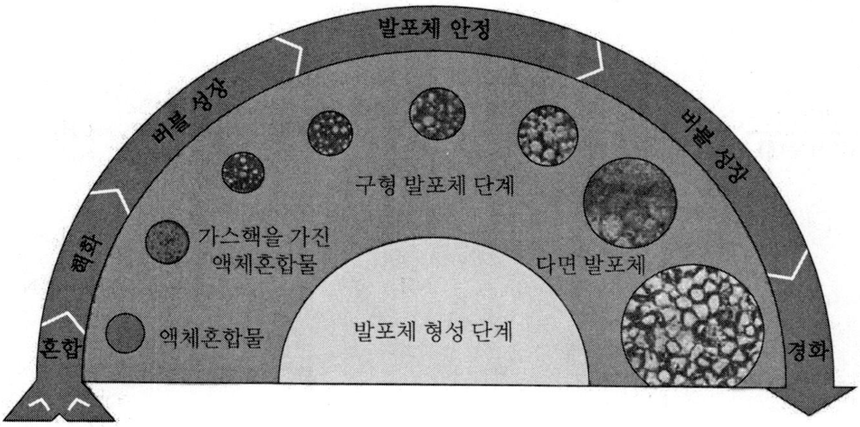

▲ **그림 13.17 발포체 형성 단계**

3.4 이소시아네이트 (– NCO)

방향족 이소시아네이트(Aromatic Isocyanate)와 지방족 이소시아네이트(Aliphatic Isocyanate)가 있다. 예를 들면 이들은 다음과 같다.

(1) TDI (Toluene Diisocyanate) 이성체

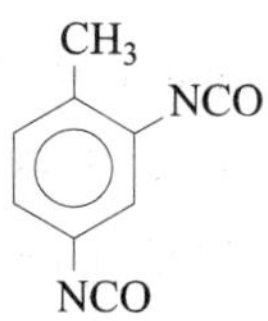

2, 4-Toluene Diisocyanate

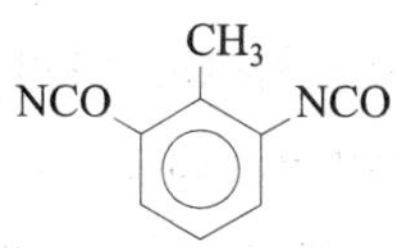

2, 6-Toluene Diisocyanate

(2) MDI (Methylene Diphenyl Diisocyanate)

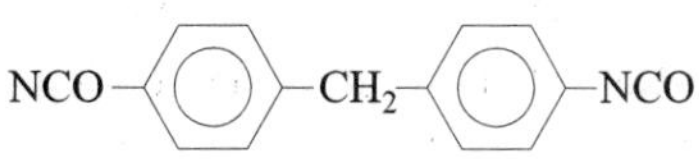

4, 4-Methylene Diphenyl Diisocyanate

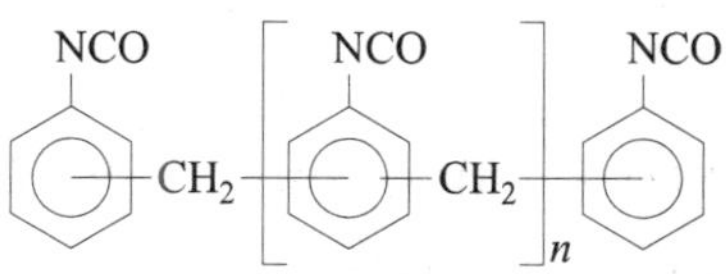

Polymeric MDI ($0 \le n \le 5$)-Prepolymer

(3) MDI 제조 공정

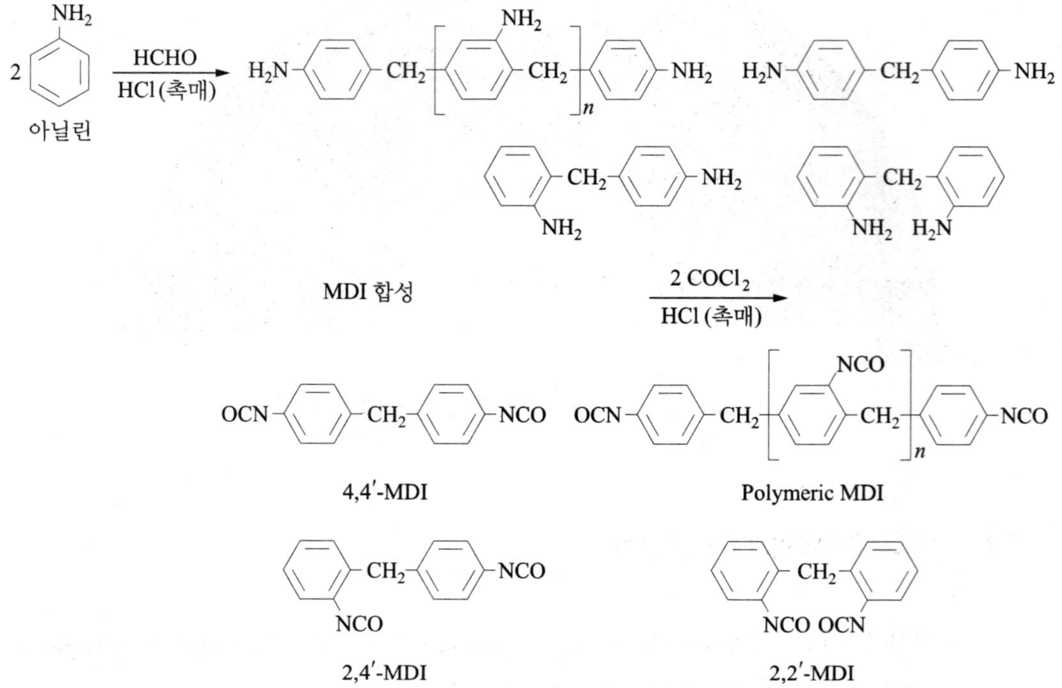

HCl 촉매 하에서 아닐린(Aniline)과 포름알데히드(Formaldehyde, HCHO)를 반응시켜 메틸렌디아민(MDA, Methylene Diamine)의 이성체(Isomers) 혼합물을 만든 후 여기에 포스겐(Phosgene, $COCl_2$)을 추가(역시 HCl 촉매하)하여 메틸렌디이소시아네이트(MDI, Methylene Diisocyanate) 이성체 및 올리고머 중합체(Oligomeric Polyisocyanates) 혼합물을 합성한다. 그 후 MDI이성체 혼합물의 유분을 증류에 의해 순도를 높여 최종 제품을 얻게 된다.

(4) 프리폴리머(Prepolymer)

프리폴리머의 상온 액상은 취급이 용이하고 다양한 물성을 실현할 수 있는 가능성을 가지게 한다.

$$n\ \mathrm{NCO{-}R{-}NCO} + \mathrm{HO{-}R'{-}OH} \longrightarrow \mathrm{OCN{-}R{-}NH{-}\overset{O}{\overset{\|}{C}}{-}O{-}R'{-}O{-}\overset{O}{\overset{\|}{C}}{-}NH{-}R{-}NCO}$$

이소시아네이트 폴리올 프리폴리머(Prepolymer)

(5) 이량체(Dimer)

앞에서 언급된 바와 같이 MDI가 적절한 조건에서 저장되지 않거나 취급되지 않으면 빠르게 변하는 경향을 나타내며 자기들끼리 반응을 일으켜 이량체 [Dimer (예) Uretidinedion)]가 되는 경향을 보인다. 이량체의 형성은 녹는점 이상이나 0℃ 이하의 온도에서 가장 느리게 진행한다. 고체 상태에서 MDI분자는 NCO 그룹이 정렬을 하면서 결정화되어 쉽게 이량체가 형성되는 경향을 나타낸다. 이량체가 형성되면 액상이 탁하게 되고 침전물이 발생하여 기계의 라인, 펌프, 필터 등을 막히게 하여 문제를 야기시킬 수 있다.

3.5 폴리올 (Polyol, －OH)

앞에서 언급된 바와 같이 우레탄 발포체 (Foam)에 쓰이는 폴리올은 적어도 2개의 하이드록시기 (－OH)를 가지고 있는 저중합체 (Oligomer, 올리고머) 또는 고분자 화합물이다. 이것에는 에테르 (－O－) 결합을 가지고 있는 폴리에테르 폴리올 (Polyether Polyol)과, 에스터 (－CO－O－) 결합을 가지고 있는 폴리에스터 폴리올 (Polyester Polyol)이 있다. 폴리에테르 폴리올은 폴리에스터 폴리올보다 내가수분해성이 우수하고, 동일한 비중에서는 폴리에스터 폴리올이 폴리에테르 폴리올보다 물성이 훨씬 양호하다. 그리고 신발 밑창에 가장 많이 사용하고 있는 것은 폴리에스터 폴리올계 폴리우레탄이다.

(1) 폴리에테르 폴리올

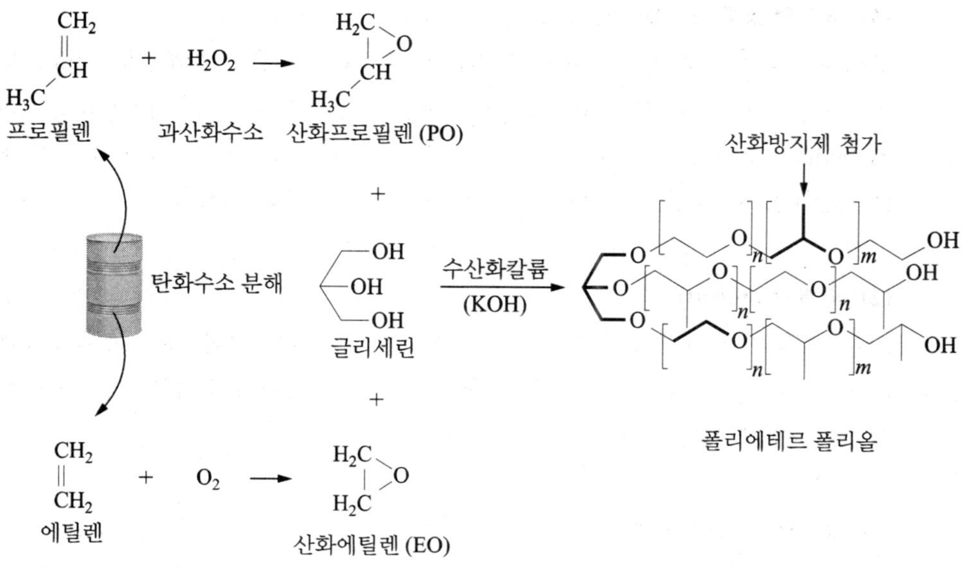

(2) 폴리에스터 폴리올

촉매 하에서 아디프산(Adipic Acid)과 부탄디올(Butanediol)을 반응시켜 폴리부탄디올아디페이트(Polybutanediol Adipate)를 생성한다.

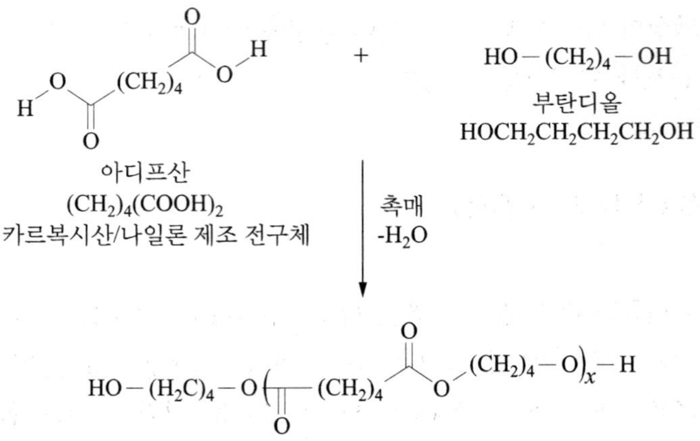

폴리부탄디올 아디페이트

3.6 첨가제(Additive)

앞에서 언급이 되었지만 다시 추가하여 간략히 정리하면 다음과 같다.

(1) 사슬연장제 및 가교제

중합내지 분자간 결합을 강하게 하기위해 사용되는 반응성 단분자로 사슬연장제(Chain Extender)와 가교제(Cross Linker)가 있다. 사슬연장제는 디올(Diol)/디아민(Diamine)과 같은 2기능성 물질을 말하고 가교제는 트리올(Triol)/테트라올(Tetraol)/폴리아민(Polyamine)과 같은 다기능성 물질을 말한다.

(2) 촉매(Catalyst)

반응속도를 단축시켜 생산성을 높이고, 우레탄 반응에는 아민(Amine)류/유기금속(Organic Metal)류 촉매가 가장 유용하게 사용된다. 촉매의 형태와 양은 발포체 형성 과정 및 생성된 발포체의 물성에 영향을 미친다.

(3) 정포제(Surfactant)

폴리우레탄 발포체의 물성에 영향을 미치는 셀(Cell) 구조를 조절하는 역할을 하고 우레탄 및 연관된 고분자 발포체에 사용되는 정포제는 주로 실리콘(Silicone) 화합물이 사용된다.

(4) 조색제 (Colorant)

염료(Dye)나 안료(Pigment)를 통해 색을 띄게 한다.

(5) 자외선안정제 (UV Stabilizer)

방향족 이소시아네이트를 사용하는 모든 폴리우레탄은 햇빛에 노출되면 어떤 부반응이 발생되어 황변현상이 일어나는데 이런 현상을 방지한다.

(6) 항균제 (Antimicrobial)

고온다습의 조건하에서 폴리우레탄은 유기생물체에 의해 공격받기 쉽다. 이것이 문제가 될 때에는 유기생물체에 저항성을 가지는 물질을 생산과정에서 부가한다.

3.7 가수분해 (Hydrolysis)/황변 (Yellowish) 현상

가수분해는 폴리우레탄 발포체 또는 성형물이 수분으로 인하여 그 구조가 파괴되는 현상을 말하며, 폴리에스터를 사용하는 폴리우레탄에서 주로 발생하는데 산(Acid)이 존재할 때 수분은 반응한 발포체 및 성형물의 폴리에스터 결합을 뚫고 들어가서 그 결합을 깨뜨림으로서 일어나게 된다. 이런 현상은 카르복시기가 있는 곳에서 발생하며 폴리우레탄 발포체 또는 성형물이 가루가 될 때까지 지속한다. 수분은 폴리우레탄이 노출된 환경에서 유입되며 이 산은 폴리에스터 생산 과정에서 반응하지 않은 미반응 산(Acid) 또는 미생물이 자체 발생시킨 효소들이며 이런 효소들은 산성을 지니고 있고 이런 산들이 결국엔 가수분해 촉매로 작용한다.
그리고 황변현상은 방향족 이소시아네이트를 사용하는 폴리우레탄이 햇빛에 노출시 일어나며 이것은 표면현상으로 발포체가 적용된 생산물에서 발생하는 것이 아니다. 하이드록시벤조트리아졸, 징크디부틸티오카바메이트, 2,6-디터셔리부틸카테콜, 하이드록시벤조페논과 같은 UV안정제를 사용하여 방지할 수 있다. 또한 입체장애를 받는 아민은 폴리우레탄의 UV 안정성을 증진시키는데 사용한다.

Chapter 14

고분자의 구조 및 특성 이론

고분자물질을 기본적인 공업적 응용 측면에서 보면 플라스틱, 섬유, 탄성체 (고무), 접착제 그리고 도료 등으로 나눌 수 있다.

(1) 폴리비닐클로라이드 (Polyvinyl Chloride)라는 고분자는 비닐클로라이드 (Vinyl Chloride)의 저분자 물질이 화학반응하여 공유결합으로 연결된 수많은 반복단위로 이루어져 있다.

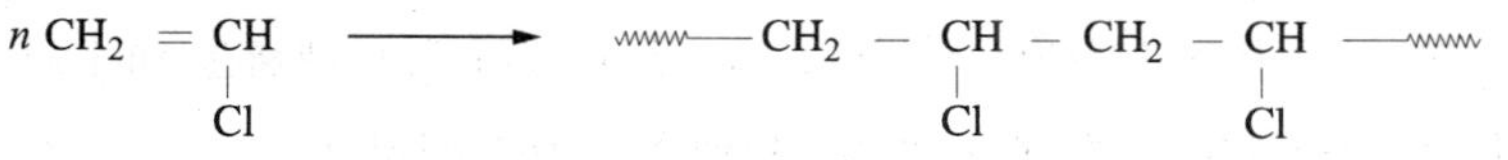

즉, 폴리비닐클로라이드 (PVC, Polyvinyl Chloride)는 석유에서 얻어지는 에틸렌에 염소가스를 반응시켜 그 수소원자 하나를 염소로 치환시켜 제조한다. 이것을 중합시키는 데는 벤조일퍼옥사이드 (Benzoyl Peroxide) 같은 촉매와 함께 미세한 분산 상태로 가압, 교반, 가열하여 중합시킨다. 이 방법을 현탁중합 (Suspension Polymerization)이라고 한다. 이렇게 된 폴리염화비닐은 흰 분말상의 덩어리로 얻어진다.

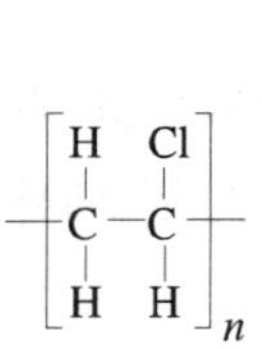

염소 원소가 커다란 원자이며, 또 전자를 끌어 붙여 두는 강한 원자이기 때문에 폴리염화비닐의 사슬은 자유로이 움직이기 어렵게 된다. 따라서 DOP (Dioxy Phtalate), TCP (Tricrazyl Phosphate)와 같은 화합물을 혼합하여 가소성을 높인다.

(2) 아래는 스티렌 (Styrene)으로부터 폴리스티렌 (Polystyrene)을 중합하는 반응을 나타낸다. 여기에서 스티렌은 화학반응에 의해 이중결합 중 π결합이 절단되어 스티렌 분자끼리 σ 결합에 의해 연결되므로 고분자인 폴리스티렌을 형성한다. 이때

스티렌을 단량체 (Monomer)라고 하며, 폴리스티렌은 단량체, 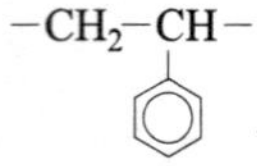 의 반복체 (Repeating Substance)이다. 이 반복단위의 수, 즉 n을 고분자의 중합도 (DP, Degree of Polymerization)라고 한다.

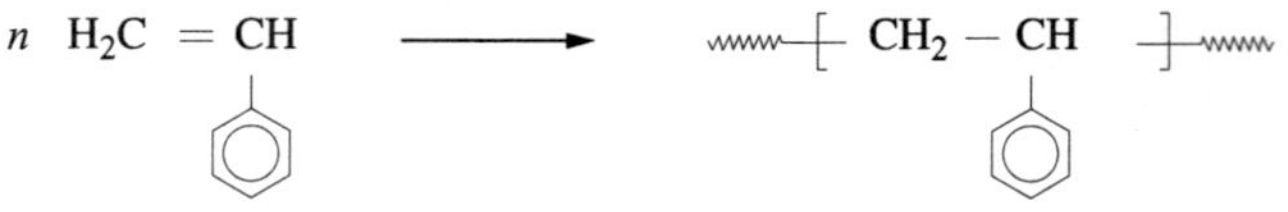

Styrene　　　　Polystyrene

이 과정에서 단량체의 중합이 충분히 이루어지지 않은 반복단위가 대략 10보다 작은 분자들을 올리고머 (Oligomer)라고 부른다. 이들 올리고머의 열적, 기계적 특성은 고분자와 비교할 때 매우 다른 양상을 보인다. 예를 들면, 반복단위가 7 ($n = 7$)인 스티렌 올리고머는 상온에서 점성 액체이지만, 높은 분자량의 폴리스티렌은 단단한 고체이다.

즉, 폴리스티렌 (PS) 제조는 스티렌의 라디컬 중합으로 얻어지는 비결정성의 무색투명한 열가소성 고분자이다. 다음과 같이 에틸렌과 벤젠을 반응시켜 생긴 액체 스티렌 단량체의 중합체인 폴리스티렌으로 이루어진다.

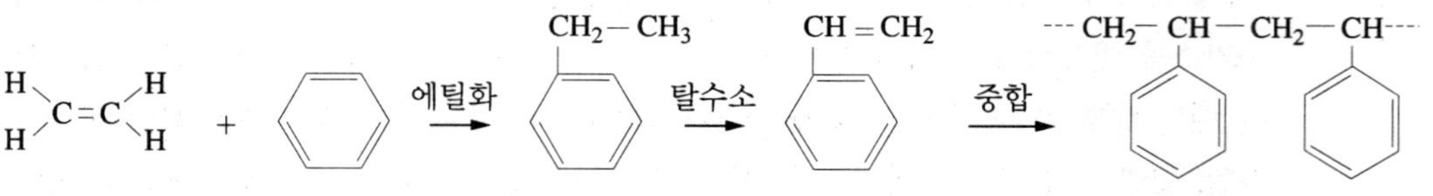

에틸렌　　벤젠　　에틸벤젠　　스티렌　　스티렌수지

그리고 발포폴리스티렌은 이 폴리스티렌에 펜탄이나 부탄 등의 발포제를 주입해 물로 중합한 후 소정의 분자량이 될 때까지 가열하여 입자 형태 (Bead)로 얻는다.

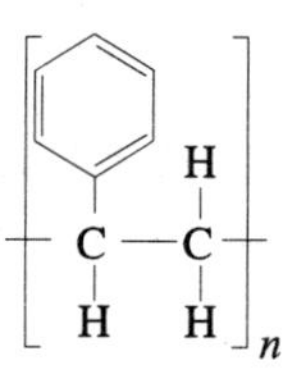

(3) 고분자의 분자량은 다음과 같이 계산된다.

고분자 분자량 (M) = 반복단위의 화학식량 (m) × 중합도 (n)

(4) 지그재그 (ZigZag) 형태의 폴리에틸렌의 분자 구조

선형구조의 고분자는 주쇄 (Main Chain)가 대부분 탄소로 이루어져있으며, 이들 탄소들이 잇는 결합각은 메탄 (CH_4)에서처럼 109.5°로 이루어졌기 때문에 실제적으로는 아래의 PE와 같이 지그재그 형태이다.

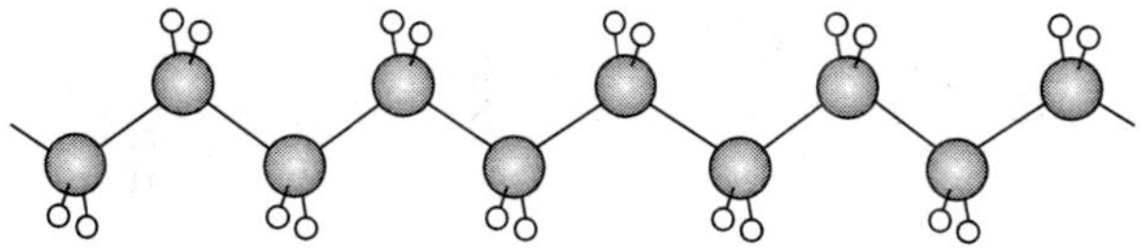

폴리에틸렌 제조는 에틸렌을 중합시켜서 다음식과 같은 중합체를 만든다. 때로는 가지가 있는 경우도 있다. 중합방법에 따라 저밀도 폴리에틸렌 (LDPE), 선형저밀도폴리에틸렌 (LLDPE), 고밀도 폴리에틸렌 (HDPE)으로 구별된다.

$$CH_2 = CH_2 \rightarrow \cdots - CH_2 - CH_2 - CH_2 - CH_2 - \cdots \quad \text{혹은} \quad \left[\begin{array}{cc} H & H \\ | & | \\ -C- & C- \\ | & | \\ H & H \end{array} \right]_n$$

(5) 한편, 올레핀 (Olefin)계 고분자와는 달리 기능기를 가진 저분자물들의 축합반응에 의해 고분자를 형성하는데, 이러한 예는 나일론 (Nylon) 66 [Poly (Hexamethylene Adipamide)]이며, 이들의 반복단위는 두개의 작은 분자들의 결합 형태로 구성되었다.

$$\sim\!\!\sim - \overset{\displaystyle H}{\overset{|}{N}} - CH_2 - CH_2 - CH_2 - CH_2 - CH_2 - CH_2 - \underset{\displaystyle H}{\underset{|}{N}} - \overset{\displaystyle O}{\overset{\|}{C}} - CH_2 - CH_2 - CH_2 - CH_2 - \underset{\displaystyle O}{\underset{\|}{C}} \sim\!\!\sim$$

나일론 66

Polyamide (PA, Nylon, Nylon 6 & Nylon 66)은 일반적으로 나일론 (Nylon)이라 불리는 열가소성수지이다. 현재는 5대 엔지니어링 플라스틱 (EP, Engineering Plastic) 중에서 가장 생산량이 많으며 수요의 태반은 나일론 6, 나일론 66이며, 특히 나일론 6가 전체의 약 70%를 차지하고 있다. 이들 모두는 아미드결합 ($-\overset{H}{\overset{|}{N}} - \overset{O}{\overset{\|}{C}} -$)을 하고 있으며 먼저 나일론 66의 제법은 다음과 같다.

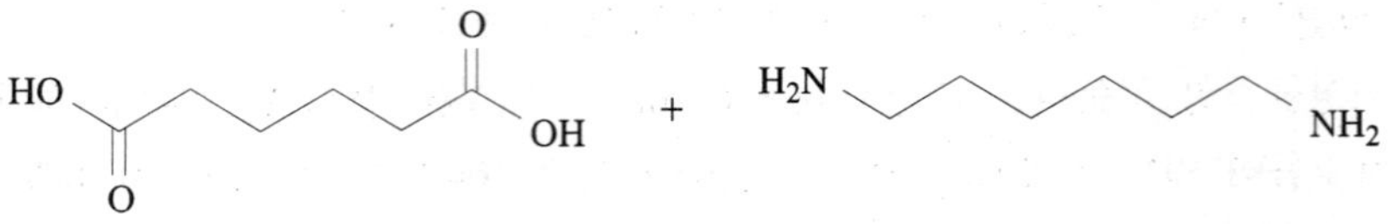

Adipic Acid $[(CH_2)_4(COOH)_2]$ Hexamethylenediamine $[H_2N(CH_2)_6NH_2]$

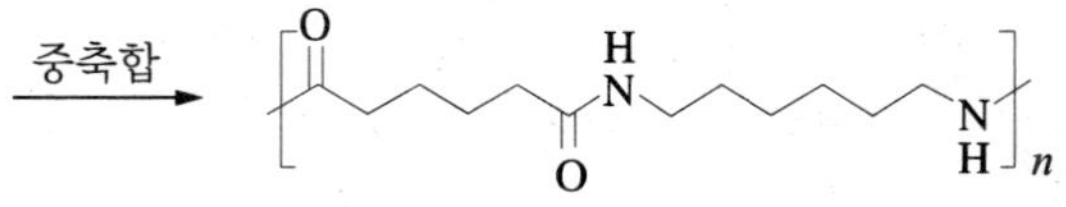

Nylon 66 $[(C_{12}H_{22}N_2O_2)n]$

다시 말해 아래와 같은 중축합(Polycondensation)에 의한 합성이다.

$$n\ HOOC-(CH_2)_4-COOH \quad + \quad n\ H_2N-(CH_2)_6-NH_2$$

Adipic Acid Hexamethylenediamine

$$\longrightarrow [-OC-(CH_2)_4-CO-NH-(CH_2)_6-NH-]n \quad + \quad (2n-1)H_2O$$

Nylon 66 물

그리고 나일론 6은 먼저 ϵ-카프로락탐을 합성하고 이를 고리열림중합(개환중합) 시켜 제조한다. 탄소 6개로 이루어진 ϵ-카프로락탐이 그대로 중합하여 고분자를 이루므로 나일론 6라 부르게 되었다.

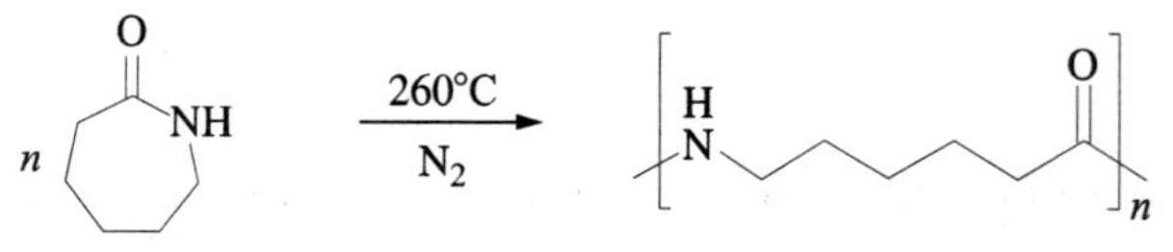

Caprolactam $[(CH_2)_5C(O)NH]$ Nylon 6 $[(C_6H_{11}NO)n]$

나일론 66과 나일론 6은 모두 섬유로서의 강도나 내약품성에 있어서도 매우 유사하지만 녹는점은 나일론 66은 250℃, 나일론 6은 210℃로 다르다.

(6) PVC와 PAN의 분자 사이 쌍극자힘 작용

폴리비닐클로라이드(PVC, Polyvinyl Chloride)나 폴리스티렌(PS)의 구조는 선형(Linear)의 구조를 갖고 있다. 반면 폴리에틸렌(PE)은 가지형(Branched) 구조를 이루고 있다. 그리고 고분자를 구성하는 원소에 따라 분자 간에 작용하는 힘이 다르다. 예를 들어 폴리비닐클로라이드(PVC)와 폴리아크릴로니트릴(PAN, Polyacrylonitrile)은 전기음성도가 강한 염소원자와 Nitrile기가 각각 존재하므로 분자들 사이는 반 데르 발스(Van der Waals) 힘보다 강한 쌍극자 힘(Dipolar Interaction)이 작용한다. 참고로 각 고분자의 단량체 화학식은 Vinyl Chloride는 $CH_2=CH-Cl$ (혹은 CH_2CHCl), 아크릴로니트릴은 $CH_2=CH-CN$ (혹은 CH_2CHCN)이다.

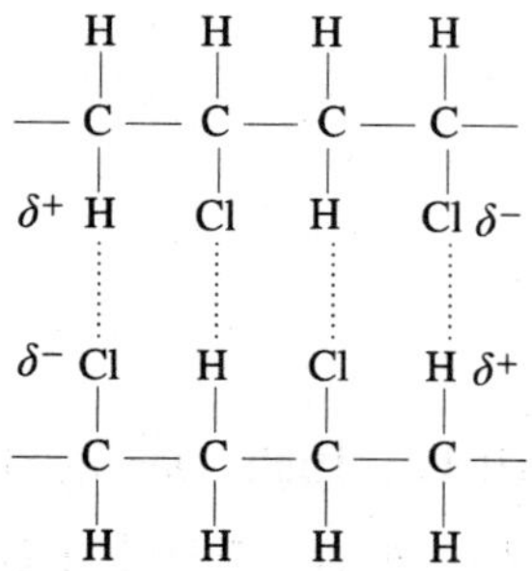

Polyvinyl Chloride

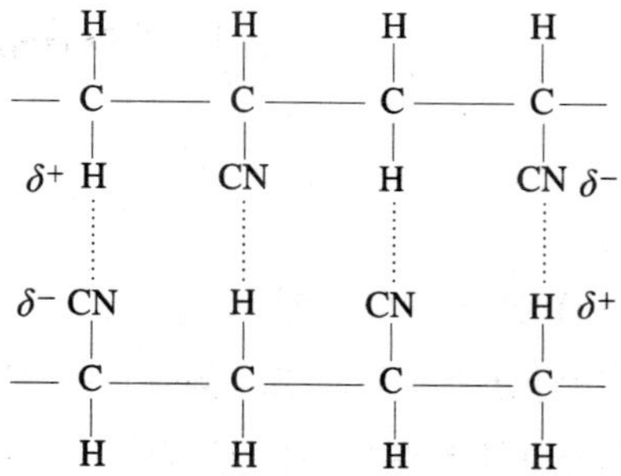

Polyacrylonitrile

(7) Nylon 66 분자들 사이의 수소결합

Nylon 66은 전기음성도가 강한 질소원자(Nitrile기, $-C\equiv N$)와 결합되어 있고 상대분자의 카르보닐기(Carbonyl, $=C=O$)에 존재하는 산소원자의 접근으로 분자간에 작용하는 힘으로는 가장 큰 수소결합을 하고 있다.

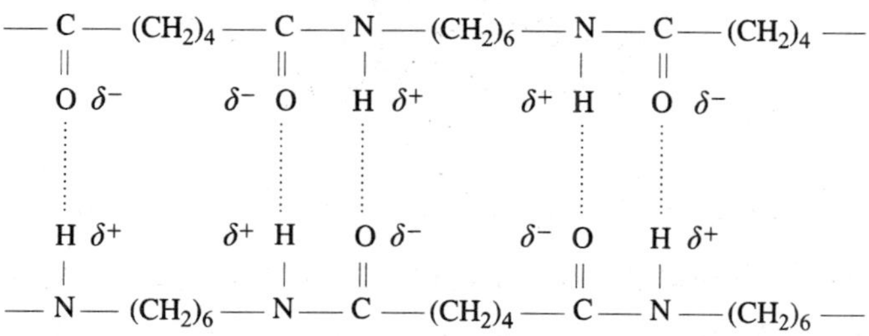

참고 ▌ 단순분자의 수소결합 예

물 분자는 산소 원자 1개와 수소 원자 2개가 공유결합을 이루고 있다. 이 때 산소 원자와 수소 원자는 전자를 1개씩 내어서 전자쌍을 만들고 이를 공유하지만, 전자쌍은 전기음성도가 더 큰 산소 원자 쪽에 가깝게 위치하여 산소원자는 약한 음전하(−)를 띠고, 수소 원자는 극성을 띠게 된다. 따라서 극성을 띤 물 분자끼리는 전기적 인력에 의한 수소결합을 하게 되며 강한 응집력을 가진다.

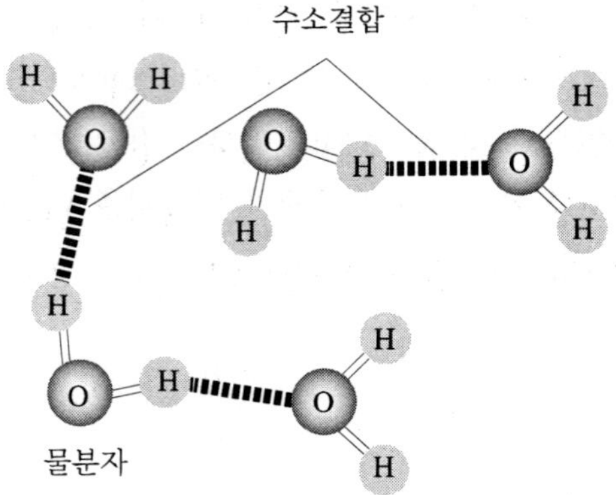

(8) 분자들의 엉킴 모양

파라핀왁스 (Paraffin Wax)와 고밀도폴리에틸렌 (HDPE, High Density Polyethylene)의 반복단위는 같지만 그들이 소유하는 성질은 상당히 다르다. HDPE는 그 분자가 커서 엉킴 (Entanglement)을 이루고 있으나 파라핀왁스는 분자의 길이가 너무 짧아서 엉킴을 형성하지 못하므로 HDPE에 비해 훨씬 낮은 기계적 물성을 보인다. 다음은 분자들의 엉킴 모양을 나타낸다.

고분자들이 엉킴을 하기 위한 최소한의 길이가 필요한데 이 분자의 길이를 임계체인길이 (Z, Critical Chain Length)라고 부른다. Z는 고분자의 극성과 형태 (Shape)에 의존하며, 고분자의 용융점도 (η)는 임계체인길이 (Z)와 다음과 같은 관계가 있다.

$$\log \eta = 3.4 \log Z + \log k \text{ (}k\text{는 온도의존 상수)}$$

일부 고분자의 구조는 페놀 포름알데히드 (Phenol Formaldehyde)처럼 3차원 망상구조 (Three Dimensional Network)로 이루어져 있으며, 에폭시 (Epoxy) 수지, 불포화폴리에스터 (Unsaturated Polyester), 멜라민수지 (Melamine Resin), 우레아수지 (Urea Resin) 등이 이러한 망상 구조를 이룬 망상고분자 (Network Polymer)이

다. 이들 구조는 적당한 가교제에 의해서 선형분자들끼리 가교반응에 의해 망상구조를 이루기 때문에 가교고분자(Cross Linked Polymer)라고도 한다. 이들의 성질은 단단하고 강하며 높은 열에도 잘 견딘다(주로 열경화성 수지). 망상고분자 중에는 침투고분자 망상구조(IPN, Interpenetrating Polymer Network)가 있다. 이들 구조는 이미 형성된 망상구조에 단량체를 침투시킨 다음 이들 단량체끼리 제2의 망상구조를 형성시켜 만든다. 이때 기존의 망상구조와 새로이 생성된 망상구조 간에는 전혀 가교(Cross Linking)가 일어나지 않는다.

참고 ▌ 망상구조의 수지 예

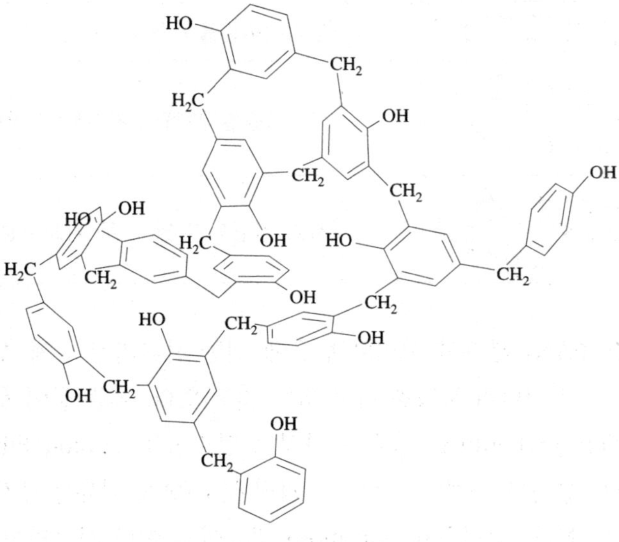

(a) 페놀수지 (Phenol Formaldehyde Resin)

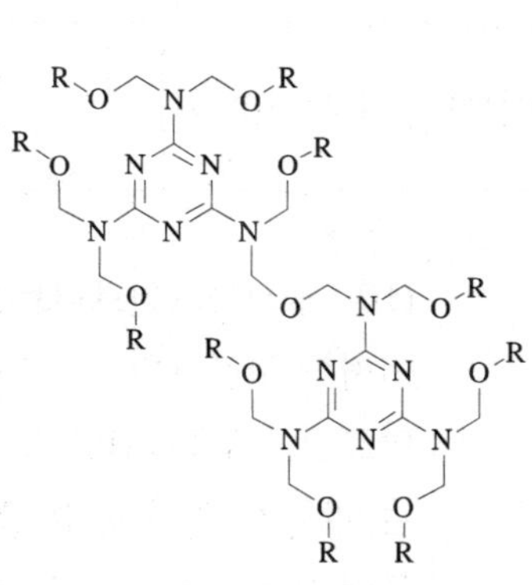

(b) 멜라민수지 (Melamine Resin)

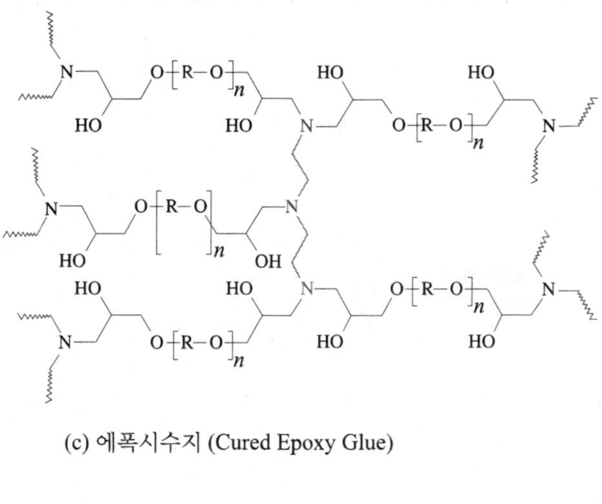

(c) 에폭시수지 (Cured Epoxy Glue)

(9) 다양한 고분자의 골격구조

여러 모양의 고분자 골격구조는 [표 14.1]과 같다.

▼ **표 14.1 다양한 고분자의 골격구조**

종류	형태	예
선형		폴리비닐클로라이드 폴리스티렌
짧은 가지사슬		선형저밀도 폴리에틸렌 (LLDPE)
긴 가지사슬		저밀도 폴리에틸렌 (LDPE)
사다리		폴리이미다졸피롤론
망상구조	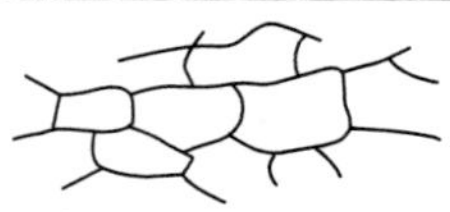	페놀포름알데히드수지 (페놀수지)
침투고분자 망상구조 (IPN)		서로 결합되지 않은 두 가교고분자

(10) 폴리아크릴로니트릴 (PAN) 분자의 고리화 반응에 의한 사다리형 분자 생성

어떠한 고분자의 구조는 마치 사다리 모양을 하고 있는 것도 있다. 예를 들어 폴리아크릴로니트릴 (PAN, Polyacrylonitrile) 섬유를 가지고 탄소섬유 (Carbon Fiber)를 만들기 위한 공정 중에 안정화 공정이 있다. 이 과정에서 PAN 섬유는 주쇄에 붙어 있는 Nitrile기 ($-C \equiv N$)의 고리화 (Cyclization) 반응이 일어나 사다리형 분자가 얻어진다. 이러한 사다리형 분자는 열안정성이 아주 우수하며 어떠한 용매에도 용해되지 않고 가열하여도 녹지 않는 망상구조 (Network) 분자와 유사한 성질을 나타낸다.

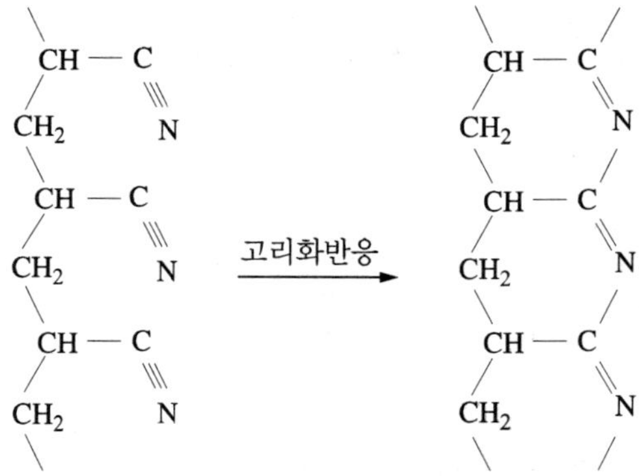

(11) 중요한 단일중합체 (Homopolymer)

올레핀 (Olefin) 및 비닐 (Vinyl) 등의 중합체는 단일종류의 단량체가 이중결합이 깨어지면서 첨가 반응하여 생성된 고분자로써 이들은 단일중합체 (Homopolymer)라고 한다. 다음은 여러 가지 단일중합체를 나타낸다.

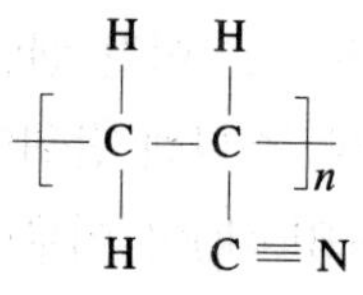

폴리아크릴로니트릴
(Polyacrylonitrile)

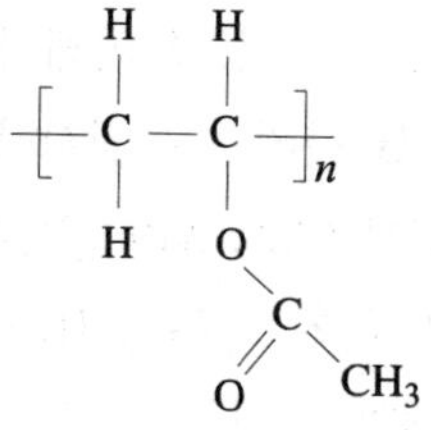

폴리비닐아세테이트
(Polyvinyl Acetate)

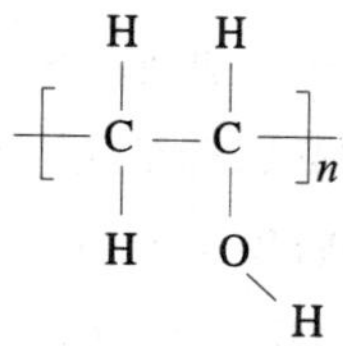

폴리비닐알코올
(Polyvinyl Alcohol)

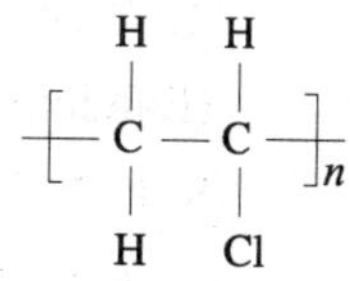

폴리비닐클로라이드
(Polyvinyl Chloride)

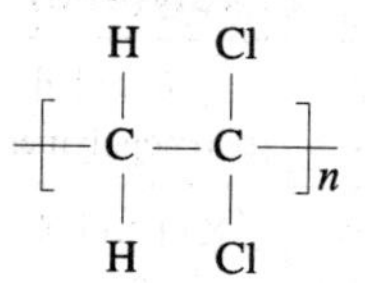

폴리비닐덴클로라이드
(Polyvinylidene Chloride)

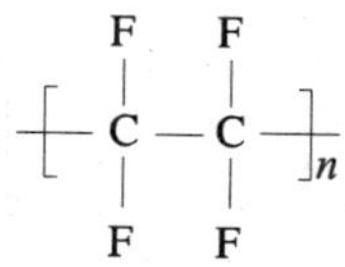

폴리테트라플루오르에틸렌 (Teflon)
(Polytetrafluoroethylene)

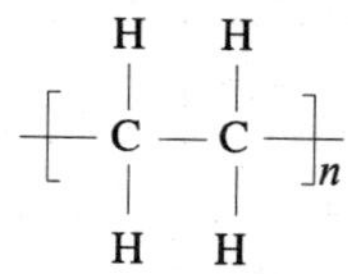

저밀도폴리에틸렌
(Low Density Polyethylene)

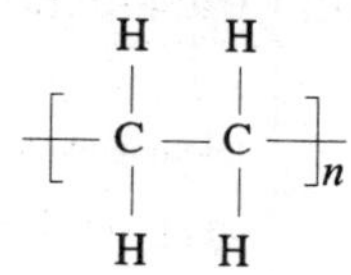

고밀도폴리에틸렌
(High Density Polyethylene)

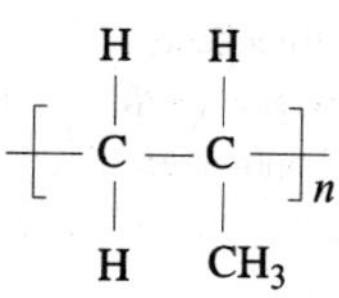

폴리프로필렌
(Polypropylene)

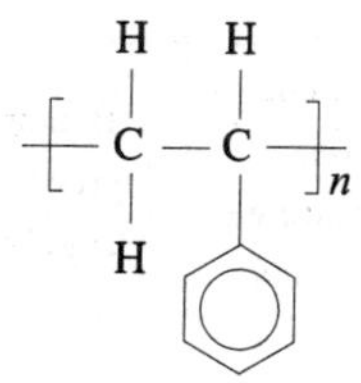

폴리스티렌
(Polystyrene)

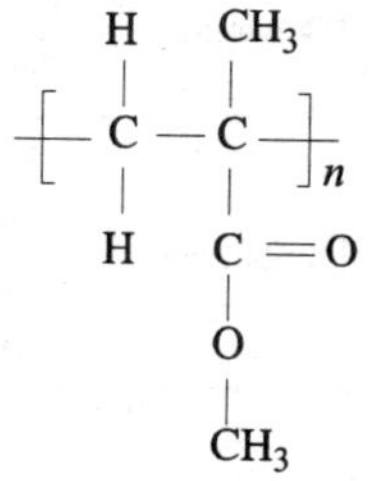

폴리메틸메타크릴레이트(PMMA)
(Polymethylmethacrylate)

참고 ▌ 폴리프로필렌의 단량체/중합체 (Polymer)

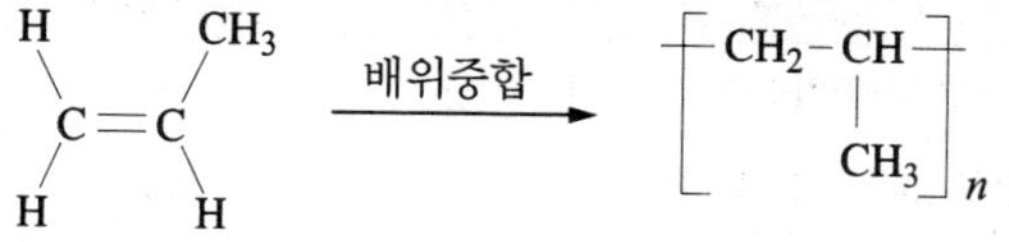

프로필렌　　　　폴리프로필렌

(12) 여러 종류의 공중합체 구조

두 종류의 단량체가 중합하여 두 개의 다른 반복단위를 갖는 중합체를 공중합체(Copolymer), 그리고 세 종류의 단량체가 중합에 참여하여 화학적으로 세 개의 다른 반복단위를 갖는 중합체를 삼원중합체(Terpolymer)라고 부른다. 공업적으로 가장 널리 사용되는 합성고무가 스티렌(S) 단위와 부타디엔(B) 단위의 정확한 순서는 중합과정에서 두 단량체의 상대적인 반응성에 의해서 몇몇 종류의 공중합체를 얻을 수 있다. 이들 중에는 S 단위와 B 단위가 무질서한 순서로 이루어진 랜덤(Random) 공중합체, 교대로 이루어진 교대(Alternating) 공중합체, 스티렌 단위인 S가 긴 블록(Block)을 형성한 다음 부타디엔 단위인 B의 블록(Block)이 이루어진 SB투블록(SB Two Block) 공중합체가 있다.

단량체 (모노머)	부타디엔 (Butadiene)	부타디엔/스티렌 공중합체 (Butadiene/Styrene Copolymer)				스티렌 (Styrene)
고분자 종류	호모폴리머 (Homopolymer)	랜덤공중합체 (Random)	교대공중합체 (Alternating)	블록공중합체 (Block)	그래프트공중합체 (Graft)	호모폴리머 (Homopolymer)
고분자 이름	폴리부타디엔 (PB)	부타디엔스티렌 랜덤 공중합체	부타디엔스티렌 교대공중합체	부타디엔스티렌 블록공중합체	부타디엔스티렌 그래프트공중합체	폴리스티렌 (PS)
단량체 연결구조		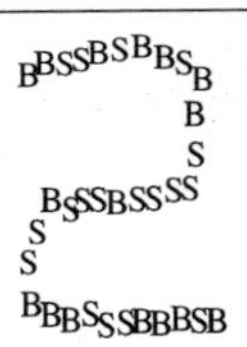				
고분자 표기	Polybutadiene	Butadiene Styrene Random Copolymer	Butadiene Styrene Alternating Copolymer	Butadiene Styrene Block Copolymer	Butadiene Styrene Graft Copolymer	Polystyrene

그 밖에 단량체의 연결 형태에 의한 고분자의 예로서 상업적 폴리프로필렌(PP, Polypropylene) 제품의 종류와 특성을 [표 14.2]에 나타내었다.

▼ 표 14.2 PP제품의 종류 및 특성

PP	단량체 연결	강성	충격강도	연성	투명성
호모폴리머	PPPPPPPPPPPPPPP	양호	-	-	보통
랜덤 공중합체	PEPPEEPPPEPEEPP	-	보통	양호	양호
블록 공중합체	PPP (EEEPEEPE)PPP	보통	양호	보통	-

주) P Propylene E Ethylene

그리고 위에서 부타디인(B) 스티렌(S) 두 개 블록(SB Diblock) 공중합체에 스티렌블록 하나가 더 있을 경우는 다음과 같이 스티렌(S) 부타디엔(B) 스티렌(S)의 세 개 블록(SBS Triblock) 공중합체가 된다(n, n', n''는 Block 길이).

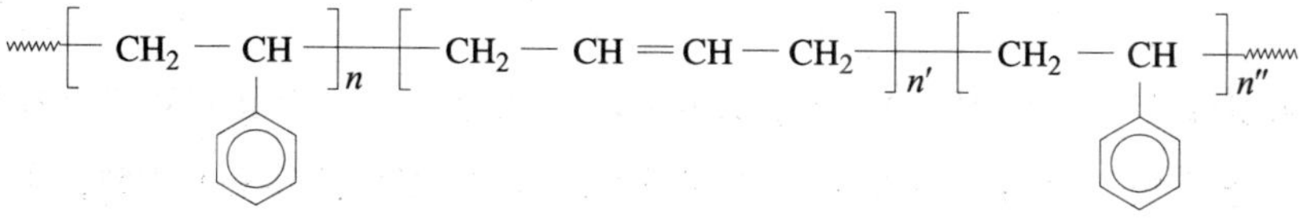

또한 그래프트(Graft) 공중합체는 두 종류의 단량체 중 하나의 단량체가 먼저 완전한 고분자쇄가 형성된 다음 나머지 단량체가 가지처럼 길게 중합된 공중합체를 말한다. 예를 들어 폴리비닐클로라이드(PVC)에 스티렌을 그래프트 중합시키면 다음과 같이 된다. 위에서 언급한 블록(Block) 공중합체와 그래프트(Graft) 공중합체는 주로 탄성체로 대단히 중요한 재료로 사용된다.

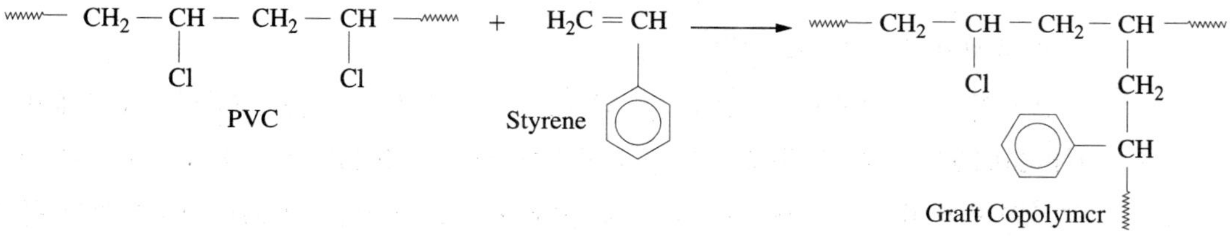

(13) 열가소성 플라스틱(Thermoplastic)

열가소성 플라스틱은 가열에 의해 용융되고 적당한 용매에 의해 용해될 수 있는 선형 또는 가지형 구조의 고분자이다. 이것은 가열과 냉각 사이클에 의해서 소성을 나타내거나 단단한 고체로 존재하므로 사출과 압출성형 같은 가공기술에 의해서 어떤 모양으로도 성형이 가능하다. 지금까지 공업적으로 중요하게 사용되는 폴리스티렌(Polystyrene), 폴리올레핀[Polyolefin (Polyethylene, Polypropylene)], 폴리비닐클로라이드(PVC, Polyvinyl Chloride) 그리고 나일론(Nylon) 등이 여기에 속한다.

(14) 열경화성 플라스틱(Thermosetting Plastic)

열가소성에 비해 열경화성 플라스틱은 그 구조가 거대한 삼차원 망상구조(Network)로 되어있기 때문에 열에 의해서 용융되거나 소성(Plasticity)을 띠지 않고 높은 온도에서는 분해될 뿐이다. 아래 그림과 같이 적당한 용매에 의해서 팽윤(Swelling)은 되지만 용해는 되지 않는다.

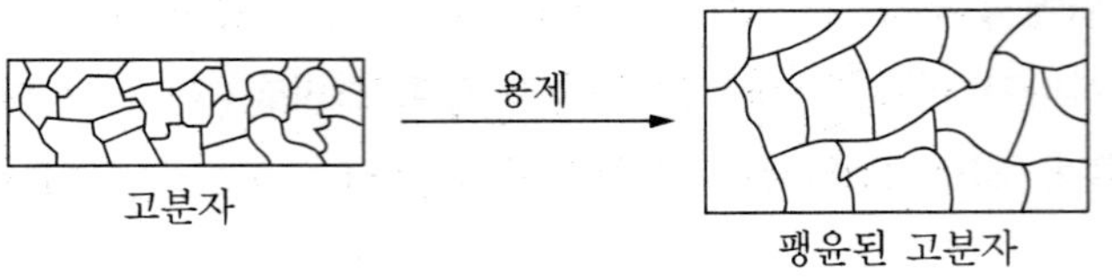

열경화성 플라스틱도 경화반응(Curing) 이전에는 열가소성 플라스틱처럼 열에 의해 용융되어 필요한 모양으로 성형되지만, 일단 성형공정에서 경화반응이 끝난 후에는 다시는 열에 의해 용융되거나 소성을 띠지 않는다. 경화반응이란 선형고분자들끼리 공유결합을 통하여 서로 연결되므로, 열경화성 고분자를 가교고분자(Cross Linked Polymer)라고도 부른다. 이들은 특히 내열성, 내 크리프(Creep)성 그리고 용매에 대한 저항성이 우수하기 때문에 복합재료, 도료 그리고 접착제 등에 적당한 고분자이다. 여기에는 에폭시(Epoxy) 수지, 페놀 포름알데히드(Phenol Formaldehyde) 수지, 불포화 폴리에스터(Unsaturated Polyester) 등이 있다.

(15) 호모체인 고분자의 골격구조

고분자의 골격(Backbone)이 탄소원자로만 이루어진 것을 말한다. 호모체인(Homochain) 고분자 중에도 그들의 골격이 탄소 탄소 (a) 단일 결합(－C－C－)으로만 이루어진 고분자를 폴리알킬렌(Polyalkylene)이라고 부르며, 예를 들어 폴리에틸렌(Polyethylene), 폴리스티렌(Polystyrene), 폴리비닐클로라이드(Polyvinylchloride), 폴리프로필렌(Polypropylene) 등이 있다. 탄소 탄소 골격 고분자 중에는 (b) 이중결합(－C＝C－)이 포함된 분자가 있는데 이를 폴리알케닐렌(Polyalkenylene)이라고 부르며, 폴리이소프렌(Polyisoprene) 그리고 폴리부타디엔(Polybutadiene) 등이 이에 속하며, 탄성체로서 유용한 고분자들이다. 또 다른 예로는 전도성 고분자로 이용될 수 있는 것으로써 탄소와 탄소 골격이 (c) 삼중결합(－C≡C－)이 포함된 것으로서 이를 폴리알키닐렌(Polyalkynylene)이라고 부른다.

(16) 헤테로체인 고분자의 골격구조

헤테로체인(Heterochain) 고분자는 골격에 탄소원자 이외에 산소(O), 황(S), 질소(N)와 같은 원자가 포함된 고분자를 말한다. 이들에는 각각 다음과 같은 종류들이 있다.

1) C－O골격 고분자

폴리에테르	카르복실산의 폴리에스터	카르복실산의 Polyanhydride	폴리카보네이트
—C－O—	—C(=O)－O—	—C(=O)—O—C(=O)—	—O—C(=O)—O—

2) C－S골격 고분자

폴리티오에테르	폴리설폰
—S－C—	—O—S(=O)(=O)—C—

3) C－N골격 고분자

폴리아민 (Polyamine)	폴리이민 (Polyimine)	폴리아미드 (Polyamide)	폴리이미드 (Polyimide)	폴리우레아 (Polyurea)
—C－N—	—C＝N—	—C(=O)—N—	—C(=O)—N(—)—C(=O)—	—N—C(=O)—N—

01 고분자 분자량

대부분의 합성고분자와 많은 천연고분자의 경우는 상대적으로 넓은 분자량 분포(MWD, Molecular Weight Distribution)가 나타나지만 어떤 고분자는 좁은 분자량 분포가 나타나는데 이것은 중합과정에서 반응물의 입체적 또는 전자적 요인 때문이다. (a) 바이모달(Bimodal) 분자량 분포곡선을 갖는 것은 두 가지 다른 방법이나 환경으로부터 중합되는 고분자의 특성이다. [그림 14.1]은 이들의 분자량 분포도를 나타낸다.

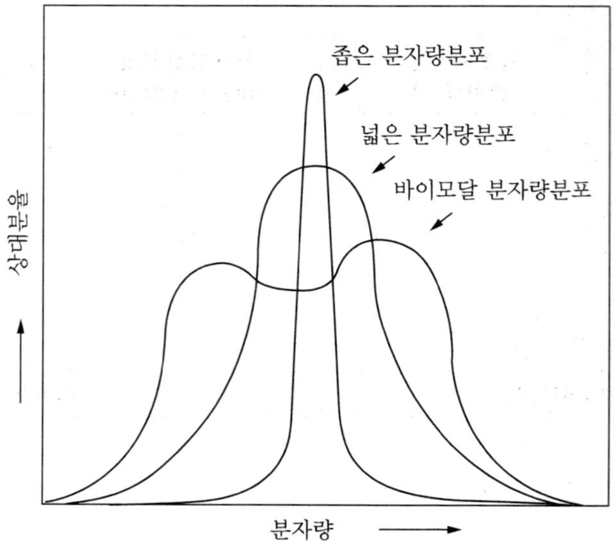

▲ **그림 14.1 다양한 분자량 분포도**

(b) 비결정 고분자 물질에서 용융점도, 인장강도 및 강성, 충격강도 또는 인성 그리고 열에 대한 저항성과 용매에 대한 저항성은 그들의 분자량과 분자량 분포도에 의존한다. (c) 용융점도는 체인 엉킴(Chain Entanglement)에 필요한 임계분자량 이상에서 평균분자량의 3.4승에 비례 한다(즉, $\eta = \overline{M}^{3.4}$). 그러므로 용융점도는 분자량이 증가함에 따라 급격히 증가하며 따라서 분자량이 큰 물질은 가공, 성형하는데 보다 많은 에너지가 필요하다. (d) 분자량에 따른 고분자 물질의 특성 변화의 근본적인 이유는 분자간 인력의 변화이다.

고분자 물질의 많은 특성이 [그림 14.2]에서와 같이 분자량 증가에 따라 증가한다. 그러나 인장강도와 충격강도 변화곡선에서는 일정한 크기의 분자량 이상에서는 이들의 증가율이 현저하게 둔화되는 것을 볼 수 있는데 이 지점에 해당하는 분자량을 한계치분자량(TMWV, Threshold Molecular Weight Value)이라고 한다. 이 한계치분자량은 (a) 유리전이온도(T_g, Glass Transition Temperature) (b) 비결정성 고분자에서는 응집에너지밀도(CED, Cohesive Energy Density) (c) 결정성 고분자에서는 결정의 크기 (d) 고분자 복합재(Polymer Composites)에서는 보강재(Reinforcement)의 효과에 따라 각각 다르다. [표 14.3]은 일반적으로 고분자의 평균분자량/분자량분포가 물성과의 관계를 나타낸다. 예를 들어 표에서 인장강도는 분자량이 증가하면 증가하고, 분자량 분포가 감소하면 증가한다.

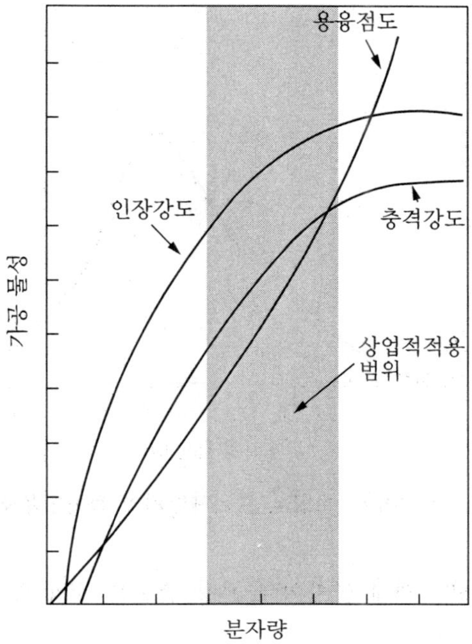

▲ **그림 14.2 고분자 분자량과 가공물성관계**

▼ **표 14.3 고분자 평균분자량/분자량분포의 물성과의 관계**

물성	분자량 증가	분자량분포 감소	물성	분자량 증가	분자량분포 감소
인장강도	↗	↗	마모저항	↗	↗
신율	↙	↗	연화점	↗	↗
항복강도	↗	↙	용융점도	↗	↗
단단함	↗	↗	용해도	↙	-

1.1 평균분자량

한 고분자 시료 중에는 여러 가지 크기의 분자들이 포함되어 있으므로 이 시료의 분자량을 표시할 수 있는 평균 분자량 개념이 필요하다. 평균분자량에는 수 평균 분자량(Number Average Molecular Weight), 중량 평균분자량(Weight Average Molecular Weight), z 평균분자량(z Average Molecular Weight)이 있다.

[그림 14.3]은 저밀도폴리에틸렌(LDPE)의 분자량분포를 나타내는 것으로 수백에서 수백만까지의 분자량분포를 보임을 알 수 있다.

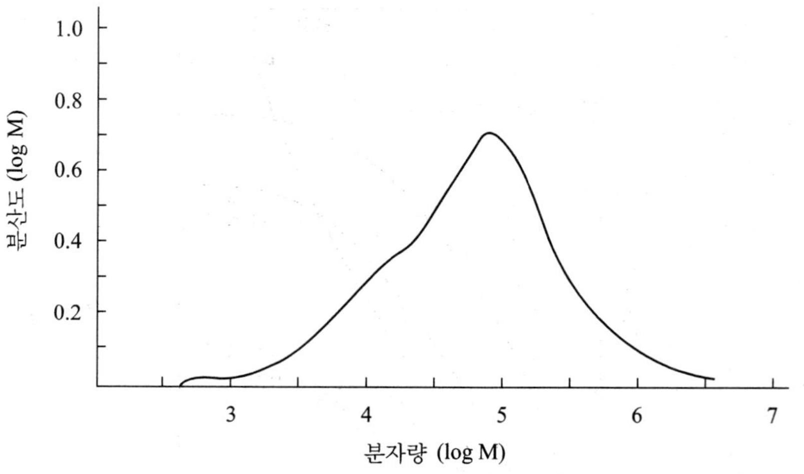

▲ **그림 14.3 저밀도 폴리에틸렌의 분자량분포**

(1) 수평균분자량 개개 분자의 분자량 총합을 전체 분자의 수로 나누어 준다.

$$\overline{M_n} = \sum_{i=1}^{\infty} x_i M_i = \frac{\sum_{i=1}^{\infty} N_i M_i}{\sum_{i=1}^{\infty} N_i} \quad (x_i\text{: } i\text{분자 몰분율})$$

대부분의 열역학적 특성은 계에 존재하는 입자의 수에 관련되므로 수평균분자량과 관련지을 수 있다. 또한 총괄적인 성질 (Colligative Properties)은 존재하는 입자의 수에만 의존하므로 수평균분자량과 분명히 관계가 있다. 여기에서 총괄적인 성질은 용질의 종류에 관계없이 용질의 농도에 따라 변화하는 양을 말하며 빙점강하, 비점상승, 증기압강하 그리고 순수용매와 용액간의 삼투압 등이 총괄적인 성질에 포함된다. 그러므로 수 평균분자량은 고분자 용액에서 이들의 성질을 측정하여 구할 수 있다.

(2) 중량평균분자량 각 분자의 무게를 중시하는 분자량의 평균값으로 무게 농도 개념으로 이해될 수 있다.

$$\overline{M_w} = \sum_{i=1}^{\infty} w_i M_i = \frac{\sum_{i=1}^{\infty} N_i M_i^2}{\sum_{i=1}^{\infty} N_i M_i} \quad (w_i\text{: } i\text{분자 무게분율})$$

점도와 인성과 같은 커다란 변형과 관련된 벌크특성 (Bulk Properties)은 중량평균 분자량에 의해 특히 영향을 받으며, 중량평균분자량은 광산란법 (Light Scattering)과 초 원심분리법 (Ultracentrifugation)에 의해 측정할 수 있다.

(3) Z평균분자량 중량평균 분자량보다 무게 가중치가 높은 평균 분자량이다.

$$\overline{M_z} = \frac{\sum_{i=1}^{\infty} N_i M_i^{\,3}}{\sum_{i=1}^{\infty} N_i M_i^{\,2}}$$

자주 사용하지 않으며 용융탄성 (Melt Elasticity)은 Z 평균분자량에 보다 밀접하게 의존한다. 중량평균분자량 ($\overline{M_w}$)은 단분산시스템을 제외하고는 항상 수평균분자량 ($\overline{M_n}$)보다 크며, 중량평균분자량 ($\overline{M_w}$)/수평균분자량 ($\overline{M_n}$)의 비는 분산도 (Polydispersity Index)라고 하며, 고분자량의 분포정도를 나타낸다. 이 지수가 1일 경우, 즉 중량평균분자량 ($\overline{M_w}$) = 수평균분자량 ($\overline{M_n}$)이면 단분산 (Monodisperse)이며, 다분산 (Polydisperse)은 이 지수값이 1보다 크다. 일반적으로 Z평균분자량 ($\overline{M_z}$) > 중량평균분자량 ($\overline{M_w}$) > 수평균분자량 ($\overline{M_n}$)이다. [표 14.4]는 일반적으로 고분자, 중합방법, 중합조건에 의한 분자량 분산도를 나타낸다.

▼ **표 14.4 고분자/중합방법/중합조건에 따른 분자량 분산도**

구분	분산도 ($\overline{M_w}/\overline{M_n}$)
가상적인 단분산 고분자	1.00
실제 단분산 혹은 리빙중합체	1.01～1.05
사슬 부가중합 (결합에 의한 종료)	1.5
사술 부가중합 (불균화 반응에 의한 종료)	2.0
단계축합중합	2.0
높은 전환 비닐고분자	2～5
자동가속화로 제조된 고분자	5～10
배위중합	8～30
가지 고분자	20～50

모든 고전적인 분자량측정 방법은 고분자용액이 필요하며, 특히 고분자의 분자들 간 상호작용을 최소한으로 줄이기 위해 묽은 용액을 사용한다. 용액의 농도는

100ml당 고분자 1g 이하가 녹아있는 용액을 사용한다. 실질적으로 용질의 상호작용을 배제하기 위하여 무한 희석용액까지 측정하는 의사법을 도입한다.
마크 후윙크(Mark Houwink) 방정식에서 지수 $a=1$일 때, 점도법에 의해서 얻어진 점도평균분자량($\overline{M_v}$)과 중량평균분자량($\overline{M_w}$)은 같다. 그러나 전형적인 a의 값은 0.5에서 0.8 정도이므로 점도평균분자량($\overline{M_v}$)은 중량평균분자량($\overline{M_w}$)과 수평균분자량($\overline{M_n}$) 사이이다. 여기서 Mark Houwink 방정식이란 **뒤에서 다시 언급되지만** 점도측정법의 하나로 농도와는 관계가 없는(용액의 농도가 0에 접근) 고유점도의 측정법이며, 고유점도는 용매의 선택에 영향을 받는다. 중요한 상관관계는 다음의 Mark Houwink 방정식이다.

$$[\eta]=KM^a$$

여기서 $[\eta]$는 고유점도, K는 상수, a는 분자량에 관련된 지수이다. a는 전형적으로 분자량이 높은 고분자에서는 3.4값을 갖는다. K, a 상수들은 고분자, 용매 그리고 온도에 따라 변하고 이들 값은 뒤에 [표 14.8]에 주어진다.
[표 14.5]는 실제로 고분자의 물성이 평균분자량과 분자량분포에 영향을 받는 몇 가지 예를 나타낸다.

▼ **표 14.5 고분자 물성과 평균분자량(분자량분포) 관계**

고분자	물성	영향
폴리에스터	섬유 인장	$\overline{M_n}$으로 증가
나일론 66	섬유 강인성	$\overline{M_n}$으로 증가
스티렌부타디엔고무	다이 팽창	MWD로 증가
폴리메틸메타크릴레이트	전기저항 민감도	$\overline{M_n}$으로 증가 MWD로 증가
폴리스티렌/폴리올레핀	용액점도/응력안전성	$\overline{M_w}$으로 증가
폴리에틸렌	강성/단단함 용융유동성/마찰성	$\overline{M_n}$으로 증가 $\overline{M_n}$으로 증가

다음 [그림 14.4]는 PP의 분자량분포가 가공성형에 미치는 영향을 나타낸다. 즉 그림에서 상대적으로 분자량분포가 좁은 (a)가 (b)보다 섬유방적 가공에서는 더 적합함을 알 수 있다.

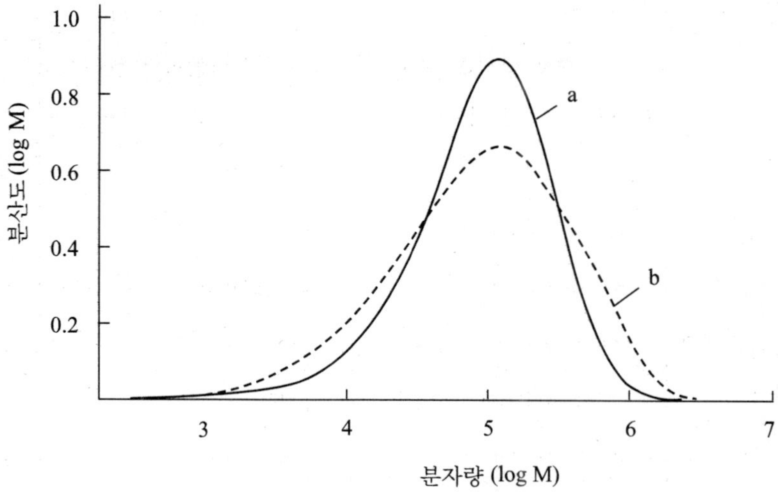

표기	$\overline{M_w}$	$\overline{M_w}/\overline{M_n}$	가공 적용
a	159,000	3	섬유방적 적합
b	251,000	6.7	섬유방적 비적합

▲ **그림 14.4 PP의 분자량분포가 가공성형에 미치는 영향**

1.2 고분자량측정 방법

고분자의 분자량측정에는 크게 절대적인 방법 (Absolute Methods), 상대적인 방법 (Relative Methods), 당량측정법 (Equivalent Methods)으로 구분한다. 다시 절대적인 방법에는 삼투압 (Osmotic Pressure), 정적광산란 (Static Light Scattering), 침전평형 (Sedimentation Equilibrium)이 있고 상대적인 방법에는 희석용액 점도측정법, 입자크기 축출크로마토그래피 (Size Exclusion Chromatography)가 있다. 그리고 당량측정 방법은 말단기 정량 (End Group Determinations)에 해당한다. 이들을 포함하는 고분자 분자량 측정방법은 [표 14.6]에 나타내었다.

▼ 표 14.6 고분자 분자량측정 방법

방법	평균 분자량 형태	적용 분자량 범위	기타
정적광산란	무게평균분자량 ($\overline{M_w}$)	to ∞	절대방법
희석용액 점도계	점도평균분자량 ($\overline{M_v}$)	$10^2 \sim 10^6$	상대방법
막 삼투압측정기	수평균분자량 ($\overline{M_n}$)	$2\times10^4 \sim 2\times10^6$	절대방법
증기상 삼투압측정기	수평균분자량 ($\overline{M_n}$)	to 40,000	절대방법
크기배제크로마토그래피	수, 무게, Z평균분자량 ($\overline{M}_{n,w,z}$)	to ∞	상대방법
전자 X선 현미경	수, 무게, Z평균분자량 ($\overline{M}_{n,w,z}$)	$10^2 \sim \infty$	절대방법
비점상승/빙점강하	수평균분자량 ($\overline{M_n}$)	to 50,000	절대방법
말단기 결정법	수평균분자량 ($\overline{M_n}$)	to 20,000	등가법
원심분리법	무게, Z평균분자량 ($\overline{M}_{w,z}$)	to ∞	절대방법

주) ∞는 적당한 용매에 용해할 수 있는 가장 높은 분자량을 의미함

자주 사용되는 몇 가지 고분자량 측정방법을 살펴보면 다음과 같다.

(1) 고분자의 분별

실질적으로 분별에 쓰이는 방법은 고분자 용액에 비용매 첨가(분별 침전법), 고분자 용액의 냉각, 용매 증발, 영역 용융(Zone Melting), 추출, 확산, 원심분리법 등이 있다. 여기서는 [그림 14.5]와 같이 침전 분리법에 의한 분자량분포 분석 과정을 설명하기로 한다. 분별 침전법은 분자량에 따라 용해도 파라미터(Solubility Parameter)가 조금씩 변하는 것에 기초를 둔 것이다. 일정한 온도에서 고분자용액 시료에 섞일 수 있는 적은 양의 비용매를 조금씩 첨가하면 시료 중에 가장 높은 분자량을 가진 분자부터 침전이 일어난다. 예를 들면, 벤젠(Benzene)에 폴리스티렌(Polystyrene)이 용해된 시료 용액에 비용매 이소프로필알콜(Isopropyl Alcohol)이나 메탄올을 용액이 탁하게 될 때까지 조심스럽게 적가(Dropwise Addition) 한다.

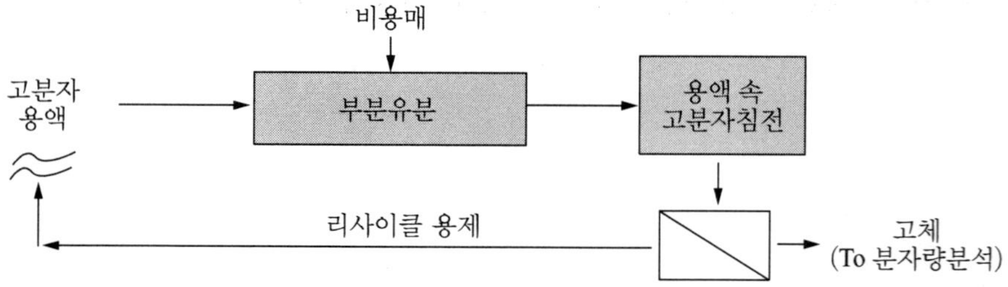

▲ 그림 14.5 침전 분리법에 의한 분자량 분포 결정

(2) 겔 투과 크로마토그래피 (GPC, Gel Permeation Chromatography)

이 방법은 [그림 14.6]과 같이 다공질의 가교된 폴리스티렌 겔 (Polystyrene Gel)들로 채워진 컬럼 (Column)에 분자량분포를 갖는 고분자용액을 통과시킨다. 고정상인 폴리스티렌 겔에는 1.0에서 1.0×10^6 nm의 크기를 갖는 기공들이 존재하므로, 이 기공의 크기보다 큰 시료분자들은 작은 기공에는 침투하지 못하고 액체를 따라 흘러 내려가지만 기공의 크기보다 작은 시료분자들은 그 기공에 침투해서 얼마간 머물 수 있다. 그 결과 크기가 작은 분자들은 컬럼을 통과하여 유출하는 시간이 지연될 것이고 이와는 반대로 크기가 큰 시료분자들은 기공에 침투할 수 없기 때문에 용매가 흘러가는 대로 유출되어 작은 분자들 보다 컬럼을 빨리 통과할 것이다. 즉 다공질의 고정상과 작고 큰 시료분자들 간의 상호작용에 의한 분리이다.

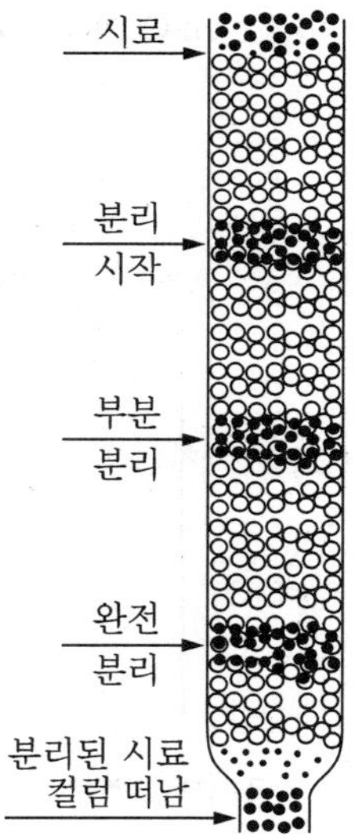

▲ **그림 14.6 GPC 분리 과정**

실험결과는 분자의 상대적인 크기 순서대로 유출되어 아래 [그림 14.7]과 같은 곡선을 얻는다. 이 그림에서 가로축은 시간, 세로축은 유출량을 표시한 것이다. 그러므로 절대적인 방법에 의해 분자량이 결정된 표준물질을 이용함으로써 이 곡선을 보정하여 평균분자량과 분자량분포도를 얻을 수 있다.

결국 GPC는 입자크기에 따라 분리하는 방법 (Size Exclusion Chromatography)의 하나로서 장치의 개략도는 다음 [그림 14.8]과 같다. 즉, 시료를 그림의 상부에서 주입시키면 용매에 따라 컬럼으로 보내진다. 이 컬럼에서 분자의 크기에 따라 분리되어 검출기인 굴절계에 도달하게 된다. 여기서는 참고컬럼 (Reference Column)과 분석컬럼 (Analytical Column)에서 나온 순수용매와 유출용매간의 굴절률 차이를 측정한다. 이 굴절차를 시간에 대해 도시하면 GPC 크로마토그램을 얻을 수 있다.

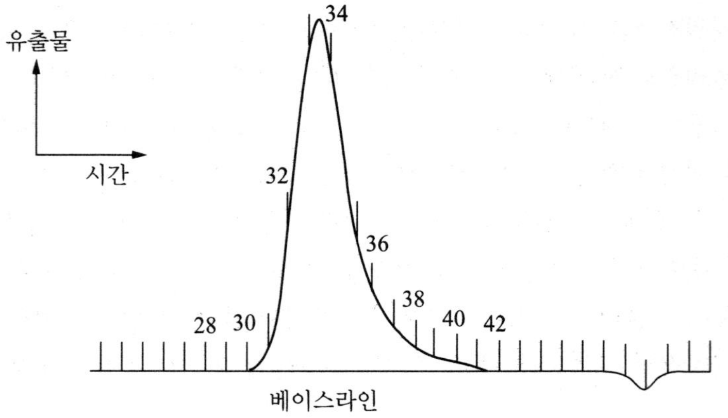

▲ 그림 14.7 GPC 크로마토그램

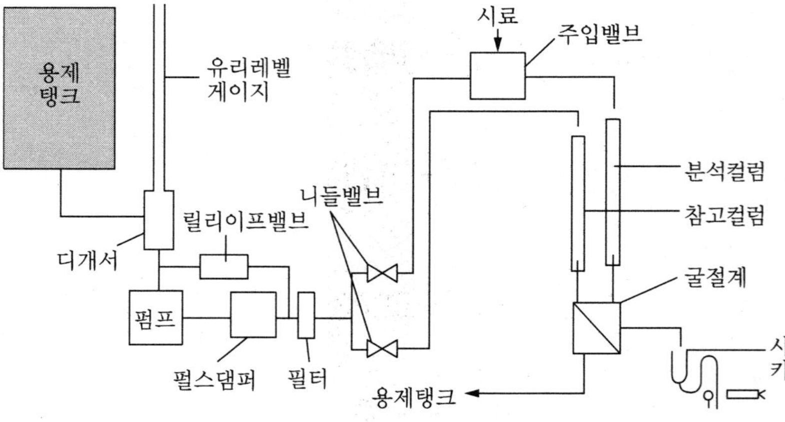

▲ 그림 14.8 GPC 장치의 개략도

(3) 말단기 분석법 (End Group Analysis)

고분자구조에 가지가 달리지 않은 선형축중합체의 분자량분석에 유용하므로 폴리에스터 (Polyester), 폴리아미드 [Polyamide (Nylon)]와 같은 고분자들을 적당한 용매에 용해시켜 분자 말단에 달려 있는 카르복시기 (−COOH), 아민기 ($-NH_2$), 하이드록시기 (−OH) 등을 정량하므로 이들의 분자량을 구한다. 이 방법은 고분자의 개수를 세는 것이므로 얻어진 분자량은 당연히 수평균분자량이 된다.

$$\overline{M_n} = \frac{\text{한 분자당 적정할 말단기 수}}{1g\text{당 말단기의 몰수}}$$

예를 들어 분자구조가 다음과 같은 폴리에스터 10g을 정량하는데 0.1 M KOH 표준용액 30ml가 소모되었다고 하자.

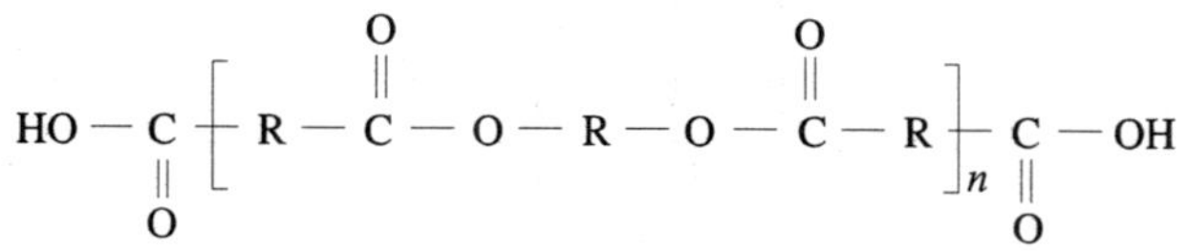

폴리에스터 1g당 말단기의 몰수는 다음과 같다.

$$\frac{0.1mol/1 \times 30ml}{10g} = 3.0 \times 10^{-4}\, mol/g$$

화학구조식에서 폴리에스터 분자당 말단기인 카르복시기(－COOH)가 2개이다.

$$\overline{M_n} = \frac{2}{3.0 \times 10^{-4}} = 6.7 \times 10^3$$

(4) 삼투압법 (Osmometry)

아래 [그림 14.9]에서와 같이 고분자용액과 순수용매가 반투막으로 분리되어 있을 때 용매의 화학 포텐셜은 용액보다 높기 때문에 용매분자가 용액 쪽으로 이동하게 된다. 이로 인해 용액 쪽의 액면이 올라가게 되어 압력이 발생하게 된다. 따라서 적당한 압력에 도달하면 더 이상의 용매분자가 용액 쪽으로 이동하는 것을 억제하며 결국 평형에 이르게 되는데 이 평형상태에서의 압력을 삼투압(Osmotic Pressure)이라고 한다.

그림에서 두 기둥의 액체 높이의 차이 h는 용액의 밀도 ρ 중력가속도 g를 함께 곱해 줌으로써 삼투압 π로 전환될 수 있다(즉, $\pi = \rho g h$). 삼투압을 측정하여 분자량을 구하는 방법은 반트호프(Van't Hoff)의 식을 바탕으로 한 것이다.

$$\frac{\pi}{c} = RT\left(\frac{1}{\overline{M_n}} + Ac\right)$$

여기서, c : 용액농도
A : Virial계수

상기 식에서 $\frac{\pi}{RTc}$ vs. 농도 c를 [그림 14.10]과 같이 플럿한다.

무한희석 용액($c \to 0$)에서 외삽점이 $\frac{1}{\overline{M_n}}$ 되므로 수평균분자량을 구할 수 있다.

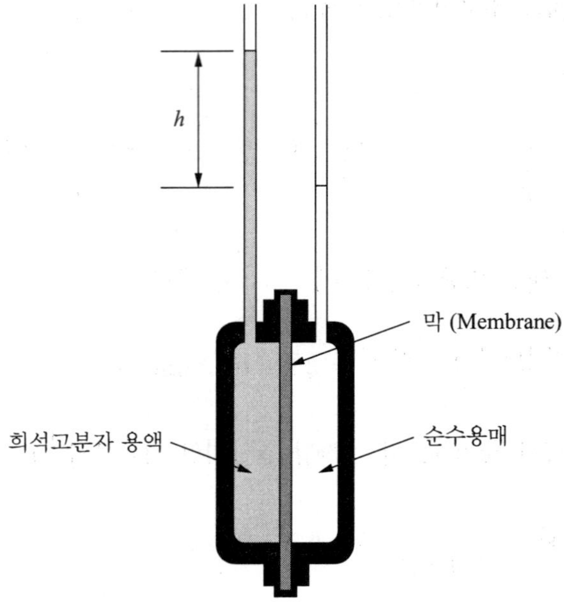

▲ 그림 14.9 삼투압 측정

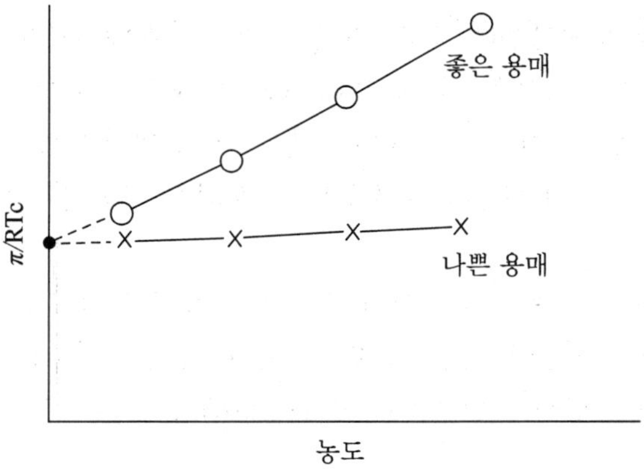

▲ 그림 14.10 농도 (c) vs. π/RTc의 플롯

(5) 증기압 삼투압법 (Vapor Pressure Osmometry)

증기압 삼투압 측정기는 밀폐된 그리고 일정한 온도(± 0.001℃)로 유지할 수 있는 용매증기가 포화된 장치 내에 한 쌍의 저항온도계(Thermistor)를 사용한다. 용매 한 방울을 주사기로 한쪽 저항온도계에 그리고 묽은 고분자 용액 한 방울은 다른 쪽 저항온도계에 매단다. 그러면 용액의 증기압이 순수용매의 증기압보다 낮으므로 용매증기들이 용액 쪽으로 옮겨 오게 된다. 이 과정에서 발생되는 증발 잠열

로 인해 용액방울의 온도는 용액의 증기압과 용매의 증기압이 같아질 때까지 올라간다. 두 저항온도계 간의 온도차이가 저분자량의 표준물질에 의해 보정된 저항차이(ΔR) 항으로 기록된다.

묽은 고분자용액의 여러 농도에서 $\Delta R/c$를 측정하고 아래 식에 의해 $\Delta R/c$를 농도에 따라 플럿하여 외삽하면 농도, $c=0$에서 수평균 분자량 $\overline{M}_n$을 얻는다.

$$\left(\frac{\Delta R}{c}\right)_{c\to 0} = \frac{K_{VPO}}{\overline{M}_n}$$

여기서 K_{vpo}는 분자량이 정확히 알려진 저분자량 표준물질로 ΔR을 측정해서 얻는 보정상수이다.

증기압 삼투압법을 위해 사용될 보정물질은 순도가 99.9% 이상이 되고 낮은 증기압(용매증기압의 0.1% 이내)을 가져야 한다. 증기압 삼투압법은 장치도 간단하고 결과의 재현성도 우수해 많이 쓰이고 있는 방법으로서 분자량 측정한계는 보통 40,000 이하가 된다. 그 이상의 범위에는 막삼투압법을 이용할 수 있다. 다음 [그림 14.11]은 증기압 삼투압 측정장치를 나타낸다.

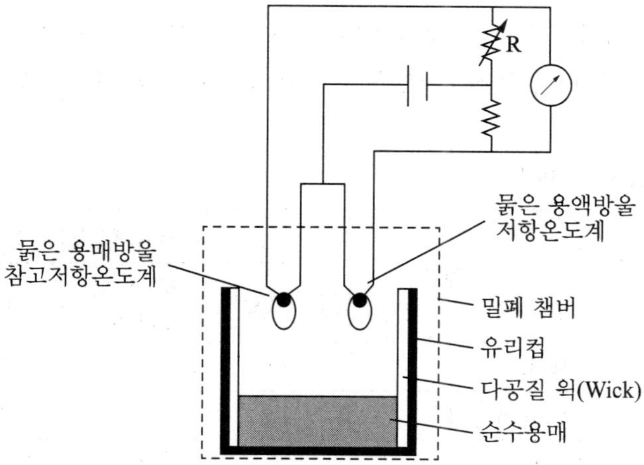

▲ 그림 14.11 증기압 삼투압 측정장치

(6) 모세관 점도법 (Capillary Viscometry)

점도측정은 용액속의 분자들이 점유한 공간에 영향을 주기 때문에 분자량 변화에 상당히 예민하다. 분자량 측정을 위해 사용되는 점도법은 분산상에서 구형 입자의 분산도 vs. 그들의 부피분율의 상대점도에 관한 스톡 아인슈타인(Stock Einstein) 방정식에 기초를 두었다. 다음 [표 14.7]은 여러 가지 점도의 정의를 나타낸다.

▼ 표 14.7 여러 가지 점도의 정의

표시	점도형태	방정식	단위	비고
η	용액점도	-	포이즈	-
η_o	용매점도	-	포이즈	-
η_r	상대점도	η/η_o	무차원	점도비
η_{sp}	비점도	$(\eta-\eta_o)/\eta_o$	무차원	-
η_{in}	본성점도	$(\ln\eta_r)/c$	데시리터/g	-
$[\eta]$	고유점도	$(\eta_{sp}/c)_{c=0}=[(\ln\eta_r)/c]_{c=0}$	데시리터/g	제한점도수
η_{red}	환원점도	η_{sp}/c	데시리터/g	-

일반적으로 사용되는 점도측정법의 하나가 농도와는 관계가 없는(용액의 농도가 0에 접근) 고유점도의 측정법이며, 고유점도는 용매의 선택에 영향을 받는다. 중요한 상관관계는 Mark Houwink 방정식이다.

$$[\eta]=KM^a$$

여기서 $[\eta]$는 고유점도, K는 상수, a는 분자량에 관련된 지수이다. 지수 a는 전형적으로 분자량이 높은 고분자에서는 3.4 값을 갖는다. 이 식의 상수들은 고분자, 용매, 온도에 따라 변하고 이들 값은 아래 [표 14.8]에 나타내었다.

▼ 표 14.8 Mark Houwink 변수

고분자	용매	$[\eta]=KM^a$, $[\eta]$ = 고유점도			
		온도(℃)	K×10^3 (ml/g)	a	분자량범위 (M×10^{-4})
Polyacrylamide	Water	30	6.31	0.8	2~50
Poly (acrylic acid)	Dioxane-1,4	30	76	0.5	13~82
Poly (acrylonitrile)	Butyrolactone	20	34.3	0.73	4~40
Poly (methyl methacrylate)	Acetone	20	5.5	0.73	7~700
Poly (butadiene)	Toluene	30	30.5	0.725	5~50
Poly (chloroprene)	Benzene	25	2.02	0.89	6~150
Poly (isoprenes)	Benzene	30	18.5	0.74	8~28
Poly (vinyl chloride)	Benzyl alcohol	155.4	156	0.5	4~35
	Chlorobenzene	30	71.2	0.59	3~19

	Chclohexane	20	11.6	0.85	2~10
Polyethylene, low pressure	Biphenyl	127.5	323	0.5	2~30
	Octanol	180.1	286	0.5	2~105
	P-Xylene	105	16.5	0.83	13~50
high pressure	Decalin	70	38.73	0.738	0.2~3.5
	p-Xylene	75	135	0.63	0.2~7.6
Polypropylene, atatic	Benzene	25	27	0.71	6~31
	Cyclohexane	25	16	0.8	6~31
	Toluene	30	21.8	0.725	2~34
isotactic	Biphenyl	125.1	152	0.5	5~42
	p-Xylene	85	96	0.63	-
syndiotactic	Heptane	30	31.2	0.71	9~45
Polystyrene, atactic	Benzene	20	6.3	0.78	1~300
	Chloroform	25	7.16	0.76	12~280
	Chlorohexane	28	108	0.479	0.6~69
	Toluene	20	4.16	0.788	4~137
isotactic	Benzene	30	9.5	0.77	4~75
	Chloroform	30	25.9	0.734	9~32
	Toluene	30	11	0.725	3~37
Poly (vinyl alcohol)	Water	25	140	0.6	1~7
Polyoxymethylene	Dimethylformamide	130	22.4	0.71	0.15~1.5
Polypropylene oxide	Acetone	25	75.5	0.56	0.1~0.4
	Benzene	20	11.1	0.79	0.07~0.33
Polytetrahydrofuran	Ethyl acetate	30	42.2	0.65	2.6~113
	Toluene	28	25.1	0.78	3~12
Poly (ethylene terephthalate)	Tetrachloroethane	50	13.8	0.87	0.04~0.1
Nylon 6	Trifluoroethanol	50	58.2	0.73	1.3~10
Nylon 66	Aqueous HOOH	25	35.3	0.786	0.6~6.5
Nylon 610	m-Cresol	25	13.5	0.96	0.8~2.4

점도측정 방법으로 얻어진 평균분자량은 수 평균분자량과 무게 평균분자량 사이의 값을 갖는다. 모세관점도계는 쓰기 편리하여 고분자 실험에서 흔히 사용하고 있으며, 다음은 자주 이용되는 모세관점도계를 보여주고 있다.

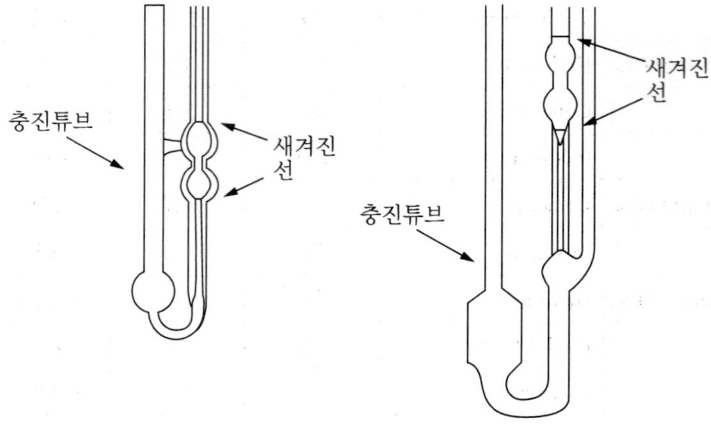

(a) Ostwald Fenske모세관 점도계 (b) Ubbelohde모세관 점도계

▲ 그림 14.12 모세관 점도계

점도측정은 고분자용액이 일정한 반경을 갖는 모세관을 층류 (Laminar Flow)로 흐르는 것으로 간주하고, 시료용액을 점도계 오른쪽 저장기 (Reservoir) 위 표시선까지 끌어올린 다음 유출시험을 시작한다. 시료용액의 액면 (Meniscus)이 저장기 위 표시선부터 아래 표시선까지 통과하는데 요하는 시간은 용액의 점도와 직접 관계가 있으므로 이 과정에서 요하는 시간 t는 다음과 같이 나타낸다.

$$t = \frac{8\eta L}{\pi g \rho R^4} \int_{h_1}^{h_2} \frac{dQ}{h}$$

여기서, L : 모세관 길이
R : 모세관 반지름
h_1/h_2 : 액면높이
Q : 용액부피
ρ/η : 용액밀도/점도

주어진 점도계에서 적분과 몇몇 인자 (Parameter)가 일정하므로

$$t = \frac{\eta}{A\rho}$$

여기서, A : 점도계상수
η/ρ : 유체의 동점도

용액점도 대 용매점도의 비는 상대점도 (Relative Viscosity)이며

$$\eta_r = \frac{\eta}{\eta_o} = \frac{t\rho}{t_o \rho_o}$$

여기서, η_r : 상대점도
아래첨자 o : 용매값

희박용액의 경우 용매와 용액의 밀도의 비는 거의 1이며 상대점도는 유출시간의 비가 된다. 고분자의 농도가 0에 접근할 때 상대점도는 1에 접근한다. 비점도 (Specific Viscosity)는 고분자로 인해 점도의 증가분율을 말하므로, 비점도 η_{sp}는

$$\eta_{sp} = \eta_r - 1 = \frac{t - t_o}{t_o}$$

비점도는 고분자농도와 비선형적이며, 거듭제곱 급수전개(Power Series Expansion)를 사용하여 모델화되었다.

$$\eta_{red} = \frac{\eta_{sp}}{c} = [\eta] + \alpha c + \beta c^2 + \cdots$$

환원점도(Reduced Viscosity) η_{red}는 비점도대 농도의 비이며, 고유점도 $[\eta]$는 농도가 0에 접근하는 환원점도로써 극한값을 갖는다. 고유점도(Intrinsic Viscosity)는 분자 상호 작용을 무시하는, 즉 농도가 0인 상태에서 용액의 점도를 증가시키는 고분자의 능력의 크기이다.

환원점도식에서 α, β를 고분자용액의 특성에 연관시키는 것은 어렵다. 점도를 위해 두 개의 잘 알려진 실험적 모델이 있다. Huggins 모델은 계수 α는 $[\eta]^2$에 비례한다고 가정하므로

$$\frac{\eta_{sp}}{c} = [\eta] + k[\eta]^2 c$$

이 식에서 η_{sp}/c vs. c의 플럿은 절편이 $[\eta]$이고, 기울기가 $k[\eta]^2$인 직선이 될 것이다. Huggins 계수 k는 고분자용매를 위한 상수이며 이 값은 흔히 0.3에서 0.5사이가 된다. 또 상기 Huggins식과 비슷한 실험식이 Kramer에 의해 제안되었다.

$$\frac{\ln(\eta/\eta_0)}{c} = [\eta] + k'[\eta]^2 c$$

Kramer 식으로부터 고유점도를 구하는 또 하나의 방법이 제시된다. 즉, 이 식의

좌변의 값을 본성점도 (Inherent Viscosity) η_{in}라 하는데, 이를 농도에 대해 플롯하고 $c=0$으로 외삽하여도 다음과 같이 고유점도를 구할 수 있다.

$$\lim_{c \to 0} \frac{\ln(\eta/\eta_0)}{c} = \lim_{c \to 0} \eta_{in} = [\eta]$$

앞에서 서술한 두 방법으로 고유점도를 구하는 과정은 아래 그림과 같다. 두 직선은 $c=0$으로 외삽할 때 한 점에서 만나야하며 이 절편값이 고유점도 $[\eta]$이다. 따라서 이는 Huggins식과 Kramer식에 의해 고유점도를 구하는 방법이다.

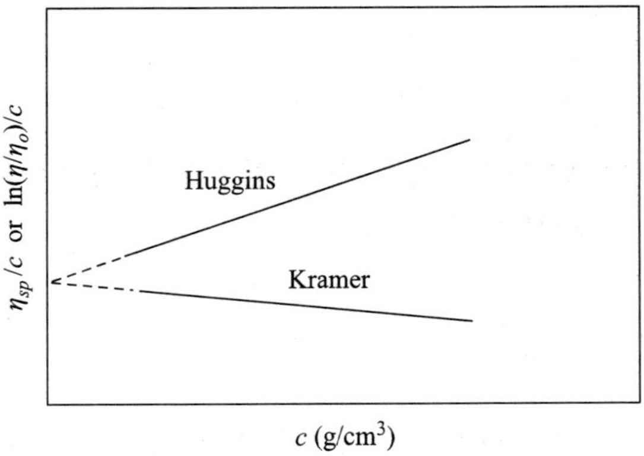

▲ **그림 14.13 고유점도 구하는 방법**

(7) 광산란법 (Light Scattering Methods)

중량 평균분자량을 직접 얻는 방법은 오직 산란법에 의해서만 가능하다. 가장 일반적으로 사용되고 있는 기술은 고분자 희박용액을 광산란시키는 것이다. 특수하게 만들어진 고체 시편을 가지고 소각 중성자 산란을 통해 무게평균분자량($\overline{M_w}$)을 결정할 수도 있는데 이 기술이 고분자분야에서 현재 매우 중요함에도 불구하고 시편의 제조비용이 비쌀 뿐 아니라 특수한 설비가 필요하기 때문에 분자량 측정에 일반적으로 사용되지는 못하고 있다. 고분자 희박용액의 광산란 측정에 사용되는 기본적인 원리를 다음에 설명한다. 광산란의 기본 관계식은 다음과 같이 주어진다.

$$\frac{Kc}{R(\theta)} = \frac{1}{\overline{M_w}\,P(\theta)} + 2A_2c + \cdots$$

이 식에서, $P(\theta)$는 입자산란 함수, c는 농도이다. 그리고 K는 순수용매 굴절률 n_0의 함수일 뿐만 아니라 고분자 희박용액의 비굴절증분 (Specific Refractive Increment) dn/dc 및 입사광의 파장 λ의 함수이다.

$$K = \frac{2\pi^2 n_0^2}{N_A \lambda^4}\left(\frac{dn}{dc}\right)^2$$

여기서 N_A는 아보가드로수(6.02 × 10^{23} Molecules/mol), 비굴절증분(dn/dc)은 고분자 희박용액에서 고분자의 농도가 증가함에 따른 굴절률 n의 변화이다. 상기 광산란 기본 관계식에서 $R(\theta)$은 Rayleigh Ratio라 부른다.

$$R(\theta) = \frac{i(\theta) r^2}{I_0 V}$$

이 식에서 I_0는 입사광의 강도이며 $i(\theta)$는 산란된 빛의 강도로서 산란부피 V로부터 거리 r만큼 떨어진 곳에서 입사각에 대해 θ 각도로 측정한 것이다. [그림 14.14]는 큰 산란입자에서 산란광 사이의 갑섭효과를 나타낸다.

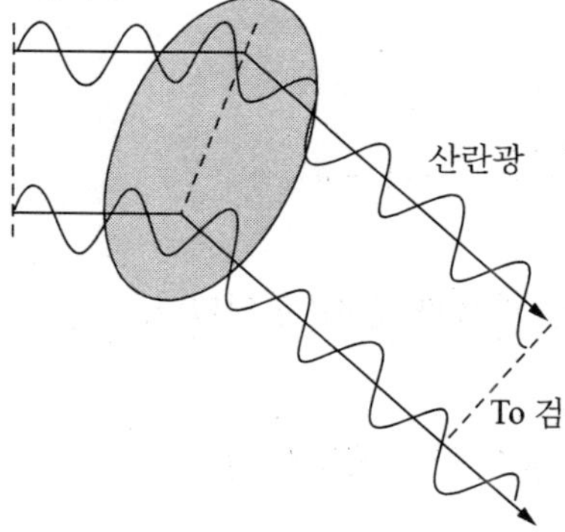

▲ **그림 14.14 산란광 사이의 간섭효과**

상기 광산란 기본관계식에서 $P(\theta)$ 입자산란함수(Particle Scattering Function)는 고분자 사슬의 크기와 여러 각도에 따른 산란광의 강도 형태가 함께 작용하는 함수이다. 빛의 파장보다 작은 구형입자는 산란광의 강도가 이루는 대칭적인 외피를 형성하는 독립적인 산란 중심으로서 작용한다. 작은 입자의 경우는 $P(\theta)$가 일정하지만, 크기가 $\lambda/20$보다 큰 고분자 사슬의 경우에는 동일사슬을 따라 서로 다른 지점으로부터의 산란이 발생하게 된다.

이 때문에, 간섭효과로 인한 산란광의 강도감소가 일어날 수 있고, [그림 14.15]에서처럼 산란 외피는 더 이상 대칭형의 구형으로 나타나지 않게 된다. 이 경우, 산란과 강도의 각에 대한 의존성은 입자의 산란함수 $[P(\theta)]$에 따라 결정된다. 즉, [그림 14.15]는 여러 각도에서 광산란의 강도분포로서 점선은 작은 입자들에 의한 대칭분산을, 실선은 큰 입자들에 의한 비대칭 분산을 나타낸다.

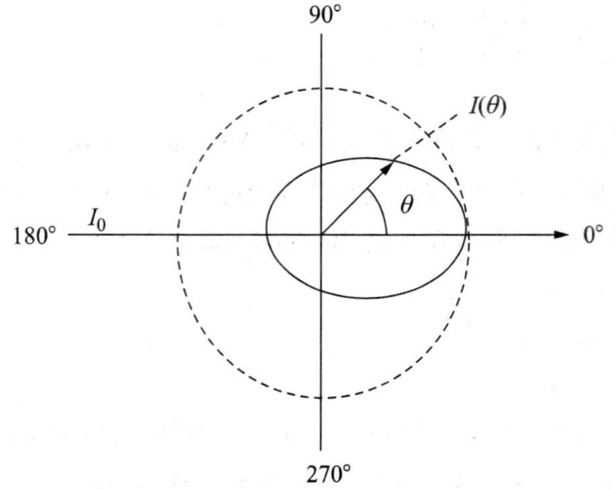

▲ **그림 14.15 여러 각도의 광산란 강도분포**

희박용액에서 랜덤하게 코일링된 형태의 단분산계의 분자들인 경우, 다음 식과 같이 표현할 수 있다.

$$P(\theta) = \frac{2}{v^2}\left[e^{-v} - (1-v)\right]$$

여기서 산란부피 (v)는 다음과 같이 정의된다.

$$v = 16\left(\frac{\pi n}{\lambda}\right)^2 < s^2 > \sin^2\left(\frac{\theta}{2}\right)$$

$<s^2>$는 나선 (Gyration) 평균의 제곱이다. 선형사슬 고분자의 경우, $<s^2>$은 끝에서 끝의 거리 [End to End Distance (r)]의 평균제곱과 관계를 가진다.

$$< s^2 > = \frac{< r^2 >}{6}$$

광산란 측정의 기본적인 장비를 아래 [그림 14.16]에 나타내었다. 고강도 수은램프 (High Intensity Mercury Lamp) 또는 후에 설명할 레이저 (Laser)로부터 나온 빛은 편광되어서 고분자 희박용액이 든 유리 시료셀 (Glass Sample Cell)를 지나기 전에 걸러진다. 각 θ에서 산란광의 강도는 고전압의 광전배전관 (Photomultiplier Tube)으로부터 나오는 신호로 기록된다. 상기 광산란 기본관계식으로부터 $\overline{M_w}$를 결정하기 위하여, $R(\theta)$ 값이 측정된 각 각에 대한 $P(\theta)$ 값을 알아야 한다. 고분자의 분자량분포가 다분산을 나타내면, $P(\theta)$는 상기 식에서 주어진 바와 같이는 정확하지 않지만, 고분자 시료 속에 존재하는 다양한 크기를 가진 사슬들의 양을 근거로 하여, 이와 같은 방정식으로 나타낸 서로 다른 크기의 고분자 사슬들을 합계하여 결정할 수 있다.

이 $P(\theta)$에 대한 정보를 잘 알 수 없기 때문에, 분명한 $P(\theta)$ 값을 필요로 하지 않는 이러한 방식으로 데이터들을 다루는 것이 통례이다. 실제로는 광산란 데이터로부터 무게평균분자량($\overline{M_w}$)을 구하는 방법에는 Dissymmetry와 Zimm 방법이 있다.

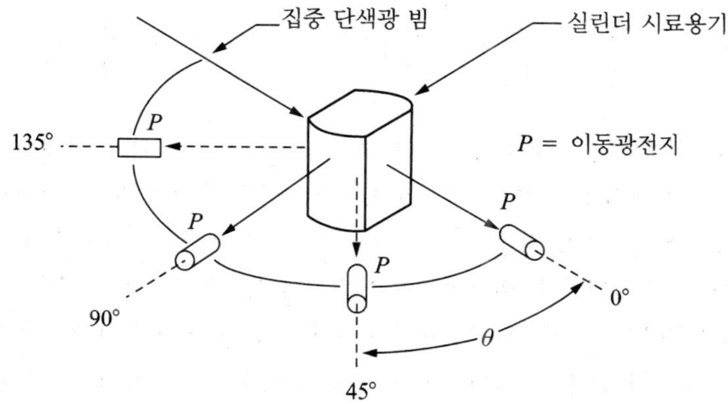

▲ 그림 14.16 광산란 기기의 개략도

1) Dissymmetry Methods

Dissymmetry 방법으로 $\overline{M_w}$ 결정하기 위해서는 몇 가지 다른 농도를 가진 고분자 희박용액을 가지고, 세 각(보통 45°, 90°, 135°)에서의 산란강도를 측정해야 한다. 비대칭비율, z는 다음과 같이 정의된다.

$$z = \frac{i(45°)}{i(135°)}$$

비대칭비율 z가 보통 농도에 의존하는 값이므로, 농도가 0일 때의 값은 $(z-1)^{-1}$을 농도에 대해 도시하여 알 수 있다. 그러면 이 값은 $P(90°)$를 구하는데 사용되고 또한 어떤 구조(즉, Rod, Disk, Sphere, Random Coil)를 가지는가에 따라 알려진 값으로부터 $<r^2>^{1/2}$을 결정할 수 있다. 이러한 정보가 없을 경우에는 용액내의 고분자는 일반적인 유연성 체인고분자의 전형적 형태인 랜덤 코일형을 갖는다고 간주한다. 일단 $P(90°)$를 알게 되면 절편으로부터 $\overline{M_w}$를 구할 수 있고 $Kc/R(90°)$를 0까지 외삽된 농도에 대해 도시할 때 그 기울기로부터 비리얼계수 A_2를 얻을 수 있다.

2) Zimm Methods

이 과정은 사슬의 구조를 미리 알 필요가 없다는 점에서 장점을 가진다. 그러나 Zimm Plot은 Dissymmetry 방법에서보다 더 많은 각도에서 광산란 강도를 측정해야 한다. 농도가 0일 때와 각이 0일 때를 모두 외삽하여야 분자량, 두 번째 비리얼계수, 사슬크기를 구할 수 있게 된다. $P(\theta)$가 일정 값으로 접근하는 소각 (Small Angle) 한계에서, $1/P(\theta)$의 급수전개 (Series Expansion)를 시킴으로써 광산란 기본 관계식은 다음과 같이 된다.

$$\frac{Kc}{R(\theta)} = \frac{1}{\overline{M_w}}\left[1+\frac{16}{3}\left(\frac{\pi n}{\lambda}\right)^2 < s^2 > \sin^2\left(\frac{\theta}{2}\right)\right] + 2A_2 c$$

여러 각도와 농도에서 $Kc/R(\theta)$를 $< s^2 > \sin^2(\theta/2)$에 대해 도시한 것을 아래 [그림 14.17]에 보였다. 즉, 여러 각도 (θ)와 용액의 농도 (c)에서 얻은 광산란 Data (●)의 Zimm 플럿을 나타낸다. 0 산란각과 0 농도까지 동시 외삽한 것이 점선으로 표시되었다. 횡축의 k항은 임의의 상수로 각 커브 간에 간격을 두기 위해 도입하였다. $\theta = 0^\circ$ 와 $c = 0$일 때까지 두 값을 동시 외삽하면 상기 식의 두 번째와 세 번째 항이 0이 되고, 이 때 절편의 역수를 취하면 $\overline{M_w}$값을 얻게 된다. 상기 식을 살펴보면 비리얼계수 A_2는 $\theta = 0$일 때의 외삽선의 기울기의 반으로 정해지게 됨을 알 수 있다. 이는 즉 $c = 0$일 때 외삽선의 초기 기울기로부터 얻어지는 나선 (Gyration, s)의 평균 제곱 반경인 것이다. 즉,

$$< s^2 > = \frac{3\overline{M_w}}{16}\left(\frac{\lambda}{\pi n}\right)^2 \times 기울기\ (@\ c = 0)$$

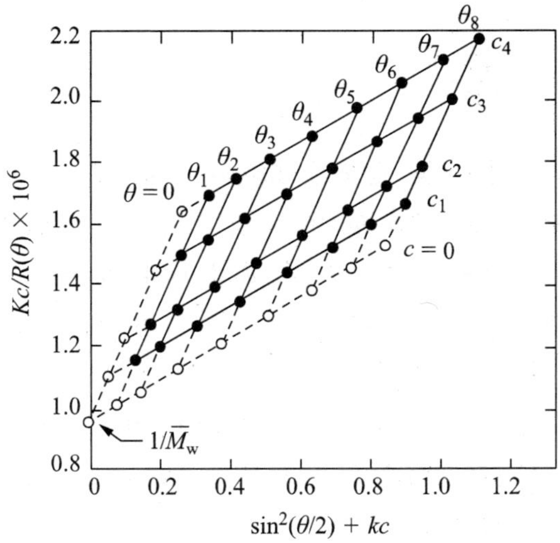

▲ 그림 14.17 광산란의 Zimm 플럿

3) 소각 레이저 광산란 [Low Angle Laser Light Scattering (LALLS)]

최근에 헬륨 네온(He Ne) 레이저($\lambda = 6,328\,Å$)가 기존의 상업용 광산란장비에 사용되던 광원들을 대체하고 있다. 이 광원이 가지는 높은 강도로 인하여 훨씬 작은 각(2°에서 10°)에서도 광산란을 측정할 수 있게 되었을 뿐 아니라 낮은 농도를 가진 더욱 작은 시료에 대해서도 측정이 가능하게 되었다. 작은 각도에서 입자산란 함수 $P(\theta)$가 일정치로 접근하기 때문에 상기 Zimm 방식은 작은 구형 입자의 산란에 대한 고전적인 Debye 방정식을 매우 간단하게 줄여준다.

$$\frac{Kc}{R(\theta)} = \frac{1}{\overline{M_w}} + 2A_2c$$

따라서, 단일 각도에서 $Kc/R(\theta)$를 c에 대해 나타내면 절편 값의 역수를 취해 $\overline{M_w}$를 구하고 기울기의 절반으로부터 비리얼계수 A_2를 얻을 수 있다. 아래에 25℃의 용매 아세톤에 녹아있는 고분자 셀룰로오스아세테이트(Cellulose Acetate)를 가지고 $Kc/R(\theta)$를 c에 도시한 대표적인 소각 레이저 광산란(LALLS)을 [그림 14.18]에 나타내었다. 절편으로부터 150,000의 $\overline{M_w}$값을 얻어내고, 두 번째 비리얼계수인 A_2는 기울기로부터 7.53×10^{-3} mL mol/g^{2}임을 얻는다. 이 방법의 한 가지 단점은 산란이 단일 각에서만 측정되므로 사슬의 크기를 구할 수 없다는 것이다.

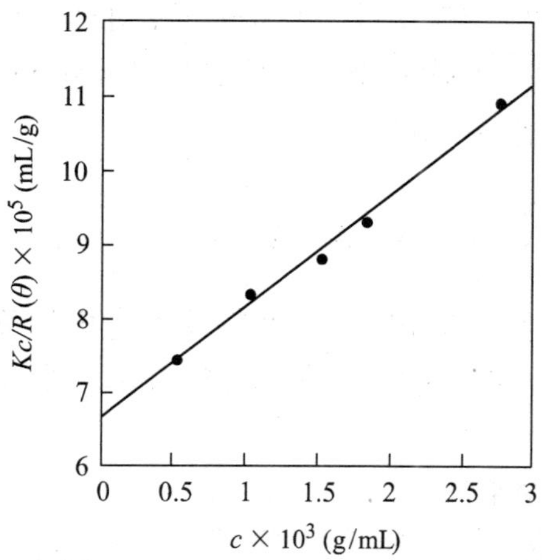

▲ 그림 14.18 LALLS 도시 예

02 고분자의 사슬구조

고분자의 입체배열 (Configuration)은 원자들이 일차결합을 통해 연결되어 있는 구조를 말한다. 이것은 중합시에 완성되며 결합이 깨어지기 전에는 그 성격이 변하지 않는다. 반면에 입체형태 (Conformation)는 고분자 내에 존재하는 단일결합들의 회전에 따라 생기는 공간적 모양을 말한다. 이것은 결합이 유지된 채로 변한다.

2.1 입체배열 (Configuration)

합성고분자는 제한된 수의 반복단위가 일차결합을 통해 다수 연결되어 이루는 고분자량의 사슬로 이루어진다. 사슬의 구조적 변수는 이러한 분자량뿐만 아니라 화학적 조성, 위치이성질화, 입체화학적 구조, 분지, 가교 등 다양하다.

(1) 화학적 조성

화학적 조성은 반복단위의 종류를 말한다. 합성고분자는 크게 대별하여 단독중합체와 공중합체로 나눌 수 있는데, 두 경우 모두 반복단위가 어떤 것인지에 따라 고분자 사슬의 특성이 크게 달라진다. 특히 공중합체의 경우는 반복단위들의 배열까지도 구조적인 변수가 된다. 선형 단독중합체 (Homopolymer)의 경우 다음과 같은 일반식으로 나타낼 수 있다.

$$X-A-A-A-A- \cdots\cdots\cdots -Y$$

여기서 X와 Y는 말단기이며, 이것 또한 구조적 변수 중 하나로 볼 수 있다. 반복단위 A에 따른 물성 변화의 예를 보이면 다음과 같다.

▼ 표 14.9 반복단위와 물성 관계

반복단위	고분자	용융온도 (℃)
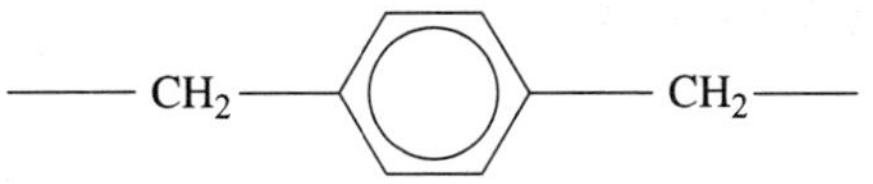	Poly (-xylene)	~400℃
$—CH_2—CH_2—$	Polyethylene	~135℃
$—CH_2—O—$	Polyoxymethylene	~165℃

공중합체 (Copolymer)는 기본단위의 수를 명시할 필요가 있을 때 이원공중합체 (Copolymer), 삼원공중합체 (Terpolymer) 등으로 부르기도 한다. 이원공중합체의 경우 다음과 같은 몇 종류로 대별될 수 있다.

▼ 표 14.10 이원공중합체의 구분

이원공중합체 (Copolymer)	연결방식
랜덤 (Random)	−A−B−A−A−B−A−B−B−B−A−A−B−A−
블록 (Block)	−A−A−A ...... −A−A−B−B− ...... −B−B−B−
교대 (Alternating)	−A−B−A−B−A−B−A−B−A−B−A−B−A−B−
그래프트 (Graft)	−A−A−A−A−A−A−A−A−A−A−A−A−A−A− B B B ⋮ B

위에서 볼 수 있듯이 조성뿐만 아니라 기본단위들이 이루고 있는 연결방식의 분포, 곧 연속분포 (Sequence Distribution)도 중요한 구조변수로 작용한다. 랜덤공중합체는 A와 B가 무작위로 연결되어 있는 것이고, 블록공중합체는 각 단위들이 긴 블록을 이루고 그것들이 서로 연결되어 있는 것이다. 위 그림에서는 블록이 두 개인 경우만을 예시했지만 블록의 수가 여럿인 경우도 있다. 이때는 블록의 길이의 분포도 구조변수가 된다. 교대공중합체는 A와 B가 정확히 교대로 나타난다. 그래프트 공중합체는 한 종류의 반복단위로 이루어진 골격 (Backbone) 고분자에 다른 종류의 반복단위들이 가지를 이루고 있다. 실제 다양한 변형이 존재할 수 있다. 예를 들어 그래프트 공중합체에서 골격 고분자 자체가 공중합체일 수 있고 가지들 자체도 공중합체일 수 있다.

이원공중합체에 대한 예로서 PP는 PP랜덤코폴리머 (Random Copolymer)와 PP블록코폴리머 (Block Copolymer)가 있으며 이들 공중합체의 물성은 매우 상이함을 [그림 14.19]에서 알 수 있다. 그리고 [그림 14.20]은 실제 이들 공중합체에 대한 DSC의 열곡선 (Thermogram)을 나타내고 있다.

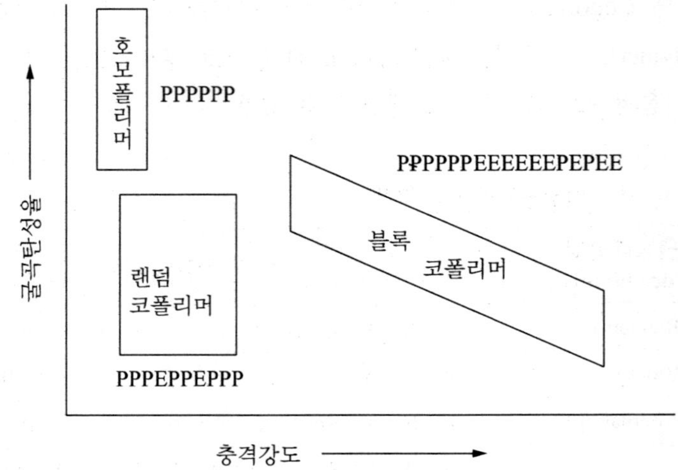

▲ **그림 14.19** PP공중합체의 물성

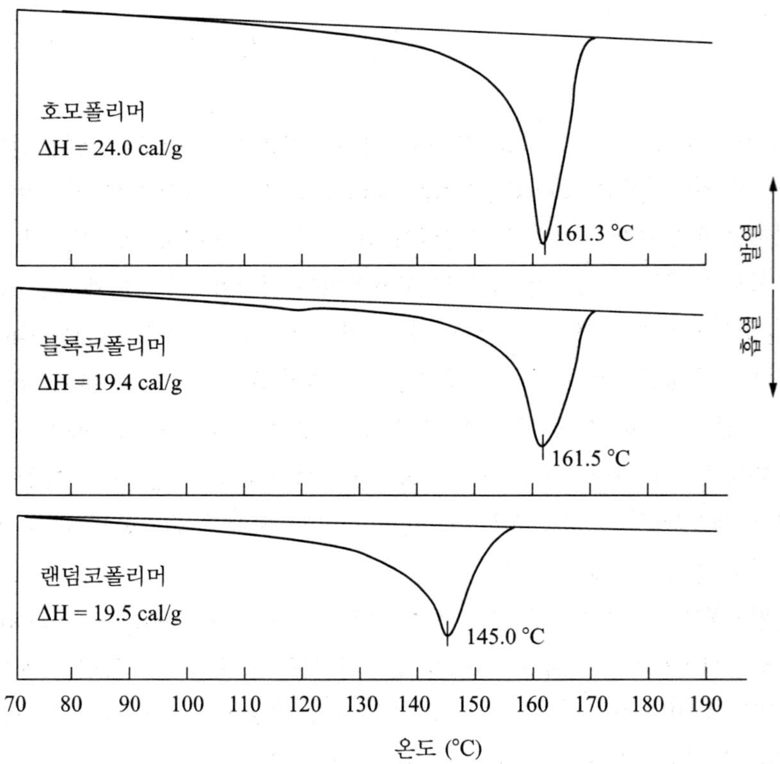

▲ **그림 14.20** PP공중합체의 DSC 열곡선

(2) 위치 이성질화

이성질체란 화학식은 동일한데 구조식이 다른 분자이다. 고분자는 반복단위의 연결 방식이 변할 때 대개 화학식이 변하는 것은 아니기 때문에 다양한 구조변수에 따른 이성질화가 다수 발생한다. 위치이성질화는 주로 비닐 단량체에서 만들어지는 비닐 고분자에서 논의된다. 물론 단량체의 처음과 마지막이 구별되는 축합고분자 등에서도 위치이성질화가 논의될 수 있다. 비닐 단량체는 치환기가 붙어 있는 쪽을 머리(Head, H), 붙어 있지 않은 쪽을 꼬리(Tail, T)로 하여 구별한다.

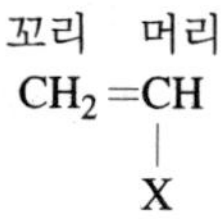

여기서 중합시에 활성점이 단량체를 공격해서 반응이 이루어질 때 다음과 같은 두 가지 방식의 부가가 가능하다.

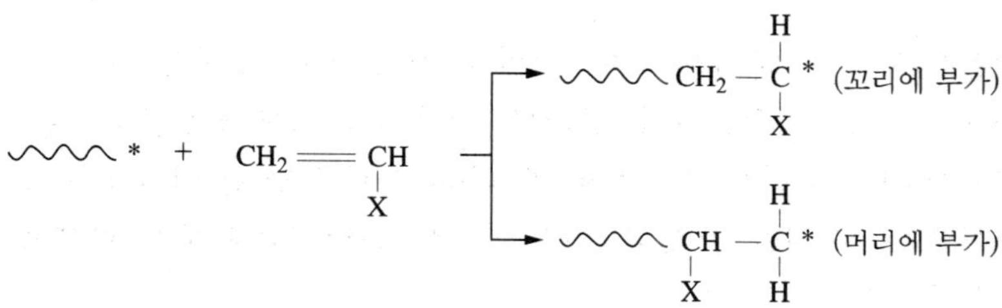

이것이 반복될 때 다음과 같은 세 가지 경우의 구조가 발생할 수 있다.

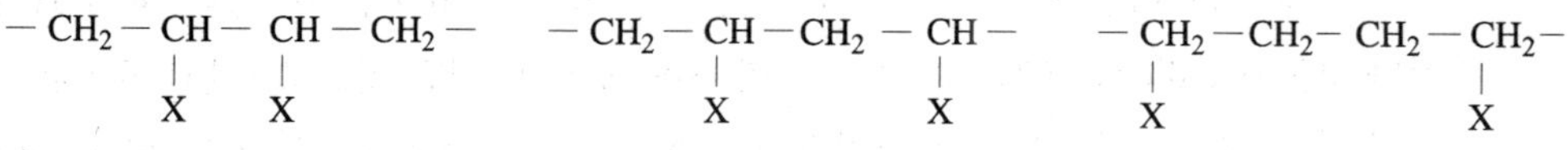

(머리–머리) (머리–꼬리) (꼬리–꼬리)

이런 구조 중에 어떤 것이 주로 생성되는지는 사슬성장 중의 상황을 고려하면 알 수 있다. 앞서 보인 머리와 꼬리가 생성되는 두 반응 가운데 활성점이 치환기에 의해 안정화되는 머리 쪽의 전이 상태의 에너지가 꼬리 쪽보다 낮다. 따라서 머리가 생성되는 반응이 우세하다. 또 머리-꼬리 구조가 생성되는 경우가 치환기가 이웃하는 머리-머리 구조가 생성되는 경우보다 입체적으로 안정하다. 따라서 머리-꼬리 구조가 생성될 확률이 높아진다.

그리고 비록 머리 쪽에 활성점이 생성되는 반응으로 이어져도 머리-머리가 생성될 확률도 있으며, 또 종결반응에서 활성사슬들이 서로 반응해서 이어지는 조합(Combination) 반응에 의해 머리-머리가 생성될 수도 있다. 일반산업 고분자에서는 실제 분석해보면 머리-머리를 관측하기 어려운데 이것은 가공 과정을 거치면서 불안정한 머리-머리 구조가 용이하게 분해되는 경향이 있기 때문이다. 실제 PP의 경우(치환기 X가 메틸기) 세 가지 부가 방법은 다음과 같다.

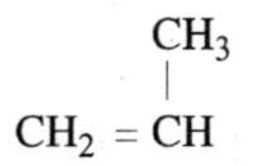

프로필렌 단량체

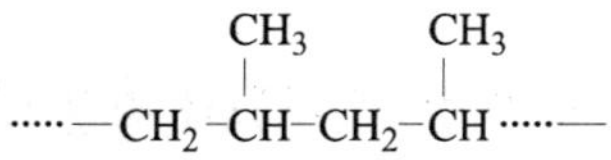

머리–꼬리

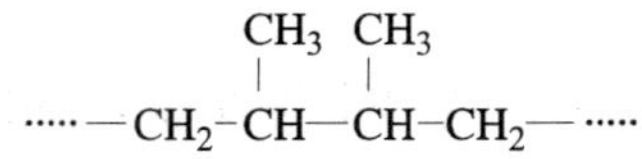

머리–머리

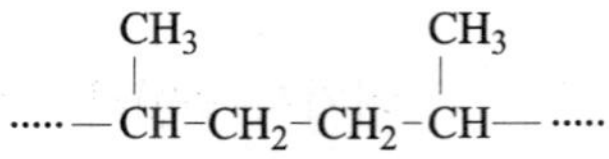

꼬리–꼬리

치환기 X가 불소(F)인 경우는 특별한 언급을 요한다. 이것은 불소의 크기와 전기적 특성상 머리 쪽에 활성점을 갖는 것과 꼬리 쪽에 활성점을 갖는 것의 에너지 차이가 적다. 따라서 부가를 할 때 머리-꼬리 구조뿐만 아니라 머리-머리 구조가 경쟁적으로 생성될 수 있다. 이것은 탄소 NMR법이나 불소 NMR법으로 명확한 분석이 가능하다.

(3) 디엔 고분자

자주 사용되는 디엔단량체는 다음과 같은 일반구조로 표현할 수 있다. R이 H이면 부타디엔(Butadiene), CH_3이면 이소프렌(Isoprene), Cl이면 클로로프렌(Chloroprene)이다. 참고로 유용한 재료인 천연고분자(Natural Rubber)는 *cis*-1,4-Polyisoprene이다.

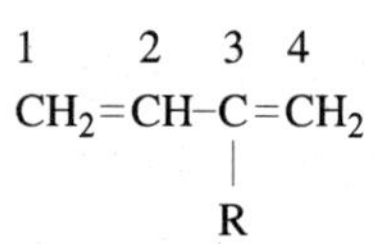

디엔단량체가 디엔고분자로 중합될 때 부가방식은 1,4-부가, 1,2-부가, 3,4-부가의 세 가지가 가능하다. 이중 1,4-부가의 경우 2와 3번 탄소들 사이에 이중결합이 생성되기 때문에 *cis*와 *trans*의 두 이성질화가 가능하다.

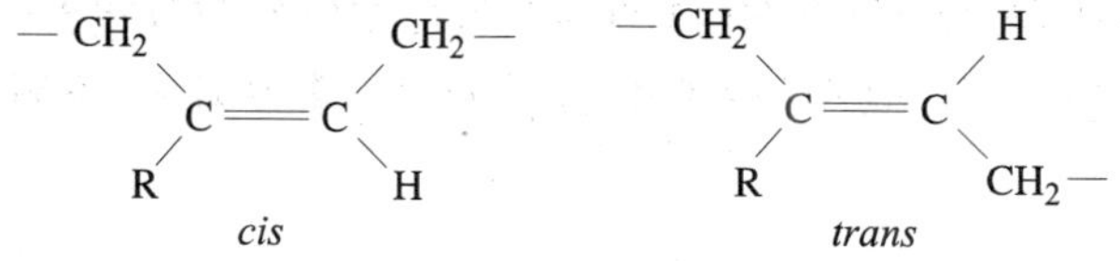

*trans*의 경우는 사슬이 직선적이 되며, 반면에 *cis*의 경우는 구부러져서 유연성(Flexibility)이 커진다. *trans*-1,4-구조로 이루어진 고분자는 플라스틱 성질을 보이고 *cis*-1,4-구조는 고무 성질을 보이는 경향이 있다. 그리고 세 가지 부가 방식 모두 머리, 꼬리의 구별이 가능해서 위치이성질화를 보일 수 있다.

이렇게 부가방식, *cis*/*trans* 이성질화, 위치이성질화가 종합되어 이루는 디엔고분자의 구조는 무척 다양하다. 몇 가지 예를 들면 다음과 같다. 4,1-1,4 머리-머리/ 1,4-4,1 꼬리-꼬리/ 4,1-3,4 머리-머리/ 1,4-4,3 꼬리-꼬리/ 1,4-1,4 꼬리-머리/ 3,4-3,4 꼬리-머리 등이 있다. 이러한 디엔고분자에서 가황가교가 이루어질 때에는, 디엔고분자 자체의 구조적 변수도 다양하지만, 가교점이 여러 탄소위치에 있을 수 있고 고리구조 등도 이룰 수 있기 때문에 디엔고분자의 가교구조는 아주 복잡하다. 디엔고분자의 구조는 중합반응조건에 따라 변한다. 대개 단량체는 이중결합들이 서로 반발하는 경향이 있어 멀리 떨어져서 그 상태로 중합을 하면 *trans*-1,4-구조가 우세하게 생성된다. 이것이 자유 라디컬중합(Free Radical Polymerization)의 경우인데, 반응온도를 낮출수록 그 경향이 심해진다. 반면에 정전기적 상호작용이 관여하는 이온중합(Ion Polymerization)을 통하면 1,2-부가, *cis*-1,4-부가 등의 함량을 높일 수 있다.

(4) 입체화학적 구조

비닐고분자에서 주로 논의되는 입체화학적 구조는 근본적으로 부제탄소(Chiral Carbon)의 존재에서 기인한다. 원칙적으로 A 사슬과 B 사슬은 동일하지 않기에 중앙의 탄소는 4개의 치환기 모두 다르다. 이것이 부제탄소인데, A와 B의 성격이 완연히 다르다면 광학적 활성(Optical Activity)을 보인다. 그러나 비닐 고분자에서 A와 B는 대개 전기적 성질이 유사하기 때문에 광학적 활성을 보이지는 않는다. 이런 이유에서 비닐 고분자의 부제탄소는 준(Pseudo) 부제탄소라 불리기도 한다.

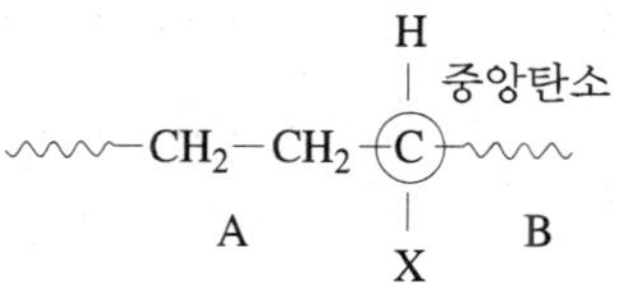

그러나 비닐고분자에서 부제탄소의 중요성은 광학적 성질보다는 구조의 규칙성에 있다. 곧 이웃하는 두 반복단위에서 [그림 14.21]과 같이 두 경우의 구조가 존재한다.

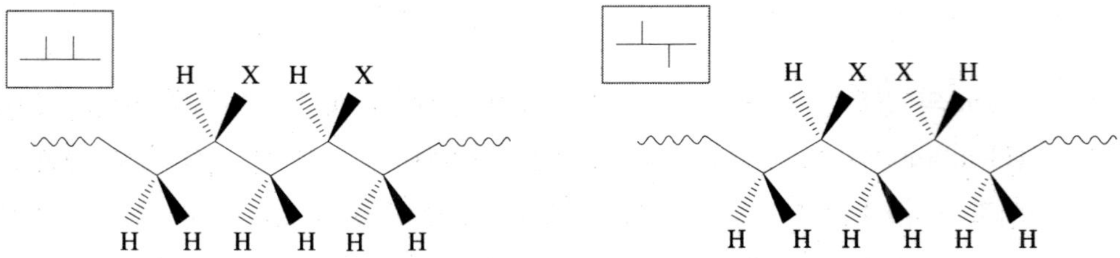

▲ 그림 14.21 구조의 규칙성

이 두 세그먼트는 단일결합들 주위로 아무리 회전을 시켜도 동일하게 만들 수 없는 다른 입체적 구조이다. 이 그림은 골격 탄소들을 지그재그 즉 펼친 구조로 만들어 놓았을 때의 상황임을 주목하라. 이 두 가지 구조를 간단히 위 그림 상단의 왼쪽의 기호로 표시한다. 이것은 Fisher 투영으로 아래 [그림 14.22]와 같은 형태가 있다.

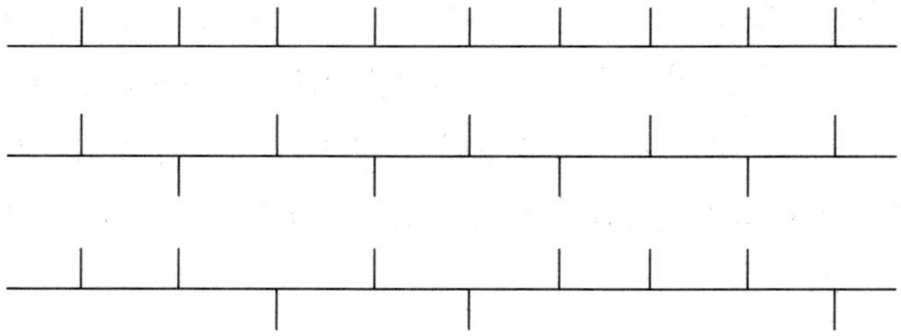

▲ 그림 14.22 입체구조 Fisher 투영

이런 입체적 구조의 변화를 택티시티 (Tacticity)라 부른다. 입체규칙성 (Stereoregularity), 입체이성질화 (Stereoisomerism), 사면체 입체이성질화 (Tetrahedral Stereoisomerism) 등으로 부르기도 한다. 택티시티는 특히 형태학 (Morphology), 곧 결정성에 큰 영향을 주는데, 일반적으로 어택틱고분자는 사슬 길이방향으로의 규칙성이 없기 때문에 일정한 패킹이 불가능해서 거의 비정형고분자이다. 반면에 아이소택틱이나 신디오택틱 고분자는 결정성 고분자를 생성할 수 있다. PP (Polypropylene)는 자유라디컬 중합을 하면 어택틱 PP가 얻어지는데, 이것은 공업적 응용이 제한되어 있다. 충분한 물성을 보이는 공업적으로 중요한 PP는 아이소택틱이며 이는 택티시티 조절이 물성에 큰 영향을 미친다는 사실을 잘 보여주는 예이다.

일반적인 라디컬중합에서 비닐고분자의 치환기가 클수록 입체장애와 정전기적 반발을 줄이기 위해 치환기들이 서로 멀리 떨어진 상태로 부가되는 경향이 커진다. 이것은 곧 신디오택틱 (Syndiotactic) 구조의 생성이 우세하게 되는 결과를 가져온다. 같은 이유로 중합 온도가 낮을수록 신디오택틱 구조가 생성되는 경향이 커진다. 반면에 이온중합을 하게 되면 짝이온과 성장사슬 말단의 치환기 및 부가되는 단량체의 치환기 사이의 상호작용이 존재하여 일정한 방식으로 단량체의 부가가 일어날 수 있다. 이것은 택틱 구조의 생성을 가져온다. 또한 지글러 나타 (Ziegler Natta) 촉매와 같은 배위중합 (Coordination Polymerization)의 경우는 그 상호작용이 더 클 수 있기 때문에 역시 택틱 구조의 생성을 가능하게 해준다.

(5) 분지 (Branch)

고분자에 분지가 있을 경우 구조적인 변수에는 골격탄소 100개 혹은 1,000개 당 분지점의 수, 분지의 형태, 분지점의 분포 등이 있다. 분지는 단쇄분지 (SCB, Short Chain Branching)와 장쇄분지 (LCB, Long Chain Branching)로 나눌 수 있다. 이때 분지는 C_x로 표시되는데 x는 분지에 있는 탄소 수이다. SCB는 공중합, 그래프트화, 분자내 연쇄 이동, 분자간 연쇄 이동 등을 통해 생성된다. 공중합은 일정한 길이의 분지를 도입하기 유용한 방법이다.

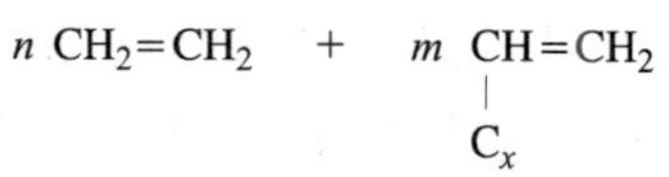

그래프트화는 골격에 단량체를 추가로 그래프트를 시켜 분지를 도입하는 방식이다. 그리고 연쇄 이동은 성장고분자 말단의 성장활성점이 이동해가서 거기서 단량체가 계속 부가되어 분지를 이루는 것인데, 연쇄 이동은 분자간 및 분자 내에서 일어날 수 있다. 이 중 분자내 연쇄 이동은 입체적으로 안정한 6원고리 전이 상태를 통해 쉽게 일어날 수 있다.

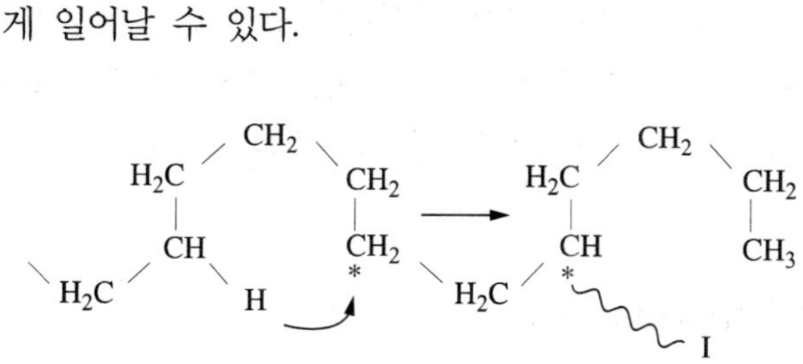

이것을 특히 되물기 (Backbiting)라 부르는데, 위와 같이 한 번 일어나면 C_4 분지가 생긴다. 이것을 다른 관점에서 보면 활성점이 그것이 있던 탄소를 제외하고 4

번째 탄소의 위치로 이동하는 것이다. 위의 I 구조에 단량체가 하나 더 붙었을 때를 고려하면 다중 되물기 (Backbiting) 역시 가능하다. LCB는 분자간 연쇄 이동에 의해서 저절로 생성되는 것도 가능하고, 다기능기 화합물의 도입을 통하여 생성되기도 한다. Divinyl Benzene 같은 가교제를 소량 투입하여 분지를 생성시키기도 한다.

(6) 가교 (Cross Linking)

입체배열을 논할 때 제외할 수 없는 것이 가교이다. 가교는 분지가 심해져서 두 사슬 사이를 잇는 것으로 볼 수 있다. 가교는 주로 가교제를 도입하여 형성된다. 가교구조에서는 단위체적당 가교점의 개수로 정의되는 가교밀도 (Cross Link Density)와 가교점 사이의 사슬, 곧 네트워크 사슬의 평균분자량 ($\langle M_c \rangle$)이 주요한 변수를 구성한다. 물성에는 이들뿐만 아니라 네트워크 사슬의 유연성도 큰 영향을 미친다. 열경화성 고분자들은 주로 가교 밀도가 높고 $\langle M_c \rangle$가 작은 반면, 탄성을 크게 보이는 고무재료들은 유연하고 긴 네트워크 사슬을 갖고 있다. 가교 고분자는 사슬들이 별개로 거동할 수 없어 용매에 용해가 되지 않으며 열에 의한 용융도 불가능하다. 특별한 종류의 가교구조도 존재하는데 IPN (Interpenetrating Network)이 대표적이다. 이것은 두 종류의 고분자가 각각 가교구조를 이루고 있고 이 둘은 분자 수준에서 서로 엉키어 있다. 이것은 첫 번째 단량체를 이용하여 가교 고분자를 제조한 후 그것을 두 번째 단량체로 팽윤시켜 가교제를 넣고 중합하는 방법을 통해 얻을 수 있다. 두 번째 단량체가 가교제 없이 중합되면 하나는 가교 고분자고 다른 것은 선형고분자로 이루어진 Semi-IPN을 얻을 수 있다. 실제 제조에서는 다른 종류의 고분자들이 섞이지 않는 문제가 발생할 수도 있으며, 제조된 고분자가 IPN인지를 확인하는 분석은 용이하지는 않다.

한편 이상의 가교는 화학적 방법을 통해 얻어지는 화학적 가교이었는데 물리적 가교도 가능하다. 이것은 이온 영역 형성이나 결정 영역 형성 등에 기초하여 사슬들의 일부가 서로 물리적으로 속박되게 하여 가교점을 이루고 속박되지 않는 부분들이 네트워 사슬을 이루게 만드는 방법을 통해 달성된다.

2.2 입체형태 (Conformation)

여기서는 사슬의 크기 (Chain Dimension)를 주 대상으로 하는 사슬통계학 (Chain Statistics)의 관점에서 살펴보고자 한다. 고분자 사슬은 골격에 단일결합이 존재하며, 단일결합 주위로는 회전이 가능하다. 분자는 일정한 온도에 놓이게 되면 그 원자들은 그 열적 에너지로 인한 운동을 하며, 다양한 입체 형태를 보이는 원동력이 된다. −>C−C<−에서 C−C의 단일결합은 핵 사이의 정전기적 반발과 인력, 전자와 전자 사이의 반발, 또한 근본적인 결합 포텐셜 등에 의해 비틈 잠재에너지(Torsional Potential Energy)가 비틀 각(Torsion Angle)의 함수로 나타난다. 곧 어떤 각도에서는 안정해서 그 각도를 취하는 경향이 크며 어떤 각도에서는 불안정해서 그 각도로 존재하는 경우는 적어지게 된다. 이것을 부탄(Butane)을 예로 들어보면 다음과 같다.

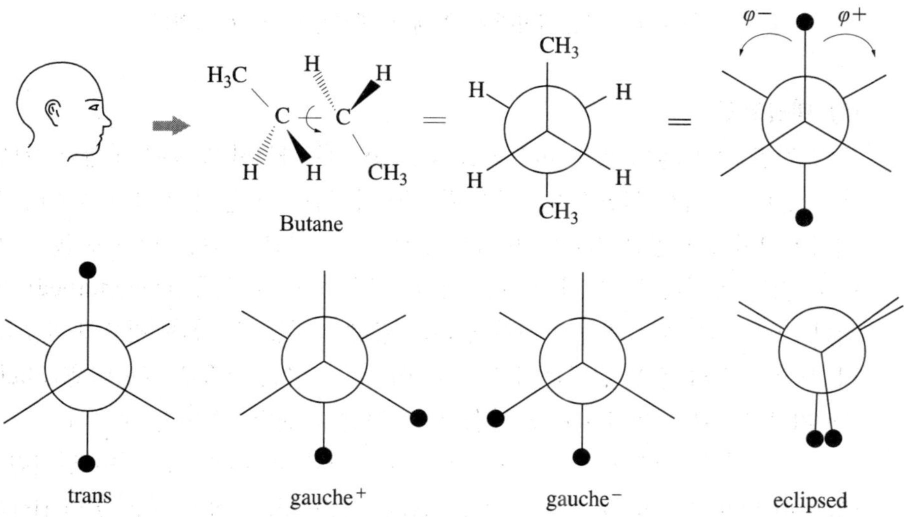

▲ **그림 14.23 여러 가지 입체형태**

입체형태가 trans일 때 가장 안정하며 gauche^{+}와 gauche^{-}일 때 다소 안정하다. 반면에 eclipsed일 때 반발력이 가장 커서 불안정하다. 다시 말해 트란스(trans) 형태는 메틸(Methyl)기 사이의 거리가 가장 멀어 에너지가 가장 낮고 안정한 상태, 왼쪽 비틀림(Gauche^{-})과 오른쪽 비틀림(Gauche^{+}) 형태는 메틸기간 거리가 비교적 적당해 비교적 안정적인 상태, 가리어진(Eclipsed) 형태는 메틸기가 겹쳐져 에너지 준위가 높고 반발력 때문에 불안정한 상태를 말한다. 일차적으로 이러한 부탄(Butane)이 계속 이어진 상황이 고분자 골격을 나타내는 것으로 볼 수 있다. 따라서 고분자 골격에 있는 단일결합들은 Trans로 존재할 확률이 높지만 Gauche^{+}나 Gauche^{-}로 존재할 확률도 충분히 존재한다. 따라서 고분자 사슬은 이쪽 저쪽으로 120° 혹은 −120° 비틀어지고 긴 사슬일 경우 전체적으로 실이 꼬인 듯한 모양을 이루게 된다. [그림 14.24]는 사슬결합각과 입체적 회전장애의 모형도를 나타낸다.

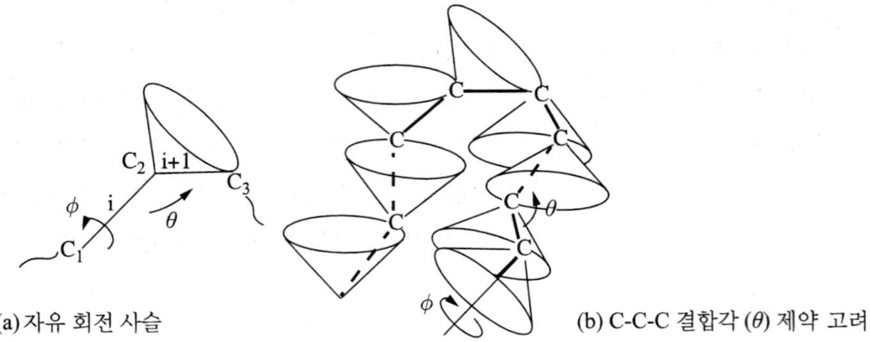

▲ 그림 14.24 사슬결합각과 입체적 회전장애 고려 모형도

(1) 랜덤코일

우선 진공 속에 놓여 있는 이상적인 사슬 하나를 가정하고 그에 대해 살펴보면 다음과 같다. 여기서 이상적인 사슬이란 길이가 ℓ인 링크들이 이어진 것인데 링크는 체적이 0이라서 링크 사이에 반발력이 없고 한 링크가 다른 링크를 뚫고 지나갈 수도 있는 유령과 같은 사슬이다. 이런 유령상태를 비섭동 (Unperturbed) 상태라 한다. 또한 이웃하는 링크는 각각 임의의 방향을 향할 수 있다. 링크의 개수를 n이라 하면 사슬의 펼친 길이는 정확히 $n\ell$이 된다. 이런 사슬을 랜덤비행 (Flight) 사슬, 자유연결 (Freely Jointed) 사슬 혹은 간단히 랜덤코일이라 부른다.

사슬의 크기를 나타내는 척도는 여러 종류가 있는데 대표적인 것이 말단간 거리 (End to End Distance)이다. 한 말단 (A)을 기준점으로 잡고 다른 말단 (B)까지의 거리를 말하는데, 분자량을 이야기할 때처럼 사슬 하나에 대해서는 큰 의미가 없고 여러 사슬의 평균치가 의미가 있다 (혹은 한 사슬이 여러 상태로 존재할 때의 평균치로 봐도 됨). 그래서 거리의 제곱평균 제곱근 (RMS, Root Mean Square) 값을 구해서 평균말단간 거리로 삼는다. 제곱근은 제곱평균 거리의 제곱의 차원을 갖고 있어 거리의 차원으로 만들기 위해 취한다. 랜덤코일에 대해서 말단간 거리 r의 제곱평균값은 다음과 같이 주어진다.

$$< r^2 >_o = n\ell^2$$

여기서 아래첨자 o는 비섭동 곧 유령임을 의미한다. ℓ은 일정한 상수이기 때문에 $< r^2 >_o$이 n, 곧 고분자의 분자량에 비례한다는 결론이 나온다. RMS (거리) 값인 $\sqrt{< r^2 >_o}$은 $\sqrt{n}\ell$로 주어진다. 랜덤코일의 경우는 링크와 링크가 가상의 점 (주로 Bead라고 부름)으로 이어져 있다고 보고 거기에 링크에 해당되는 질량이 모여 있다고 생각한다.

고분자의 크기를 나타내는 다른 척도는 회전반경 (Radius of Gyration) s이다. 이것은 고분자 사슬의 무게 중심에서부터 각 요소들까지의 평균거리인데, 말단간 거리의 논의에서와 동일하게 이것 역시 RMS 값을 고려해야 의미가 있다.
랜텀코일의 경우엔 요소는 Bead가 되며 s는 사슬의 무게중심에서 각 Bead까지의 거리의 RMS (회전) 값이다. 여기서 s는 다음과 같이 주어진다.

$$< s^2 >_o = \frac{1}{6} n\ell^2$$

[그림 14.25]는 랜덤비행사슬의 모형도를 나타낸다.

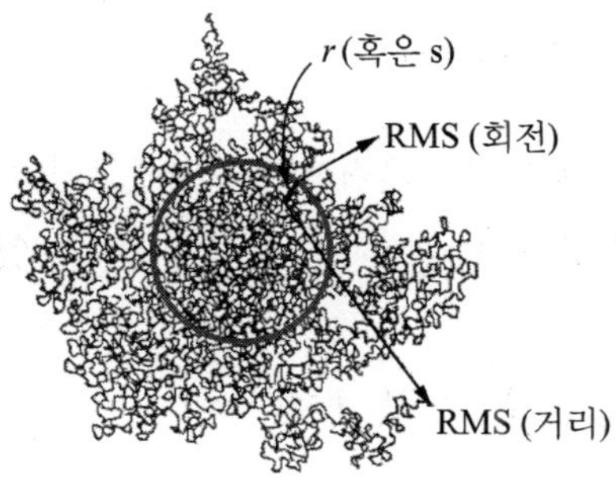

▲ **그림 14.25 랜덤비행사슬** (RMS = $< r^2 >^{1/2}$, RMS = $< s^2 >^{1/2}$)

또 하나의 유용한 개념은 방사상분포함수 (Radial Distribution Function)이다. 한 말단 (A)를 기준으로 하고 거기서 다른 말단 (B)까지 이어진 벡터를 $\vec{r}$이라 하면, 이 함수는 말단 B가 $\vec{r}$에 위치한 체적요소 $d\vec{r} = dx\,dy\,dz$ 놓여 있을 확률분포함수 $W(\vec{r})$이다.

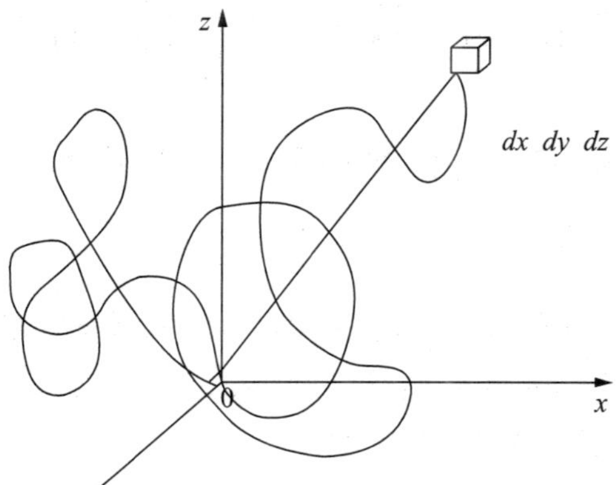

▲ **그림 14.26 방사상 분포함수**

랜덤코일에 대해서 $W(\vec{r})$은 다음과 같이 주어진다.

$$W(\vec{r}) = \left(\frac{3}{2nl^2}\right)^{3/2} e^{-\frac{3}{2nl^2}}$$

이것은 가우스(Gaussian) 함수이다. 그런데 $W(\vec{r})$보다 유용한 함수는 $W(r)$이다. 이것은 사슬 말단 B를 r만큼 떨어진 거리에서 발견할 확률 분포함수이다. r은 벡터가 아니므로 이것은 r에 위치한 체적요소 dr에 놓여 있을 확률 분포함수를 의미한다.

$$W(r) = W(\vec{r})4\pi r^2$$

$W(\vec{r})$과 $W(r)$을 그래프로 그려보면 다음 [그림 14.27]과 같다.
여기서 $W(r)$을 이용해서 $< r^2 >_o$을 구해볼 수 있다.

$$< r^2 >_o = \int_0^{\infty} r^2 W(r)dr = n\ell^2$$

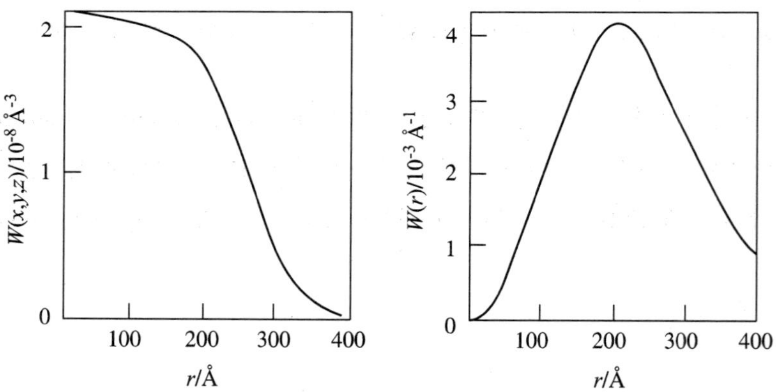

▲ 그림 14.27 확률분포 $W(\vec{r})$과 $W(r)$

(2) 실제사슬

실제사슬에서는 이웃하는 링크들이 각각 임의의 방향을 향할 수 있는 랜덤코일과는 달리 결합각도 존재하며 앞서 부탄(Butane)에서 살펴보았듯이 결합 주위로 비트는(Twisted) 것도 자유스럽지 않다. 이런 사항들이 고려될수록 말단간 거리 (r)나 회전반경 (s) 모두 커진다는 것을 짐작할 수 있다. 여기서도 여전히 비섭동 상태를 가정한다. 이때 결합각을 θ라 하면, 말단간 거리는 다음과 같이 주어진다.

$$< r^2 >_o = n\ell^2\left(\frac{1-\cos\theta}{1+\cos\theta}\right)\sigma^2$$

여기서 σ는 결합주위의 비틈이 제한될수록 커지는 값이며 입체 파라미터(Steric Parameter)라 부른다. 대개 온도가 올라가면 σ는 줄어든다. 여기서 여전히 사슬의 크기의 RMS값은 $\sqrt{n}$에 비례함을 알 수 있다.

이제 사슬이 몸을 가져 링크와 링크 사이에 반발력이 작용하며 한 링크가 다른 링크를 뚫고 들어가지 못하는 실제 사슬의 경우를 고려해 보기로 하자. 유령일 때는 다른 것이 차지하고 있던 부피에 접근할 수 있었으나 몸을 가졌을 때는 더 이상 접근할 수 없게 된다. 따라서 일정한 양의 부피가 접근 금지, 곧 배제되어 사슬이 커지는 효과가 난다. 이렇게 비섭동 상태(Unperturbed Dimension)에서 섭동 상태(Perturbed State)로 바뀌면서 사슬이 커지는 상황을 배제 부피효과(Excluded Volume Effect)라고 부른다. 이때 사슬말단의 분포가 가우스(Gaussian) 분포를 보이던 것이 비가우스(Non Gaussian) 분포로 바뀐다. 다음 [그림 14.28]은 묽은 용액의 비섭동 크기(Unperturbed Dimension)로부터 용매주입(Solvent In)과 용매제거(Solvent Out)에 의한 팽창(Expansion)과 수축(Contraction)을 보여주고 있다.

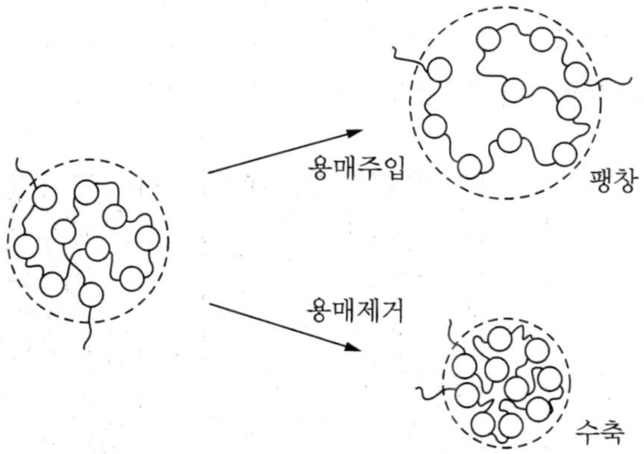

▲ **그림 14.28 비섭동에서 팽창과 수축 모형도**

이 효과는 재료가 열팽창을 통해 커지는 것에 비유할 수 있다. 따라서

$$\sqrt{< r^2 >} = \alpha_r\sqrt{< r^2 >_o}$$

으로 놓으며, 회전반경의 경우도 유사하다.

$$\sqrt{< s^2 >} = \alpha_s\sqrt{< s^2 >_o}$$

여기서 α_r과 α_s는 모두 팽창계수이다.

Flory는 말단간 거리 r과 링크의 수 n 사이의 관계에 대해 다음과 같은 관계를 유추해 냈다.

$$r \sim n^{3/(d+2)}$$

여기서 d는 차원이다. 실제 사슬은 3차원 물체이므로 $d=3$이고, $r \sim n^{3/5}$의 관계가 얻어진다. 랜덤코일, 곧 이상적 사슬의 경우는 앞에서 살펴본 바와 같이 $r \sim n^{1/2}$의 관계임이 잘 알려져 있다. 여기서 이상적 사슬의 차원을 구해보면 $d=4$가 나온다. 과연 이상적 사슬은 4차원 물체이다. 유령이기 때문이다.

(3) 희박용액에서 벌크까지

지금까지는 사슬 하나가 진공 중에 존재할 때의 크기에 대해 살펴보았다. 이것이 용매 속에 들어갈 때는 어떻게 될까? 낮은 농도의 희박용액에서는 사슬들이 용매 속에 따로 따로 분리해서 존재를 한다. 농도가 높아지면 어느 순간 사슬들이 서로 겹치기 시작한다. 이때의 농도를 중첩(Overlap) 농도 혹은 임계(Critical) 농도 c^*라 부른다. 농도가 c^*보다 높아지기 시작하면 농축용액(Concentrated Solution)이다. 결국 농도가 1이 되면 용매가 존재하지 않는 상황이며 이것이 벌크(Bulk) 상태이다. 일반적으로 c^*는 상당히 작아서 $\sim 10^{-3}$ g/cm^{3}의 범위이다. 다음 [그림 14.29]는 고분자용액의 각 농도 영역에서 사슬의 형태를 나타낸다.

(a) 묽은 용액 $c < c^*$　(b) 중첩농도 $c = c^*$　(c) 준희박용액 $c > c^*$

▲ 그림 14.29 고분자용액의 사슬의 모형도

고분자용액 이론들은 통계역학까지 동원하는 상당히 복잡한 경우가 많다. 간단히 개념적으로 접근하는 이론들을 중심으로 보면, 희박용액은 대개 Flory Huggins 이론을 희박용액으로 확장시킨 이론으로 다룬다. 중첩농도 근처에서는 스케일링 이론(Scaling Theory)으로 접근한다.

Flory Huggins 이론은 원래 농축용액을 대상으로 만들어진 이론이기 때문에 농축용액 영역에서 적당한 이론이며, 정량적으로는 적용한계가 있지만 정성적인 면에서는 거동의 이해에 도움을 준다. 한편 Flory는 용매의 양이 줄어들어서 고분자 벌크상태로 갈수록 팽창계수가 1.0에 가까이 갈 것임을 예측했는데, 이것은 바로 벌크에서 고분자 사슬의 크기는 이상적 사슬의 크기와 같을 것이라는 예측이었다. 후에 행해진 중성자 산란 등의 실험결과들은 이 예측과 대체로 합치한다.

2.3 Flory Huggins 이론

이 이론은 정량적 적용의 한계에도 불구하고 고분자와 저분자, 고분자와 고분자가 섞이는 문제에 대한 정성적 통찰력을 제공했고, 그에 따라 고분자용액, 블렌드와 상분리, 분자량분별 등을 이해하는 토대를 마련해 주었다. Flory Huggins 이론은 통계역학적인 접근방법이며 일종의 격자이론(Lattice Theory)이다. 고분자용액을 용매분자의 크기에 해당하는 Cell들로 나눈 격자로 가정한다. 그리고 고분자 사슬 역시 용매분자의 크기를 단위로 해서 세그먼트로 쪼갠다. 세그먼트의 수를 x라 놓는다. 각 Cell은 격자의 형태에 따라서 근접한 이웃(First Neighbors)의 숫자가 달라지는데, 이 숫자를 배위수(Coordination Number) z라 한다. 여기서 x개의 세그먼트는 고분자를 구성하고 있으므로 서로 이어져 있어야만 한다는 제약이 따른다. 용매와 용질(고분자) 분자수를 각각 N_1과 N_2로 놓으면 격자 사이트의 총 수 $N = N_1 + xN_2$로 주어진다.

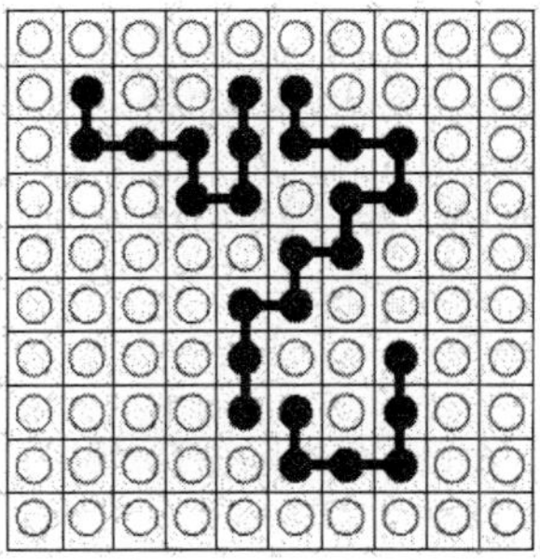

▲ 그림 14.30 Flory Huggins 격자 이론

Flory Huggins는 우선 N_2개의 고분자를 N 사이트의 격자 안에 채우는 경우의 수 Ω_{12}를 유도했다. 그리고 N_1사이트의 격자를 용매로 채우는 경우의 수 Ω_1은 1이며, N_2사이트를 고분자로만 채우는 경우의 수 Ω_2는 얻어진 Ω_{12}공식에서 $N_1 = 0$으로 놓음으로써 얻었다. 그리고 이것을 볼츠만 공식 $S = k \ln \Omega$에 대입하여 엔트로피 S_{12}, S_1, S_2를 얻었다. 곧 N_1사이트의 격자(용매)와 N_2사이트의 격자(고분자)가 섞일 때의 엔트로피의 변화(Entropy of Mixing)를 계산할 수 있었다.
그 결과는 다음과 같다.

$$\Delta S_m = S_{12} - (S_1 + S_2) = -R(n_1 \ln \varphi_1 + n_2 \ln \varphi_2)$$

여기서 R은 기체상수이며, n_1과 n_2는 각각 1 (용매)과 2 (용질, 고분자)의 몰 수이고, φ_1과 φ_2는 각각의 체적분율(Volume Fraction)이다. 그리고 섞음에 따른 엔탈피의 변화(Enthalpy of Mixing) ΔH_m을 구했다. 여기서 용해의 과정을 마치 화학반응에서처럼 다음과 같이 고려했다.

$$\frac{1}{2}[1-1] + \frac{1}{2}[2-2] \rightarrow [1-2]$$

곧 용해란 용매끼리의 접촉과 용질끼리의 접촉만 있다가 용매와 용질이 섞임에 따라 둘 사이의 접촉이 생기는 과정이기 때문에 접촉 에너지(Contact Energy)의 변화를 고려했다. 그 결과 얻어진 ΔH_m은 다음과 같다.

$$\Delta H_m = RT\, n_1 \varphi_2\, \chi$$

여기서 χ는 Flory Huggins 상호작용 파라미터, 혹은 간단히 Flory 파라미터라 불리며, 용매와 용질 사이의 상호작용에 대한 정보, 곧 용해과정에서의 접촉의 변화에 따른 에너지변화와 배위수 정보를 함유하고 있는 중요한 파라미터이다.
따라서 혼합에 따른 Gibbs 에너지의 변화 ΔG_m은 다음과 같이 주어진다.

$$\Delta G_m = \Delta H_m - T\Delta S_m = RT\,(n_1 \ln \varphi_1 + n_2 \ln \varphi_2 + n_1 \varphi_2 \chi)$$

이 식을 격자사이트의 수 N으로 나누어주면 다음과 같은 사이트 1몰 당의 Gibbs 에너지변화에 대한 식이 얻어진다.

$$\Delta G_m{}^* = RT\,(\varphi_1 \ln \varphi_1 + (\varphi_2/x)\ln \varphi_2 + \varphi_1 \varphi_2 \chi)$$

이 식은 χ가 0이거나 작은 숫자일 때는 처음 두 항이 지배적이어서 $\Delta G_m{}^*$ vs. φ_2의 곡선이 아래로 오목한 곡선이 되고 ($\varphi_1 = 1 - \varphi_2$), χ가 큰 경우는 마지막 항이 지배적이어서 위로 볼록한 곡선이 된다. 그 중간의 경우는 W자 모양의 곡선이 된다. 아래로 오목한 곡선의 경우는 어떤 조성의 혼합도 혼합에 따른 Gibbs 에너지가 감소하는 것이 되어 섞임을 의미하고 위로 볼록한 곡선의 경우는 반대로 증가하는 것이 되어 어떤 조성의 혼합도 진행하지 못하고 역으로 상분리를 보이게 된다. χ가 그 중간의 값을 취할 경우는 φ_2에 따라 섞이는 영역과 상분리를 보이는 영역이 존재한다. [그림 14.31]에서 I은 안정한 영역이며 균일한 상을 보인다. II는 준평형(Metastable) 영역이며, III의 봉우리가 일종의 에너지 장벽 역할을 해서 핵발생(Nucleation) 및 성장(Growth) 메커니즘에 의해 상분리 거동을 보인다. III는 불안정한 영역이며 자발적인 상분리 거동을 보이는데 이때의 상분리 메커니즘은 스피노달분해(Spinodal Decomposition) 메커니즘이라 불린다.

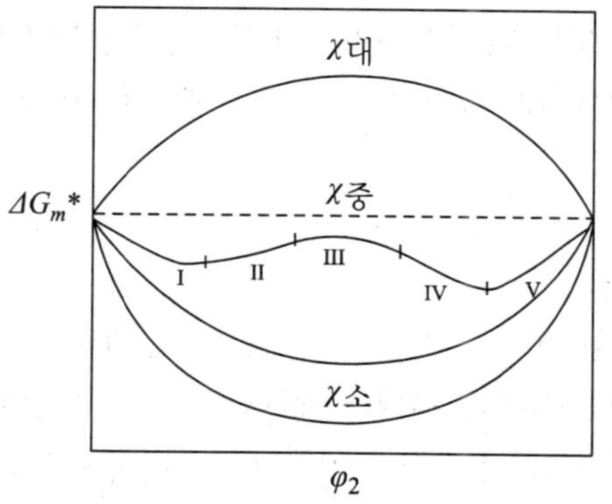

▲ **그림 14.31** Flory Huggins **상호작용 파라미터**

여기서 대개 χ는 온도의 함수로 $\chi(T)$로 주어진다. 근사적으로 $\chi(T) = a + b/T$로 놓으면 충분한 경우가 많다. 따라서 이것은 온도가 올라가면 χ가 감소하여 시스템이 혼합되는 방향으로 진행하고, 반면에 온도가 내려가면 χ가 증가하여 분리되는 방향으로 진행하며, 그 중간 온도에서는 조성에 따라 상분리가 일어나기도 하고 혼합되기도 하는 거동을 설명해줄 수 있다. 이런 혼합거동은 대개 용매 고분자 사이에 강한 상호작용이 없는, 이른바 비극성 시스템에서 나타나며 Flory Huggins 이론은 그런 시스템에 잘 적용되는 이론이다. 이때 일반적인 온도(T) vs. 조성(φ_2)의 상태도(Phase Diagram)는 다음 그림과 같다.

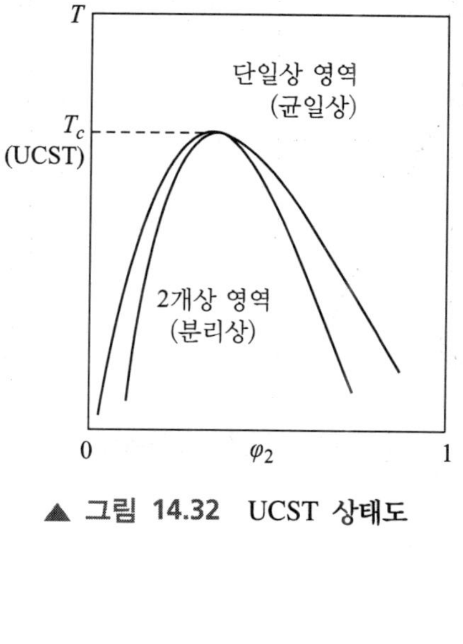

▲ **그림 14.32** UCST **상태도**

여기서 T_c는 UCST (Upper Critical Solution Temperature)라고 불리며, 이 온도 이상에서는 모든 조성에서 단일상을 이룬다. 또 이런 상태도를 보이는 거동을 UCST거동이라 한다. 반면에 특성 상호작용 (Specific Interaction)이 있는 경우에는 낮은 온도에서 그 상호작용에 의해 혼합되며 온도가 올라가면 오히려 상호작용이 방해를 받아 분리되는 경향을 보인다. 이것은 LCST (Lower Critical Solution Temperature) 거동이라 불리며, 이런 경우에는 Flory Huggins 이론은 그대로 적용될 수 없다.

참고 ▌ 고분자용액의 상분리도

아래 [그림 14.33] (a)에서 점선 안의 부분은 아주 작은 조성 요동에 의해서도 자발적인 상분리인 스피노달 기구에 의해 진행되는 불안정 영역에 해당한다. 점선과 실선 사이의 부분은 일정 크기의 외부적인 조성요동이 가해져야만 상분리가 진행되는 준안정영역이다. 상분리도의 형태는 여러 가지가 가능하며 가장 많이 관찰되는 형태로는 그림 (b)와 같이 임계점이 상경계의 위쪽에 위치하는 UCST (Upper Critical Solution Temperature)와 임계점이 상 경계의 아래쪽에 위치하는 LCST (Lower Critical Solution Temperature) 형태가 있다.

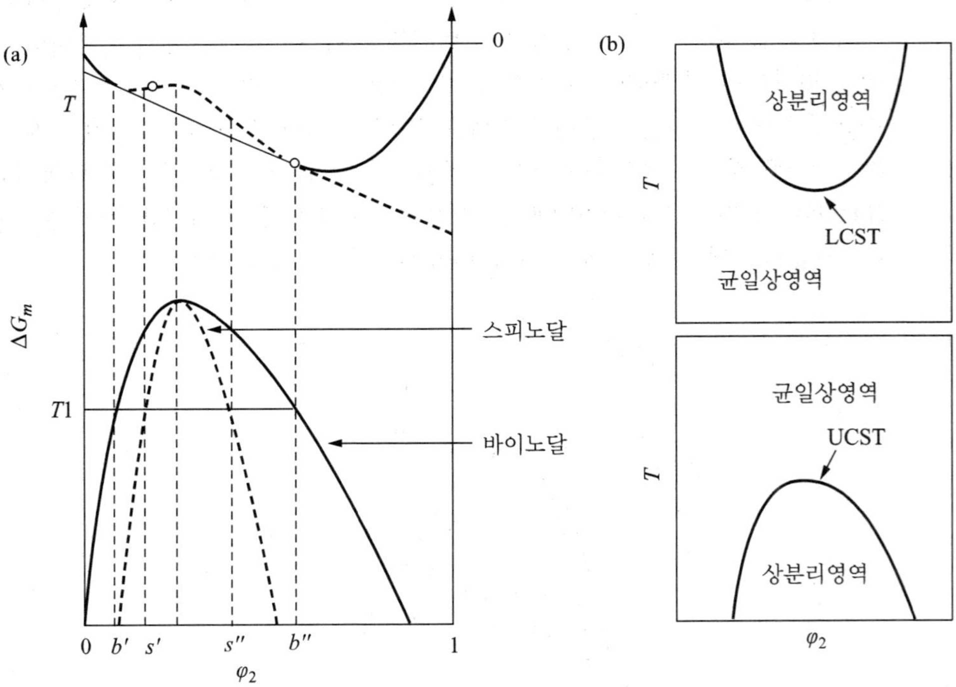

▲ 그림 14.33 상분리도

03 고분자의 결정구조

화학적 조성에 의한 분류와는 별도로 고분자는 그들의 물리적 상태에 따라 비결정성 (Amorphous) 그리고 결정성 (Crystalline) 고분자로 분류되며, 또한 고분자를 구성하는 화학적 조성 및 여타 물리적 조건에 의한 고분자의 구조는 그들의 물리적 상태를 결정하는데 대단히 중요한 역할을 한다. 실제로 비결정성과 결정성이 완전히 분리될 수 있을 만큼 그 경계가 명확하지는 않을지라도 일반적으로 X선 회절에 의한 브래그 (Bragg) 피크가 관찰되는 경우를 결정성이라 하고 그렇지 않은 경우를 비결정성이라 부르고 있다. 비결정성 고분자는 비정질상태나 유체 또는 유리상태로 존재하며 그들의 화학적 또는 이성체적 불규칙성에 의해 결정격자를 형성할 수 없는 경우를 말한다. 따라서 자연히 결정성 고분자를 형성할 수 있는 고분자의 구조적 양상은 가공을 통한 고분자 특성의 발현에 중요한 이해의 대상이 되며, 그러한 결정형성의 과정 및 결정형태를 관찰하는 소위 형태학 (Morphology)은 고분자의 성질 및 특성을 이해하는데 있어서 고분자구조와 관련하여 대단히 중요한 관심의 대상이 된다. 결정성 고분자는 그들의 고체 상태에 있어서 대단히 복잡한 구조와 형태를 나타내는데 이는 그들 조성 분자들의 사슬형태의 성질 때문으로 전통적인 저분자 고체에서는 거의 관찰되지 않는 결정화거동을 나타낸다. 이러한 결정화거동과 관련하여 고분자에 있어서의 결정성, 즉 결정화에 필요한 고분자의 구조적 요건 및 특성 그리고 고분자의 결정구조에 관한 사항들에 대하여 살펴보자.

3.1 고분자구조 및 형태학의 개요

형태학이란 결정의 외부모형 및 그 내부구조에 관한 학문적 분야로서, 일반적으로 고분자 사슬의 경우 용액이나 용융상태 하에서는 랜덤코일 (Random Coil) 형태의 구조를 취하는 반면, 고체상태 하에서는 비정형 또는 결정형태의 구조를 취하게 된다. 고분자 사슬이 결정을 이루게 되는 이론적 배경으로는 크게 다음의 두 가지 이론이 뒷받침하고 있다.

(1) Fringed Micelle 이론

이 이론은 1930년대 Sauter 등에 의해 제안된 이론으로 고분자 사슬이 중간 중간의 비정형 영역을 경유하여 하나 이상의 결정형성에 관여하고 있다고 하는 이론으로, 부분적 결정 (Semicrystalline)을 이루고 있는 고분자의 평균물성 (Bulk Property)을 설명하는 데는 매우 적합한 이론이지만 고분자 사슬들의 규칙적 배향 (Orientation)이나 특정형태의 결정모형 등을 설명하는 데는 부적합한 이론이다.

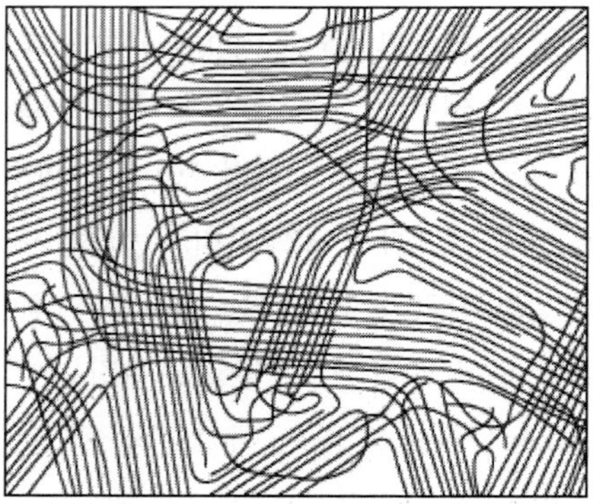

▲ **그림 14.34** Fringed Micelle **모델**

(2) 사슬굽힘 이론

이 이론은 1957년 Keller 교수에 의해 용액상태로부터 성장된 폴리에틸렌의 결정구조가 고분자 사슬이 사슬굽힘 (Chain Folding) 형태에 의해 형성된다는 것이 밝혀진 이래로 Flory 등에 의한 고분자결정 형성의 이론적 전개의 전기를 이룬 고전적 고분자 결정형성의 주 이론으로 받아들여지고 있다. 라멜라 (Lamella)라고 불리는 고분자결정은 두께가 약 100 Å정도로 고분자 사슬이 굽힘 형태에 의해 판상모형 (Platelet)의 결정형태를 취하고 있다는 것이 소각 X선 산란 (SAXD)에 의해 확인되고 있다.

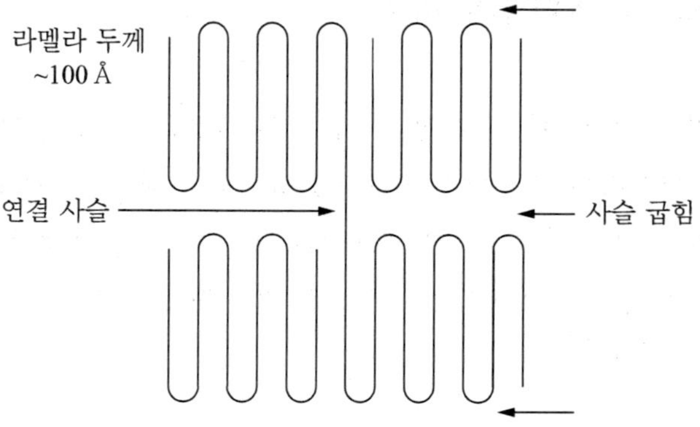

▲ **그림 14.35 사슬굽힘 이론 모형**

3.2 고분자 결정형성의 구조적 요건

(1) 화학적 규칙성

고분자가 결정을 형성하기 위한 구조적 요건으로 우선 다음과 같이 고분자 사슬을 형성하는 화학적 반복단위(Chemical Repeat Unit)의 규칙성이 존재해야 한다.

$$-A-A-A-A-A-A-A-A-A-A-A-A-A-A-A-A-$$

위와 같은 고분자구조의 전형적인 예는 아래의 폴리에틸렌과 나일론 66 등에서 찾아 볼 수 있다. 위쪽이 폴리에틸렌, 아래쪽이 나일론 66 [Poly (Hexamethylene Adipamide), Nylon 66]의 화학구조식을 나타낸다.

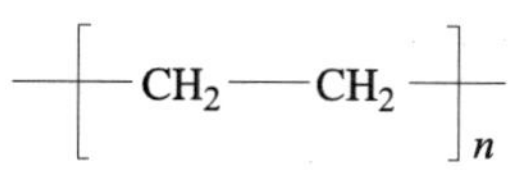

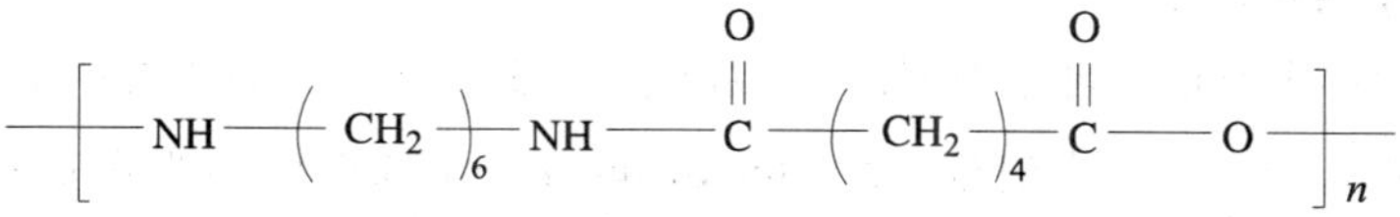

한편, 위와 같은 단일중합체 외에도 블록공중합체나 교대공중합체의 경우는 고분자의 결정을 이룰 수 있는 반면, 랜덤공중합체의 경우는 일반적으로 결정화하지 않는다. 또한 같은 단일중합체라도 결정화도(Crystallinity)에 영향을 미치는 요인으로 부가반응에 있어서 반복단위 라디컬(Radical)의 부가방법에 따라 결정화가 영향을 받는데, 아래 그림 (a)와 같이 일반적인 머리-꼬리(Head to Tail) 형태의 부가 형태에 그림 (b)와 같이 머리-머리(Head to Head) 또는 꼬리-꼬리(Tail to Tail) 형태의 불규칙한 부가형태의 존재는 결정화도를 낮추는 요인이 될 수 있다.

(a) 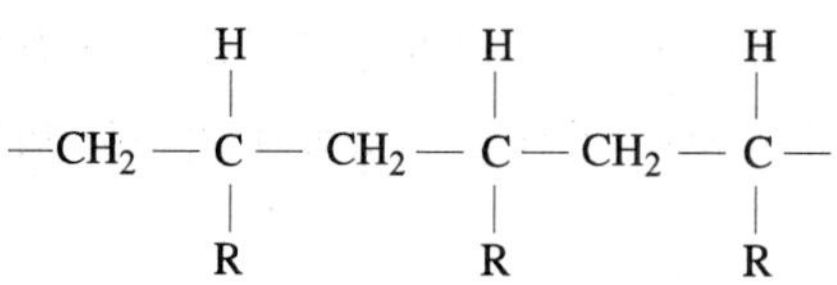 머리-꼬리

(b) 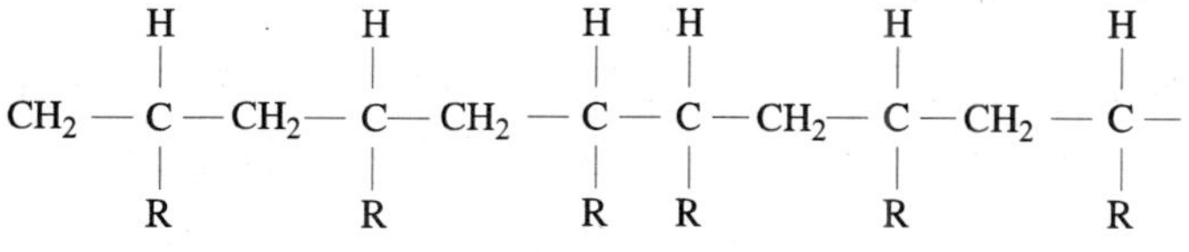 꼬리-꼬리

결정화도에 영향을 미치는 또 다른 요인으로 곁가지 (Side Chain Branch)의 존재를 들 수 있는데 폴리에틸렌의 경우 고압중합 (High Pressure Polymerization)에 의해 합성된 폴리에틸렌의 경우 100개의 (CH_2) 반복단위 당 약 3개 정도의 곁가지가 존재하게 되며 이로 인해 결정화도가 약 40~50%에 불과한 소위 저밀도 폴리에틸렌 (LDPE, Low Density Polyethylene)이 생산되게 되며 저압중합 (Low Pressure Polymerization)의 경우 약 1,000개의 $-CH_2-$ 반복단위당 약 3개 정도의 곁가지만 존재해 거의 선형의 폴리에틸렌 (Linear Polyethylene)을 형성해 결정화도가 약 90~95%에 달하는 소위 고밀도 폴리에틸렌 (HDPE, High Density Polyethylene)을 생성하게 된다. 폴리에틸렌의 가지 (Branched)는 다음과 같이 나타낸다.

$$\text{-(}CH_2\text{-}CH_2\text{-}\underset{\displaystyle B}{\underset{|}{CH}}\text{-}CH_2\text{-}CH_2\text{-}CH_2\text{-}\underset{\displaystyle B}{\underset{|}{CH}}\text{-}CH_2\text{-}CH_2\text{-}CH_2\text{-}\underset{\displaystyle B}{\underset{|}{CH}}\text{-}CH_2\text{)}_n \qquad B = \text{-}CH_3, \text{-}C_2H_5$$

(2) 입체규칙성

고분자 사슬에 측쇄가 부착되고 그리고 측쇄가 부착된 탄소원자가 비대칭 탄소라면 구조적으로 소위 입체이성 (Stereoisomerism) 효과가 존재하게 된다. 입체적 규칙성 (Stereoregularity)을 가지는 고분자의 존재는 1955년 Ziegler와 Natta에 의해 폴리프로필렌 (PP)과 폴리에틸렌 (PE) 등의 부가반응에 의한 비닐고분자의 합성에 의해 최초로 확인되었다.

비닐 고분자

$$\text{(}CH_2\text{-}\underset{\displaystyle R}{\underset{|}{CH}}\text{)}_n$$

1) 아이소택틱 (Isotactic)

측쇄기 R들이 주사슬 지그재그 (ZigZag) 탄소평면을 기준으로 공간상에서 같은 한 면으로 치우쳐 존재할 경우의 구조를 말하며 결정화가 가능한 입체적 구조요건이 된다.

2) 신디오택틱 (Syndiotatic)

측쇄기 R들이 주사슬 지그재그 (ZigZag) 탄소평면을 기준으로 공간상에서 왼쪽, 오른쪽으로 교대로 배열되어 있는 구조를 말하며 결정화를 위한 필요 입체규칙성 (Regularity)이다. 한편, 같은 화학식에 의한 고분자 결정이라도 아이소택틱 구조와 신디오택틱 구조에 의한 결정은 각기 아주 다른 결정구조를 나타내게 된다. 일예로 아이소택틱 폴리프로필렌(Isotactic Polypropylene)이 3_1 나선(Helical) 구조의 단사정계(Monoclinic) 결정형태를 나타내는 반면, 신디오택틱 폴리프로필렌(Syndiotactic Polypropylene)은 4_2 이중나선축(2 Fold Screw Axis)의 결정구조를 나타내고 있다.

3) 어택틱(Atactic)

측쇄기 R들이 주사슬 지그재그(ZigZag) 탄소평면을 중심으로 공간상에서 왼쪽, 오른쪽으로 아무런 규칙성이 없이 불규칙적으로 배열되어 있는 입체구조를 말하며 결정화가 일어날 수 없는 입체구조이다.

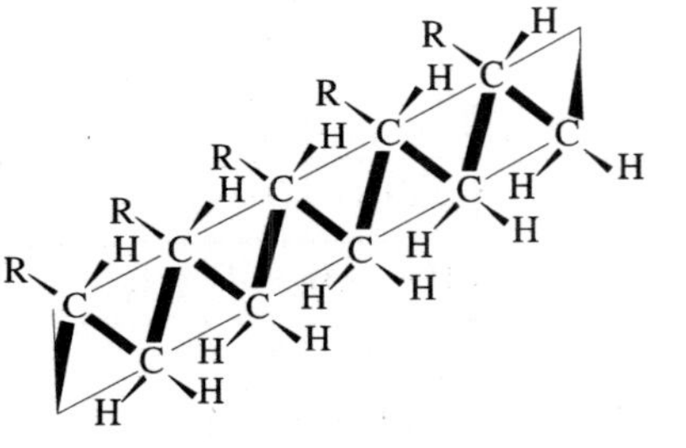

▲ 그림 14.36 아이소택틱 사슬 입체형태

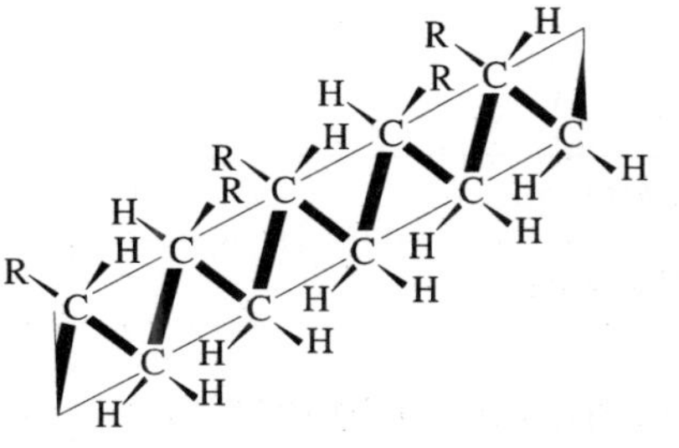

▲ 그림 14.37 신디오택틱 사슬 입체형태

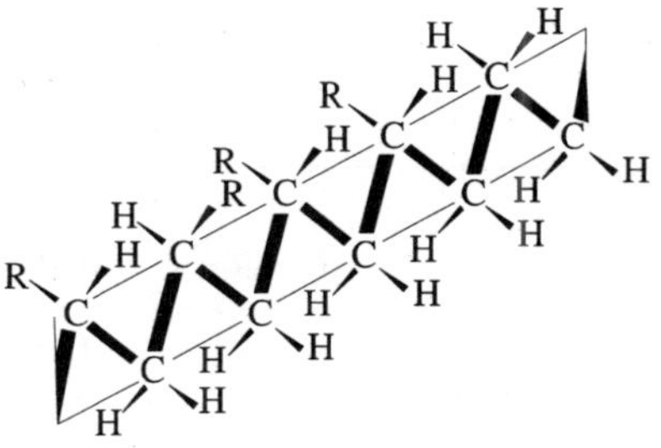

▲ 그림 14.38 어택틱 사슬 입체형태

(3) 분자량(Molecular Weight)

고분자에 있어서 일반적으로 분자량분포(Molecular Weight Distribution)는 매우 그 범위가 넓으며 이는 결정의 불규칙성 및 결정화도를 떨어뜨리는 매우 주요한 요인이 된다. 한편, 우리가 통상적으로 관심을 가지고 있는 대개의 고분자의 분자량은 $10^4 \sim 10^6$ 정도 범위이며 충분히 연장된(Fully Extended) 길이는 약 $0.1 \sim 10$ μm 정도이다. 아래 [표 14.11]에 통상적으로 많이 이용되는 주요 고분자와 화학반복단위 구조를 나타낸다.

▼ 표 14.11 주요 고분자의 화학반복 및 구조식

고분자	화학구조식
폴리에틸렌	$[-CH_2-CH_2-]_n$
폴리프로필렌	$[-CH_2-\underset{CH_3}{\underset{\mid}{CH}}-]_n$
폴리 4-메틸펜텐-1	$[-CH_2-CH_2-CH_2-\underset{CH_3}{\underset{\mid}{CH}}-]_n$
폴리부텐-1 (폴리부틸렌)	$[-CH_2-\underset{\underset{CH_3}{\underset{\mid}{CH_2}}}{\underset{\mid}{CH}}-]_n$
폴리스티렌	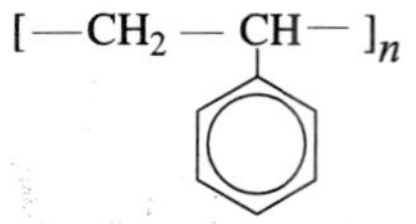
폴리옥시메틸렌	$[-CH_2-O-]_n$
폴리에틸렌옥사이드	$[-CH_2-CH_2-O-]_n$
폴리클로로트리플루오로에틸렌 (PCTFE)	$[-CF_2-\overset{Cl}{\overset{\mid}{\underset{F}{\underset{\mid}{C}}}}-]_n$
폴리테트라플루오로에틸렌	$[-CF_2-CF_2-]_n$
폴리비닐클로라이드	$[-CH_2-\underset{Cl}{\underset{\mid}{CH}}-]_n$
폴리아크릴로니트릴 (PAN)	$[-CH_2-\underset{CN}{\underset{\mid}{CH}}-]_n$
폴리에틸렌아디페이트	$[-O-\overset{O}{\overset{\parallel}{C}}-(CH_2)_4-\overset{O}{\overset{\parallel}{C}}-O-(CH_2)_2-]_n$
폴리글루타믹산	$[-\overset{O}{\overset{\parallel}{C}}-\underset{CH_2-COOH}{\underset{\mid}{CH}}-NH-]_n$
폴리헥사메틸렌아디프아미드 (나일론 66)	$[-NH-(CH_2)_6-NH-\overset{O}{\overset{\parallel}{C}}-(CH_2)_4-\overset{O}{\overset{\parallel}{C}}-]_n$

3.3 고분자의 결정구조

(1) 결정모형의 분류 및 단위세포

삼차원적 이동에 의해 규칙적 모형이 반복되는 결정의 기본단위를 단위세포 (Unit Cell)라 하며 아래 [그림 14.39]와 같이 육면체의 한모서리를 임의의 원점으로 할 때 각 변으로의 반복길이 a, b, c 그리고 그들 사이의 각 α, β, γ의 여섯 개의 인자를 중심으로 결정을 분류하게 된다. 위에서 언급한 바와 같이 단위세포를 구성하는 여섯 개의 인자를 중심으로 결정을 분류하면 아래 [표 14.12]에서 보듯 인자들의 상호관계에 따라 입방정계(Cubic), 정방정계(Tetragonal), 사방정계(Orthorhombic), 육방정계(Hexagonal), 삼방정계(Trigonal), 단사정계(Monoclinic), 삼사정계(Triclinic) 등과 같이 모든 결정을 일곱 개의 기본적인 결정시스템(Seven Crystal System)으로 분류할 수 있게 된다.

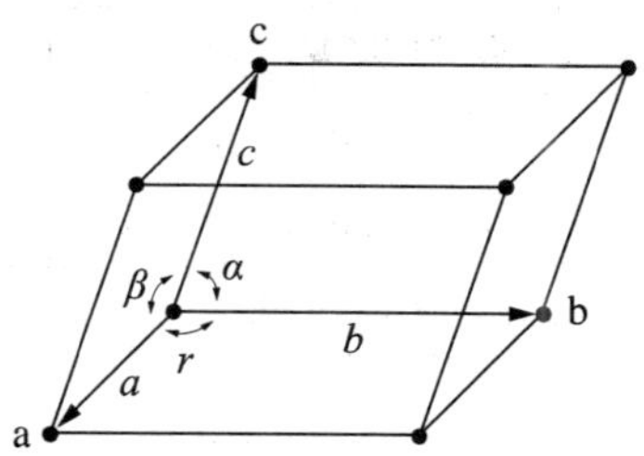

▲ 그림 14.39 단위세포

▼ 표 14.12 결정 시스템 및 브라베이(Bravais) 격자

시스템	축길이/각도	브라베이 격자	격자 기호
입방정계 (Cubic)	3개 동등축/직각 $a=b=c$, $\alpha=\beta=\gamma=90°$	단순 본체중심 면중심	P I F
정방정계 (Tetragonal)	3개축 직각/2개 동등축 $a=b\neq c$, $\alpha=\beta=\gamma=90°$	단순 본체중심	P I
사방정계 (Orthorhombic)	3개 비동등축/직각 $a\neq b\neq c$, $\alpha=\beta=\gamma=90°$	단순 본체중심 베이스중심 면중심	P I C F
사방육면정계* (Rhombohedral)	3개 동등축/동등 경사 $a=b=c$, $\alpha=\beta=\gamma\neq 90°$	단순	R
육방정계 (Hexagonal)	120° 동일평면상의 2개 동등축 $a=b\neq c$, $\alpha=\beta=90°$, $\gamma=120°$	단순	P
단사정계 (Monoclinic)	3개 비동등축/1축 비직각 $a\neq b\neq c$, $\alpha=\gamma=90°\neq\beta$	단순 베이스중심	P C
삼사정계 (Triclinic)	3개 비동등축/비 동등경사(비 직각) $a\neq b\neq c$, $\alpha\neq\beta\neq\gamma\neq 90°$	단순	P

주) * 혹은 삼방정계(Trigonal)

결정형태에 관하여 폴리프로필렌(PP)의 경우를 예로 들면 PP는 가공시 α형 결정형태가 β형으로 바뀌고 β, γ, 스멕틱(Smectic) 결정형태는 느리게 가열시 α형 형태로 재배열하게 된다. 용융점(Melting Point)은 결정형태(Crystal Type)와 결정의 완전한 형태(Crystal Perfection Degree)에 의존한다. 또한 용융점은 일반적으로 α형 결정형태가 β형 결정형태보다 10~20℃ 높다. [표 14.13]은 상업적 PP의 결정형태와 관련한 내용을 정리하였다.

▼ **표 14.13 폴리프로필렌(PP)의 결정 구조**

결정형태	단위셀	축 길이/각	밀도	비고
α	단사	$a \neq b \neq c$, $\alpha = \gamma = 90^\circ \neq \beta$	0.93	대부분
β	육방정계	$a = b \neq c$, $\alpha = \beta = 90^\circ$, $\gamma = 120^\circ$	0.92	-
γ	삼사정계	$a \neq b \neq c$, $\alpha \neq \beta \neq \gamma \neq 90^\circ$	0.91	-
스멕틱(Smectic)	-	-	-	결정이 무질서한 유리

[그림 14.40]은 X선 회절에 의한 PP의 결정화도를 나타낸다. 그림에서 기준선 위쪽의 회색 영역이 무정형 영역에 해당하고 그 외 피크는 결정영역을 의미하며 각 피크의 단결정의 형태는 다르다.

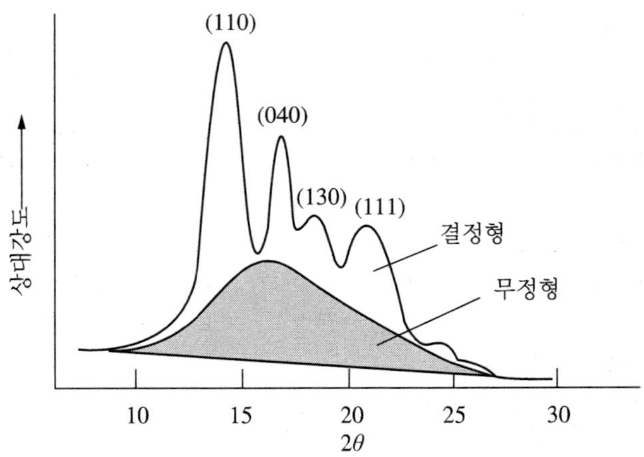

▲ **그림 14.40 X선 회절에 의한 PP의 결정화도**

다음의 [그림 14.41]은 α형 결정형태 아이소택틱PP 시료와 대략 K_β 에너지가 0.6을 가지는 α형 결정형태/β형 결정형태의 혼합PP 시료의 WAXS(Wide Angle X-ray Scattering) 회절패턴을 함께 나타내고 있으며 피크와 피크 강약에 다소 차이가 있음을 나타낸다.

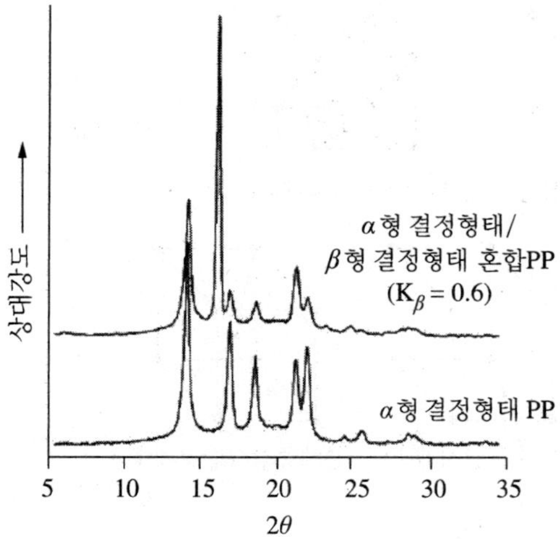

▲ **그림 14.41** PP WAXS **회절패턴** 1

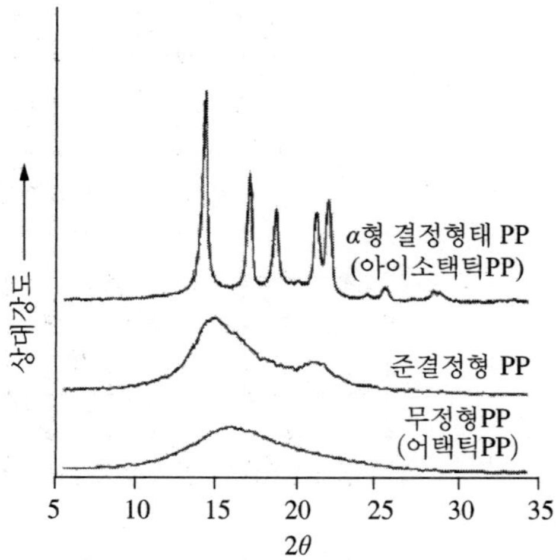

▲ **그림 14.42** PP WAXS **회절패턴** 2

[그림 14.42]는 무정형의 어택틱PP (aPP), 준결정형PP, α형 결정형태의 아이소택틱PP (iPP) WAXS 회절피크 패턴을 나타낸다.

[그림 14.43]은 순수 β형 결정 아이소택틱PP (β-iPP)에 대한 X선 회절 분석도를 나타낸다.

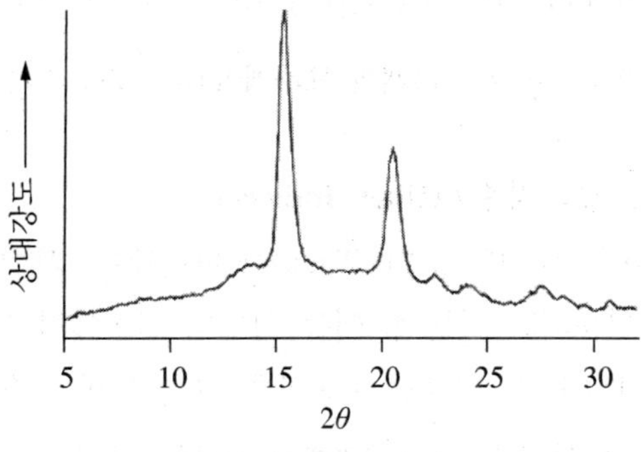

▲ **그림 14.43** PP WAXS **회절패턴** 3

한편, 앞에서 나온 [표 14.12]에서 각 시스템의 모서리 (Corner) 뿐만 아니라 본체 중심 (Body Center)과 면 중심 (Face Center)에 존재하는 격자점 (Lattice Point)을 함께 고려할 경우 소위 아래 [그림 14.44]와 같은 14개의 브라베이 격자 (Bravais Lattice)로 결정시스템을 분류하기도 한다.

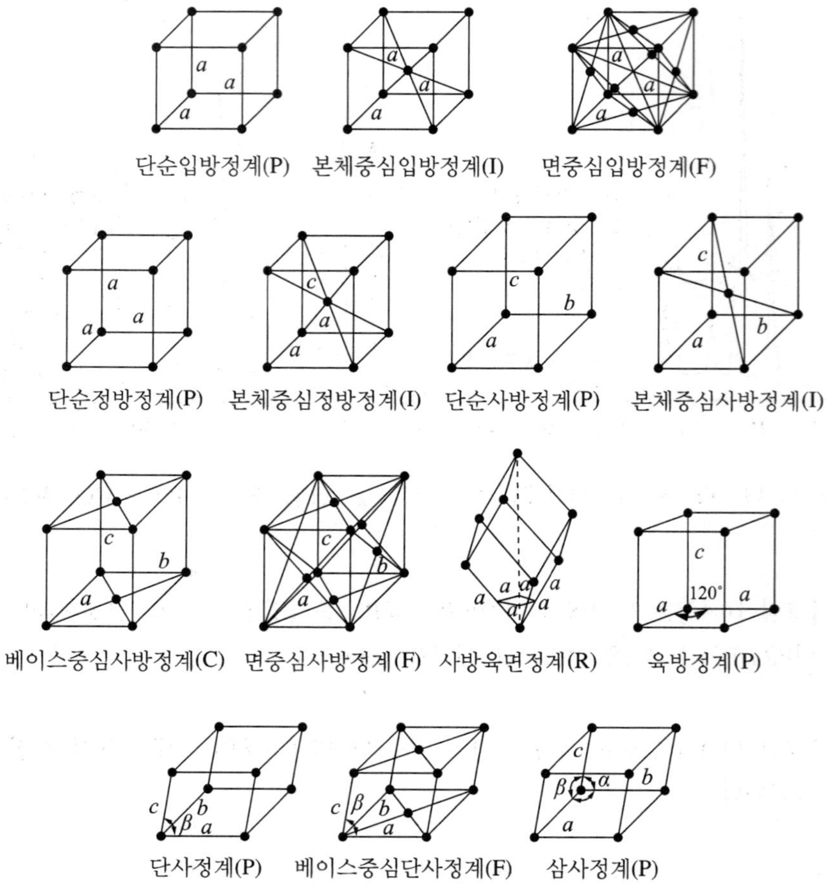

▲ **그림 14.44 14개의 브라베이 (Bravais) 격자**

(2) 결정 평면과 밀러지수 (Miller Indices)

결정 내에 존재하는 임의의 평면 (Plane)을 나타내는 방법으로 지수 (Index, hkl)의 표기법이 주로 이용되고 있는데, 이는 임의의 결정에서 그 결정을 구성하는 단위세포의 변 a를 $1/h$만큼 변 b를 $1/k$만큼 그리고 변 c를 $1/l$만큼 절단한 평면의 경우 이들 절단분율 (Fractions of Intersection) ($1/h$, $1/k$, $1/l$)의 역수 (Reciprocal) (hkl)을 그 평면을 나타내는 밀러지수 (Miller Index)로 이용하고 있다. 한편 단위세포의 임의의 축 (Axis)에 평행한 평면의 경우는 축과 무한대에서 만나게 되므로 그 역수는 0이 되어 밀러지수에 있어서 ($hk0$), ($h0l$), ($0kl$) 등과 같이 표기된다. 또한 단위세포의 각 축과 음 (Negative)의 방향에서 절단을 이루는 평면의 경우는 위의 해당 밀러지수 위에 막대기 (Bar)를 그어 그 평면의 방향을 나타내게 된다. 밀러지수에 의한 평면 표기를 예로 들면 아래 [그림 14.45]와 같다.

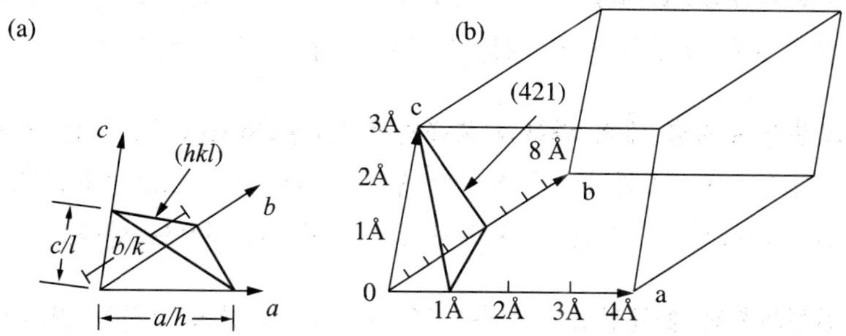

▲ 그림 14.45 밀러지수에 의한 결정 평면 표기

(3) 평면간 거리 (Interplane Spacings)

단위세포의 원점으로부터 임의의 평면 (hkl)까지의 수직거리 또는 (hkl)평면간의 수직거리를 D-Spacing이라 하며 $dhkl$로 나타낸다. 아래 [그림 14.46]에 임의의 결정 평면간의 D-Spacing을 나타내었다.

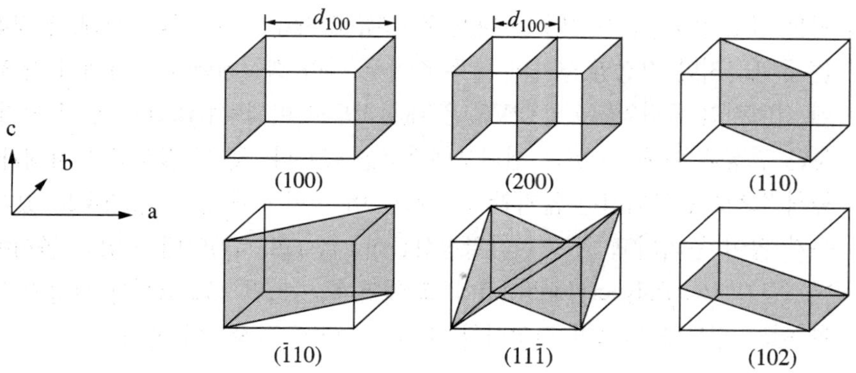

▲ 그림 14.46 격자 평면의 밀러지수에 의한 표기

3.4 고분자 결정구조에 영향을 미치는 인자

(1) 결정격자의 결함요인

결정격자들은 대체적으로 완전하지 못하며 점 결함 (Point Defect)이 어긋나기 (Dislocation)와 같은 결함을 가지고 있는데 고분자결정의 경우도 예외는 아니다. 더욱이 고분자의 결정격자는 단순한 저분자 고체물질들 내에 존재하는 통상적인 결함보다 더 많은 결함을 가지고 있으며, 실제 더 큰 영향을 미친다. 이와 같은 부수적인 결함들은 고분자 사슬 내에 존재하는 화학적 결합 (입체화학적 결합을 포함)으로부터 야기되는데 이들을 요약하면 다음과 같다.

1) **말단기 (End Group)** 모든 고분자 사슬은 말단기를 가지고 있으며 분자사슬의 길이 또한 일정치 않기 때문에 격자 내에 포함될 수 없다.

2) **고분자 주사슬 내의 화학적 불규칙성 (Irregularity)** 폴리에틸렌 내의 탄소이중결합과 같이 중합시부터 우연히 남아 있는 것도 있고 랜덤공중합체 (Random Copolymer)의 경우와 같이 의도적으로 첨가된 경우도 있다.

3) **입체화학적 불균일성** 입체규칙성 (Tacticity) 상의 불균일 경우이다.

4) **불규칙적으로 배열된 곁사슬** 2)의 경우와 같이 우연히 생성되는 것 (예, 저밀도 폴리에틸렌의 곁사슬)과 의도적으로 첨가된 것 (예, 에틸렌 프로필렌, 에틸렌 부틸렌 등의 공중합체)이 있다.

위에서 나열한 고분자 사슬의 불완전성은 결정격자 내에 존재하여 격자결함을 야기하기도 하고 무정형영역으로 축출되면서 성장하는 결정의 크기를 제한하기도 한다. 또한 이들의 수가 너무 많으면 고분자는 결정성인지 무정형인지를 구분하기 힘든 상태가 되며, 이 경우는 다시 두 분류로 세분할 수 있다. 첫째, 결정격자구조는 존재하지만 결정의 크기가 너무 작아서 강한 회절패턴을 나타내지 않은 경우인데 상업적인 폴리염화비닐 (PVC)은 대체적으로 어택틱 (Atactic) 성이 크지만 일부분은 결정을 이룰 수 있는 신디오택틱성을 갖는다. 둘째, 결정격자 자체가 완전히 규칙적으로 반복되지는 않지만 그 어긋남이 어떤 규칙을 갖는 경우도 있다. 이 경우가 많이 논의되고 있는 파라결정성 (Paracrystallinity)인데 상업적 폴리아크릴로니트릴 (PAN, Polyacrylonitrile)이 그 예이다. 마지막으로 고분자 사슬의 불균일성이 어느 정도를 넘으면 결정화할 수 없게 되어 무정형이 된다.

(2) 결정화 방법

고분자는 대체로 다음의 세 가지 방법으로 결정화되는데 이에 따라 결정구조도 영향을 받게 된다.

1) **중합과 동시에 일어나는 결정화** 중합반응시 분자사슬의 길이가 길어지면서 열역학적으로 과냉각상태가 되면 분자사슬은 결정상으로 침전되면서 계속하여 자란다. 이러한 경우를 발생기 고분자 (Nascent Polymer)라 하는데 폴리에틸렌, 폴리프로필렌 등 많은 고분자들이 이에 속한다. 특별한 경우 결정성 단량체가 고체상에서의 중합에 의해 결정성 고분자로 변화되기도 하며 생성된 고분자는 매우 높은 규칙성을 가진다.

2) **배향에 의한 결정화** 무정형상에서 긴 고분자 사슬이 배향을 하면 정상적으로는

결정화하기 힘든 조건에서도 결정화가 일어날 수 있다. 고무와 같은 무정형고분자가 연신에 의해 결정화되는 것은 역사적으로 매우 중요한 발견이었다.

3) 랜덤상태로부터의 결정화 용융물(Melt)이나 용액(Solution)이 과냉각되면 결정화가 일어난다. 희박용액 내의 고분자 사슬은 온도의 저하 또는 용매의 증발에 의해 결정상으로 석출되며 이때 고분자 사슬은 비교적 이동성(Mobility)이 좋아서 결정결함을 외부로 최대한 축출하며 단결정을 이룬다. 용융물 내의 고분자 사슬도 어느 정도의 이동성이 있으나 용매의 경우에는 미치지 못하여 대개 다소 불완전한 다결정 상태인 구정(Spherulite)을 생성한다.

1)과 2)의 경우는 고분자에서만 일어나는 특이한 현상이지만 3)의 경우는 일반적인 저분자물질에서도 일어나는 과냉각에 의한 결정화이다. 그러나 이때에도 긴 분자사슬 길이에 의해 결정상으로의 분자사슬 재진입(Re-Entry)과 같은 복잡한 현상이 일어난다. [그림 14.47]은 폴리프로필렌(PP)의 결정(Crystalline) 구성 모델을 나타내고 있다.

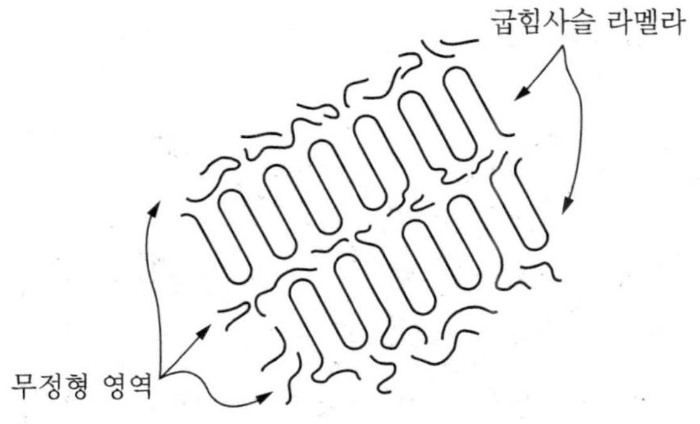

▲ **그림 14.47 폴리프로필렌 결정 구성 모델**

3.5 고분자 결정구조의 분석

X선 회절법에 의한 구체적인 연구가 이루어지기 오래전에도 이미 과학자들은 결정내의 원자적 질서에 대하여 많은 정보를 추론해 낼 수 있었다. 그들은 어떠한 결정체도 원자들, 분자들 또는 이온들로 이루어져 있으며 단위결정격자(Unit Crystal Lattice) 또는 공간집합체(Space Group)라 하는 기본구조단위(Fundamental Structural Unit)의 반복에 의해 형성되고 이러한 단위결정격자는 거시적 결정체와 똑 같은 기하학적 형태를 가진다고 생각하였다. 이와 같은 맥락에서 14종류에 달하는 공간내 원자들의 기본배열형태 [공간격자(Space Lattice)라 함]를 생각해내게 되었으며

단순입방정계(Simple Cubic), 육방정계(Hexagonal), 삼사정계(Triclinic) 등 흔히 관찰되는 고분자의 결정형태들이 이 중에 속한다. 현재 고분자의 결정성을 연구하는데 자주 사용되고 있는 방법으로는 X선 회절법, 전자회절법, 적외선흡수 스펙트럼법 그리고 라만(Raman) 분광분석법의 4가지 방법이 있다. 이들 중 X선 회절법/전자회절법은 결정격자의 크기와 형태를 알아내는데 기본적으로 사용되며 적외선 흡수 스펙트럼법과 라만(Raman) 분광분석법은 결합거리(Bond Distance)와 분자간 인력 등 보조적인 정보를 알아내는데 사용된다.

(1) X선 회절법

1895년 뢴트겐(Roentgen)에 의해 X선이 발견된 이래 결정물질이 X선에 대한 3차원적 회절격자(Diffraction Grating)의 역할을 할 수 있다는 폰라우에(Von Laue)의 제안에 따라 1912~1913년경 결정물질의 연구에 처음으로 사용하게 되었다. 브래그(Bragg)는 결정이 X선에 대한 반사격자라고 생각하고 결정체 내에서 반복되는 동등 결정면 사이의 거리 d에 대한 식을 다음과 같이 유도하였다.

$$d = n\lambda/2\sin\theta,\ (\lambda < 2d),\ CuK\alpha = 1.54\ \text{Å}$$

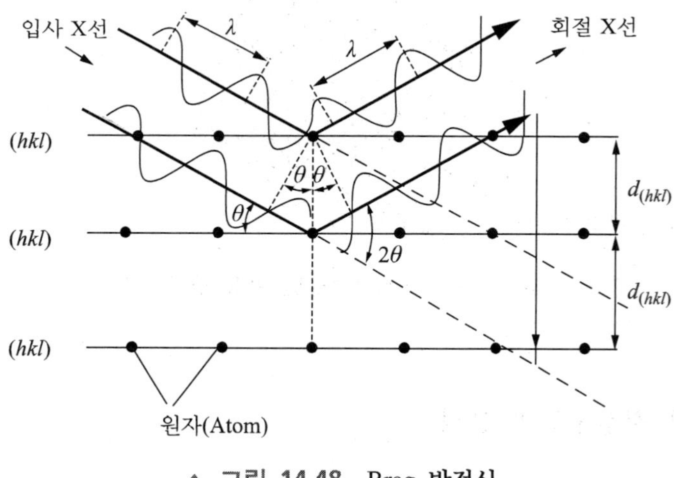

▲ 그림 14.48 Brag 방정식

여기서 λ는 X선의 파장이고 θ는 X선과 결정면과의 각도 그리고 n은 정수이다. X선의 파장 λ와 결정면 사이의 거리 d는 모두 Å의 차수를 가지며 단결정에 대한 X선 회절패턴은 일련의 점들로 나타난다. 그러나 모든 결정성 물질이 X선 회절분석에 적합한 크기의 단결정을 쉽게 이루어지지는 않기 때문에 디바이(Debye)와 쉐레(Scherrer)는 분말형태의 결정성 고체나 다결정시료에 대한 분석법을 개발하였다. 이 경우 각 결정들은 임의의 방향으로 배향되어 있어서 점들은 원추형

(Cone)의 회절 X선 빔(Beam) 형태를 갖게 되므로 편평한 사진건판 위에 원(Circle)들을 형성시키거나 시료 주위를 둘러싼 띠 모양의 필름 위에 호(Arc)들을 형성시키게 된다. [그림 14.49]는 X선에 의한 분말형의 사진을 얻은 디바이 쉐레(Debye Scherrer)의 실험방법으로 ∠RSX가 2θ이며 θ는 각 평면상에서 X선의 입사각이다.

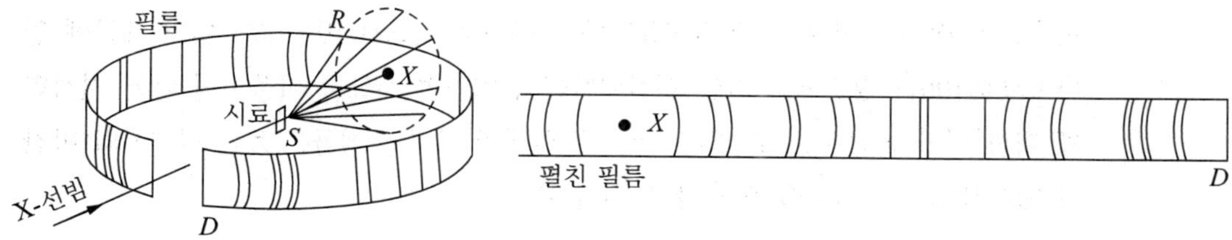

▲ **그림 14.49** Debye Scherrer **실험방법**

기본적으로 회절에 의한 점(Spot)이나 선(Line)의 강도(Intensity)는 각 원자들의 산란강도(Scattering Power)에 의해 좌우되며 산란강도는 다시 각 원자내의 전자수에 따라 변한다. X선 회절패턴에 중요한 영향을 미치는 인자들로는 결정면에 대한 원자들의 배향상태, 반사각, 회절에 기여하는 결정학적 면들의 수, 그리고 원자들의 열진동(Thermal Vibration) 진폭 등이 있다. 회절에 의한 점이나 호의 강도와 위치를 측정하면 다소 복잡한 작업을 거쳐 결정격자상수들을 계산해낼 수 있다. X선 분석법에 의한 결정성 고분자 연구에 대해서는 폭넓은 검토가 이루어지고 있다.

참고 ▌ 고분자 결정구조 분석

1차 구조에 따라 고유한 결정형성 분석의 WAXS (Wide Angle X-ray Scattering)와 고차구조분석의 SAXS (Small Angle X-ray Scattering)가 있다. 이들의 비교는 다음 [표 14.14]에 비교하였다.

▼ **표 14.14 X선 회절 종류**

X선회절	각도 (2θ)	거리 (d)	적용	해석		
WAXS	$0^\circ < 2\theta < 90^\circ$ 혹은 $90^\circ < 2\theta < 180^\circ$	$d \sim$ Å	결정구조 결정화도 결정배향 결정형태	배향되지 않은 결정분포	결정도가 낮음	고유결정구조
SAXS	$2\theta < 2^\circ$	$d \sim$ 수백 Å 까지	라멜라 두께 고분자 사슬배향	배향되지 않은 결정	or 적층된 라멜라	2축 배향된 결정

(2) 단결정에 대한 전자회절법

전자현미경을 통하면 결정의 크기와 형태를 관찰할 수 있는 것 이외에도 많은 정보를 얻을 수 있는데 그 중 하나가 전자선의 파동성을 이용한 회절분석이다. X선법에서는 한쪽 방향으로 배향된 (Uniaxially Oriented) 고분자 시료들을 많이 사용하므로 단결정을 회전시킬 때 얻어지는 회절패턴에 해당하는 섬유 도표가 주로 얻어지나 전자회절분석법에서는 단결정을 직접 분석한다. 고분자 단결정 내의 분자사슬들은 대개 넓고 편평한 결정표면에 대하여 수직으로 배향되어 있기 때문에 일반적으로 (001) 평면에 수직한 회절패턴이 얻어지며 시료를 기울이면 다른 결정면에 의한 회절을 감지할 수 있다. 회절에 의해 얻어지는 점들은 X선 법에서와 마찬가지로 Bragg의 법칙을 이용하여 해석한다.

(3) 적외선흡수분광법

타도코로 (Tadokoro)는 결정의 연구에 있어서 적외선흡수스펙트럼이 제공하여 줄 수 있는 정보들을 다음과 같이 요약하였다.

첫째, 결정성고분자의 적외선흡수스펙트럼은 결정화에 민감한 흡수영역 (Crystallization Sensitive Bands)을 가지고 있는데 이 영역에서의 흡수강도는 결정화도에 따라 변하므로 결정성을 측정하는 척도로 사용되어 왔다.

둘째, 일축 또는 이축으로 배향된 결정성고분자에 대하여 편광 (Polarized) 적외선흡수스펙트럼을 얻으면 분자 및 결정의 구조에 대한 정보를 얻을 수 있다.

셋째, 고분자 사슬 또는 결정의 대칭성을 이용하여 결정영역 내 고분자 사슬의 규칙적인 배열상태를 이론적으로 분석할 수 있다. 최근 컴퓨터 기술의 발전으로 결정성고분자의 정상적 진동방식 (Normal Modes of Vibration)을 계산할 수 있으며 실험결과와 비교할 수도 있다.

넷째, 특정 기 (Specific Group)를 중수소화 (Deuteration)하면 그 기가 특정 흡수띠에 어느 정도 기여하는가를 알 수 있으며 이는 결정영역과 무정형영역에 의한 흡수띠의 구분뿐 아니라 특정띠에 대한 흡수기의 확인에 있어서 큰 도움을 준다.

(4) Raman 분광법

Raman분광법은 1928년경부터 알려져 왔으나 고분자 및 기타 물질의 분석에 본격적으로 사용된 것은 효율적인 레이저 광원이 개발된 이후부터이며 이 방법의 장점은 다음과 같다.

첫째, Raman스펙트럼은 적외선스펙트럼에 대한 보조적인 정보를 제공하여 준다. 예를 들면 가황된 고무의 S－S 결합이나 C＝C 결합은 적외선흡수스펙트럼에 의해서는 거의 관찰하기 어려우나 Raman스펙트럼에서는 강한 피크를 나타낸다.
둘째, 적외선분광법에서는 주로 적외선 흡수 및 투과현상을 이용하는 반면, Raman 분광법에서는 산란현상을 이용하기 때문에 작은 덩어리 형태, 분말상, 그리고 불투명한 시료 등도 분석할 수 있다.
셋째, Raman스펙트럼은 $10cm^{-1}$ 이하의 초저주파수 측정과 동일한 정보를 제공해 주기 때문에 결정격자의 진동현상과 같은 저주파수 하에서의 연구가 가능하다.
넷째, 배향된 시료에 대하여 편광측정이 가능하다.

04 고분자의 형태학 (Morphology)

4.1 용액 결정화된 고분자의 형태학

결정성장의 실험적 진행과정을 요약하면 다음과 같다.

(a) 해당 고분자가 높은 온도에서는 용해되지만 실온에서는 불용인 적절한 용매를 선택한다.

(b) 고분자가 용해될 수 있는 온도까지 온도를 올려 적절한 농도의 해당 고분자를 용해시킨다.

(c) 완전히 용해된 고분자 용액을 용해온도보다 낮은 미리 설정된 일정한 결정화 온도 하에서 결정성장을 시킨다 (Isothermal Crystallization).

(1) 고분자 단결정

묽은 용액으로부터 형성된 가장 간단한 형태의 결정은 단층 (Monolayer)의 결정으로 일반적으로 아래 [그림 14.50]과 같은 고분자 사슬이 굽힘에 의해 형성된 라멜라 (Chain Folded Lamellae) 모형의 단결정을 형성한다. 이와 같은 라멜라의 두께는 일반적으로 과냉 ($\Delta T = T_d - T_c$)의 정도, 사용하는 용매 그리고 용액의 농도에 따라 달라지지만 약 50～150 Å정도이며 결정화 온도가 높아질수록 두께는 증가한다.

한편 실험적으로 라멜라 두께의 측정은 단결정 라멜라를 침전시켜 전자현미경(Electron Microscopy)에 의한 투영법(Shadowing Method)을 이용하거나 결정체 매트(Crystal Mat) 형태로 결정을 침전시켜 소각 X선 회절법(Small Angle X-ray Diffraction)에 의한 방법이 널리 이용되고 있다.

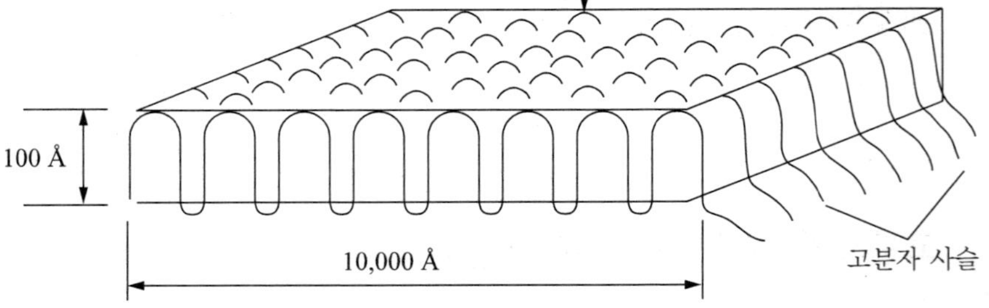

▲ **그림 14.50 고분자 라멜라 결정의 형태**

또한 용액 결정성장된 라멜라 형태의 경우도 사용되는 물질, 용매 그리고 실험조건에 따라 달라지게 되는데, 폴리에틸렌(PE)의 용액 성장 결정의 경우 아래 [그림 14.51]에서처럼 일반적으로 마름모(Lozenge) 모형이나 끝이 잘려나간 마름모(Truncated Lozenge) 모형의 라멜라를 형성하며 결정구조는 사방정계(Orthorhombic)의 단위세포(Unit Cell)를 형성한다.

(a) 마름모 모양 결정 형태

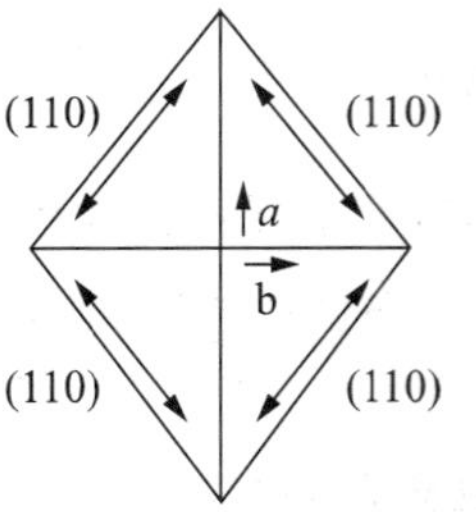

(b) 결정 형태 모형

▲ **그림 14.51 폴리에틸렌 전자현미경 사진**

그리고 0.02% 용액 폴리옥시메틸렌(Polyoxymethylene)의 경우 아래 [그림 14.52]와 같이 육방정계(Hexagonal) 모형의 라멜라 결정을 이루며 결정구조 또한 육방정계(Hexagonal)의 단위세포를 형성하게 된다.

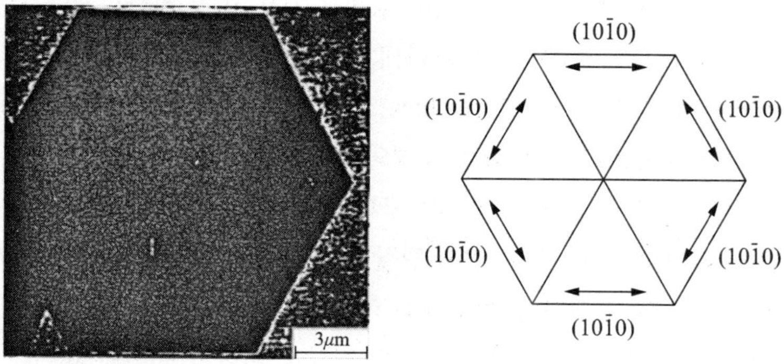

(a) 육방정계 결정 형태 (b) 결정 형태 모형

▲ **그림 14.52 폴리옥시메틸렌 전자현미경 사진**

또 다른 예로 용액 0.1% 폴리메틸펜텐(Poly 4-Methylpentene-1)의 경우 아래 [그림 14.53]에서 보듯이 사각형(Tetragonal) 형태의 라멜라결정을 나타내며 내부 결정구조는 사각형(Tetragonal)의 단위세포를 형성하게 된다.

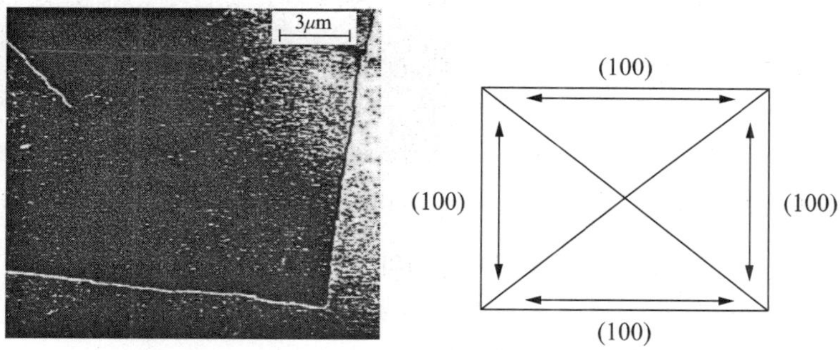

(a) 사각형 모양 결정 형태 (b) 결정 형태 모형

▲ **그림 14.53 폴리메틸펜텐 전자현미경 사진**

(2) 사슬굽힘 라멜라 결정의 성장 및 구획화

고분자 사슬굽힘에 의해 형성된 라멜라는 결정성장 방법의 특이성에 의해 결정의 구획(Sector)이 지어지게 되는데 라멜라 결정은 바로 이 라멜라 각 구획의 측면을 따라 새로운 사슬들이 굽힘에 의해 부착됨으로서 측면성장을 계속하게 되며, 바로 이러한 결정성장의 방법 때문에 본질적으로 라멜라는 많은 구획으로 나누어지게 된다.

한편 각 구획에서 연속적으로 맞닿아 형성된 각각의 굽힘(Fold) 면들 사이에는 상호간의 입체방해(Steric Hindrance) 현상을 줄이기 위해 그 형성 굽힘 레벨(Fold

Level)이 아래의 도식적 [그림 14.54]에서 보듯 일정각도로 계단식으로 규칙적인 스태거링(Staggering) 현상을 나타내게 되는데 바로 이러한 이유로 인해 형성된 라멜라는 속이 빈 피라미드(Hollow Pyramid) 형태의 결정모형을 이루게 된다. 한편 이러한 이유로 매우 얇은 두께의 라멜라 결정은 약간의 장력에 의해서도 쉽게 무너져 내리게 되며 이때 각 구획을 따라 갈라지며 형성되는 선을 벽개면(Cleavage Plane)이라 하고 앞서 관찰된 폴리에틸렌(PE) 라멜라 결정의 경우에서처럼 지진에 의해 단층이 어긋나듯 라멜라 한 가운데 형성되는 굵은 선을 주름(Pleats)이라고 부른다. 따라서 이러한 현상을 피하며 온전한 형태의 라멜라 결정을 관찰하기 위해서는 액체 속에 결정을 부유(Suspension)시켜 현미경으로 관찰하여야 한다.

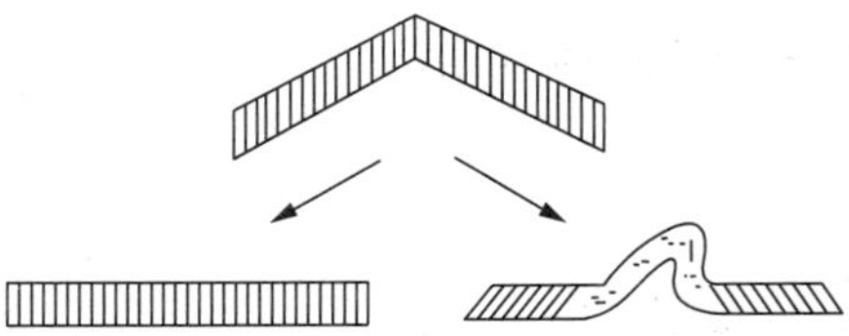

(a) 피라미드 붕괴모형

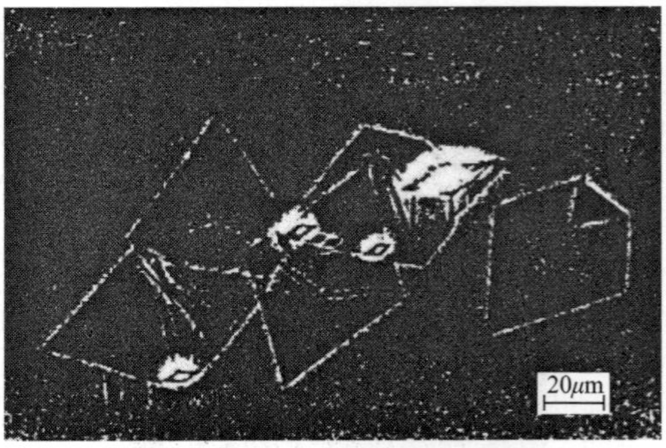

(b) 건조시 붕괴 주름을 가진 비평면 결정

▲ **그림 14.54 PE 결정의 전자현미경 사진**

(3) 수지상 조직 형성 및 다층 라멜라 결정

두께가 약 50～150 Å정도의 단층 라멜라가 매우 묽은 용액 하에서 과냉(Supercooling)의 정도가 적은 상태에서 형성되는 반면 일반적으로 용액의 농도가 진하거나 과냉의 정도가 클 경우에는, 즉 용액의 결정화 온도가 낮을 때에는 다층의 매우 복잡한 형태의 소위 다층결정(Multilayered Crystal)을 형성하게 된다. 다층 라멜라 결정은 통상 Base 라멜라 층의 중심부에 위치한 나선형 어긋나기(Screw Dislocation) 부위에서 성장하기 시작해서 다음 [그림 14.55]에서처럼 같은 두께의 여러 층의 폐쇄 테라스(Closed Terrace)나 나선성장(Spiral Growth) 형태의 결정을 형성한다.

또한, 다층라멜라 결정 중 특이한 형태의 결정 중의 하나로 수지상 조직(Dendrite) 결정이 있는데 이는 네 개 구획의 마름모(Lozenge) 형태의 단층라멜라의 각각의 돌출(그림 14.56에서 D, C 미세돌출부) 코너 부분에서 새로운 굽힘(Fold) 층이 형성되어 계속하여 다층의 결정이 형성되는 것을 말한다. [그림 14.56]에서와 같이 특정 방향으로의 결정 성장이 가속화되어 폴리에틸렌(PE)의 경우 네 개의 구획을 가진 마름모 형태의 단층 라멜라의 a/b의 비가 약 1.495인 반면 다층 수지조직(Dendrite) 결정의 경우 a/b의 비는 약 1.7~2.2정도로 커지게 된다.

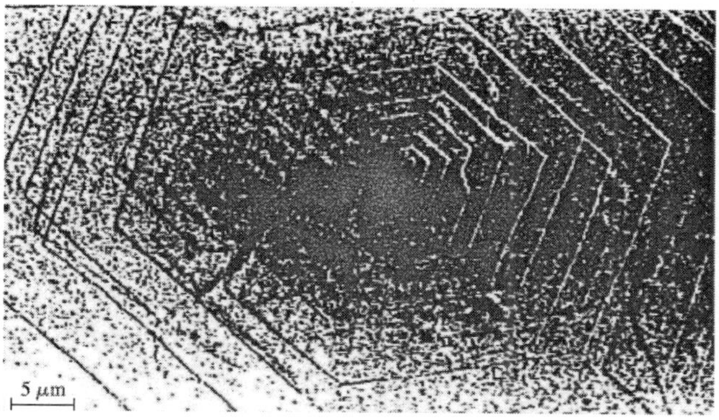

▲ **그림 14.55** PE 다층결정의 전자현미경 사진

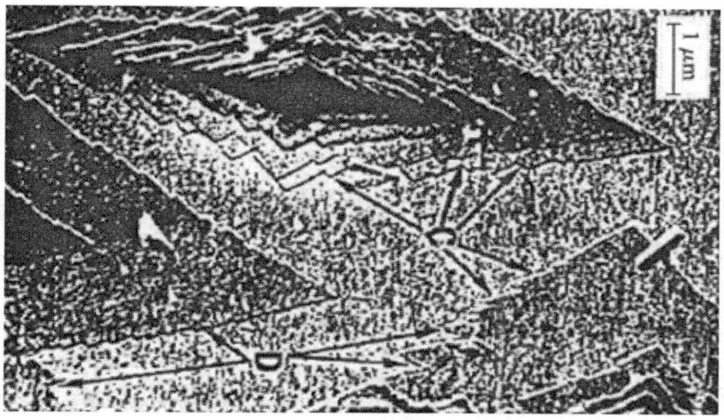

▲ **그림 14.56** PE 수지상조직 결정형태의 전자현미경 사진

한편 위와 같이 결정의 코너에서 새로운 결정의 성장이 계속되는 이유는 단층 라멜라 결정이 핵조절 과정(Nucleation Controlled Process)에 의해 결정성장이 좌우되는 반면, 수지조직(Dendrite)의 경우는 확산조절과정(Diffusion Controlled Process)에 의해 결정성장이 좌우되기 때문이다. 따라서 결정의 코너부분으로 고분자 사슬이 접근하기 쉽고 또한 결정화과정 중에 발생하는 열의 주위로의 발산이 용이하기 때문에 결정의 코너부분에서 새로운 결정성장이 계속되는 것으로 해석된다.

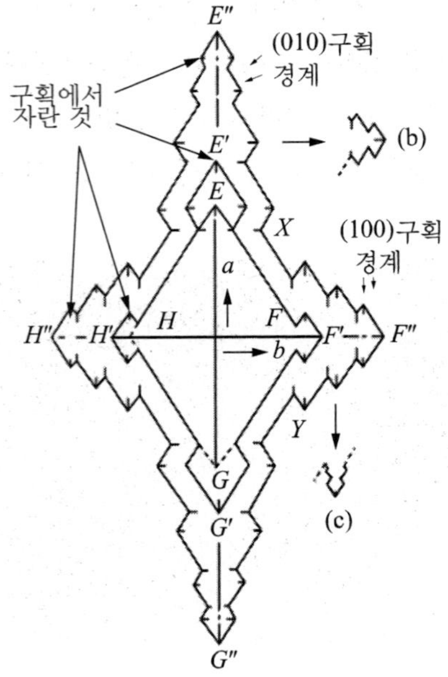

▲ 그림 14.57 다구획 수지상 조직의 라멜라 결정형의 모형

(4) 사슬굽힘의 구조적 특성 및 굽힘 표현

모든 고분자 사슬이 사슬굽힘에 의해 결정을 형성하는 것은 아니며 사슬굽힘에 의해 결정을 형성하기 위해서는 다음과 같은 구조적 특성을 지녀야 한다.

1) 고분자 사슬이 근본적으로 결정화할 수 있을 만큼 충분히 규칙적이어야 한다. 즉 불규칙도 (Atacticity)와 같이 결정화를 방해하는 구조적 양상이 사슬 중에 존재하지 않아야 한다.

2) 고분자 사슬이 결정화에너지 (Energy of Crystallization), 즉 사슬굽힘에 사용된 에너지를 회복할 수 있을 만큼 충분히 길어야 한다. 일 예로 탄소수가 16～94인 짧은 파라핀 (Short Paraffin)은 결정화시 사슬굽힘을 일으키지 않는다.

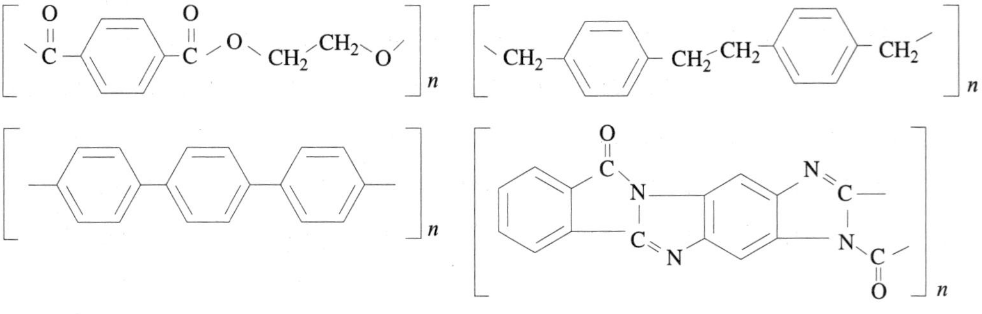

▲ 그림 14.58 사슬굽힘 불가능 고분자의 사슬

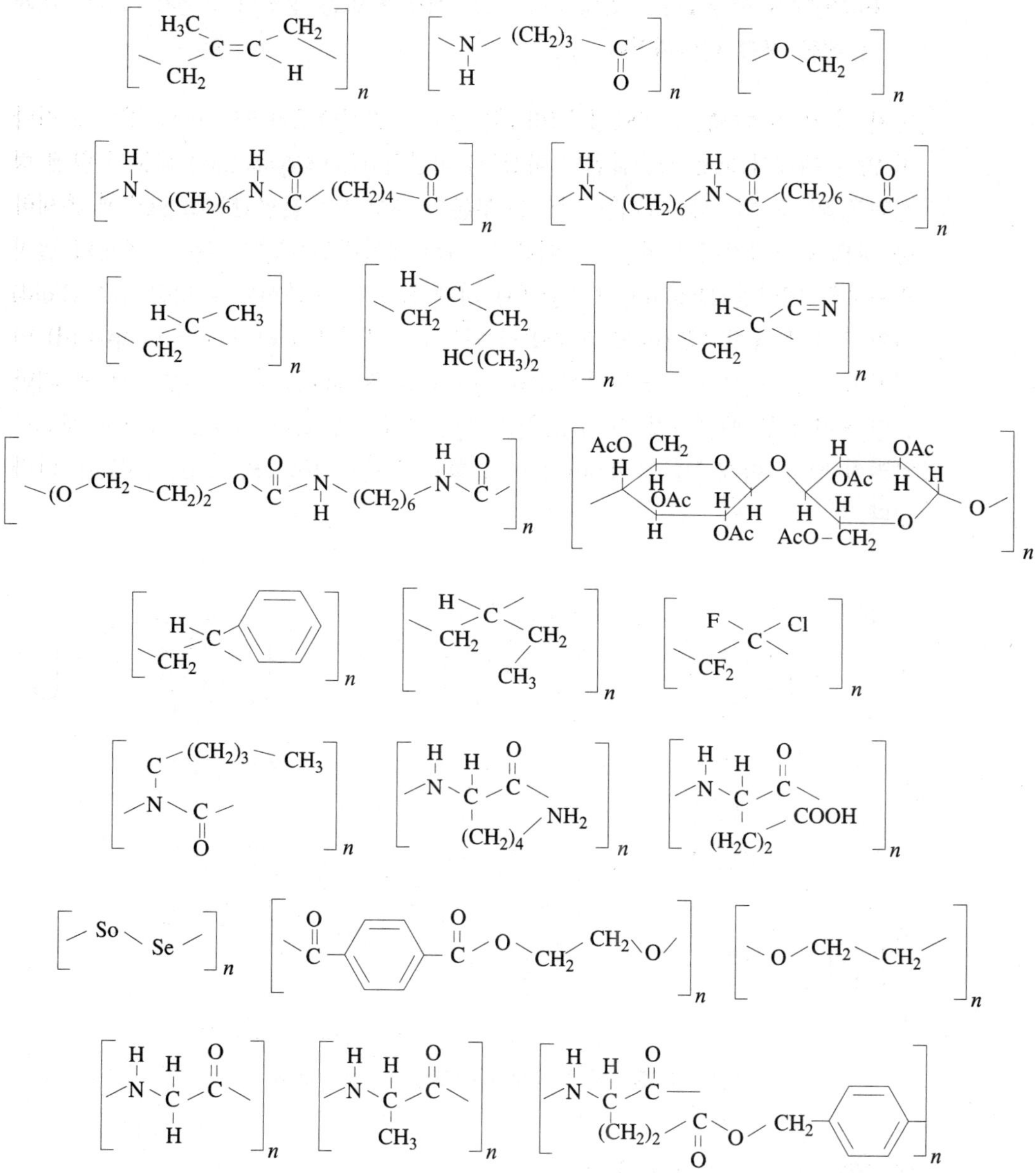

▲ **그림 14.59 사슬굽힘에 의한 결정형성의 고분자**

3) 고분자 사슬은 너무 많은 에너지를 사용하지 않고도 사슬굽힘이 형성되도록 충분히 유연하여야 한다. 일반적으로 사슬 중에 −C−C−C−, −C−O−C−, −Si−O−Si− 그리고 −CO−NH−C−와 같은 회전 가능한 화학결합의 존재는 고분자 사슬을 매우 유연하게 하며, 페닐(Phenyl)기와 같은 방향족고리(Aromatic Ring)의 존재는 사슬을 매우 단단하게(Stiff) 한다. 위의 [그림 14.58,

14.59]에서 사슬굽힘을 형성할 수 있는 경우와 없는 경우의 고분자 사슬의 대표적 예를 각각 나타내었다.

한편, 용액 결정화된 폴리에틸렌(PE)의 경우도 결정화도가 75~90% 정도에 지나지 않는 예에서 보듯 사슬굽힘의 형성 시 비결정(Non-Crystalline) 부분이 함께 형성됨을 알 수 있는데, 그러한 비결정 부분의 대부분은 굽힘(Fold) 표면에 존재하는 것으로 알려져 있으며, 이의 이유로는 (a) 결정내부로부터 사슬 끝부분의 결정 외부로의 매달림(Dangling Cilia) (b) 라멜라 두께로 표현되는 평균 굽힘(Fold) 길이에 대한 굽힘기간(Fold Period)의 변동 (c) 헐렁한 고리(Loose Loops) (d) 인접하지 않은 곳으로의 굽힘형성(Non-Adjacent Reentry) 등과 같은 현상에 의한 굽힘 표면형성 때문이며, 또한 굽힘의 형성과정과 밀접한 관계를 가지는 것으로 알려져 있다. 아래 [그림 14.60]에 여러 형태의 불규칙한 굽힘형성 과정들을 나타냈다.

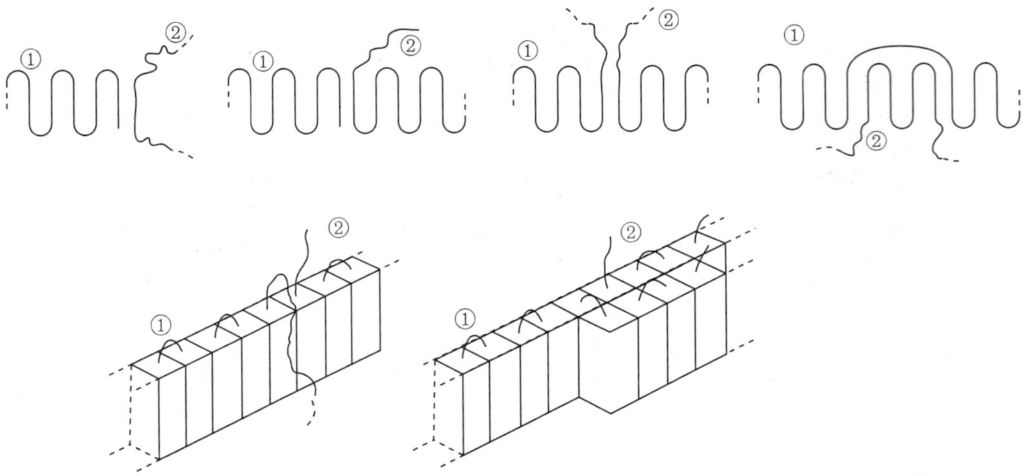

▲ 그림 14.60 여러 가지 사슬굽힘 형성의 모형

(5) 기타 모형의 결정 형태

1) 판상형의 사슬굽힘 결정

α 단사정계(α Monoclinic) 결정형태로 결정화된 폴리프로필렌(PP)이나 β결정형태로 결정화된 Barium Poly-L-Glutamate의 경우 사슬분자들이 아래 [그림 14.61]에서 보는 바와 같이 라멜라의 장축(Long Axis) 그리고 긴 옆면(Lateral Face)에 평행한 평면을 따라 사슬굽힘을 형성하여 소위 판상형(Lath Shaped)의 사슬 굽힘 라멜라를 형성한다.

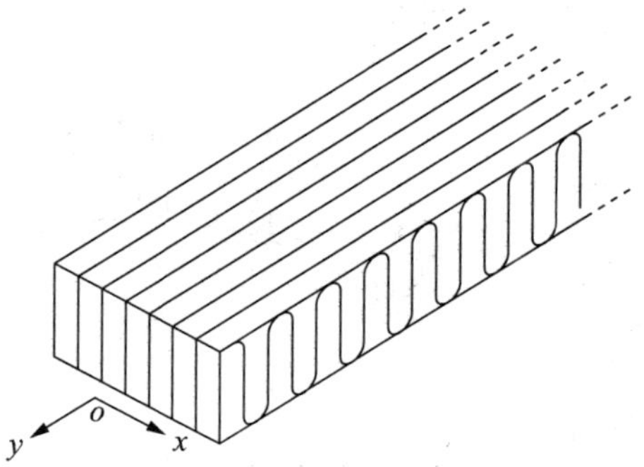

▲ 그림 14.61 판상형 라멜라의 모형

2) 굽은 모형의 결정 형태

결정화온도가 매우 낮은 상태 하에서 폴리메틸펜텐(Poly 4-Methylpentene-1)이나 폴리옥시메틸렌(Polyoxymethylene), 그리고 폴리클로로트리플루오로에틸렌(Polychlorotrifluoroethylene)과 같은 고분자의 경우는 아래 [그림 14.62]와 같이 소위 결정 속이 오목한 형태의 굽은 결정(Curved Crystal)을 형성한다.

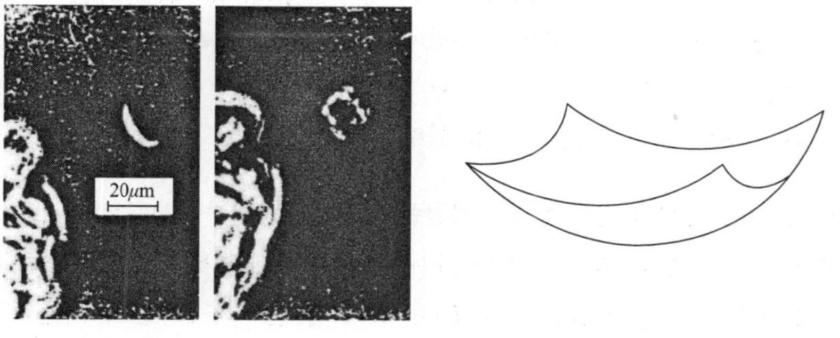

(a) 커브 결정 (Curved Crystal) (b) 커브 결정 모형

▲ 그림 14.62 커브 결정 형태의 전자현미경 사진

한편, 위와 같은 굽은 형태의 라멜라가 형성되는 이유로는 과냉각의 정도가 큰 결정화온도에 있어서는 여러 구획으로 나누어져 형성된 소위 다구획(Multisectored) 라멜라의 주변에서 연속적으로 새로운 라멜라가 형성 성장해 나가는데, 이때 피라미드 형태의 라멜라의 구조적 특성상 아래 [그림 14.63]에서 보듯이 사발 모양으로 결정이 약간씩 굽어져 형성되게 된다. 결정이 굽어져 나가는 각도는 네 개의 구획으로 나누어져 형성된 라멜라의 경우는 약 $\theta = 2^\circ$ 그리고 여섯 개의 구획으로 나누어져 형성된 라멜라의 경우는 약 $\theta = 4.5^\circ$ 정도로 그 기울기(Inclination)가 계속하여 굽어져 결국은 속이 볼록 또는 오목한 굽은 결정이 형성되며, 많은 구획으로 나누어져 형성된 라멜라일수록 주변성장의 빈도수가 많아져 형성된 결정의

전체적인 굽힘의 정도는 심하게 된다.

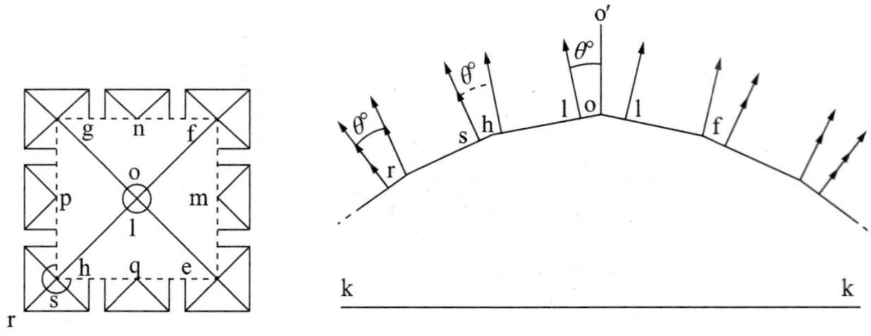

(a) 4구획 성장 결정의 평면도 (b) 다구획 결정성장의 측면도

▲ 그림 14.63 폴리메틸펜텐 4구획 및 다구획 성장 결정의 모형

3) 블록 공중합체의 결정 형태

결정화가 가능한 고분자인 폴리에틸렌옥사이드 (PEO, Polyethylene Oxide)와 무정형 고분자인 폴리스티렌 (PS, Polystyrene)의 두 고분자를 폴리스티렌의 무게비가 약 20～55% 사이에서 공중합체를 형성할 경우 아래 [그림 14.64]와 같이 결정국면 (Crystalline Phase)과 비결정국면 (Amorphous Phase)이 공존하는 결정이 형성되는데 결정 부분은 폴리에틸렌옥사이드가 사슬굽힘 형태에 의한 결정을 형성하며 비결정 부분은 폴리스티렌 사슬이 무정형 형태로 결정부분을 중심으로 결정 양면에 존재함을 볼 수 있다.

한편, 이때 형성된 결정은 폴리에틸렌옥사이드 단일중합체 (Homopolymer)에 의한 결정과 그 구조가 같은 결정으로 따라서 공중합체에 있어서 화학적 (Chemical) 그리고 공간적 결함 (Steric Imperfection)의 형태로 존재하는 폴리스티렌의 존재가 폴리에틸렌옥사이드의 결정형성을 전혀 방해하지 않음을 알 수 있다.

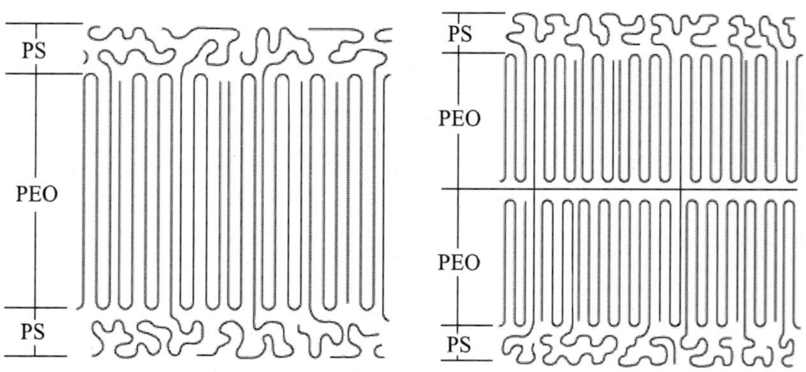

▲ 그림 14.64 PEO PS 블록공중합체의 형성 결정 단면도

4.2 용융 결정화된 고분자 결정의 형태학

용액상태 하에서 결정화된 결정이 비교적 단결정 (Single Crystal) 형태의 단순결정을 이루는데 비하여 용융상태 하에서 결정화된 결정의 경우는 라멜라가 구형 대칭적으로 배열된 형태의 구정 (Spherulite)이나 침상모형의 헤드라이트 (Hedrite) 또는 엑시얼라이트 (Axialite) 등과 같은 매우 복잡한 형태의 다층결정을 형성하게 된다. 용융결정화 (Melt Crystallization)의 일반적 실험방법을 요약하면 다음과 같다.
첫째, 적은 양의 고분자 분말 또는 고분자 칩을 편광현미경의 덮개유리 (Cover Glass) 사이에 두고 용융온도로 일정시간 온도를 올려 완전히 녹인다.
둘째, 용융된 고분자를 편광현미경의 발열기 (Hot Stage) 상에서 또는 결정화온도로 유지된 항온조 안에서 일정시간 결정화를 시킨다.

(1) 구정 (Spherulites)

고분자를 용융 결정화시킬 경우 일반적으로 나타나는 가장 보편적인 결정형태는 사슬이 굽혀진 단결정라멜라가 아래 [그림 14.65, 14.66]과 같이 중심부에서부터 뒤틀린 막대 모양으로 층층이 성장하여 원형형태로 뭉쳐진 다결정 (Polycrystalline)의 결정 형태를 이룬 이른바 구정 (Spherulite)이라 불리는 결정형태이다. 이때 구정을 구성하는 개개의 라멜라는 용액 결정성장 하에서 형성된 라멜라의 모든 형태학적 특성, 즉, 사슬굽힘 이라든가 굽힘스태거링 (Fold Staggering), 구획화 그리고 불규칙한 굽힘 표면형성 등과 같은 결정특성을 모두 그대로 유지한다.

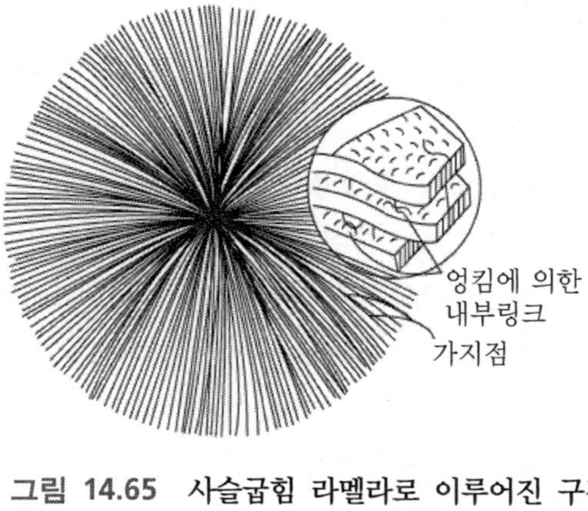

▲ 그림 14.65 사슬굽힘 라멜라로 이루어진 구정

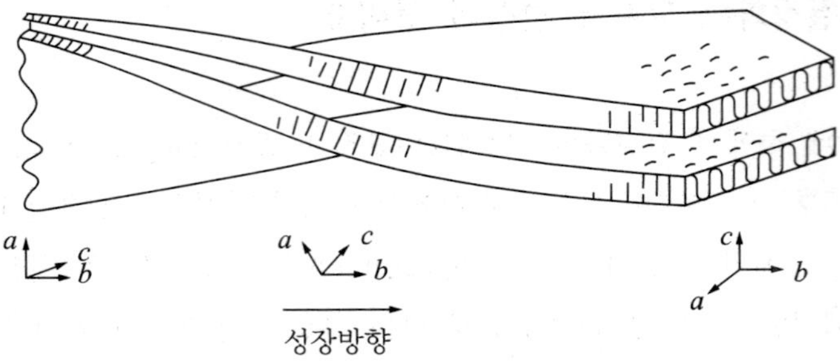

▲ 그림 14.66 PE 구정내의 라멜라 배열 형태

한편, 구정결정의 크기는 그 직경이 대개 100 μm 정도이며 일반적으로 과냉각(Supercooling) 정도에 의존한다. 또한 구정결정을 이루는 리본형태의 개개 라멜라는 꼬인 형태로 층층이 쌓여 구정을 구성하고 있으며 아래 [그림 14.67]에서 보듯이 개개 라멜라 내의 사슬축(Chain Axis)은 원형방향(Radial)에 수직하게 배열되어 있으며 사슬의 배향(Orientation)은 원에 접한 방향(Tangential)을 따라 형성되어 결정을 이루고 있다.

1) 구정의 구성 및 형성 과정

용융 결정성장 과정을 통해 형성되는 구정은 일종의 분자분리 과정으로서 얼마만큼 균일한 분자량으로 그 물질이 구성되어 있느냐 하는 것이 구정형성에 중요한 요인이 된다. 그 형성과정을 살펴보면 다음과 같은 일반적인 4 단계의 과정을 거쳐 구정이 완성된다.

① **결정핵의 형성 (Primary Order)**

이 단계는 결정핵(Nucleus)이 형성되는 단계로 불순물(Dirt)이나 거대분자(Very High Molecular Weight Molecules) 등이 중심이 되어 여러 개의 결정 성장핵이 형성되어 모든 방향으로 균일하게 결정이 성장해 나가기 시작하는 단계이다.

② **주축 라멜라 컬럼의 형성 (Secondary Order)**

앞서 형성된 결정핵을 중심으로 개개 라멜라들이 각 방향으로 성장해 나가는 단계로 리본형태의 라멜라가 꼬이면서(Twisted Ribbon like Lamellae) 반경 방향(Radial)으로 성장해 나간다. 이때 라멜라 형성에 참여하는 분자사슬들은 분자량이 매우 큰 사슬에서부터 중간 이상의 분자사슬(Mid-High Molecular Weight Molecules)들이 주로 참여하게 된다. 한편 형성되는 라멜라 내의 분자 배향(Molecular Orientation)은 원의 접선 방향(Tangential)이며 분자사슬(Molecular Chains), 즉 굽힘면(Fold Plane)은 원의 반경방향(Radial)에 수직(Normal)하거나 60° 이상 기울어져 형성된다.

③ **부가적 라멜라 컬럼의 형성 (Tertiary Order)**

뒤틀린 리본형태의 라멜라 컬럼이 형성되면서 뒤틀린 부분을 중심으로 새로운 곁가지 라멜라 컬럼들이 성장하기 시작하는데 대개 중간 정도의 분자량 이상을 가진 분자사슬 (Mid to High Molecular Weight Molecules)들이 이 단계의 라멜라 컬럼형성에 참여하게 된다. 한편, 이 단계에서 형성된 곁가지 라멜라는 앞서 형성된 주 라멜라 컬럼과 같은 분자 배향 (Molecular Orientation)을 지니며 성장해 나간다.

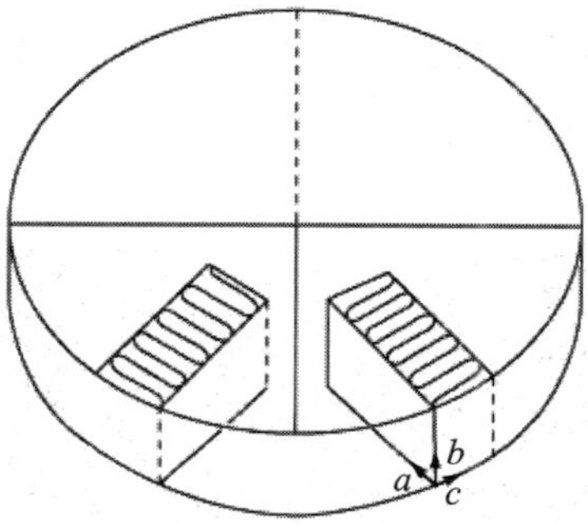

▲ 그림 14.67 구정내의 고분자 사슬 배열 형태

④ **결정 공간메움 단계 (Quarternary Order)**

위 단계에서 형성된 라멜라 컬럼 중심으로 어느 정도 골격을 갖춘 구정의 빈 공간을 저분자나 왁스 또는 필라 (Low Molecular Weight Molecules, Wax or Filler) 등을 중심으로 메우게 된다. 이상에서 보듯이 구정형성 과정은 다양한 분자량분포 (Molecular Weight Distribution)를 가진 고분자의 일종의 분자분리 (Molecular Segregation) 과정으로 분자량분포 (Polydisperse)가 넓은 고분자일수록 구정 형성이 용이함을 알 수 있다. [그림 14.68]은 PE의 구정형태를 보여주고 있다.

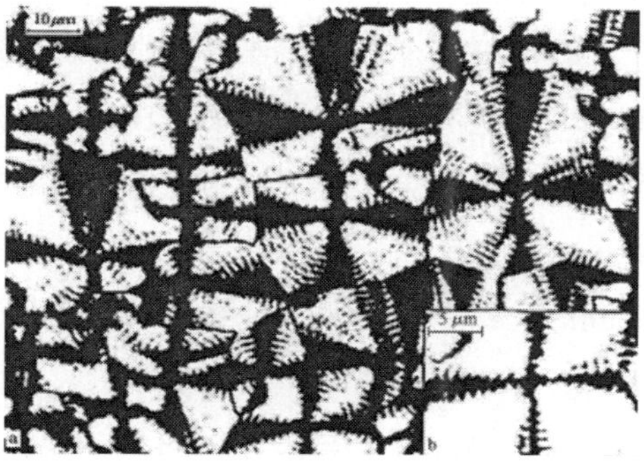

▲ 그림 14.68 PE의 구정 형태

2) 소광링 (Extinction Ring)

편광현미경 (Polarizing Microscope) 상에서 구정을 관찰할 경우 나타나는 특징의 하나는 아래 [그림 14.69]와 같은 소위 소광링 (Extinction Ring)의 존재로서, 이는 바로 구정내의 라멜라 컬럼의 원반경 방향을 향한 뒤틀림에 의한 현상으로서 일정 주기로 재현되는 분자 배향의 규칙성에 기인한다. 한편 링간격 (Ring Spacing) 즉, 라멜라 컬럼 뒤틀림의 주기 (Period of Twist)는 결정화온도가 낮을수록 좁아지는데 이는 다음 [그림 14.69]에서처럼 결정화온도를 점차 낮추어 가며 형성되는 구정을 관찰할 경우 소광링의 간격이 점점 좁아짐을 알 수 있다. [그림 14.69]는 용융상태로부터 연속적으로 냉각시키면서 결정화한 폴리에틸렌 (PE)의 구정을 나타낸다.

▲ 그림 14.69 PE의 결정화 구정 사진

(2) 헤드라이트 [(Hedrites), 엑시얼라이트 (Axialites)]

용융결정화에 있어서 결정화온도가 일반적으로 구정이 광범위하게 형성되는 온도보다 높은 온도일 경우 또는 분자량분포가 매우 좁은 (Monodisperse) 고분자일 경우에는 아래 [그림 14.70]과 같이 헤드라이트 (Hedrite) 또는 엑시얼라이트 (Axialite)라 불리는 나뭇단 형태 (Sheaflike)의 사슬굽힘 결정이 형성된다. 한편 Keith 등에 의해 제안된 도식적 [그림 14.71]과 같이 결정형성에 있어서 구정형성의 중간과정의 형태로서 존재하는 헤드라이트 (Hedrite) 결정형태의 가능성이 제시되기도 하는데 일반적으로 결정화 온도 (T_c)가 높아질수록 이 형태에 나타난 반경 R은 커지게 된다.

[그림 14.71]은 Keith에 의한 구정형성 과정의 연속적 단계를 나타낸다. 고분자 용융물을 냉각시킬 때 처음 생성되는 것은 단결정이다. 그러나 곧 이어서 다발모양 (Sheaflike)의 구조로 변하는데 이들은 엑시얼라이트 (Axialite) 또는 헤드라이트 (Hedrite) 등으로 불린다. 이러한 다층상 결정구조체가 구정생성의 중간체이다. 성

장이 진행됨에 따라 중앙의 기준평면 양측상에서 라멜라가 형성되고 점차적으로 중앙평면으로부터 멀어지며 부채모양으로 펼쳐진다.

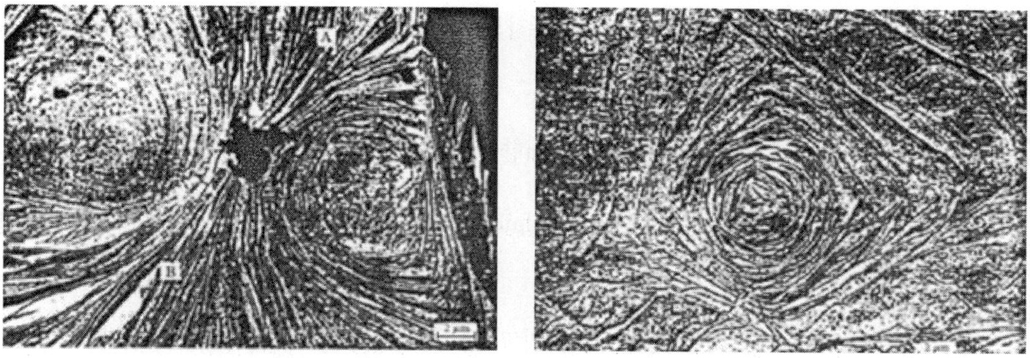

▲ **그림 14.70 헤드라이트: (좌) 측면도 (우) 평면도**

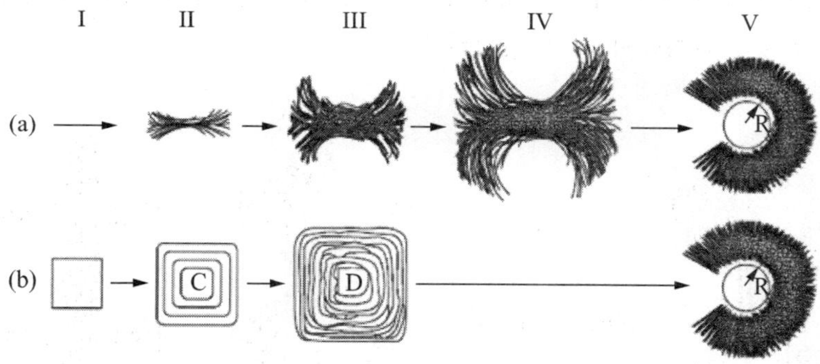

▲ **그림 14.71 구정형성 과정 형태도**

[그림 14.72]는 나일론(Nylon) 6의 구정 초기형성 단계의 전자현미경 사진을 나타낸다.

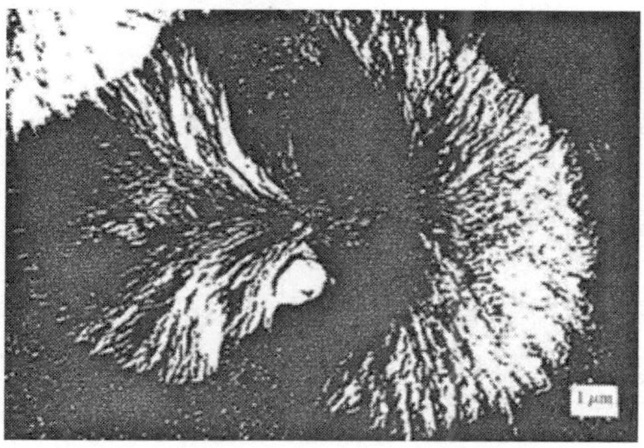

▲ **그림 14.72 구정 초기 형성단계 사진**

(3) 에피택시 (Epitaxy)

에피택시란 하나의 결정물질 위에 배향성을 가진 또 다른 결정물질의 성장을 일컫는데 일반적으로 기질 (Substrate) 표면과 평행한 방향으로 배향된 사슬축 (Chain Axis) 배열을 유지하게 된다. 고분자의 경우 에피택시한 결정성장은 다음과 같은 여러 기질 위에서 가능하다.

1) 같은 종류 또는 다른 종류의 배향된 고분자 표면

2) 알칼리 할로겐화합물 (Alkali Halide) 표면과 같은 비 고분자 (Non-Polymeric) 또는 무기물 결정의 표면

3) 유리 (Glass), 석영 (Quartz) 그리고 금속 (Metal) 등의 표면

고분자 에피택시 결정의 전형적인 예는 소위 아래 [그림 14.72]와 같은 시시케밥 구조 (Shish Kebab Structure)로서 이는 회전교반 (Stirred) 상태 하의 용융 또는 용액 결정화 과정에서 각각 형성된다.

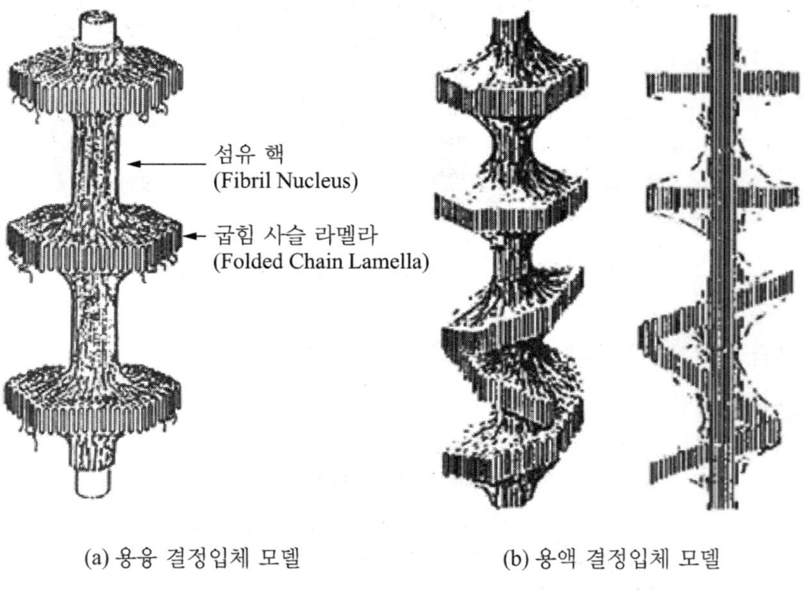

▲ **그림 14.73 고분자 시시케밥 형태도**

[그림 14.74]는 폴리에틸렌의 시시케밥 (Shish Kebab) 형태의 결정을 나타내는 전자현미경 사진이다.

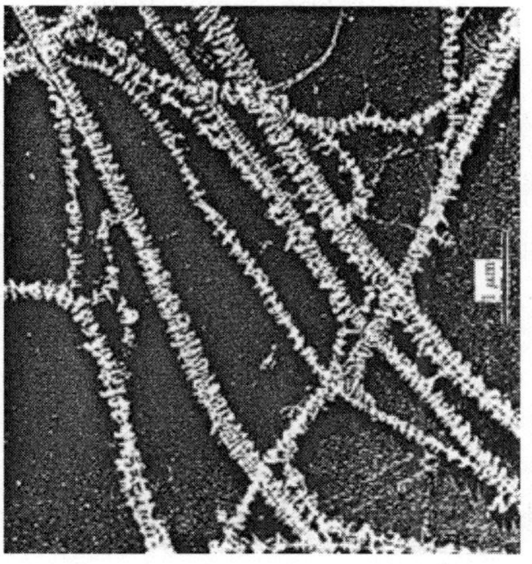

▲ 그림 14.74 시시케밥 형태의 PE 결정

4.3 고분자의 결정화도와 실험적 측정

결정성고분자는 대개 완전한 결정상으로는 존재하지 않으며 무시할 수 없는 양의 무정형 부분을 포함하고 있다. 그 증거로 폴리에틸렌의 예를 들면 X선에 대한 명확한 반사패턴을 나타내지만 일반적 결정고체의 물성을 나타내는 것이 아니라 어는 정도는 고무나 유리와 같은 무정형물질의 성질도 함께 가지고 있다. 따라서 고분자가 부분적 결정성을 가진 준결정상태 (Semi Crystalline State)에 있다면 그 결정화도 (Crystallinity Degree)에 대한 정확한 이해는 매우 중요하다. 결정화도를 정량화하기 위해서는 먼저 결정성에 민감한 물성들 중 하나를 선정하여야 한다. 주어진 고분자물질에 대하여 특정물질의 결정화도에 대한 의존도를 알면 어떤 시료라도 그 물성만 측정하면 결정화도의 지표로 삼을 수 있다. 그러한 물성들은 열역학적 (Thermodynamic) 성질, 회절 (Diffrection Based) 특성, 분광 (Spectroscopic) 특성 등의 3가지 부류로 나눌 수 있다.

(1) 열역학적 방법

비체적 (v) [또는 밀도 (ρ)]과 용융열을 이용하는 방법이 있다.

1) 비체적 (v) 또는 밀도 (ρ)

결정화도를 X_c로 표시하면, $X_c = (v_a - v)/(v_a - v_c) = (\rho - \rho_a)/(\rho_c - \rho_a)$이다. 여기서 v (비체적)와 ρ (밀도)는 시료의 물성을 나타내며 v_c와 ρ_c, v_a와 ρ_a는 각

각 순수한 결정상과 무정형상의 물성을 의미한다. 단위결정격자상수와 격자 내 분자사슬의 수 등 결정의 구조를 알면 v_c와 ρ_c는 계산해 낼 수 있지만 상온에서 완전 무정형 상인 시료를 구할 수 없으면 v_a와 ρ_a는 알 수가 없다. 따라서 이때에는 용융상태에서의 값을 측정한 후 열팽창계수를 이용하여 상온에서의 값으로 외삽하는데 외삽의 범위는 너무 크고 v_a가 온도에 따라 선형적으로 변한다는 가정도 포함된다. 결국 이방법의 정확도는 v_a나 ρ_a값의 결정에 좌우되며 미세공극(Microscopic Void)의 영향도 무시할 수 없다.

2) 용융열

시료의 용융열을 ΔH, 순수한 결정의 용융열을 ΔH_c로 표시하면 결정화도는 다음과 같이 표시할 수 있다.

$$X_c = \Delta H / \Delta H_c$$

이 방법에서도 역시 100% 결정성 시료를 구하기 힘들기 때문에 ΔH_c의 결정이 어려워진다. 따라서 보다 짧은 분자사슬을 가진 올리고머(Oligomer)의 거동으로부터 이론적 방법 또는 외삽에 의해 ΔH_c 값을 추정하여 사용한다. 폴리에틸렌의 경우는 대개 파라핀에 대한 값으로부터 외삽한다.

(2) 회절분석법의 이용

특정시료에 대한 X선 회절 패턴에서 무정형상과 결정상에 의한 산란강도의 비율을 평가하여 결정화도를 측정한다. 이 방법에서의 기술적 난점은 무정형상에 의해 생성되는 후광(Halo)으로부터 결정상에 의한 반사를 어떻게 분리해 내느냐에 있으며 실제로 이 두 가지는 서로 약간 중첩된다. 따라서 얼마나 작은 반사물체까지를 결정으로 간주하느냐 즉, 어느 정도로 넓은 반사까지를 브래그(Bragg) 반사로 포함시키느냐에 따라 결과가 약간 달라질 수 있다.

(3) 분광학적 방법의 이용

분광학적 방법의 이용에는 적외선분광분석과 핵자기공명분광분석이 있다.

1) 적외선분광분석

적외선 스펙트럼상에서 나타나는 일부 특성들은 결정 내 분자의 배열과 쌓임 상태에 민감하기 때문에 결정화도를 측정하는데 도움을 주며 이러한 특성은 두 가지 종류로 구분된다. 첫째, 특정 흡수영역(Band)은 결정상에서 관찰되지만 용융상태에서 사라지기 때문에 결정영역 (Crystalline Band)이라 한다. 마찬가지로 무정형영역 (Amorphous Band)은 시료가 결정화되면 없어지거나 감쇠된다. 이러한 영역에서의 흡수강도는 결정화도 측정의 지표가 되는데 이는 다소 경험적인 방법이다. 둘째, 대칭성의 측면에서 동등하지 않은 두 고분자 사슬이 결정 내에 이웃하여 존재하면, 이러한 분자사슬들은 동일상 (Inphase) 또는 반대상 (Antiphase)으로 진동할 수 있기 때문에 약간 다른 주파수에서 두 흡수영역 (Absorption Band) 을 가진다. 따라서 결정상에서는 이중피크 (Doublet)가 관찰되는데 이것이 무정형상에서는 단일피크 (Singlet)로 바뀐다. 특정 고분자에 대해서 만약 이러한 이중피크가 존재하여 그 피크를 측정하면 결정부와 무정형부의 비율을 알아낼 수 있는 이론적 근거를 가진 방법이 된다.

2) 핵자기공명분광분석

이 방법에서는 결정화도를 측정하는 것이 아니라 분자사슬의 이동성 (Mobility)을 측정한다. 무정형상에서는 분자사슬의 이동성이 있고 결정상에서는 없다고 생각하면 분자사슬 이동성의 측정에 의해 결정화도를 평가할 수 있다. 결정상에서는 이웃하는 핵들 사이의 자기모멘트에 의해 외부에서 부가한 자기장이 영향을 받는데 여러 종류의 핵쌍이 존재하므로 공명의 폭 (Resonance Envelope)이 넓어지게 된다. 그러나 무정형상에서는 분자사슬의 이동성으로 인해 이웃하는 핵쌍에 의한 효과들이 서로 상쇄되어 예리한 공명피크가 관찰된다. 따라서 예리한 공명피크와 넓은 공명피크의 비율을 측정하면 결정화도를 알 수 있다. 이 방법은 소량의 이동성 물질에 대해서도 민감하다.

4.4 반결정성 폴리올레핀의 고분자 구조

(1) 고밀도폴리에틸렌 (HDPE)의 결정구조

서냉에 의해 결정화되는 폴리에틸렌 고분자의 구조는 구정 (Spherulite)이라는 다결정구조를 갖게 되는데 이 구정은 핵 (Central Nucleus)으로부터 바깥쪽으로 성장하는 100～200 Å 두께의 비틀어진 (Twisted) 라멜라 (Lamella) 단위로 이루어져 있다. [그림 14.75]는 고밀도폴리에틸렌의 결정구정 성장의 과정을 단계적으로 표시하고 있다. 즉, 라멜라 (Lamella) 형성에서 시작해서 구정 (Spherulite)으로 성장하고 최종적으로 배향 (Oriented)을 가지게 되는 결정 (Crystal)으로 성장한다.

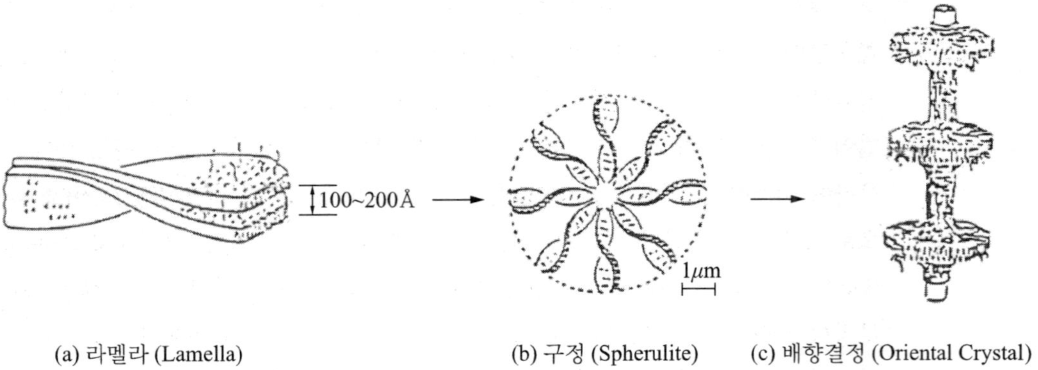

▲ 그림 14.75 HDPE의 결정구조 성장 모델

그리고 구정과 구정사이의 경계는 무정형의 묶음(Tie) 분자로 연결되어 용융온도에 근접한 온도에서는 결정화가 느려서 핵의 수는 적게 되고 구정의 크기는 커진다. 이와 같은 조건에서 만들어진 폴리에틸렌의 결정구조는 용융체로부터 급냉시켜 생성된 것보다 잘 깨진다. 이유는 구정 사이에 있는 묶음(Tie) 분자수가 적어지고 저분자량의 비결정부분이 구정 사이에 약한 경계를 형성해 주기 때문이다. [그림 14.76]은 구정(Spherulite)의 구성요소를 도식하고 있다.

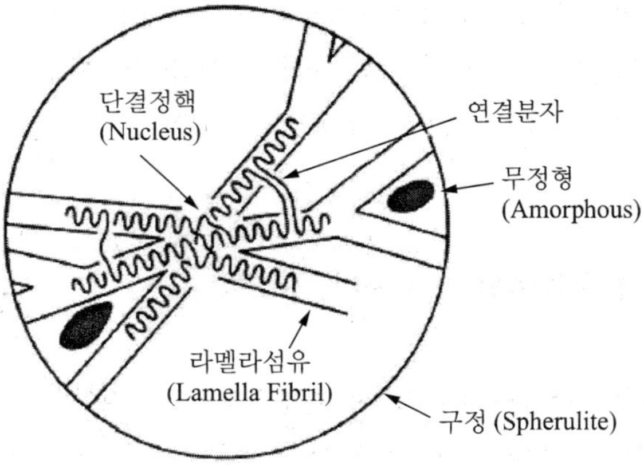

▲ 그림 14.76 구정의 구성 요소

서냉된 용융체로부터 형성된 고밀도폴리에틸렌 구정형태의 결정구조는 외부응력(Stress)이 없는 상황에서 만들어지지만 실제 고밀도폴리에틸렌(HDPE)을 가공할 때는 이와 다르다. 즉 압출, 방사, 사출성형과 같은 가공이 행해질 때 고밀도폴리에틸렌은 결정화되면서 응력을 받게 되는데 이때 사슬분절(Chain Segement)의 배향 (Orientation)은 흐름방향으로 신장된 (Elongated) 결정을 생성하게 된다. 이때 생성된 결정구조는 구정과는 달리 열 (Row)로 핵화된 구조를 가진다. 다시 말해 응력이 작용하는 방향으로 중심골격 (Central Backbone)이 생성되며 이 중심구조에 대해 직각방향으로 라멜라 사슬이 발달한다. 가공에서 고밀도폴리에틸렌 (HDPE)의 경우 결정화온도와 고분자분자량에 따른 라멜라 (Lamella)의 결정 두께를 [그림 14.77]에 나타내었다.

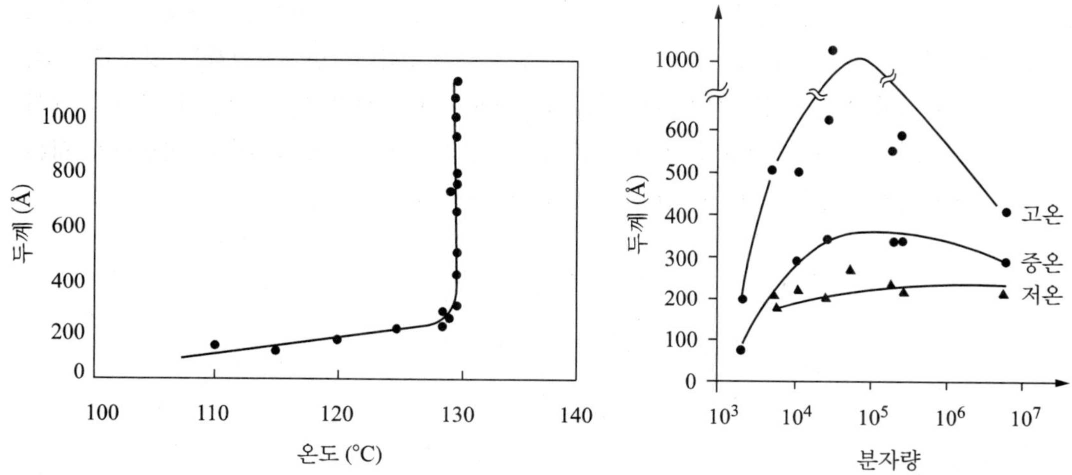

(a) 온도에 따른 결정 두께　　(b) 분자량에 따른 결정 두께

▲ **그림 14.77　HDPE의 라멜라 결정 두께**

다음 [그림 14.78]은 고밀도폴리에틸렌의 거대 결정구조를 2가지 이론과 성형연신으로 나누어 각각 도시하고 있다.

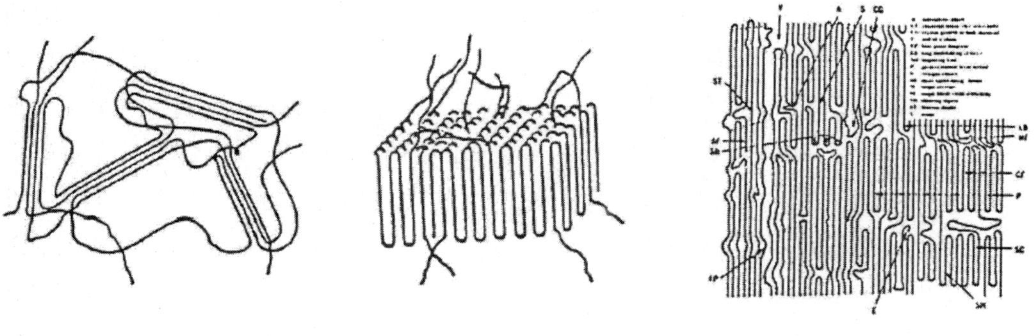

(a) Fringed Micelle 모델　　(b) 사슬 굽힘 모델　　(c) 연신된 결정의 굽혀진 사슬구조

▲ **그림 14.78　HDPE의 결정 구조**

(2) 폴리프로필렌(PP)의 결정구조

앞에서 언급한 고분자의 결정화거동과 같이 [그림 14.79]는 구정의 구조를 나타내는 한 모델로서 벌크 상에서 결정화된 라멜라내의 분자사슬 방향도 희박용액에서의 경우와 마찬가지로 라멜라 평면에 대해 수직이다. 구정의 중심으로부터 1차 핵생성(Primary Nucleation)에 의해 자라나는 라멜라는 결정격자의 결함이 생기는 곳에서 가지화(Branching)되어 새로운 라멜라의 형성이 시작되고(2차 라멜라), 그들이 휘어지거나 뒤틀리면서 자라다가 또다시 새로운 라멜라를 형성시킨다(3차 라멜라). 이와 같은 양상이 계속되면 결국 섬유상의 라멜라들이 구정의 중심으로부터 모든 방향으로 성장하며 이웃 구정과 충돌하여야만 그 성장이 정지된다. 이 과정을 1차 결정화(Primary Crystallization)라고 하며 이미 형성된 구정 내에서 남아 있던 무정형상이 계속 결정화하여 구정의 내부구조를 좀 더 치밀하게 하는 과정을 2차 결정화(Secondary Crystallization)라 부른다.

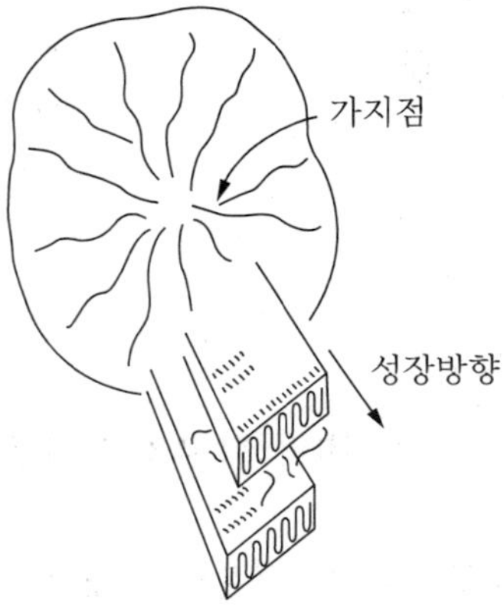

▲ 그림 14.79 구정성장 모델

고분자가 희박용액으로부터 결정화될 때에는 라멜라 형태의 단결정이 생성되는데 이들은 고분자 사슬의 굽힘에 의해 형성되며 그 두께가 100~200Å 정도이다. 그러나 용액의 농도가 높아짐에 따라 다층의 가지상결정(Dendrite)이 관찰되며 농도가 약 1% 이상으로 높아지면 구정(Sherulite)이 생성된다. 또한 고분자의 용융물(Melt)이 과냉각되면서 결정화될 때에도 가장 흔히 관찰되는 것이 구정이다. [그림 14.80]은 용융결정화된 아이소택틱 폴리프로필렌(PP) 구정의 편광현미경 사진으로 왼쪽은 140℃에서의 등온결정화에 의해 생성된 약 350 μm 크기의 구정이고 오른쪽은 125℃에서의 등온결정화에 의해 생성된 구정들이 충돌(Spherulite Impingement) 하여 얻어진 구정을 각각 나타낸다.

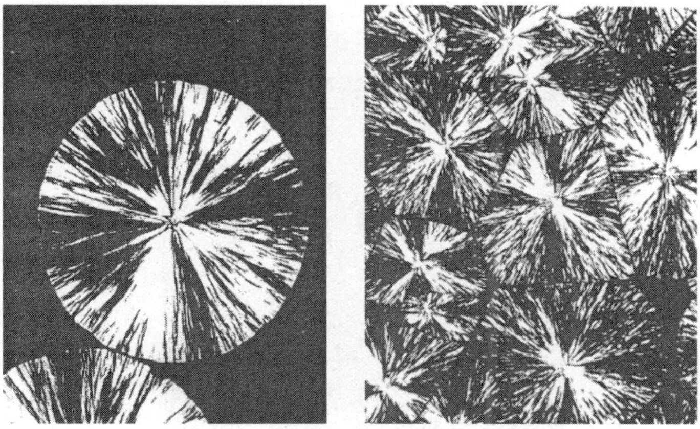

▲ 그림 14.80 PP구정: (좌) 단구정 (우) 구정 충돌

[그림 14.81]은 실제로 PP호모폴리머의 용융 구정성장을 나타내고 있다. 즉, PP시료를 편광현미경 (Polarizing Microscoph)의 Hot Stage에 올려놓고 165℃ 정도로 가열용융 후 다시 140℃로 과냉각 (Supercooling)하여 등온 (Isothermal)을 유지하면서 구정성장 과정을 관찰한 결과이다.

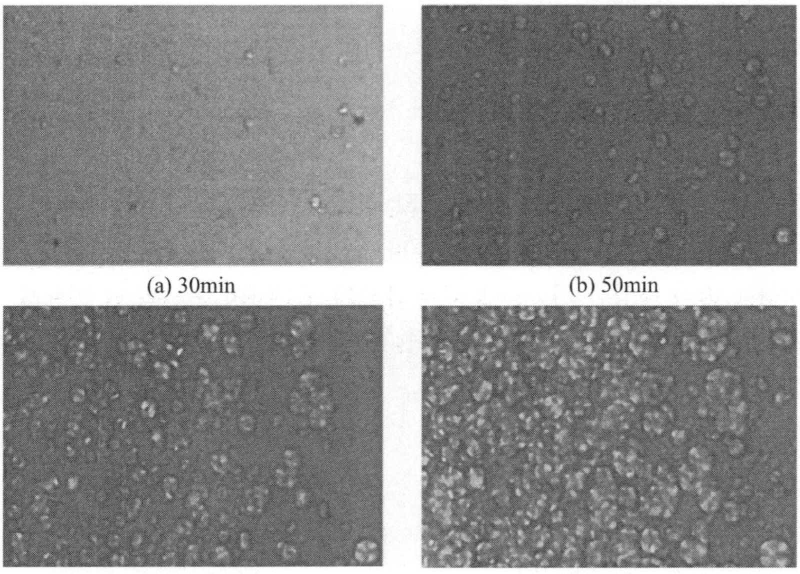

(a) 30min (b) 50min (c) 70min (d) 90min

▲ 그림 14.81 PP등온결정화의 구정 성장

다음은 구정성장이 완료되어 서로 충돌이 있는 [그림 14.81] (d)를 다시 나타내었다.

▲ 그림 14.82 성장완료 구정 충돌

05 고분자의 물성

5.1 점탄성 (Viscoelasticity) 거동

고분자는 점성 (Viscosity)과 탄성 (Elasticity)이 모두 존재하는 점탄성 거동을 보인다는 것이 큰 특징 중 하나이다. 따라서 외부에서 가해지는 힘, 온도, 전기장 등의 영향에 따라 다양한 거동을 보이기 때문에 고분자의 물성을 잘 이해하기 위해서는 고분자의 점탄성 거동에 대한 개념이 필수적이다.

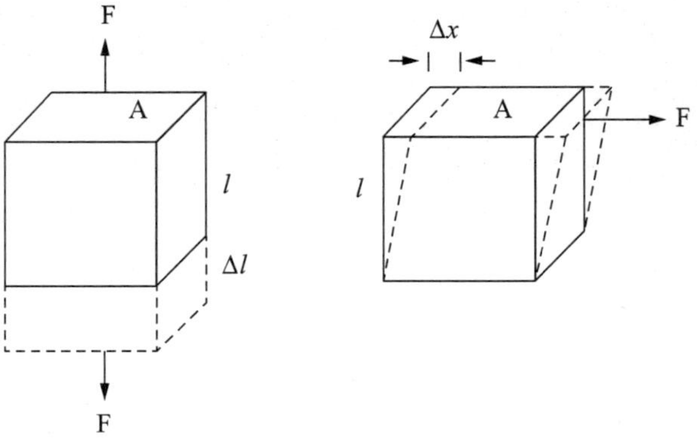

길이방향의 변형에 대해서는 인장 (Tensile)이란 용어를 쓴다. 인장응력 (Stress) σ는 단위면적 당 가해지는 힘으로 정의된다.

$$\sigma = \frac{F}{A}$$

만일 범위가 넓어지고 표면이 평면이 아닐 때는 미분을 써서 개념을 확장할 수 있다. 여기서는 변형이 작은 규모로 일어나고 있는 것을 상상하고 정의를 받아들이면 충분하다. 인장변형 (Strain) ϵ은 단위길이 당 늘어나는 정도로 정의된다.

$$\epsilon = \frac{\Delta l}{l}$$

또 σ와 ϵ의 비를 인장모듈러스 E라 한다.

$$E = \frac{\sigma}{\epsilon}$$

이것은 대략 일정 단위의 변형을 시킬 때 들어가는 힘으로 볼 수 있으며 이것이 클수록 그 재료는 변형이 어려워진다. 따라서 모듈러스를 재료의 강한 정도 (Stiffness)의 척도로 생각할 수 있다. 재료는 인장변형을 받는 경우도 많지만 전단 (Shear) 변형을 받는 경우도 많다. 전단응력 σ은 인장의 경우와 동일하게 정의되며, 전단 변형 γ와 전단모듈러스 G는 다음과 같이 주어진다.

$$\gamma = \frac{\Delta x}{l}$$

$$G = \frac{\sigma}{\gamma}$$

완전한 탄성체는 응력과 변형이 서로 비례한다 (비례상수 E: 모듈러스).

$$\sigma = E\epsilon$$

반면에 완전한 점성체는 응력은 변형의 시간적인 변화량인 변형률 (Strain Rate)에 비례한다.

$$\sigma = \eta \frac{d\epsilon}{dt}$$

그 비례상수 η가 점도 (Viscosity)이며, 이것은 변형에 저항하는 척도이다. 이 식은 큰 면적의 물체를 물에 천천히 넣으면 힘을 받지 않지만 갑자기 던져 넣으면 큰 힘을 받는 사실과 합치한다. 점성체 안에 있는 분자들은 상대적으로 자유롭게 움직일 수 있기 때문에 재배치할 시간적인 여유가 있으면 힘 혹은 저항이 걸리지 않기 때문이다. 탄성과 점성이 공존하는 점탄성체인 고분자는 일반적으로 다음 [그림 14.83]에서 보인 바와 같은 E(모듈러스) vs. T(온도)의 거동을 보인다. 즉 (a)는 낮은 온도에서는 유리(Glass)와 같은 딱딱한 물성을 보이며 (b)는 어느 온도 이상에서는 고무(Rubber)와 같이 말랑말랑한 물성을 보인다. 그리고 (c)는 온도가 더 이상 올라가면 선형고분자인 경우 점성액체가 되며 가교고분자인 경우는 흐름이 불가능하여 그대로 유지된다. 물론 온도가 높아짐에 따라 수반될 수 있는 분해는 없다고 가정한 거동이다. 여기서 가로축(온도)은 대략 시간 t의 로그 수치 log(t)로 생각해도 유사한 거동이 나타난다.

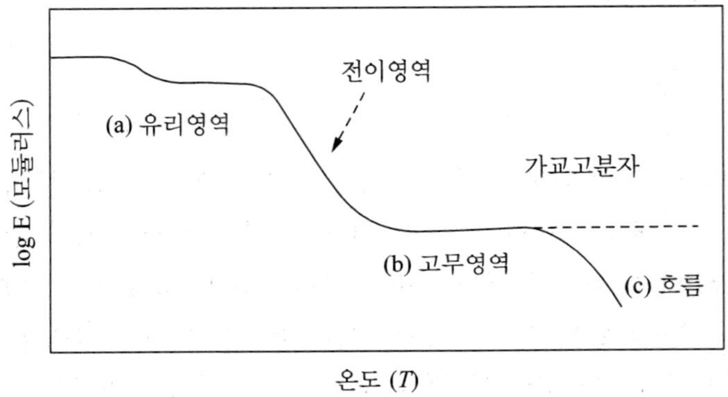

▲ **그림 14.83 고분자의 온도**(T) vs. **모듈러스**(E) **거동**

한편 변형이 주기적으로 주어지는 경우도 있다. 이것은 재료가 실제적으로 그런 상황에 놓이는 때도 있지만 재료의 특성을 해석하기 위한 목적으로 가하는 경우도 있다. 탄성은 외부의 변형에 순간적으로 반응하지만 점성은 앞에 보인 미분식이 지배하는 방식을 통해 반응하기 때문에 이런 주기적인 변형에 대한 재료의 반응을 고찰하는 것은 재료의 점탄성을 이해하는 좋은 도구를 제공한다. 이런 실험을 동적역학실험(DMT, Dynamic Mechanical Test; DMA, Dynamic Mechanical Analysis)이라 한다.

변형(ϵ)이 주기적으로 가해지는 경우

$$\epsilon = \epsilon_o \sin \omega t$$

로 놓을 수 있다. 탄성체의 경우 응력은 $\sin \omega t$에 비례한다.

$$\sigma = \sigma_o \sin \omega t$$

점성체라면

$$\sigma = \eta \frac{d\epsilon}{dt} = \eta\ \omega \cos\ \omega t$$

가 되어 90° 뒤에 반응이 나타난다. 점탄성체의 경우는 그 중간의 위치에서 다음과 같이 표현할 수 있다.

$$\sigma = \sigma_o \sin(\omega t + \delta)$$

여기서 δ를 위상각(Phase Angle) 혹은 위상지연(Phase Lag)이라 부른다. 여기서 변형과 응력이 미세하게 일어나는 조건임을 상기해야 이렇게 주어진 위상각 뒤에 반응이 일정하게 나타나는 거동을 이해할 수 있다.
이 식은 풀면 다음과 같이 변한다.

$$\sigma = \sigma_o \cos\delta \sin\ \omega t + \sigma_o \sin\delta \cos\ \omega t$$

곧 첫째 항은 탄성에 해당됨을 주목하면, 둘째 항은 점성에 의한 것임을 짐작할 수 있다. 이 식은 주로 다음과 같이 표현된다.

$$\sigma = \sigma_o E' \sin\ \omega t + \sigma_o E'' \cos\ \omega t$$

여기서 $E' = (\sigma_o/\epsilon_o)\cos\delta$이고 $E'' = (\sigma_o/\epsilon_o)\sin\delta$이다. E'은 저장모듈러스(Storage Modulus)라 불리며, E''는 손실모듈러스(Loss Modulus)라 불린다. δ는 간단히 $\tan\delta = E''/E'$으로 주어진다. 고분자에 점차 온도를 높이는 경우를 생각하면, 유리전이온도 T_g를 지날 때 탄성은 급격히 떨어지고 점성은 급격히 늘어난다. 따라서 $\tan\delta$가 급격히 커진다. 그 전후에서는 E''과 E'의 비가 각각 일정한 비율로 되기 때문에 $\tan\delta$가 피크로 나타난다. 이렇게 특히 탄성과 점성이 상대적으로 변할 때 $\tan\delta$는 각각 피크로 나타나며, 이런 일은 분자 내에 T_g를 포함한 각종 전이현상이 일어날 때 흔히 일어난다.
예를 들어 PP호모폴리머의 DMA (Dynamic Mechanical Analysis) 시험 결과는 다음 [그림 14.84]와 같다.
[그림 14.85]는 진동하는 외력에 대응하여 발생하는 물질의 변형을 온도에 따라 측정하는 고분자의 DMA 구조분석(T_g, 상분리, 결정화도, 가교도 등) 그래프를 나타낸다.

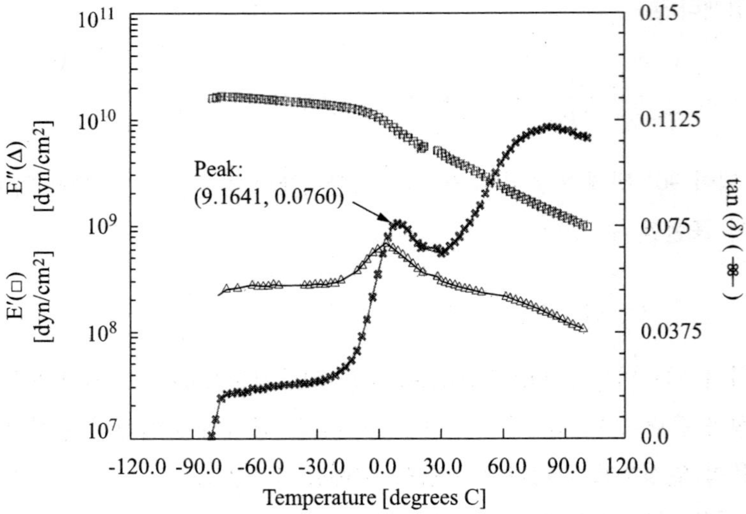

▲ 그림 14.84 PP의 DMA 결과

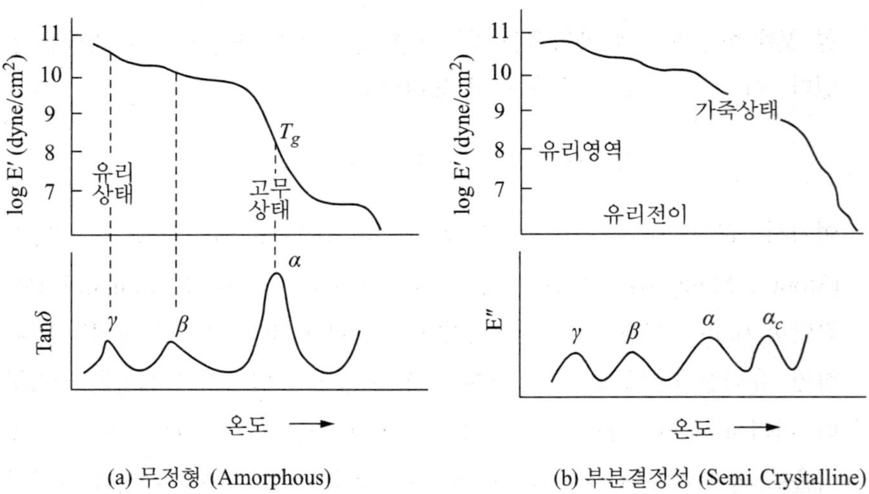

(a) 무정형 (Amorphous)　　(b) 부분결정성 (Semi Crystalline)

▲ 그림 14.85 일반적인 고분자의 DMA 커브

5.2 유리전이 (Glass Transition)

유리전이현상은 고분자의 특성 가운데 빼놓을 수 없는 대표적인 것이다. 완전한 결정이라면 유리전이현상을 거치지 않고 바로 용융을 하기 때문에 유리전이 현상이 나타나지 않는다.

그러나 거의 모든 고분자는 준결정성 고분자 (Semi Crystalline Polymer)이거나 무정형이기 때문에 유리전이현상을 다소간에 보인다. (a) 유리전이온도는 고분자의 구조에 따라 변한다. (b) 우선 분자량이 증가할수록 T_g는 커지다가 일정한 분자량 이상이 되면 거의 변하지 않는다. 이것을 간단히 다음 수식으로 표현할 수 있다.

$$T_g = T_g^{\infty} - c/\overline{M_w}$$

여기서 T_g^{∞}는 분자량이 충분히 클 때의 T_g이며, c는 적당한 비례상수이다. (c) 사슬의 유연성(Flexibility)은 T_g에 큰 영향을 미친다. 예를 들어 골격에 페닐(Phenyl) 고리가 파라(Para) 구조로 들어갈수록 사슬의 유연성이 감소되어 T_g는 상승한다. (d) 비닐 고분자의 경우

$$-CH_2-\underset{\substack{|\\ X}}{CH}-$$

치환기의 덩치가 커질수록 사슬의 회전을 어렵게 만들어 T_g가 상승하는 경향을 보인다. 예를 들어 X＝H인 폴리에틸렌(Polyethylene)의 경우 T_g가 －85℃ 정도 되는데 벤젠 고리인 폴리스티렌(Polystyrene)은 100℃이다. (e) 그리고 치환기의 극성도 T_g에 관여한다. 극성이 클수록 이웃하는 분자들과의 상호작용이 커져서 사슬의 유연성을 증가시키는 효과가 있고 T_g가 상승하게 된다. 예를 들어 X＝CH_3인 폴리프로필렌(Polypropylene)의 경우 T_g가 약 －20℃인 반면 X＝Cl인 PVC의 경우는 약 81℃로 높아진다.

여기서 CH_3의 크기가 Cl보다 큼에도 불구하고 이런 경향을 보임을 주목하라. (f) 이상의 요인들 외에도 랜덤공중합체의 경우 그 조성에 따라 T_g가 변하는 것은 쉽게 짐작할 수 있다. (g) 블록공중합체의 경우는 대개 각각의 성분이 독립적으로 T_g를 보여 두 개의 T_g가 나타난다. (h) 가교의 경우는 가교밀도가 높아질수록 T_g가 상승하며 가교밀도가 어느 정도 이상 되면 T_g가 넓은 범위에서 나타나며 더 이상 커지면 아예 T_g가 사라지기도 한다.

그리고 유리전이온도(T_g)의 측정방법은 아주 다양하다. T_g점에서 비체적, 모듈러스(Modulus), 열용량, 굴절률, 분자운동 등이 달라지는데 이런 현상을 관측할 수 있는 방법이라면 T_g의 측정에 이용할 수 있다. 몇 가지 예를 들면, 우선 팽창계법(Dilatometry)은 온도의 함수로 비체적을 측정한다. 비체적 vs. 온도의 기울기가 T_g 이하에서는 작고 이상에서는 크기 때문에 그 그래프가 T_g에서 꺾인다. 대표적으로 사용하는 방법은 DSC 법이다. 그리고 앞에서 언급된 동적역학 방법을 이용해서 T_g 주위에서 점탄성의 거동이 달라지는 사실을 바탕으로 T_g를 측정할 수도 있다. 기타 유전완화(Dielectric Relaxation)와 분광학적 방법들도 T_g 측정에 이용

될 수 있다.

일반적으로 유리전이온도(T_g)에서 무정형(비결정성), 결정성, 준결정성(반결정성) 고분자의 물성변화를 [표 14.15]에 나타내었다.

▼ **표 14.15 유리전이온도에서 고분자의 주요 물성변화**

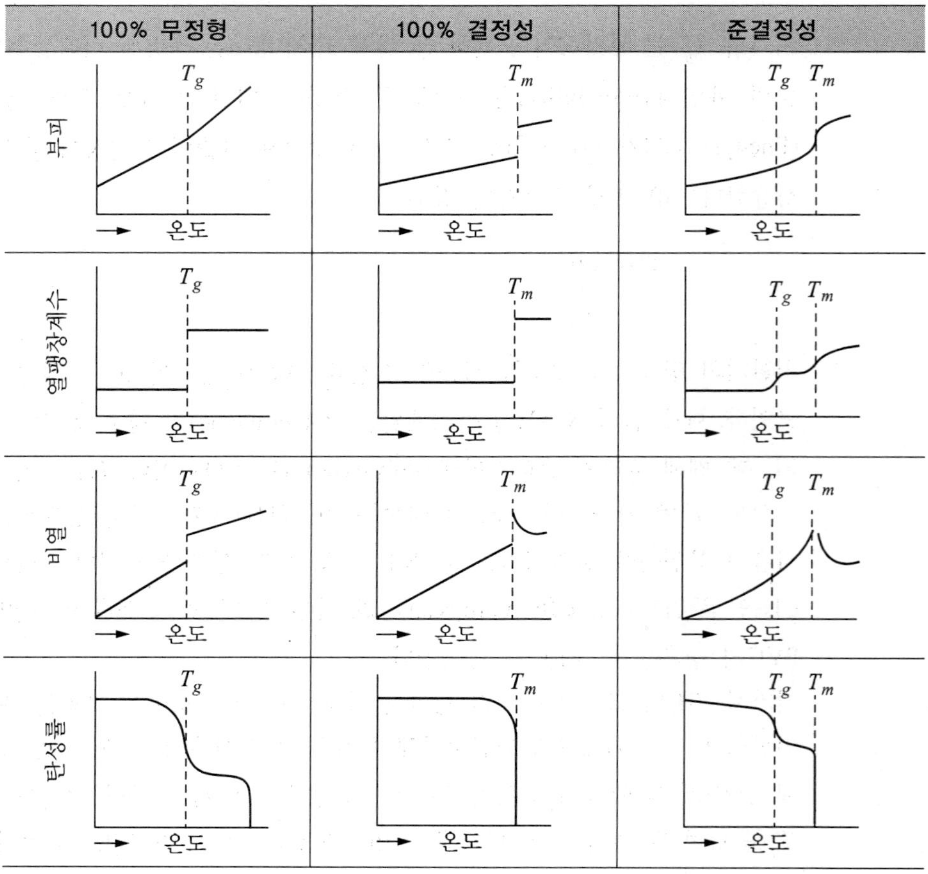

5.3 WLF식

우리가 흔히 가질 수 있는 문제는 고분자의 물성이 시간이 흐르면 어떻게 변할 것인가 하는 문제이다. 물론 오랜 시간에 걸쳐 고분자의 물성을 측정하면 되겠지만 실용적이지 않다. 이것을 해결한 개념이 바로 시간 온도 중첩(Time Temperature Superposition) 원리이다.

이 원리에서는 간단히 낮은 온도에서 긴 시간에 걸쳐 일어나는 물성 변화는 높은 온도에서 짧은 시간에 걸쳐 일어나는 변화와 근본적으로 동일하다고 본다. 물론 여기서도 시간이나 온도에 따른 고분자의 분해는 고려하지 않는다. 실제 고분자의 물성 변화라는 것은 분자의 움직임이 수반되는 현상이기 때문에 낮은 온도에서 긴 시간 동안 움직이는 것이나 높은 온도에서 짧은 시간 동안 움직이는 것의 정도는 같다고 보면 이런 개념이 타당함을 이해할 수 있다.

아래 [그림 14.86]의 왼쪽에서와 같이 여러 온도에서 제한된 짧은 시간 동안 물성 실험을 행하여 log $E(t)$ vs. log t 데이터를 얻었다고 하자. 아래쪽 데이터로 갈수록 모듈러스(E)가 낮아지는 것이기 때문에 온도가 높은 경우이며 곧 낮은 온도 긴 시간의 데이터에 해당한다. 이 데이터들을 서로 상대적으로 이동하면서 적절히 높이를 맞추어주면 마스터 커브(Master Curve)가 얻어진다. 이것이 바로 원하는 긴 시간에 걸쳐 일어나는 물성 변화를 보여주는 데이터가 된다.

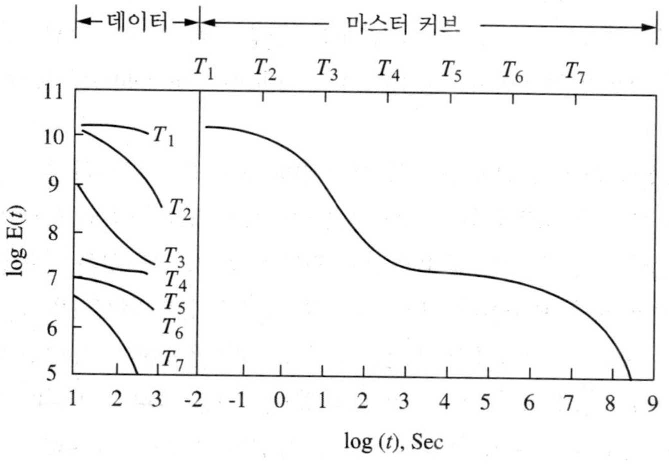

▲ **그림 14.86 시간에 따른 모듈러스 변화**

이때 수식으로 표현하면 다음과 같다.

$$E(T_1, t) - E(T_2, t/aT)$$

으로 나타낼 수 있다. 여기서 aT는 이동인자(Shift Factor)라 부른다. WLF 식은 Williams, Landel, 그리고 Ferry가 제안한 식으로서 곧 이 이동인자에 관한 식이다.

$$\log aT = \frac{-C_1(T - T_g)}{C_2 + T - T_g}$$

여기서 C_1과 C_2는 고분자에 따라서 조정되는 상수이다. 예를 들어 폴리스티렌(Polystyrene)의 경우 $C_1 = 14.5$, $C_2 = 50.4$이며 $T_g = 100℃$이다. 천연고무(Natural Rubber)의 경우 $C_1 = 16.7$, $C_2 = 53.6$, $T_g = -73℃$이다. 일반적으로

C_1과 C_2의 대표값(Universal Constants)은 $C_1 = 17.4$, $C_2 = 51.6$으로 주어진다. 이 식은 대개 무정형 고분자에 적용이 되며 제한된 시간과 온도 범위에서만 잘 맞으며 결정성 고분자의 경우에는 적용할 수 없다. 그러나 시간과 온도의 관계를 명확히 이해할 수 있게 해주는 유용한 식이다.

5.4 고무탄성

고무재료는 고분자의 큰 분류인 플라스틱, 섬유, 고무 중 하나의 위치를 차지하는 중요한 재료이며, 고무의 탄성이 요구되는 분야는 다양하다. 고무는 큰 변형을 일으킬 수 있고 변형이 제거되면 원래의 상태로 돌아가는 고분자로 정의할 수 있다. 전형적인 금속들은 연신이 2% 남짓한 것에 비해 고무는 500%에서 1,000% 정도까지도 연신이 가능하다. 탄성모듈러스(Elastic Modulus)도 통상 금속의 10만 배 정도 낮다.

고무탄성을 보이기 위해 분자가 갖추어야 될 조건은 다음과 같다. (a) 재료가 고분자 사슬로 이루어져야 한다. (b) 사슬들이 네트워크 구조로 서로 연결되어야 한다. (c) 사슬들은 높은 정도의 유연성을 지녀야 한다. 유연성은 골격결합 주위의 회전이 용이할 것을 요구한다. 또한 재료가 쉽게 결정을 형성하면 탄성발현이 어렵다. 유연한 사슬은 랜덤사슬 모양을 선호하며 양쪽에서 잡아당겨지면 엔트로피(Entropy)가 감소해서 원래 모양으로 돌아가려는 경향이 커진다. 이것은 용수철을 당겼을 경우와 마찬가지이며 따라서 유연한 사슬을 엔트로피 용수철(Entropic Spring)이라 부르기도 한다. 용수철과 같은 거동이지만 회복을 향한 추진력(Driving Force)은 엔트로피적이다.

네트워크의 변형에 따른 엔트로피 변화는 다음과 같이 구할 수 있다. 네트워크 사슬의 분포는 가우스(Gaussian) 분포에 따른다고 보면

$$P(x, y, z) = c\exp - \{b^2(x^2 + y^2 + z^2)\}$$

의 형태가 된다. 이것을 볼츠만 관계식 $S = k\ln\Omega$ (Ω = 배열의 수)와 연결을 지으면 변형 전의 엔트로피는

$$S(\text{변형전}) = c' - k\,b^2\,(x^2 + y^2 + z^2)$$

의 형태가 얻어진다.

이것이 변형을 통해 $x \to x' = \lambda_1 x$, $y \to y' = \lambda_2 y$, $z \to z' = \lambda_3 z$로 변했다고 하

면, 변형 후의 엔트로피는

$$S(\text{변형후}) = c' - k\ b^2\ (x'^2 + y'^2 + z'^2) = c' - k\ b^2\ (\lambda_1^2 x^2 + \lambda_2^2 y^2 + \lambda_3^2 z^2)$$

가 된다. 따라서 변형에 따른 엔트로피의 변화는

$$\Delta S = -k\, b^2 \left\{ (\lambda_1^2 - 1)x^2 + (\lambda_2^2 - 1)y^2 + (\lambda_3^2 - 1)z^2 \right\}$$

가 된다. 사슬은 x 방향, y 방향, z 방향 모두 같은 거동을 보일 것이기 때문에 이 사실을 고려하여 네트워크 전체의 변형에 따른 엔트로피 변화를 고찰하면

$$\Delta S \propto -(\lambda_1^2 + \lambda_2^2 + \lambda_3^2 - 3)$$

의 형태를 얻는다. 헬름홀쯔 (Helmholtz) 에너지는

$$\Delta A = \Delta U - T\Delta S$$

인데 ΔU는 무시할 수 있다. 따라서 다음과 같은 식을 얻는다.

$$\Delta A \propto T(\lambda_1^2 + \lambda_2^2 + \lambda_3^2 - 3)$$

고무가 한쪽 방향으로 인장을 받을 때, 고무의 체적의 변화가 없다고 가정하고, 인장 방향을 1 방향, 그리고 수직인 방향을 2, 3 방향이라 하자. 그러면 다음과 같은 식이 성립한다.

$$\lambda_1 \lambda_2 \lambda_3 = 1$$

이때 λ_1을 $\lambda = L/Lo$라 하면, 등방성 재료인 경우 $\lambda_2 = \lambda_3$이기 때문에

$$\lambda_2 = \lambda_3 = 1/\sqrt{\lambda}$$

이 된다. 이 결과를 ΔA에 관한 식에 대입한 후, 다음 관계식을 이용하여 힘과 변형에 관한 식을 얻는다.

$$f = \left(\frac{\partial \Delta A}{\partial L} \right)_{T,\ V} \propto (\lambda - 1/\lambda^2)$$

f와 응력 σ는 A_o를 1 방향에 수직인 초기 단면적이라 하면

$$f = \sigma(A_o/\lambda)$$

이므로 결국 σ와 λ (연신률)의 관계는 다음과 같이 얻어진다.

$$\sigma \propto (\lambda^2 - 1/\lambda)$$

이론과 전형적인 실제 경우를 비교하면 다음 [그림 14.87]과 같다.

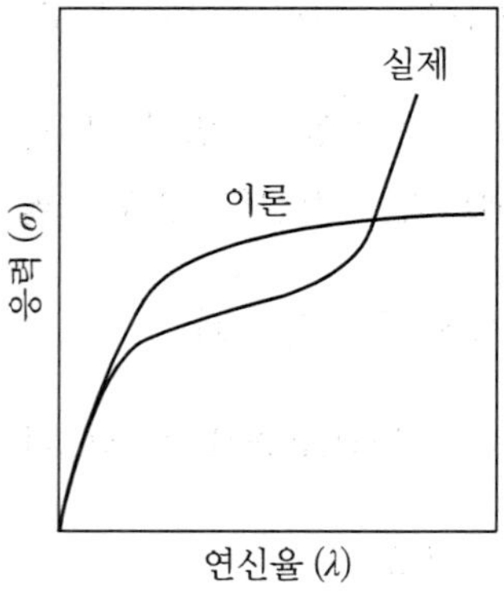

▲ **그림 14.87 연신율과 응력 관계**

고 연신영역에서 이론과 실제의 응력차이를 특히 보이는데 대개 위 이론이 가우스 (Gaussian) 분포를 가정하고 고연신에서 사슬들이 배향하여 결정을 이루는 경향을 고려하지 않은 결과이다. 한편 고무탄성을 현상학적으로 다룰 수 있다. 앞의 고분자 사슬들을 직접 고려한 모델은

$$A = -TS = \frac{1}{2} G_o (\lambda_1^2 + \lambda_2^2 + \lambda_3^2 - 3)$$

의 형태에 기반을 두고 있는데 이것은 실험 데이터를 정확히 맞출 수 없다는 단점이 있다. 따라서 실험적인 식을 도입하여 맞추는 것이 현상학적 접근법이다. 연신에 따른 체적의 변화가 없다는 비압축성 (Incompressibility)을 가정하면 가장 단순한 형태 중 하나의 식이 다음 식이다.

$$\sigma = 2(C_1 + C_2/\lambda)(\lambda - 1/\lambda^2)$$

이 식은 무늬 리블린 (Mooney Rivlin)식이라 불린다. 고무연신 실험데이터를 변형시켜 $\sigma/(\lambda - 1/\lambda^2)$ vs. $1/\lambda$의 관계를 그리면 직선식이 나오며 그 절편이 $2C_1$, 기울기가 $2C_2$가 된다. 이 식은 여러 고무재료들의 거동을 실험적으로 잘 맞출 수 있다. 고무의 분자구조 변수는 가교밀도, 네크워크 불완전성, 사슬엉킴 (Entanglement) 등이다. 가교밀도가 높을수록 모듈러스는 증가한다. 그리고 가교구조 가운데는 고리를

이루거나 다른 사슬과 연결되지 않고 남아 있는 사슬 등의 여러 불완전 구조들이 존재한다. 가교점이 존재하여도 네트워크 사슬이 다음 사슬에 연결되어야만 실제 탄성에 기여할 수 있음은 당연한 이야기이다. 사슬엉킴은 준가교점 (Quasi Cross Link)으로서 모듈러스에 기여를 하며 그 정도는 무시할 수 없는 상당한 정도이다.

5.5 고무의 망상구조 (Network)

가교결합을 지니는 고분자물질이나 물리적 가교점 (Physical Cross Link)이 존재할 수 있을 정도의 충분한 분자량을 갖고 있는 선형고분자에 적절한 온도범위에서 응력을 가하면 본래 길이의 5배 내지 10배까지 늘어났다가 응력을 제거하면 본래의 길이로 돌아오는 현상을 관찰할 수 있다. 이러한 현상은 고무탄성 (Rubber Elasticity)이라 하며 이는 금속이나 요업재료들이 응력이 제거된 뒤 본래의 길이로 돌아오는 한계점인 최대가역변형값 (Maximum Reversible Strain)이 1% 이내인 것과 대조를 이룬다. 이러한 차이의 원인은 금속이나 요업재료의 변형과 복원이 내부에너지 또는 엔탈피 (Enthalpy)와 관련을 갖고 있는 반면, 고무 물질의 경우에는 엔트로피 (Entropy)의 변화와 밀접한 연관을 갖고 있기 때문이다. 이러한 이유로 해서 고무탄성을 엔트로피 스프링 (Entropic Spring)이라 하기도 한다.

고무탄성은 일반적으로 가교결합이 존재하는 고분자물질에서 특정 온도범위, 즉 유리전이온도 이상에서 관찰될 수 있다. 분자량이 아주 높지 않은 고분자물질은 선형사슬구조를 가지므로 사슬과 사슬사이에 분자결합이 존재하지 않으며 따라서 유리전이온도 이상에서 응력을 받을 경우 흐름성을 보인다. 그러나 가교결합이 도입되면 가교결합의 정도와 종류에 따라 다양한 형태의 고무탄성의 특징을 보이게 된다. 선형의 고분자물질에 가교결합을 도입하는 방법은 여러 가지가 있을 수 있다. 그 대표적인 예로 천연고무 등에 황 (Sulfur)을 첨가하고 열을 가함으로써 가교결합을 도입하는 가황가교 (Vulcanization)를 들 수 있다. 이러한 과정에서 일어나는 대표적인 반응은 다음과 같다. 가황가교는 변형과 복원이 끊임없이 계속되는 자동차타이어 제조의 주요기술이라 할 수 있다.

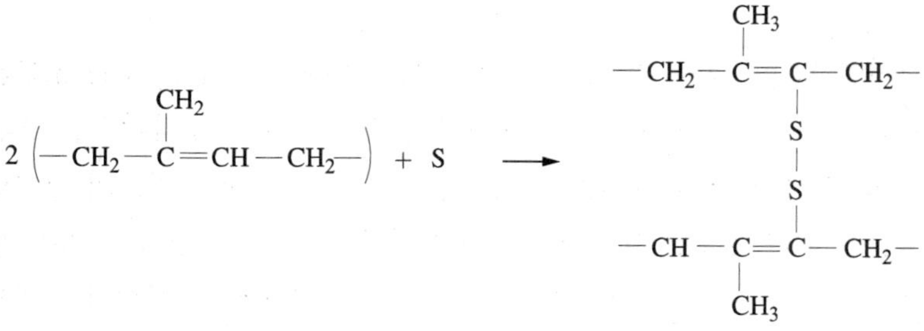

이러한 방법 이외에도 고분자를 가교시키는 두 가지 다른 방법을 소개하면 다음과 같다. 하나는 전자빔(Beam)이나 감마선(Gamma Ray)에 의한 방사선 가교이다. 폴리에틸렌을 예로 들면 다음과 같다.

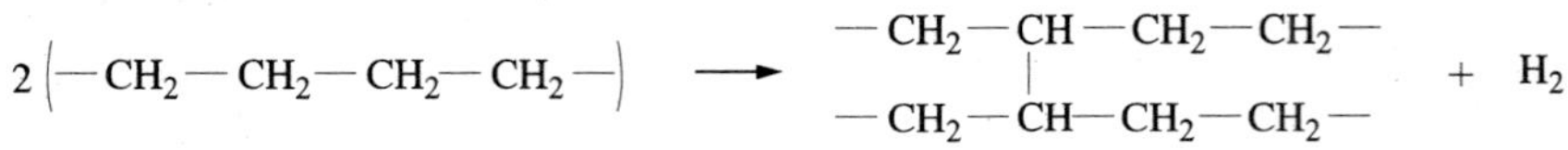

또 다른 하나는 다기능성 단량체를 사용하여 고분자의 중합반응과 가교반응을 동시에 진행하는 것이다. 스티렌이나 아크릴류 단량체의 중합시 디비닐벤젠을 사용하거나 폴리에스터의 중합시 글리세롤이나 펜타에리스리톨(Pentaerythritol)과 같은 다기능성 단량체와 공중합을 하게 되면 다음과 같은 가교구조를 중합과 동시에 이루게 된다.

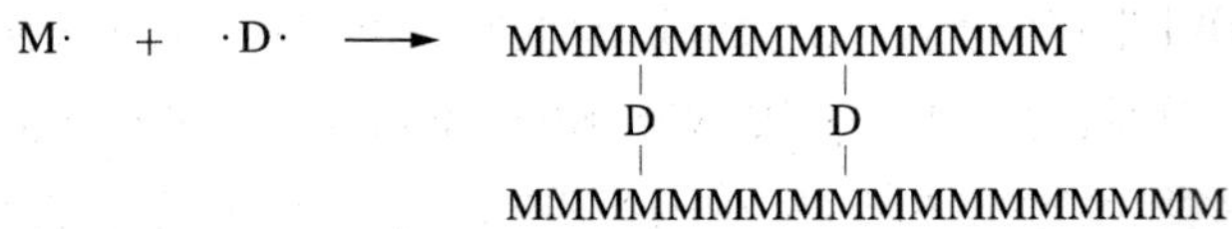

가교반응이 일어난 후에는 분자들의 점탄성 거동인 흐름은 억제된다. 미량의 불순물을 제외하고는 고무밴드와 같은 물체는 하나의 거대한 분자로 생각할 수 있다. 가교 고분자의 이상적인 구조는 [그림 14.88]과 같다. 그림에서 (a)는 모든 사슬이 가교점으로 연결되어 있는 이상적인 구조이고 (b)는 고리나 미연결사슬을 지니고 있는 실제적인 구조를 나타낸다.

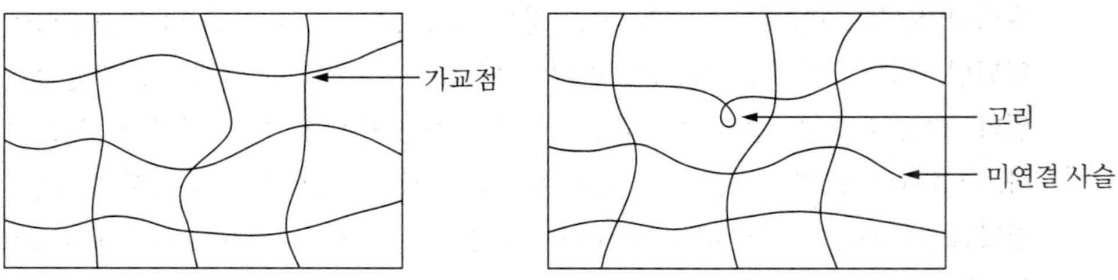

(a) 이상적 망상구조　　(b) 실제적 망상구조

▲ 그림 14.88 가교 고분자의 구조

이상적인 망상구조를 가지고 있다면 모든 주사슬(Primary Chain)들은 빠짐없이 가교점을 지니고 있으며 따라서 1개의 거대한 분자로 볼 수 있다. 고무밴드, 타이어, 개스킷 등의 제품에 있어서 주사슬은 1×10^5 g/mol 정도의 분자량을 가지며 주사슬을 따라 매 $5\sim10\times10^3$ g/mol당 가교되어 주사슬당 10~20개의 가교를 형성한다. 그러나 실제의 가교물은 가교 중 고리(Loop)의 형성이나 가교점과 연결되지 않은 미연결사슬(Dangling Chain) 등의 결점(Defect)을 지니기 마련이다. 가교의 정도를 나타내는 척도로는 가교점과 가교점 간의 평균분자량인 가교점간 분자량(Molecular Weight between Cross Links)을 사용한다. 일반적인 고무는 그 유리전이온도 이상에서 무정형(Amorphous)인 가교고분자로 정의한다. 고무(Rubber)와 탄성체(Elastomer)는 거의 같은 것을 의미한다. 처음의 고무는 물론 천연고무, 즉 *cis*-폴리이소프렌(Polyisoprene) 이었다. 탄성체라는 용어는 물질의 탄성을 지니는 성질을 의미한다.

5.6 고무탄성 이론

고무 및 고무탄성이론의 시발은 상당히 오래전으로 거슬러 올라간다. 아마도 고무에 관한 첫 번째 과학적 연구는 1805년 고프(Gough)에 의한 것이다. 미가황(Unvulcanized) 고무를 가지고 실험한 고프(Gough)는 열역학적으로 중요한 다음의 3가지 결론에 이르렀다. 첫째, 고무밴드를 늘리면 따뜻해지고 축소하면 냉각된다. 둘째, 일정하중의 조건하에서 늘어난 길이는 가열에 의해 짧아지고 냉각에 의해 늘어난다. 그리하여 고무는 고온에서 더 큰 회복력을 지닌다. 이것은 대부분의 다른 물질에서 관찰되는 경향과 반대되는 성질이다. 셋째, 고무밴드를 늘려서 찬물에 넣으면 고무는 어느 정도 복원력을 잃어버리고 상대적인 밀도는 증가한다. 그러나 가열하면 고무는 그 원형을 되찾는다. 현대기술의 관점에서 보면 이러한 실험은 변형에 기인한 결정화(Strain Induced Crystallization)로 알려진 현상을 포함한다. 왜냐하면 미가황 천연고무는 이와 같은 조건하에서 쉽게 결정화하기 때문이다.
1844년 굿이어(Goodyear)는 유황을 함유시킨 고무를 가열함에 의해 고무를 가황시켰다. 현대 용어로는 고무를 가교(Cross Link) 시켰다고 할 수 있다. 가황(Vucanization)에 의해 고무는 치수안정성(Dimensional Stability)을 지니게 되고 크리프(Creep)와 흐름이 감소되어 이전에는 단지 방수용 등으로 용도가 제한되던 것이 다양한 분야의 고무제품을 생산할 수 있게 되었다. 켈빈(Kelvin)은 새로운 가황방법을 사용하여 고프(Gough)의 연구를 발전시켰다. 켈빈(Kelvin)은 고무를 사용하여 새롭게 도입된 열역학 제2법칙을 실험했으며 단열신장(Adiabatic Stretching)에 대한 온도변화를 계산하였다. 여기서 한 가지 흥미로운 사실은 이상의 모든 연구들이 고분자 특히 분자구조에 대한 이해없이 진행된 것이라는 점이다. 1920년대에 들어서 슈타우딩거(Staudinger)로부터 출발하여 플로리(Flory) 등에 의해 전개된 고분자 사슬에 관한 이론이 정립되어 감에 따라 고무탄성은 새로운 각도에서 재조명되고 발전되어 왔다.
거시적(Macroscopic) 시료의 변형, 사슬신장(Chain Extension), 엔트로피 감소 사이의 관계는 구스(Guth)와 마크(Mark) 그리고 쿤(Kuhn)에 의해 처음으로 설명되었다. 고분자가 단량체들이 계속적으로 연결된 사슬로 이루어져 있다는 사실은 고분자의 변형과 금속이나 세라믹의 변형 사이에 커다란 차이를 일으키게 된다. 금속과 고분자의 변형간 차이점은 [그림 14.89]에 나타낸 것과 같다. 우선 금속의 경우 변형은 반드시 원자간 또는 분자간의 거리의 변화를 초래한다. 변화된 원자간 거리는 변형전의 상태와 비교하여 더 높은 에너지상태에 있으며 이는 변형을 초래한 힘이 제거되면 열역학적으로 더 안정한 상태인 낮은 에너지상태, 즉 변형전의 크기로 되돌아가려 할 것이다. 이러한 요인이 금속이나 세라믹이 보이는 회복력의 근원이 된다.

금속이나 세라믹의 회복력은 분자간 또는 원자간 거리의 변화에 따른 에너지준위 차이에 근간을 두고 있으나 고분자의 회복력(탄성)은 아래 [그림 14.89]와 같이 엔트로피(Entropy)에 의해 결정된다.

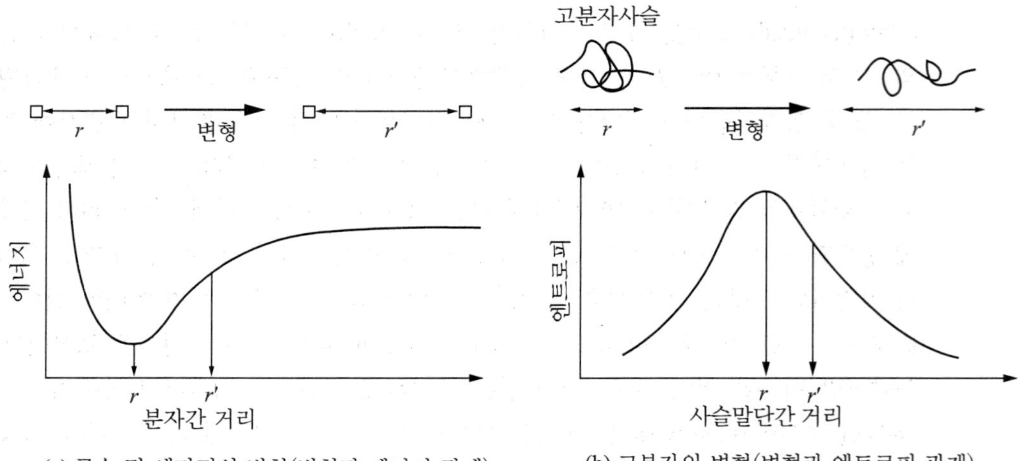

(a) 금속 및 세라믹의 변형(변형과 에너지 관계) (b) 고분자의 변형(변형과 엔트로피 관계)

▲ 그림 14.89 금속과 고분자의 변형 차이

반면에 고분자로 이루어진 시료가 늘어나면 개개의 사슬은 거시적인 변형에 비례하여 신장되며 이를 동일비 변형(Affine Deformation)이라 한다. 변형전 평균사슬말단간 거리(Averge End to End Distance) r_0를 지닌 사슬이 변형후 r로 증가하였다면 이러한 증가의 비가 시료 전체의 거시적 변형과 동일한 비율을 지닌다는 뜻이다. 동일비 변형을 가정할 경우에 사슬의 신장과 엔트로피변화 사이의 정량적 관계는 구스(Guth)와 제임스(James), 트렐로아(Treloar), 월(Wall), 플로리(Flory)의 연구에 의해 밝혀진 바 있다. 그들의 결과를 요약하면 다음과 같다. 변형되지 않은 고분자물질 내의 고분자 사슬은 여러 가지 형태(Conformation)를 지닐 수 있다. 그러나 실제로 주어진 사슬이 지니는 형태는 가장 확률이 높은 것을 갖게 되며, 이는 최대의 엔트로피를 갖는 형태라고도 할 수 있다. 그러나 시료에 변형이 가해지면 사슬의 형태는 변형에 의해 초기의 것과는 다른 것을 가지게 되며 이는 주어진 사슬이 지닐 수 있는 형태 중 가장 확률이 높은 것은 아니다. 즉, 감소된 엔트로피를 지닌 형태를 지니게 되며, 외부적 응력이 사라지게 되면 좀 더 확률이 높은 형태, 즉 최대의 엔트로피 상태로 돌아가려는 열역학적 원칙에 의하여 본래의 모습을 되찾게 되는 것이며, 이것이 고무탄성의 미시적 동인이 된다. 이러한 과정은 열역학 제2법칙과 통계열역학, 그리고 고분자 사슬이론의 복합적 적용으로 훌륭히 설명될 수 있고 최종적인 결과인 신장비 (Extension Ratio) α와 탄성체의 복원응력 σ간의 관계식은 다음과 같다.

$$\sigma = nRT(\alpha - 1/\alpha^2)$$

여기서 α는 변형후 길이와 변형전 길이의 비인 L/L_0이며, RT는 기체상수와 절대온도의 곱이다. n값은 단위부피당 활성 망상구조 사슬분절의 수이며, n값은 ρ/M_c와 같으며, ρ는 밀도이고 M_c는 가교점 사이의 분자량이다. 상기식은 비선형이다. 즉 응력과 변형 (Strain) 사이에 후크 (Hook)의 비례관계가 성립되지 않는다. 이 식은 [그림 14.90]에서 이론과 비교되어 있다. 일반적으로 낮은 신장율에서는 이론과 실험이 잘 일치하나 신장율이 300% 이상이 되면 이론값은 실험값과 불일치를 보이기 시작하며 이는 신장율이 증가할수록 더욱 심해진다. 이것은 사슬신장의 기본이론이 높은 신장율에서는 더 이상 정확히 들어맞지 않기 때문이며 이는 좀 더 진보된 이론에서 다루어지고 있다.

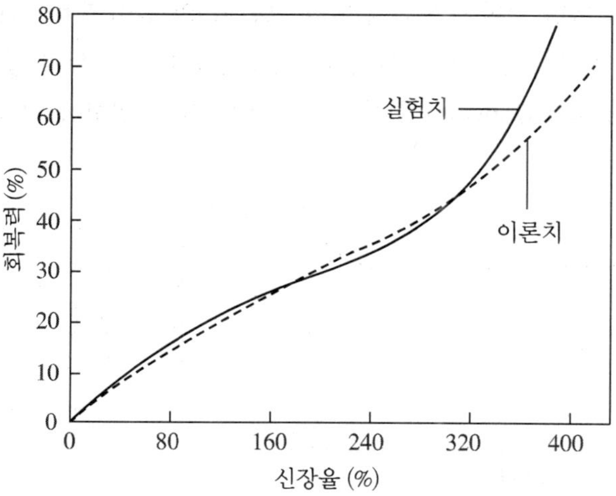

▲ **그림 14.90 가교도가 낮은 천연고무의 응력 변형 거동**

5.7 고분자의 변형과 파괴

고분자의 응력 변형 특성은 고분자의 공학적 응용에 있어 매우 중요하다. 이는 응력 변형 거동으로부터 고분자물질을 재료로서 응용시 필수적인 정보인 항복강도, 탄성율 등의 유용한 정보를 얻을 수 있기 때문이다.

(1) 고분자의 응력 변형 거동

고분자의 일반적인 응력 변형 곡선은 [그림 14.91]과 같다. 이 곡선은 고분자물질에 일정한 속도의 인장변형을 가해 측정한 것이며 기본적으로는 여타 물질의 응력 변형 곡선과 같다고 할 수 있다. 그러나 여타 물질과의 주요 차이점은 고분자의 경우 온도나 변형속도 등에 따라 민감하게 변화하는 점탄성적 특성을 가지고 있기 때문에 하중에 의한 변형의 추이를 일반화하는 데는 여러 가지 어려움이 있다. [그림 14.91]에서 보면 초기부분 (a)~(c) 구간은 선형으로 탄성체와 같이 응력이 변형에 비례한다. 따라서 이 영역에서는 후크의 변형법칙 (Hook's Law)이 적용되는 탄성변형 (Elastic Deformation)에 해당한다. 곡선이 직선으로부터 벗어나는 (c)점은 비례한계라 부른다. 비례한계를 지나 변형이 진행되면 응력의 최대점인 항복점 (d)에 도달하게 된다. 고분자의 항복점은 보통 변형이 5~10% 내외에서 일어나며 이는 0.1% 이하인 금속의 경우와 비교하면 매우 크다고 할 수 있다. 이 항복점의 중요성은 변형시 시편의 외관상 현격한 차이가 생기기 시작하는 점이다. 그리고 항복점 이하의 탄성변형시에는 시편의 길이가 늘어남에 따라 단면적은 이에 비례하여 줄어들게 된다. 그러나 항복점에 다다르면 시편 중 어느 한 부분의 단면적은 갑자기 감소하여 소위 목 (Neck)이 생기기 시작한다. 일단 목이 그림 (b)와 같이 생기기 시작하면 변형이 커짐에 따라 그림 (c)와 같이 목이 시료의 전반에 걸쳐 그 길이가 늘어나고 이 과정 중에는 더 이상 응력이 증가하지 않고 일정하게 유지되는 냉연신 (Cold Drawing) 현상이 일어나게 된다. 변형이 더욱 증가하여 그림 (d)

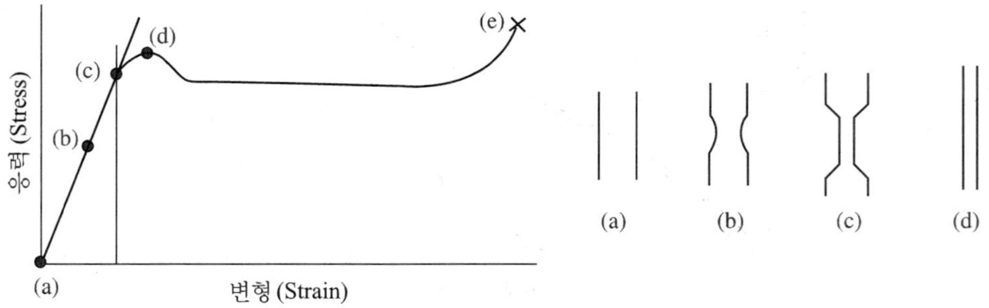

▲ 그림 14.91 고분자의 응력 변형 곡선과 시편의 외관 변화

처럼 시편 전체에 목이 퍼지고 나면 응력경화(Stress Hardening)가 발생하여 응력이 조금 늘어난 뒤 결국 파단점(e)에 이르게 된다.

이와 같은 고분자의 변형 응력 거동을 분자적 측면에서 관찰하면 우선 탄성한계 내의 변형시에는 [그림 14.92]와 같이 플라스틱분자의 원자간 결합이 구부러짐(Bending)과 연신(Straining)을 한다고 볼 수 있다. 이러한 형태의 변형은 순간적이며 분자들 사이의 영구적인 이동은 없다. [그림 14.91] (c)점 이후에 일어나는 변형은 고분자 사슬의 개개의 전반적 연신에 의한 것이다. 즉 [그림 14.92]의 중간 그림인 코일풀림에 해당한다. 분자들 간의 미끄러짐 현상은 없기 때문에 변형은 최종적으로는 회복되지만 즉각적으로 회복되지는 않는다. 반면에 항복점 또는 탄성한계점 이후에 일어나는 변형은 분자들 간의 실질적인 이동에 의한 것이기 때문에 이동된 분자들은 그들의 원래 위치로 돌아오지 않는다. 즉 [그림 14.92]의 마지막 그림인 미끄러짐에 해당한다. 따라서 영구적인 변형이 일어난다. [그림 14.92]에서 볼 수 있는 3가지의 대표적인 변형 형태는 독립적으로 일어나기 보다는 보통 동시에 일어난다. 원자 간의 구부러짐과 연신은 거의 동시적인 반면에 분자의 사슬풀림(Uncoiling)은 상대적으로 느리다. 또한 분자의 미끄러짐은 3가지의 변형 중 가장 느리다. 이러한 변형은 여러 외부 조건하에서 플라스틱의 거동을 모사하는 모델들을 사용하여 설명하기도 한다.

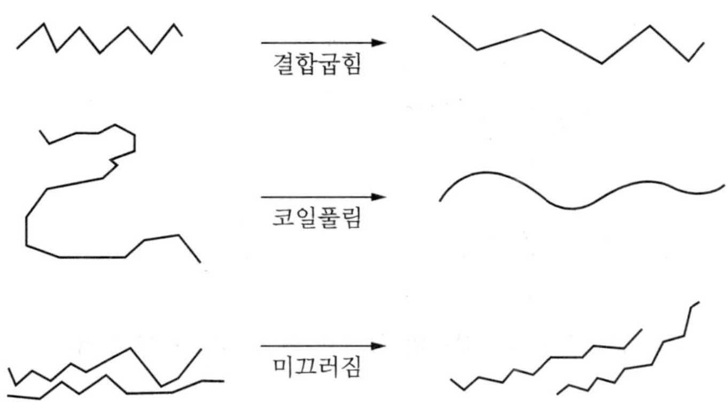

▲ 그림 14.92 고분자 사슬의 변형 형태

여러 가지 기계적 모델들을 이용하면 고분자의 기계적 물성에 대한 온도 효과와 같은 많은 흥미로운 관계를 유추할 수 있다. 고분자의 변형 특성을 잘 설명할 수 있는 많은 기계적 모델들이 로드리게즈(Rodriguez), 베어(Baer), 윌리암스(Williams) 등에 의하여 제안되었다. 고분자물질의 기계적 물성은 크게 연성, 취성, 강성, 인성으로 분류할 수 있다. 응력 변형 곡선은 위와 같은 분류의 기준을 제시한다.

[그림 14.93]은 여러 가지 고분자 물질의 응력 변형 곡선을 나타낸다. (a) 연하고

약한 물질은 낮은 탄성율, 낮은 항복응력, 보통의 파단신도를 가진다. 폴리테트라플루오로에틸렌(PTFE)이 이러한 형태의 플라스틱의 좋은 예이다. (b) 연하나 강인한 물질은 낮은 탄성율, 낮은 항복응력을 가지나 매우 높은 신도와 높은 파괴응력을 가진다. 폴리에틸렌이 대표적인 예이다. (c) 강하나 취성의 물질은 높은 탄성율, 낮은 신도를 가진다. 또한 끊어지기 전에 항복현상을 보이기도 한다. 이러한 형태의 고분자는 범용 페놀수지가 있다. (d) 강하고 단단한 물질은 높은 탄성율, 높은 항복응력, 높은 최종강도 및 낮은 신도를 보여준다. 폴리아세탈이 이 부류에 속한다. (e) 단단하고 강인한 물질은 높은 탄성율, 높은 항복응력, 높은 최종강도 및 높은 파단신도를 가진다. 폴리카보네이트가 강하고 단단한 물질로 분류될 수 있다.

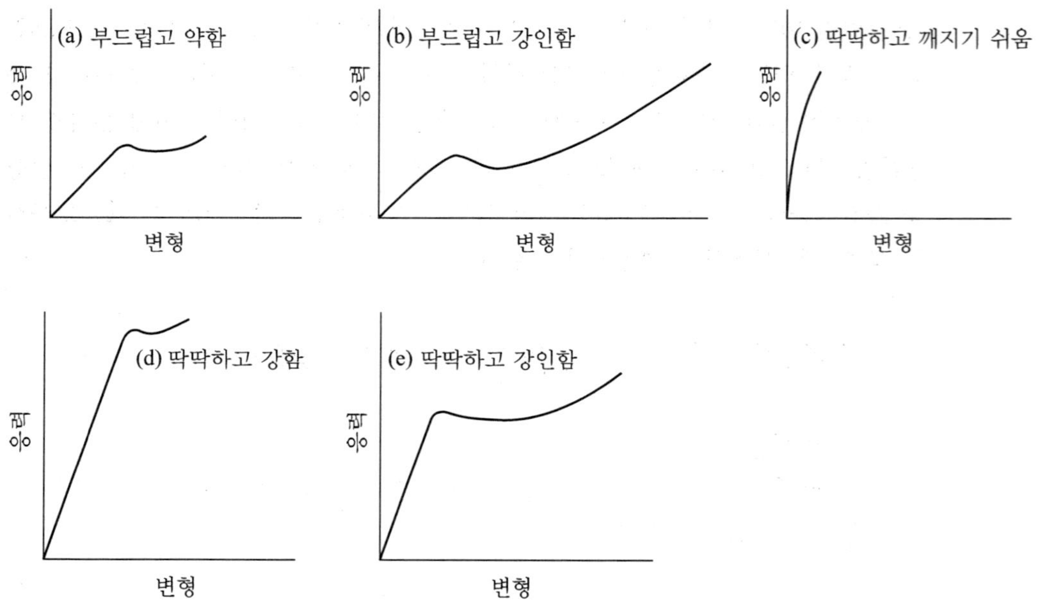

▲ **그림 14.93 고분자의 응력 변형 곡선에 따른 분류**

(2) 속도 및 온도 의존성

응력 변형의 거동은 하중을 가하는 형태에 따라 매우 다르게 나타난다. 영(Young)의 탄성율을 결정하는 곡선의 앞부분에서 조차도 그 모양이 다르다. 압축시험을 통하여 얻은 탄성율 값이 인장시험에 의한 것보다 일반적으로 더 높다. [그림 14.94]는 폴리스티렌과 같이 매우 깨지기 쉬운 고분자에 압축 또는 인장을 가한 경우의 응력 변형 곡선을 나타낸 것이다. 인장하에서는 취성파괴(Brittle Failure) 거동을 보여주는 반면에 압축하에서는 인장시와는 달리 크랙(Crack)의 성장이 억제되기 때문에 항복점을 가지는 연성파괴(Ductile Failure) 거동을 나타낸다.

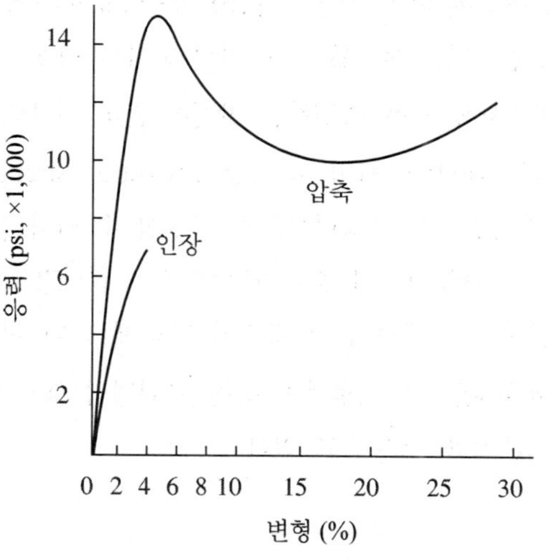

▲ **그림 14.94 인장 및 압축하중에서 응력 변형 곡선**

[그림 14.95]와 같이 온도 또한 응력 변형 특성에 크게 영향을 주는 인자이다. 여러 형태의 응력 변형 곡선들을 단지 온도만을 변화시킴으로써 동일한 고분자로부터 얻을 수 있다. 낮은 온도에서는 항복점이 나타나지 않지만 온도가 높아짐에 따라 항복점이 나타나고 파괴신도도 증가한다. 고분자가 극단적으로 유연해지는 높은 온도에서는 파괴신도가 다시 감소하는 경향을 보여준다. 항복점은 일반적으로 유리전이온도(T_g) 근처에서 나타나지만 변형속도가 빠른 경우에는 보다 높은 온도에서 나타나며 항복강도는 온도의 증가에 따라 감소한다. [그림 14.95]는 셀룰로오스 아세테이트의 온도에 따른 응력 변형 거동을 나타낸다.

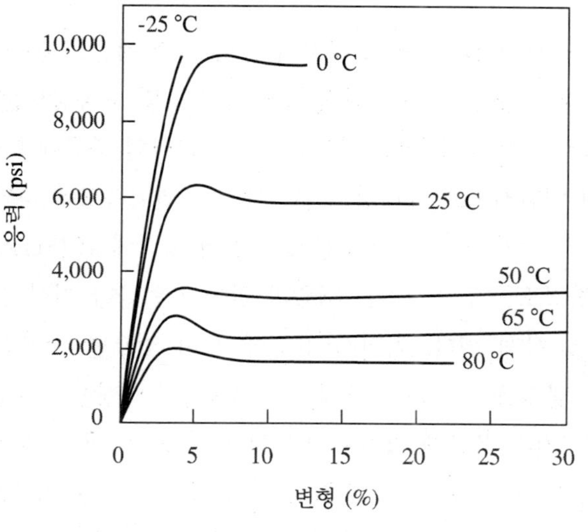

▲ **그림 14.95 시험온도에 따른 응력 변형 거동**

이렇게 온도가 변함에 따라 취성파괴 (Brittle Fracture)에서 연성변형 (Ductile Deformation)으로 전이되는 온도를 취성 연성 전이온도 (T_b, Brittle Ductile Transition Temperature)라 한다. T_b을 결정하는 방법은 흔히 시료의 온도를 바꾸어가면서 굽힘시험 (Flexural Mode)에서의 취성강도 (Brittle Strength)와 인장시험 (Tensile Mode)에서의 항복강도를 측정함으로써 결정할 수 있다. [그림 14.96]과 같이 온도가 감소함에 따라 항복강도가 증가하는 속도는 취성강도가 증가하는 속도보다 빠르기 때문에 일정 온도에서의 두 강도가 만나게 되며 이 점을 T_b로 설정하게 된다. 즉 [그림 14.96]은 굽힘시험에서 측정한 취성강도와 인장시험에서 측정한 항복강도의 온도 의존성을 보여주고 있다.

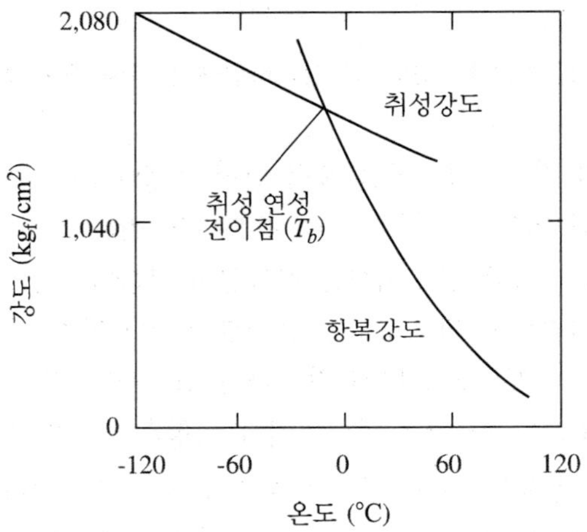

▲ **그림 14.96 취성 연성 전이온도**

그리고 [그림 14.97]과 같이 고분자의 응력 변형 특성은 온도 이 외에도 변형속도에 의해 크게 영향을 받는다. 탄성율, 항복강도 및 최종강도는 변형속도에 따라 증가하고 파단신도는 감소한다. 파단신도는 고분자의 종류에 따라 서로 다른 경향을 보여주는데 일반적으로 유리상 고분자에서는 변형속도에 따라 감소하며 고무상의 고분자에서는 증가한다. 만약 고분자 시편의 표면에 흠 (Scratch)이 존재하면 이는 물질의 인장강도를 감소시키는 역할과 앞에서 언급한 취성 연성 전이점을 상승시키는 역할을 하게 된다. 따라서 표면에 흠이 있으면 주어진 시편은 본래 연성 (Ductile)인 물성을 보이는 온도에서도 취성파괴 양상을 보이게 된다. 이러한 현상은 실제 고분자의 응용에 있어서 연성의 물성을 가정하고 설계한 구조물의 안전에 심각한 영향을 미칠 수 있다. 흔히 취성 연성 전이점은 유리전이온도와 거의 유사한 값을 가진다고 생각하기 쉬우나 천연고무나 폴리스티렌 등의 극히 제한된 물질만이 비슷한 값을 가지며 대부분의 물질은 유리전이온도 이하의 값을 갖고 있다. 아래 [그림 14.97]은 인장속도에 따른 에폭시수지의 인장 항복점까지 응력 변형 곡선의 변화를 보여준다.

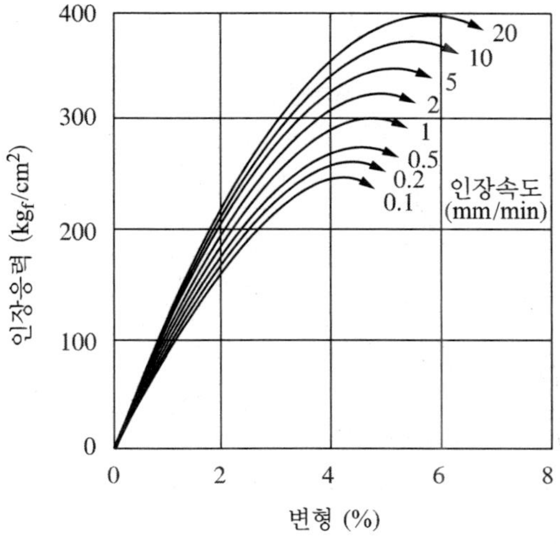

▲ 그림 14.97 인장속도에 따른 응력 변형곡선

그 밖의 인자로 고분자의 분자량은 응력 변형 곡선에 영향을 주는 중요한 변수이다. 넓은 분자량분포를 가지지 않는 경우에 인장강도(σ)와 수평균분자량($\overline{M_n}$)과는 다음의 관계가 있다.

$$\sigma = \sigma^0 - K/\overline{M_n}$$

여기서 σ^0는 한계인장강도이며 K는 상수이다. 유사한 식이 변형(ϵ)에도 적용된다. 경우에 따라서는 분자량보다 점도가 더 중요한 변수로 작용하는데 이는 사슬얽힘(Entanglement)의 중요성에 기인한 것이다. 고펠(Goppel)은 PP의 인장강도가 고유점도와 선형의 관계에 있다고 발표하였다. 이것은 무게평균분자량이 수평균분자량보다 중요하다는 것을 의미한다. 비슷한 결과를 가지 고분자(Branched Polymer)계에서 볼 수 있다. 이상에서 언급한 것들 이외에 여러 변수들 즉, 압력, 가교, 결정화도, 가소화, 분자 배향 및 블렌드 종류 등에 따라 응력 변형 거동이 달라진다. 결정성고분자에서 결정의 존재는 유리전이온도 이하에서 그 물질을 더욱 취약하게 만든다. 이는 결정의 존재가 무정형부분에 존재하는 고분자 사슬의 이동을 어렵게 만들거나 결정화과정에 의해 생긴 공간, 그리고 결정자체가 응력집중인자(Stress Concentration Factor)로 작용하기 때문이다. 고분자물질이 연신과 같은 과정에 의해 분자 배향을 갖게 되면 분자 배향에 대하여 어떠한 방향으로 응력을 가하느냐에 따라 응력 변형 곡선에 현격한 차이를 보여줄 수 있다. [그림 14.98]은 인장응력이 작용하였을 때의 응력 변형 곡선의 추이를 분자 배향에 따라 보여주고 있다.

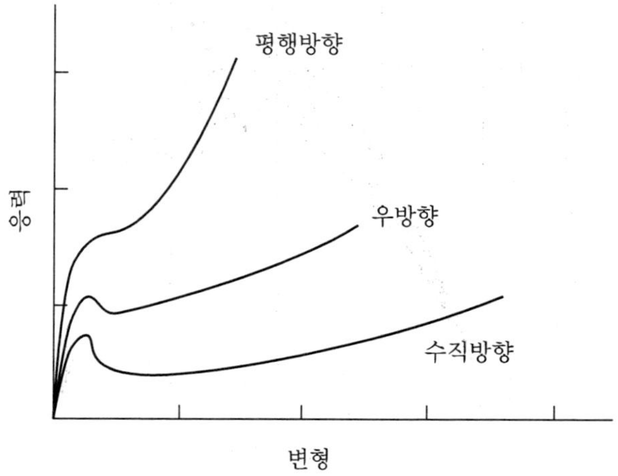

▲ 그림 14.98 분자 배향에 따른 응력 변형 곡선

참고 ▌ 응력 변형 곡선과 관련한 용어

① **힘**: 시편의 단위면적당 가해지는 힘으로써 하중과 초기시편의 단면적의 비

② **변형**: 초기시편의 길이와 인장에 의하여 증가한 길이의 비

③ **신도**: 인장에 의하여 늘어난 길이

④ **항복점**: 응력 변형 곡선상에서 응력의 증가없이 변형이 증가하는 시점

⑤ **항복강도**: 응력과 변형의 선형적 관계의 한계를 벗어나는 점의 응력을 지칭하는 용어로서 일반적으로는 항복점의 응력값

⑥ **탄성율**: 응력과 변형이 선형적 관계를 가지는 영역에서의 응력과 변형의 비로서 영(Young)의 탄성율

⑦ **최종강도**: 압축, 인장 또는 전단하중 하에 있는 물질이 견딜 수 있는 최대응력

다음 [그림 14.99]는 실제로 항온항습(온도 23℃, 상대습도 50%) 조건에서 30 mm/min 속도로 PP인장시험 시편 10개를 테스트한 결과 차트를 보여준다.

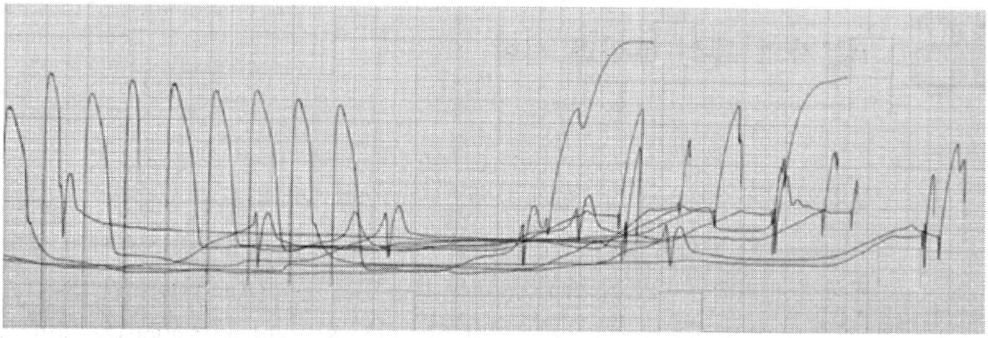

▲ 그림 14.99 인스트롱 인장시험기에서 인장시험 결과 차트

참고 ▌ 물체의 탄성 (Elasticity)/소성 (Plasticity)

물체에 힘을 가하면 그 힘이 작은 경우 길이나 크기가 약간 변하고, 그 힘을 제거하면 원상태로 돌아오는데 그것을 탄성 (Elasticity)이라고 한다. 그런데 힘이 어느 한계를 벗어나 더 커지면 영구적인 변형이 일어나고 원래 모양으로 돌아오지 않는다. 이 성질을 소성 (Plasticity)이라고 하며 금속이나 플라스틱으로 원하는 모양을 만들 수 있는 것은 소성 때문이다. 성형수술을 플라스틱 수술 (Plastic Surgery)이라고 하듯이, 피부도 소성을 가지고 있다. 탄성에서 소성으로 넘어가는 경계를 항복점이라고 한다. 외력이 너무 강하면 더 이상 소성을 유지하지 못하고 파열한다. [그림 14.100]은 전형적인 물질의 변형력 변형 곡선을 나타낸다. 외력에 대한 물체의 반응을 보여주는 것은 변형력 변형 곡선이다. 즉 항복점까지는 변형력과 변형이 비례하고 힘이 없어지면 원래 상태로 돌아가지만, 항복점을 넘어서면 영구히 모양이 바뀌고, 한계 변형력에서 시료는 깨진다. 이 곡선은 물질의 종류와 온도 등에 따라 다양한 모양을 보일 것이다.

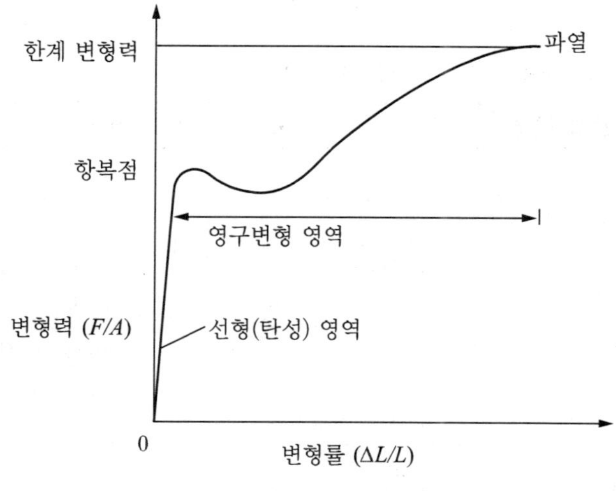

▲ 그림 14.100 물질의 변형력 변형률 곡선

06 고분자의 특성 해석과 시험

고분자를 분자수준에서 디자인하고 개발하는 연구개발 과정과 상업적으로 고분자를 원료로부터 중합하여 가공하여 판매에 이르는 생산 산업과정 모두에서 필수불가결하게 관여되는 작업이 바로 분석과 시험이다. 분석(Analysis)이란 말은 좁게는 시료가 어떤 화합물 또는 시료인지 알아내는 확인(Identification)을 의미한다. 그리고 보다 넓게는 구조에 따라 물성이 어떻게 변화하는지의 관계, 즉 구조 물성 관계(Structure Property Relationship)를 밝히는 작업을 의미한다. 후자의 경우 특성해석(Characterization)이라는 용어를 사용하기도 한다. 고분자의 분석은 저분자량 화합물의 분석보다 훨씬 복잡하다. 이를 이해하기 위하여 분석의 대상이 되는 고분자의 구조에 대해서 살펴보기로 하자. 우선 고분자 재료라는 것은 대부분 다성분계 시스템으로 구성되어 있다고 보아야 한다. 고분자 블렌드(Blend), 복합재료(Composite Materials)뿐 만 아니라 일반적인 고분자 산업재료에서는 고분자매트릭스(Polymer Matrix) 이외에 가소제(Plasticizer), 충진제(Filler), 보강재(Reinforcement) 등의 부가제(Additives)가 함유되어 있다. 이중 고분자만을 주목해서 보더라도 구조가 아주 다양하게 나타날 수 있다. 고분자의 대표적 구조 및 변수를 [표 14.16]에 열거하였다.

그리고 분석과 시험의 대상이 되는 고분자의 물성은 화학적 성질, 물리적 성질, 전기적 성질, 역학적 성질, 광학적 성질 등 아주 다양하다. 대표적인 고분자의 물성 및 특성은 [표 14.17]에 열거하였다

▼ **표 14.16 고분자의 구조 및 변수**

고분자 구조	변수	
화학적 성분	-	
분자량과 분자량 분포	-	
화학적 결합	말단기 단량체 이성질화	피이드(Feed) 중의 불순물 부반응
주쇄결합	위치이성질체 분지 고리 이성질체	입체특이성 가교
주쇄 입체상태	규칙적인 주쇄 결정상	유연한 무정형 주쇄
형태학적 효과	계면 영역	고분자 사슬얽힘

▼ **표 14.17 고분자의 특성 및 물성**

특성	물성		
외관 밀도	- -		
기계적 성질	인장강도 전단강도 크리프와 Cold Flow 치수안정성	압축강도 내충격성 피로 특성 경도	굴곡강도 강성 (Rigidity) 내구성
열적 성질	열팽창계수 열변형온도	열전도율 내열성	비열 난연성
전기적 성질	비저항 내아크성	유전성	Power Factor
내화학성	산, 염기, 용매, 기름, 유지 등에 대한 저항		

위 [표 14.17]에 나온 고분자의 특성 및 물성 이외에 고분자가 특별한 용도에 사용되는 경우에는 그에 따르는 요구물성이 또 존재하게 된다. 예를 들면 의료용 고분자의 혈액적합성, 생체적합성, 분해성 고분자의 광분해성과 생분해성 (Biodegradability), 필름 재료의 산소와 이산화탄소 등에 대한 기체투과성과 표면젖음성, 비선형광학 고분자의 비선형 광학성, 액정고분자 등의 배향성, 내열고분자의 내열성, 그리고 투명성, 이온교환능, 광전성, 저온 내충격성, 고온 유동성, 용해성 등 그 물성의 종류는 아주 다양하다.

고분자가 실용적인 재료로서 사용되려면 특정한 조건들을 만족해야 한다. 고분자는 그 응용에 있어 실로 다양하게 사용되며 각각의 경우 나름대로 요구되는 조건들이 있기 마련이다. 이 때 종종 재료에 대한 사양 (Specification)이란 용어를 쓰는데 그것은 한 가지 재료가 갖는 성질들의 범위를 종합한 것을 의미하기도 하고 경우에 따라서는 어떠한 재료가 갖도록 요구되는 성질들의 범위를 종합한 것을 의미하기도 한다. 같은 종류 또는 계열의 고분자라 할지라도 분자량과 조성 등의 근본적인 구조와 첨가제들의 종류와 양, 블렌딩의 여부 등의 외부적인 구조변수에 따라 각기 다른 성능을 발휘하는 제품군으로 나누어진다. 이들의 개발에 있어서 뿐만 아니라 생산에서 품질검사에 이르기까지 분석 및 시험은 중요한 역할을 한다. 이런 사실들은 다양한 분석 및 시험이 요구된다는 것을 의미한다. 고분자 분석방법은 대략 [표 14.18]과 같이 나누어 볼 수 있다.

▼ 표 14.18 고분자 분석 방법

분석 분류	분석법
원소분석	-
전기화학적 방법	-
Polarography	-
분광학적 방법	적외선, 라만 (Raman), 자외선/가시광선, 핵자기공명, 전자스핀공명, 질량분석
회절/산란법	광, X선, 중성자, 전자
현미경법	광학현미경, 전자현미경
열적 방법	시차주사열량계 (DSC), 시차열 분석 (DTA), 열중량법 (TGA), 열분해법 (Pyrolysis)
분리법	크로마토그래피
유변학적 방법	Rheometry, 점도법
기타	-

한편 시험은 분석과 개념적으로 유사하지만 일정한 규격과 규칙을 요구한다는 점에서 특징이 있다. 이를 위해서 많은 국제표준기구들이 설립되어 있을 뿐만 아니라, 각 나라에서도 표준기구들이 설립되어 있다. 그 중 고분자뿐만 아니라 다른 분야들을 총망라해서 가장 중요한 기구가 ISO (International Standards Organization)이다. 각 나라의 표준기구 중 고분자와 관련 있는 표준기구는 미국은 ASTM (American Society for Testing and Materials), 일본은 JIS (Japanese Industrial Standard), 그리고 한국은 KS (Korean Standard)이다. 이들 기구들은 고분자에 대해 관련용어뿐 만 아니라 물리적/화학적 성질, 연소성, 화학적/환경적 저항성 등의 성질들과 열가소성재료, 열경화성재료, 복합재료 등의 재료에 대한 표준 사항들과 시험 규격을 정의한다.

원료 고분자의 분자량을 측정하는 것으로부터 시작하여 최종 성형된 고분자의 기계적 측정에 걸쳐 분석과 시험은 고분자를 이해하는 기본 틀이라고 볼 수 있다. 따라서 많은 분석 방법들은 고분자 물성을 기술할 때 자연스럽게 다루게 된다. 여기서는 대표적인 기계적인 물성 측정방법, 전기적 성질 측정방법, 그리고 분광학적인 분석방법들을 중심으로 살펴보기로 한다.

6.1 기계적 성질의 측정

(1) 고분자의 응력 변형율 관계

앞에서 이미 언급이 된 것처럼 응력 (Stress)은 단위 면적당 가해진 힘으로 정의되며 변형률(Strain)은 단위 길이 당 변형된 길이로 정의된다. 고분자의 재질에 따라 여러 가지 응력 변형률 거동을 보인다. 일정한 속도로 변형을 시키면서 응력을 측정하면 응력 변형률 곡선이 얻어지는데 고분자는 전형적으로 [그림 14.101]에 보인 거동들을 보인다. 그림에서 회색 영역은 전체변형에 들어가는 에너지를 나타내며 이것은 강인성(Toughness)이라는 용어로 표현된다. 곡선에서 초기에는 직선관계를 보이는 것이 일반적인데 직선영역에서는 가한 변형을 없애면 원래상태로 대부분 돌아간다. 응력을 변형률로 나눈 값을 탄성률(Modulus)이라고 부르며 이는 딱딱함(Stiffness)이라고 불리기도 한다.

열가소성고분자를 낮은 온도상태에서부터 온도를 올리면서 관찰하면 처음엔 딱딱한 상태로 있다가 어느 온도에서 물러지기 시작하고 온도가 더 올라가면 녹아 흐르는 것이 보통이다. 물러진다는 것을 유리전이라고 부르며 녹아 흐르는 현상은 결정성고분자인 경우에는 용융현상으로, 그리고 비정형고분자인 경우에는 흐름(Flow)으로 설명할 수 있다. 전형적인 반결정성 고분자에서의 온도에 따른 탄성률의 변화를 [그림 14.102]에 나타내었다. 온도 영역에 따라 유리상을 보이는 영역, 고무상을 보이는 영역, 그리고 유동영역이 있다. 그리고 경계영역으로서 유리전이영역과 융해영역이 있다. 유리상에서는 일정한 정도 이상의 응력을 받으면 부서지는 성질을 보이며 고무상에서는 유연한 성질을 보인다.

가교가 되어 있는 경우 고분자 사슬들이 서로 공유결합으로 이어져 있어서 흐름을 보이지 않는다. 결정성이 높은 경우에는 유리전이영역이 작거나 보이지 않을 수도 있으며, 반면에 무정형고분자인 경우 융해현상이 존재하지 않는다.

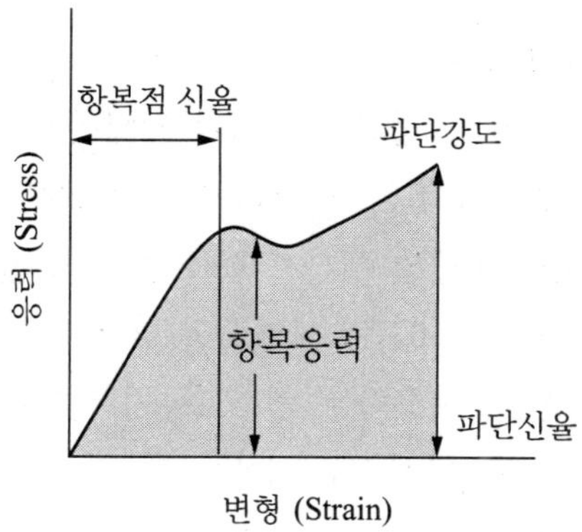

▲ **그림 14.101 응력과 변형율**

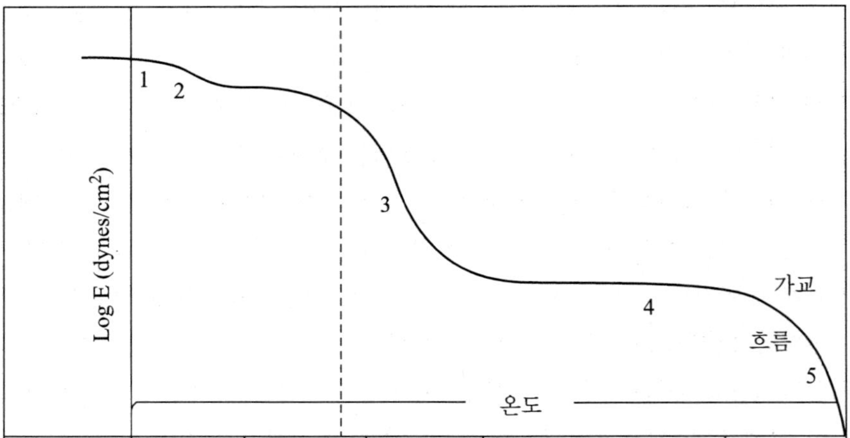

변형	1 유리영역	2 2차 전이	3 1차 전이	4 탄성고무	5 흐름
분자운동	벤드 & 스트레치 결합	내부회전 여기			
		측쇄그룹	점진적으로 주쇄	대규모로 주쇄 움직임	사슬 미끄러짐
비연신					
연신		증가			

▲ **그림 14.102 온도에 따른 탄성율(E)의 변화**

(2) 기계적 성질 측정 방법

인장강도, 탄성률, 신(장)율 등을 측정하기 위해서는 시험시편을 일정한 규격으로 만들어서 양끝을 클램프로 잡는다. 그리고 한쪽 끝은 고정시키고 다른 끝에 하중을 가해 점차로 시편이 파단될 때까지 잡아 늘인다. 일반적으로 사용되는 인장 및 충격시험 시편은 [그림 14.103]에 보였으며, 기계적인 성질 즉, 인장 및 굴곡강도 물성을 측정하는데 많이 사용하는 인스트롱기기를 [그림 14.104]에 나타내었다. 같은 기기를 가지고 어떤 방식으로 힘을 가해주느냐에 따라 다른 여러 가지 기계적 성질들도 측정할 수 있다. 예를 들어 시편의 한쪽 끝에 비틀림 힘을 가해서 비틀림 강도를 측정할 수 있고, 시편을 압축시켜 압축강도, 압축탄성률 등을 구할 수 있다.

충격강도는 샤르피(Charpy), 아이조드(Izod), 낙구 등의 방법으로 구분한다. 이중

샤르피와 아이조드 방법은 유사하며 시편을 놓는 방식에 의해 구별된다. 이 중 아이조드 충격시험기를 [그림 14.105]에 나타내었다. 시료는 중간에 노치 (Notch)를 주는데 [그림 14.103, 14.105] (b)에 규격을 보였다. 한편 낙구시험기는 일정한 높이에서 금속구를 낙하시켜 고분자 시편의 파괴의 유무를 조사하는 간단한 시험기이다. 경도 (Hardness)의 측정은 여러 가지 방식이 존재하는데 록크웰 (Rockwell) 경도시험, 쇼어 (Shore) 경도시험, 긁어대기 (Scratch) 경도시험 등이 있다. 록크웰 경도시험은 [그림 14.106]에 보였는데 둥근 금속구를 사용하여 약한 하중을 걸어 고분자 시편에 접촉시킨 다음 눈금을 0으로 조정하고, 강한 시험하중을 건 후 들어간 깊이를 측정하는 시험이다. 쇼어 경도시험기는 [그림 14.107]과 같으며 압자 (Indentor) 형태는 [표 14.19]와 같이 다양하다. 쇼어 경도는 시편 위에 일정한 높이에서 낙하시킨 추의 반발 높이에 비례한 수이다. 록크웰 경도가 경질의 고분자를 측정한다면 쇼어 경도는 보다 연질의 탄성체를 대상으로 한다고 볼 수 있다. 즉, 이들 2가지 경도시험은 측정대상, 측정조건, 측정방법이 다르며 어느 정도 스케일 환산은 가능하다. 록크웰 경도가 B스케일 (하중 100 kg_f, 선단 직경 1.588mm 강구 압자), C스케일 (하중 150 kg_f, 120° 원뿔 선단 반경 0.2mm 다이아몬드 압자), R스케일 (하중 60 kg_f, 선단 직경 12.7mm 강구 압자) 등인 반면 쇼어경도는 쇼어 A, B, C, D, O, OO, M 등을 사용하고 있다. 그 밖에 긁어대기 경도시험은 다이아몬드 추에 일정한 하중을 걸어서 긁어낸 줄이 나타나는지 여부와 상처의 깊이나 폭 등을 측정하여 경도의 기준으로 삼는 방식이다.

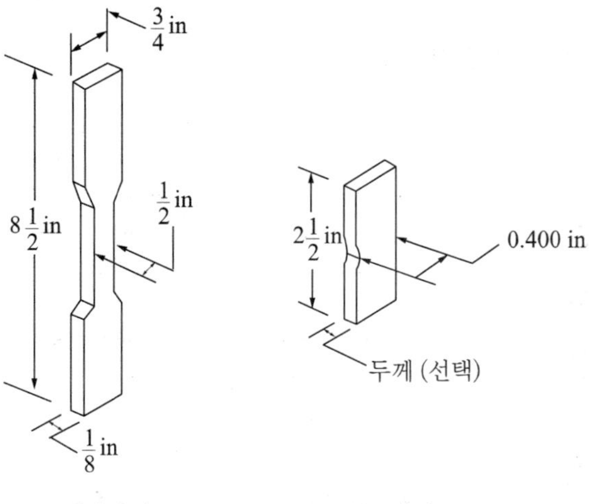

(a) 인장시험 (b) 아이조드

▲ 그림 14.103 기계적 물성시험 시편 규격

▲ 그림 14.104 인스트롱기기

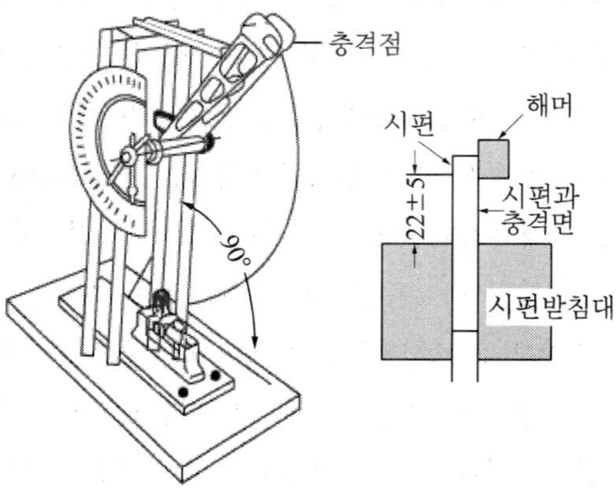

(a) 아이조드 충격 시험기

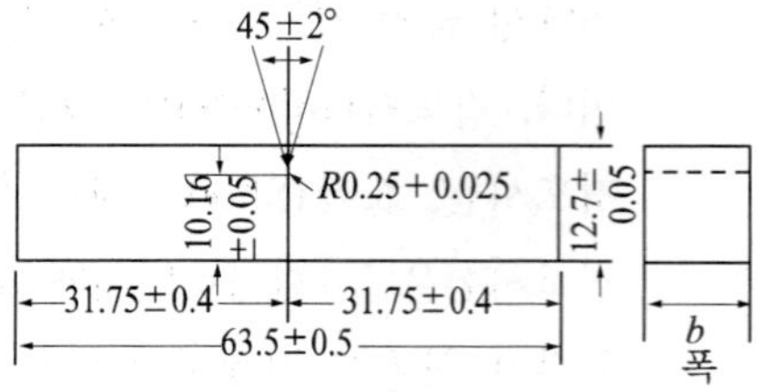

(b) 노치아이조드 시편규격 상세 (단위: mm)

▲ **그림 14.105 충격강도 시험기**

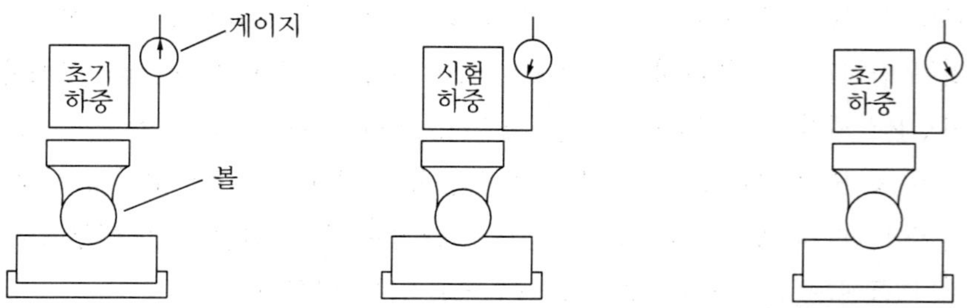

(a) 시편 위에 볼로 초기하중 (기준하중)을 가함

(b) 시편 위에 볼로 시험하중을 가함 (하중 증가)

(c) 시편상에 하중 제거 후 (초기하중으로)들어간 깊이 측정함

▲ **그림 14.106 록크웰 경도시험기**

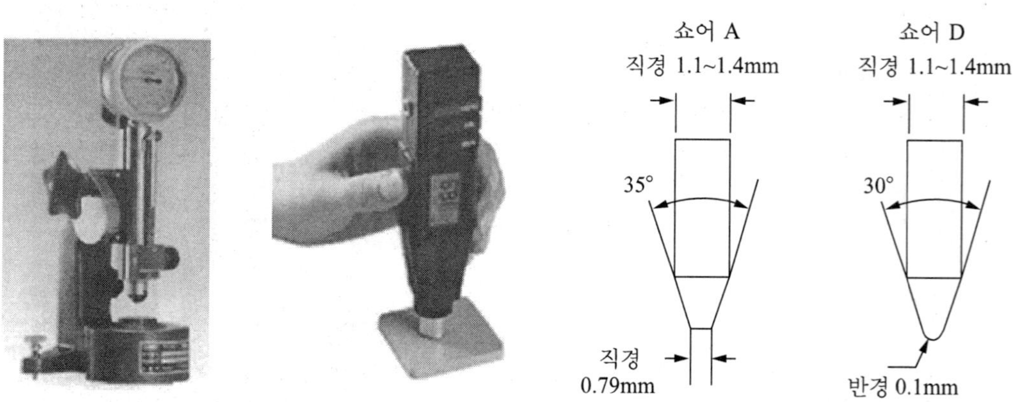

▲ **그림 14.107 쇼어경도계 시험기** (Shore Durometer Tester)

▼ 표 14.19 쇼어경도시험 형태 및 압자(Indentor)

형태	적용	압자		스프링 하중
A	연질고무/플라스틱, 탄성체	납작콘, 35°		822g
B	경질 탄성체/플라스틱, 종이/섬유물질, 93A 스케일 이상 사용	뾰족콘, 30°		822g
C	중간 경도 탄성체/플라스틱, 표면 흔적 피하는데 유용	납작콘, 35°		4536g
D	경질고무/플라스틱(열가소성수지, 바닥재, 볼링공)	뾰족콘, 30°		4536g
DO	밀집 과립물질/직물감기	3/32" 구		4536g
O	아주 연질 탄성체, 직물감기/연질 과립물질, 20A 스케일 이하 사용	3/32" 구		822g
OO	가벼운 발포, 스펀지 고무겔/동물 조직	3/32" 구		113g
OOO	초연질 겔/스펀지 고무	1/2" 구		113g
M	0.5" 정도 얇은 물질	뾰족콘, 30°		-

참고 ▌ 쇼어 경도 스케일과 물질

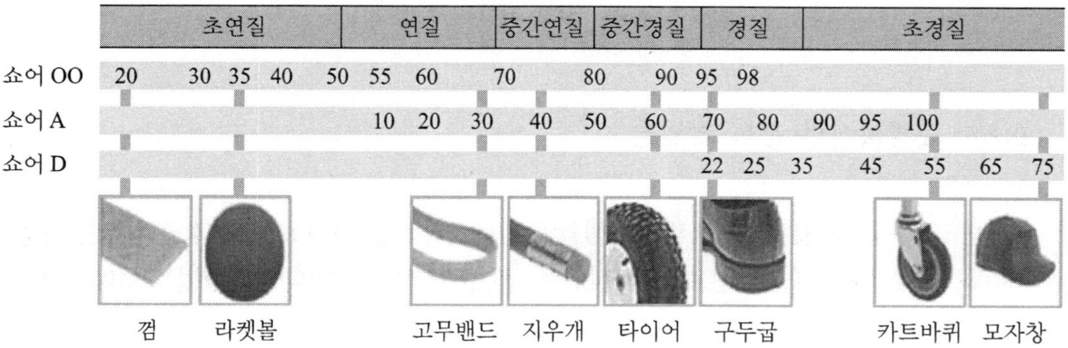

6.2 전기적인 성질의 측정

고분자는 전자 및 전기산업에 광범위하게 사용되기 때문에 전기적 성질의 측정은 중요하다. 고분자는 원래 절연물로 사용되어 왔지만 전자기파 차폐나 전도성 재료로서도 사용되는 경우도 있기 때문에 다양한 전기적 성질의 측정이 존재한다. 고분자의 전기적 성질은 온도나 습도 등의 영향을 받기 쉽기 때문에 측정 시에 주의를 요한다. 절연물로서나 전도성 재료로서 고분자 시료를 분석할 경우에 가장 중요한 성질이 저항률(Resistivity)이다. 체적저항률은 [그림 14.108] (b)에 보인 회로도를 사용하여 측정하며 표면저항률은 [그림 14.108] (a)의 회로를 사용한다. 일정한 직류전압(대개 500 V)을 1분간 가한 후에 저항을 측정하여 회로시험 크기를 감안하여 저항률을 산출한다.

그리고 전기회로를 이용한 유전율 측정과 절연유 속에서 시편의 양면에 강한 전압을 걸어서 절연파괴를 일으키는 전압을 측정하는 내전압시험, 시편의 한 표면 상에 두 개의 전극을 일정한 거리를 띄워서 접촉시켜 놓고 고전압, 미소전류의 아크를 보내어 시편표면이 탄화하여 절연성이 없어질 때까지의 시간을 측정하는 내아크성시험 등이 있다.

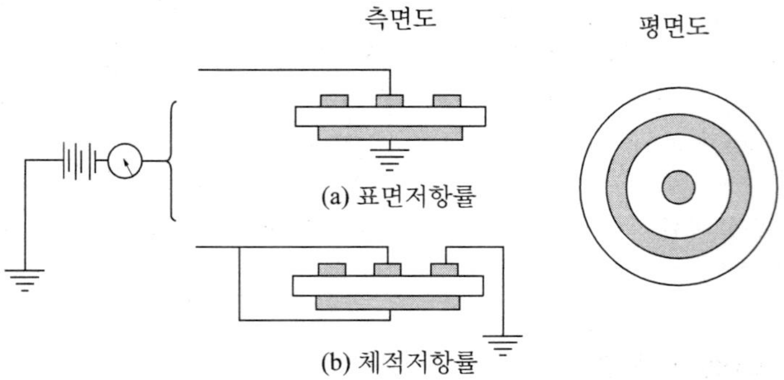

▲ 그림 14.108 전기 저항율 측정 개요도

6.3 분광학적인 분석 방법들

자주 사용되는 분광학적인 방법들과 산란방법들을 [표 14.20]에 정리하였다. 이중 가장 많이 사용되는 방법은 적외선분광법(IR)과 핵자기공명분광법(NMR)이다.

▼ 표 14.20 분광학적 분석 방법

구분	분석방법		
진동분광법	적외선분광법(IR)		라만분광법(Raman)
공명방법	핵자기공명법(NMR)		전자스핀공명법(ESR)
전자적 방법	자외선/가시광선 분광법(UV/Vis)		형광분광법
산란법	X선 산란법	전자 산란법	중성자 산란법

(1) 적외선 (IR) 분광법

적외선 (IR, Infrared Rays) 분광법에서는 적외선영역의 빛을 시료에 보내어 진동수에 따라서 흡수되는 정도를 나타내는 스펙트럼을 얻어서 구조와 연관된 해석을 한다. 적외선영역의 빛의 에너지는 분자에서의 진동에너지에 해당되기 때문에 적외선분광법은 진동분광법의 일종이다. 분자의 진동은 분자구조에 따라 특정한 진동수로 나타나기 때문에 적외선 스펙트럼으로부터 분자구조를 알아낼 수 있다. [그림 14.109]에 대표적인 진동들을 나타내었다. 여기서 화살표나 +의 기호가 사용되는데 이것은 주기적인 진동의 한 주기에서 초기변위의 방향과 크기를 나타낸다. 따라서 예를 들어 반주기 후에는 반대 방향의 운동이 일어난다, 이런 국부적인 진동(군진동이라 불림) 외에도 분자의 더 많은 원자들이 관여하는 진동도 가능하다.

진동형태	기호	보기
A 원자가 진동	ν	
펌 (Stretch) -st	ν_s ν_a	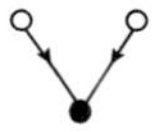 (대칭)  (비대칭)
숨쉬기 (Breathing) -br	-	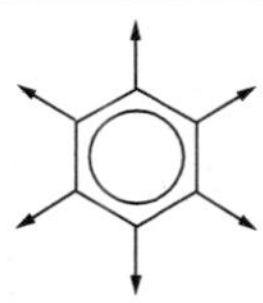
B 변형 (굽힘) 진동	-	
가위 (Scissor) -s	-	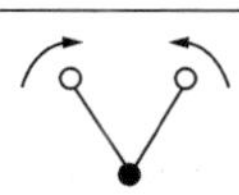 (평면 안)
흔듬 (Wagging) -w	r_w	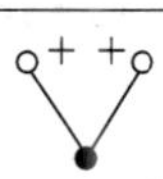 (평면 밖)
바위 (Rocking) -r	-	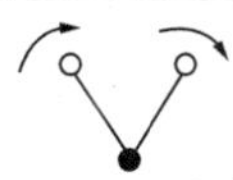 (평면 안)
비틈 (Twisting) -t	r_t	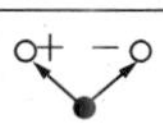
쥐어짬 (Torsion)	α	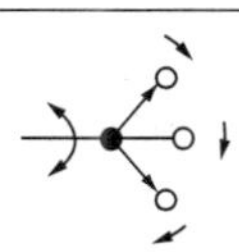

평면밖 (Out of Plane)	γ	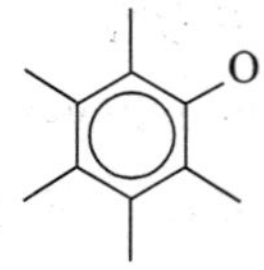
평면안굽힘 (In Plane Bending)	β	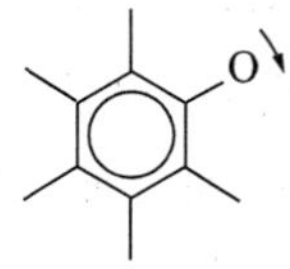

▲ **그림 14.109 주요 군진동 형태**

[그림 14.110]은 실제로 몇 가지 기능기들에 대하여 진동유형의 전이모멘트 방향을 나타내고 있다.

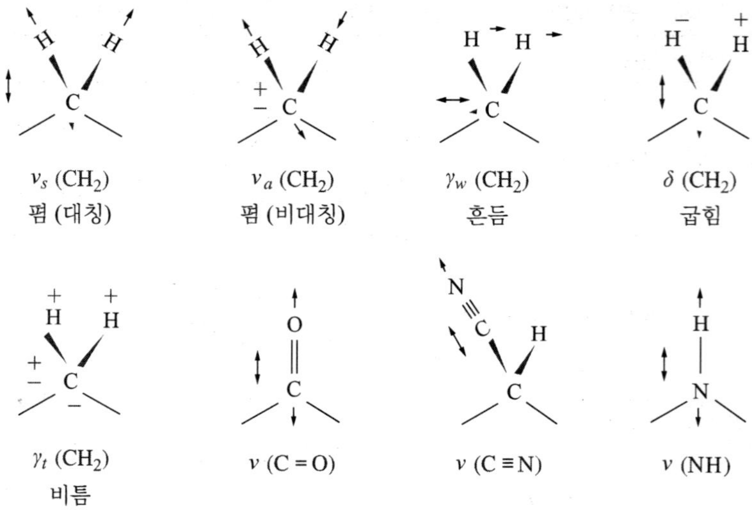

▲ **그림 14.110 진동유형의 전이모멘트 방향**

적외선입사광의 강도는 균일하지 않고 진동수의 함수로 변화를 보인다. 이를 $I_o(\nu)$로 표시한다. 대개 수~수십 μm의 두께를 이루고 있는 시료에 빛이 입사하여 일부 광은 분자의 진동을 야기시키고 에너지를 빼앗기게 된다. 시료를 투과한 광을 $I(\nu)$라고 하면 시료의 투과도 $T(\nu)$는 다음과 같이 주어진다.

$$T(\nu) = I(\nu)/I_o(\nu)$$

혹은 % 단위로

$$\%\ T(\nu) = 100\ I(\nu)/I_o(\nu)$$

로 나타난다. 또 흡수도는 A (Absorbance)는 다음과 같다:

$$A(\nu) = \log_{10}[I_o(\nu)/I(\nu)] = \log_{10}[1/T(\nu)]$$

이 흡수도는 흡수하는 종(Species)의 숫자에 비례를 한다. 이것은 곧 흡수도가 시료의 농도 C(mol/liter)와 투과 거리 l (cm)에 비례한다는 것을 의미한다. 이것은 다음과 같은 비어 램버트(Beer Lambert) 법칙으로 정리된다.

$$A = \epsilon Cl$$

여기서 일종의 비례상수인 $\epsilon = \epsilon(\nu)$은 몰당 흡수계수라고 불리며 주어진 물질, 주어진 진동수에 따라 정해지는 고유상수이다. 적외선 스펙트럼은 T(투과도) 또는 A (흡수도)를 진동수 ν의 함수로 도시하여 얻어지는데 진동수는 보통 파수(Wavenumber) cm^{-1}의 단위로 나타나며 기기에 따라 약간씩 차이가 있기는 하지만 대개 4,000 cm^{-1}에서부터 400 cm^{-1}에 이르는 것이 보통이다. 전통적으로 값이 오른쪽으로 갈수록 작아지는 것에 유의해야 한다. 기기적인 측면에서 현재 주로 사용되는 적외선분광법은 푸리에 변환(Fourier Transform)에 기초를 둔 FT-IR법이다. FT-IR은 상당히 큰 민감도를 보이고, 측정시간이 짧고, 측정이 단순하며, 또한 얻어진 적외선 스펙트럼이 분자의 구조를 잘 반영하기 때문에 널리 사용되고 있다. 화합물의 구조에 따라 피크(Peak)가 나타나는 위치가 정해지는데 간단한 형태의 적외선(IR) 구조와 피크 상관관계를 [그림 14.111]에 나타내었다. 간단한 분석에서는 이러한 종류의 상관관계표를 이용하지만 실제적으로 궁극적인 분석은 기지의 표준물질의 스펙트럼과의 비교 해석을 통하여 얻어진다고 볼 수 있다.

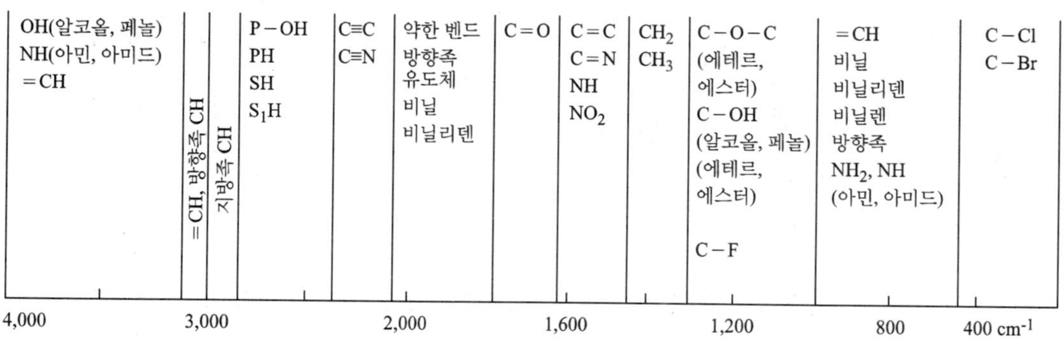

▲ 그림 14.111 적외선분광(IR) 진동영역

적외선 분광(IR)은 화학결합의 진동에너지(−C⟷H, −C−H)가 외부 IR에너지를 흡수한다. 기능기에 따라 특정한 흡수대를 가지고 정량적이 아니다. 주요 고분자의 기능기는 [표 14.21]에 나타내었다.

▼ 표 14.21 주요 기능기와 고분자

관용기	고분자
C=O	폴리에스터, 나일론, 폴리카보네이트, 아크릴, 폴리우레탄
O−H	폴리비닐알콜
N−H	나일론, 폴리우레탄, 폴리아크릴아미드
C−O	폴리에스터, 아크릴, 아세탈
C=C	부타디엔계 고무
C≡N	폴리아크릴로니트릴
C−X	폴리염화비닐, 플루오르화수지

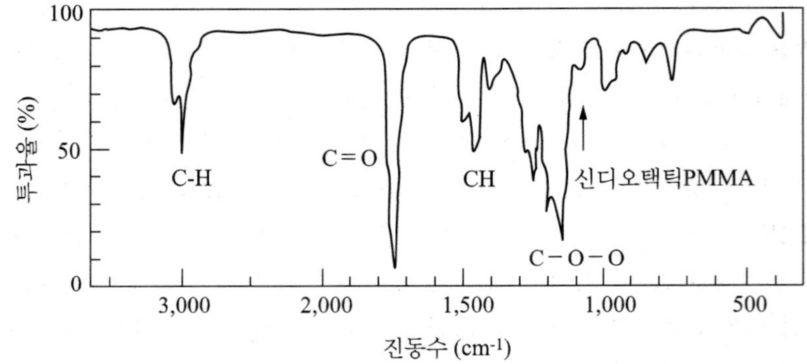

▲ 그림 14.112 PMMA의 적외선분광 스펙트럼

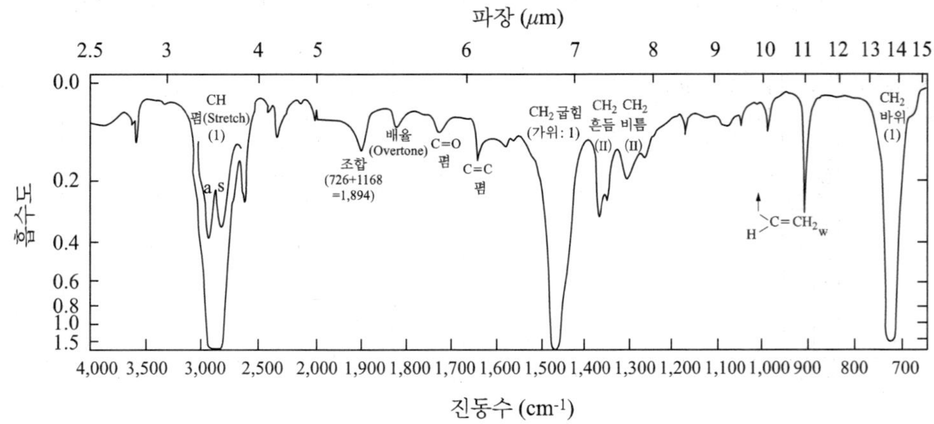

▲ 그림 14.113 선형폴리에틸렌의 적외선분광 스펙트럼

예로서 PMMA의 적외선분광 스펙트럼과 간단한 피크지정 (Assignment)을 [그림 14.112]에 그리고 선형폴리에틸렌 (Linear Polyethylene) [그림 14.113], 폴리스티

렌(Polystyrene)은 [그림 14.114]에 각각 나타내었다. [그림 14.112]에서 진동수 2,000cm^{-1} 이상은 몇 가지 종류 밖에 피크가 나타나지 않기 때문에 2,000cm^{-1} 아래에 비해서 스케일을 반으로 줄여 나타내는 것이 보통이다.

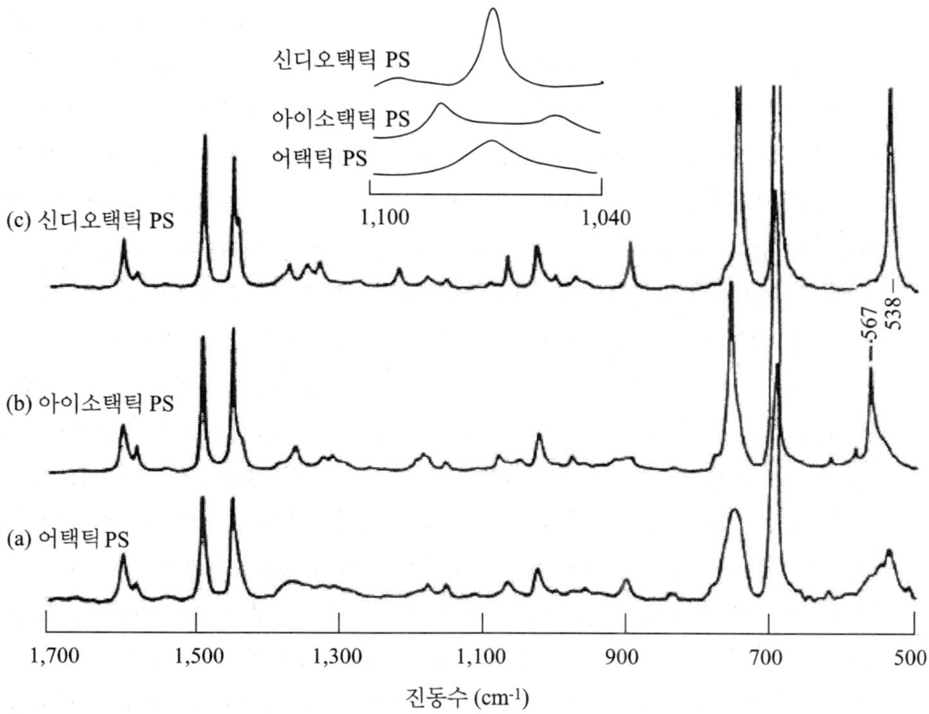

▲ **그림 14.114 폴리스티렌의 적외선분광 스펙트럼**

적외선 분광스펙트럼은 분자의 물리적 및 화학적인 구조변화에 민감하여 고분자의 다양한 분석 및 연구에 사용될 수 있다. 이를 열거해보면 다음과 같다.

1) 화학구조, 특별한 종류의 화학결합, 말단기 분석 등
2) 분자의 입체배열(Configuration)과 입체형태(Conformation)
3) 결정구조, 결정화 과정 및 결정화도 측정
4) 배향
5) 분지
6) 공중합체 구조
7) 블렌드의 연구
8) 분해, 고리화 등의 화학분석 및 확인 등

적외선 분광스펙트럼을 측정할 때 지금까지 언급한 방법, 즉 필름상태의 얇은 시

료에 빛을 투과시켜서 투과광의 강도를 측정하여 입사광의 강도와 비교하는 투과법 이외의 다양한 방법이 이용될 수 있다. 그 중 대표적인 것이 감쇠전반사(ATR, Attenuated Total Reflectance)법이다. 이 방법에서는 관심있는 진동수 영역에서 적외선을 흡수하지 않는 재질을 사용한다. 이런 물질을 윈도우(Window) 물질이라고 하는데 사파이어나 KRS-5라 불리는 무기 물질, 그리고 KBr, ZnSe, Si, Ge 등이 사용되며 결정(Crystal)이라고 불리기도 한다. [그림 14.115]에 감쇠전반사의 개략도를 보였다. 시료는 양 옆을 비스듬하게 절단한 결정 양쪽 또는 한쪽에 단단히 접착시킨다. 만일 시료(Sample)가 없다면 결정 안으로 입사된 빛은 결정 안쪽의 굴절률이 바깥의 공기보다 크기 때문에 입사각이 충분히 큰 경우 전반사(Total Reflection)를 일으키게 된다. 시료가 있는 경우 유기물질은 대개 굴절율이 1.5 전후이기 때문에 여전히 전반사의 상황이 일어난다. 그러나 시료가 적외선을 흡수할 수 있을 때에는 흡수에 의해서 완전전반사가 일어나지 않고 감쇠된(Attenuated), 즉 줄어든 강도를 보이게 된다. 이것은 투과에서의 흡수에 의한 강도의 저하와 동일하며 따라서 기본적으로 투과 스펙트럼과 유사한 감쇠전반사 스펙트럼을 얻을 수 있다. 그러나 적외선 빛이 결정(Crystal)과 시료의 경계면에서 시료로 들어가는 투과 깊이가 수 μm 정도이며 또한 이것은 결정굴절률과 입사각의 함수이기 때문에 어느 한도 내에서 조절이 가능하다. 이 두 가지 특징, 즉 얕은 깊이에서 스펙트럼을 얻을 수 있으며 그 깊이를 조절할 수 있다는 면에서 감쇠전반사의 유용성이 있다. 그 응용 예를 보면 카본 블랙(Carbon Black)을 함유한 경우처럼 시료가 빛을 너무 많이 흡수하는 경우 투과 강도가 0이 되기 때문에 측정이 불가능한데 감쇠전반사로 측정하면 유용한 적외선 스펙트럼이 얻어진다. 그리고 표면연구, 흡착연구 등에 감쇠전반사법이 사용될 수 있다.

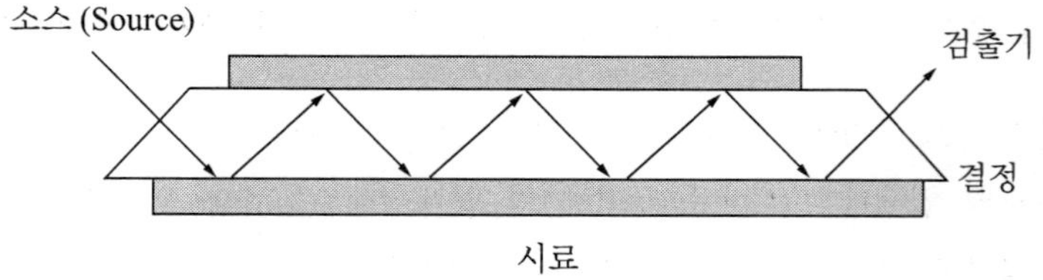

▲ **그림 14.115 감쇠전반사(ATR) 장치의 개략도**

(2) 핵자기공명(NMR) 분광법

핵자기공명(NMR, Nuclear Magnetic Resonance) 분광법(Spectroscopy)은 범용 분석법 중 가장 강력한 방법으로 알려져 있다. 핵자기공명은 크게 분석대상인 시료의 상태에 따라 액체 상태와 고체상태 핵자기공명으로 나눈다. 그리고 비파괴적으로 핵자기공명 신호의 단층검지(Detection)가 가능한 자기공명영상(MRI, Magnetic

Resonance Imaging)법이 있어 의료임상용으로는 물론 재료의 분석에도 사용될 수 있다. 이들은 같은 자장안에서의 핵자기공명현상을 이용하지만 각각 기기적인 측면이 다르다.

가장 널리 사용되는 액체상태 핵자기공명 기기의 개략도를 [그림 14.116]에 나타내었다. 현재의 핵자기공명 기기는 초전도자석 (Superconducting Magnet)을 사용한다. 합금선 (Wire)이 액체헬륨 속에서 초전도현상을 일으켜 저항이 없어져서 큰 전류에 의한 강력한 자장이 발생한다. 시료는 지름이 일반적으로 외경이 약 5mm, 길이가 180mm 정도 되는 유리튜브에 중수소화된 용매 속에 녹아있다. 시료가 그림에서처럼 자장 (외부자장이라 부름) 안에 놓이게 되면 핵자기 성질이 있는 수소 (^{1}H)와 탄소 13 (^{13}C)은 두 가지 에너지상태를 취하게 된다. 여기서 탄소 중 자연적으로 우세하게 존재하는 탄소 12는 자기적 성질이 없어서 핵자기공명 신호를 주지 않는다. 그러나 탄소 13이 약 1.1 %의 자연함량으로 존재하여 탄소 핵자기공명이 가능하다.

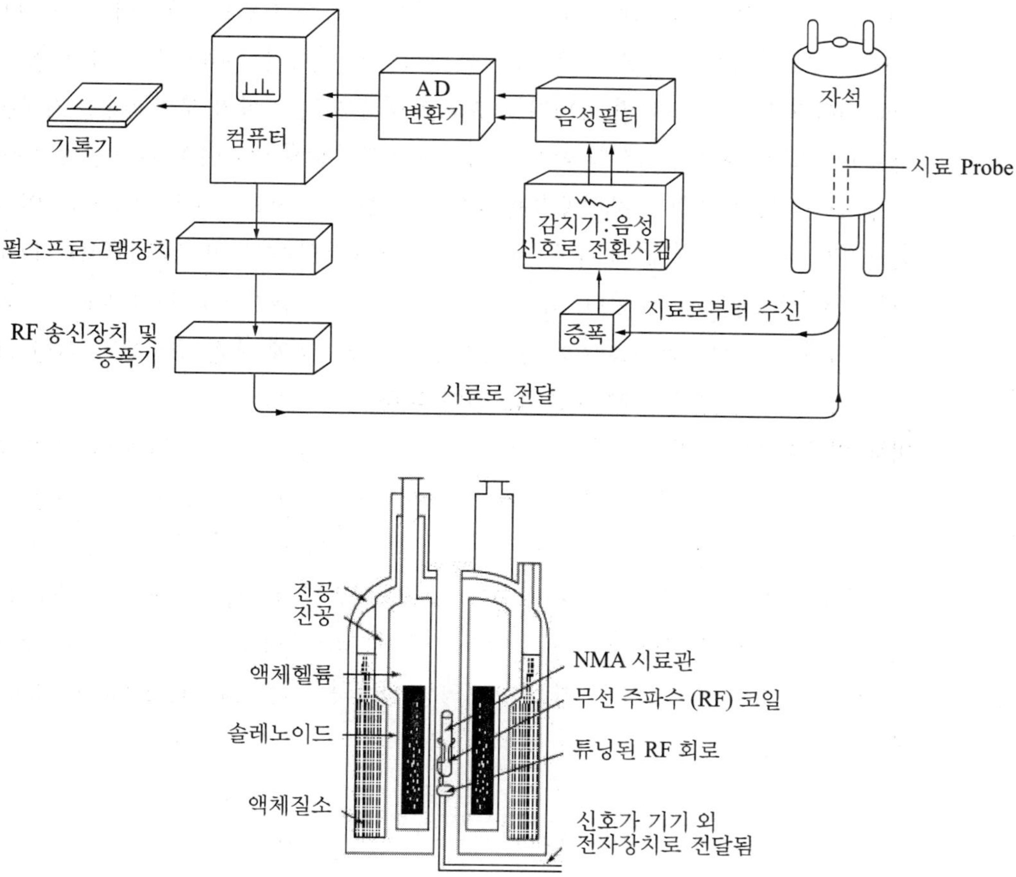

▲ **그림 14.116 핵자기공명 (NMR) 기기의 개략도**

외부자장 안의 핵은 두 종류의 회전을 하고 있다고 묘사되는데 핵이 스스로 도는 스핀과 스핀 축이 외부자장 방향을 중심으로 도는 것이다. 세차운동은 핵이 느끼는 자장 (B)에 정비례하는 일종의 고유진동수 (ν)로 이루어진다.

$$\text{진동수 } \nu = -\gamma B$$

여기서 γ는 비례상수로서 자기회전비 (Magnetogyric Ratio)라고 불리는데 핵마다 고유한 상수이다. 핵이 취하는 두 에너지 상태 간의 천이가 일어나면 에너지의 출입이 발생해서 측정될 가능성이 생기게 된다. 에너지 상태간의 천이는 같은 고유진동수를 갖는 두 개의 소리굽쇠 간에 에너지가 전달되는 것처럼 고유진동수 ν와 같은 진동수를 갖는 또 다른 자장을 이용하여 얻는다. 일반적인 핵자기공명 기기에서 진동수 (ν)는 기기에 따라 대략 60MHz에서 600MHz의 범위로 나타나기 때문에 이 두 번째 자장을 무선주파수 (RF, Radio Frequency) 자장이라 부른다. 핵자기공명 실험은 시료를 외부자장 안에 넣은 후, 무선주파수 자장을 시료에 수 μ sec 정도의 짧은 시간동안 가해서 시료의 핵들이 자기에너지를 흡수하게 만든다. 이때의 무선주파수 자장은 짧은 시간동안 적용된 신호이기 때문에 간단히 펄스 (Pulse)라고 부른다. 그러면 에너지를 흡수한 핵들은 더 이상의 무선주파수 자장이 작용하지 않기 때문에 시간의 함수로 시료를 외부자장에 넣었던 때의 상태로 돌아가게 된다. 이때 핵의 고유진동수에 해당하는 신호가 시료주위에 설치된 코일에 검출되게 된다. 이렇게 얻어진 시간에 따른 신호를 유도자유감쇠 (FID, Free Induction Decay)라고 부른다. 유도자유감쇠로부터 진동수 정보를 알아내는 작업인 푸리에변환 (Fourier Transform)을 통하여 진동수 ν에 대한 강도를 구하면 그것이 바로 핵자기공명 (NMR) 스펙트럼이 된다.

비록 외부자장은 균일하지만 분자 속에 있는 핵들은 놓여 진 위치에 따라 각 핵을 둘러싸고 있는 전자구름의 밀도도 다르고 이웃하는 원자들과 전자들이 미치는 영향이 다르기 때문에 각각 경험하는 자장이 달라서 다른 고유진동수를 보이게 된다. 이런 고유진동수의 차이 (δ)는 실제 수소의 경우 수 Hz에서 수천 Hz, 탄소 13의 경우 수만 Hz까지의 범위를 보이기 때문에 고유진동수 자체의 크기인 수백 MHz 수준보다는 아주 작다. 따라서 편의상 다음과 같은 ppm (Part Per Million) 단위를 사용한다.

$$\text{고유진동수 차이 } \delta(\text{ppm}) = \frac{\nu_{\text{시료}} - \nu_{\text{기준}}}{\nu_0} \times 10^6$$

여기서 $\nu_{시료}$, $\nu_{기준}$, ν_0는 주어진 핵의 진동수, 기준핵의 진동수, 그리고 기기의 진동수를 나타낸다. 기준핵의 진동수로는 테트라메틸실란(TMS, Tetramethyl Silane)과 같은 기준 물질의 진동수를 사용하는 것이 일반적이다. 아래 [그림 14.117]은 PMMA 수소 핵자기공명(^{1}H NMR) 스펙트럼을 개략적으로 나타내고 [그림 118] 또한 동일한 PMMA 양성자 스펙트럼(Proton Spectra)을 각각 보여준다.

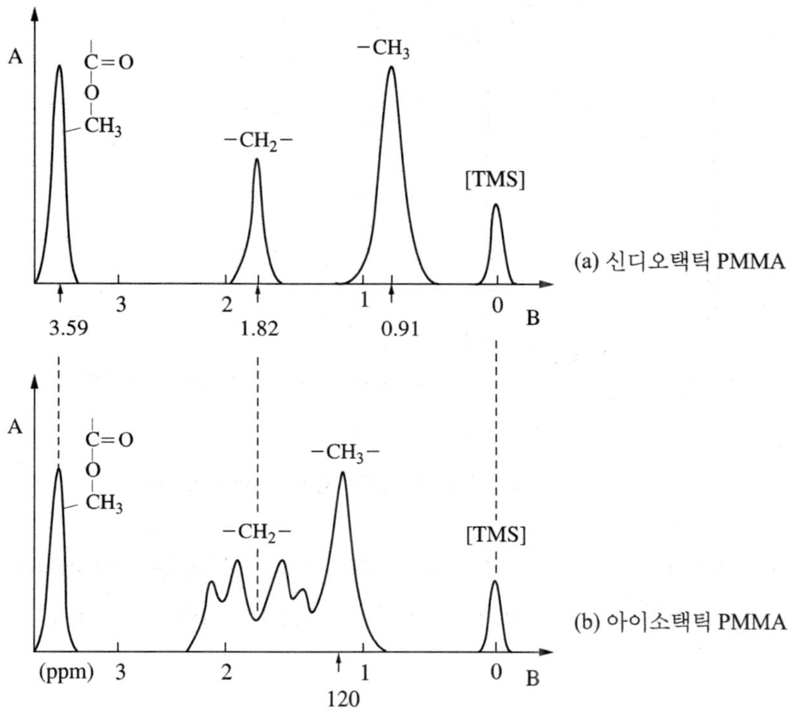

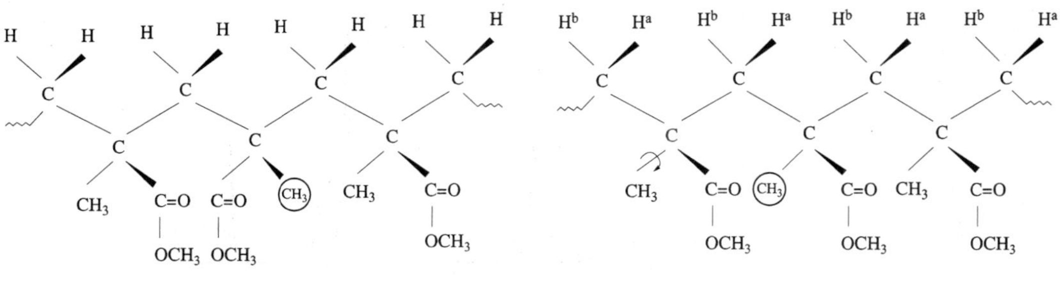

(a) 신디오택틱 PMMA (b) 아이소택틱 PMMA

▲ **그림 14.117 수소 핵자기공명 스펙트럼**

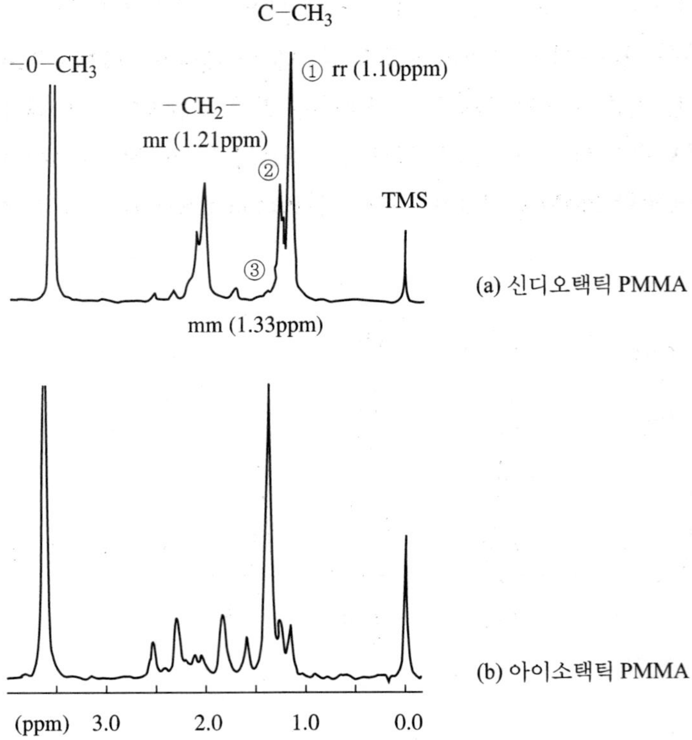

▲ **그림 14.118 양성자 스펙트럼** (Proton Spectra)

[그림 14.119]는 핵자기공명으로 스티렌 부타디엔 공중합체 (Styrene Butadiene Copolymer)의 조성을 분석한 수소 스펙트럼 (^{1}H NMR)을 나타낸다.

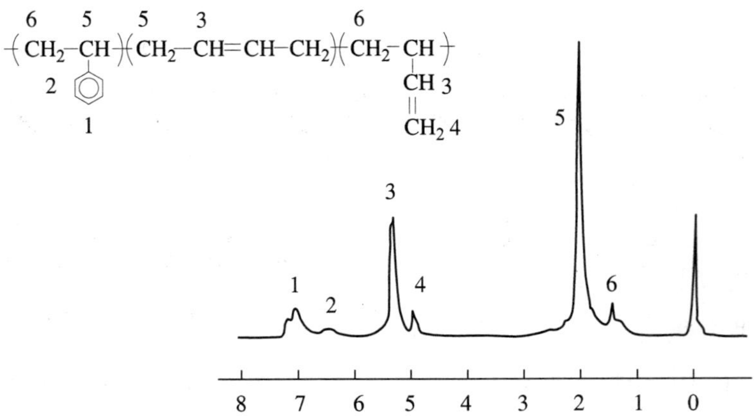

▲ **그림 14.119 수소 핵자기공명 스펙트럼**

앞의 핵자기 공명스펙트럼에서 볼 수 있는 것과 마찬가지로 구조에 따라 피크들이 다른 위치에서 나타나므로 구조해석이 용이하다. 그리고 예를 들어 [그림 14.118] (a) 신디오택틱 스펙트럼에서 보면 C−CH_3 위치에 피크가 세 개 나오는데 이들은 ppm이 낮은 쪽에서부터 각각 ① rr (Most Intense in Syndiotactic) ② mr (Most Intense in Isotactic) 및 ③ mm (Heterotactic) 구조에 해당된다. 이러한 정보로부터 입체화학 이성질체 구조들의 함량을 구해낼 수 있게 된다. 용액상태 핵자기공명은 고분자의 구조분석에 널리 쓰이며, 분자수준에서 핵들의 자기적 환경이 변화하는 현상들에 대해서는 모두 분석 및 연구를 행할 수 있다. 이를 열거하면 다음과 같다.

1) 고분자구조 확인
2) 입체배열 (Configuration)
3) 입체형태 (Conformation)
4) 연속구조
5) 분지와 가교
6) 공중합체 조성
7) Diene류 고분자의 이성질화
8) 블렌드/공중합체 종류의 구별
9) 중합반응 메커니즘
10) 산화와 분해
11) 고분자 용액
12) 말단기

핵자기공명 기법의 가장 큰 장점은 스펙트럼이 분자수준을 잘 반영해줄 뿐만 아니라 스펙트럼 해석을 위한 여러 가지 기법이 존재한다는 것이다. 즉, 한 가지 시료에 대해 수소 핵자가공명 (^{1}H NMR)이나 탄소 핵자기공명 (^{13}C NMR) 뿐만 아니라 다양한 특수 1D 핵자기공명기법, 2D 및 고차 핵자기공명기법 등을 사용할 수 있어서 스펙트럼 해석을 거의 완벽하게 해낼 수 있다. 이는 다른 종류의 분석법에서는 찾아보기 어려운 특징이다. 그리고 고체 상태에서 핵자기공명 신호를 얻어낼 수 있는 기법들이 1970년대부터 개발되어 현재 고체 상태에서의 다양한 고분자 정보를 얻을 수 있게 되어 있다. 구체적으로 고체상태 핵자기공명을 이용하여 다음과 같은 연구 및 분석을 행할 수 있다.

1) 완화현상을 중심으로 한 고체 상태에서의 분자운동 연구
2) 액정고분자 및 다른 고분자들의 배향 연구
3) 전이상태 연구
4) 결정성 고분자에서의 무정형영역과 결정영역의 연구
5) 고분자/저분자량 화합물간의 상호작용
6) 블렌드와 공중합체들의 균일성과 상분리 현상의 규명
7) 용매에 녹지 않는 고분자들의 구조 연구 (가교 고분자, 내열성 고분자)

6.4 열분석법 (Thermal Analysis)

열분석은 고분자의 녹는점(T_m), 유리전이온도(T_g), 열적안정성 등의 고분자의 열적성질을 다룰 때 반드시 등장한다. 열적성질에는 이러한 성질들을 포함하여 난연성, 내열성, 열팽창률, 열전도율, 연소성 등이 있다.

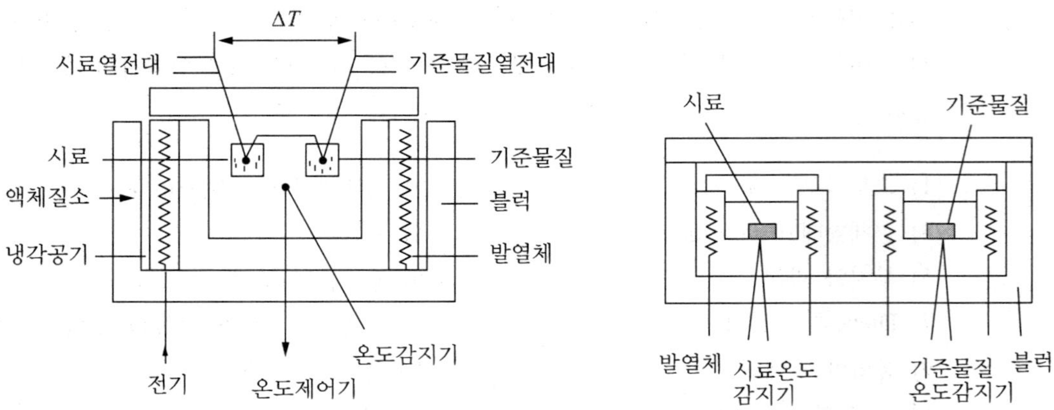

(a) 시차열분석법
(DTA, Differential Thermal Analysis)

(b) 시차주사열량계법
(DSC, Differential Scanning Calorimetry)

▲ **그림 14.120** DTA와 DSC의 **개략도**

녹는점과 유리전이온도는 일반적으로 시차주사열량계법(DSC, Differential Scanning Calorimetry)과 시차열분석법(DTA, Differential Thermal Analysis)을 사용하여 측정한다. DTA와 DSC기기의 개략도를 [그림 14.120]에 나타내었다. 이들 기법에서는 소량의 고분자 시료와 측정하려고 하는 온도범위에서 특정한 열적 상변화를 보이지 않는 기준물질을 각각의 알루미늄 시료팬에 넣고 가열한다. 주로 질소 분위기하에서 실험이 이루어진다. 시료에서 열적변화가 일어나면 그것이 신호로 나타나게 된다. 기준물질로는 빈 팬이 사용되기도 하고 무수 알루미나 같은 열적 불활성물질이 사용되기도 한다. DSC와 DTA의 차이점은 다음과 같다. DSC에서는 시료와 기준물질이 각각 다른 히터로 가열되고 시료와 기준물질의 온도가 항상 같도록 전기적 에너지를 조절한다. 이때 시료와 기준물질의 전기적 에너지의 차이 $d\Delta Q/dt$가 신호로서 기록이 된다.

반면에 DTA에서는 시료와 기준물질이 같은 히터로 동일하게 가열된다. 그리고 시료와 기준물질의 온도의 차이 ΔT가 신호로서 기록된다. 온도에 대해 $d\Delta Q/dt$

또는 ΔT를 도시한 것을 열곡선(Thermogram)이라고 하는데 가상 고분자에서 얻어지는 전형적인 예를 [그림 14.121]에 나타내었다. 여기서 A는 유리전이를, B는 융융을, C는 결정화를, D는 가교, 그리고 E는 증기화를 나타낸다. DTA와 DSC의 열곡선은 서로 모양이 유사하게 나온다. 유리전이온도 대신 보다 실용적으로 고분자 재료의 내열성을 시험하기 위해 열변형온도(HDT, Heat Distortion Temperature) 시험을 할 수 있다. 이 시험에서는 폭 12.7mm의 시편을 100mm의 길이에서 양끝에서 받치고 중앙에 18.6 kg_f/cm^2의 스트레스(응력)가 걸리게 하고는 분당 2℃로 온도를 상승시키면서 0.254 mm 휘었을 때의 온도를 열변형온도로 삼는다. 이 시험은 간단하지만 널리 사용된다.

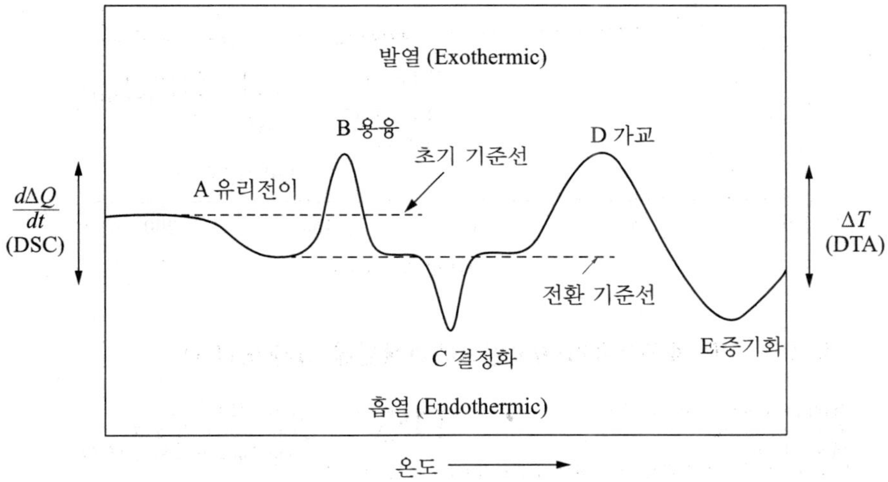

▲ **그림 14.121 DTA와 DSC의 열곡선**

열중량법(TGA, Thermogravimetric Analysis)은 고분자 시료의 열적안정성을 측정하기 위해 사용된다. 원리는 비교적 단순해서, 작은 시료팬에 시료를 넣고 가열, 즉 온도를 증가시키면서 시료의 무게가 어떻게 변하는지를 정교한 저울로 측정하는 것이다. 초기의 중량을 100%로 놓고 온도의 함수로 중량이 감소해 가는 것을 추적하게 된다. 따라서 이 방법은 가열감량법이라고도 부른다. 또 다른 방식은 200 ℃나 300 ℃ 또는 다른 일정한 온도에서 시간에 따른 중량의 감소를 측정하는 것이다. 이를 특히 등온 TGA법이라 부른다. 주어진 온도에서의 고분자 시료의 안정성을 판단하는데 적합한 방법이다.

다음은 실제 몇 가지 시료의 DSC와 TGA 분석 시험의 열곡선 결과를 나타낸다.

(실제 1) PP블록코폴리머

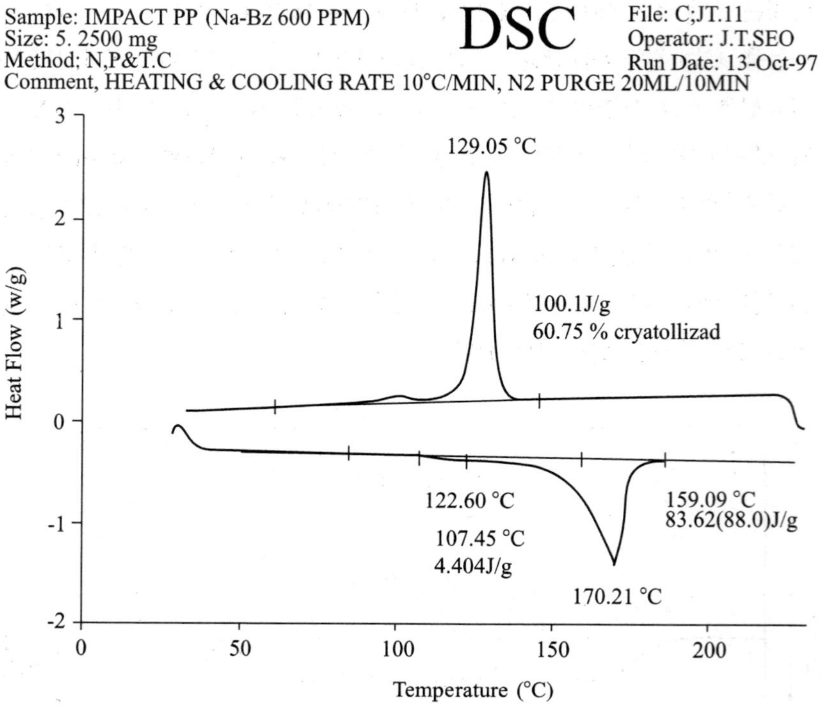

(실제 2) PP 블록코폴리머/고밀도폴리에틸렌 블렌드 (1:1)

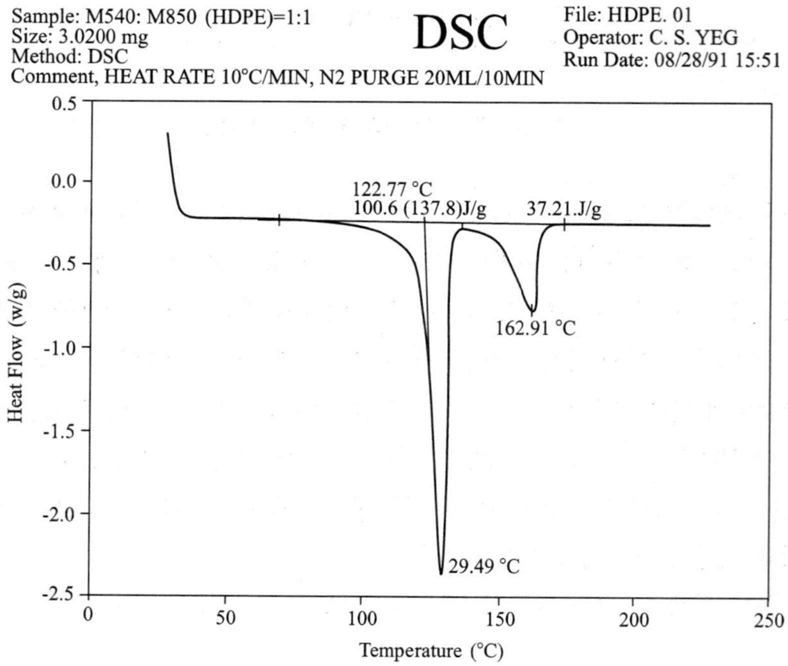

(실제 3) EPDM 고무

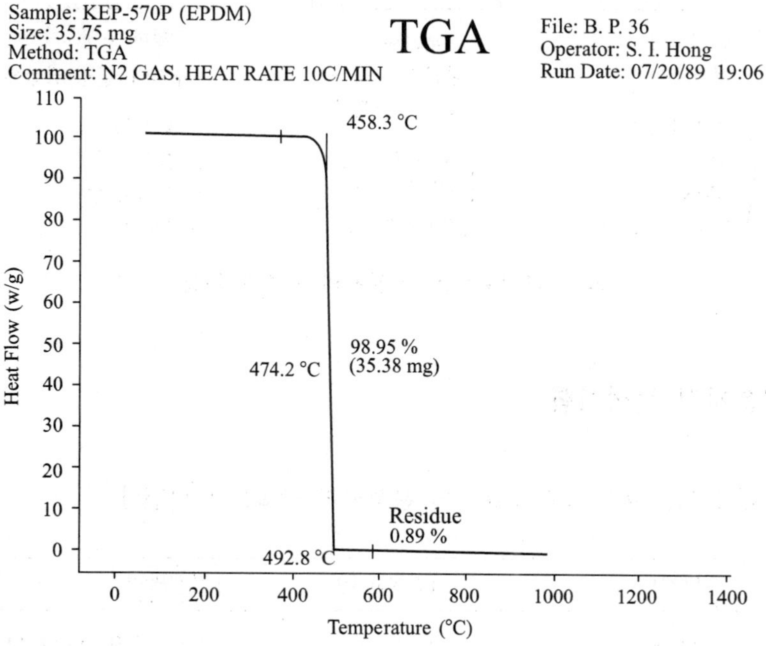

07 고분자 구조와 분석시험

7.1 고분자의 구조적 특성

고분자는 분자량 수천~수백만의 유기물의 거대분자(Macromolecules)로 규칙적인 공간배치(결정형성)의 어려움, 결정형/무정형이 혼합된 다양한 형태학(Morphology) 그리고 기계적 강도 및 점탄성을 나타낸다. 다시 말해 고분자는 크기가 다른 거대분자들의 혼합체를 말한다. 축합중합과 공중합으로 다양한 화학조성으로 거대분자 구성이 가능하고 부가제, 블렌드(Blend)로 조성의 불규칙성을 확대할 수도 있다. 물론 단일중합체(Homopolymer)도 화학적으로 균일하지 않는 곁가지(측쇄), 말단기(End Group) 등을 포함하기도 한다. [그림 14.122]는 고분자의 구조적 특성을 나타낸다.

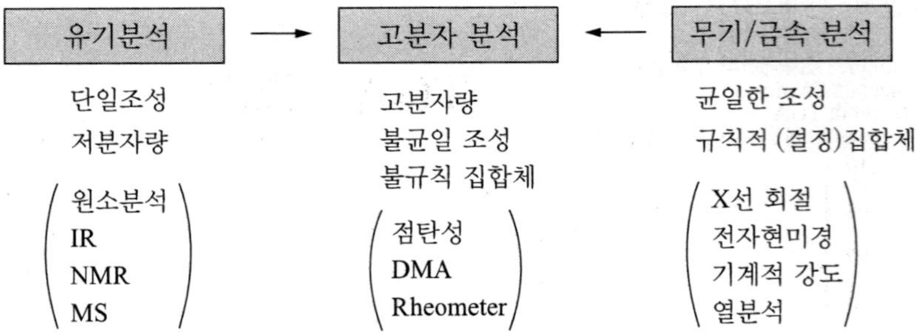

▲ 그림 14.122 고분자의 구조적 특성

7.2 고분자의 분석시험

아래 [그림 14.123]은 고분자의 분석시험 방법을 나타낸다.

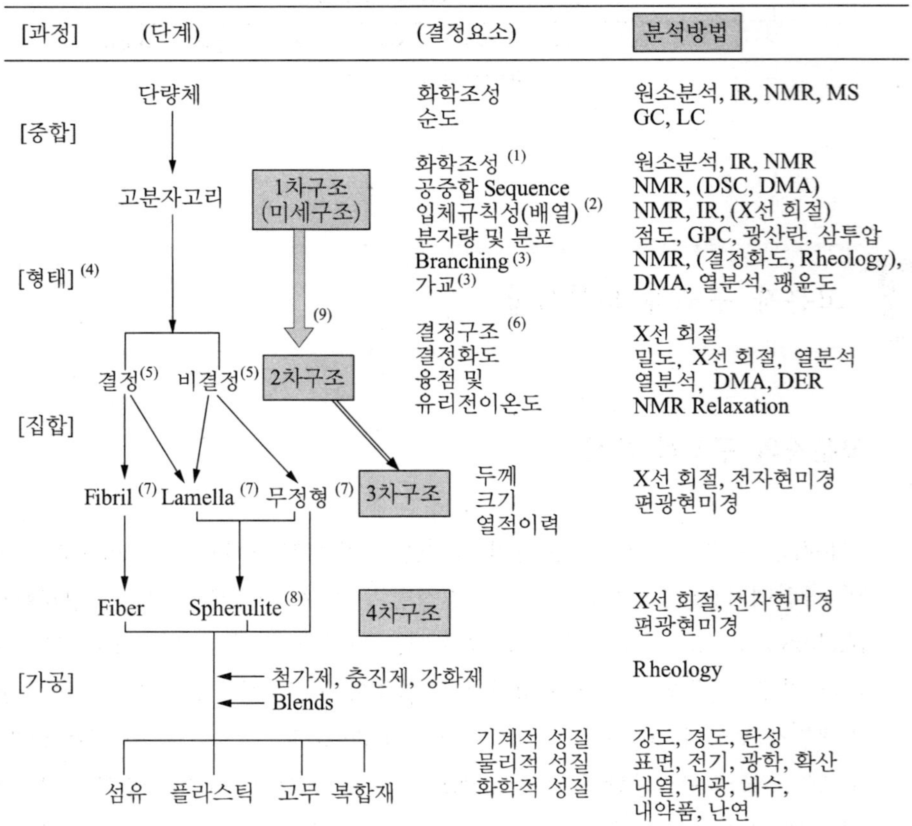

▲ 그림 14.123 고분자의 분석시험도

다음은 [그림 14.123]에 표시한 첨자 (1)~(9)의 설명이다.

(1) 공중합 연결

구분	연결형태
랜덤 (불규칙) 공중합	AABABBABAAABBABBBBA
교대 공중합	ABABABABA
블록 공중합	AAAAAABBBBBB
그래프트 공중합	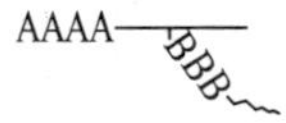

(2) 입체배열 (Configuration)

결합을 끊어서 회전시 일치되는 입체규칙성 (Tacticity)을 말한다.

아이소택틱 (m)	신디오택틱 (r)	어택틱
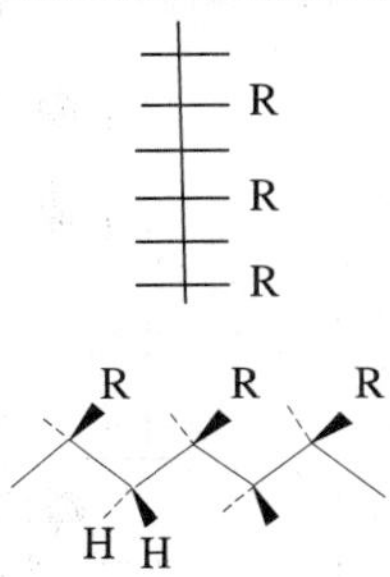	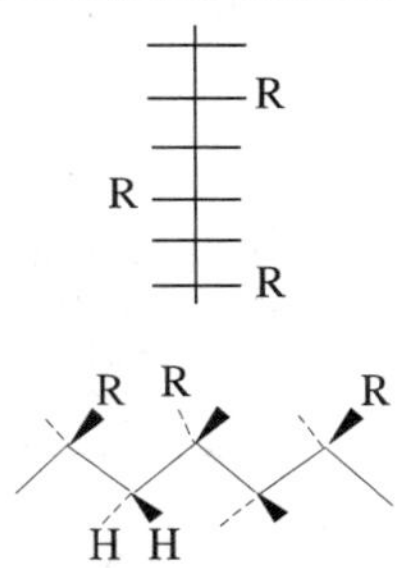	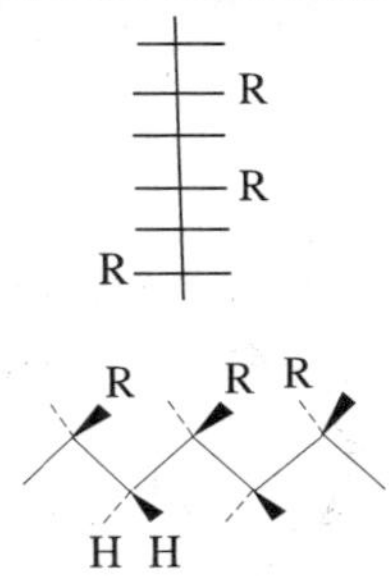

(3) 선형 (Linear)과 가교 (Cross Linked)

종류	구분	구조
열가소성 (Thermoplastic)	선형 (Linear)	
	가지 (Branched)	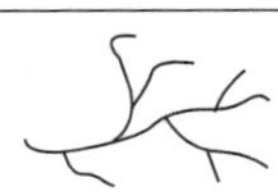
열경화성 (Thermoset)	가교 (Cross Linked)	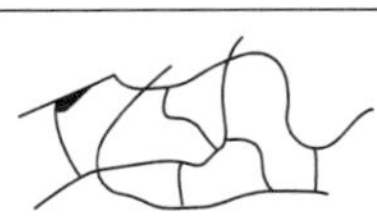

(4) 입체형태 (Conformation)

결합의 회전으로 일치되는 입체규칙성 (Tacticity)을 말한다.

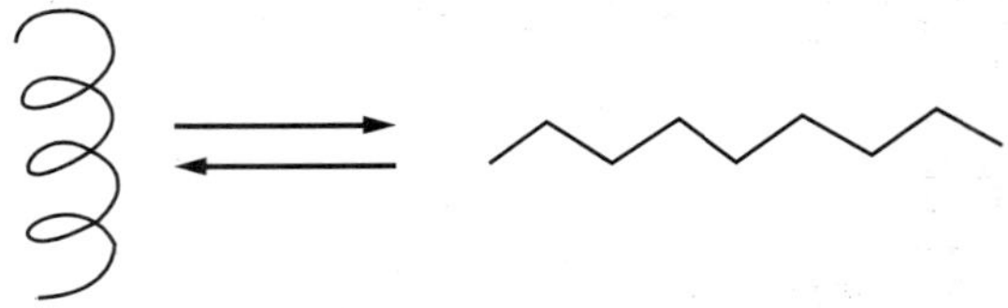

(5) 고분자 결정 (Crystalline)과 비결정 (Amorphous)

결정	비결정 (무정형)

용융점 (T_m) 이상에서 고리운동가능	유리전이온도 (T_g) 이상에서 고리운동가능

(6) 고분자 결정구조 (Crystalline Structure)

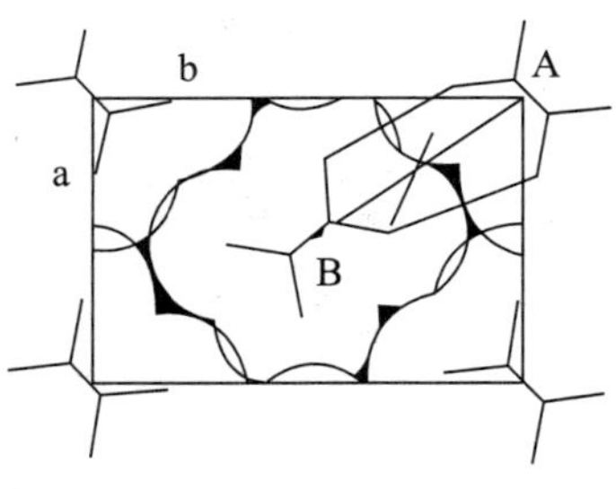

폴리에틸렌 (2_1)

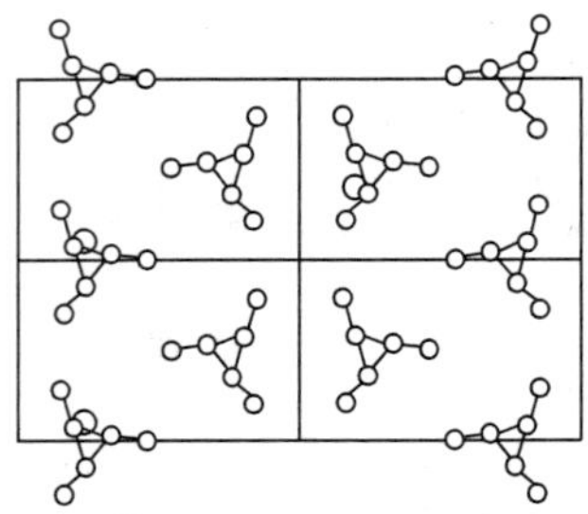

아이소택틱 PP (3_1)

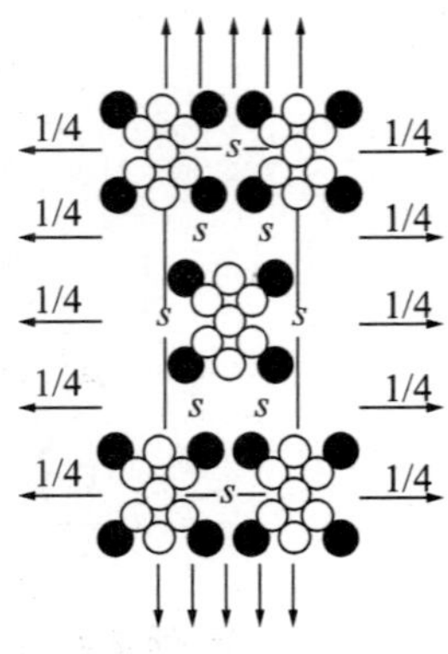

신디오택틱 PP (4_2)

(7) 고분자의 집합형태

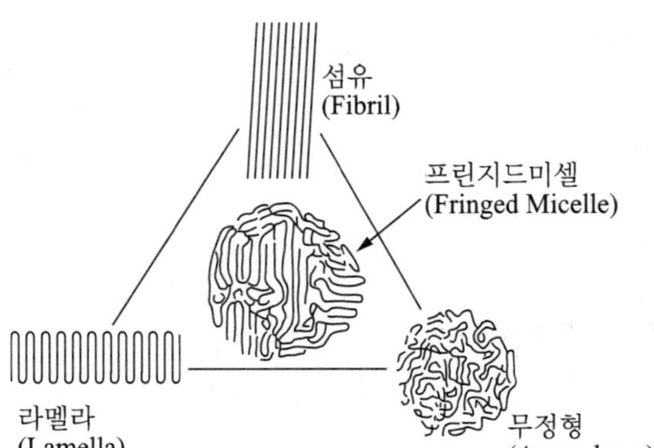

PE 단결정 (Single Crystal)

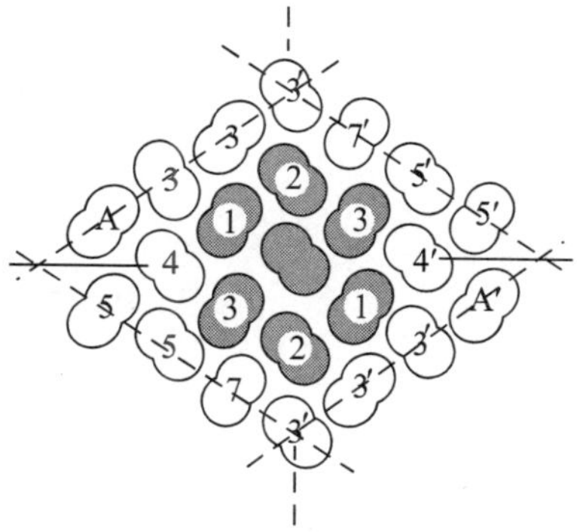

(8) 결정 구정 (Spherulite)

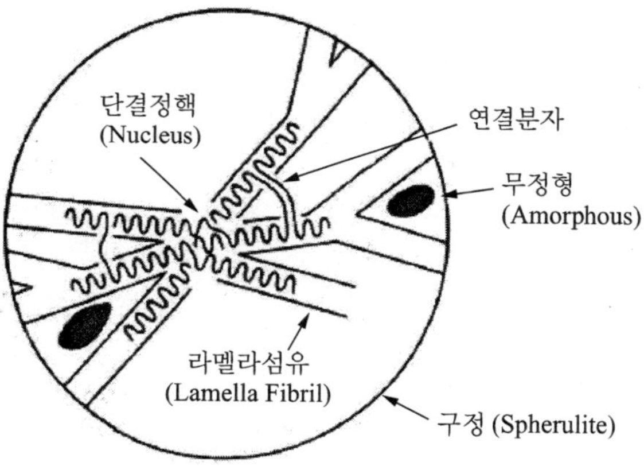

(9) 1차 구조가 2차 구조를 결정

고분자의 1차 구조가 2차 구조를 결정함을 몇 가지 예를 들어 보여주고 있다. 즉 1차 구조 화학조성, 입체배열, 입체형태가 2차 구조인 결정화도, 융점 등을 나타낸다.

화학조성			입체배열	입체형태	결정화도	융점	비고
$-CH_2CH_2-$	PE	곁가지 다 곁가지 소 C_4~C_6 공중합	- - -	ZigZag - -	LDPE HDPE LLDPE	110℃ 135℃ 122℃	
$-CH_2-CH(CH_3)-$	PP	- -	Isotactic Syndiotactic	3_1Helix 4_2Helix	고 저	165℃ 130℃	- -
	EP 공중합	-	-	-	무	T_g -80℃	-
$-CH_2-CH(C_6H_5)-$	PS	곁가지 유	Atactic	3_1Helix	무	T_g 100℃	-

Chapter 15

고분자 물성시험 및 분석 결과(사례) ”

PP수지를 이용하여 고분자의 물성시험과 분석을 실시하였으며 그 결과를 다음과 같이 정리하였다.

01 PP호모폴리머의 기핵제 유무에 따른 결정화 거동과 물성비교

기핵제인 소듐벤조에이트(Sodium Benzoate) 유무에 따른 PP호모폴리머의 등온 및 비등온결정화 속도론(Kinetics)을 분석하기 위해 분석장치로 시차주사열량계(DSC, Differential Scanning Calorimetry)와 편광현미경(Polarizing Microscope)을 사용하였다. 또한 등온결정화에서는 변형 아브라미식(Modified Avrami Equation)을 적용하였다. PP에 포화농도까지 기핵제의 첨가는 PP의 결정화온도를 15℃정도 증가시켰으며 결정화 반감시간도 단축시켰다. 이것은 기핵제가 α 형태 PP에 양호한 기핵제로서의 역할을 하고 있음을 의미한다. 이와 같이 기핵제에 의해 적절히 제어된 결정구정은 성형사이클(Molding Cycle Time)을 단축시킬 뿐만 아니라 충격물성을 비롯한 기계적 물성을 향상시켜 주었다. 이에 관한 내용을 살펴보기로 하자.

(1) 사용 원료 및 물성 정리

시험에 사용한 원료는 PP호모폴리머(상품명: HP540 파우더)와 기핵제(Sodium Benzoate)이며 이들의 물성은 다음과 같다.

원료	물성	물성치
PP호모폴리머	용융흐름지수(g/10min, 230℃, 2,160g) 촉매잔사(wtppm, Ti/Al/Cl) 고체/용융밀도(g/cm^3) 분자량($M_n/M_w/M_z$: Q) 유리전이온도(℃)	10 2.4/48/42 0.903/0.734 108/360/1179($\times 10^3$): 3.3 9
소듐벤조에이트 (기핵제)	밀도(g/cm^3) 분자식 분자량 입자크기(㎛) 용융점(℃)	1.44 C_6H_5COONa (COONa- ) 144.1 4 300 이상

(2) PP호모폴리머의 구정성장

140℃ 등온에서 경시에 따른 PP호모폴리머의 구정성장을 편광현미경(Polarizing Microscope, × 100)으로 관찰한 결과는 다음과 같다. 구정이 생성하여 시간에 따라 점점 성장한 후 90분에 이르러 성장이 정지함을 나타내었다.

(a) 30min (b) 50min

(c) 70min (d) 90min

(3) PP호모폴리머의 기핵제 유무에 따른 등온결정화의 특성

다음은 PP호모폴리머에 기핵제 처방유무에 따라 결정화특성을 나타내었다. 표에서 나타나듯이 동일한 등온결정화온도(135℃)에서 기핵제 처방시료가 처방하지 않은 시료보다 용융온도, 라멜라두께, 결정화도가 높고 결정화반감시간이 매우 빠름을 나타낸다.

시료	결정화온도 (T_c, ℃)	용융온도 (T_m, ℃)	열용량 (ΔH_f J/g)	라멜라두께 (L, nm)	결정화도 (%)	등온결정화반감시간 (ICHT*, sec)
PP 호모폴리머	125 130 135	160 166 167	68.9 100.5 99.7	1.51 1.18 1.22	33 37 37	52 77 480
PP 호모폴리머 (기핵제)	135 140 145	168 170 172	85.9 79.8 110.4	1.45 1.64 1.25	41 38 45	64 60 135

주) * ICHT (Isothermal Crystallization Half Time)

(4) PP호모폴리머의 기핵제 유무에 따른 X선 회절 패턴

상업적 아이소택틱 PP (iPP) 호모폴리머에 기핵제 처방 (소듐벤조에이트) 유무에 따른 X선 회절패턴을 그림에서 보여주고 있다. 두 가지 시료 모두 피크 모양은 동일하고 단지 피크강도가 기핵제 처방 쪽이 보다 강하게 나타난다. 이것은 바꾸어 말하면 기핵제 처방시료가 보다 뚜렷한 결정형태를 가질 뿐 아니라 결정화도가 더 높음을 의미한다. 그림에서와 같이 단결정구조는 저각에서 고각 쪽으로 (110), (040), (130), (131)/(041)/(111) 형태를 나타낸다.

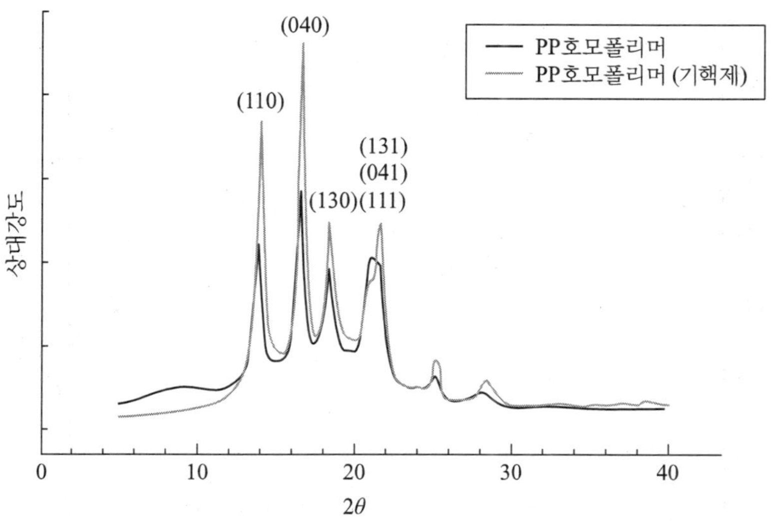

(5) PP호모폴리머의 기핵제 유무에 따른 결정화도

각 동온결정화온도에서 기핵제를 처방한 시료가 처방하지 않은 시료보다 결정화도가 높음을 보여준다.

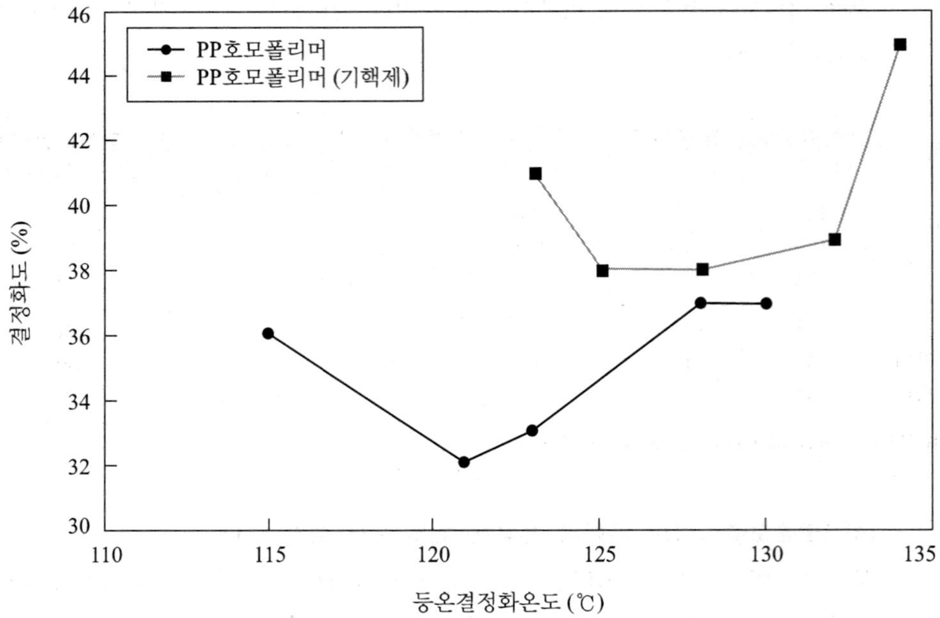

(6) PP호모폴리머의 기핵제 함량에 따른 결정화 거동

어느 한계점까지 기핵제 함량증가에 따라 결정화온도와 결정화도가 증가하지만 이 한계 포화점 이후는 오히려 감소하게 된다. 그리고 기핵제 함량에 따른 결정화온도와 결정화도는 동일한 형태의 커브를 나타낸다.

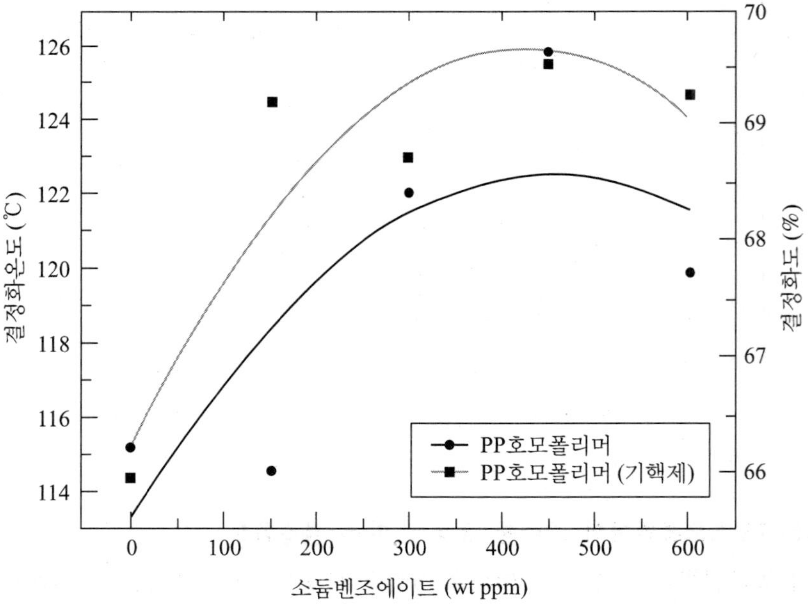

(7) PP호모폴리머의 기핵제 유무에 따른 기계적 물성 비교

기핵제를 처방한 시료가 처방하지 않은 시료보다 기계적 물성 즉 굴곡탄성율, 아이조드충격강도, 인장강도, 록크웰 경도가 높고 열적성질인 열변형 온도 또한 우수한 것으로 나타난다.

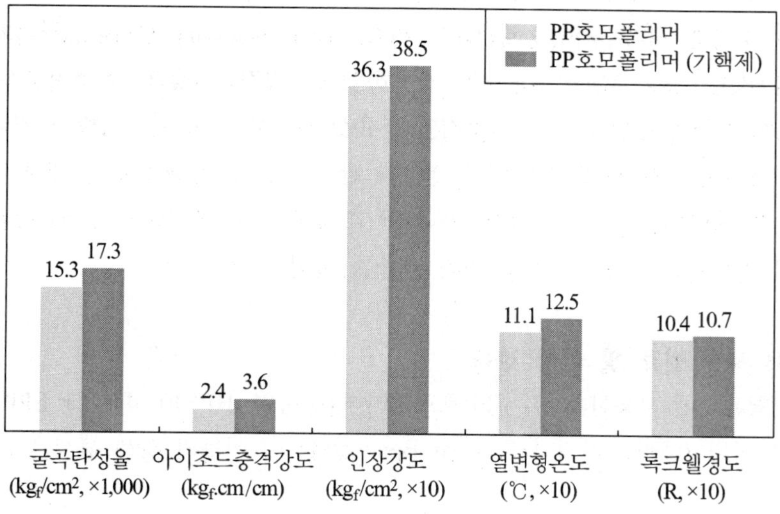

(8) PP호모폴리머의 기핵제 유무에 따른 성형사이클 시간

사출물성형에서 기핵제를 처방한 시료가 처방하지 않은 시료보다 성형사이클 시간이 7초(기핵제 처방 45초, 비처방 52초) 더 짧으므로 제품생산에서 훨씬 유리하다.

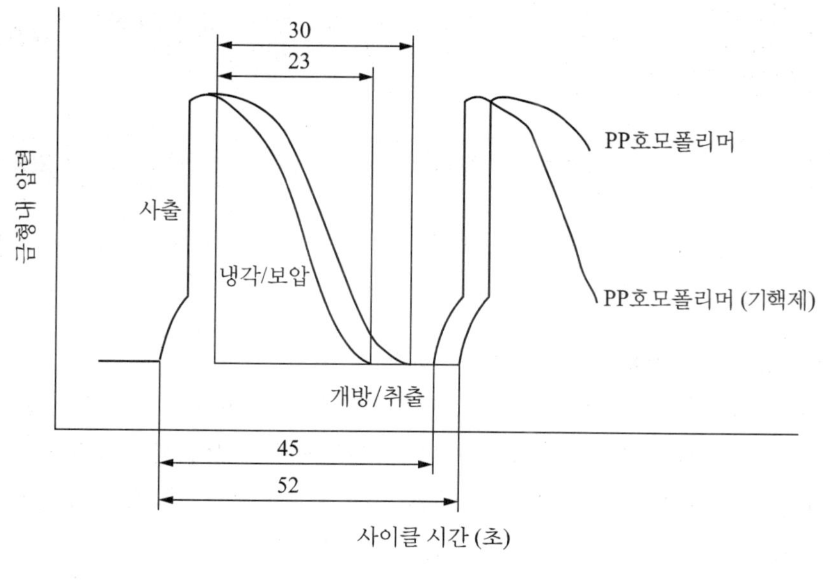

02 PP/EPR 블렌드의 EPR함량 및 기핵제 영향

등온결정화거동에서 PP/EPR 블렌드에 대한 기핵제의 영향을 살펴보기 위하여 분석 장비로 시차주사열량계(DSC, Differential Scanning Calorimetry)와 편광현미경(Polarizing Microscope)을 사용하였다. 결정화거동과 기계적물성은 첨가한 EPR과 혼합조성들 간의 부분적인 상용성 때문에 일어나는 EPR의 기핵제 영향과 기핵제의 기핵 역할 사이의 경쟁적인 관계에 크게 영향을 받는 것으로 나타난다. 높은 에틸렌함량을 갖는 EPR과 PP에 기핵제를 첨가함으로써 보다 높은 충격강도가 얻어진다. 아래에 이에 대한 내용을 살펴보기로 하자.

(1) 사용 원료 및 물성 정리

시험분석에 사용한 원료는 PP호모폴리머(상품명: HP540 파우더), EPR 고무(상품명: KEP-020P), 기핵제(Sodium Benzoate)이며 이들의 상세 물성은 다음과 같다.

시료	용융흐름지수 (g/10min, 230℃, 2,160g)	촉매잔사 (wtppm, Ti/Al/Cl)	고체/용융밀도 (g/cm^3)	분자량 ($M_n/M_w/M_z$:Q)	유리전이 온도(℃)
PP호모폴리머	10	2.4/48/42	0.903/0.734	108/360/1179 (×10^3): 3.3	9

시료	용융흐름지수 (g/10min, 230℃, 2,160g)	무니점토 (ML_{1+4}, 100℃)	밀도 (g/cm^3)	프로필렌함량 (C^3, wt%)	유리전이온도 (℃)	결정화도(%)
EPR고무	3.2	24	0.86	26	-52	3

시료	작용	화학식	분자량	입자크기(μm)	용융점(℃)	밀도(g/cm^3)
소듐벤조에이트	기핵제	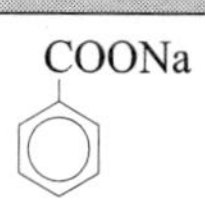	144.1	4	300 이상	1.44

(2) 등온결정화에서 시간에 따른 구정 사이즈

PP호모폴리머에 EPR고무를 5%, 15% 블렌드하고 이것에 기핵제 처방한 것과 하지 않은 전체 시료 4종을 가지고 138℃ 등온에서 시간에 따른 구정 사이즈를 살펴보았다. 그림에서 기핵제를 처방한 시료가 그렇지 않는 시료보다 초기에는 구정직경이 더 커지다가 나중에는 더 작아짐을 나타낸다.

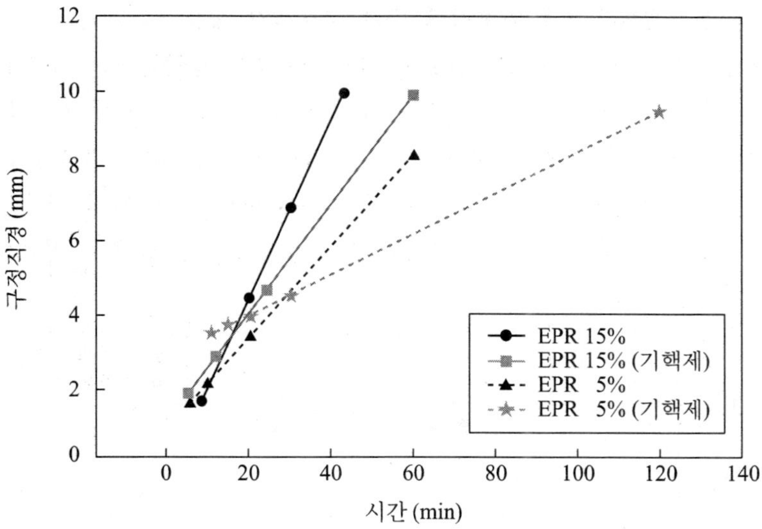

(3) 기핵제 유무 및 EPR 함량에 따른 결정화 거동

결정화거동에서 전반적으로 기핵제를 처방한 시료가 처방하지 않은 시료보다 우수한 물성을 나타낸다. 즉 각 EPR고무 블렌드 함량별로 기핵제 쪽이 비기핵제 쪽보다 결정화온도, 결정화도, 아이조드충격강도, 굴곡탄성율, 열변형온도에서 우수하다. 또한 예상대로 EPR고무 블렌드 함량이 증가할수록 아이조드 충격강도는 증가하고 굴곡탄성율과 열변형온도는 감소한다.

항목		단위	EPR함량 (wt%)				
			0	5	10	15	20
비기핵블렌드	결정화온도	℃	114.3	112.9	114.9	112.1	112.6
	결정화도	%	66.2	58.4	55.0	52.1	47.6
	아이조드충격강도	$kg_f.cm/cm$	2.4	3.2	3.8	4.2	6.0
	굴곡탄성율	kg_f/cm^2	15,300	14,200	13,000	11,800	10,700
	열변형온도	℃	111	106	102	99	94
기핵블렌드	결정화온도	℃	125.6	118.4	116.8	114.7	113.5
	결정화도	%	69.6	61.1	55.1	53.4	51.8
	아이조드충격강도	$kg_f.cm/cm$	3.6	4.0	4.2	4.4	6.6
	굴곡탄성율	kg_f/cm^2	17,300	16,600	14,200	12,300	10,800
	열변형온도	℃	125	122	106	102	94

(4) 등온결정화에서 EPR함량에 따른 구정성장 속도

138℃ 등온결정화에서 EPR고무 함량에 따른 구정성장속도는 기핵제 처방유무에 따라 서로 다른 구정성장속도를 보인다. 그림에서처럼 기핵제를 처방한 시료는 EPR 블렌드함량이 증가함에 따라 처음에는 감소하다가 증가하기 시작하여 최고점에 다다른 후 다시 감소하는 경향을 나타낸다. 이에 반하여 비기핵제 처방은 구정성장속도가 계속 증가하다가 최고점에 다다른 후 감소하는 포물선 형태를 보이고 있다.

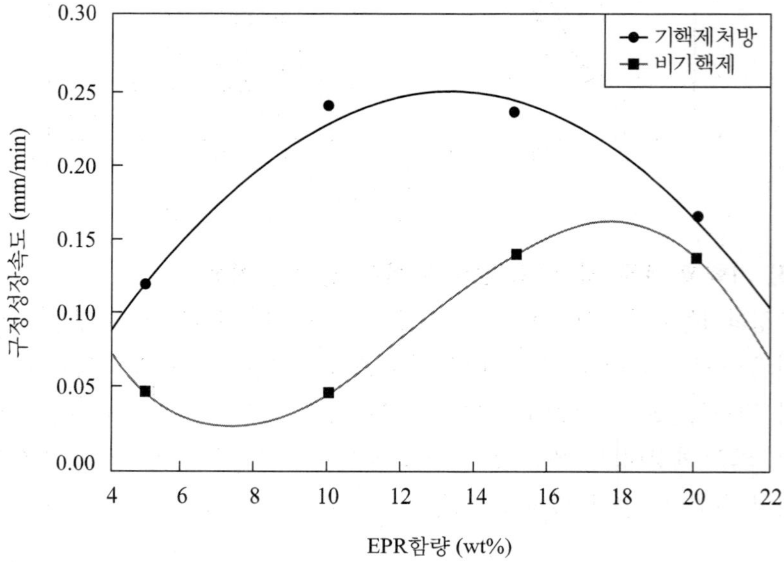

(5) 등온결정화에서 비기핵 PP/EPR 블렌드의 구정성장

138℃ 등온결정화에서 기핵제를 처방하지 않은 PP/EPR 15wt% 블렌드 시료의 시간에 따른 구정성장을 나타낸다.

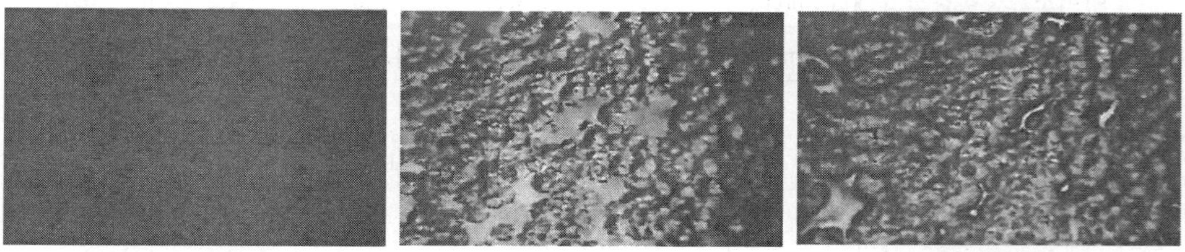
(a) 10min (b) 30min (c) 45min

(6) 등온결정화에서 기핵 PP/EPR 블렌드의 구정성장

아래 그림은 138℃ 등온결정화에서 기핵제를 처방한 PP/EPR 15wt% 블렌드 시료의 시간에 따른 구정성장을 나타낸다. 앞에서 언급한 기핵제를 처방하지 않은

PP/EPR 15wt% 시료와는 매우 다른 구정성장속도를 보이고 있음을 알 수 있다.

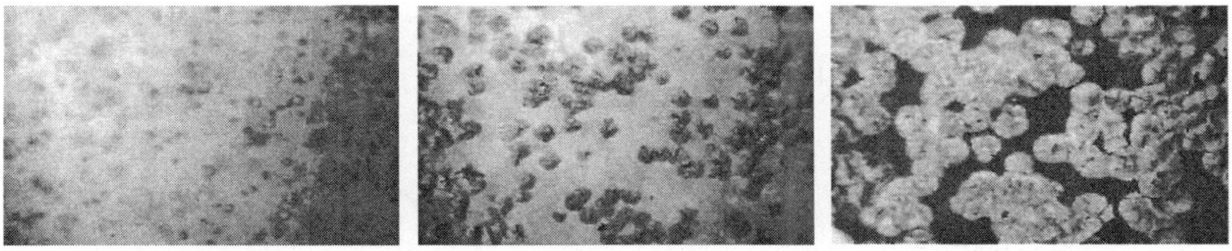

(a) 12min (b) 24min (c) 60min

(7) 기핵제 처방유무 및 EPR 함량에 따른 결정화온도

그림은 기핵제 처방유무 및 EPR 함량에 따른 결정화온도를 나타낸다. 전체적으로 기핵제 처방이 비기핵제보다 결정화온도가 높으며 이것은 결정화도가 더 높기 때문이다. 기핵제 처방의 경우 블렌드하는 EPR의 고무함량이 높을수록 결정화온도는 낮아진다.

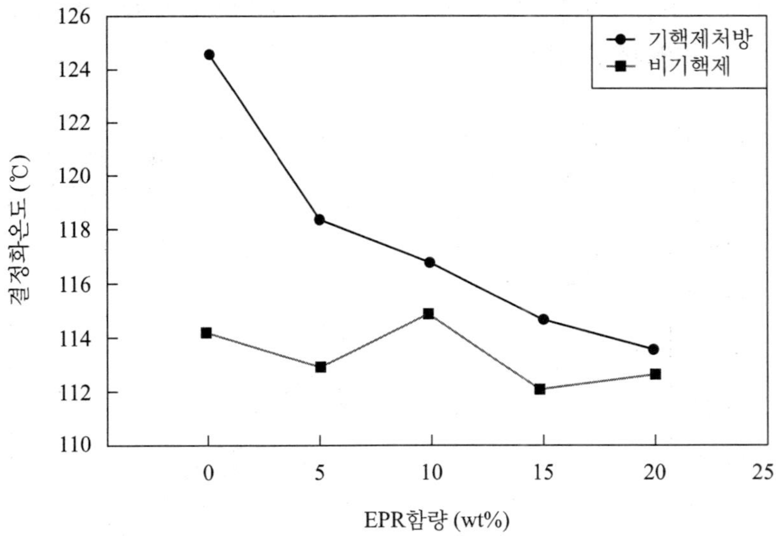

(8) 기핵제 처방유무 및 EPR 함량에 따른 등온결정화 반감시간

그림은 기핵제 처방유무 및 EPR 함량에 따른 등온결정화반감시간(ICHT, Isothermal Crystallization Half Time)을 나타낸다. 전체적으로 기핵제 처방이 비기핵제보다 결정화반감시간이 짧으며 이것 또한 결정화도에 기인한다. 그리고 일반적으로 블렌드하는 EPR의 함량이 높을수록 결정화반감시간은 길어진다. 또한 기핵제 처방 쪽이 EPR함량에 따른 결정화반감시간에 있어 더 민감함을 볼 수 있다.

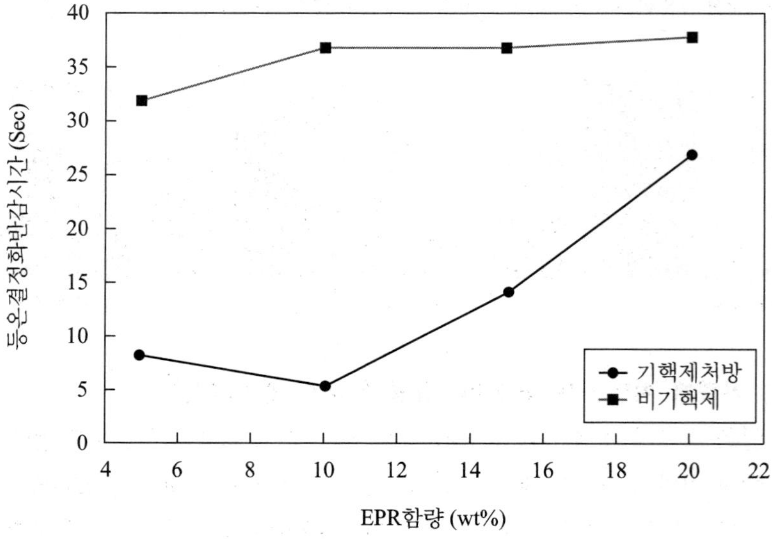

(9) 기핵제 처방유무 및 EPR 함량에 따른 기계적 물성 변화

그림에서처럼 기핵제 처방이 비기핵제보다 굴곡탄성율이 높고 EPR함량이 증가할수록 굴곡탄성율은 감소한다.

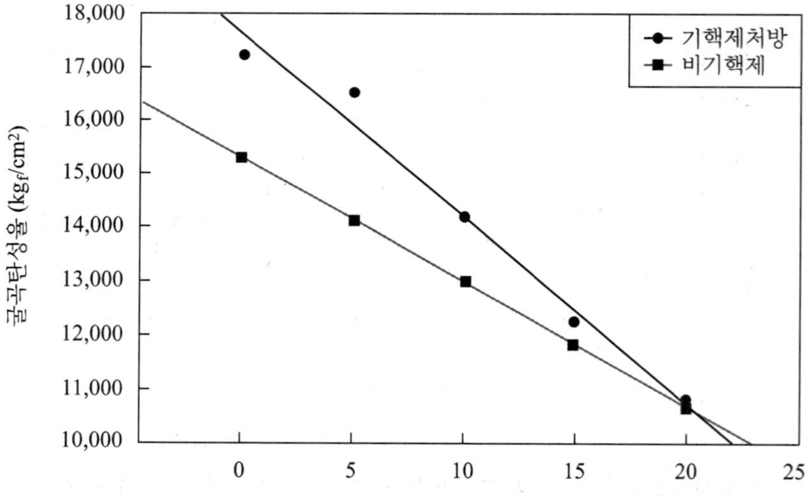

그리고 기핵제 처방이 비기핵제보다 아이조드충격강도가 높고 둘 다 EPR함량이 증가할수록 아이조드충격강도는 증가한다.

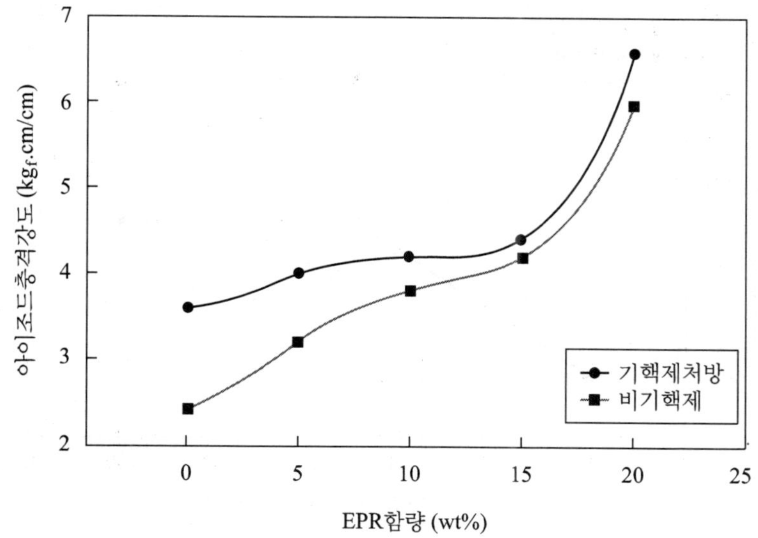

(10) 기핵제 처방유무 및 EPR함량에 따른 유리전이온도 변화

DMA (Dynamic Mechanical Analysis)로 기핵제 처방유무 및 EPR함량에 따른 유리전이온도(T_g)를 분석한 결과, 그림에서처럼 기핵제 처방이 비기핵제보다 PP상과 EPR상 모두에서 더 낮은 값을 가지며 대체적으로 EPR함량이 높을수록 유리상전이온도(T_g)는 높아진다.

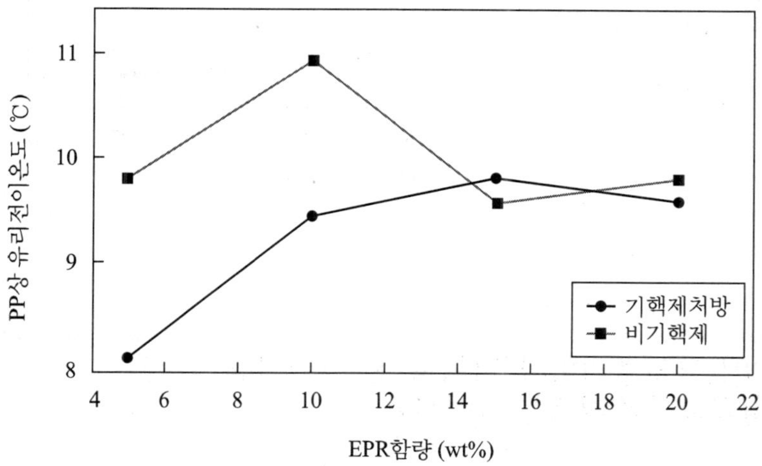

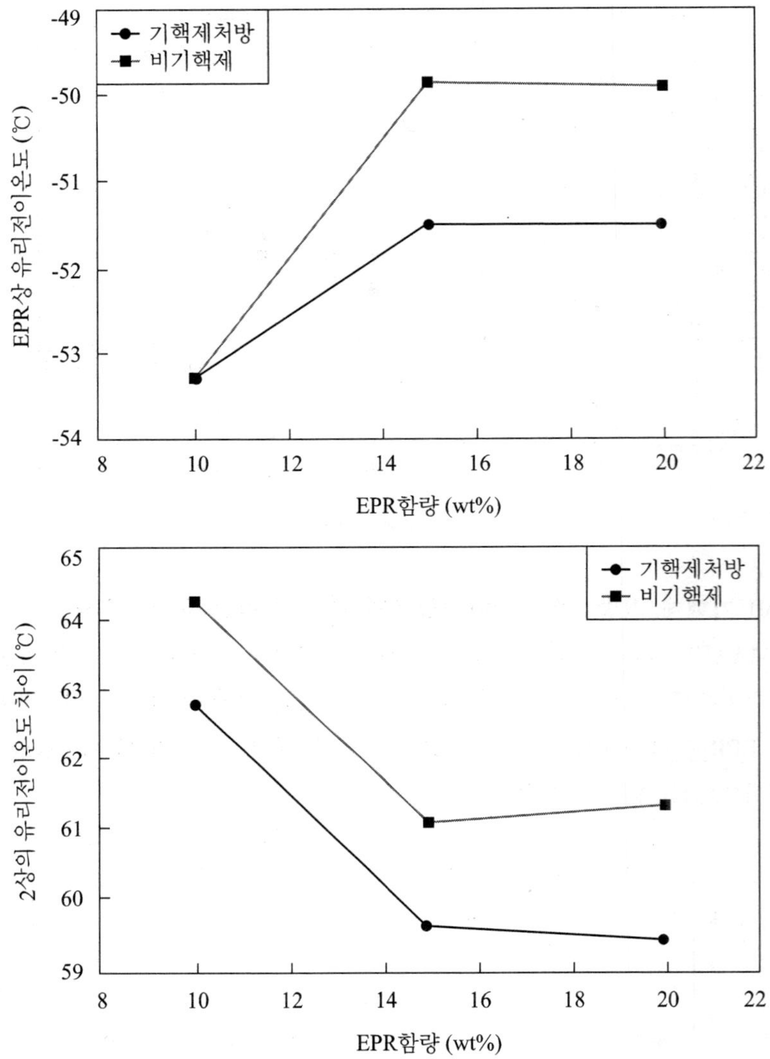

03 PP블록코폴리머의 기핵제 유무에 따른 형태학/결정화거동/물성비교

PP블록코폴리머의 기핵제 유무에 따른 형태학(Morphology)과 결정화거동(Crystallization Behavior) 그리고 물성을 살펴보자. 반응기에서 만든 PP블록코폴리머의 EPR함량은 약 15wt%이다. 이것과 비교하기 위하여 동일 EPR 조성을 가지는 PP/EPR 블렌드를 용융혼합에 의하여 제조하였다. 이들 시료을 주사탐침현미경

(SPM, Scanning Probe Micrographs, × 75,000)으로 형태학을 분석한 결과, PP블록코폴리머는 서로 다른 3가지 상(Phase) 즉, PP, EPR 그리고 PE로 이루어졌음을 나타낸다. 이것은 종래 PP/EPR 블렌드의 형태학과 상당히 다른 것이었다. 따라서 PP블록코폴리머는 PP/EPR 블렌드보다 높은 결정화속도와 낮은 결정화반감시간을 나타내었고 충격강도와 경도와 같은 기계적물성과 열적물성에서도 높은 값을 보였다. 또한 PP블록코폴리머에 기핵제 도입은 이미 언급한 PP호모폴리머에서와 같이 결정화속도와 기계적 물성을 더욱 촉진시켜 줌을 알 수 있다. 이에 대한 내용들은 아래에 기술하였다.

(1) 사용 원료 및 물성 정리

시험분석에 사용한 원료는 PP블록코폴리머, PP호모폴리머, EPR 고무, 기핵제(Sodium Benzoate)이며 이들 원료의 상세 물성은 다음과 같다.

시료	물성	단위	물성치
PP블록코폴리머	MFI(용융흐름지수)	g/10min, 230℃, 2,160g	8
	촉매잔사	wtppm, Ti/Al/Cl	1.7/69/38
	밀도	g/cm^3	0.903/0.734
	분자량	$M_n/M_w/M_z$: Q	98/330/959 (× 10^3): 3.4
	에틸렌함량(C_2)	wt%, $E_t/E_c/F_c$	9.0/60.5/14.9
PP호모폴리머	MFI(용융흐름지수)	g/10min, 230℃, 2,160g	10
	촉매잔사	wtppm, Ti/Al/Cl	2.4/48/42
	고체/용융밀도	g/cm^3	0.903/0.734
	분자량	$M_n/M_w/M_z$: Q	108/360/1179 (× 10^3): 3.3
EPR고무	MFI(용융흐름지수)	g/10min, 230℃, 2,160g	3.2
	무니점도	ML_{1+4}, 100℃	24
	밀도	g/cm^3	0.860
	프로필렌함량(C_3)	wt%	26
	유리전이온도	℃	-52
	결정화도	%	3
소듐벤조에이트(기핵제)	화학식	-	C_6H_5COONa
	분자량	-	144.1
	입자크기	μm	4
	용융점	℃	> 300
	밀도	g/cm^3	1.44

(2) 반응기 PP블록코폴리머와 PP/EPR 블렌드의 형태학

반응기로 제조한 PP블록코폴리머의 기핵제 처방유무와 PP호모폴리머에 EPR을 15wt% 기계적으로 블렌드한 전체 3가지 시료의 주사탐침 현미경(SPM, Scanning Probe Micrographs, × 75,000) 사진을 아래에 나타내었다. 사진에서 보듯이 반응기 제조와 기계적 블렌드의 형태학(Morphology)은 크게 다르다. 또한 동일한 반응기 제품으로 기핵제 처방유무에 따라 그 형태학도 다소 차이가 있음을 알 수 있다.

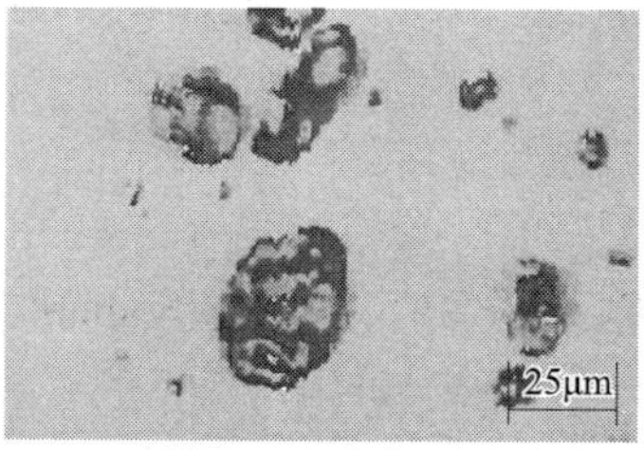

(a) PP블록코폴리머 (비기핵제)

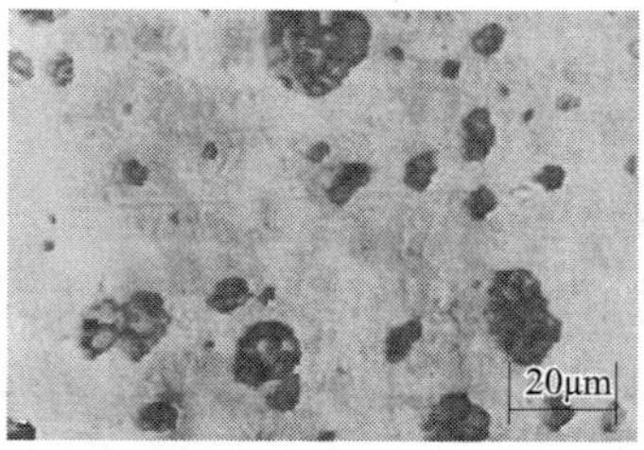

(b) PP블록코폴리머 (기핵제 처방)

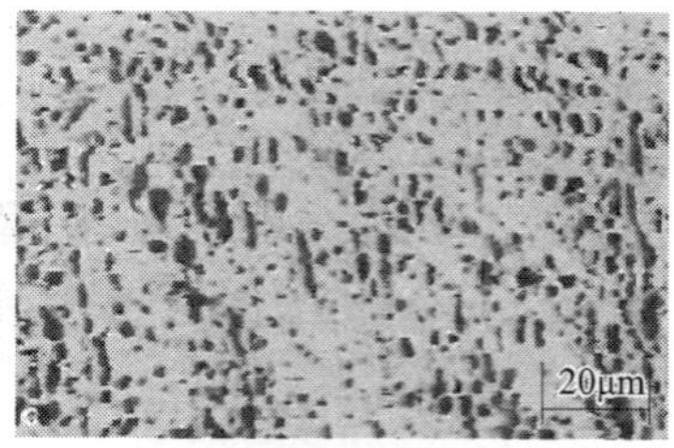

(c) PP/EPR 15wt% 블렌드

(3) 반응기 PP블록코폴리머와 PP/EPR 블렌드의 용융 결정화

다음은 용융상태에서 10 ℃/min 속도로 냉각했을 때 PP블록코폴리머와 PP/EPR 15wt% 블렌드의 비등온결정화 거동을 시차주사열량계(DSC, Differential Scanning Calorimetry)의 열곡선(Thermogram)을 비교하여 나타내었다. 둘 다 100~110℃ 사이에서 고무(Rubber) 성분에 의한 작은 발열피크와 PP상에 의한 큰 발열피크 2개가 나타난다. 각각의 발열량을 2가지 시료 간 서로 비교시 PP블록코폴리머가 더 큼을 알 수 있다. 이는 반응기로 제조한 것이 결정화온도와 결정화도가 더 높고 분자수준에서 혼합이 되었음을 의미한다.

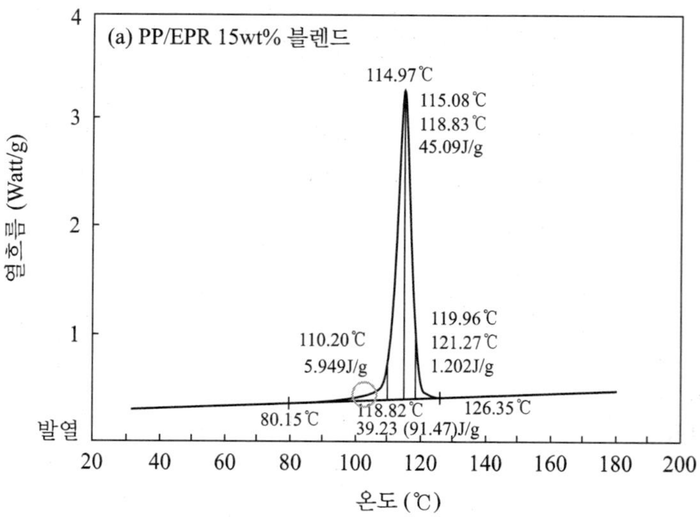

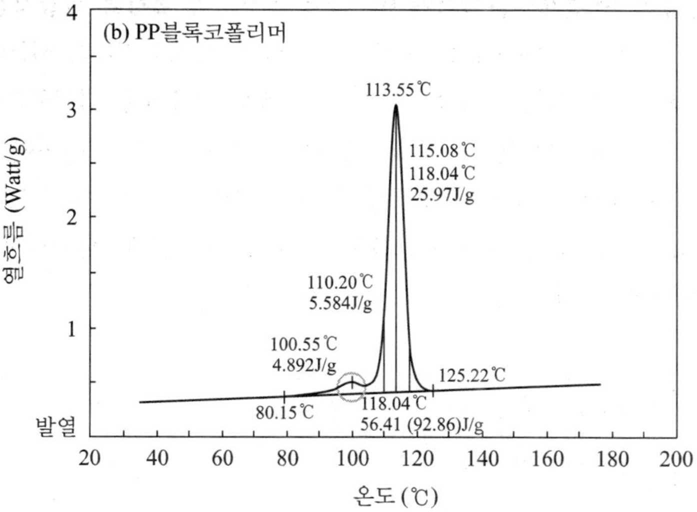

(4) 반응기 PP블록코폴리머와 PP/EPR 블렌드의 결정구정

138℃ 등온에서 PP블록코폴리머와 PP/EPR 15% 블렌드의 편광현미경 (× 100)에 의한 결정구정을 나타낸다. 반응기 제조 PP블록코폴리머 구정은 매우 작고 조밀한 반면 기계적으로 EPR (고무)을 블렌드한 시료는 결정이 크고 덜 조밀한 것으로 나타난다.

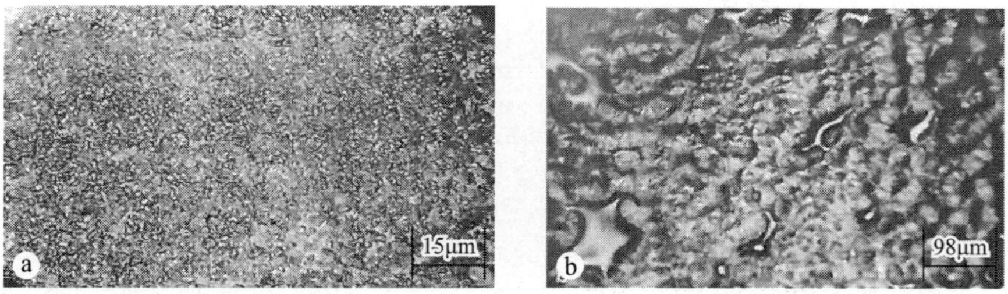

(a) PP블록코폴리머 (b) PP/EPR 15wt% 블렌드

(5) 반응기 PP블록코폴리머와 PP/EPR 블렌드의 결정화 특성 비교

기계적 블렌드에 비해서 반응기에 의한 공중합 쪽이 열용량과 결정화도가 더 높고 반응기중합에서는 기핵제 처방 쪽이 비기핵제보다 열용량, 결정화온도, 결정화도에서 더 높은 것으로 나타난다.

구분	시료	열용량 (ΔH, J/g)	결정화온도 (T_c, ℃)	결정화도 (%)
기계적블렌드	PP호모폴리머/EPR 15wt%	70.5	115.0	43.8
반응기중합	PP블록코폴리머	104.2	113.6	44.4
	PP블록코폴리머 (기핵제)	105.1	124.9	45.7

(6) 반응기 PP블록코폴리머와 PP/EPR 블렌드의 결정화 반감시간

다음은 냉각속도(Cooling Rate)에 따른 반응기 PP블록코폴리머와 PP/EPR 15wt% 블렌드의 역 결정화반감시간($1/t_{1/2}$)의 관계를 나타낸다. 결정화속도인자는 이 플럿의 기울기에서 결정된다. 기울기에 의한 결정화속도를 보면 PP블록코폴리머(기핵제)와 PP/EPR 15wt% 블렌드가 유사하고 PP블록코폴리머보다는 더 빠름을 알 수 있다. 여기에서 첨가 핵제와 블렌드한 EPR은 결정화거동에서 서로 경쟁적으로 기핵제 역할을 하고 있음을 알 수 있다.

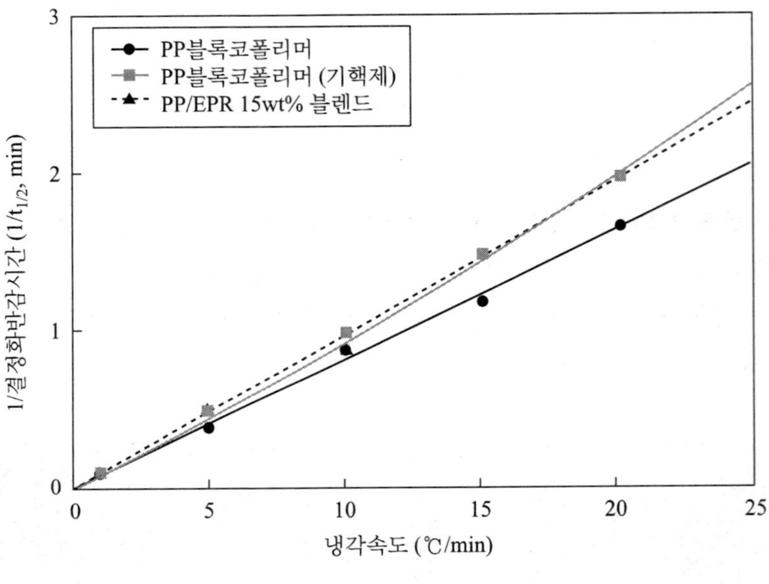

(7) EPR/HDPE의 결정화 특성

반응기에서 PP블록코폴리머를 공중합시 고무(EPR) 상에 에틸렌함량이 높아질수록 그 고무상은 폴리에틸렌(HDPE)의 물성을 가지게 된다. 따라서 이들 2가지 수지(EPR, HDPE)의 기본적인 물성을 확인하기 위하여 10 ℃/min의 가열 및 냉각 속도로 결정화 특성을 분석한 결과는 다음과 같다.

원료	용융열용량 (ΔH_m, J/g)	용융온도 (T_m, ℃)	결정화온도 (T_c, ℃)	결정화도 (X_c, %)	결정열용량 (ΔH_c, J/g)
EPR고무	1.4	42.6	11.5	4.0[a)]	9.0
HDPE	211.4	131.2	114.2	79.4[b)]	231.3

주) a) $H_c^o = 209\ J/g$, b) $H_c^o = 291.3\ J/g$

(8) 반응기 PP블록코폴리머와 PP/EPR 블렌드의 X선 회절 패턴

아래 그림은 반응기에서 제조한 PP블록코폴리머의 기핵제 처리유무와 컴파운딩(Compounding)에 의한 PP/EPR 15wt% 블렌드 시료의 X선 회절 패턴을 나타낸다. 3가지 시료의 스펙트럼은 모두 유사한 각도(2θ)에서 피크가 나타나며 단결정 형태 및 단결정의 선명성에 따라 피크각도나 피크강약에서 다소의 차이가 있음을 발견할 수 있다.

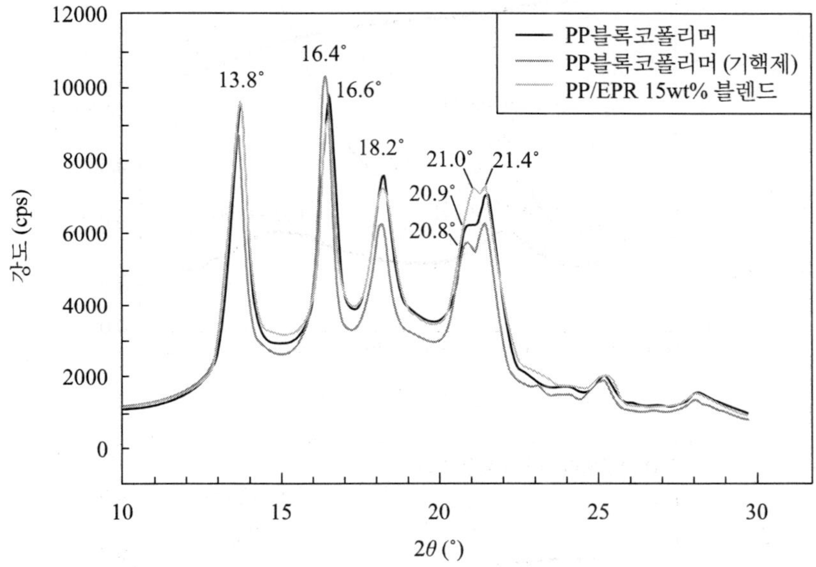

(9) 반응기 PP블록코폴리머와 PP/EPR 블렌드의 동적역학 분석시험 결과

다음은 반응기 PP블록코폴리머의 기핵제 처방유무와 PP/EPR 15wt% 블렌드 시료의 동적역학 분석(DMA, Dynamic Mechanical Analysis) 시험 결과를 나타낸다.

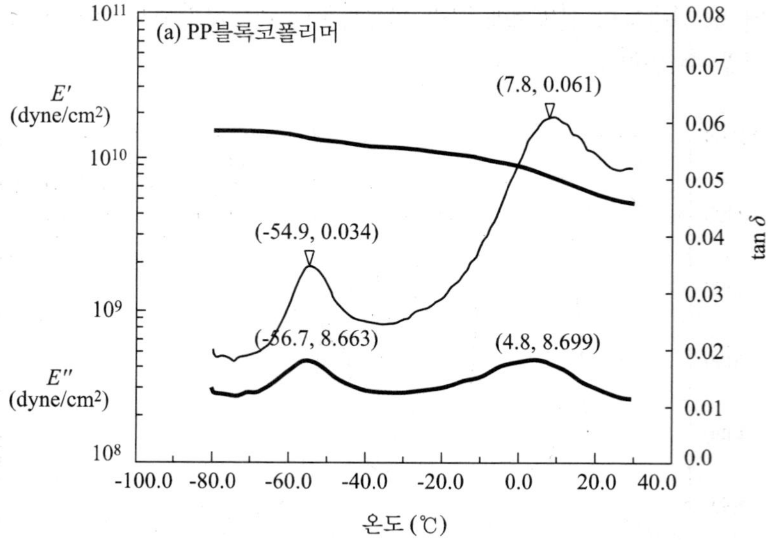

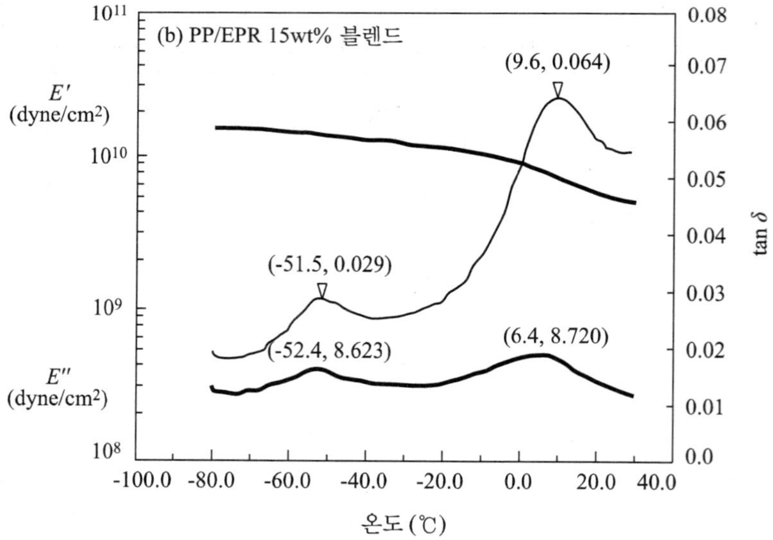

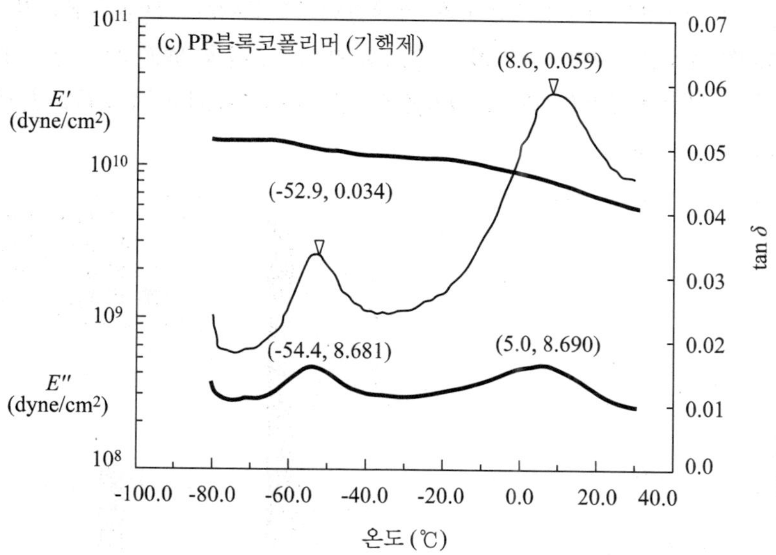

위 쪽 그림(a), (b), (c)에서 가장 상부 커브는 저장모듈러스[Storage Modulus, $(\sigma_0/\epsilon_0)\cos\delta$, E'], 가장 아래쪽 커브는 손실모듈러스[Loss Modulus, $(\sigma_0/\epsilon_0)\sin\delta$, E''], 중간에 2개의 피크를 가지고 있는 커브는 $\tan\delta = E''/E'$을 각각 나타낸다. 그리고 $\tan\delta$ 커브에서 첫째 피크는 고무상의 유리전이온도(T_g)를 두 번째 피크는 PP상의 유리전이온도(T_g)를 각각 나타낸다. 유리전이온도(T_g)를 지날 때 탄성은 급격히 떨어지고 점성은 급격히 늘어나서 $\tan\delta$가 급격히 상승(피크)으로 나타난다. 그림에서 나타난 3가지 시료의 고무(EPR)상/PP상에서의 유리전이온도(T_g)와 손실모듈러스(E'')는 다음 표에 정리하였다.

상	물성	PP블록코폴리머	PP/EPR 15wt%	PP블록코폴리머 (기핵제)
PP상	유리전이온도(T_g, ℃) 손실모듈러스(E'', dyne/cm^2)	7.8 8.699	9.6 8.720	8.6 8.690
EPR상	유리전이온도(T_g, ℃) 손실모듈러스(E'', dyne/cm^2)	-54.9 8.663	-51.5 8.623	-52.9 8.681

(10) 반응기 PP블록코폴리머와 PP/EPR 블렌드의 기계적 물성

다음은 PP호모폴리머, PP블록코폴리머(기핵제, 비기핵제), PP/EPR 15wt% 블렌드 시료의 굴곡탄성율, 충격강도(Gadner, Izod), 인장강도, 록크웰 경도의 기계적 물성과 열변형온도의 열적물성을 함께 비교하였다. 이중에서 굴곡탄성율은 PP호모폴리머 > PP블록코폴리머(기핵제) > PP블록코폴리머 > PP/EPR 15wt% 블렌드 순이고 아이조드충격강도는 PP블록코폴리머 (기핵제) > PP블록코폴리머 > PP/EPR 15wt% 블렌드 > PP호모폴리머 순으로 높다. 그리고 열변형온도는 PP호모폴리머 > PP블록코폴리머 (기핵제) > PP블록코폴리머 > PP/EPR 15wt% 블렌드 순으로 높음을 나타낸다.

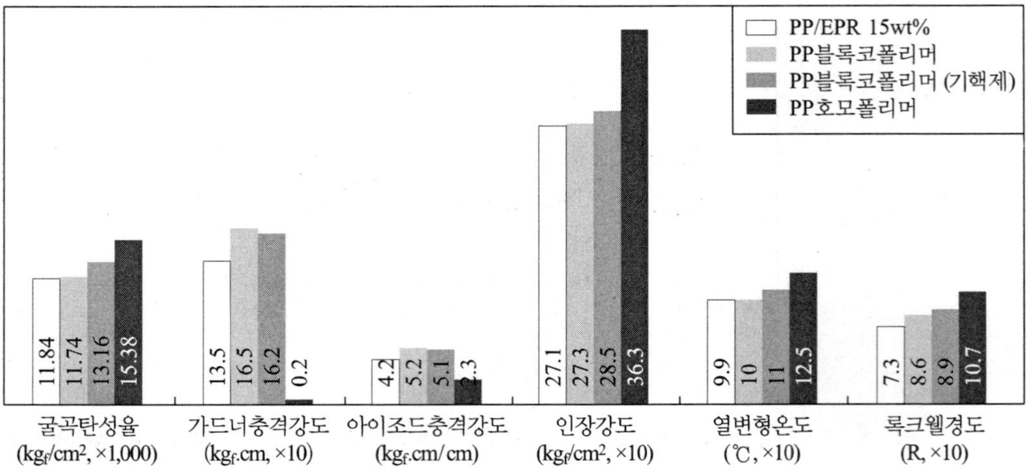

첨부 1. 빛의 파장과 분석기기

[빛의 파장]

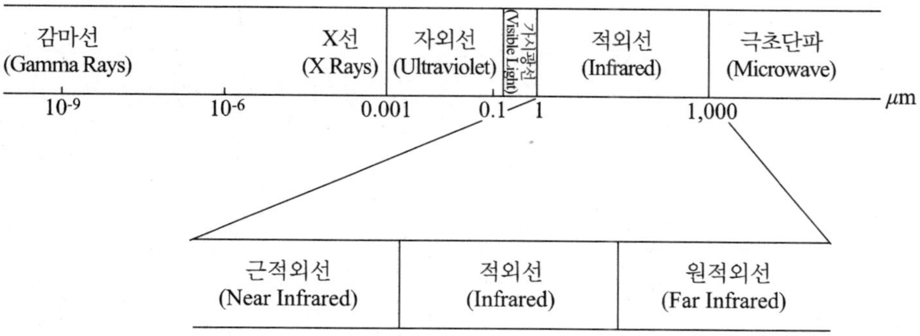

파장(Wavelength)	0.78	2.8	50	1,000	μm
파수(Wavenumber)	12,800	3,600	200	10	cm^{-1}
에너지(Energy)	37.014	10.268	0.573	0.0287	$Kcal\ mol^{-1}$

[분석기기]

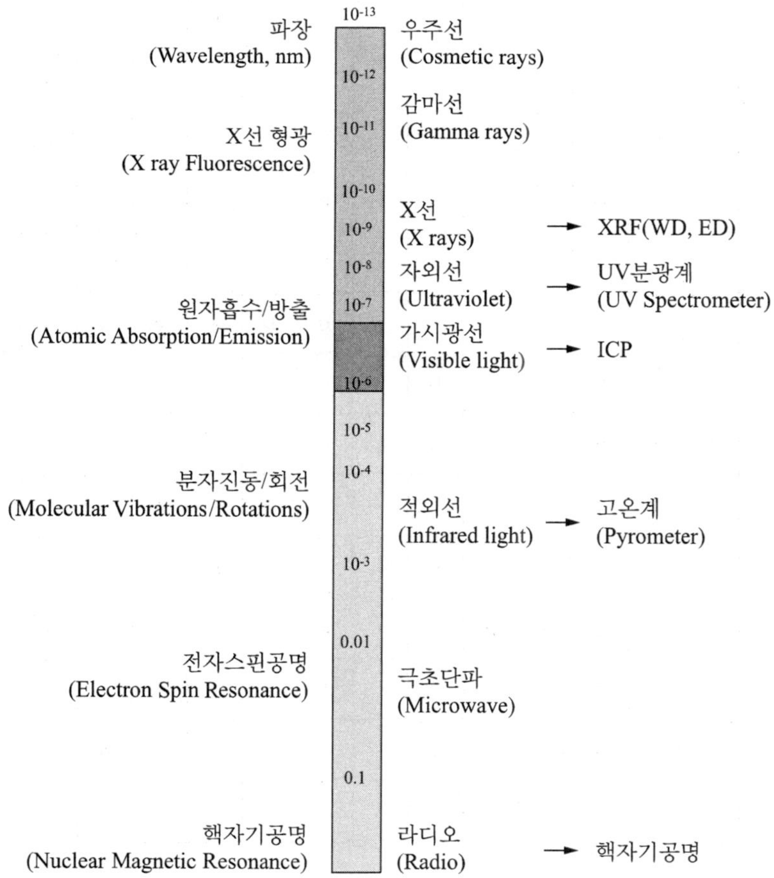

첨부 2. 플라스틱의 상용성 (Compatibility)

A 아주양호 B 양호 C 보통 D 나쁨 - 데이터 없음

	Acetal	Buna	CSM(Hypalon)	EPR EPDM	Fluorocarbon	Fluoroelastomer (FKM)	Geolast(Buna & Polypropylene)	Hastelloy C	TPE	Leather	Nitrile(TS)	Nitrile(TPE)	Nylon	Polychloroprene	Polypropylene	PTFE	PVDF	Santoprene(EPDM & Polypropylene)	UHMWPE	Urethane
Acetaldehyde	A	D	C	A	D	D	D	A	B	B	D	D	B	D	C	A	D	B	B	D
Acetic Acid	D	C	C	A	-	C	-	A	D	D	C	C	D	C	B	A	C	C	B	C
Acetone	B	D	C	A	D	D	D	A	C-	-	D	D	B	D	D	A	D	B	A	D
Acetylene	A	B	B	A	-	A	B	A	B	A	A	A	B	B	D	A	A	-	-	D
Acrylonitrile	-	D	C	D	D	D	D	B	D	-	D	D	B	D	B	A	B	D	-	D
Adipic Acid	B	C	-	A	A	A	A	A	D	-	A	B	A	D	B	A	B	B	A	-
Alcohol	B	A	-	B	-	A	-	-	B	A	-	-	D	-	B	A	A	A	A	-
Amines	D	D	D	C	D	D	D	B	D	D	D	D	D	D	B	A	-	A	A	D
Ammonia 10%	D	A	D	A	-	D	A	A	-	-	-	-	A	A	A	A	A	-	-	-
Ammonia Anhydrous	D	B	-	A	D	D	-	A	D	D	-	-	B	B	A	A	A	A	A	-
Ammonia Aqueous	B		-	-	-	-	-	-	-	-	-	-	B	-	A	A	A	-	A	-
Ammonia Gas (Cold)	-	A	-	-	A	-	-	-	-	-	-	-	-	A	-	A	-	A	A	-
Ammonia Gas (Hot)	-	C	-	-	D	-	-	-	-	-	-	-	-	B	-	A	-	A	A	-
Ammonia Liquids	D	-	-	A	-	D	-	B	-	-	B	B	-	A	A	A	A	A	D	B
Ammonium Chloride 1%	A	-	-	A	-	A	-	A	A	-	B	A	-	A	A	A	A	A	A	B
Ammonium Fluoride	-	B	-	A	A	A	-	A	-	-	B	B	A	B	B	A	A	B	A	-
Ammonium Hydroxide	D	D	A	A	B	B	B	B	D	B	B	B	C	B	A	A	A	A	A	D
Ammonium Nitrate	B	A	A	A	A	B	A	B	B	A	A	A	C	B	A	A	A	A	A	A
Ammonium Nitrite	-	A	-	A	-	A	-	-	-	-	A	A	-	A	A	A	A	A	A	D
Ammonium Phosphate	B	A	-	A	-	A	-	A	B	-	A	A	D	A	A	A	A	A	B	B
Ammonium Sulfate	B	A	A	A	A	D	A	B	C	-	A	A	B	A	A	A	A	A	A	A
Ammonium Sulfide	-	A	-	A	A	D	A	A	-	-	A	-	-	A	-	A	-	-	A	B
Ammonium Sulfite	D	A	A	A	A	D	A	A	B	-	A	A	A	A	A	A	-	A	D	D
Ammonium Thiosulfate	B	A	-	A	A	A	A	-	-	-	A	A	-	A	-	A	-	A	-	-

	Acetal	Buna	CSM(Hypalon)	EPR EPDM	Fluorocarbon	Fluoroelastomer (FKM)	Geolast(Buna & Polypropylene)	Hastelloy C	TPE	Leather	Nitrile(TS)	Nitrile(TPE)	Nylon	Polychloroprene	Polypropylene	PTFE	PVDF	Santoprene(EPDM & Polypropylene)	UHMWPE	Urethane
Amyl Alcohol	A	B	A	A	A	B	-	B	A	-	B	B	B	B	B	A	A	B	A	D
Amyl Phenol	-	D	-	-	A	A	-	A	-	-	D	-	-	-	-	A	-	C	-	-
Aniline	B	D	D	D	B	D	-	B	D	-	D	D	C	D	C	A	C	B	C	D
Anti-Freeze (Alcohol Base)	D	A	-	A	A	A	-	A	-B	-	-	-	D	C	D	A	-	A	-	-
Anti-Freeze (Glycol Base)	B	A	-	A	A	A	A	A	B	-	A	A	-	B	A	A	A	A	A	B
Argon	-	-	-	A	-	A	-	-	A	-	A	A	-	D	-	A	-	A	-	A
Aromatic Fuel 50%	-	-	-	D	-	A	-	-	-	-	A	-	-	D	-	A	-	C	-	D
Aromatic Hydrocarbo-ns	A	D	D	D	A	A	D	-	C	-	D	D	A	D	D	A	-	C	-	D
Aromatic Solvents (BZ etc.)	-	C	-	D	B	-	-	B	-	-	-	-	-	D	-	A	-	-	-	-
Arsenic Acid	D	B	A	A	A	A	A	B	-	B	-	-	D	A	A	A	A	A	-	-
Asphalt	B	B	D	D	-	A	B	-	B	A	B	B	A	D	B	A	A	B	-	B
Asphalt Hydrocarbo-ns	B	B	-	D	A	-	-	-	-	-	-	-	A	C	A	A	A	B	-	-
Automative Gasoline (STD))	A	A	-	D	-	A	-	-	-	-	-	-	-	D	-	A	-	-	-	-
Banana Oil	A	-	-	-	-	-	-	-	-	-	-	-	-	-	-	A	-	-	-	
Barium Chloride	A	A	A	A	-	A	A	B	B	-	A	A	B	A	A	A	A	A	B	A
Barium Sulfate	B	A	A	A	A	A	A	A	D	A	A	A	B	A	B	A	A	A	A	A
Barium Sulfide	A	A	A	A	A	A	A	A	-	A	A	A	B	A	B	A	A	A	B	A
Beer	A	C	A	A	A	A	A	A	B	A	-	-	B	A	B	A	A	A	A	-
Benzene	A	D	D	D	B	B	D	B	C	B	D	C	A	D	D	A	B	D	D	D
Benzene (Hot)	C	-	-	-	-	-	-	-	D	-	-	-	D	-	D	A	B	D	D	-
Benzoic Acid	B	D	D	D	A	A	A	B	D	A	D	D	D	D	D	A	A	A	A	D
Blood	-	-	-	-	-	-	--	-	-	-	-	-	-	-	A	A	-	-	-	-

	Acetal	Buna	CSM(Hypalon)	EPR EPDM	Fluorocarbon	Fluoroelastomer (FKM)	Geolast(Buna & Polypropylene)	Hastelloy C	TPE	Leather	Nitrile(TS)	Nitrile(TPE)	Nylon	Polychloroprene	Polypropylene	PTFE	PVDF	Santoprene(EPDM & Polypropylene)	UHMWPE	Urethane
Borax (Sodium Borate)	B	B	A	A	A	A	B	B	B	A	B	A	A	D	B	A	A	A	A	A
Boric Acid	C	A	A	A	A	A	A	A	B	A	A	A	B	D	A	A	A	A	A	A
Boron Fluids (HEF)	-	-	-	D	-	A	-	-	D	-	B	C	-	D	-	A	-	D	-	A
Bunker Oil	-	A	-	D	-	A	-	A	D	-	A	B	-	D	-	A	-	B	A	D
Bunker Oil (Fuel #5, #6)	-	A	-	D	A	-	-	A	-	-	-	-	-	B	-	A	-	B	-	-
Butadiene	A	D	B	D	C	B	D	C	D	A	D	D	C	D	D	A	A	D	D	D
Butane	B	A	B	D	A	A	A	A	B	A	A	A	B	B	D	A	A	D	D	D
Butanol (Butyl Alcohol)	A	A	A	A	-	A	-	B	B	-	A	B	B	A	B	A	A	B	A	D
Butyl	-	-	-	-	-	-	A	-	-	-	-	-	-	-	-	-	-	-	-	-
Butyl Acetate	B	D	D	D	D	D	D	B	C	-	D	B	A	D	D	A	B	B	B	D
Butyl Alcohol (Butanol)	A	A	-	-	A	-	-	A	-	-	-	-	B	A	B	A	A	A	A	-
Butylene	A	B	D	D	-	A	A	-	D	-	A	C	B	D	D	A	A	D	-	C
Cadmium Sulfate (25% Conc.)	-	-	-	-	-	-	-	-	D	-	C	-	-	-	-	A	-	-	-	D
Calcium Acetate (Hydrate)	-	B	-	A	D	D	B	B	D	-	B	-	-	C	-	A	-	-	-	D
Calcium Bisulfate	-	A	-	A	-	A	A	-	-	-	A	A	-	C	-	A	-	-	-	A
Calcium Bisulfide	D	A	-	D	-	A	A	A	B	-	A	A	A	A	A	A	A	D	-	A
Calcium Bisulfite	D	B	A	D	A	A	A	B	D	A	A	A	A	A	B	A	D	D	A	A
Calcium Carbonate (Chalk)	A	A	A	A	A	A	A	B	-	A	A	A	A	A	A	A	A	A	A	D
Calcium Chloride	D	A	A	A	-	A	A	A	A	-	-	-	B	A	A	A	A	-	-	-
Cacium Hydroxide	D	A	A	A	-	A	-	A	B	-	-	-	A	A	A	A	A	-	-	-
Calcium Nitrate	D	A	A	B	A	A	A	B	-	-	B	C	D	B	A	A	A	A	A	D

	Acetal	Buna	CSM(Hypalon)	EPR EPDM	Fluorocarbon	Fluoroelastomer (FKM)	Geolast(Buna & Polypropylene)	Hastelloy C	TPE	Leather	Nitrile(TS)	Nitrile(TPE)	Nylon	Polychloroprene	Polypropylene	PTFE	PVDF	Santoprene(EPDM & Polypropylene)	UHMWPE	Urethane
Calcium Nitrite	D	A	-	A	-	A	-	-	-	-	-	-	C	A	A	A	A	-	-	-
Calcium Sulfate	D	A	A	A	A	A	A	B	-	-	A	A	D	D	A	A	D	A	A	B
Calcium Sulfide	-	A	-	A	A	A	A	A	-	-	A	A	-	B	A	A	A	A	-	A
Calcium Sulfite	-	A	-	A	A	A	A	-	-	-	A	B	-	A	-	A	-	A	-	A
Carbolic Acid (Phenol)	D	D	D	C	A	A	D	A	D	D	D	D	D	D	C	A	B	D	B	C
Carbon Dioxide	C	A	-	B	A	B	-	A	C	A	A	B	B	B	A	A	A	A	C	C
Carbon Dioxide (Dry)	A	A	B	B	-	B	-	A	A	-	-	-	A	B	A	A	A	-	-	-
Carbon Dioxide (Wet)	A	A	B	B	-	B	A	A	-	-	-	-	A	B	A	A	A	-	-	-
Carbon Monoxide	B	C	C	C	C	A	A	B	B	-	A	A	A	B	A	A	B	A	C	A
Carbonated Beverages	-	A	-	A	-	A	-	A	-	-	A	A	-	A	A	A	A	A	-	B
Carbonic Acid	B	D	C	B	A	A	B	A	D	A	A	B	B	D	B	A	A	D	B	C
Caustic	-	-	-	-	-	-	-	-	D	-	-	-	-	-	-	-	-	B	-	-
Cellulose Acetate	-	B	-	-	C	-	B	A	-	-	-	-	-	B	-	A	-	-	-	-
Chloric Acid	D	-	-	-	-	-	-	A	-	-	-	-	D	-	A	A	A	-	-	-
Chlorine (Dry)	D	D	D	D	A	A	-	A	D	-	D	D	D	D	D	A	A	D	B	D
Chlorine (Wet)	D	D	-	D	A	A	D	A	D	D	D	D	D	D	D	D	D	D	B	D
Chloroform	B	D	D	D	A	A	D	B	D	-	D	C	D	D	D	A	B	D	D	D
Chloronaph-thalene	-	D	-	D	C	A	D	B	D	-	D	D	-	D	D	A	A	D	C	D
Chlorophenol	B	-	-	D	-	B	D	A	-	-	D	C	D	D	-	A	B	C	-	D
Chlorotriflu oroethylene	-	D	-	-	-	-	-	B	-	-	-	-	-	-	-	A	-	-	-	-
Chromic Acid	-	-	-	-	-	-	A	-	-	-	-	-	-	-	-	-	-	-	-	-
Cider (Apple Juice)	A	A	-	A	A	A	A	A	D	-	A	B	A	A	A	A	-	A	A	D

	Acetal	Buna	CSM(Hypalon)	EPR EPDM	Fluorocarbon	Fluoroelastomer (FKM)	Geolast(Buna & Polypropylene)	Hastelloy C	TPE	Leather	Nitrile(TS)	Nitrile(TPE)	Nylon	Polychloroprene	Polypropylene	PTFE	PVDF	Santoprene(EPDM & Polypropylene)	UHMWPE	Urethane
Citric Acid	B	B	C	A	A	A	A	A	A	-	-	-	D	A	B	A	A	A	A	-
Citric Acid 5% Solution	C	-	-	A	-	A	-	A	B	-	A	A	-	A	A	A	A	A	A	A
Citric Acid Dilute	B	-	-	-	-	-	-	-	B	-	-	-	A	-	A	A	A	A	A	-
Coal Gas	-	-	-	A	-	A	-	-	B	-	D	-	-	A	-	A	-	-	-	B
Coal Tars	D	-	-	D	-	A	-	A	D	-	C	D	-	C	C	A	-	D	-	D
Coca Cola Syrup	-	-	-	A	-	B	-	-	-	-	A	B	-	B	-	A	-	A	-	B
Coconut Oil (Coconut Butter)	A	B	C	D	A	A	A	A	-	-	A	B	-	D	A	A	A	B	A	C
Copper Chloride	A	A	C	A	A	A	A	B	A	-	-	-	D	B	A	A	A	A	A	-
Copper Nitrate	A	A	-	A	-	A	A	B	A	-	A	B	D	A	A	A	A	A	A	B
Copper Nitrite	A	--	-	-	-	-	-	-	-	A	-	-	D	-	A	A	A	-	-	-
Copper Sulfate	A	A	-	A	-	A	A	-	B	-	-	-	C	A	A	A	A	-	A	-
Corn Oil	A	D	B	D	A	B	A	A	A	A	A	B	A	D	A	A	A	D	A	A
Cream	A	C	-	A	-	A	A	A	-	-	-	-	A	D	A	A	-	A	-	-
Creosols	B	-	-	D	-	A	-	B	-	-	D	D	-	D	D	A	A	C	D	D
Crude Oil	D	-	-	D	-	A	A	B	B	-	B	C	A	C	D	A	A	D	B	D
Cyanic Acid	D	C	-	A	-	D	D	-	-	-	C	D	-	D	-	A	-	B	-	D
Cyclohexane	A	B	D	D	A	A	A	B	A	-	A	A	A	D	D	A	A	D	A	B
Cyclopentane	-	B	-	D	A	-	-	B	-	-	-	-	-	A	-	A	-	-	-	-
De-Ionized Water	-	A	-	A	-	A	-	A	A	-	A	A	-	A	A	A	A	A	A	-
Detergent Solutions	A	A	B	A	A	A	A	B	B	-	A	B	A	B	A	A	A	B	A	A
Detergents General	A	A	-	A	-	A	-	-	-	-	-	-	A	B	B	A	-	-	A	-
Diesel Fuel	A	A	B	D	-	A	A	B	B	A	-	-	A	D	B	A	A	D	D	-
Diethanol Amine	-	B	-	A	-	D	B	A	D	-	D	D	A	D	A	A	-	-	-	D
Diethyl Amine	-	C	-	C	D	D	-	A	-	-	C	D	A	C	A	A	A	C	-	C
Diethylene Glycol	D	A	C	A	A	A	A	B	A	-	A	A	B	A	A	A	A	A	A	D
Diisopropyl Amine	-	B	-	-	-	-	-	-	-	-	B	C	-	-	-	A	-	-	-	-

	Acetal	Buna	CSM(Hypalon)	EPR EPDM	Fluorocarbon	Fluoroelastomer (FKM)	Geolast(Buna & Polypropylene)	Hastelloy C	TPE	Leather	Nitrile(TS)	Nitrile(TPE)	Nylon	Polychloroprene	Polypropylene	PTFE	PVDF	Santoprene(EPDM & Polypropylene)	UHMWPE	Urethane
Dimethyl Sulfate	-	D	-	-	D	-	D	-	-	-	-	-	-	-	-	A	-	-	-	-
Dimethyl Sulfide	-	D	-	-	-	-	D	A	-	-	-	-	-	-	-	A	-	-	-	-
Dioxane	-	D	-	-	-	D	-	-	-	-	-	-	A	D	C	A	C	-	-	-
Diphenyl	-	D	B	D	-	A	D	B	-	-	D	D	-	D	D	A	A	C	-	D
Divinyl Benzene	-	D	-	D	A	A	-	-	-	-	D	D	-	D	-	A	-	D	-	-
Dow (Silicons)	-	A	-	A	A	A	-	-	B	-	A	A	-	A	-	A	-	A	-	A
Dowtherm A	-	-	-	D	-	A	-	-	B	-	D	D	-	D	B	A	-	D	-	D
Dowtherm E	-	-	-	D	-		A	-	B	-	D	D	-	D	B	-	-	D	-	D
Dowtherm Oil	-	D	-	D	A	A	-	A	-	-	-	-	A	D	A	A	D	D	D	-
Dyes	C	C	-	-	-	A	-	A	-	-	-	-	A	C	-	-	-	-	-	-
Ethane	A	A	B	D	A	A	A	A	-	-	A	C	D	C	D	A	A	C	-	B
Ethanol (Ethyl Alcohol)	A	C	A	A	-	A	-	A	A	-	A	A	C	A	A	A	A	A	A	D
Ethylene Oxide	-	-	-	-	-	-	D	-	-	-	-	-	-	-	-	-	-	-	-	-
Ethyl Acetate	A	D	D	B	D	D	D	B	B	-	D	D	B	D	C	A	D	C	B	D
Ethyl Acrylate	A	D	-	C	D	D	D	A	-	-	D	D	-	D	D	A	C	C	-	D
Ethyl Benzene	A	D	-	D	A	A	D	A	-	-	D	D	-	D	D	A	C	D	A	D
Ethyl Chloride	A	A	D	A	A	A	B	B	C	-	A	C	B	D	D	A	A	D	D	C
Ethyl Ether	B	D	D	D	-	D	D	B	-	-	D	D	B	D	D	A	B	D	D	D
Ethyl Mercaptan	-	D	-	D	B	B	D	B	-	-	D	D	-	D	-	A	-	C	-	A
Ethyl Silicate	-	A	-	A	A	A	A	A	B	-	A	B	-	A	-	A	-	B	C	D
Ethylene (Ethene)	A	B	-	D	A	A	B	-	D	-	A	B	-	C	-	A	-	C	-	B
Ethylene Glycol	B	A	A	A	A	A	-	B	C	-	A	A	B	A	A	A	A	A	A	B
Fatty Acid	B	C	B	D	A	A	B	A	D	A	B	B	B	C	B	A	A	D	A	D
Fluorine	D	D	-	A	-	C	D	B	-	-	-	-	D	-	D	D	A	-	-	-
Formaldehyde	B	C	C	A	A	D	B	B	C	-	C	A	D	D	C	B	A	B	A	D

	Acetal	Buna	CSM(Hypalon)	EPR EPDM	Fluorocarbon	Fluoroelastomer (FKM)	Geolast(Buna & Polypropylene)	Hastelloy C	TPE	Leather	Nitrile(TS)	Nitrile(TPE)	Nylon	Polychloroprene	Polypropylene	PTFE	PVDF	Santoprene(EPDM & Polypropylene)	UHMWPE	Urethane
Formamide	-	A	-	A	D	D	-	B	D	-	A	A	-	A	-	A	-	A	-	-
Formic Acid	D	D	A	B	C	C	D	A	C	-	D	A	D	D	B	A	A	A	A	D
Freon 11	A	C	-	D	B	C	-	A	A	-	A	C	D	D	D	A	B	D	-	D
Freon 12	B	B	A	B	B	B	-	A	A	-	A	C	B	B	B	A	B	D	-	A
Freon 13	A	A	-	A	A	A	-	A	C	-	A	D	-	A	D	A	A	D	-	C
Freon 14	-	D	-	B	-	A	-	-	-	-	A	A	-	D	-	A	-	-	-	A
Freon 15	A	-	-	-	-	-	-	-	-	-	-	-	-	-	-	-	-	-	-	-
Fruit Juice	D	A	B	A	A	A	A	A	-	-	-	-	D	A	B	A	A	A	A	-
Furan Resin	D	D	D	C	-	D	-	B	-	-	-	-	-	D	D	A	D	-	-	-
Gallic Acid	-	D	D	B	A	A	B	B	D	A	B	D	B	C	A	B	B	B	A	D
Gas Natural	A	A	-	D	-	A	-	-	B	-	-	-	A	C	B	A	A	D	-	-
Gasoline (Aviation)	A	-	-	D	-	A	-	-	A	A	A	D	-	D	D	A	A	C	C	C
Gasoline (High Aromatic)	B	A	B	D	-	A	-	A	A	-	-	-	A	A	A	B	A	-	-	-
Gasoline (Leaded)	A	A	B	D	-	A	D	A	A	-	A	C	A	D	D	A	A	C	-	C
Gasoline (Unleaded)	A	D	A	D	A	A	D	A	-	-	D	C	A	D	D	A	C	C	B	D
Gluconic Acid	-	C	-	-	A	-	-	-	-	-	-	-	-	-	A	A	-	-	-	-
Glycerin (Glycerol)	A	A	A	A	A	A	A	A	B	A	A	A	C	A	A	A	A	D	A	D
Glycol	B	A	-	A	-	A	-	-	-	-	-	-	C	A	A	A	A	-	A	-
Grape Juice	B	C	-	A	A	A	A	-	-	-	A	A	A	D	A	A	A	A	A	D
Grease	D	A	-	D	A	A	-	A	-	-	-	-	-	D	-	A	A	B	-	-
Heptane	B	A	B	D	A	A	A	A	B	A	A	B	A	C	D	A	A	C	A	B
Hexane	C	A	B	D	-	A	A	A	A	A	A	B	B	D	C	A	A	C	C	B
Honey	A	A	-	A	-	A	A	A	-	-	-	-	A	A	A	A	A	A	-	-
Hydraulic Oil (Petro)	B	A	A	D	-	A	-	A	-	-	-	-	A	A	D	A	A	-	-	-
Hydrazine	B	C	B	A	D	D	B	A	D	-	B	D	-	C	D	A	D	A	-	D
Hydrogen Chloride Gas	-	-	-	A	-	A	-	A	-	-	D	B	-	B	A	A	A	B	-	-
Hydrogen Cyanide	-	-	-	-	-	-	-	-	D	-	-	-	B	-	A	A	A	A	-	-
Hydrogen Fluoride	-	D	-	C	A	A	-	A	D	-	D	D	D	C	A	B	A	-	-	D
Hydrogen Gas	C	A	A	B	-	A	A	A	A	-	A	A	B	A	A	A	A	A	A	A

	Acetal	Buna	CSM(Hypalon)	EPR EPDM	Fluorocarbon	Fluoroelastomer (FKM)	Geolast(Buna & Polypropylene)	Hastelloy C	TPE	Leather	Nitrile(TS)	Nitrile(TPE)	Nylon	Polychloroprene	Polypropylene	PTFE	PVDF	Santoprene(EPDM & Polypropylene)	UHMWPE	Urethane
Hydrogen Peroxide 10%	D	D	D	B	A	A	-	A	D	-	-	-	D	D	A	A	A	-	A	-
Hydroxyacetic Acid	C	-	-	A	-	D	A	-	-	-	D	D	-	D	-	A	-	A	-	D
Isobutane	-	-	-	D	-	A	-	-	-	-	A	-	-	D	-	A	-	-	-	A
Isobutyl	-	-	-	-	-	-	B	-	-	-	-	-	-	-	-	-	-	-	-	-
Isocyanates	A	-	-	-	-	B	-	A	B	-	B	C	-	-	A	A	-	-	-	B
Isooctane	-	A	-	D	A	A	A	A	A	-	A	C	B	B	A	A	A	D	A	A
Isopentane	-	A	-	D	A	A	-	-	-	-	A	A	-	D	-	A	-	-	-	B
Isopropanol (Isopropyl Alcohol)	A	-	-	A	-	A	-	A	A	-	A	A	-	B	A	A	A	B	-	B
Isopropyl Acetate	D	D	D	B	D	D	D	B	C	-	D	D	B	D	B	A	D	B	C	D
Isopropyl Chloride	A	D	-	D	B	B	D	A	-	-	D	D	-	D	D	A	-	C	-	D
Jet Fuel (JP1 to JP6)	A	A	D	D	A	A	A	A	-	-	-	-	C	D	D	A	B	D	-	-
Kerosene	A	A	D	D	A	A	A	B	C	A	A	A	A	D	D	A	A	D	C	B
Ketchup	A	A	-	A	-	A	-	-	-	A	-	-	A	A	-	A	-	-	-	-
Ketones	D	D	-	A	-	D	D	A	D	A	D	D	A	D	D	A	D	D	C	D
Lacquer Solvents	B	D	-	D	D	D	-	A	D	B	D	A	B	D	C	A	D	C	A	D
Lacquer Thinners	D	D	D	D	-	D	D	A	D	-	-	-	A	D	D	A	-	-	-	-
Lactic Acid	C	B	A	A	A	A	B	B	D	A	-	-	D	C	B	A	C	A	A	-
Lard	B	A	B	D	A	A	A	A	B	A	-	-	A	D	B	A	A	B	A	-
Latex	C	A	-	A	-	A	A	A	-	-	A	A	A	B	A	A	A	A	-	D
Lime	D	A	-	D	-	A	-	-	B	-	A	A	B	B	B	A	A	A	-	B
Liquid Oxygen	-	-	-	D	-	D	-	-	-	-	D	D	-	D	-	A	-	-	-	D
Lubricants	A	A	A	D	-	A	-	A	A	-	-	-	A	D	B	A	A	-	-	-
Magnesium Oxide	A	A	-	A	B	C	A	A	-	-	A	A	-	A	-	A	-	A	-	-
Maleic Acid	A	D	D	D	A	A	D	B	-	A	C	A	D	D	B	A	A	A	A	D
Malic Acid	A	B	D	D	A	A	B	B	-	A	A	B	D	D	B	A	A	A	-	-
Maple Sugar Liquors (Sucrose)	-	A	-	A	A	A	A	-	-	-	A	A	-	A	-	A	-	A	-	D
Melamine	A	C	-	A	-	A	D	-	-	-	-	-	A	D	A	A	-	-	-	-

	Acetal	Buna	CSM(Hypalon)	EPR EPDM	Fluorocarbon	Fluoroelastomer (FKM)	Geolast(Buna & Polypropylene)	Hastelloy C	TPE	Leather	Nitrile(TS)	Nitrile(TPE)	Nylon	Polychloroprene	Polypropylene	PTFE	PVDF	Santoprene(EPDM & Polypropylene)	UHMWPE	Urethane
Mercaptan	-	-	-	A	-	D	-	-	-	-	D	D	-	D	-	A	-	-	-	D
Methane	A	A	B	D	A	B	A	A	B	-	A	B	A	B	B	A	A	D	-	C
Methanol	A	A	A	A	-	D	-	A	B	-	A	A	B	A	A	A	A	A	A	D
Methyl	-	-	-	-	-	-	A	-	-	-	-	-	-	-	-	-	-	-	-	-
Methyl Acetate	B	D	D	C	D	D	D	A	C	-	D	D	A	D	D	A	B	B	-	D
Methyl Ethyl Ketone (MEK)	C	D	D	A	D	D	D	A	B	-	D	B	C	D	D	A	D	D	D	D
Milk	A	B	A	A	A	A	A	A	B	A	A	A	A	A	B	A	A	A	A	D
Mineral Oil	A	A	B	D	A	A	A	A	A	A	A	A	A	B	C	A	A	D	C	A
Mustard	C	C	-	A	D	D	B	A	B	-	B	B	A	C	A	A	A	A	A	B
Naphtha	A	B	D	D	A	A	A	B	B	A	A	A	A	D	D	B	A	D	C	C
Naphthalene	A	D	D	D	A	A	D	A	C	-	D	D	A	D	B	A	A	D	B	B
n-Hexane	C	A	-	D	A	-	-	A	-	-	-	-	A	B	C	A	A	A	B	-
Nitric Acid 10%	D	D	-	B	A	A	D	A	D	-	-	-	D	B	D	A	A	D	D	-
Nitric Acid 20%	D	D	D	B	-	A	D	B	D	-	D	B	D	D	B	A	A	B	A	C
Nitric Acid 25%	D	D	-	B	A	A	-	A	D	-	-	-	D	C	D	A	A	D	D	-
Nitric Acid (Conc.)	D	D	D	D	B	B	D	B	D	-	D	D	D	D	D	A	A	D	D	D
Nitric Acid Dilute	D	D	-	B	-	A	-	-	-	-	-	-	-	B	-	A	A	-	A	-
Nitrogen	A	A	-	A	-	A	-	A	B	-	A	A	A	A	A	A	A	A	-	A
N-Octane	-	B	-	D	A	A	A	-	-	-	B	D	A	D	D	A	A	B	-	D
Octyl Alcohol	-	B	-	B	A	B	-	A	-	-	B	B	-	B	-	A	-	B	-	D
Oleic Acid	C	C	C	D	-	B	B	A	A	A	-	-	B	D	B	A	A	-	A	-
Olive Oil	A	D	B	D	A	A	A	A	-	-	A	D	A	D	A	A	B	B	A	A
Oxgen	A	C	-	A	-	A	-	-	B	A	-	-	B	A	C	A	A	A	A	-
Ozone	D	D	A	A	A	A	D	A	C	-	D	-	D	C	D	A	A	A	B	A
Palm Oil	A	B	-	D	B	A	A	A	-	-	A	-	C	D	A	A	A	B	A	A
Paraffin	A	B	-	D	-	B	A	B	-	A	A	A	A	B	A	A	A	A	A	A
Peanut Oil	A	A	B	D	A	A	A	A	-	-	A	A	-	D	D	A	A	B	A	B
Pentane	B	A	B	D	A	A	A	B	B	-	A	-	A	B	D	A	A	A	A	D
Petroleum	B	A	D	D	-	A	-	-	B	-	-	-	A	B	B	A	A	C	C	-
Phenol	A	-	-	-	-	A	-	A	D	-	D	D	-	D	C	A	A	A	C	D
Phosphoric Acid 10%	-	A	-	A	A	-	-	-	-	-	-	-	D	B	A	A	A	A	A	-
Phosphoric Acid 20%	D	C	-	A	A	A	D	A	-	-	B	-	D	B	A	A	A	A	A	C

	Acetal	Buna	CSM(Hypalon)	EPR EPDM	Fluorocarbon	Fluoroelastomer (FKM)	Geolast(Buna & Polypropylene)	Hastelloy C	TPE	Leather	Nitrile(TS)	Nitrile(TPE)	Nylon	Polychloroprene	Polypropylene	PTFE	PVDF	Santoprene(EPDM & Polypropylene)	UHMWPE	Urethane
Phosphoric Acid (Conc.)	-	D	-	B	A	-	D	-	-	-	-	-	D	B	A	A	A	-	A	-
Phthalic Acid	C	D	A	A	-	A	D	B	-	-	C	D	B	C	B	A	A	-	A	-
Pitch	-	-	-	D	-	A	-	-	D	-	A	A	-	D	-	A	-	-	-	D
Potacssim Hydroxide	C	B	A	A	B	D	-	B	D	-	B	A	D	B	A	A	A	A	A	B
Propane	A	A	-	D	-	A	-	-	B	-	-	-	A	B	D	A	A	-	A	-
Propane (LPG)	A	A	-	D	A	A	-	A	B	-	A	B	C	B	D	A	A	C	C	B
Propylene	A	D	D	D	A	A	D	A	-	-	D	-	-	D	A	A	A	B	A	D
Propylene Oxide	A	D	-	C	D	D	-	-	-	-	D	D	-	D	D	A	D	A	A	D
Pyridine	C	D	D	C	D	D	D	B	C	-	D	-	D	D	C	A	D	A	D	D
Rust Inhibitors	A	A	-	-	A	A	A	-	-	-	A	A	-	C	A	-	-	B	-	A
Salt Water	A	A	-	A	A	A	-	A	A	A	A	A	A	B	A	A	A	A	A	D
Sea Water	A	A	A	A	-	A	A	A	A	A	A	A	A	B	A	A	A	A	A	A
Sesame Seed Oil	D	A	-	-	A	A	A	-	-	-	A	A	-	D	A	A	A	B	-	-
Silicone	A	A	A	A	-	A	A	-	A	-	-	-	A	A	A	A	A	-	-	-
Silicone Grease	A	A	-	A	-	A	A	-	A	-	A	A	-	A	-	A	-	B	A	A
Silicone Oil	A	A	A	A	A	A	A	A	B	-	A	A	A	D	A	A	A	C	A	A
Soda Ash	A	A	A	A	A	A	-	A	B	-	-	-	B	A	A	A	A	A	-	-
Sodium Benzoate	-	B	B	A	-	A	B	A	-	-	-	-	B	A	A	A	A	-	A	-
Sodium Bisulfate	B	B	A	A	-	A	A	B	D	-	A	A	C	A	A	A	A	A	A	A
Sodium Bisulfite	D	C	A	A	A	A	A	B	D	-	A	A	D	A	A	A	A	A	A	A
Sodium Hydoxide	D	B	-	A	D	-	-	B	-	-	-	-	C	B	A	A	A	A	A	-
Sodium Hydoxide 20%	A	A	A	B	-	C	-	B	B	-	A	B	A	B	A	A	A	A	A	B
Sodium Hydoxide 50%	A	D	A	B	-	D	-	C	C	-	D	D	A	C	A	A	C	A	A	B
Sodium Nitrate	A	C	A	A	A	A	D	B	B	-	A	C	B	B	A	A	A	A	A	B
Sodium Nitrite	-	A	-	-	A	-	-	A	-	-	-	-	-	D	A	A	A	-	A	-

	Acetal	Buna	CSM(Hypalon)	EPR EPDM	Fluorocarbon	Fluoroelastomer (FKM)	Geolast(Buna & Polypropylene)	Hastelloy C	TPE	Leather	Nitrile(TS)	Nitrile(TPE)	Nylon	Polychloroprene	Polypropylene	PTFE	PVDF	Santoprene(EPDM & Polypropylene)	UHMWPE	Urethane
Sodium Sulfate (Salt Cake)	B	A	A	A	A	A	A	B	B	-	A	A	A	B	A	A	A	A	A	A
Sodium Solfide	B	A	A	A	A	A	A	B	B	-	A	A	C	A	B	A	A	A	A	A
Sodium Sufite	A	A	A	A	A	A	A	B	B	-	A	A	D	A	B	A	A	A	A	A
Starch	B	A	A	B	C	A	A	A	B	A	A	A	A	A	A	A	-	A	A	A
Stearic Acid	C	C	C	B	A	A	B	B	C	-	B	B	A	B	B	A	A	B	A	A
Styrene	A	D	D	D	A	B	D	D	D	-	D	D	B	D	D	A	B	C	A	D
Sulfolane	-	-	-		-	-	-	-	-	-	-	-	A	-	-	A	-	-		-
Sulfur	A	D	-	D	A	A	-	B	-	-	B	B	A	B	B	A	A	A	A	B
Sulfur Dioxide	D	D	C	B	A	D	D	C	D	-	D	D	C	B	A	A	A	A	A	C
Sulfur Dioxide(Dry)	B	D	-	A	-	A	-	B	C	-	-	-	B	D	A	A	A	-	-	-
Sulfur Trioxide	-	D	D	C	A	A	D	B	D	-	D	D	D	D	D	A	D	D	C	C
Sulfur Trioxide (Dry)	D	D	-	C	-	A	-	B	-	-	-	-	A	D	D	A	D	-	-	-
Sulfuric Acid 10%	D	B	-	A	A	A	-	A	D	-	-	-	D	A	A	A	A	A	D	-
Sulfuric Acid 25%	D	C	-	B	A	A	-	A	D	-	-	-	D	B	A	A	A	A	D	-
Sulfuric Acid(Conc.)	D	D	-	C	A	-	-	B	-	-	-	-	D	D	A	A	A	B	-	-
Sulfuric Acid(Dilute)	-	D	-	-	-	A	-	-	-	-	-	-	C	C	A	A	A	-	-	-
Sulfurous Acid	D	C	A	B	-	A	A	B	C	-	-	-	D	C	A	A	A	-	A	-
Thiophene	-	D	-	D	C	C	-	-	-	-	D	D	-	D	-	A	-	D	-	-
Toluene	-	C	-	-	-	A	-	A	-	-	-	-	A	D	D	A	A	-	-	-
Tomato Juice	B	A	-	A	-	A	A	-	-	-	-	-	A	A	A	A	A	-	A	-
Toothpaste	-	A	-	-	A	-	-	A	-	-	-	-	-	C	-	A	-	-	-	-
Trichloroet-hylene	D	D	D	D	C	A	D	A	D	-	-	-	D	D	D	A	D	D	CA	-
Trichlorotrifl uoroethane (Freon 113)	-	-	-	D	-	A	-	A	A	-	A	A	A	A	A	A	A	D	-	B
Urea	A	B	-	A	A	A	B	B	B	-	B	B	C	B	A	A	A	A	A	B
Vanish	A	B	D	D	A	A	B	A	-	A	B	B	D	D	A	A	A	D	A	B
Vegetable Oil	A	B	-	D	A	A	B	A	-	A	A	A	A	D	D	A	A	B	D	A

	Acetal	Buna	CSM(Hypalon)	EPR EPDM	Fluorocarbon	Fluoroelastomer (FKM)	Geolast(Buna & Polypropylene)	Hastelloy C	TPE	Leather	Nitrile(TS)	Nitrile(TPE)	Nylon	Polychloroprene	Polypropylene	PTFE	PVDF	Santoprene(EPDM & Polypropylene)	UHMWPE	Urethane
Vinegar	C	C	A	A	A	A	D	A	C	A	B	B	D	B	A	A	B	A	A	B
Vinyl Acetate	-	D	A	B	D	A	D	A	-	-	D	D	-	D	D	A	A	B	D	D
Vinyl Chloride	-	D	-	D	-	A	D	A	-	-	D	-	A	D	D	A	B	-	-	-
Vinylidine Chloride	-	-	-	-	-	-	-	-	-	-	-	--	-	-	D	A	B	-	-	-
Water	A	A	-	A	-	A	-	-	A	-	-	-	-	A	B	A	-	A	-	-
Weed Killers	A	B	-	-	A	A	B	-	-	-	-	-	A	C	-	-	-	B	-	-
Whiskey	B	A	-	A	-	A	-	-	B	-	-	-	A	A	A	A	A	-	A	-
Wine	B	A	-	A	B	-	-	A	B	-	-	-	B	A	A	A	A	A	A	-
Xylene	B	D	D	D	A	B	D	A	C	-	D	C	A	D	D	A	A	D	D	D
Zeolite	-	C	-	A	A	A	-	A	-	-	C	-	-	C	-	A	-	A	-	-
Zinc Chloride	D	B	A	A	A	A	A	B	B	-	A	A	C	B	A	A	A	A	A	A

첨부 3. 파이프 규격 테이블

Size (inch)	Outside Dia.		Carbon Steel												Stainless Steel				SGP	Size	
			Schedule No.									Weight Designation			Schedule No.						
	ANSI	JIS	10	20	30	40	60	80	100	120	160	STD	X-Stg.	XX-Stg.	105	205	405	805		Inch	mm
3/8	17.1	17.3	-	-	-	2.3	-	3.2	-	-	-	2.3	3.2	-	1.7	2.0	2.3	3.2	2.3	3/8	10
1/2	21.3	21.7	-	-	-	2.8	-	3.7	-	-	4.7	2.8	3.7	7.5	2.1	2.5	2.8	3.7	2.8	1/2	15
3/4	26.7	27.2	-	-	-	2.9	-	3.9	-	-	5.5	2.9	3.9	7.8	2.1	2.5	2.9	3.9	2.8	3/4	20
1	33.4	34.0	-	-	-	3.4	-	4.5	-	-	6.4	3.4	4.5	9.1	2.8	3.0	3.4	4.6	3.2	1	25
1 1/4	42.2	42.7	-	-	-	3.6	-	4.9	-	-	6.4	3.6	4.9	9.7	2.8	3.0	3.6	4.9	3.5	1 1/4	32
1 1/2	48.3	48.6	-	-	-	3.7	-	5.1	-	-	7.1	3.7	5.1	10.2	2.8	3.0	3.7	5.1	3.5	1 1/2	40
2	60.3	60.5	-	-	-	3.9	-	5.5	-	-	8.7	3.9	5.5	11.1	2.8	3.5	3.9	5.5	3.8	2	50
2 1/2	73.0	76.3	-	-	-	5.2	-	7.0	-	-	9.5	5.2	7.0	14.0	3.0	3.5	5.2	7.0	4.2	2 1/2	65
3	88.9	89.1	-	-	-	5.5	-	7.6	-	-	11.1	5.5	7.6	15.2	3.0	4.0	5.5	7.6	4.2	3	80
3 1/2	101.6	101.6	-	-	-	5.7	-	8.1	-	-	-	5.7	8.1	16.2	3.0	4.0	5.8	8.1	4.2	3 1/2	90
4	114.3	114.3	-	-	-	6.0	-	8.6	-	11.1	13.5	6.0	8.6	17.1	3.0	4.0	6.0	8.6	4.5	4	100
5	141.3	139.8	-	-	-	6.6	-	9.5	-	12.7	15.9	6.6	9.5	19.1	3.4	5.0	6.6	9.5	4.5	5	125
6	168.3	165.2	-	-	-	7.1	-	11.0	-	14.3	18.2	7.1	11.0	21.9	3.4	5.6	7.1	11.0	5.0	6	150
8	219.1	216.3	-	6.4	7.0	8.2	10.3	12.7	15.1	18.2	23.0	8.2	12.7	22.2	4.0	6.5	8.2	12.7	5.8	8	200
10	273.1	267.4	-	6.4	7.8	9.3	12.7	15.1	18.2	21.4	28.6	9.3	12.7	25.4	4.0	6.5	9.3	12.7	6.6	10	250
12	323.9	318.5	-	6.4	8.4	10.3	14.3	17.4	21.4	25.4	33.3	9.5	12.7	25.4	4.5	6.5	9.5	12.7	6.9	12	300
14	355.6	355.6	6.4	7.9	9.5	11.1	15.1	19.0	23.8	27.8	35.7	9.5	12.7	-	-	-	-	-	7.9	14	350
16	406.4	406.4	6.4	7.9	9.5	12.7	16.7	21.4	26.2	30.9	40.5	9.5	12.7	-	-	-	-	-	7.9	16	400
18	457.2	457.2	6.4	7.9	11.1	14.3	19.1	23.8	29.4	34.9	45.2	9.5	12.7	-	-	-	-	-	-	18	450
20	508.0	508.0	6.4	9.5	12.7	15.1	20.6	26.2	32.5	38.1	50.0	9.5	12.7	-	-	-	-	-	-	20	500
22	558.8	558.8	6.4	9.5	-	15.9	-	28.6	-	-	54.0	9.5	12.7	-	-	-	-	-	-	22	550
24	609.6	609.6	6.4	9.5	14.3	17.5	24.6	31.0	38.9	46.0	59.5	9.5	12.7	-	-	-	-	-	-	24	600
26	660.4	660.4	6.4	9.5	-	18.9	-	34.0	-	-	64.2	9.5	12.7	-	-	-	-	-	-	26	650
30	762.0	-	7.9	12.7	15.9	-	-	-	-	-	-	9.5	12.7	-	-	-	-	-	-	30	750

참고문헌

1. 고분자공학 개론 (제3판), 김대수외 4인, 자유아카데미, 2019
2. Gu-Su Jang; Won-Jei Cho; Chang-Sik Ha, Journal of Polymer Science: Part B: Polymer Physics, Vol. 39, 1001-1016, 2001
3. 폴리프로필렌수지, 김홍재 역, 1975
4. Crystallization Behaviors and Properties of PP and Impact-Modified PP with or without Sodium Benzoate as a Nucleating Agent, Ph.D. Thesis, Written by Gu Su Jang, 2001, Busan National University
5. 고분지공학 I, 김성철 외 12인, 희중당, 1994
6. Gu-Su Jang; Nam-Ju Jo; Won-Jei Cho; Chang-Sik Ha, Journal of Applied Polymer Science, Vol. 83, 201-211, 2002
7. Rubber Science (고무과학), 일본어 판
8. Polypropylene 1 Structure and Morphology, Edited by J. Karger-Kocsis
9. Gu-Su Jang; Won-Jei Cho; Chang-Sik Ha et al., Colloid Polymer Science 280: 424-431 2002
10. 플라스틱 이론과 실제, 정기현 저, 보진제, 1988
11. 고분자공학 II, 김성철 외 12인, 희중당, 1996
12. Polymer Engineering Principles- Properties, Processes, Tests for Design, Edited by Richard C. Progelhof/ James L. Throne, 1993
13. Polymer Colloids, Edited by R. Buscall, T. Corner, J.F. Stageman, 1985
14. Polymer Chemistry, Edited by Raymond B. Seymour and Charles E. Carraher, Jr., 1981
15. 고분자공학 개론, 류주환외 4인, 사이플러스, 2009
16. Processing, Structure and Properties of Block Copolymers, Edited by M. J. Folkes, 1985
17. 제16회 고분자기기분석, 사단법인 한국고분자학회 (강좌), 1994년 3월 16일-18일
18. Principles of Polymer Processing, Edited by Zehev Tadmor/ Costas G. Gogos, 1976
19. Polypropylene 2 Copolymers and Blends, Edited by J. Karger-Kocsis
20. Polymer Chemistry 2nd Edition, Edited by Malcolm P. Stevens, 1990
21. 최신 고분자 화학, 강두환 외 5인, 시그마프레스, 1998
22. The Analysis of Plastics, Edited by T R Crompton, 1984
23. 실용 폴리머-알로이 설계, 일본어 판, 1996
24. 고분자 첨가제, 조성기 역, 내하출판사, 2001
25. PP운전교본(I) 공정개요, 유니폴 기상 공정, 1987
26. Polymers and Their Properties, Edited by J.W.S. Hearle et al., 1982
27. Macromolecular Physics Volume 1, Crystal Structure, Morphology, Defects, by Bernhard Wunderlich, 1973
28. 생물공학, 고정삼 외 5인, 유한출판사, 2019
29. Physical Properties of Polymers, Edited by James E. Mark et al., 1985
30. Polypropylene 3 Composites, Edited by J. Karger-Kocsis
31. 석유화학공학, 장구수, 도서출판 동화기술, 2019
32. Raw Materials for Industrial Polymers, Edited by Henri Ulrich, 1988

33. Macromolecular Physics Volume 2, Crystal Structure, Morphology, Defects, by Bernhard Wunderlich, 1973
34. Nuclear Magnetic Resonance Spectroscopy 2nd Edition, Edited by Frank A. Bovey, 1988
35. Polymer Degradation, Edited by W. Schnabel, Hanser, 1981
36. 식품 미생물학 및 실험, 윤진이 외 8인, 파워북
37. Identification of Plastics 2nd Edition, Edited by Dietrich Braun, 1986
38. 석유화학공업, 조성기 역, 내하출판사, 2000
39. Polymer for Engineering Applications, Edited by Seymour, 1987
40. Macromolecular Physics Volume 3, Crystal Structure, Morphology, Defects, by Bernhard Wunderlich, 1973
41. Physical Chemistry of Macromolecules, Edited by S. F. Sun, 1994
42. Polypropylene Handbook, Edited by Edward P. Moore, Jr.
43. 생물화학공학 제 2판, 김건중 외 3인 역, 청문각, 2016
44. Experimental Methods in Polymer Chemistry, Edited by Rabek, 1980
45. 플라스틱편람, 플라스틱연구회, 성안당, 1989
46. Principles of Polymer Engineering, Edited by McCRUM, BUCKLEY & BUCKNALL, 1988
47. Plastics Additives Handbook, Edited by R. Gachter and Muller, 1984
48. Introduction to Physical Polymer Science 2nd Edition, Edited by L. H. Sperling, 1992
49. 생물공정공학 제3판, 구윤모 외 3인 역, 한티미디어, 2018
50. The Rebirth of Polypropylene: Supported Catalysts, by Edward P. Moore, Jr.
51. Polymer Blends and Mixtures, Edited by D. J. Walsh et al., 1985
52. 폴리머-알로이 기초와 응용 제2판, 일본고본자학회 편, 일본어 판, 1993
53. Polymers: Structure and Properties, Edited by C. A. Daniels, 1989
54. (주) 동성화학 폴리우레탄 기술교육 자료
55. Dogopolsky, I.; Silberman, A.; Kenig, S. Polym Adv Technol 1995, 6, 653.
56. Kim, C. Y.; Kim, Y. C.; Kim, S. C. Polym Eng Sci 1993, 33, 1445
57. Kim, Y. C.; Kim, C. Y.; Kim, S. C. Polym Eng Sci 1991, 31, 1009
58. Phillips, R.; Manson, J. E. J Polym Sci Part B: Polym Phys 1997, 35, 875
59. Yin, Z.; Zhang, Y.; Zhang, X.; Yin, J. J APPL Polym Sci 1997, 63, 1565
60. Union Carbide Corporation (1986) Technical Manual vol IV. Production Technology, Union Carbide Corporation, Danbury
61. Yokoyama Y, Ricco T(1997) J Appl Polym Sci 66: 1007
62. Ha CS, Kim SC (1989) J Appl Polym Sci 37: 317
63. Ito, J.; Mitani, K.; Mizutani, Y. J Appl Polym Sci 1992, 46, 1221
64. Milliken Chemicals, Technical Materials- Nucleating Agent Bulletin, 1989
65. Chemical Compatibility, GRACO, Updated 7/2/13

찾아보기

(ㄴ)

(ㄷ)

(ㅅ)

(ㅇ)

(ㅈ)

(ㅊ)

(ㅎ)

(영문)

(기타)

저자 : **장 구 수**

- 공학박사
- GS Caltex 근무
- 미국 GTC Technology 근무
- 수원대학교 화학공학과 객원교수
- 국립한경대학교 일반대학원 화학공학과 시간강사
- (현) 국립한경대학교 화학공학과 겸임교수

저서 : 《Fired Heater Theory and Practice (English)》
—Book Lab (2018.2.28)
《석유화학공학》—도서출판 동화기술 (2019.3.10)
《대기오염 및 처리기술》—도서출판 동화기술 (2019.9.10)

고분자공학

정가 30,000원

발 행 2023년 3월 10일 초판 2쇄
저 자 장구수
발행인 정우용
발행처 도서출판 **동 화 기 술**
경기도 파주시 광인사길 201(문발동, 파주출판도시)
Tel (031)955-4211~6 donghwapub@nate.com
Fax (031)955-4217 www.donghwapub.co.kr
(등록) 1977년 12월 19일/9-16호

Printed in Korea
ISBN 978-89-425-9265-4